U0275912

烹饪的起源

[西] 斗牛犬基金会（elBullifoundation）
[西] 普里瓦达基金会（Fundació Privada） 著 王晨 译

華中科技大學出版社
http://www.hustp.com
中国·武汉

前10万个世代的烹饪

长期以来，我一直在用问题指导自己的工作。许多年来，不断取得进展的问题是那些追寻事物的本质、核心和起源的问题。那些看起来如此简单的问题，例如烹饪是什么或者它开始于什么时候，都是我最近必须面对的最复杂和最令人兴奋的问题。

以本书作为开端的这个研究整理高档餐饮历史的项目旨在提供对一些历史事件的理解，这些历史事件解释了今天的高档餐饮为什么是它们现在的样子："我们是如何走了这么远的？""我们忘记了什么？""什么东西延续了下来？"以及"这一切是如何开始的？"如果不了解餐厅的起源和后来的发展，就不可能阐明错综复杂的餐厅世界。有趣的是，这些起源指引我们来到人类的起源，因为烹饪就是在这里被创造的。可追溯到史前时代的烹饪技术和工具至今还在被使用。实际上，我们很幸运地发现，人类历史上的大多数重大里程碑也是食物、烹饪和美食界的里程碑（对过去的第一波探寻启发我绘制了一系列图画，我将试图用这些图画提供反思）。多年来，我们与考古学家、人类学家和历史学家展开了积极的对话，他们为我们补充了许多知识。我们发挥的作用是，在智论方法学的系统思维的指导下以最务实的方式整理这些知识。在我看来，历史显然应该在社会中占据更显要的地位，因为如果我们不了解那些在过去留下印记的里程碑，我们就无法充分理解任何事情。

我们引入的主要创新之一是将史前烹饪划分为四个基本阶段。第一个阶段是发现火之前的时间，此时的烹饪是对产品（products）的微小转化，混合和组合是最惯用的技术。第二个阶段是始于火的发现和多种技术的创造，如果没有这些技术，烹饪在今天将是不可想象的。第三个阶段是繁育动物和栽培植物导致的，此后经过制作的产品（elaborated products）将成为烹饪的主导，尽管天然产品并未消失。最后一个阶段始于陶器的发明，随之而来的是制造各种工具和容器的可能性，它们将永远颠覆的不只是我们准备食物的方式，还有食物的提供（上菜）和品尝方式。

这本书是一次极其复杂的冒险。当我们开始探索最遥远的过去时，就其根本而言，我们还在执行一项艰巨的任务：解码高档餐饮部门，尝试破译创造性和创新的世界。再加上历史，这三大支柱就像三兄弟一样共同生长，而人们对历史的重视程度总是落在后面，让它像个弟弟一样，总是必须追随另外两者的结构。老实说，这本书有些艰深，但是令人着迷。在你面前展开的是美食学和历史的第一次对话的结果，两位对话者处在同一水平，平分秋色。这本身就已经可被视为一个重要的历史事件，并且可以作为一个前路漫漫的项目的起点。

费朗·亚德里亚（Ferran Adrià）

“斗牛犬宇宙”中的一名历史学家

我是从纯粹的学术界来到斗牛犬基金会（elBullifoundation）的。作为一名研究人员，我花了很多年的时间研究和分析自公元前3000年起的烹饪空间、餐具和废弃材料。当时，我对食物历史的知识仅仅局限于大学所教授的科目相关的知识，而我从未想到熟悉当代美食界的不同职业可以丰富并提升我对烹饪历史的理解。

我在斗牛犬实验室（elBulliLab）工作的第一周，费朗·亚德里亚对我说了一段我铭记至今的话：

“你可能对历史懂得很多，但你不知道慕斯蛋糕是什么。这就是我们将在这里教你的东西。”

的确如此。我不知道。我这辈子吃过很多慕斯蛋糕，这毫无疑问，但是我从未停下来思考过自己享用了这么多次的东西在概念上都有哪些部分。正如我后来将会理解的那样，这两句话将形成我在斗牛犬基金会的工作的精髓：理解涉及高档餐厅的相关职业，以及深入研究历史以寻找对专业人士有用的知识，根据他们的标准整理这些知识，并以他们的术语解释这些知识。

我从未向团队承认过这一点，但是在斗牛犬实验室的头几年，我感觉自己像个身处偏僻雨林并置身于狩猎和采集者之中的人类学家。理解主厨们对我是个挑战。他们的思维方式、兴趣和优先事项，他们解释事物和工作的方式，就连他们的手势和口头禅（马上来！）对我都是完全陌生的。此外，与我共事的主厨是行业内思维最有原创性和最复杂的，这位大师将烹饪与艺术、创造性、创新、思考、知识等结合起来，他想要的不是别的，而是革命性地塑造自己行业的“历史”。我花了一些时间找到自己的位置，适应他们做事的方式。但是，如果说我在作为历史专家的工作中对什么感到充满热情的话，那就是理解他人。所以对我而言，这实际上是非常愉快的经历。

很高兴能够把控本书的内容，我们以极大的努力和热爱塑造了它，而且有很多人参与到这个过程中。基本上每个曾在斗牛犬基金会工作过的人都用他们的技能和才华丰富了本书的内容。结果是惊人的。通过将这家高档餐厅的视角应用于旧石器时代和新石器时代，许多令人惊讶的事情浮出水面，而且有一件事是清楚明白的：如今的烹饪、食物和饮品的世界的基础是我们最遥远的祖先打下的。我希望这本书能够激起所有读者的胃口。在我们前面还有很多历史冒险。

桑德拉·洛萨诺（Sandra Lozano）

摘要

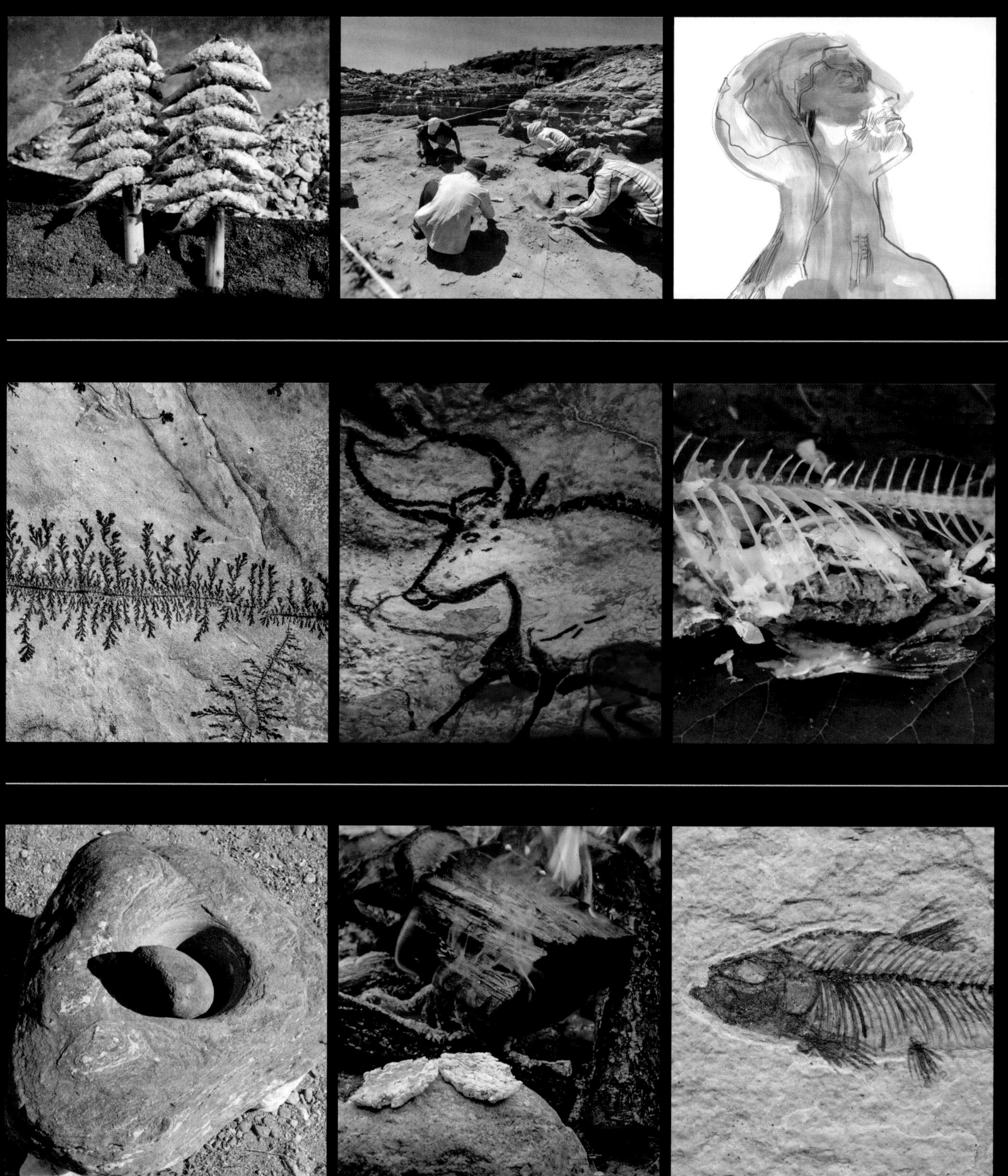

前言

13

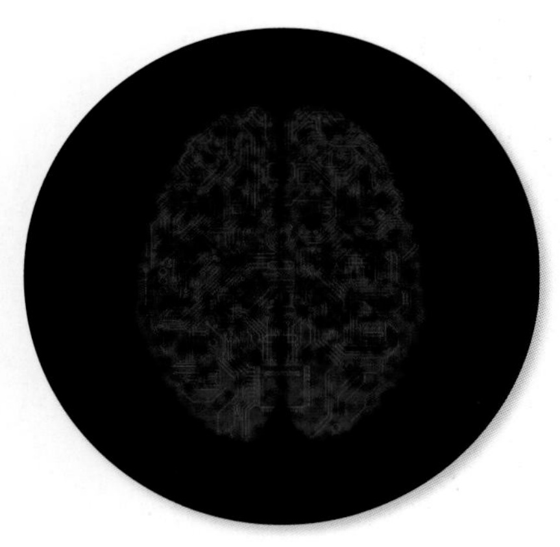

什么是智论方法学和“斗牛犬百科”？追踪西方社会高档餐饮部门历史的项目

在进入主题之前，读者需要理解与本书相关的背景知识。前面几页是对我们在斗牛犬基金会开展的烹饪历史项目的介绍。我们首先解释我们所谓的智论方法学（Sapiens methodology）的一些相关概念，这套方法学指导我们的所有工作。我们还会提供关于“斗牛犬百科”的一些基本信息，它是关于高档餐饮的多格式百科全书，本书和即将面世的后续图书都是它的一部分。

然后，我们将对这个项目的内容进行总体上的解释说明（它追踪的是西方社会高档餐饮部门的历史），包括对这套丛书中的八本书各自所涵盖主题的简要概述。读者可以在这部分找到的相关信息，包括该项目的地理框架、目标、所涵盖的系列事件、我们定义的历史时期，以及我们探究自己行业历史的原因。

75

为我们的工作提供支持的学术性学科

在这场冒险中，我们并不孤单。我们依赖分析过去的学术性学科。本章节旨在解释在这个项目中一直陪伴我们的三个学科的一些相关基础概念，这三个学科是：历史、食物史以及考古学。我们在任何时候都会有专家指导，以了解每个时期的历史意义并适当地使用资源。我们将强调西方历史上最重要的事件与食物史、美食学及高档餐饮部门相关事件之间的密切关系。

133

主角：人类

这个特别章节涉及该项目的另一根支柱：人类的知识，即每个美食事件的核心。它简要介绍了关于身体、思维和精神的一些最有趣的事实，在该项目剩下的部分，我们将不断参考这些事实。我们将提醒大家注意，在每一次做出烹饪、进食和饮用相关动作时，每个人都会让身体动起来。

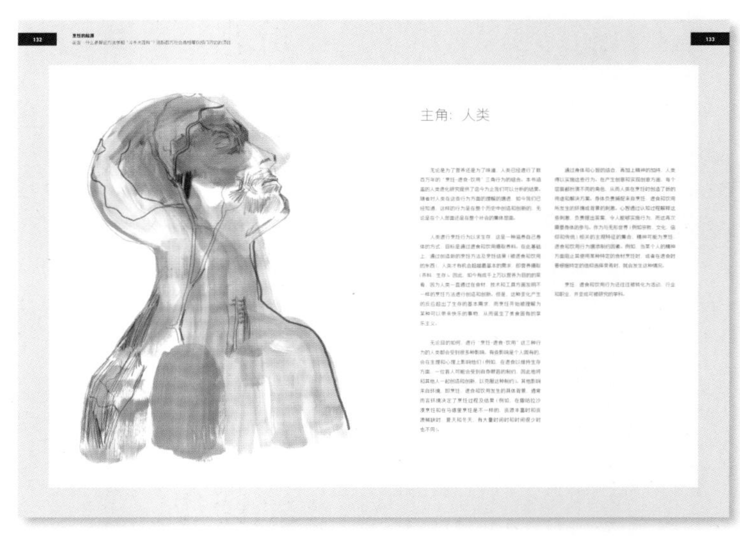

从生命的起源到旧石器时代（38亿年前至250万年前）

考虑到我们想从最初的起点开始，探索与高档餐饮历史相关的一切事物的起源，所以我们有必要在这简短的一章里思考生命的起源，它不但负责我们自身的存在，而且也决定了我们摄入和品尝的几乎所有东西。

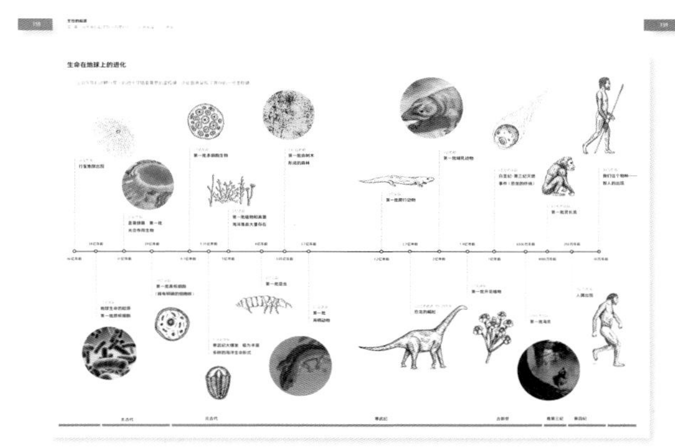

旧石器时代：重大历史里程碑（250万年前至公元前10000年）

我们从关注旧石器时代开始，我们在那个遥远的时期被定义为一个物种并开始在地球上扩张。本章介绍了随着人类的形成而发生的最重要的事件，对于我们理解烹饪、食物和饮品的起源，这些事件至关重要。这些内容将让我们认识我们在进化道路上的先驱——能人、直立人和尼安德特人，并发现智人的起源。

我们首先介绍旧石器时代的整体背景：它的主要特征和次级时期。我们通过标志着该历史时期的里程碑来继续我们的探索，它们分为六类：自然事件；影响人类身体的事件；影响人类思维的事件；影响人类精神的事件；与个性现象相关的事件，以及最后，标志着我们祖先活动的发展历程的事件。在这些里程碑中，我们特别关注创造性，我们认为它是推动历史发展的引擎（通常而言，是我们自身以及高档餐饮部门的引擎）。以所有这些知识为基础，我们将准备好深入研究我们自己的特定世界。

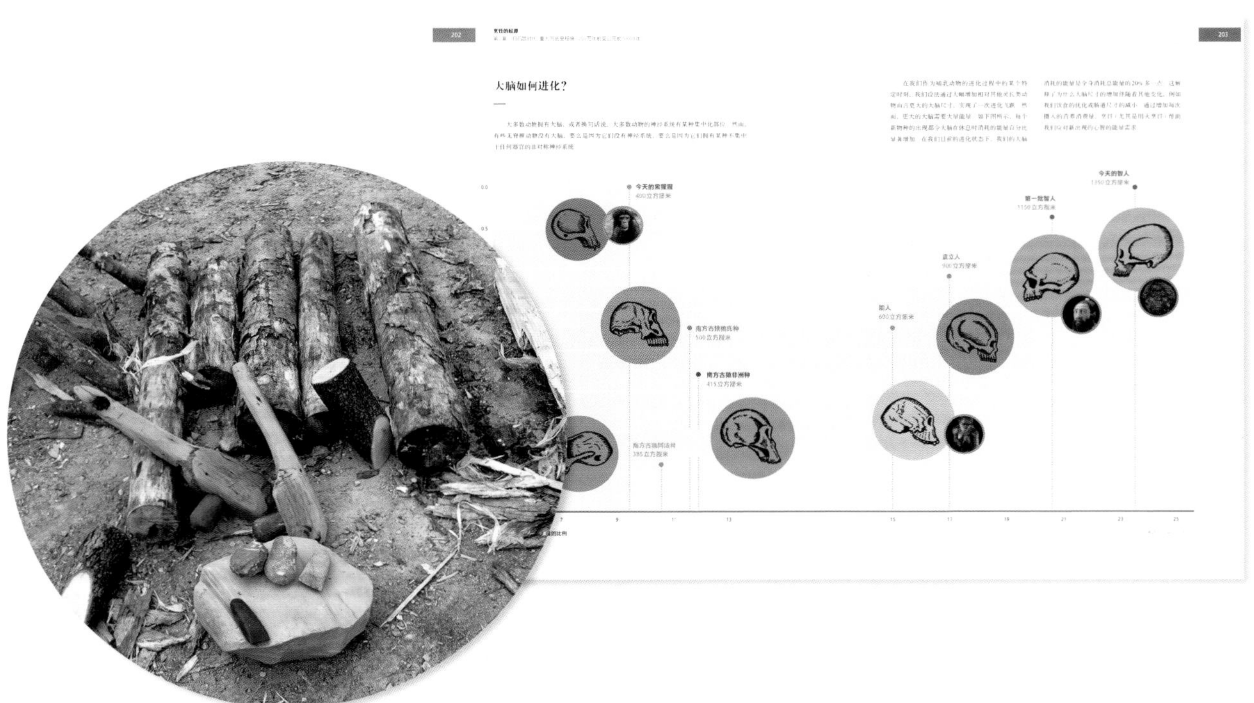

第3章

303

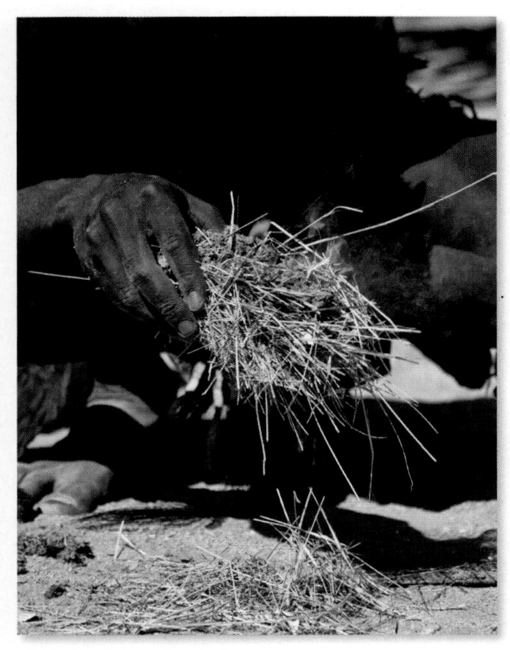

旧石器时代的烹饪、食物和饮品

早在更新世晚期，一种已经与我们非常相似的生物就产生了发明烹饪这个绝妙的想法。烹饪彻底改变了食物和饮品的起源。我们将在本章探讨这一概念。然而，又一个重大事件发生了：对火的控制。这是我们以烹饪滋养自己的理论支柱的又一个转折点。

本章分为两个部分或子章节，分别介绍用火之前和之后的烹饪、食物和饮品。我们解释的变量和概念是根据智论方法学陈述的。两个子章节都按照逐步结构进行布局，先介绍旧石器时代原始人类食用的制备品，它们怎样被摄入以及使用的是什么。然后我们解释对不同过程的了解以及它们需要哪些非美食资源。最后，我们概述用于这些制备品的美食资源：当时最重要的工具、技术和产品。结尾，我们提出这些最初的人类可能实现的烹饪类型的相关假设。

第4章

401

新石器时代：重大历史里程碑（公元前10000年至前3500年）

最后一批游牧狩猎和采集者开始改变他们的习惯，从而产生了一种新的并且完全不同的生活方式——定居，并通过农业和畜牧业生产食物。这是新石器时代的开始。

和关于旧石器时代的那章一样，我们先介绍最重要的历史方面，以便充分熟悉背景。结构是一样的。在大致回顾了该时期之后，我们使用同样的分类描述了重要的里程碑：自然、身体、思维、精神、个性和活动。这一章探讨了第一批定居点的情况，以及首批农业方法和首批驯化动物的特征，而且我们特别关注了中东地区新石器时代的文化，它是全世界出现最早的，并衍生出了随后欧洲的新石器时代文化。

第5章

469

新石器时代的烹饪、食物和饮品

在新石器时代的所有事件中，我们强调了发生于该时期开始大约3000年后的一个具有重大意义的事件：陶器的发明，以及使用它制造的用于烹饪、储存、进食和饮用的多种多样的容器。该事件将本章分为两部分：陶器出现之前和之后的新石器时代的烹饪、食物和饮品。陶器是最终的史前元素，它塑造的基础将在数千年后催生出高档餐厅。

和关于旧石器时代的那章一样，智论方法学被用于探讨许多要素中的每一个要素，这些要素组成了使用烹饪的营养世界。我们的探讨始于第一批定居人类能够制作的制备品，结束于制作它们所需的主要美食资源。我们还讨论了伴随这些新石器时代创新出现的烹饪类型。

564

最终思考：一切开始之时

一段漫长而令人沉迷的发现之旅过后，在本书的结尾，我们对最重要的方面进行总结：烹饪如何开始，第一批人类如何进食和饮用，以及进化如何让史前时代末期的烹饪和营养如此类似我们今日所认识的烹饪和营养，尽管它们之间相隔数千年。

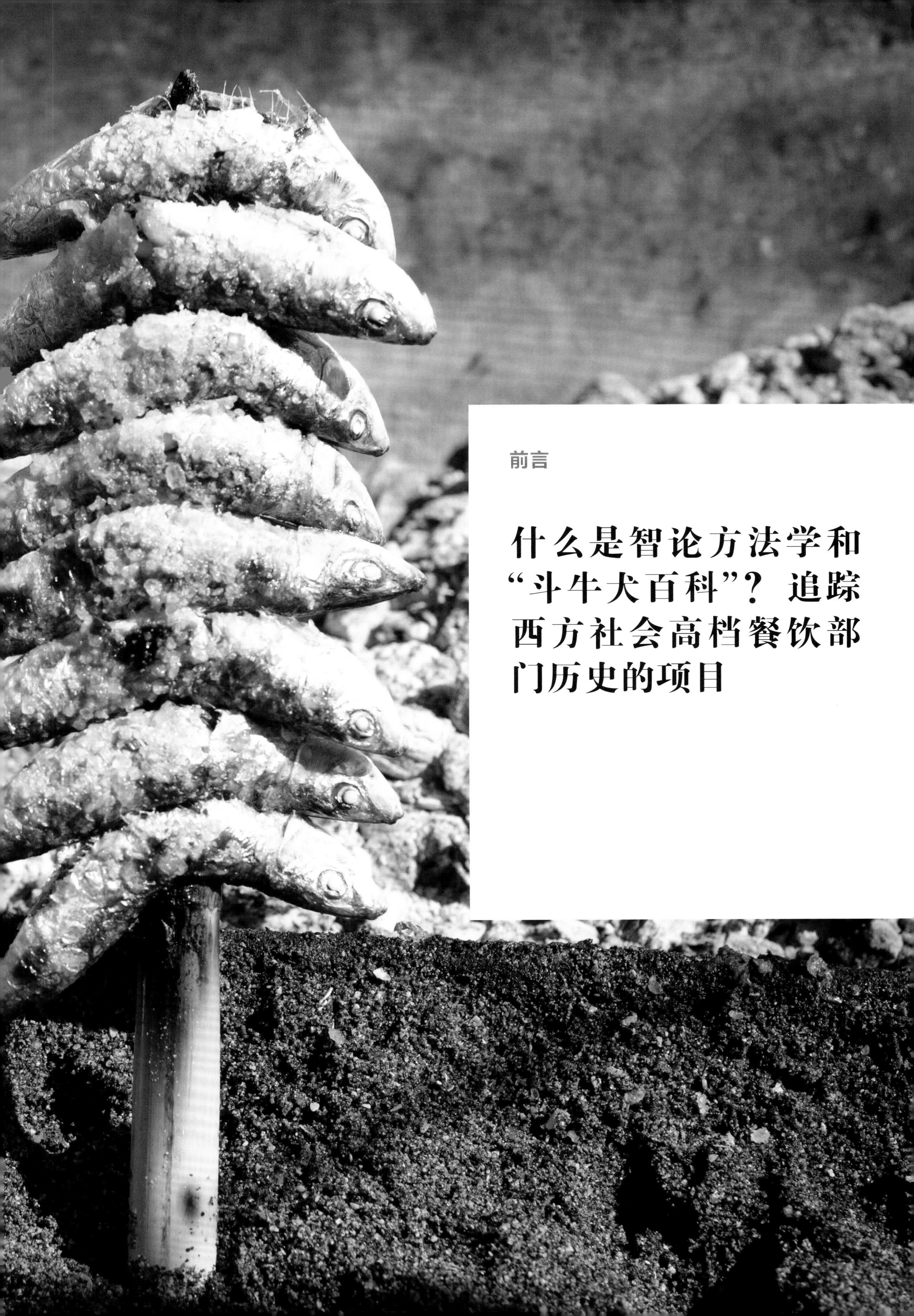

前言

什么是智论方法学和“斗牛犬百科”？追踪西方社会高档餐饮部门历史的项目

智论

连接知识

应用于西方社会高档餐饮部门的智论方法

智论是一种旨在连接知识的方法学。它的系统化过程让你能够理解并使用它分析的任何研究主题，因为它涵盖了该主题的每个方面。这意味着智论可以应用于特定领域、学科或部门中的某种品牌、职业或活动。

“斗牛犬百科”将智论应用于高档餐饮部门，这是我们关注的焦点，也是“斗牛犬百科”的核心概念。第一步需要以语义色彩的研究为指导，在绝对的黑与白之间及可觉察的任何“灰色地带”中质疑目前持有的观念。多学科方法可以创造协同作用并提供对高档餐饮部门的整体视野，通过这种方法，这一选择是有可能实现的。

因此，我们将该主题既作为整体，也作为可分解为若干部分的事物进行审视，而后者将提供对整体的更好的理解。为此，我们开展了研究利用科学的准确性和基本原理，避免教条式的论述。智论方法学需要科学的观念和思维模式。它在利用法则、原理和公认理论的实证研究中取得成果。

由于完整地分析美食学将会需要庞大的不切实际的资源和时间，本书的研究对象局限于西方社会的高档餐饮部门。

作为一种理解模型，智论在分析其主题时使用系统化思维，这种思维考虑到不同体系的运作以及它们之间的相互作用，包括产生后果——一门学科在给定时期内得到的结果——的广泛多样的过程和资源。至于西方高档餐饮部门，我们所说的是一个已有大约240年历史的主题，而且如果要理解这个主题，我们需要在其历史背景中研究它。

智论选择必不可少的碎块知识并将它们连接起来，以便让我们能够理解它们并获得更有力和更高效的结果，从而激发创造力。而在本书中，这样做还可以在高档餐饮部门获得创造力以便创新。

“斗牛犬百科”

“斗牛犬百科”：高档餐饮部门的百科全书

“斗牛犬百科”是斗牛犬基金会的主要项目之一。它的目标是汇编、创造和组织创建一部高档餐饮部门百科全书所必需的内容。这些内容将通过多形式平台展示：图书、移动应用、展览或硕士学位课程。

“斗牛犬百科”以智论为基础，智论是一套用于汇编、选择和组织最少的必需知识以便理解任何学科的方法学。智论方法学致力于连接不同学科视角下搜集的知识，这正是“斗牛犬百科”的编辑人员来自多学科背景的原因。

该项目的主要目的是向高档餐饮部门的所有职业人士提供跨学科和实践知识：一线服务人员、厨房人员以及管理和行政人员。“斗牛犬百科”还面向特定活动领域中需要更多技术信息的职业人士（创意人员、经理、侍酒师和酒保）运行专业项目，并为他们创造更多特定内容。

各种呈现形式和所有研究都追求同一个目标：为高档餐饮部门生成和传播智论。

“斗牛犬百科”的各种形式

图书

浓缩本质

“斗牛犬百科”的标准形式是图书，因为它可以传播知识。但是这在内容的压缩、汇编和验证方面提出了巨大的挑战。创造一部涵盖每门学科基本信息的作品，这是一种概念化练习。

图书构成更大拼图的其中一部分，每一本书都有助于理解高档餐饮部门的一部分。印刷格式允许内容以实用主义的方式呈现，以创造出一种提出论点然后使用艺术美学将其呈现的熟悉方式。

“斗牛犬百科”包括一些拥有特定专门内容的独立图书，以及另外一些构成跨学科合集的图书，以提供对不同主题领域的更全面的理解。

应用程序

专门化

对于无法汇编成一本书的超大量信息，数字格式可以实现它的传播和连接（通过链接）。新技术让我们能够计划一整套与“斗牛犬百科”的内容相关联的应用程序。这些应用正在进行多平台开发——智能手机、平板电脑、计算机等智能设备，以便轻松访问“斗牛犬百科”的信息，并提供促进理解相关研究领域的各种功能。

对于“斗牛犬百科”制作的部分内容，它们的特点、体量和构想常常意味着只能通过数字平台（主要是网站和应用程序）查询。

硕士学位课程/慕课

通过教育分享

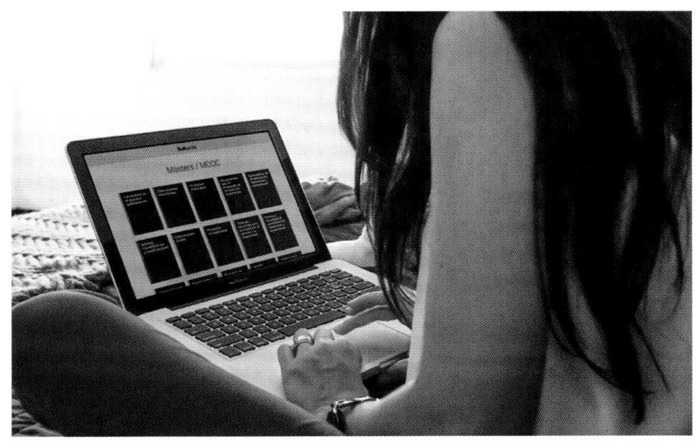

“斗牛犬百科”致力于在学术领域发挥重要作用，并巩固美食学作为一门向研究敞开大门的学科的地位。

我们希望“斗牛犬百科”产生的知识将来用于本科课程以及硕士和博士学位课程中。它还向任何旨在通过知识实现美食学学科专业化的大学或学校提供知识和研究来源。

考虑到“斗牛犬百科”在学术环境中的重要性与日俱增，我们还在开发特定的大规模在线公开课程（Massive Open Online Courses，简称MOOCs，即慕课）。

展览

不一样的维度

展览是“斗牛犬百科”具有吸引力的形式之一。展览让参观者终于能够参与内容并进行互动。参观者将沿着一条旨在展示和解释内容并在此过程中促进理解和引发对话的交互性路径上前进。

展览还是工作工具，让我们能够对任何项目的进展和内容进行可视化，以便监控和审查。

发散式搜索（SEAURCHING）

一种新的学习工具

发散式搜索是一种刺激学习的数字工具，一种展示信息的新模型，可以收集和连接信息以鼓励自学。

它着重于连接不同的概念，让用户能够以一种几乎无意识且出于直觉的方式浏览该工具并获取知识。

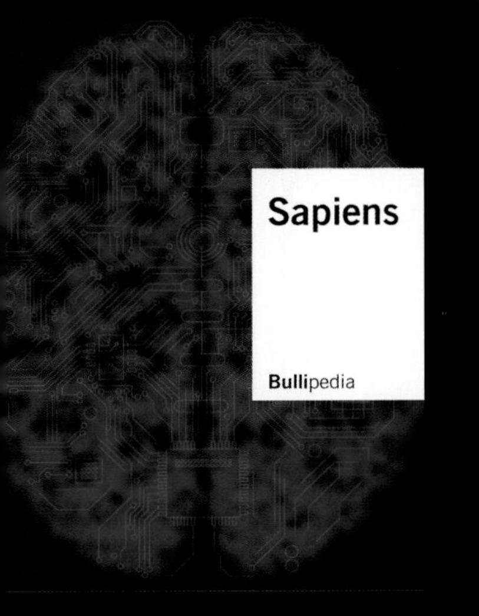
Sapiens
Bullipedia

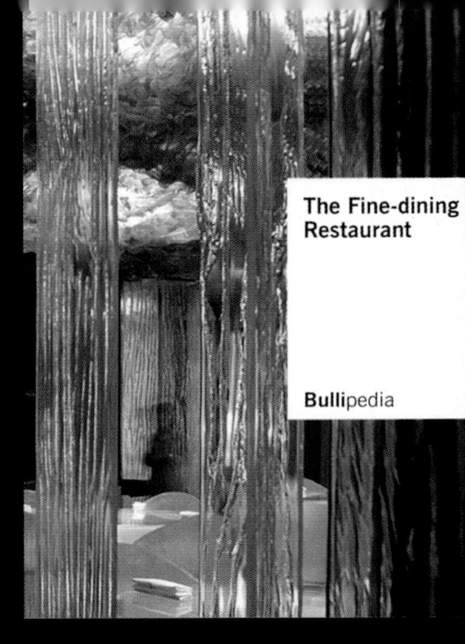
The Fine-dining Restaurant
Bullipedia

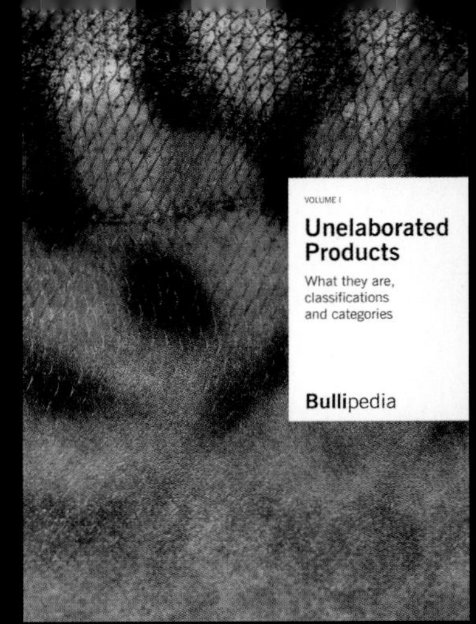
VOLUME I
Unelaborated Products
What they are, classifications and categories
Bullipedia

VOLUME II
Unelaborat
products
Taxonomy
Bullipedia

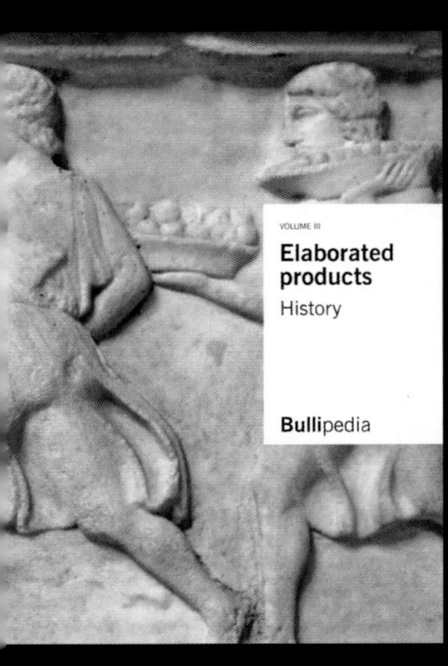
VOLUME III
Elaborated products
History
Bullipedia

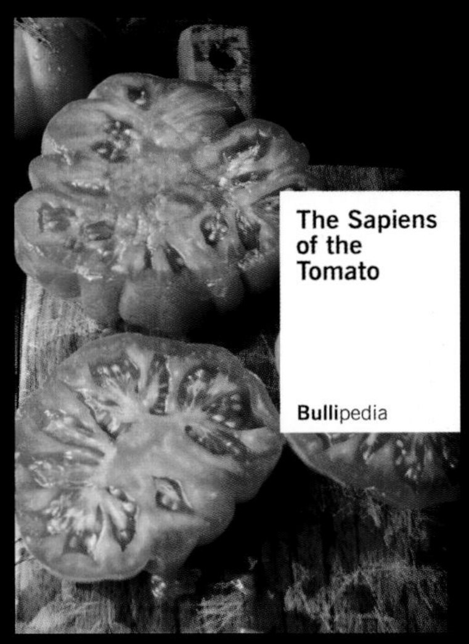
The Sapiens of the Tomato
Bullipedia

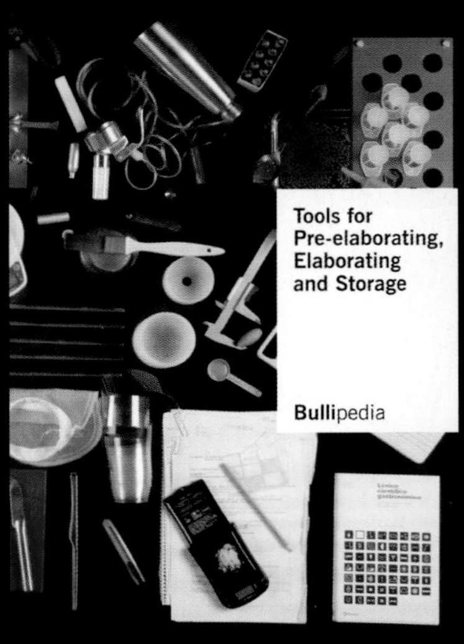
Tools for Pre-elaborating, Elaborating and Storage
Bullipedia

Tools for Plating, Serving and Tastin
Bullipedia

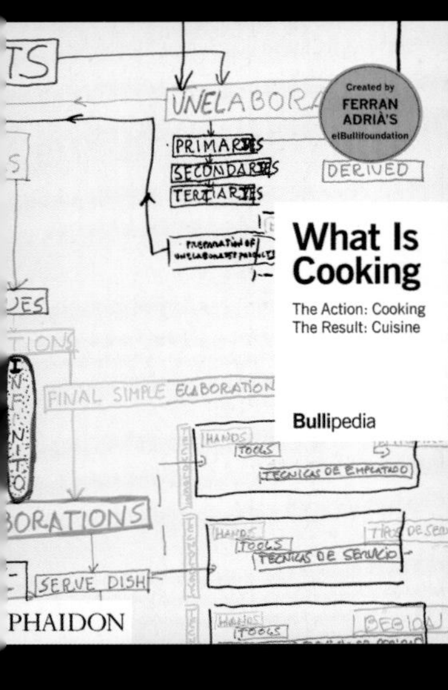
Created by FERRAN ADRIÀ'S elBullifoundation
UNELABORA
PRIMARIES
SECONDARIES
TERTIARIES
DERIVED
What Is Cooking
The Action: Cooking
The Result: Cuisine
FINAL SIMPLE ELABORATION
Bullipedia
BORATIONS
SERVE DISH
PHAIDON

Created by FERRAN ADRIÀ'S elBullifoundation
Coffee Sapiens
Innovation through understanding
Bullipedia
PHAIDON

Beverages
Definition, history, types and composition
Bullipedia

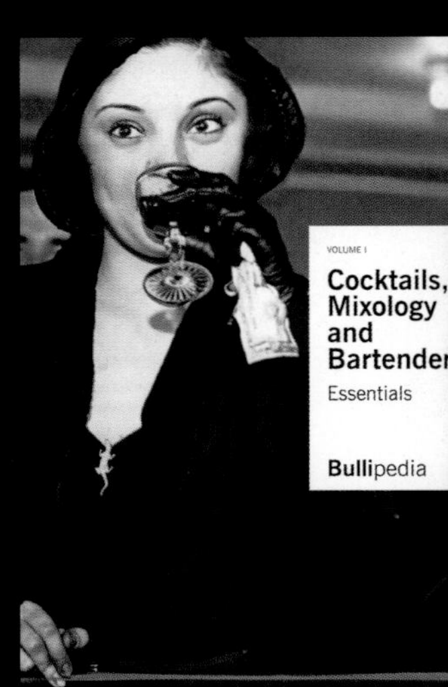
VOLUME I
Cocktails, Mixology and Bartender
Essentials
Bullipedia

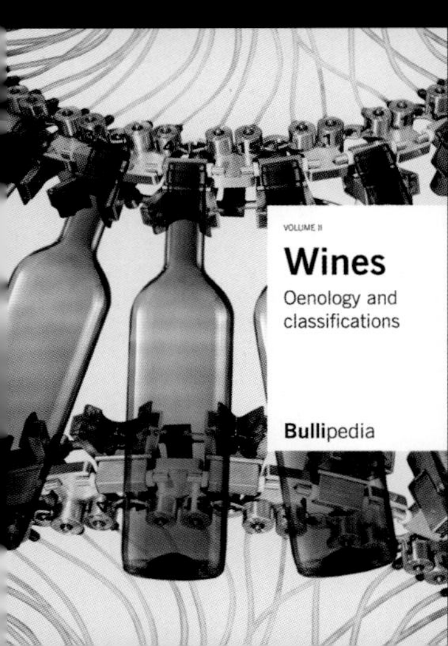
VOLUME II
Wines
Oenology and classifications
Bullipedia

ESTE VINO ES DE MI ÉPOCA
VOLUME IV
Wines
The sommelier and the fine-dining restaurant
Bullipedia

VOLUME III
Wines
The wine-tasting experience
Bullipedia

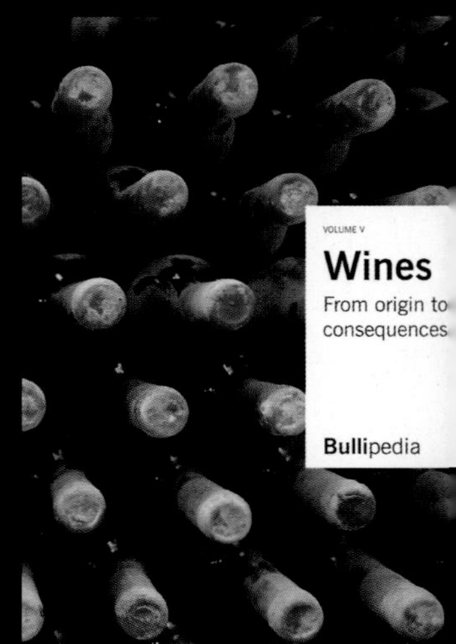
VOLUME V
Wines
From origin to consequences
Bullipedia

Unelaborated Products
Their use in the fine-dining restaurant
Bullipedia
Unelaborated Products
Their history in the fine-dining restaurant
Bullipedia

Elaborated Products
What they are, classifications, categories, classes and types
Bullipedia

Elaborated Products
Their use in the fine-dining restaurant
Bullipedia

The Offering in a Fine-dining Restaurant
Bullipedia

The Fine-dining Experience
Bullipedia

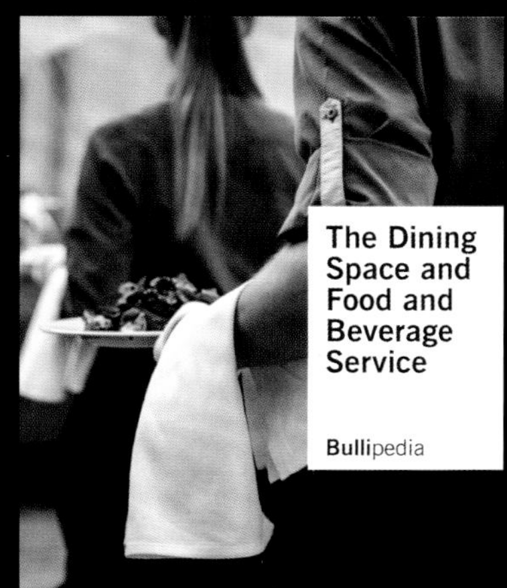
The Dining Space and Food and Beverage Service
Bullipedia

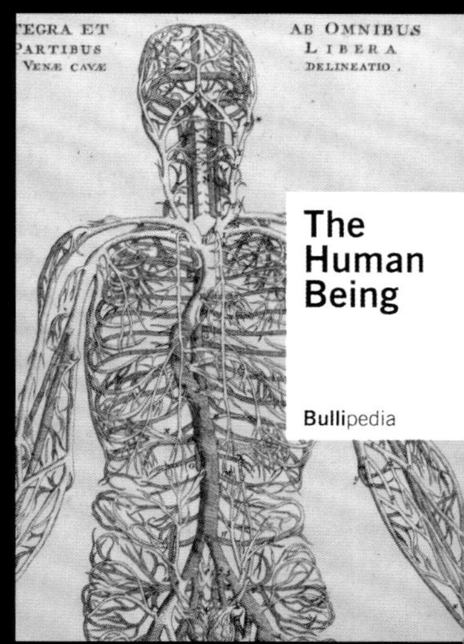
AB OMNIBUS LIBERA DELINEATIO.
The Human Being
Bullipedia

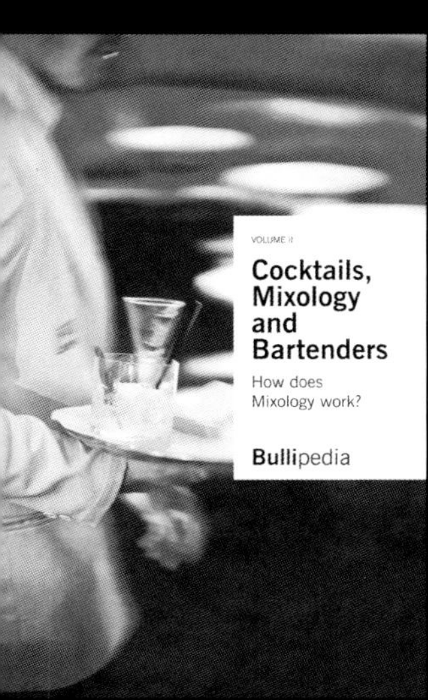
Cocktails, Mixology and Bartenders
How does Mixology work?
Bullipedia

Cocktails, Mixology and Bartenders
What do we use to make cocktails?
Bullipedia

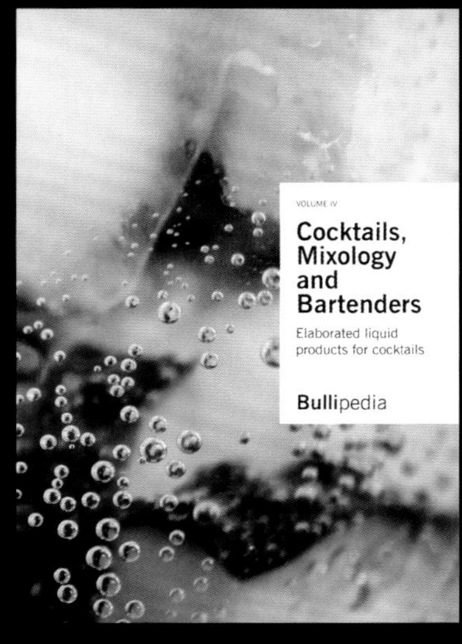
Cocktails, Mixology and Bartenders
Elaborated liquid products for cocktails
Bullipedia

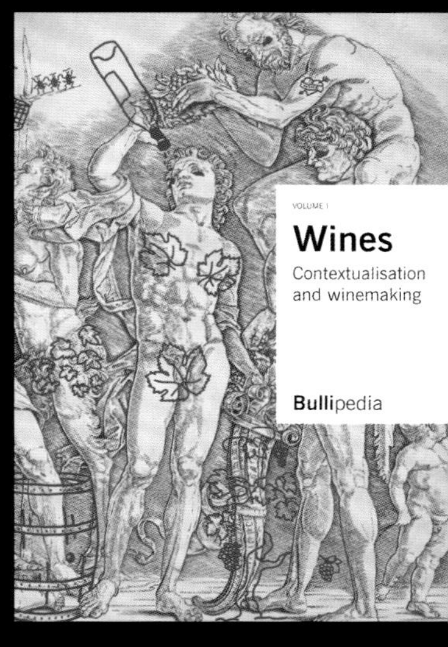
Wines
Contextualisation and winemaking
Bullipedia

Wines
The geography of winemaking
Bullipedia

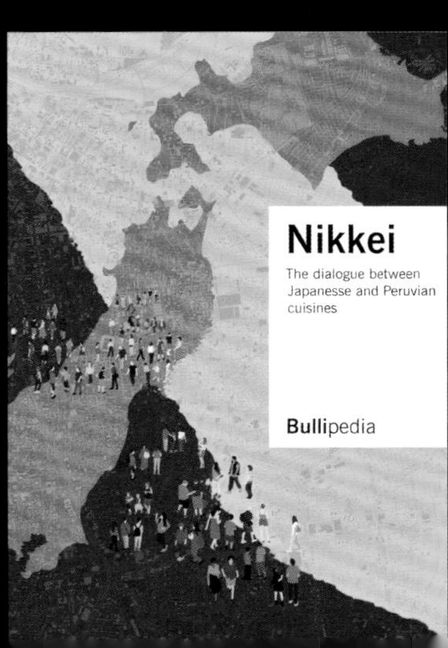
Nikkei
The dialogue between Japanese and Peruvian cuisines
Bullipedia

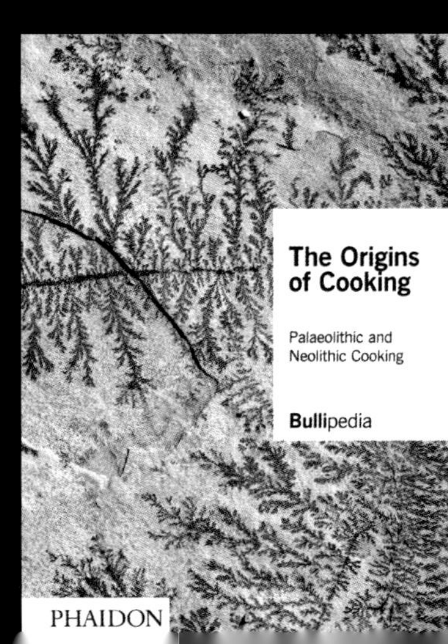
The Origins of Cooking
Palaeolithic and Neolithic Cooking
Bullipedia
PHAIDON

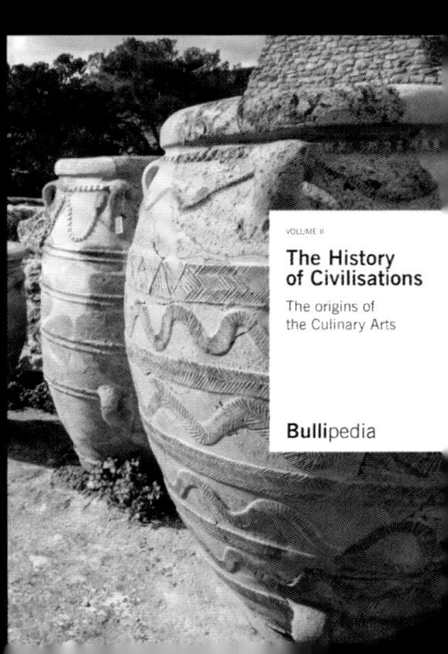
The History of Civilisations
The origins of the Culinary Arts
Bullipedia

追踪西方社会高档餐饮部门历史的项目

西方社会高档餐饮部门的历史是我们正在“斗牛犬百科”的框架内开展的项目之一。我们通过它分析构成西方高档餐饮部门的元素的历史演化，由于我们在斗牛犬餐厅开展的工作和我们的地缘政治背景，该部门正是我们最熟悉的领域。该项目的存在体现了我们整理自身学科的相关知识并促进其传播的决心。

该项目将花费数年时间才能完成，而且将依赖不同合作机构的协助。它将至少具有两个版本：一套系列丛书（本书是第一卷），以及需要长期才能完成的更野心勃勃的数字版本。关于餐饮历史的系列丛书将包括不同的卷册，并按照我们定义的历史时期（我们将在后面解释如何定义）进行组织。这些图书对于任何有兴趣探索高档餐饮部门历史的人都是有用的工具，但它们是为了满足该部门职业人士的需求量身定制的，特别是主厨和各种一线服务人员。

与智论方法学保持一致，我们创建了一套涵盖所有类别的结构，并将高档餐厅的所有部分都整理到这套结构中去。“斗牛犬百科”的大部分图书和丛书讨论的是某种特定元素，与它们不同的是，从产品、技术和工具，到过程、行为主体和其他美食资源，这套丛书讨论的是每个历史时期与烹饪、食物和饮品相关的一切事物，并概括性地描述了涉及高档餐饮部门的所有变量的主要里程碑。

这套印刷图书可以作为一种练习，将使我们能够构建该项目的数字版本，这才是我们的最终目标。数字版本将拓宽这些图书涵盖的范围，并让我们有可能根据一系列特定功能来组织信息。我们将这些书视为我们想要做的工作的主要行为计划，但是数字方面的工作将提供扩大范围的机会。

我们决定以这本书开始，因为我们认为编写这本书是最有用的经验，可以让我们浓缩并测试我们的方法学。这些图书通过试错过程，通过让我们实施自己自由设定的不同阶段而忽略出版界约定俗成的惯例，从而让我们得以继续进行。为了让读者了解这本书是如何开发的，下面是对构成我们工作模型的各个阶段的总结。

- **标题**：我们列出书的主题，也就是它的标题。这似乎显而易见，但是在斗牛犬基金会的项目中，这并不像听起来那么简单。我们同时参与大量项目，但并非所有项目都会达到一本书的体量。

- **起草索引**：我们制定出内容的初始梗概。

- **启动版**：我们拼凑出所谓的"启动板"（launchpad），它是这本书的草稿版本，使用的是临时性的材料而且准确性较低。它让我们能够设想出主题的规模（这本书的篇幅会有多长）、可能的设计方式以及索引是否适用。在这个阶段，我们可以看到哪些材料与其他项目的材料重叠，什么内容将在这本书里长篇讨论，什么内容不会得到讨论，以及这本书如何与数字版本相关。

- **修订后的启动版**：我们修订启动版并更改其结构，直到我们找到最有说服力的结构。

- **书的第一版**：我们开始撰写这本书的草稿版本。我们尽可能准确地创建内容，一次创建一点。与此同时，我们进行设计、插图、图像等方面的工作。我们出版了第一个版本（是为基金会赞助人发行的特别版本，不对外发售）。

- **成熟**：我们求助本书所涉及主题的相关专家，以获取对本书材料质量的反馈，并从中得到对提升其准确性的帮助。我们接受他们的意见并实施他们建议的更改。

- **书的第二版**：这是面向公众发布的版本。除了根据专家的反馈进行更改，我们不断进行反思和再思考的过程也产生了更改。我们在斗牛犬基金会所做的一切都处于不断变化的状态，而且项目之间的相互联系意味着在一个项目中的任何修改都会影响所有其他项目。并非我们所有的书都有第二个版本，"斗牛犬百科全书"中的很多书只有一个版本。

- **数字版本**：书中涉及的所有工作，以及合作机构中专家们的共同努力，都被添加到该项目的数字版本。

在接下来的几页里，我们将提供其他关于该项目的特征、后续几卷的内容、重点、方法论、目标读者以及我们的分析的特殊性的详细信息。这是一个有野心的项目，是一套独特的丛书，我们希望通过这套书来阐明最令我们着迷的学科的历史。

全套丛书

第一卷　烹饪的起源：旧石器时代和新石器时代的烹饪（250万年前至公元前3500年）

如今，我们在任何高档餐厅的厨房都能找到可追溯至人类历史开端的物品（在任何家庭厨房其实也一样）。关于烹饪的方方面面，诸如煮和切割之类的技术，诸如刀和锅之类的工具，诸如厨房本身之类的特定空间，甚至就连集体用餐这样的习俗都出现在史前时期——我们将其称为旧石器时代和新石器时代。

该系列丛书的第一卷探索这两个最早的时代，并重点关注那些最重要事件发生的地理区域。对于旧石器时代，这样的地理范围非常广阔。根据考古专家的提示，我们造访了非洲、欧洲和亚洲大陆上的遗址。而对于新石器时代，我们重点关注今天的中东地区，这里是最早的新石器文明的摇篮，也是后来将在欧洲实施创新的发源地。

智论方法学建立的结构将体现在本书的各章节中，并在之后的各卷中复制。通过它，我们将根据不同的分隔空间、“抽屉”以及高档餐饮智论方法学建立的秩序，探索构成烹饪、食物和饮品宇宙的每个元素。以同样的方式，书中确立了一个横向的主题，即对创造性的强调，它将是整个项目的特色。

第二卷　古代文明史：烹饪艺术的起源（公元前3500年至476年）

伴随着书写的出现以及新石器时代后期社会经济结构的日益复杂化，西方及其周边地区出现了一个新的历史时代，其特征是一系列我们统称为古代文明的文化。这本书探索其中最重要的一些文明，例如美索不达米亚文明和古埃及文明，以及距今更近的古希腊文明和古罗马文明。这里的时间线仍然非常遥远和广阔，而我们继续依靠考古学家和历史学家的协助。

关于这段令人着迷的时期，我们感兴趣的是高档餐饮部门历史上的一个重大事件：烹饪艺术的起源。换句话说，这是社会中能够举办以富裕、高品质、炫耀、愉悦和享乐主义为中心的宴会的最有特权阶层的习俗。古代文明的烹饪艺术是美食现象的首次历史表现，并将在当代高档餐厅中得到终极表达。

还有空间，它是当代高档餐厅的核心概念：以一定价格供应食物和饮品，即进行产品交换的公共场所。我们指的是酒馆（taverns），这个泛称被我们用于涵盖出现在不同文明之中并一直在西方历史上延续的大量此类场所。

第三卷　中世纪和文艺复兴：欧洲美食学（476年至1600年）

随着我们继续追踪举办宴会的习俗，我们来到了欧洲的中世纪，在这段时期，在严格的社会等级制度中处于最高层次的特权团体更加沉迷于奢侈的盛宴。除了充当开展各种政治策略的舞台，君主、贵族和神职人员举办的宴会还变得更加复杂和精致。可参考的书面资料就是在这个时候开始出现的，其文本出自烹饪艺术的核心人物：厨师、主人和客人等。这些文本让我们可以搜集该时期最杰出的工具、技术和产品的详细相关信息，以及当时对烹饪流程和著名从业人员的所见所闻。此外，可购买食物和饮品的公共场所继续存在。我们研究了它们演变过程的一些细节，其演变与行会紧密相关，并且在法国获得了特别的意义。

在中世纪，美食学方面的领导地位在欧洲和辉煌的伊斯兰诸帝国的不同地方可见一斑，而在文艺复兴时期，它显然集中在如今我们称为意大利的土地上。

第四卷　伟大的法国料理（1600年至1780年）

1600年至1780年，法国经历了第一次美食黄金时代。历史上首次涌现出一代质疑传统观念的厨师。他们不但深思了自己的学科并彻底改变了烹饪的实践方式，而且从根本上打破了从中世纪继承的习俗，并开始传播一种以产品为中心、形式更为高档化的料理。他们还以书面形式记录了自己的方法和思考，从而引发了美食文献的第一次大普及。在此之前，这项在厨房中进行的工作的秘密一直受到严密保护，但是17世纪和18世纪的法国厨师启动了分享知识与技能的习惯。

我们研究了这种新风格的组成部分、它引入的创新以及从过去继承的元素。我们还观察了法国如何从那时起成为典范，令高级料理等同于法式高级料理。此卷和后续各卷将把更多篇幅用于那些最著名厨师的个人传记。

第五卷　高档餐厅的出现（1780年至1903年）

本卷探讨了我们的项目重点关注的一段关键时期，以及烹饪史上的转折点：18世纪末，高档餐厅在巴黎的出现。它汇集了上层阶级家庭中烹饪艺术的方法和习俗，以及供应食物和饮品的公共场所的传统。

通过结合这两种现象，餐厅从此时起变得以美食为中心，尽管它曾在几十年里与皇家主办的宴会共同成为万众瞩目的焦点。因此，本卷将许多篇幅用于烹饪艺术。这并不令人惊讶，毕竟这一时期涌现出了一些历史上最有影响力的厨师［玛丽-安托万·卡雷姆（Marie-Antoine Carême）］。尽管出现了这些新型场所，但这些厨师决定继续为政府首脑和上中产阶级下厨。

第六卷　编纂后的古典主义（1903年至1965年）

20世纪上半叶的重要特点是基于奥古斯特·埃斯科菲耶（Auguste Escoffier）的《烹饪指南》（*Le Guide Culinaire*，1903年）的统治地位，这本书在当时成了几乎所有职业高档餐饮厨师的实操指南。这本书致力于系统化地总结厨房里的工作，最终成了高档餐饮部门的《圣经》。对后来者而言，这是一部不容置疑只能追随的作品。我们分析这本书以及当时的其他图书，看一看这种系统化涉及什么，遗漏了什么，以及它包含了多少延续至今的教条。我们还探讨了这几十年是否意味着美食学领域的创造性枯竭，或者它们是否包含隐藏的惊喜。

第七卷　新菜烹饪法（1965年至今）

本卷始于对延续至今的高档餐饮后古典时期的分析，而这段时期开始于打破上一个时期的停滞状态。就像在17世纪初期发生过的那样，一代主厨通过改变菜肴的构思方式革新了高档餐厅的厨房。我们着眼于新菜烹饪法（nouvelle cuisine）的兴起，并深入研究了第一次美食学先锋运动，它的实践至今仍存在于许多餐厅的厨房。

第八卷　科技情感烹饪法（1994年至今）

我们最终以本卷抵达旅程的尽头。在20世纪90年代末，第二次先锋运动兴起，将就餐体验以及更注重理论和思想的方面一起推向前所未有的极限。创造性再次走向前台。尽管这种现象是最近才出现的，但是从历史的角度来看，有足够的信息让我们可以展开对它的探索并仔细研究“高级成品烹饪”（prêt-à-porter cuisine）这一现象，如今它是许多高档餐饮场所的标志。我们将看到法国如何与世界上的许多其他地方分享它在高级料理领域的统治地位，从而结束独霸该领域的历史。

该项目是为了谁开展的?

所有这些书都在为了理想的读者而编写，信息、格式和风格将会是他们最感兴趣或者对他们最有用的。这套系列丛书针对的是在高档餐饮部门工作的主要职业人士：厨师和一线服务员工。

在厨师当中，这套系列丛书对于那些具有创造性和创新思维的人、渴望成为餐厅中的创意领导者的人以及想要更深入地了解自己学科的人，将会是最有用的。至于一线服务职业人士，我们特别注重那些追求卓越并且希望了解自身领域在历史上的来龙去脉的餐厅领班（maîtres d'hôtel）和侍者。本书的内容主要集中在烹饪方面，因为服务在史前时代几乎没有什么表现方式，但是后续各卷将重新平衡烹饪和服务这两个方面。

到目前为止，美食学历史的编写从未考虑到那些令餐厅成为可能的人们的观点。高档餐饮部门的智论方法学是从他们的角度设计的。归根结底，他们是进行核心活动的人，没有这些核心活动，我们根本无从谈论美食。采纳他们的视角导致本研究的目的和指导本研究的问题都发生了变化。因此，这套系列丛书追踪的历史与其他版本的美食学历史大不相同。

餐饮业的其他职业人士（侍酒师、酒保、经理等），甚至其他学科的职业人士（人类学家、历史学家和食品技术人员）都将在这套系列丛书中发现感兴趣的信息，尽管他们可能会发现这套系列丛书缺少重点或者删去了他们最感兴趣的东西。这个问题将在数字版本中解决，其中的信息将按照一系列广泛的主题进行组织。正如我们一开始提到的那样，该系列丛书包含指导斗牛犬基金会正在进行的工作的主要论述，但是通过与其他机构的合作，我们的长期目标是涵盖美食学历史知识的更多维度。

尽管如此，我们仍然希望这些历史知识的结构对于任何对美食学历史感兴趣的人都是有用的，并且有助于创造一种促进对话的通用语言。正如我们已经提到的，我们的愿望是鼓励一种整体的和多学科的方法。

我们关注高档餐饮部门的职业人士，
但我们的目的是在所有对美食学历史感兴趣的
学科之间建立对话。

智论方法学是应用于历史的创造性分析方法

在斗牛犬基金会，我们设计了属于自己的汇编知识的方法，以促进对任何现象的理解。正如我们已经解释过的那样，这套模型的基础是将研究对象解构为它包含的各个系统，该模型从不同维度或方面进行思考和理解。这种方法的基本目标是触及为我们提供可靠和有用知识的核心信息。换句话说，它的目的不是涵盖一切，而是强调基本元素。智论方法学就像是一种软件，任何人都可以填写所需要的内容。

历史分析是一个很关键的方面，它让我们能够理解一切令我们感兴趣的东西。知道某种事物经历过怎样的演化，这有助于我们理解它在当下以及每个时期的形式。历史提供了语境。

系统性方法学的缺乏阻碍了我们对该特定学科（西方社会中的高档餐饮部门）的相关知识的了解。如今存在大量关于美食学的信息，但是由于缺少明确的整理排列，这些信息的正确理解受到阻碍。我们无法设想它的结构，找出令其保持稳定并令“抽屉”各归其位的支柱，而这些“抽屉”里收纳着它的不同部分。实际上，纵观历史，影响力巨大的厨师们——例如玛丽-安托万·卡雷姆和奥古斯特·埃斯科菲耶——都知晓这样的不足，并做出了与我们类似的努力来解读自己的学科。如今，在一种新方法的加持之下，我们打算接手他们未竟的事业。

美食学的历史维度——尤其是在高档餐饮部门——也面临着同样的问题。虽然存在不计其数的历史研究，而且大多数研究拥有出色的学术和科学质量，但是我们缺乏一种对该行业的职业人士有用并且得到普遍接受的理解模型。在智论方法学的框架内研究高档餐饮的历史具有许多优势。

- **它允许建立清晰有序的结构**，这是研究领域的一项关键进步，因为这方面的研究在此之前从未以前后一致的方式进行（见第106页）。门类和系统的整理让我们可以轻松地比较高档餐饮在不同时空的历史。通过智论的方法，此前未被注意的特征和历史动态将浮现，并开启对历史资料的新解读。

- **它可以让人察觉先入为主的观念**，比如，我们为什么相信西班牙式可乐饼（croquetas，即填充贝夏梅尔调味酱的西班牙油炸丸子）是西班牙美食遗产的一部分？它还可以让人察觉前后不一致的观念（如果烹饪可以在不使用火的情况下实现，为什么考古学家说烹饪始于对火的控制？）。同时，它让人可以察觉未曾探索的领域（我们为什么不熟悉历史上最重要的厨师们的创造过程？）以及不合理的差距（我们为什么对某些产品如此熟悉，而对另一些产品一无所知？）。

- **它让我们知道由于缺乏证据而无法填补的空白是什么**。如果没有最低限度的结构来指导我们的研究，会让我们很难知道自己的确知道什么，以及什么信息是因为缺乏相关的历史、考古或人类学资料而不可能获得的。

- **它建立了一套通用词汇**，这套词汇限制了由不同方法导致的混乱，而且任何有意进一步发展自己对美食界兴趣的人都可以轻松地使用它。

- **它催生了新一代的职业人员**。该项目为研究美食学历史或者对其感兴趣的专家（人类学家、考古学家、植物学家、动物学家、农业和食品工业的专家、历史学家等）提供了深入的跨学科视角。

- **它是实现美食创造性的工具。**如今，当厨师想要创新自己制造的烹饪时，他们很难知道自己想组合的物品在过去曾被怎样对待过（无论是为了获得灵感还是仅仅为了避免重复）。他们必须深入研究大量历史图书，并反复钻研他们打算使用的产品或技术留下的痕迹，甚至不确定是否存在相关信息。如果我们拥有按照智论方法学整理的美食学历史，那么将来我们就可以简单高效地找到激励美食创造性的信息。

- **它可用于讲述食物、烹饪、美食学、高档餐厅等事物的历史**，我们的项目用了很长的篇幅来探讨高档餐厅这一领域，让它在最雄心勃勃的学术性计划中占有一席之地。

在我们许多年的经验中，我们在美食界使用了一种非常特别的工具，我们称之为“进化分析”。2001年，我们首次将它投入使用，用于记录和分析在斗牛犬餐厅所取得的进展。

我们从三个基本概念开始这一过程：建立不同的“门类”，并将餐厅中的活动都归入其中。确定每种新创造出现的时间，并分析它带来的好处、它是如何实现的、它的影响以及这种创造将指引我们走向何方。这样做的目的是让我们能够将该工具应用于高档餐饮部门的过去，以理解高档餐饮部门在每个时期是如何发展的，以及在哪些方面发展。然而，我们意识到想让这种分析按照我们的意愿进行是多么不可能。

进化分析需要不厌其烦地记录我们之前的主厨和烹饪职业人士进行的每一个步骤，但不幸的是这种记录并未发生。进化分析不但要求我们必须知道每个地方、每个时期和每个餐厅都实现了哪些重要成就，而且还要求我们知道令这些成就成为可能的影响和背景的细节。遗憾的是，对于20世纪最有影响力的餐厅所使用的创造过程，我们几乎一无所知，而对在此之前的情况就知道得更少了。几乎没有任何在这些厨房里进行的工作的相关信息留存下来（菜单也很少），我们没有制成品的诞生日期，伟大主厨的传记寥寥无几。我们缺少大量信息。此外，进化分析是一套完整而全面的工具，所以它的对象常常是小规模的（一个商业机构、一个领导者、一个团队），而不是整个领域或学科。

但是，我们能够对西方社会高档餐饮部门全部历史中的创造性和创意进行分析。换句话说，即对每个时期的重大创造性里程碑和最重要的创新进行研究。在专门研究过去的职业人士（考古学家、历史学家）和智论方法学的帮助下，我们将能够分门别类地叙述该学科的过去。

事实证明，进化分析或创造性分析对于另一件工具的付诸实践非常有用，我们认为这种工具对于任何活动的实施都至关重要：创造性审计（creative audit）。这种控制技术的目的是彻底评估创造过程要素的每个细节，以提出改进建议。就高档餐饮部门的历史而言，可以按照时期进行创造性审计，以检查每种情况下的创造性结果是什么，让我们能够反思下一个时期在哪些方面有所进步或者没有取得进展。

从大爆炸到高档餐饮的后果：历史项目的故事大纲

烹饪是与人类生活密切相关的复杂活动。因此，即便是在最基础的概念上，更深入地理解烹饪也需要熟悉人类是如何在地球上生命的进化背景下出现的。因此，我们就这样开始叙述：回到一切的起源，追溯生命的线索，理解烹饪、食物和饮品的复杂世界所需的许多关键都隐藏其中。

大爆炸导致了物质的膨胀，并孕育了宇宙和构成宇宙的所有天体，其中包括地球这颗行星：一个两极稍微扁平的球体，由致密的材料以及充满气体的轻盈大气层组成。很久以后，在堪称神迹的融合作用下，生命出现了。生命始于第一批单细胞生物，而它们通过令人着迷的进化过程，诞生了居住在地球上的亿万生灵。

这个进化过程存在一个意义非凡的时刻：在哺乳动物的世界中，灵长类动物的一个分支从其余灵长类中分离出来，诞生了所谓的人属（*Homo*），这是我们的谱系。在一段很长的时期内，进化将负责塑造该属的许多不同物种，直到动物界诞生出最万能并且拥有最强大智力的成员：智人（*Homo sapiens*），也就是我们。

进化为我们提供了独特的身体和极其复杂的大脑，后者能够处理多种刺激和外部信息。我们的大脑与我们的身体结合，容纳着一种难以描述并且在动物界独一无二的存在：心智（mind）。心智包含了我们进行推理、体验复杂情感、形成知识、创造和超越的能力。它与有些人所说的“精神”（spirit）有关，而另一些人则将它包容在“意识”（awareness）这个词汇中。正是这一无形的部分让我们成为拥有理性、创造力、智力和情感的动物。

拥有身体和心智的我们发展出了个人的特质和行为，许多人将其称为身份、个性或性格。我们展示出了理解周围世界的独特能力，并以高度创造性的行动对它做出回应。我们的历史实际上是我们创造的一切事物的历史：政治、科学、宗教、建筑、艺术……这些我们发明出来的东西是为了帮助我们更好地存在于世界。而且我们从来不是单枪匹马地做到这一点的。我们作为一个物种的另一个特征是我们迫切需要在他人的陪伴下生活，组建群体并构建我们所说的社会。

在我们的众多创造中，有一项是我们在这里重点关注的：烹饪。烹饪是我们养活自己的引人入胜的方式。自从我们的祖先首次将烹饪付诸实践，它就成了地球上所有人类日常生活的一部分。

烹饪是一项了不起的活动，不仅是因为它在大多数时候可以解决我们的营养需求，而且还因为它在很多维度上拥有与人类相关的横向联系。它与政治、科学、经济甚至艺术相连。进行烹饪涉及我们所有的心智能力（它需要知识、才能、技巧、感受等）和身体的全部潜能（它涉及我们的所有感官以及许多器官和系统）。

人类一开始以非常简单的方式烹饪，这种烹饪是个体化的，同一个人既是厨师也是用餐者。他们发展出了第一批工具、技术和制成品。所有此前的元素都增加了它的多样性，并且出现了一个重要变量：服务，伴随着服务，出现了食物和饮品之间的区分。

并且，与涉及人类的所有事物一样，我们很快就让事情变得更加复杂了。在旧石器时代出现了不同类型的烹饪。如果我们将烹饪活动分为三个阶段（做出烹饪的决定时，烹饪真正发生时，以及进行品尝时），我们会观察到，烹饪的结果［我们将具体每种烹饪结果称为制成品（elaborations）］会根据这三个阶段中每个阶段考虑的标准而产生差异。

因此，将有冷、热、甜、咸以及无数其他类型的烹饪逐渐出现在整个人类历史上。

通过烹饪，我们将享乐主义引入到营养摄入中，即喂饱我们自己的行为中。愉悦感是许多烹饪类型的重要组成部分，但这是最精致的版本（我们称之为美食）的精髓。这是高档餐饮的终极支柱。

在古代文明时代出现的美食学催生了烹饪艺术的历史，这导致了另一个基本维度：美食佳肴和体验这顿佳肴的用餐者的世界。愉悦感导致我们将简单的消费提升为真正的品尝体验。

从那时起，在某些地方——通常是较高社会阶层的住所和机构，那里的烹饪者和品尝者形成了一个复杂的系统（运营系统），变量逐渐出现在其中并相互连接。美食发生的同时，烹饪的公共维度也以酒馆的形式出现，这带来了一个非常重要的变量：烹饪作为一门生意的运营系统。

最后，我们看到了高档餐厅的出现，这是我们关注的焦点。历史的演变和市场经济的巩固催生了这些场所，它们如今作为生意经营（有账户需要管理，并以对利润的渴望作为驱动力），从而令美食方程式变得更复杂。在这些场所中，餐食变成了一种供应品，因为用餐者（此时是顾客）必须为它付费。

但是故事并没有在此结束。一旦供应品告一段落，餐厅里的工作终结，顾客认为自己的体验已经宣告结束，另一个世界打开了："高档餐饮的后果"的世界，我们用这个名称来描述发生在厨房之外但由于其活动而发生的所有事物。我们指的是图书、讲座、展览、竞赛等，但也指某些动态，例如对特定部门（例如旅游业）的刺激、生意（例如农产品）的创建、不同类型项目的创建，以及与其他学科的对话。

烹饪
我们的结论：没有烹饪，其他一切都不会存在。
服务
空间
工具
行为主体
技术
系统
菜肴
结果
产品
供应
高档餐厅
……

为什么了解历史很重要?

有些读者可能感到好奇，为什么要付出如此大的努力来研究高档餐饮的历史。当最有趣的事情是了解现在或许还有预见未来时，打开那些已被遗忘的尘封时刻能有什么用呢?

事实是，历史为那些想要以最高水平工作的人提供了非常有用的知识。我们指的是拒绝盲目工作的职业人士，因为他们喜欢思考自己面对的东西：他们明白，了解自己所做的事有多长的历史是重要的，这有助于找到可以改变或提升的关键之处。

对于他们，我们的历史可以提供很多东西。首先，直觉往往不足以告诉你哪些元素是新的，哪些元素是旧的。例如，你可能会很惊讶地发现，使用海藻烹饪可追溯到新石器时代，而高档餐厅直到18世纪末才出现。

此外，扎实的历史知识会增强个人的判断力，防止个人被并非基于有力论据的观点或流行思潮说服和操纵。在烹饪界，人们习惯将某种食谱归类为“传统的”，并且在尚未真正了解体现某种烹饪风格或运动特征的历史里程碑的情况下就贸然谈论其起源。

这种历史还将从另一个方面帮助我们为任何学科打造一套有创意且注重衍化的档案。这取决于多少内容已被研究以及存在的信息量，这样的档案将多多少少是全面详尽的。对于高档餐饮部门，正如我们即将看到的那样，信息稀缺，而且对该学科进化历程的兴趣是有限的。正是这些情况促使我们创造了这个项目。令我们伤心的是，美食进化的伟大里程碑已被遗忘，只有极少数的人知道西方社会最重要的厨师和主厨创造了什么。

良好的历史档案可以用作创造性思维的来源。既然过去充满等待被重新发现的真知灼见，灵感为什么只能来自现在呢?

历史还提供了对时间的意识，让我们能够将正在发生的事情置于时代背景之中。这不足为奇，因为历史是最能理解长期趋势的知识分支。它让我们可以直观地看到哪些变化或趋势持续至今而哪些没有，或者哪些外部因素可以影响工作等。什么是革命性的变化或者什么行动将成为进化中的步骤，这些都是只有历史才能教给我们的东西。

最后，剩下的就是指出历史这一学科的基本教训：没有什么是一成不变的，一切都在进化。变化是人类进化中的一个常数，而历史已经证明了这一点。即便是最根深蒂固的传统也会不断演变并采用不同的形式。这意味着教条永远不会持续很久，而对于任何声称“一直就是这么做的”的人或者任何试图强加单一行事方式的教义，我们都不应该信任。

话虽如此，有多少历史知识是必要的?哪些历史为我们提供了我们所描述的所有优势?这取决于目标。就我们而言，我们对历史的研究着眼于创造性。我们想知道创造性在高档餐饮中的进化历程，以便找到有助于我们提升自身创造和创新过程的线索。

高档餐饮部门及其历史背景

高档餐饮是在近现代（1789年至今）发展起来的一门学科。将其视为一门“学科”是我们对自身意图的宣言，因为它既不是学术研究的对象，也不是公认的知识分支。没有人清晰地确立什么知识对于它的理解和实践必不可少。烹饪的专业研究涉及高档餐饮的许多不同方面，但是这些研究在该学科上提供的知识被稀释在许多杂乱无章的主题中，这些主题涵盖美食学的许多其他方面（例如接待业、公共餐饮和其他类型的就餐体验），却忽略了重要的方面。斗牛犬基金会的许多工作致力于通过使用智论方法学来阐明理解高档餐饮部门所需要的知识。

高档餐饮是一种发生在餐厅里的活动，此类餐厅的目的始终是完成最高品质的烹饪结果，包括所供应的食物和饮品，但不仅止于此。它还通过从烹饪艺术继承而来的一套复杂语言，始终使用美食思维，为顾客提供一段有趣且令人愉悦的体验。其运作的支柱是系统，例如那些用来创造、再生产和营销的系统，每套系统都有自己的资源和过程，并互相作用，以产生主要结果：美食供应。作为一项经济活动，它与其他场所（例如酒吧风格的餐厅、咖啡馆和鸡尾酒酒吧）一起构成服务业公共餐饮部门的一部分，这些其他场所的供应可能与高档餐饮部门共用同样的美食思维，但是它们的过程在品质和复杂性上差别巨大。

高档餐饮部门以非常复杂的方式进化。一方面，它的代码与历史上在上层阶级家庭中实行的私人美食有交集；另一方面，其形式起源于提供大众烹饪（下层阶级的大众主食）的场所，例如酒馆。最后，让事情更复杂的是，它的许多核心要素（例如烹饪的进行和未经制作的产品的使用）起源于史前时代的营养摄取。相比之下，就连苹果手机的进化都容易理解得多！

因此我们必须澄清，虽然我们的注意力集中在高档餐饮部门，但这套丛书中的许多图书涉及其他学科：

- 致力于旧石器和新石器时代的第一卷探索了营养领域，这些时期出现了烹饪行为，但没有美食。
- 后面涉及1780年之前历史时期的各卷探讨了两个不同的分支：私人美食，即在皇家、宫廷成员和其他特权阶级的住所实行的烹饪艺术；以及在提供劳动阶级食物和饮品的场所里发生的进化。
- 对于1780年之后，我们仅专注于高档餐饮部门的进化。

西方社会高档餐饮部门的历史

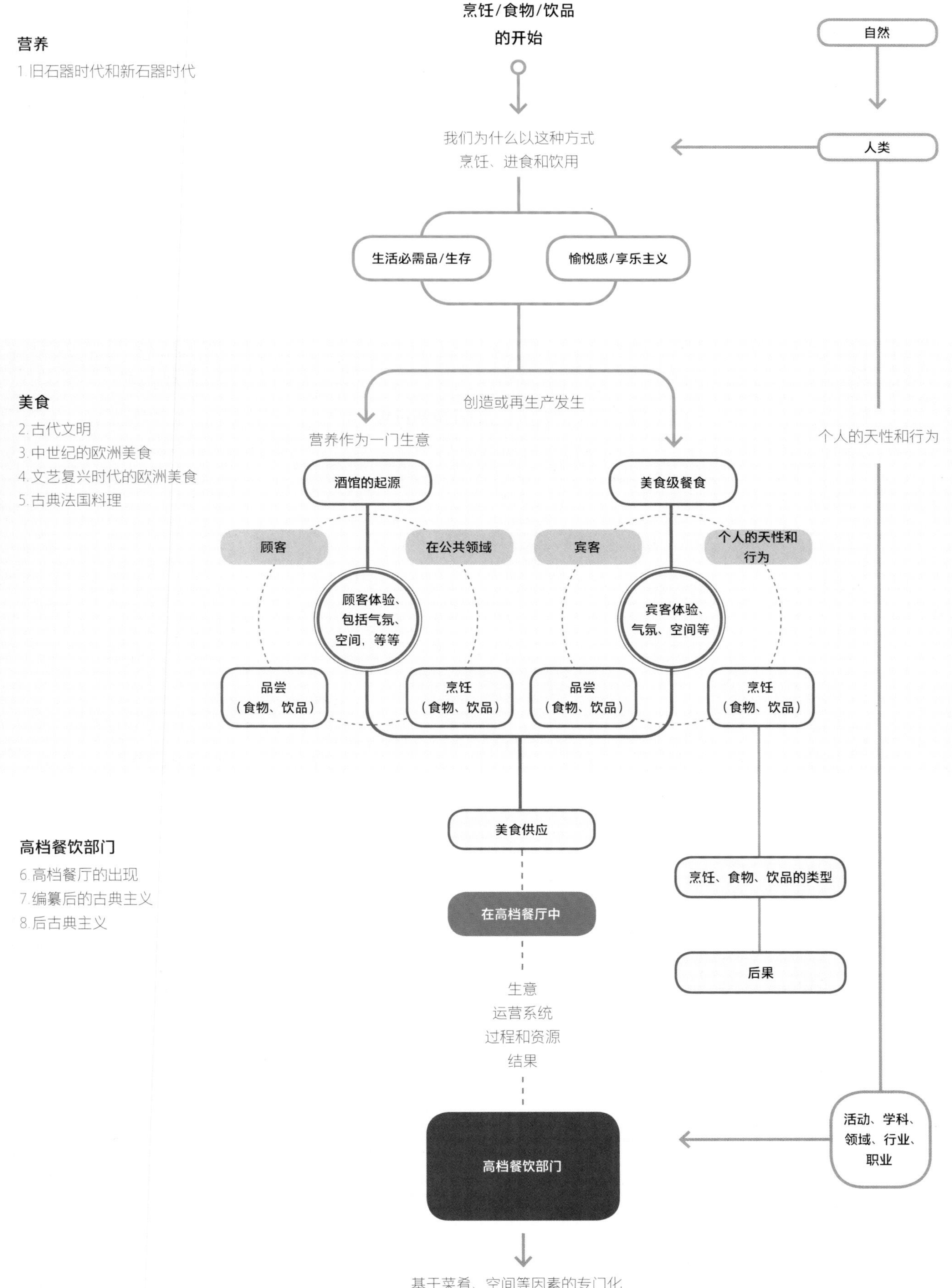

营养
1.旧石器时代和新石器时代
烹饪/食物/饮品
的开始
自然
我们为什么以这种方式
烹饪、进食和饮用
人类
生活必需品/生存
愉悦感/享乐主义
美食
2.古代文明
3.中世纪的欧洲美食
4.文艺复兴时代的欧洲美食
5.古典法国料理
创造或再生产发生
营养作为一门生意
个人的天性和行为
酒馆的起源
美食级餐食
顾客
在公共领域
宾客
个人的天性和行为
顾客体验、包括气氛、空间，等等
宾客体验、气氛、空间等
品尝（食物、饮品）
烹饪（食物、饮品）
品尝（食物、饮品）
烹饪（食物、饮品）
高档餐饮部门
6.高档餐厅的出现
7.编纂后的古典主义
8.后古典主义
美食供应
烹饪、食物、饮品的类型
在高档餐厅中
后果
生意
运营系统
过程和资源
结果
活动、学科、领域、行业、职业
高档餐饮部门
基于菜肴、空间等因素的专门化

在介绍历史方面之前，有必要首先对营养和美食进行简短的定义，并根据高档餐厅的经营方式说明它们之间的差异。

营养和美食的定义

营养和美食是两条同时相连又分离的路径。没有营养就无法理解美食，但是二者又大不相同。下面的内容解释了这两个术语的内涵：

- **营养（Alimentation）**。所有生物都需要从外部获取能量以维持生命，或者用更学术的话说，以维持其新陈代谢。我们将生物为自身提供这些能量的行为称为“营养”。用于该目的的“燃料”称为食物。因此营养是我们与所有其他生物共同的基本需求。

有些生物（例如植物）是自养生物，这意味着它们能够自己生产食物，将无机物转化为养分。而动物是异养生物，它们必须以其他生物为食才能生存。

为了获取食物，生物发展出了化学感受器（捕捉化学信号的感受器），它根据每种生物的需求呈现出不同的形状。在动物中，化学感受器产生了视觉、听觉、嗅觉、味觉和触觉，要想获取满足自身需求的食物，这些感觉对于它们必不可少。

通过喂养自己，我们从概念上区分了进食和饮用这两种行为，它们的区别对于高档餐饮部门至关重要。我们可以将主要差异归纳为口腔做每种行为时的实体动作。

人类是唯一发展出烹饪能力以喂养自己的动物。实际上，地球上的每个人类团体或种群都进行烹饪，这让我们认为烹饪或许在人类的发展中起到了至关重要的历史作用。

然而，对于人类，喂养自己和烹饪不只是简单的生物学义务，它们是我们认为具有文化意义的活动。文化这种特征将营养与美食联系起来，而美食是进食和饮用行为最复杂的文化表达。

- **美食（Gastronomy）**。这个概念很难定义。首

先，它有两个定义，第一个定义与饮食时的享乐主义有关，或者与更高的层次、品质、精致程度等追求有关。第二个定义似乎存在更多共识，将美食视为一门知识领域。

为了理解其含义，我们可以看看这个术语的起源。从词源学上讲，这个词来自两个希腊语单词："gastēr"（胃，肚子）和"nomos"（法律或习俗）。一开始，古希腊人没有使用"-nomos"作为词尾，用的是-logia（知识，研究领域）。得益于第一位涉猎该主题的作家阿切斯特拉图（Archestratus），"gastrology"一词变成了"gastronomy"。他在公元前4世纪撰写了一篇文章，后世对其称呼不一，分别是《美食》(*Gastronomy*)、《胃的知识》(*Gastrology*)和《幸福生活》(*Hēdypatheia*)。

即便追根溯源，该术语的边界仍然有些令人困惑：美食是关于人类营养的所有知识，还是涉及品质、精致和愉悦感的更高层次的知识？在19世纪，安泰尔姆·布里亚-萨瓦兰（Anthelme Brillat-Savarin）和亚历山大-劳伦·格里莫·德拉·雷尼埃尔（Alexandre-Laurent Grimod de La Reynière）等法国知识分子推广了这个词，同时又保持了这种矛盾性。为了本项目的目的，我们限制了该术语的边界，使用与追求享乐主义和最高品质相关的含义。但是享乐主义到底是什么？

根据《韦氏词典》(*Merriam-Webster*)，享乐主义是一种生活方式，它的基本原则是享乐或快乐是生活的主要好处。当我们提到以享乐主义为目的的烹饪时，我们指的是人类在进食和饮用中寻找愉悦的能力，这种能力不再仅仅是摄取营养，而是变成了一系列可以让个人感受到愉悦（味觉上的，感觉上的等）的可能性。

从这个意义上讲，我们认为美食不仅是高档餐饮部门的资产，而且还可以在各个阶层的私人领域中找到，无论是在任何家庭的日常烹饪中还是在上层阶级的家庭厨房里。只有两个关键条件是必须满足的：既要决心将进食和饮用行为转化为超越简单营养范畴的体验，以成就最令人愉悦的事件，也要在每种情况的范畴下使用最高品质的产品。

我们的地理重点在哪里？ 西方概念

在像我们这样雄心勃勃的项目中，有必要在推进之前确定一些边界。其中之一是地理边界。我们将重点放在通常被称为西方（West）的地方，原因很简单，因为这里的美食是我们最了解的。

如果我们要以完整和高效的方式应用智论方法学，就需要我们所有的文化背景。将来，我们将与其他专家合作，编写涉及世界其他地区美食的作品，而且我们希望其他人会接过接力棒，以便根据我们的方法进行进一步的研究。

什么是西方？这不仅是个地理概念，而且还是文化和政治概念。当我们谈到西方时，我们指的是一系列通常被认为拥有西方文化的发达国家。关于“西方”一词所涵盖的国家有哪些，有许多不同的观点，但在这里我们主要指的是欧洲。

在我们的理解中，西方文化意味着以下列三大支柱为基础的文化：

- **古典时代的思想**，特别是古希腊的哲学。古希腊和古罗马思想家是第一批尝试在不诉诸神灵的情况下理解现实的人。这标志着理性思考以及我们理解世界的特定方式的开始。

- **基督教教义。**在基督教站稳脚跟的土地上，它成功地渗透了所有文化层。所有西方国家都将这种宗教的许多准则作为其身份认同的一部分。

- **理性和进步的启蒙思想。**西方也被进步的信念以及科学和理性思想所定义，尽管这些价值观目前正处于危机之中。

因此，按照地理文化和地缘政治边界定义的西方是更准确的西方。我们应该牢记，西方的概念经历了激烈的历史演变，其边界在这个过程中发生了波动。然而，从本质上讲，它始终围绕着欧洲大陆的腹地旋转。我们选择使用“西方”而不是“欧洲”，是因为我们想要强调文化方面，而文化方面常常已经超越了当今欧洲的边界。

另一方面，对于西方的边界，如今存在不同的理论和观点。在最严格的版本中，它基本上是指欧洲，在更广义的版本中，西方还包括世界上受到了深厚欧洲文化影响的前殖民地。

地理背景（或者确切地说是地缘政治和地理文化背景）的影响是根本性的，并决定着我们的历史分析。想象一下，假如我们的重点放在日本，那么，时期划分、历史里程碑、美食衍化和外部影响以及其他方面将完全不同。

尽管已经解释了这么多，但是要想了解西方高档餐饮部门，在研究最遥远的过去时，有必要观察更广阔的地理和年代背景。换句话说，我们必须了解自史前时代以来的美食历史。这让我们根据我们描述的时期来考虑不同的领域。我们的分析将我们带往构成西方美食背景一部分的在世界上最初出现美食创新的地方。

在这套丛书中，我们将提及位于欧洲附近并对欧洲施加了强大影响的其他地区，例如美索不达米亚文明。我们将深入探讨非洲大陆上人类的起源，并简要地提到其他文化，例如在某些时候影响了西方文化的伊斯兰文化。

法国：引领西方烹饪艺术和美食400年

在被定义为西方的地区内，有一块土地因其在整个历史上的美食影响力脱颖而出：法国，欧洲古

"西方"一词在较广泛意义上的地理延伸。
更严格的版本。

老的国家之一。它在400年的欧洲餐饮史中无可争议的领导地位决定了它在我们的分析中的显赫地位。

法国在美食世界的领导地位可以追溯到中世纪，一些当时最杰出的烹饪图书在这里出版：《勒维昂迪耶》（*Le Viandier*）、《巴黎家庭主妇》（*Le Ménagier de Paris*）和《烹饪的事实》（*Du fait de cuisine*）。在文艺复兴时期，意大利美食的辉煌似乎令它黯然失色，但是它在公元1600年之后恢复了统治地位。

17世纪和18世纪，在皇家、王公贵族和神职人员的厨房里负责的伟大的法国厨师们带来了一种新的烹饪方式，这种方式摆脱了中世纪以来欧洲美食的标志性特征。他们使酱汁更精致，突出了每种食材的味道，摒弃了香料，并发明了更平衡的菜肴，还做出了其他改变。此外，他们当中的许多人积极地思考烹饪艺术这门学科，从而引起了对职业烹饪的首次理论评估。

他们的影响力传播到了世界上的其他地方，欧洲大多数宫廷和最有影响力的家庭或者与欧洲大陆有联系的上层阶级家庭都将法国高级料理（French haute cuisine）作为标准。除了其他历史因素，这也有可能是通过烹饪图书的日益普及实现的。到17世纪中叶时，法国已经巩固了其作为烹饪写作中心的地位。这些图书中有很多是同一批厨师撰写的，他们渴望以图书的形式分享和出售自己的知识。

法国的霸权一直持续到20世纪末，在世界的任何地方，凡是提到高级料理都是在指法国高级料理。更重要的是，就在西方即将进入当代的几年之前，一种新的场所——高档餐厅在巴黎出现，它将改变美食在未来的标准。在它的加持下，法国继续强化了自身在精美食物的世界中的领导力。

20世纪上半叶出现了一段创造性干涸的时期，但是这并没有削弱法国的影响力。在随后的一些年里，伴随着1968年5月抗议活动带来的文化更新，法国这一座重大的美食里程碑再次引领潮流：它创造了烹饪界的第一次当代先锋运动，名为"新菜烹饪法"（nouvelle cuisine），这次烹饪运动反响极好，以至于直到今天仍然是重大美食趋势。

重新思考语言和词汇

与营养、烹饪和美食相关的一切事物的词汇都是我们集体观念的一部分，而这种集体观念以我们的习俗、文化、日常生活和需求为基础。如今，不同形式的职业术语和流行习语共存于各门科学学科使用的词汇中，用于分析以烹饪为中心的世界。所有这些术语和习语遵循它们各自的逻辑，而且大多数并不重合，所以并不存在公认的词典。让我们来看一些例子。虽然很多人熟悉“制作蛋黄酱”的技术，但是很少有人知道这种技术在专业领域名为“乳化”。反过来，考古学家所说的烹饪工具的“功能”（functions），厨师则称之为“技术”（techniques）。

因此，并不存在某种美食学语言，而研究它的任何人面对的现实都是一系列复杂、多样而且常常令人困惑的思想形式。如果没有通用词典，可能实现对美食或者高档餐饮部门的清晰且不受阻碍的理解吗？智论方法学的用武之地就在这里，其主要目的是尽可能澄清并建立一套编码系统，该系统可以实现每种产品、技术、工具、制成品和料理类型的标准化，易于交流和明确命名。

西方高档餐饮部门的智论方法学包括以系统和门类进行组织的结构，而该结构为涉及其中的每个要素命名。本书使用了其中的部分词汇。

语言的附加问题

语言可能具有欺骗性并令人困惑。语言这套封闭系统常常让我们觉得词语和它指代的事物之间的联系已经被这门语言板上钉钉了。然而你只需要看看另一门语言，就能知道事实并非如此。

例如，虽然西班牙语使用“cocina”这个单词指代烹饪发生的地方、烹饪行为甚至是用于烹饪的设备，但是这些含义在其他语言里可能使用两个甚至更多词语表达。英语用“kitchen”一词指代烹饪空间（厨房），用“cooking”指代烹饪行为。

西班牙语对名词“fruta”（水果）和“fruto”（果实）的使用也是一个例子。西班牙人可以毫不费力地分清它们各自所指的概念。然而，英语和法语都只有一个词——“fruit”。有时候情况正好相反。西班牙语同时用单词“carne”（肉）指代屠宰动物产品和动物的肌肉组织。法语用单词“viande”指前者，用“chair”指后者。英语用单词“meat”指前者，用“flesh”指后者。

当我们查看用于描述特定产品的单词时，即便使用同一种语言，也可能会非常混乱。例如，用来描述鱼和蘑菇类型的词语，甚至就连相邻的镇或县对这些词语的用法都有可能不一样。

Fruit Καρπός Frutta Fruit
Obst Fruta/Fruto 水果
Fruita Hedelmä فاكهة Фрукты

肉 Carn Meat / Flesh Carne κρέας Carne
Liha
Fleisch لحم Viande / Chair Мясо

Porc Maiale / Porco Schwein / Schweinefleisch Pork / Pig
لحم خنزير Cerdo 猪肉
Sianliha Χοιρινό Свинина Porc / Cochon

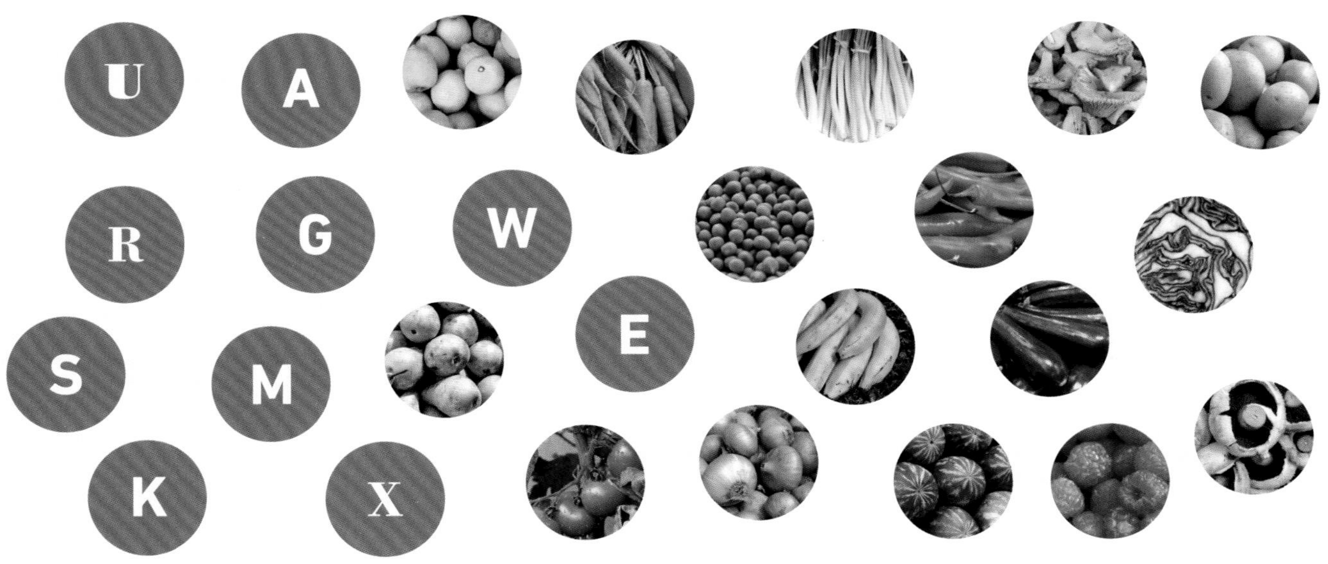

烹饪这种活动不仅需要一套解释它并为它的各部分赋予名称的词汇，而且它本身还是一种沟通行为。一名厨师可以向用餐者表达自己的思想和感受，并传达不同类型的信息。

我们采用整体和多学科的方法

正如我们所指出的那样，对高档餐饮部门的研究让人们意识到，这是一门直到最近才在大学中出现的学科，而且只有极少数的研究或书籍探讨它。不久之前，历史学家在专注于营养领域时（我们将在后面讨论这一点）既不从综合或整体的角度看待美食，也不与其他专家或烹饪职业人士进行互动。

就这一点来说，在这里有必要说明一个非常重要的事实，即餐饮业所涉及的不同过程长久以来的分离程度。在烹饪和餐饮业学校，学生将参加烹饪、服务或侍酒课程，但是只会学习这些科目之一，甚少接触其他科目。幸运的是，近些年来人们认识到有必要作为一支团队开展工作，以及所有这些过程——无论是关于烹饪的还是关于服务的——都构成同一个综合系统的一部分，而且它们总是在对话，以至于边界都模糊了。

整体方法是一种方法论立场，它主张所有系统、行为和事件及其属性，并将这些作为整体进行分析，而不只是分析构成它们的部分或过程。整体方法让人们可以从各部分之间的相互作用理解这些系统，并提供对所涉及的过程和个人以及它们的背景的全面理解。

这个定义让我们看到，智论方法学回应了关注整体的需求。我们特别强调的事实是，要想理解一个项目，不仅必须知道其过程，而且还必须知道这些过程之间的相互作用，以及它们各自的背景，这令智论方法学等同于一种整体方法学。在研究高档餐饮部门历史的范畴内，整体观点可以让所有专家在构成此项工作的所有要素上的信息相互关联，并且从多维角度形成这种关联。

除了注重整体，智论方法学还涉及对待高档餐饮部门的多学科方法，这需要构建一个生态系统，使不同的专家可以汇聚其中。鉴于其跨学科的性质，研究美食需要与不同知识分支合作。到目前为止，这些领域的专家一直在单独开展工作，并未使用共同的标准。美食知识是通过彼此不交流的若干学科传播的。这无疑阻碍了人们对复杂的美食世界的理解。

有效引入多学科方法的可能性是相对新鲜的事物，这主要是因为这些学科（以它们当代的形式定义并概念化）仅仅是在几百年前形成的。考古学、历史、生物学和医学在19世纪作为现代科学学科出现，而其他学科则在多个世纪之前采用了科学方法。实际上，可以说跨学科的方法曾在古典时代实行，因为当时所有知识都是浓缩的，不同的知识领域之间没有界限。

如今，我们看到了一种相反的现象：知识如此复杂，以至于对它的研究已经细分到了极端的程度。你只需要去大学或研究中心看一看，就会知道每个研究人员涵盖的领域越来越小，而且研究的深度优先于多样性。这导致每种专业都出现了在该专业外部几乎难以理解的行话和术语。智论方法学的多学科性质旨在改善对美食世界有所贡献的不同领域专家之间缺乏交流的现状。实际上，有些大学最近引入了美食知识，这为将我们提出的方法付诸实践创造了独特的机会。

有助于我们全面了解美食的学科生态系统包括但不限于以下专家：

艺术：艺术史学家、建筑师、视觉艺术家、插画家、摄影师、雕刻师……

自然科学：生物学家、分子生物学家、动物学家、植物学家、物理学家、化学家……

营销和广告：公关人员、营销专家、品牌专家……

美食学：主厨、领班、侍者……

社会科学：历史学家、考古学家、人类学家……

食品和农业工程：农业工程师、食品生物技术员……

设计：工业设计师、图形设计师、计算机图形设计师……

其他：计算机技术员、银行家、调香师、葡萄种植者……

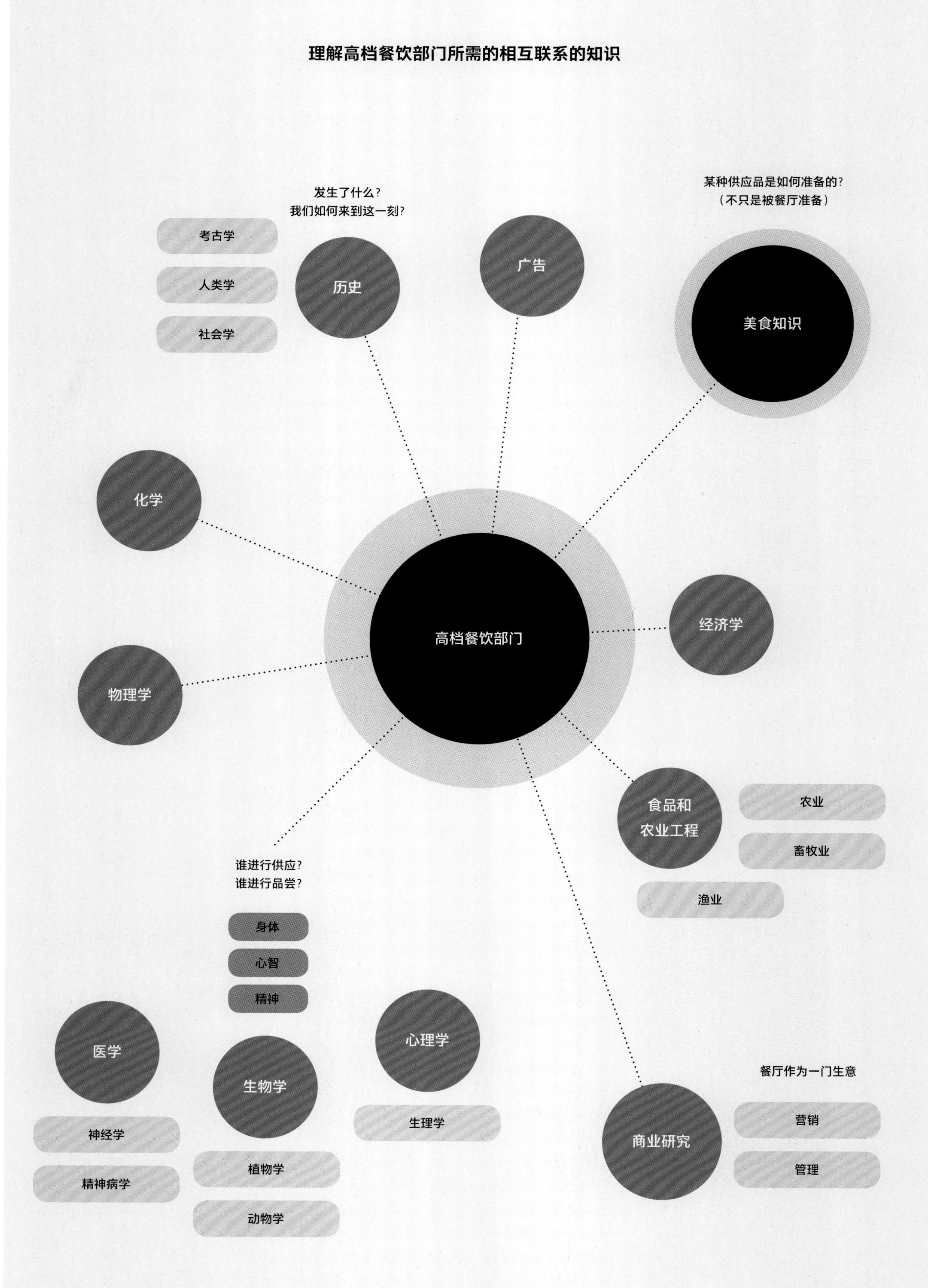
理解高档餐饮部门所需的相互联系的知识
发生了什么？
我们如何来到这一刻？
考古学
人类学
社会学
历史
广告
某种供应品是如何准备的？
（不只是被餐厅准备）
美食知识
化学
高档餐饮部门
经济学
物理学
食品和
农业工程
农业
畜牧业
渔业
谁进行供应？
谁进行品尝？
身体
心智
精神
心理学
医学
生物学
生理学
神经学
精神病学
植物学
动物学
餐厅作为一门生意
商业研究
营销
管理

高档餐饮部门的内在知识

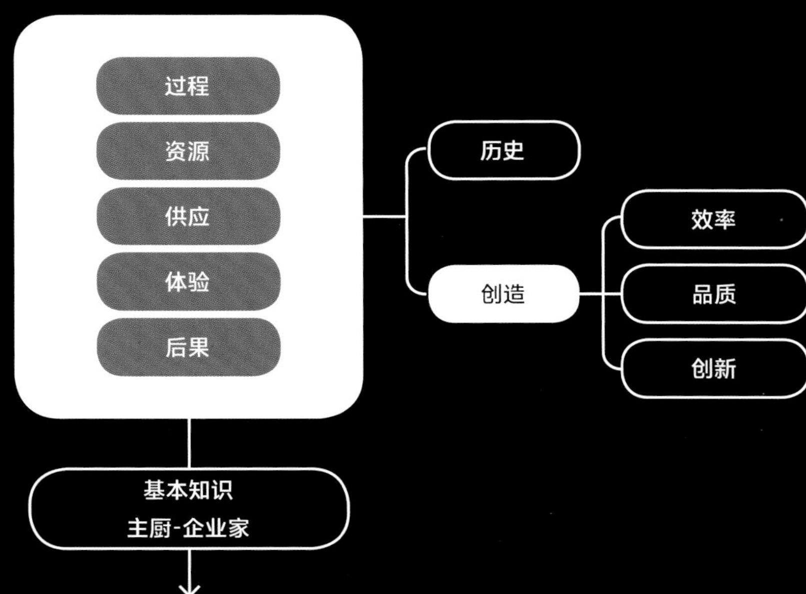

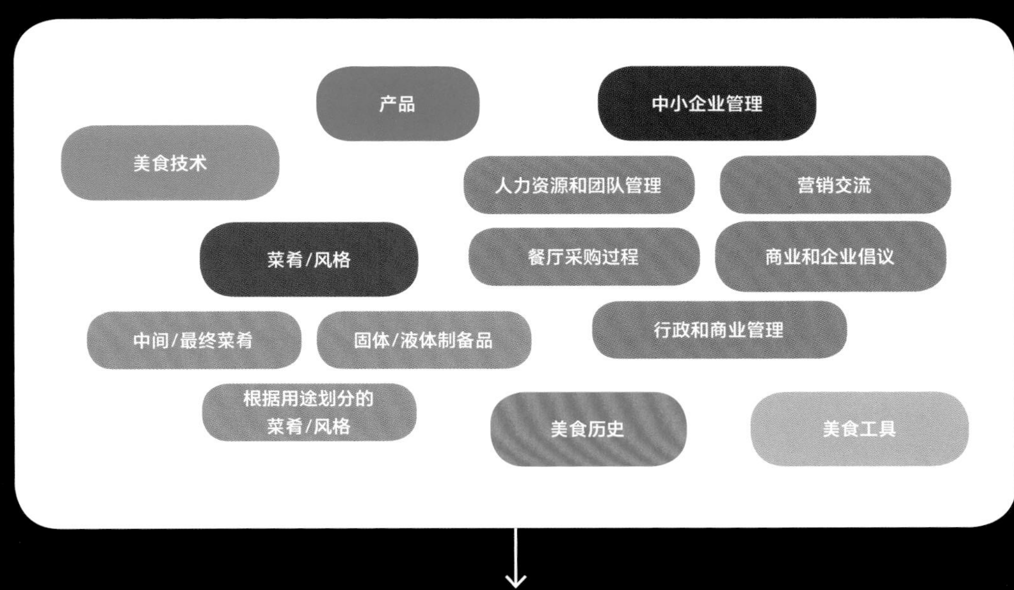

某种菜肴或风格的专才

专才——例如寿司主厨——需要非常具体的知识。
专门化程度越高，对其他领域或通用技能的知识需求就越小。

解决冲突的能力

主厨-企业家的教育和培训所产生的基本知识提供了
让他们能够解决高档餐厅中出现任何情况或问题的技能和工具。
这些知识令菜肴、产品、工具和不熟悉的技术能够得到理解。

根据智论方法学划分的西方社会高档餐饮部门历史时期

九次范式转换

在描述我们已经确立为本项目重点的高档餐饮部门的历史时期之前，有必要思考一下我们所说的范式转换（paradigm shifts）。

自人类出现以来，人类喂养自己的方式已经进化了。这一过程有时是逐渐发生的，但是也会由于某些参数的重大变化而突然发生，或者是到那一刻之前某种一直令人难以相信的新因素的出现引发的直接后果。在这些情况下，我们可以说存在范式转换，即烹饪语境或过程中的根本改变。以下是我们认为影响了西方美食历史进程的范式转换。

- 这些变化中的第一个发生在旧石器时代，伴随着最早的智力形式出现在智人（*Homo sapiens*）的祖先中，尤其是在能人（*Homo habilis*）中。这代表了一种与其他动物的营养形式等同的营养形式的转变，并逐渐开始受到纯粹的人类决策、工具和技术出现的影响。

- 仍然是在旧石器时代，直立人（*Homo erectus*）参与了另一个重要事件：对火的控制。虽然更早的原始人类物种已经意识到由自然现象（例如风暴）引起的火，但直立人则是第一个学会操控火并将它用于特定用途的物种，例如将火用于提供温暖和保护以及烹饪。火的引入代表着应用新技术的机会，这种技术用加热引起改变，即通过“煮”进行烹饪，这彻底改变了烹饪。然而，处于至今尚不清楚的原因，直到很久之后［随着尼安德特人（*Homo neanderthalensis*）的出现］，火的使用才成为日常活动。

- 第三次范式转换发生在新石器时代，人类的普遍生活方式在这段时期出现了深远的改变。在新石器时代，人类开始在稳定的地方定居并放弃了游牧的生活方式，后者将成为一种边缘化的生存形式。这引发了一系列全新的过程：农业和畜牧业的出现，用于交换农业盈余的贸易以及专门化的兴起，这意味着人们不再需要将时间花在农业活动上，这种社会背景允许他们为其他人准备制成品（经过制作的产品的起源）。新石器时代的烹饪模式与我们今天所认识的非常相似。

- 第四次范式转换伴随着伟大古代文明的崛起以及随之而来的社会经济分层的发展。它带来了上层阶级的出现，该阶级积累了权力和资源。属于上层阶级的人有私人厨师，他们生产的精美料理不再仅仅关注营养摄取这一生理需求。烹饪艺术应运而生。

在此后的许多个世纪中，相关手段、产品、技术和参照都将改变，但是与劳动阶级的料理截然不同而且是为了享受和奢侈而准备的精美烹饪，这种现象将保持不变。实际上，这种范式基本上会一直持续到18世纪末和19世纪初。

- 直到18世纪末，由于首家餐厅的开业以及随之而来的餐厅部门和公共餐饮业作为一项活动的兴起，才发生了新的范式转换。取自贵族厨房的烹饪艺术被用来服务新兴的中产阶级。19世纪初，烹饪艺术在皇家宫廷和餐厅中共存了一段时间。

然而到19世纪中叶时，这种料理形式的发展就仅限于餐厅了。在餐厅里创造、供应和消费的这种料理被命名为“高档餐饮料理”（fine-dining cuisine）。

- 20世纪70年代，一次新的范式转换伴随着“新菜烹饪法”发生在法国。通过“授权”厨师发明自己的菜肴，修改了餐厅服务的核心方面，这为美食创造提供了重要的刺激。

- “新菜烹饪法”革命的结果是，出现了许多先锋烹饪趋势。一次新的范式转换发生在1994年的西班牙：以斗牛犬餐厅为首的科技情感烹饪法（techno-emotional cuisine）的兴起，将饮食行为转变成了一种同时吸引感官和理性的体验。

- 在二十多年后，我们可以断言，科技情感烹饪法为涉及高档餐饮料理创意全球化的新范式铺平了道路。在西方高档餐饮的中心从法国转移到拥有科技情感烹饪法的西班牙后，这个新阶段意味着可以在任何国家找到科技情感烹饪法：秘鲁、巴西、丹麦、新加坡、加拿大、俄罗斯等。

- 除了其他趋势，这种民主化和全球化还在高档餐饮部门导致了朝向“高级成品料理”（prêt-à-porter cuisine）的转换。这种变化在近些年来愈演愈烈，这表明社会上层与烹饪艺术之间已经延续五千多年的直接关系已经确定破裂。

正如我们将在第96页看到的那样，其中一些转折点与历史上的某些关键时刻有关，这有助于我们为这个雄心勃勃的项目补充背景。

定义西式高档餐饮料理的时期

这套丛书是根据定义高档餐饮料理的时期安排结构的。要想理解它们，必须牢记我们的视角以烹饪为中心，并且主要针对有创造性的主厨和企业家。如果我们优先考虑饮品的世界，或者如果我们从任何其他行为主体（例如顾客或者一线服务人员的管理者）的视角分析历史，那么我们划分出的时期可能是不同的，或者即使相同，也拥有不同的方面。

这也解释了为什么西式高档餐厅的出现标志着转折点，以及为什么这些时期被定义为此类场所出现“之前”或“之后”。对于高档餐厅出现之前的历史时期，我们的分析包括源自私人美食领域或者来自营养世界的特征和要素，这些特征和要素后来将在高档餐厅中发挥重要作用。换句话说，我们对营养领域或者上层阶级家庭中私人领域美食的兴趣，是基于这些在多大程度上被西方高档餐厅继承。

• 确定时期的难度

通常而言，在确定历史时期时，往往使用同样的标准来决定不同时期开始和结束于什么时候。例如，在一般历史中，中世纪、现代、当代等时期对应着当时流行的社会政治制度的特征。艺术史时期往往与主要的艺术风格有关。但是什么标准适用于烹饪呢？

研究与烹饪相关的一切事物的过去的学科被称为“食物史”，而该领域的专家尚未就时期划分达成共识。当我们面临自己确定时期的任务时，我们想利用美食运动和风格。

但这是不可能的，因为可用信息实在是太少。我们不得不诉诸前后不一的标准。

我们能够在其中辨认出风格的唯一时期是20世纪。剩下的时期按照特定的美食里程碑（餐厅的出现）、一般历史时期（旧石器时代、新石器时代、中世纪）、总体艺术风格（文艺复兴时期）或者不同风格共存的时期（古典法国料理）来命名。

即使就20世纪而言，也无法按照严格对应的因果关系确定连接运动和子运动的焦点。在早期新菜烹饪法和科技情感烹饪风格之间发生了什么？两种烹饪运动之间有多少子运动？我们真的能说古典主义不复存在了吗？我们将逐步解答这些问题。

此外，我们还需要对美食风格、类型、运动、流派和趋势进行概念上的区分，而这一点尚未得到充分的研究，这与已经取得巨大进展的艺术和其他学科截然不同。这正是我们在斗牛犬基金会使用智论方法学开发的项目之一的主题。

	定义西式高档餐饮料理的时期	一般历史时期
高档餐厅出现之前	旧石器时代和新石器时代：烹饪的起源（250万年前至公元前3500年）	史前，原始时代和古典时代
	古代文明时代：美食的诞生（公元前3500年至476年）	
	中世纪的欧洲美食（476年至1492年）	中世纪
	文艺复兴时代的欧洲美食：过渡时期（1492年至1600年）	现代
	伟大的法国料理（1600年至1780年）	
高档餐厅出现之后	高档餐厅的出现：贵族烹饪的衰落，中产阶级烹饪的兴起（1780年至1903年）	当代
	编纂后的古典主义（1903年至1965年）	
	后古典主义（1965年至今） • 新菜烹饪法（1965年至今） • 科技情感烹饪法（1994年至今）	

“我们缺少整个历史中关于美食风格、类型和运动的大量知识。”

本项目涉及的主要历史阶段的地理背景

营养

南方古猿（*Australopithecus*）
（500万年前至250万年前）

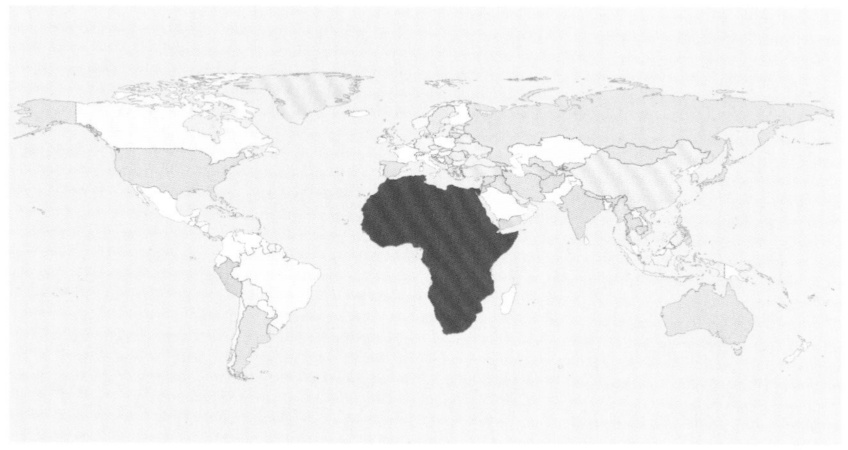

烹饪的起源

从能人到新石器时代末期（250万年前至公元前3500年）

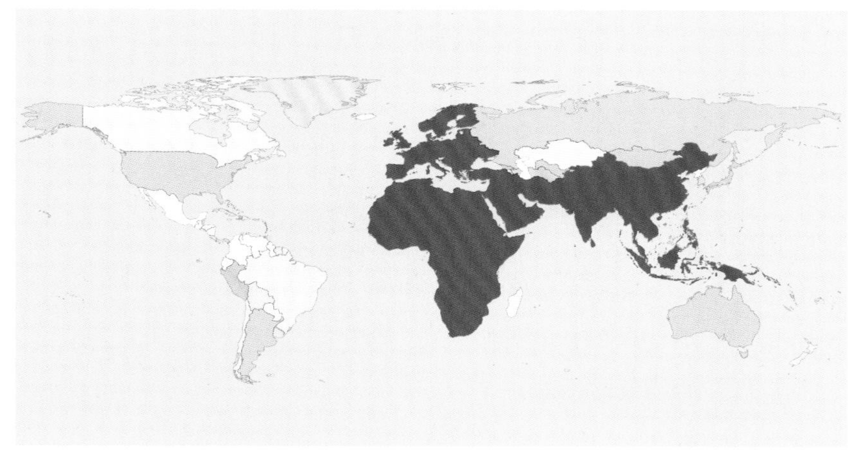

烹饪艺术

从古代文明到餐厅的诞生（公元前3500年至1780年）

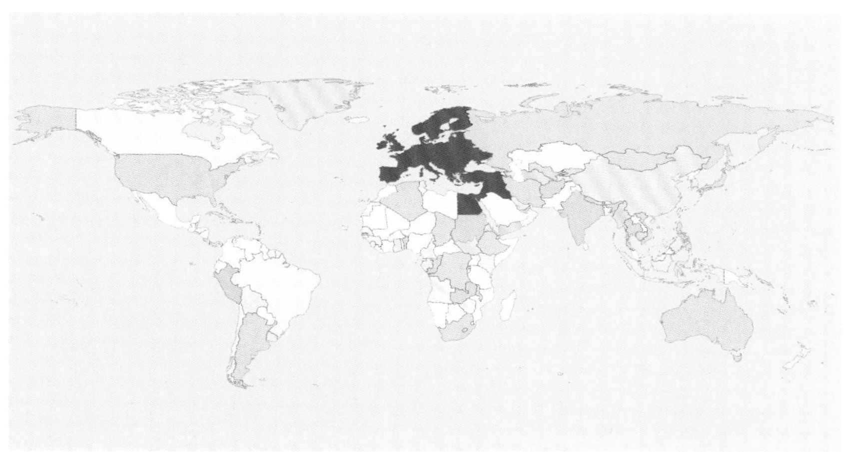

高档餐饮料理

1780年至今

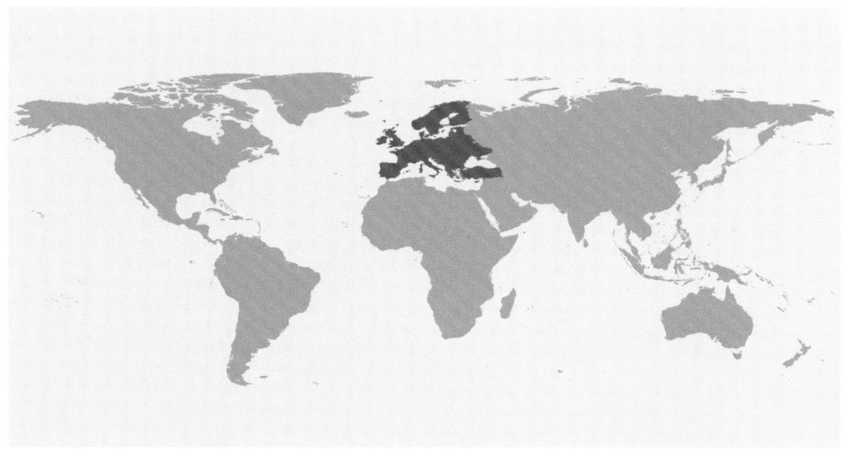

• 1995年之前　• 1995年之后

烹饪的起源（250万年前至公元前10000年）旧石器时代

要想了解西方社会高档餐饮部门的起源，至关重要的一点是，我们应该从非常广阔的地理和编年范围开始。在旧石器时代，我们考察了非洲、欧洲和亚洲，而且我们的信息来自考古记录。

旧石器时代的开始以能人的出现为标志。在旧石器时代结束的时候，智人的生活方式发生了根本性的变化，他们形成了定居生活的聚居点，并在这些地方从事农业和畜牧业。这首先发生在我们如今所称的中东地区。在旧石器时代，我们观察到了营养（不是美食）的内在要素，其标志是从不涉及烹饪的营养［人属物种出现之前最近的人类祖先、可能是最早制造工具的动物南方古猿向涉及营养的烹饪的转变。新石器时代的创新（农业、畜牧业、陶器、贸易关系等）］构成了我们今天所知的烹饪的基础。

私人领域的营养 为了营养烹饪		公共领域的营养※ 为了营养烹饪	
与功能相关		与功能相关	
营养烹饪	烹饪艺术	营养烹饪	烹饪艺术
与社会阶层相关		与社会阶层相关	
大众烹饪	上层阶级烹饪	大众烹饪	上层阶级烹饪
与地缘政治起源相关		与地缘政治起源相关	
地区烹饪	世界主义烹饪	地区烹饪	世界主义烹饪
与烹饪者相关		与烹饪者相关	
职业烹饪	业余烹饪	职业烹饪	业余烹饪
专门化	非专门化	专门化	非专门化
与时代相关		与时代相关	
传统烹饪	新/新兴烹饪	传统烹饪	新/新兴烹饪
古典烹饪	现代烹饪	古典烹饪	现代烹饪
质朴烹饪	高档化烹饪	质朴烹饪	高档化烹饪
过时烹饪	当代烹饪	过时烹饪	当代烹饪
与品质相关		与品质相关	
奢侈烹饪	基础烹饪	奢侈烹饪	基础烹饪
低品质烹饪	高品质烹饪	低品质烹饪	高品质烹饪
与原真性相关		与原真性相关	
典范/正统烹饪	演化后的烹饪	典范/正统烹饪	演化后的烹饪

※ 在一些场所内，用金钱或其他报酬来交换食物和饮品，我们将在这样的场所制作的料理称为公共领域的营养。

我们面对的地理背景：

- 非洲、亚洲和欧洲的不同地区

历史背景中有用的关键线索：

- 原始人类的进化
- 认知革命
- 游牧群体，如狩猎和采集者
- 艺术的诞生

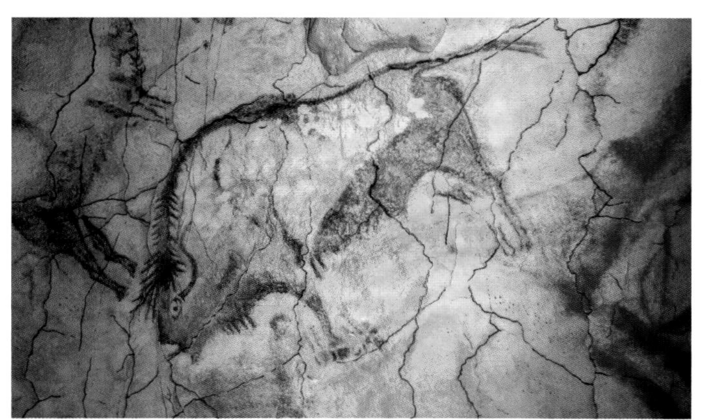

烹饪的起源（公元前10000年至前3500年）
新石器时代

定居、驯化以及农业和畜牧业实践是历史上这一新阶段的标志。农业文化为新石器时代奠定了基础，而这种生活方式将在整个地球上占据主导地位。这一时期结束于社会经济复杂度的更高水平：古代文明的崛起。尽管在这一时期仍然找不到美食的痕迹，但我们仍认为如今的烹饪起源于新石器时代。通过分享餐食庆祝节日和其他事件也出现在这一时期，而它们随后导致了烹饪艺术的诞生。

私人领域的营养 为了营养烹饪		公共领域的营养* 为了营养烹饪	
与功能相关		与功能相关	
营养烹饪	烹饪艺术	营养烹饪	烹饪艺术
与社会阶层相关		与社会阶层相关	
大众烹饪	上层阶级烹饪	大众烹饪	上层阶级烹饪
与地缘政治起源相关		与地缘政治起源相关	
地区烹饪	世界主义烹饪	地区烹饪	世界主义烹饪
与烹饪者相关		与烹饪者相关	
职业烹饪	业余烹饪	职业烹饪	业余烹饪
专门化	非专门化	专门化	非专门化
与时代相关		与时代相关	
传统烹饪	新/新兴烹饪	传统烹饪	新/新兴烹饪
古典烹饪	现代烹饪	古典烹饪	现代烹饪
质朴烹饪	高档化烹饪	质朴烹饪	高档化烹饪
过时烹饪	高品质烹饪	过时烹饪	高品质烹饪
与品质相关		与品质相关	
奢侈烹饪	基础烹饪	奢侈烹饪	基础烹饪
低品质烹饪	高品质烹饪	低品质烹饪	高品质烹饪
与原真性相关		与原真性相关	
典范/正统烹饪	演化后的烹饪	典范/正统烹饪	演化后的烹饪

我们面对的地理背景：

- 中东和欧洲

历史背景中有用的关键线索：

- 驯化
- 农业和畜牧业
- 定居
- 贸易的出现

私人领域的美食
以美食思维为主导的享乐主义烹饪

与功能相关

与社会阶层相关

与地缘政治起源相关

与烹饪者相关

与时代相关

与经济相关

与原创性相关

公共领域的美食※
高档餐厅

与功能相关

与社会阶层相关

与地缘政治起源相关

与烹饪者相关

与时代相关

与经济相关

与原创性相关

古代文明时代
美食的诞生（公元前3500年至476年）

古代文明时期（又称上古）从文字在中东地区出现开始，伴随着美索不达米亚文明的兴起（约公元前3500年）一直持续到476年西罗马帝国灭亡为止。在这里，我们专注于地中海周边地区和中东，并对美索不达米亚地区（公元前3500年—前539年）、古埃及（公元前3150年—前30年）、古希腊（公元前800年—前146年）和古罗马（公元前753年—476年）进行了深入研究。

这些新兴的文明带来了大众烹饪与烹饪艺术的分离，这是特权阶级（精英阶级或上层阶级）与无特权阶级（下层阶级或劳动阶级）社会群体所食之物被分割的结果。对于这些文明，我们着重研究复杂美食系统的历史，特别是私人美食（在家庭和私人空间中实施）的历史。烹饪书写也起源于这一时期；来自美索不达米亚地区，被称为“耶鲁泥板”（Yale Tablets）的泥板文献是可阅读的最古老的食谱。在这一时期还诞生了酒馆这种生产大众烹饪的公共场所。

私人领域的营养
为了营养烹饪

与功能相关
营养烹饪 | 烹饪艺术

与社会阶层相关
大众烹饪 | 上层阶级烹饪

与地缘政治起源相关
地区烹饪 | 世界主义烹饪

与烹饪者相关
职业烹饪 | 业余烹饪
专门化 | 非专门化

与时代相关
传统烹饪 | 新/新兴烹饪
古典烹饪 | 现代烹饪
质朴烹饪 | 高档化烹饪
过时烹饪 | 高品质烹饪

与品质相关
奢侈烹饪 | 基础烹饪
低品质烹饪 | 高品质烹饪

与原真性相关
典范/正统烹饪 | 演化后的烹饪

用金钱或其他

我们面对的地理背景：

- 地中海地区和中东

历史背景中有用的关键线索：

- 城市的出现（纪念碑、公共基础设施等）
- 国家的出现（复杂的社会政治制度、法律、战争等）
- 社会分层的巩固
- 专门化和分工（贸易的起源）
- 贸易、交流和运输的复杂性提高（例如连接整个帝国的罗马大道）

私人领域的美食
以美食思维为主导的享乐主义烹饪

与功能相关

- 烹饪艺术

与社会阶层相关

- 上层阶级烹饪

与地缘政治起源相关

- 世界主义烹饪

与烹饪者相关

- 职业烹饪

与时代相关

- 传统烹饪
- 新/新兴烹饪
- 古典烹饪
- 高档化烹饪
- 过时烹饪

与品质相关

- 奢侈烹饪

与原真性相关

- 典范/正统烹饪

公共领域的美食
高档餐厅

中世纪的欧洲美食（476年至1492年）

这一时期的起点日期是历史上很常用的一个日期：西罗马帝国的陷落。结束日期是1492年，美洲在这一年被发现，这对于产品和烹饪文化的交流而言是一个重大事件。

从中世纪开始，我们将重点放在作为西方美食中心的欧洲，但也有一些例外，例如，伊斯兰世界或拜占庭世界的领导权（这将地理边界推向东方）。中世纪的烹饪与某些先前的文明不同，它在将近一千年的时间里一直以质朴为特征，这将在随后的时期留下印记。包含食谱的手稿出现在14世纪，烹饪图书逐渐增加，特别是在约1440年印刷机发明之后。

私人领域的营养
为了营养烹饪

与功能相关	**营养烹饪**	烹饪艺术
与社会阶层相关	**大众烹饪**	上层阶级烹饪
与地缘政治起源相关	**地区烹饪**	**世界主义烹饪**
与烹饪者相关	职业烹饪	**业余烹饪**
	专门化	非专门化
与时代相关	**传统烹饪**	新/新兴烹饪
	古典烹饪	现代烹饪
	质朴烹饪	高档化烹饪
	过时烹饪	高品质烹饪
与品质相关	奢侈烹饪	**基础烹饪**
	低品质烹饪	高品质烹饪
与原真性相关	**典范/正统烹饪**	演化后的烹饪

我们面对的地理背景：

- 欧洲（以及拜占庭帝国和伊斯兰帝国的相关细节）

历史背景中有用的关键线索：

- 等级社会（君主、贵族、神职人员、平民阶级）
- 中产阶级的出现
- 独裁君主制
- 大学的起源
- 行会的兴起
- 基督教在欧洲社会政治体系中的主导权
- 伊斯兰教及其城市文化的辉煌

私人领域的美食
以美食思维为主导的享乐主义烹饪

与功能相关

- 烹饪艺术

与社会阶层相关

- 上层阶级烹饪

与地缘政治起源相关

- 世界主义烹饪

与烹饪者相关

- 职业烹饪
- 专门化

与时代相关

- 传统烹饪
- 新/新兴烹饪
- 古典烹饪
- 高档化烹饪
- 过时烹饪

与品质相关

- 奢侈烹饪

与原真性相关

- 典范/正统烹饪

公共领域的美食
高档餐厅

文艺复兴时代的欧洲美食

过渡时期（1492年至1600年）

1600年是一个人为指定的日期，并没有任何特定的里程碑来定义这个年份。之所以使用它，是因为它是17世纪的起点，法国料理在这个世纪崛起，成为世界美食的引擎。

就美食而言，文艺复兴时代有时被视为中世纪烹饪艺术与17世纪欧洲皇家宫廷烹饪艺术之间的过渡阶段。在此期间，"精致"的概念被逐渐提出，而且出现的频率越来越高。与对奢侈和过剩的追求相一致，料理呈现出更豪华的面貌。受到来自新大陆的发现和殖民土地的产品的影响，这一时期的美食对新颖和异国情调持开放态度。这一时期令巴尔托洛梅奥·史卡皮（Bartolomeo Scappi）这样的厨师走向台前，他是当时私人美食领域达到精致水平的最佳典范。那不勒斯王国和后来将组成今日意大利的其他地缘政治的实体占据了美食界的领导地位。在此期间，其他地方如英格兰、法国和德意志王国也发挥了重要作用。

私人领域的营养
为了营养烹饪

与功能相关	
营养烹饪	烹饪艺术
与社会阶层相关	
大众烹饪	上层阶级烹饪
与地缘政治起源相关	
地区烹饪	世界主义烹饪
与烹饪者相关	
职业烹饪	业余烹饪
专门化	非专门化
与时代相关	
传统烹饪	新/新兴烹饪
古典烹饪	现代烹饪
质朴烹饪	高档化烹饪
过时烹饪	高品质烹饪
与品质相关	
奢侈烹饪	基础烹饪
低品质烹饪	高品质烹饪
与原真性相关	
典范/正统烹饪	演化后的烹饪

我们面对的地理背景：

- 欧洲（以意大利和法国为中心）

历史背景中有用的关键线索：

- 艺术中的文艺复兴
- 美洲的殖民
- 印刷机的发明
- 知识革命

私人领域的美食
以美食思维为了享乐主义烹饪

与功能相关

烹饪艺术

与社会阶层相关

上层阶级烹饪

与地缘政治起源相关

世界主义烹饪

与烹饪者相关

职业烹饪

专门化

与时代相关

传统烹饪

古典烹饪

高档化烹饪

过时烹饪

与品质相关

奢侈烹饪

与原真性相关

典范/正统烹饪

公共领域的美食
高档餐厅

伟大的法国料理（1600年至1780年）

公元1600年后，法国成为无可争议的美食领导者。它的影响力是如此势不可挡，以至于其风格进入西方的所有皇室以及被欧洲列强殖民的世界其他地区。高档餐厅在18世纪80年代出现。除了餐桌服务、礼仪和礼节的概念，它还树立了优雅和整洁的标准。烹饪过程高速发展，而且出现了复杂的技术和制成品，从而突出了每种产品的品质。这一时期还带来了布尔乔亚料理（cuisine bourgeoise，即中产阶级烹饪），这是一种高档化的家庭烹饪，它是崛起的中产阶级模仿王公贵族习俗的强烈愿望的结果。

私人领域的营养
为了营养烹饪

与功能相关	
营养烹饪	烹饪艺术
与社会阶层相关	
大众烹饪	上层阶级烹饪
与地缘政治起源相关	
地区烹饪	世界主义烹饪
与烹饪者相关	
职业烹饪	业余烹饪
专门化	非专门化
与时代相关	
传统烹饪	新/新兴烹饪
古典烹饪	现代烹饪
质朴烹饪	高档化烹饪
过时烹饪	高品质烹饪
与品质相关	
奢侈烹饪	基础烹饪
低品质烹饪	高品质烹饪
与原真性相关	
典范/正统烹饪	演化后的烹饪

公共领域的营养※
为了营养烹饪

与功能相关	
营养烹饪	烹饪艺术
与社会阶层相关	
大众烹饪	上层阶级烹饪
与地缘政治起源相关	
地区烹饪	世界主义烹饪
与烹饪者相关	
职业烹饪	业余烹饪
专门化	非专门化
与时代相关	
传统烹饪	新/新兴烹饪
古典烹饪	现代烹饪
质朴烹饪	高档化烹饪
过时烹饪	高品质烹饪
与品质相关	
奢侈烹饪	基础烹饪
低品质烹饪	高品质烹饪
与原真性相关	
典范/正统烹饪	演化后的烹饪

我们面对的地理背景：

- 欧洲（以法国为中心）

历史背景中有用的关键线索：

- 早期全球化
- 欧洲列强领导的全球性贸易网络
- 经济重商主义的辉煌
- 专制君主制的崛起
- 第一次工业革命的开始

私人领域的美食
以美食思维为主导的享乐主义烹饪

与功能相关

- 烹饪艺术

与社会阶层相关

- 上层阶级烹饪

与地缘政治起源相关

- 世界主义烹饪

与烹饪者相关

- 职业烹饪
- 非专门化

与时代相关

- 传统烹饪
- 古典烹饪
- 高档化烹饪
- 过时烹饪

与品质相关

- 奢侈烹饪

与原真性相关

- 典范/正统烹饪

公共领域的美食※
高档餐厅

与功能相关

与社会阶层相关

与地缘政治起源相关

与烹饪者相关

与时代相关

与品质相关

与原真性相关

高档餐厅的出现
贵族烹饪的衰落，中产阶级烹饪的兴起（1780年至1903年）

高档餐厅的出现与当代（Contemporary Age）的开始几乎吻合。第一家高档餐厅的历史可追溯至1782年，而法国大革命——西方进入当代的导火索——爆发于1789年。这一美食时期在1903年达到顶峰，奥古斯特·埃斯科菲耶在这一年出版了《烹饪指南》。

第一家高档餐厅是“La Taverne Anglaise”，又名“Grande Taverne de Londres”，坐落在巴黎黎塞留大街26号（26 rue de Richelieu），经营者是厨师安托万·德·博维利埃（Antoine de Beauvilliers）。它的形式是开创性的，尽管其中记录的料理并非如此，但它采用了私人美食的传统。在整个19世纪，餐厅与中上层阶级雇佣的厨师共存。高档餐厅的成功不仅得益于它们提供的菜肴，还得益于其他的创新，其中包括单独的餐桌和餐桌服务、书面菜单、灵活的营业时间、易于宣传的预先确定的价格，以及在整个烹饪过程中对卫生和清洁的坚持。

私人领域的营养
为了营养烹饪

与功能相关	**营养烹饪**	烹饪艺术
与社会阶层相关	**大众烹饪**	上层阶级烹饪
与地缘政治起源相关	**地区烹饪**	**世界主义烹饪**
与烹饪者相关	职业烹饪	**业余烹饪**
	专门化	非专门化
与时代相关	**传统烹饪**	新/新兴烹饪
	古典烹饪	现代烹饪
	质朴烹饪	高档化烹饪
	过时烹饪	高品质烹饪
与品质相关	奢侈烹饪	**基础烹饪**
	低品质烹饪	**高品质烹饪**
与原真性相关	**典范/正统烹饪**	演化后的烹饪

公共领域的营养※
为了营养烹饪

与功能相关	**营养烹饪**	烹饪艺术
与社会阶层相关	**大众烹饪**	上层阶级烹饪
与地缘政治起源相关	**地区烹饪**	世界主义烹饪
与烹饪者相关	职业烹饪	**业余烹饪**
	专门化	非专门化
与时代相关	**传统烹饪**	新/新兴烹饪
	古典烹饪	现代烹饪
	质朴烹饪	高档化烹饪
	过时烹饪	高品质烹饪
与品质相关	奢侈烹饪	**基础烹饪**
	低品质烹饪	**高品质烹饪**
与原真性相关	**典范/正统烹饪**	演化后的烹饪

我们面对的地理背景：

- 欧洲（以法国为中心）

历史背景中有用的关键线索：

- 法国大革命
- 旧制度的结束和现代民主体系的崛起
- 两次工业革命
- 科学和哲学的进步

私人领域的美食
以美食思维为了享乐主义烹饪

与功能相关

- 烹饪艺术

与社会阶层相关

- 上层阶级烹饪

与地缘政治起源相关

- 世界主义烹饪

与烹饪者相关

- 职业烹饪
- 专门化

与时代相关

- 传统烹饪
- 古典烹饪
- 高档化烹饪
- 过时烹饪

与品质相关

- 奢侈烹饪
- 高品质烹饪

与原真性相关

- 典范/正统烹饪

公共领域的美食※
高档餐厅

与功能相关

- 烹饪艺术

与社会阶层相关

- 上层阶级烹饪

与地缘政治起源相关

- 世界主义烹饪

与烹饪者相关

- 职业烹饪
- 专门化

与时代相关

- 传统烹饪
- 新/新兴烹饪
- 古典烹饪
- 高档化烹饪
- 过时烹饪

与品质相关

- 奢侈烹饪
- 高品质烹饪

与原真性相关

- 典范/正统烹饪

编纂后的古典主义
（1903年至1965年）

最后两个时期发生在20世纪，这是我们唯一能够清晰地识别烹饪运动的时期。最早被编纂的是古典主义，这始于奥古斯特·埃斯科菲耶的《烹饪指南》（1903年）的出版。这本厨艺书——对过去几十年烹饪艺术的盘点——迎来了一段高档餐饮的停滞时期，在此期间，尽可能精确地再生产古典食谱的行为（并最大限度地再现其光彩）被认为就是烹饪的价值所在。

我们面对的地理背景：

- 欧洲（以法国为中心）

历史背景中有用的关键线索：

- 两次世界大战
- 福利国家
- 旅游业和休闲概念的开始

私人领域的美食
以美食思维为主导的享乐主义烹饪

与功能相关

- 烹饪艺术

与社会阶层相关

- 上层阶级烹饪

与地缘政治起源相关

- 世界主义烹饪

与烹饪者相关

- 职业烹饪
- 业余烹饪
- 专门化

与时代相关

- 传统烹饪
- 新/新兴烹饪
- 古典烹饪
- 现代烹饪
- 高档化烹饪
- 过时烹饪
- 高品质烹饪

与品质相关

- 奢侈烹饪
- 高品质烹饪

与原真性相关

- 典范/正统烹饪
- 演化后的烹饪

公共领域的美食[※]
高档餐厅

与功能相关

- 烹饪艺术

与社会阶层相关

- 上层阶级烹饪

与地缘政治起源相关

- 世界主义烹饪

与烹饪者相关

- 职业烹饪
- 专门化

与时代相关

- 传统烹饪
- 新/新兴烹饪
- 古典烹饪
- 现代烹饪
- 高档化烹饪
- 高品质烹饪

与品质相关

- 奢侈烹饪
- 高品质烹饪

与原真性相关

- 典范/正统烹饪

后古典主义
新菜烹饪法（1965年至今）

新菜烹饪法是美食界的第一次开创性的当代先锋运动。它在1965年逐渐开始，伴随着一些特定的里程碑，例如米歇尔·盖拉尔（Michel Guérard's）餐厅“Le Pot-au-Feu”在塞纳河畔阿涅勒（Asnières-sur-Seine）的开业，特鲁瓦克罗（Troisgros）兄弟的工作得到巩固，以及保罗·博古斯（Paul Bocuse）获得米其林三星。

它出现于法国，是对从玛丽-安托万·卡雷姆到奥古斯特·埃斯科菲耶的厨师们设立的古典烹饪规则和传统的一种反应，而它体现的思想彻底变革了烹饪，并对后来所谓的先锋烹饪产生了重要影响。除了其他贡献，新菜烹饪法还引入了一项将永远改变高档餐饮烹饪的创新：发明和创造的自由。同样值得注意的是装盘风格的可见变化，例如，让·特鲁瓦克罗和皮埃尔·特鲁瓦克罗兄弟标志性的三文鱼配酸模酱（Salmon with Sorrel Sauce）。

私人领域的营养
为了营养烹饪

与功能相关
营养烹饪 | 烹饪艺术

与社会阶层相关
大众烹饪 | 上层阶级烹饪

与地缘政治起源相关
地区烹饪 | 世界主义烹饪

与烹饪者相关
职业烹饪 | 业余烹饪
专门化 | 非专门化

与时代相关
传统烹饪 | 新/新兴烹饪
古典烹饪 | 现代烹饪
质朴烹饪 | 高档化烹饪
过时烹饪 | 高品质烹饪

与品质相关
奢侈烹饪 | 基础烹饪
低品质烹饪 | 高品质烹饪

与原真性相关
典范/正统烹饪 | 演化后的烹饪

我们面对的地理背景：

- 法国和欧洲的其他美食焦点

历史背景中有用的关键线索：

- 科学发展
- 数字时代
- 晚期资本主义
- 全球化

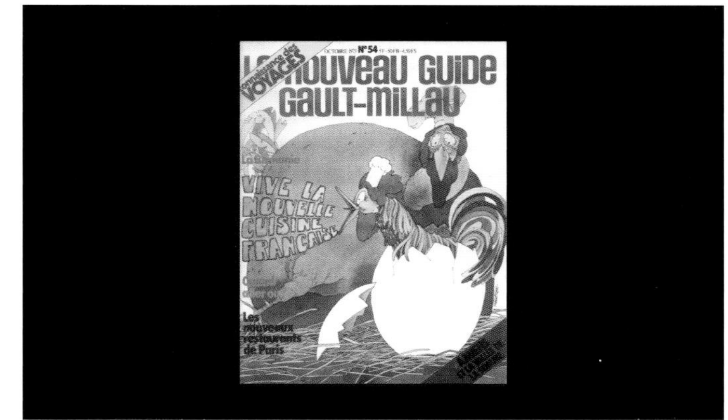

私人领域的美食
以美食思维为主导的享乐主义烹饪

与功能相关

- 烹饪艺术

与社会阶层相关

- 上层阶级烹饪

与地缘政治起源相关

- 世界主义烹饪

与烹饪者相关

- 职业烹饪
- 业余烹饪
- 专门化

与时代相关

- 传统烹饪
- 新/新兴烹饪
- 古典烹饪
- 现代烹饪
- 高档化烹饪
- 过时烹饪
- 高品质烹饪

与品质相关

- 奢侈烹饪
- 高品质烹饪

与原真性相关

- 典范/正统烹饪
- 演化后的烹饪

公共领域的美食※
高档餐厅

与功能相关

- 烹饪艺术

与社会阶层相关

- 上层阶级烹饪

与地缘政治起源相关

- 世界主义烹饪

与烹饪者相关

- 职业烹饪
- 专门化

与时代相关

- 传统烹饪
- 新/新兴烹饪
- 古典烹饪
- 现代烹饪
- 高档化烹饪
- 高品质烹饪

与品质相关

- 奢侈烹饪
- 高品质烹饪

与原真性相关

- 典范/正统烹饪

※ 用金钱来交换食物和饮品，高级烹饪就此诞生。

后古典主义
科技情感烹饪法（1994年至今）

第二场开创性的先锋运动是科技情感烹饪法，始于1994年在斗牛犬餐厅中创造出的著名的“质感蔬菜总汇”（Textured Vegetable Panaché）。它代表了高档餐饮部门历史中的一次范式转换，因为它在与顾客的关系中引入了新的参数，通过使用新的技术、概念和方法来唤起顾客的情感。科技情感烹饪法将体验的理念发展到了极致。

两场先锋运动在今天共存，如今甚至有可能找到实践古典主义的餐厅。

迄今为止，还没有任何研究解释现有的子运动，也没有任何研究追踪从较早的新菜烹饪法贯穿到激进的科技情感风格的线索。

私人领域的营养
为了营养烹饪

与功能相关

营养烹饪 | 烹饪艺术

与社会阶层相关

大众烹饪 | 上层阶级烹饪

与地缘政治起源相关

地区烹饪 | 世界主义烹饪

与烹饪者相关

职业烹饪 | 业余烹饪

专门化 | 非专门化

与时代相关

传统烹饪 | 新/新兴烹饪

古典烹饪 | 现代烹饪

质朴烹饪 | 高档化烹饪

过时烹饪 | 高品质烹饪

与品质相关

奢侈烹饪 | 基础烹饪

低品质烹饪 | 高品质烹饪

与原真性相关

典范/正统烹饪 | 演化后的烹饪

※ 在一些场所内，用金钱或其他报酬来交换食物和饮品，我们将在这样的场所制作的料理称为公共领域的营养。

我们面对的地理背景:

- 西班牙和全世界的其他美食焦点

历史背景中有用的关键线索:

- 科学发展
- 数字时代
- 晚期资本主义
- 全球化

私人领域的美食
以美食思维为主导的享乐主义烹饪

与功能相关

	烹饪艺术

与社会阶层相关

	上层阶级烹饪

与地缘政治起源相关

	世界主义烹饪

与烹饪者相关

职业烹饪	业余烹饪
专门化	

与时代相关

传统烹饪	新/新兴烹饪
古典烹饪	现代烹饪
	高档化烹饪
过时烹饪	高品质烹饪

与品质相关

奢侈烹饪	
	高品质烹饪

与原真性相关

典范/正统烹饪	演化后的烹饪

公共领域的美食※
高档餐厅

与功能相关

	烹饪艺术

与社会阶层相关

	上层阶级烹饪

与地缘政治起源相关

	世界主义烹饪

与烹饪者相关

职业烹饪	
专门化	

与时代相关

传统烹饪	新/新兴烹饪
古典烹饪	现代烹饪
	高档化烹饪
	高品质烹饪

与品质相关

奢侈烹饪	
	高品质烹饪

与原真性相关

典范/正统烹饪	演化后的烹饪

有什么可用的文献记录？

当我们面对研究高档餐饮部门的任务时，我们发现可用文献记录存在巨大差异，而且对于某些时期（尤其是距今最遥远的时期），文献记录非常稀少。

一些证据提供与过去相关的信息，历史将这些证据称为“来源”。来源可能是物质的（来自考古记录的人工制品）或者口述的（文本、视频、口头证词等）。实际上，根据可用来源的类型、重要性和可靠性，人类的历史（以及美食的历史）可以分为四个主要阶段：

- 当我们关注与史前时期相对应的时期，即旧石器时代和新石器时代时，我们的研究只能基于考古学家、生物人类学家和其他关于遥远过去的专家分析和解释的考古记录。记录提供的证据可能非常短缺，但专家们竭尽全力构建十分先进的方法学，以便提出旨在揭示人类生命起源的关键的假设和理论。

- 在探索上古时代（Antiquity）时，文献记录的价值和数量都有了很大的飞跃，而且可以找到来自当时的书面来源。书写的发明提供了找到直接证词的机会，此类证词是所研究的事件发生时相关个人撰写的文本。但是必须谨慎对待某些文学性的文本，因为它们对现实的描述可能会遭到质疑。报道特定信息的文档性文本（档案、法律文本、清单等）往往更可靠。尽管书写已经出现，但它在最初阶段的存在是如此稀少，所以考古记录仍然是基本的知识来源。

- 在中世纪晚期，发生了一桩关于美食史研究的重要事件：印刷机的发明。正是由于印刷机的发明与应用，许多厨艺图书得以保存。对美食体系基本方面的直接分析，特别是分析与门类（产品、工具、技术、制成品等）相关的方面，让我们首次在没有考古记录的情况下开展研究，并且只使用、关注书面来源。

- 最后，从20世纪下半叶起，通过互联网可获取的视听资源、数字媒体和在线内容让我们能够接触的美食信息成倍增长。

下面的图表解释了这四个时期的总体特征：

用于研究高档餐饮部门历史的来源

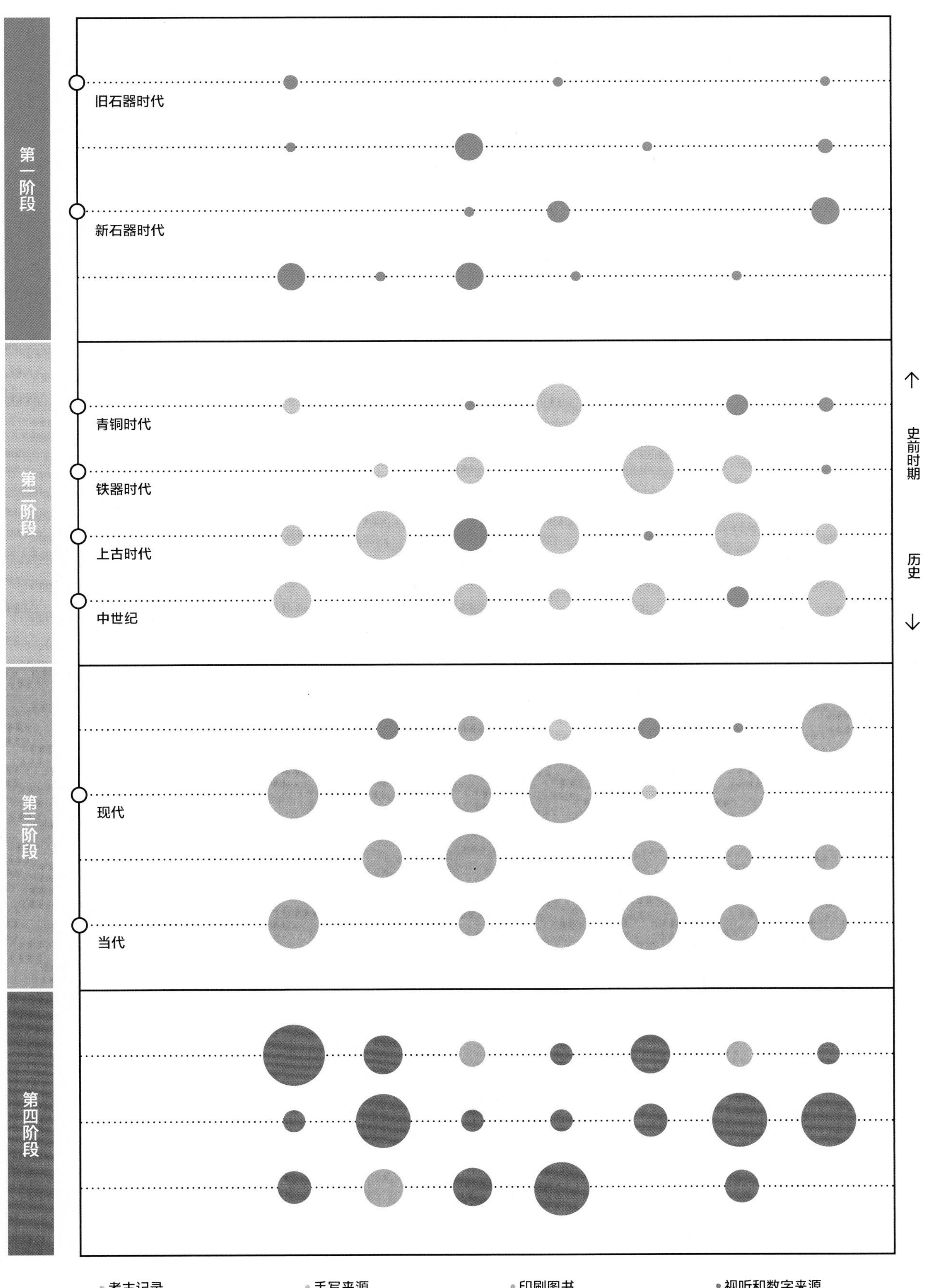

第一阶段　旧石器时代和新石器时代：只存在考古信息

在研究最遥远的史前时期时，我们很难为我们的问题找到清晰的答案。我们只能依赖考古学家从发掘中发现的有机和无机遗迹：废墟、人工制品、骨头以及食物的碳化和石化遗迹。它们全都来自难以理解的历史背景，创造和使用它们的人也没有留下任何文献记录。

对于这个遥远的时期，我们只能完全信任考古学家的工作。他们采用科学的方法，将发现的错综复杂的古代实体遗迹转化为理论和假设，从而阐明了我们提出的许多问题：“我们的祖先吃什么？”“他们发明了什么烹饪技术？”“他们有能力做出什么制成品？”“贸易催生了哪些未经制作的产品？”“第一个被驯化的物种是什么？”等。

本书介绍了这段令人着迷的时期，读者可以看到我们能够从考古信息中汲取多少知识，尽管信息稀少而且完全缺乏来自当时人类的佐证，但我们不能忽视这一史前时期，因为这个时期奠定了人类营养的基础。

第二阶段　从上古到中世纪：书面来源的开始

书写的出现是历史研究中的一大转折点，因为文本是极具价值的历史信息的来源。此外，书写将大大改变人类的自我认同、信息的传播方式以及许多其他具有重大意义的因素。

这个因素在我们看来是如此重要，以至于“历史”一词指的是从书写出现至今的这段时期。书写首次出现于约公元前3500年的美索不达米亚地区，最早的佐证是楔形文字系统的使用。书写并不是在全世界同时出现的。例如，书写直到公元前8世纪才出现在伊比利亚半岛。它直接产生了我们称为“书面来源”的信息——在过去撰写的任何包含当时信息的文本。书面来源是历史学家使用的原材料，即用来研究和解读过去的材料。

在书写出现很久之后，我们现在认知的图书才出现。数千年中，承载书写的材料有黏土、木头、石头、莎草纸和动物的皮（羊皮纸）。例如，古希腊和古罗马最常见的载体是蜡板：木板表面覆盖蜡质，然后拼在一起，形成双联、三联或四联记事板，并常常带有把手。很大一部分古希腊和古罗马的文献都是写在蜡板上的。瑙克拉提斯的阿特纳奥斯（Athenaeus of Naucratis）在美食方面的工作可能就写在蜡板上。在印刷机发明之前，手稿的制作是专业抄写员和工匠来执行的，这是一项艰巨的任务。

对于书面来源要采取谨慎态度，不能从字面上理解，需要对其语境进行批判性分析才能理解。实际上，历史学家的许多工作就包括理解来源的语境，以便获得恰当地理解其内容的关键线索。与此同时，我们必须牢记，在过去并非所有人都拥有读写能力。

书面来源往往来自社会的特权阶层，常常不经意间就向我们表达了他们的特定偏见和相关利益。历史学家的工作保证这些相关利益不会被误认为是过去的普遍现实。

受益于和餐桌享乐相关的第一批食谱和散文，我们得以获取关于烹饪和美食的信息，而且我们开始听到相关人员的声音。

第三阶段　从印刷的出现到20世纪下半叶：美食界职业人士撰写的丰富文本

伴随着1440年左右印刷机的发明，书面来源发生了巨大的变化，再也不需要手工复制图书了，而且图书的副本可以自动制作，这导致了图书在整个欧洲大量增加。从那时起，出版成为一个蓬勃发展的行业，它将指数级增加书面来源的数量。

在美食领域，我们可以使用许多由著名厨师撰写的食谱书，厨师充分利用这种媒介回顾了自己的学科。此外，文本的类型也丰富起来：不光是厨艺图书，还出现了关于园艺、植物学、农业、医学、药学和营养学方面的专著，以及涉及特定食材、制成品和技术等的主题书籍。所有这些从不同的角度提供了关于此阶段美食的宝贵信息。简而言之，在此期间，信息显著增加。

第四阶段　20世纪下半叶至今：视听来源、数字媒体和在线内容的增加

自20世纪中期以来，图书和其他书面来源（例如关于美食的报纸和专业期刊）一直在得到巩固，但是这一时期最清晰的特征是视听来源的兴起：电视和广播节目、访谈等。最早的例子是使用模拟技术制作的，但是在21世纪，它们采用了数字格式。

西方的数字革命带来了信息创建和转化的范式转换。数字媒体的庞大内容占据了显要的地位，同时视听和文本形式的可用的美食信息呈指数级增加。要想跟上高档餐饮部门的发展步伐，博客、网站、数字媒体和社交媒体已经变得至关重要。伴随着数字革命，我们称之为互联网的计算机网络互联系统得到发展，这鼓励了新材料的不断创作，并促进人们从任何有互联网连接的地方访问这些内容。

食谱中的书面语言的演变

食谱经历了剧烈的演变。有趣的一点是重量、度量和时间在比较晚的时期才出现在食谱里。从最早出现在楔形文字泥板上的食谱一直到进入19世纪很久之后，食谱都没有提供关于食材多少或者每种技术所需时间的精确信息。

如果一份食谱不包含重量、度量或时间，那它有什么用呢？如今，在职业烹饪中没有这些信息是不可想象的。高档餐厅里的所有东西都经过精确称重和测量，否则就无法保证任何菜肴的成功。

在那种情况下，烹饪是如何完成的？当时是否普遍认为职业厨师拥有自由决定重量和度量所必需的知识？或者这些是口口相传的信息？这是一个我们必须调查的问题。

Q34
Q33
Q32
R32
R33
R34

为我们的工作提供支持的学术性学科

我们并非从零开始。在整个过程中，我们一直得到来自各个学科的学者们的帮助，其中的三个学科对我们特别重要：历史、食物史和考古学。考虑到我们希望以多学科的视角开展该项目，这场对话至关重要。当来自烹饪职业人士的直接记述缺失或稀少时，历史学家和考古学家会拥有我们缺少的关键线索。

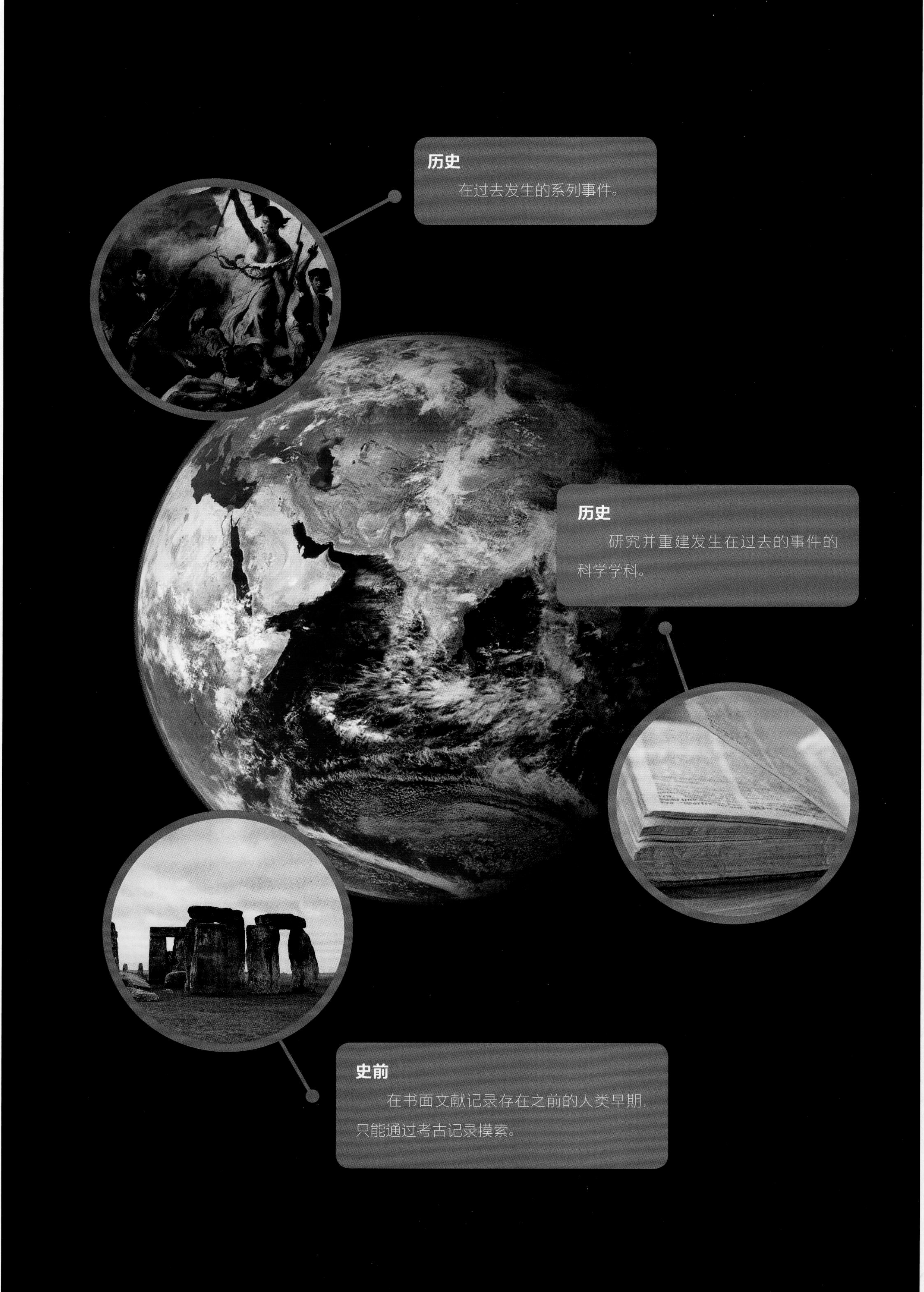
历史
在过去发生的系列事件。
历史
研究并重建发生在过去的事件的科学学科。
史前
在书面文献记录存在之前的人类早期，只能通过考古记录摸索。

历史是什么？

当我们提到“历史”(history)这个词时，我们指的可能是两个截然不同的事物：

- 发生在过去的人类行为；
- 研究过去的人类行为的科学学科。

该术语的第一个定义更加通俗。它指的是到现在为止发生的完整的系列事件。我们昨天吃了什么，我们10年前住在哪里或者我们童年时代的情况是历史的一部分(在这里指的是我们个人的历史)。第二个定义指的是使用判断真实性的科学标准，对人类在先前一段时间内发生的事件进行的研究和重建。

然而，如果我们停下来思考片刻，我们可以问问自己以科学和系统的标准研究过去是否可能。过去是一个非常奇怪的研究领域，因为它并不存在于当下，它没有物理存在或实体存在。过去刚一发生，便不复存在。因此，过去无法被观察，我们也不能确切地知道过去的真实情况。

历史知识是不完整的，它取决于历史学家所说的“主要历史来源”，换句话说，它取决于来自过去并为我们提供信息的痕迹和遗物。这些可以是人工制品、各种文本或口头陈述。我们只能构建事件、人、过程、结构、机构等的历史，并以此保存历史来源。我们无法对其他事物做这样的事。

历史作为一门科学学科的另一个特殊性是研究对象(人类)的性质。历史是我们所说的社会科学或人文科学的一部分。关于所有此类学科的复杂之处在于，它与自然科学不同，人类是会计划和行动并拥有自由的个体，而且人类的所作所为并不符合普遍法则。很难界定、理解或解释一群人或一个特定个体。例如，物理学家非常准确地知道从悬崖上掉下来的物体的加速度。但是对于历史学家而言，很难确切地解释或理解俄罗斯和美国为什么在冷战期间对彼此施加越来越大的压力，或者是什么导致古罗马皇帝君士坦丁皈依基督教。这一切都表明历史科学不能完全消除主观性。因此，历史学家得到的真相与物理学家和自然科学家得到的绝对真相在性质上是不同的。

作为一门学科，历史自然是有选择性的并且是有序的。历史不研究人类的全部过去，而是根据可用的证据和随着时间变化的哲学和意识形态标准划分和选择那些可检验的事件。传统上优先考虑政治、经济、社会和文化。此外，还有一些子学科专注于人类过去的特定方面，例如艺术史和科学史。

历史作为一门学科的起源和演变

历史在英语中对应的单词“history”源自古希腊词语“ἱστορία”（英语形式“historia”），其核心意义是“见证人”或“目击者”，并由此形成了该术语的含义：“以调查为手段，检查、见证并获得真相”。通过希罗多德（Herodotus）、修昔底德（Thucydides）和其他公元前5世纪至前4世纪的著名历史学家的努力，作为一门学科的历史始于古希腊。然而，这种研究历史的最早的方法和如今的科学学科在质量上相差巨大。以下内容是对历史学科在发展过程中的要点的简要概述。

在被称为古典时代（Classical Antiquity）的时期（古希腊和古罗马），历史是几种文学体裁之一。它是对过去的行为的一种叙述并有意消除神话和传说，只记录真实事件，其结果相对可信。

在中世纪，古典传统出现了一次中断。历史开始被基督教神职人员撰写，他们不再遵守叙述世俗事件的习惯。相反，他们在自己的叙述中引入神的意志，将所有事件都转化为体现上帝意志的寓言，并以宗教意义描述奇迹和苦难。

随着15世纪文艺复兴的到来，教会对知识生活的影响逐渐减弱，人文主义者复兴了古希腊和古罗马的传统。

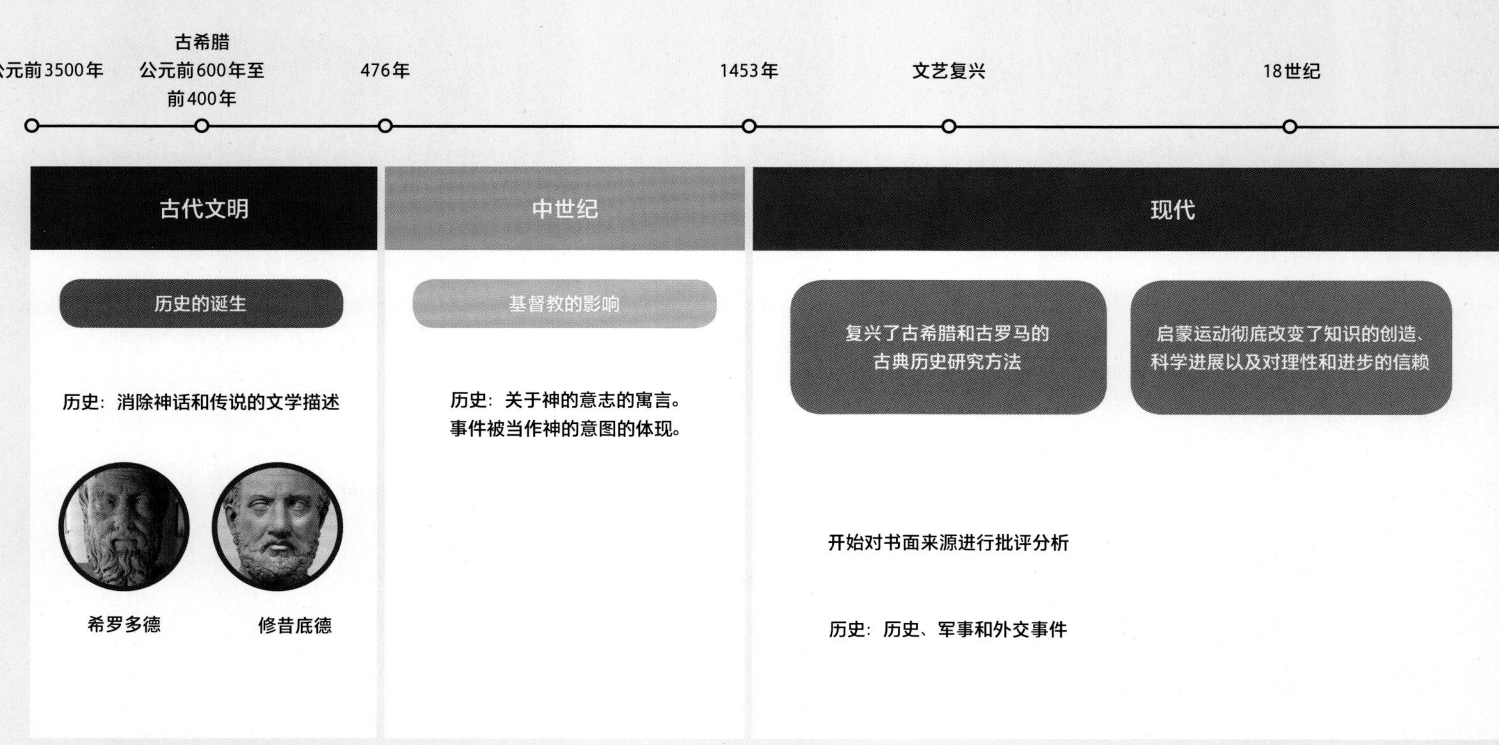
历史作为一门学科的演变
公元前3500年
古希腊
公元前600年至
前400年
476年
1453年
文艺复兴
18世纪
古代文明
中世纪
现代
历史的诞生
历史：消除神话和传说的文学描述
希罗多德
修昔底德
基督教的影响
历史：关于神的意志的寓言。
事件被当作神的意图的体现。
复兴了古希腊和古罗马的
古典历史研究方法
启蒙运动彻底改变了知识的创造、
科学进展以及对理性和进步的信赖
开始对书面来源进行批评分析
历史：历史、军事和外交事件

他们消除了宗教影响，回归到关注政治、军事和外交事件的传统上来。他们对古典文本的翻译表现出的极大兴趣导致了现代历史研究方法的一大特征：文本批评。

18世纪发生在欧洲的启蒙运动奠定了历史作为一门现代科学——以19世纪的德国为典型代表——的基础。以利奥波德·冯·兰克（Leopold von Ranke）为首的一群历史学家提出，历史不应该只是一系列连续的事件，还应该是对事件起因以及它们之间联系的理想思考，而所有这些都应该通过细心分析文献来源和哲学思辨而得到支持。研究过去的第一种科学方法本质上是经验主义的。换句话说，这种方法依赖来源来构建历史“真实的样貌”。对比使用文献会消除历史学家在解读时的主观性。

在20世纪，科学经验主义被摒弃，出现了克服科学经验主义局限性的新理论趋势，即所谓的主导范式（dominant paradigms），例如，马克思主义及其唯物主义历史观的影响、注重社会和文化历史的年鉴学派、拥有自己的方法学的新的“第三世界”历史学家的到来、新的主题（例如女性史），以及来自人类学和社会学等学科的其他方法学。

19世纪

20世纪

现在

当代

历史作为一门科学

经验和实证方法依赖信息和历史学家的中立性

历史：连续发生的系列事件以及对原因和关系的解释

历史作为一门批判性的社会科学

关于历史的多种理论趋势，主导范式的时代

经验主义批判，历史应该阐明不同社会群体之间的矛盾和力量关系

客观概念和真相的危机

几种理论趋势的共存

利奥波德·冯·兰克

卡尔·马克思
马克思主义

马克·布洛赫
年鉴学派

佳亚特里·斯皮瓦克
后殖民主义

琼·W.斯科特
女性主义

历史是如何被书写的？历史研究方法

方法在英语中对应的单词“method”来自希腊语单词“meta”和“hodos”，分别是“追寻”和“方式”，而它的意思是完成一件事的方式。历史研究方法是历史学家通过可用证据来产生与人类过去相关的知识的方式或过程。

就像任何其他科学一样，在历史研究中，创造知识的行为比看上去复杂得多。名为认识论的学科负责分析各种方法的性质。使用经验信息解释特定现象可以采取各种不同的途径，而没有一种途径是显而易见或者不受限制的。在关于什么是真实的论断上达成共识或者如何反驳一项论点，都可能充满争议。我们无意在本书中深入探讨，我们仅仅概述历史研究方法的一般阶段。

- **第1步：选择要研究的主题或问题**

  要研究的问题可能源于个人利益或者与其他类型的利益相关，但是它必须满足以下两个条件：

  - 它必须是原始主题，除非它涉及以前探讨过的问题，但是应用新的方法、信息和解释性的方法。
  - 如果要研究一个主题，必须有相关的现存文献。若是不存在能够回复这些问题的答案信息，这样的问题就是没有价值的。

- **第2步：提出问题和可行的假设**

  历史研究是解释性的，而不仅仅是描述性的。这意味着除了描述过去的事件，历史研究还必须解释研究的主题并理解主题。例如，在描述第一家高档餐厅时，如果没有同时叙述它为什么出现、出现在什么样的背景当中以及产生了什么后果等，那么这样的描述就没有多少用处。这是提出问题的阶段，好让我们能够提供关于一种现象的答案。如果问题是客观存在的，可能的答案——供检验的假设——也会在这一阶段形成。

- **第3步：选择理论框架和信息**

  一旦提出问题和可行的假设，就必须选择指导研究的理论框架和将要使用的信息。理论框架是赋予信息意义的解释规则。例如，如果我们选择结构主义框架，我们将使用信息来揭示历史上特定时刻的潜在概念结构。如果我们选择功能主义框架，我们将询问有关各方之间变化和平衡的信息。如果我们采纳进化的视角，我们将理解所有变化都会不可避免地导致现在的发展历程。每种理论框架都为我们提供了与其他问题相比能够更好地回答特定问题的工具，并假设了许多我们必须认同的概念。理论框架的选择是一个复杂的任务。

然后，我们需要选择自己将要使用的信息，即历史来源：手稿、文本、考古材料、证词，以及各种可以提供我们想要解释的现象的相关信息的证据。

- **第4步：准备和批判来源**

在完全进入分析过程之前，有必要准备供使用的来源。我们必须牢记，历史来源是历史学家和研究过去的其他专家用来创造历史知识的证据。对来源的批判可能是历史研究方法中最引人注目的部分。不可能直接从手稿或人工制品中推论关于过去的信息。必须首先对来源发出一系列疑问："它是真实的吗？""它所说的反映了现实还是反映了某种特定观点？""它来自哪里，是谁提供的？""它背后的意图是什么"等。

- **第5步：应用定性和定量技术**

随后必须使用所选的理论框架和适合的技术对来源进行分类、总结和综合。技术是研究人员为了将信息（历史来源）转化为特定数据而执行的操作。技术包括定性技术和定量技术，它们的区别在于，后者进行度量和量化，而前者进行比较、分类和解释。一旦应用了技术，我们就必须验证结果是符合假设还是指向其他方向。

- **第6步：得出结论**

作为整个过程的结果，我们将能够回答我们提出的问题并解释我们打算研究的历史现象。调查可能会指向其他问题，或者无法提供我们期望的答案，这会让我们回到该过程的起点，从而重新制定过程。

除了所有这些，历史学家的外部条件也是影响因素：工作场所、财务状况、团队、分配给每个研究领域的时间等。虽然这6步梗概有助于了解历史的书写方式，但是现实更加多样，历史学家（与许多其他科学家一样）一直在这条阶梯徘徊。

历史学家有属于自己的创造历史知识的独特方式。
他们可以从智论方法学中受益，以改进分类方法。

如何确定历史事件的日期？年表

为了解释人类历史如何演变，我们必须根据时间和空间坐标对过去发生的一切进行排序。我们先来看时间坐标，即历史事件的年表。

历史来源本身有时会给出日期，尤其是书面文本。我们如何知道哥伦布是在1492年10月12日抵达美洲的？因为他在自己的日记里留下了一条书面记录，而且幸运的是它一直保存至今。许多书面文本都标有日期，例如大多数行政文书。绘画和其他艺术品之类的物品也往往带有日期。其他书写并不总是标注日期，所以鉴定它们的年份或者它们提到的事件发生的时间极为困难。历史学家正是在这里将他们批判性的技巧与对历史来源的检查付诸实践。

对于书写尚未发明的最遥远的时代，确定日期是考古学研究的问题。要想知道发生在旧石器时代、新石器时代以及上古大部分时期的事情，我们必须对在考古记录中获取的人工制品和结构进行年代确定。在这个领域，存在相对和绝对的年代确定方法。

相对年代测定法用于确定某人工制品、时期或事件是否晚于或早于另一人工制品、时期或事件，而不给出以数字表示的确切日期。它的理论基础是地质叠加定律，根据该定律，在正常条件下，地层（沉积层）序列中最年轻的沉积层位于顶部，最古老的沉积层在底部。

绝对年代测定法则提供人工制品的确切日期，然后我们用它来推断其所属的时期或事件的年代。有些技术的理论基础是建立在特定化学元素逐步且持续分解的基础上的，另一些技术则使用其他物理化学过程。如今使用的技术有很多，但最具代表性的是：

- 放射性碳（即碳14）定年法，用于测定所有类型的有机材料的年代；
- 钾氩（K–Ar）定年法，用于测定火山成因沉积物的年代；
- 热致发光定年法，理论基础是受热矿物发出的辐射；
- 树木年代学，又称年轮测定法，具体做法是数树干中年轮的圈数。

两种表达史前年代日期的模型

历史书籍中同时存在两种表达人类历史最早阶段中日期的形式。一种形式选择以现在作为参照，按照科学惯例，“现在”被定义为1950年（不过如今实际上使用的是2000年）。另一种形式选择将标志着耶稣诞生的那一年作为象征性的“0”年份。

前者使用首字母缩写“BP”（Before the Present，即现在之前），或者只是简单地在数字前面加一个负号。这些日期读作“距今X年前”。

直立人（*Homo erectus*）出现：
1,800,000或1,800,000 BP
（距今180万年前）

后者对于耶稣出生之前和之后的年代分别使用首字母缩写BC或AD［Before Christ（主前）和Anno Domini（我们的主的年代）］。然而近些年来，为了避免宗教意味，有些专家更喜欢用BCF（Before the Common/Current Era，即公元前纪元）和CE（公元纪元）。

中东地区陶器时代（新石器时代晚期）的起点：
6800 BC或6800 BCE
（主前或公元前6800年）

旧石器时代的专家使用前一套体系，这有几个原因，其中之一是他们面对的误差范围非常大（上下浮动1000年，这在他们的研究领域并不算什么严重的不精确），另一个原因是他们几乎总是依赖以现在为参照的绝对年代测定法。在提到新石器时代时，根据学术惯例，通常使用后一个模型，原因是相对年代测定法得到的日期往往以公元0年作为参照。

更晚的时期也是如此，而且“现在之前”很少用于旧石器年代以后的时期。要想从前者转换为后者，我们只需要减去2000年即可。

	“现在之前”体系	“主前”或“公元前”体系
旧石器时代的起点	2500000年BP	（不使用）
新石器时代的起点	12000 BP	10000 BC 10000 BCE
新石器时代的结束（在中东地区）	5500 BP	3500 BC 3500 BCE

史前日期的不同书写方式

历史学家划分的西方历史时期

为了使历史记述更易于理解和处理，时间被分成多个时期。历史时期被定义为具有一定内聚力（即拥有共同特征）的时间间隔。

每个历史时期都包括一系列与上一个时期不同的变化，此外还有很多保留下来的要素。由历史学家来决定哪些特征是决定性的，并且能够为每个被定义的时期的存在提供正当的理由。有些时间间隔是很久之前确立的，当时使用的标准如今已经无效，但仍按惯例继续使用这些历史时期。

例如，三时代系统——将史前分为石器时代（旧石器时代和新石器时代）、青铜时代和铁器时代——由丹麦博物馆的馆长克里斯蒂安·于根森·汤姆森（Christian Jürgensen Thomsen）提出，其理论依据是他在自己负责的藏品中察觉的技术进步。今天的历史学家并不认为工具中的材料是这些时期的决定性特征，但是由于考古学家已经在这方面达成共识，所以这套术语按照惯例仍在或多或少地沿用。

此外，还应当考虑到以下事实：世界上每个地方都有自己的历史，因此也有自己的时期划分。代表西方的一般历史时期（史前、上古、中世纪、现代和当代）不适用于亚洲、非洲和美洲的大部分地区。这些大陆有它们自己的时期划分。

历史时期按照不同的时间尺度排列。时间尺度有非常大的尺度（例如青铜时代），应用于广阔的地理区域并跨越多个世纪。还有一些更具体的尺度，应用于较小的区域并且持续时间较短（例如米诺斯文化IIA期，指的是希腊克里特岛上青铜时代非常有限的一段时期）。

以下是构成我们工作的时代背景的西方主要时期的简要概述。我们以这些时期为基础，叠加前文描述的高档餐饮部门的时期。

西方的历史时期

250万年前至公元前3500年

史前

作为一段历史时期，史前被定义为人类历史中尚未发明书写的时间间隔。严格地说，它始于250万年前（或者根据最近的发现，应为280万年前）第一种原始人类能人（*Homo habilis*）的出现，结束于约公元前3500年在美索不达米亚地区书写的出现。历史学家不喜欢“史前”这个术语，尽管他们仍然继续使用它。它显然是历史的一部分，所以这个叫法容易引起混乱。史前与历史的分割在于获取相关时期信息的方式。对于史前时期，没有文本可用，只能使用考古记录。因此，考古学是史前时期唯一的知识来源。

虽然史前时期的起点是明确的，但它的终点并不清晰。西方的书写最早出现在美索不达米亚地区，但是书写在其他地方出现得更晚。因此，今天的伊拉克在任何其他地方之前首先进入古代，此时欧洲和世界上的其他地区都还没有告别史前时期。在西方，书写存在于中东但尚未出现在欧洲的时期被称为原史时期（protohistory）。由于史前时期很长，所以它通常被分成四个子时期：旧石器时代、新石器时代、青铜时代和铁器时代。还有一些短暂的过渡时期，例如中石器时代（Epipalaeolithic，即旧石器时代和新石器时代之间）和铜石并用时代（Chalcolithic，即新石器时代和青铜时代之间）。史前的概念往往仅限于前两个时期（旧石器时代和新石器时代），而后两个时期（青铜时代和铁器时代）被认为是原史时期。

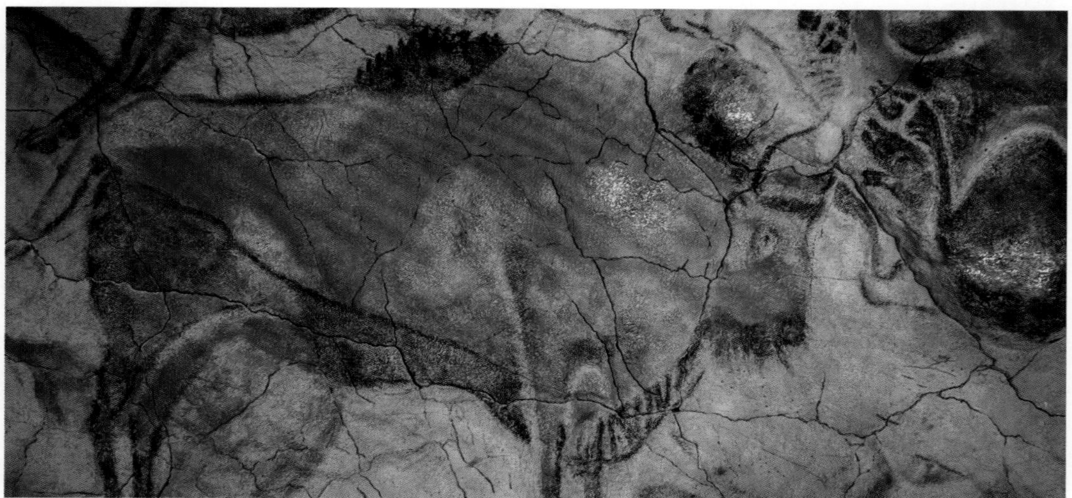

公元前3500年至476年

上古时代

名为上古时代的时期始于书写的出现（约公元前3500年的中东地区），并随着西罗马帝国476年在西哥特人和汪达尔人的手中陷落而结束。它与古代文明的出现重合。名为古典时代（Classical Antiquity）的子时期通常是指古希腊和古罗马文明的发展（从公元前8世纪到5世纪），公民身份和自由的概念将这两种文明联系在一起。在公元前3500年至西罗马帝国沦陷之间，西方的某些地区处于上古时代的顶峰，而其他地区仍然处于铁器时代或青铜时代。因此，青铜时代常常与铁器时代和上古时代融为一体，并被我们统称为“古代文明”，即从公元前3500年至476年之间的时期。

476年至1453年

中世纪

中世纪（Middle Ages或medieval period）从476年开始，一直延续到1453年拜占庭帝国的首都君士坦丁堡被奥斯曼土耳其人攻陷为止。一些历史学家更喜欢将终点设置在发现美洲大陆的年份——1492年。一般而言，我们可以说这个时期的特点是等级制社会、专制君主制度和中产阶级的出现。

1453年至1789年

现代

该时期从1453年（或1492年）延续至1789年，即开启了当代历史的法国大革命爆发的年份。它的特征之一是世界全球化的开始，因为欧洲列强开始在全球范围内进行贸易探险，并探索和征服新的土地。它带来了重商主义的开始，并使第一家资本主义贸易公司诞生了。在政治上，绝对君主制和世俗主义倾向占据主流。该时期也催生了现代科学和第一次工业革命的开始。

1789年至今

当代

该时期始于1789年并延续至今。其显著的决定性特征包括下列事物的发展：阶级社会；政治、公民和社会权利；西式民主；科学和技术进步；资本主义以及全球化。

其较不愉快的一面主要体现在世界上社会不平等的加剧、贫穷现象的急剧增长、环境灾难以及权利的逐渐恶化。

某件事物必须经过多少年才能成为历史？

根据定义，历史是研究过去的人类社会的学科。然而近几十年来，历史的界限已经发生了转移，历史将今天也包括在内。如今常常能够在历史课程中找到关于“现在历史”（Present History）、“当今世界历史”（History of the Present World）甚至“即时史”（Immediate History）的部分。因此，就算近至昨天发生的事如今也可以被视为历史研究的主题。历史研究为什么要研究现在呢？

- 因为1990年以来世界发生的急剧变化。冷战的结束和全球化的开始产生了新的社会、政治、文化和经济结构，令历史学家们开始思考始于1789年的当代时期的终结。

- 因为考虑到当下的变化速度，我们需要历史学家来解释世界，从而令现在发生的事情可被理解。虽然社会科学的其他领域（例如社会学和哲学）也在处理这个问题，但是历史则提供了一种非常有用的现实观。历史中的方法和技术可以分析长期过程，所以今天发生的事可以放到过去的语境中并与之产生联系，从而帮助我们了解我们自己沉浸其中的过程。此外，历史是最能理解和解释“变化”这一概念的科学。

- 因为保存历史或集体记忆的需要。如今，历史学家的工作还包括保存口头证词，在这些证词的守护者去世之前记录它们，并分类和处理新的数字信息来源，这些信息将有助于我们理解正在发生的事情。

然而，如果我们要对近些年进行细致的历史分析，那么就存在一些最低要求：

- 必须要有足够的信息让我们能够从特殊的历史中看到一般历史，对已经发生的事件进行整理和分类。
- 在时间上，上一条标准需要一段能够产生待研究现象的相关写作和其他信息来源的最短间隔。时间长短取决于研究对象。
- 待研究现象和之前发生的事情之间必须有清晰的间断。
- 必须对从历史维度解释这一现象感兴趣。

待研究的现象发生得越近，随着时间的追溯得出的结论就越多，而且历史视角可能会发生变化，可能出现改变我们对这些事件理解的新来源，或者带来不同见解的新视角。我们应该牢记，作为一门学科，历史在时间间隔足够遥远时更有效，而历史学家不应该成为所研究的时间背景的一部分。

新菜烹饪法

就像许多其他领域一样，在美食学中，最近几十年发生了如此巨大的变化，以至于我们必须理解它们，尽管这些变化还没有结束。任何以厨师为职业的人都必须明白20世纪60年代后期发生在法国的事情、是谁领导了这个过程，以及新菜烹饪法的影响何以持续至今。

新菜烹饪法的历史符合前面解释的要求：有足够的信息令相关现象可被理解；时间上有足够长的间隔产生这些信息；它意味着与此前的美食趋势有清晰的间断；而且我们对从历史维度理解它感兴趣（而且存在这种需要），我们还想知道它如何演变成21世纪的新菜烹饪法。

历史发生在何地？空间秩序

现在已经解释了如何找出何时的细节，接下来我们看看历史发生在何地。为此，我们首先需要进行地理和地缘政治分类。

前者被定义为在地球表面划分出的空间坐标。对这些坐标进行分类的常用方法如下：

- **大陆**：地球被分割而成的面积最大的陆地延伸。关于大陆的数量，存在不同的计数方法（取决于它们如何分组），但一种普遍接受的方式是五大洲模型：非洲、美洲、欧洲、亚洲和大洋洲。

- **大陆地区**：大陆划分而成的部分，例如东南亚和北美。关于大陆陆块的划分方式，全世界已经达成足够的共识。我们在第92—95页的图表中列出了全部正式的大陆地区。

- **超国家地区**：由自然、人类、历史、文化和政治标准定义的陆块，包括当今各个国家的全部或部分。大多数超国家地区以独特的自然特征（例如海洋或山脉）命名，例如亚马孙河流域、安第斯山脉地区、地中海盆地和巴尔干地区；另一些超国家地区则根据历史和政治标准定义，例如马格里布和中东地区。

在地理类别中，还有其他参与历史事件分类的类别也提供空间坐标：生态系统、栖息地、生物群系、气候区，以及来自环境科学的其他概念。我们将在下面查看它们的定义，顺便解释旧石器时代之前地球上发生了什么（见第160页）。

地缘政治类别是由其拥有的政府类型定义的地域。目前，大多数地缘政治单位是国家（或民族国家），这些国家又被划分为行政类别层级结构，例如大区、省、郡和市。每个国家都有自己的系统。

我们在过去还有其他模型，例如帝国、王国和哈里发国，它们都有相应的内部划分。地缘政治单位在西方经历了剧烈的历史演变，其边界和性质也在不断变化。因此，当我们说某件事物起源于意大利或者另一件事物发生在西班牙时，我们需要小心，因为这两个政治实体都是相当晚才出现的。取决于时期，我们指的可能是那不勒斯王国或者科尔多瓦哈里发国，它们是存在于当时而如今被民族国家占据的地缘政治单位。

历史的引领人物

历史研究中的另一个基本坐标是我们所说的人，即参与事件并受其影响的人们。实际上，人类在历史研究中受到优先考虑。

正如我们在本章节开始时所说的那样，历史负责研究和重建影响上一时期人类的事件。这些人类随着时间的推移并根据地点呈现不同的面貌。

一般而言，历史研究的是通过特定身份参数相互联系的人群。最常见的参数是：

- 经济活动：相关人群赖以谋生的活动。狩猎和采集者，佃农，商人等。

- 社会和经济地位：与上一点相关，它指的是某群体根据其购买力或者获取最宝贵资源的难易程度所占据的社会地位。奴隶、贵族、佃农、劳工、皇室等。

- 族群：属于特定地域或文化。法国人、伊比利亚人、柏柏尔人、赫梯人、安达卢斯的穆斯林等。

最近几十年，增加了诸如性别身份（妇女史研究）和年龄（儿童史）等参数。此外，还可以书写个人的历史，查明其传记、遗产和令其脱颖而出的突出贡献的全部细节。名人生活的细节有助于完成核心历史记述。

例如在这个项目中，我们为有影响力的厨师的传记研究留出了空间，并分析了美食史上至关重要的不同群体的角色：主人、用餐者以及烹饪艺术的不同行业和职业（特别强调厨师）。

“本项目追溯了美食世界的厨师、主人、用餐者和其他行为主体的历史。”

事情发生在何地?

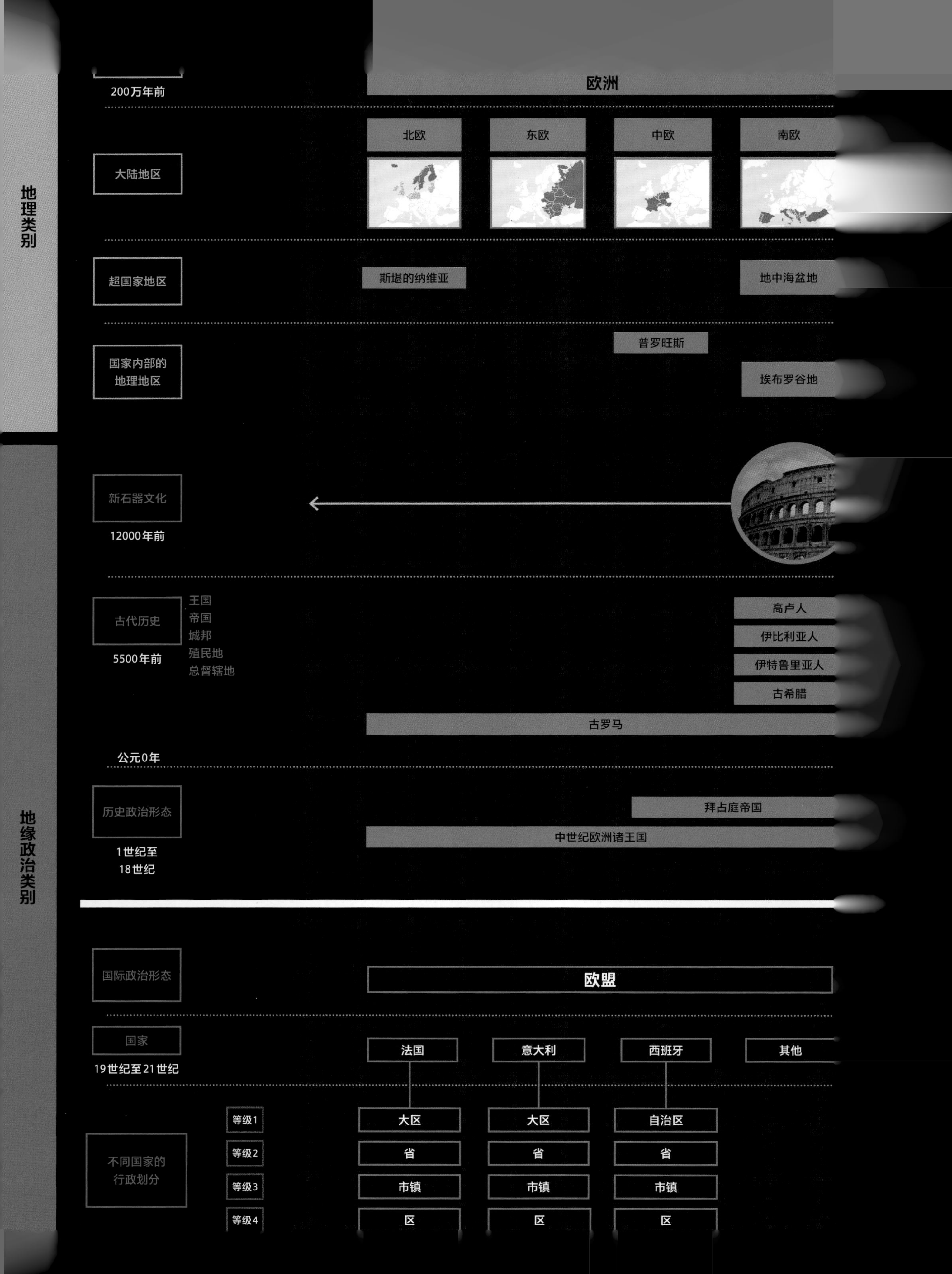

地理类别

200万年前

欧洲

大陆地区

北欧
东欧
中欧
南欧

超国家地区

斯堪的纳维亚
地中海盆地

国家内部的地理地区

普罗旺斯
埃布罗谷地

地缘政治类别

新石器文化

12000年前

古代历史

5500年前

王国
帝国
城邦
殖民地
总督辖地

高卢人
伊比利亚人
伊特鲁里亚人
古希腊
古罗马

公元0年

历史政治形态

1世纪至18世纪

拜占庭帝国
中世纪欧洲诸王国

国际政治形态

欧盟

国家

19世纪至21世纪

法国
意大利
西班牙
其他

不同国家的行政划分

	法国	意大利	西班牙
等级1	大区	大区	自治区
等级2	省	省	省
等级3	市镇	市镇	市镇
等级4	区	区	区

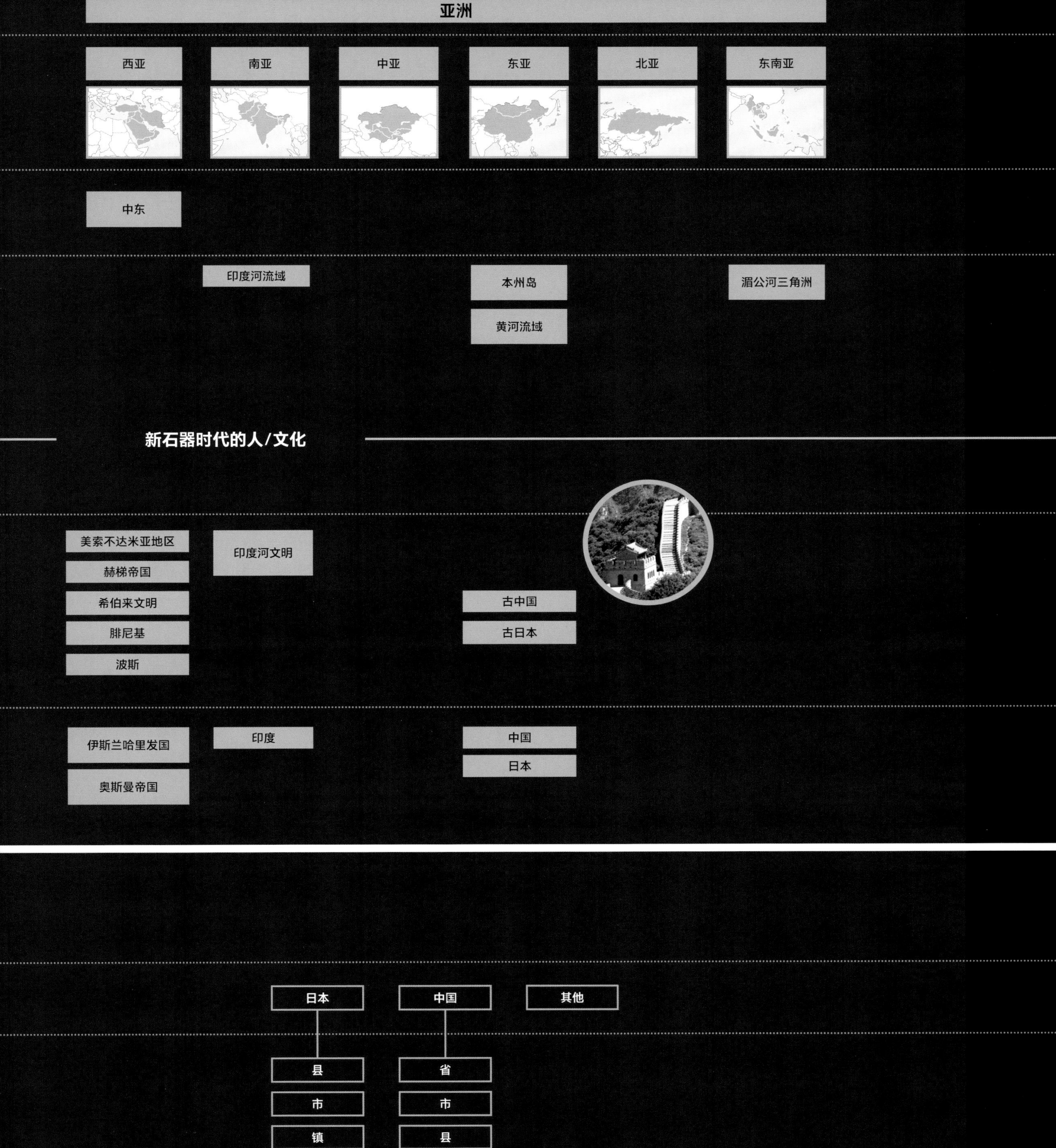

亚洲
西亚
南亚
中亚
东亚
北亚
东南亚
中东
印度河流域
本州岛
黄河流域
湄公河三角洲
新石器时代的人/文化
美索不达米亚地区
赫梯帝国
希伯来文明
腓尼基
波斯
印度河文明
古中国
古日本
伊斯兰哈里发国
奥斯曼帝国
印度
中国
日本
日本
中国
其他
县
市
镇
省
市
县

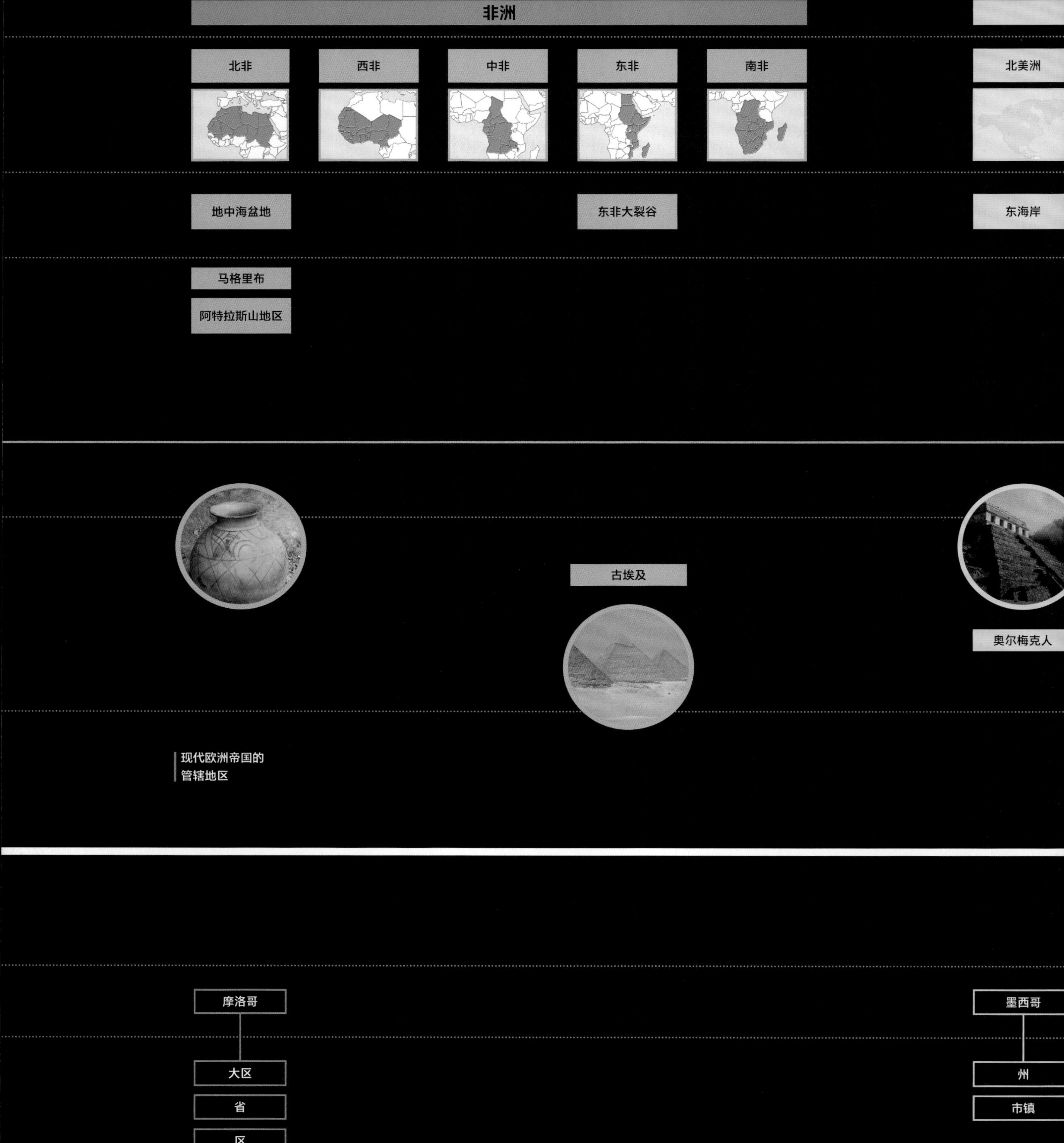
非洲
北非
西非
中非
东非
南非
北美洲
地中海盆地
东非大裂谷
东海岸
马格里布
阿特拉斯山地区
古埃及
奥尔梅克人
现代欧洲帝国的
管辖地区
摩洛哥
大区
省
区
墨西哥
州
市镇

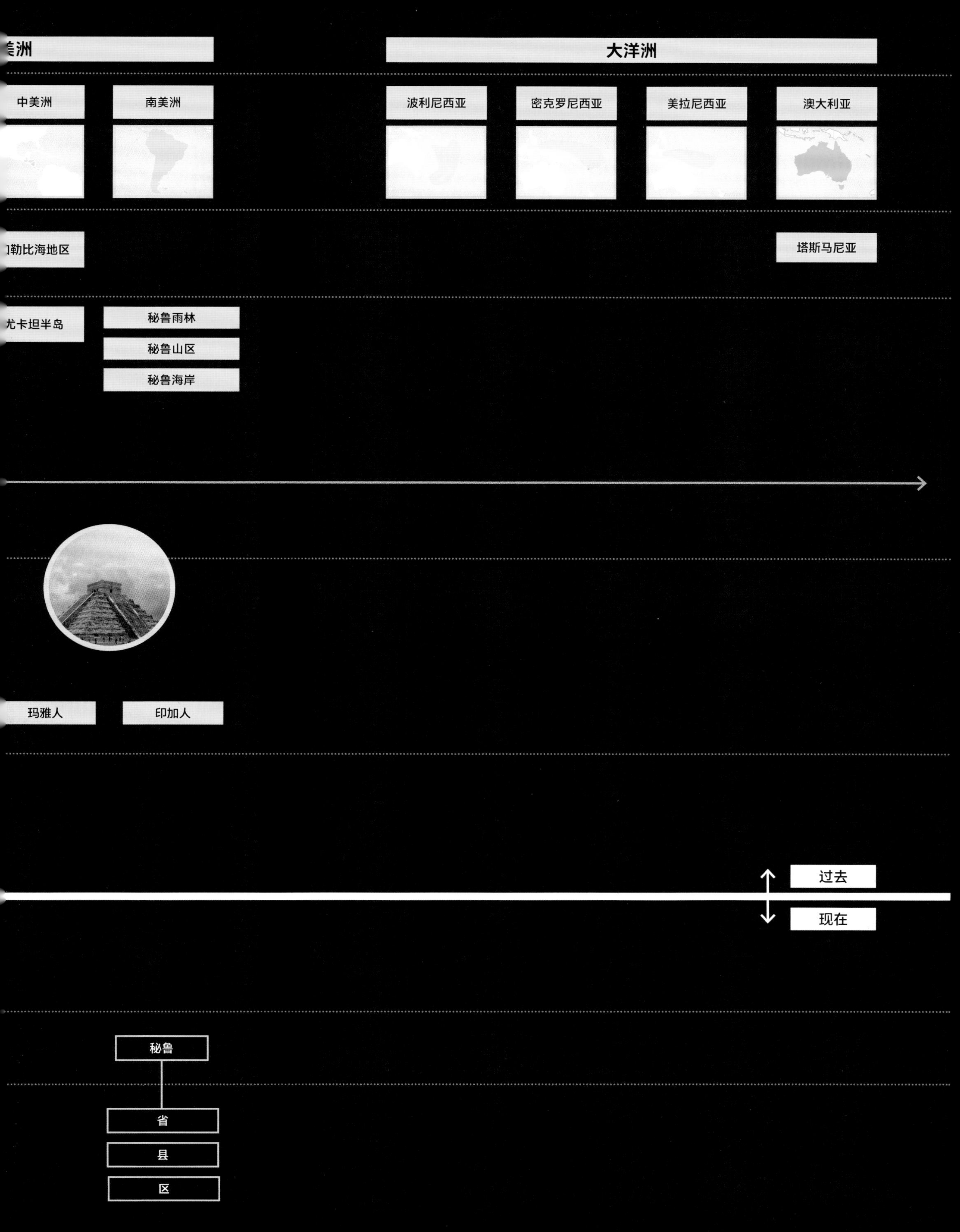

美洲
大洋洲
中美洲
南美洲
波利尼西亚
密克罗尼西亚
美拉尼西亚
澳大利亚
勒比海地区
塔斯马尼亚
尤卡坦半岛
秘鲁雨林
秘鲁山区
秘鲁海岸
玛雅人
印加人
过去
现在
秘鲁
省
县
区

影响美食史的人类变化

我们对历史的兴趣的第一个结果是概述了历史里程碑对美食历史的影响，其重点始终放在西方。通过回顾影响历史的要点，我们能够为美食史的演化确定许多要素的起源，并根据与美食相关的领域来进行组织，正如后文所示。

此外，我们指出了决定事件进程的六个关键时刻，并将这些时刻称为“革命”。它们都是给西方生活留下了深刻印记的重大变革，其中一些是逐渐发生的，而另一些发生得更加突然。

我们将发生在营养、烹饪、美食和高档餐饮部门的范式转换（见第46页）叠加在这些革命上，以观察某些变化对其他变化的影响程度。从结果可以看出，围绕烹饪的一切都是并且一直是历史变革的关键方面。实际上，我们可以从在烹饪中发生的事情开始，解释发生在技术、科学和艺术中的许多变化。

标志着历史转折并对美食产生重大影响的六个重要里程碑是什么？

▶ 认知革命

在10万年前至5万年前（一些专家更具体地指出是在大约7万年前），智人制造的一系列事件表明人类的认知能力实现了巨大的飞跃。这是一个了不起的变化。人类发展了艺术、珠宝和饰品的世界；人类开发了工具；人类第二次走出非洲。这被称为认知革命，多亏了它，我们的大脑基本固定下来，并且大脑可以发展出作为我们这个物种最突出特征的智力。这个关键时刻巩固了原始人类通向智人的渐进进化，令人类不断提高智力水平。

▶ 农业革命

这指的是发生在新石器时代的动植物驯化。这项人类发明首次发生在中东，但在数千年中它独立出现在世界的其他地区。这是从开采型经济到生产型经济的转变，后者在当今世界仍然继续占据主导地位。

▶ **知识革命**

对所有自然和人文科学领域的一般知识的渴望，以及古希腊和古罗马价值观的复兴，推动了发生在文艺复兴时期的知识革命。人本主义（以人为万物的中心）取代神本主义（以神为中心）并非巧合。

▶ **科学革命**

这场革命发生在17世纪和18世纪，它要归功于伽利略·伽利莱（Galileo Galilei）、艾萨克·牛顿（Isaac Newton）和罗伯特·波义耳（Robert Boyle）等人所做的研究，以及启蒙运动、法国的百科全书或普世精神、德国哲学、英国经验主义以及许多思想流派的影响，这些思想流派是现代科学思想的先声。

▶ **工业革命**

18世纪中期，欧洲达到了新的发展临界点：工业革命。这是前所未有的一系列经济、技术和社会变革。它导致了新能源（煤炭、电力）的大规模使用、发动机（包括蒸汽机和内燃机）的发展以及工业机械的发明。

▶ **数字革命**

20世纪70年代末，数字世界开始快速发展，这彻底改变了我们的现实并完全更改了工作、人际交流和知识整理系统，以及我们对世界的认知和理解。

本书旨在探索其中的两次早期革命与烹饪发展之间的关系。

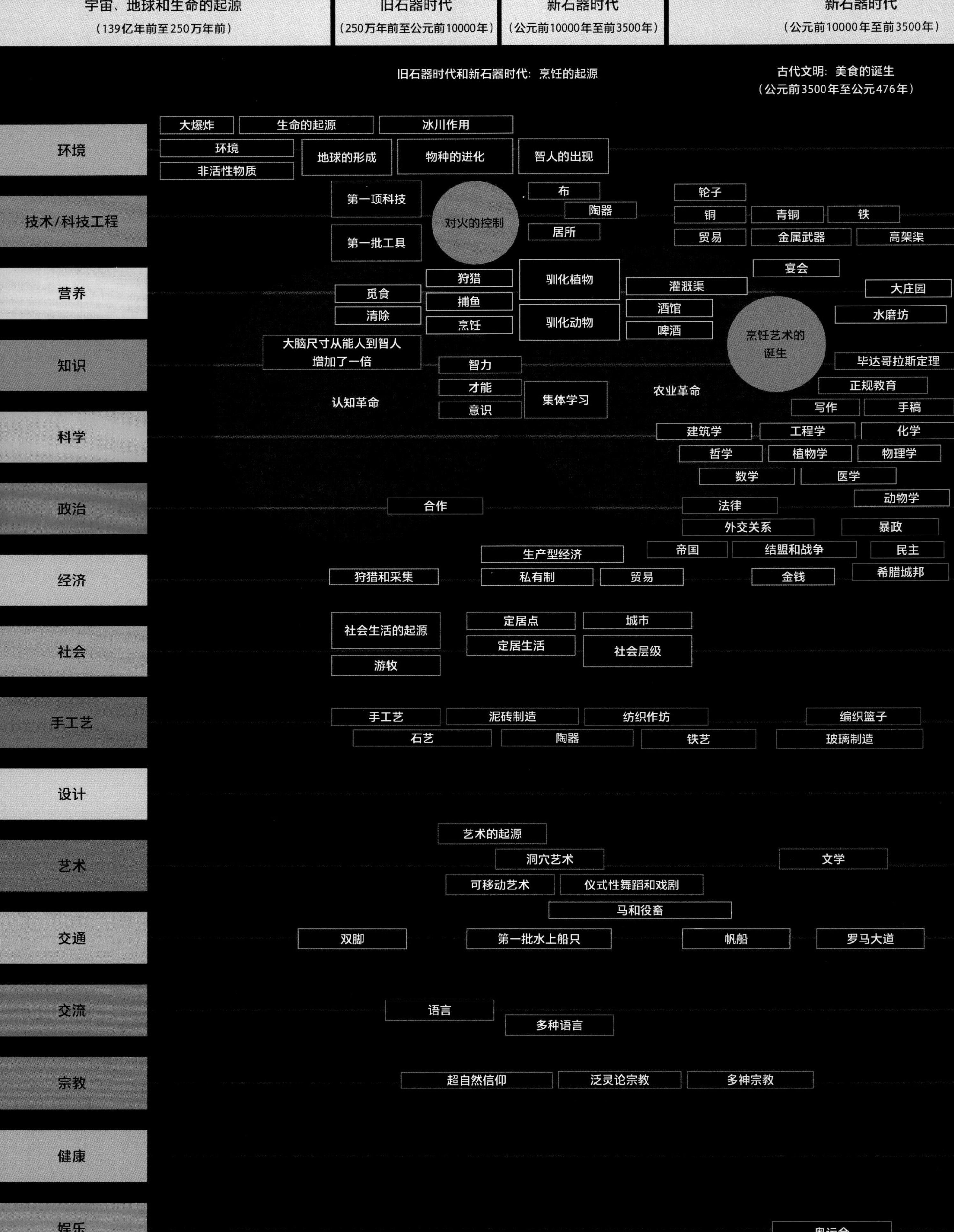

宇宙、地球和生命的起源
（139亿年前至250万年前）
旧石器时代
（250万年前至公元前10000年）
新石器时代
（公元前10000年至前3500年）
新石器时代
（公元前10000年至前3500年）
旧石器时代和新石器时代：烹饪的起源
古代文明：美食的诞生
（公元前3500年至公元476年）
环境
技术/科技工程
营养
知识
科学
政治
经济
社会
手工艺
设计
艺术
交通
交流
宗教
健康
娱乐
大爆炸
生命的起源
冰川作用
环境
非活性物质
地球的形成
物种的进化
智人的出现
第一项科技
第一批工具
对火的控制
布
陶器
居所
轮子
铜
青铜
铁
贸易
金属武器
高架渠
宴会
大庄园
水磨坊
狩猎
捕鱼
烹饪
觅食
清除
驯化植物
驯化动物
灌溉渠
酒馆
啤酒
烹饪艺术的诞生
大脑尺寸从能人到智人增加了一倍
智力
才能
意识
集体学习
认知革命
农业革命
毕达哥拉斯定理
正规教育
写作
手稿
建筑学
工程学
化学
哲学
植物学
物理学
数学
医学
动物学
合作
法律
外交关系
暴政
帝国
结盟和战争
民主
希腊城邦
生产型经济
狩猎和采集
私有制
贸易
金钱
社会生活的起源
游牧
定居点
定居生活
城市
社会层级
手工艺
泥砖制造
纺织作坊
编织篮子
石艺
陶器
铁艺
玻璃制造
艺术的起源
洞穴艺术
文学
可移动艺术
仪式性舞蹈和戏剧
马和役畜
双脚
第一批水上船只
帆船
罗马大道
语言
多种语言
超自然信仰
泛灵论宗教
多神宗教
奥运会

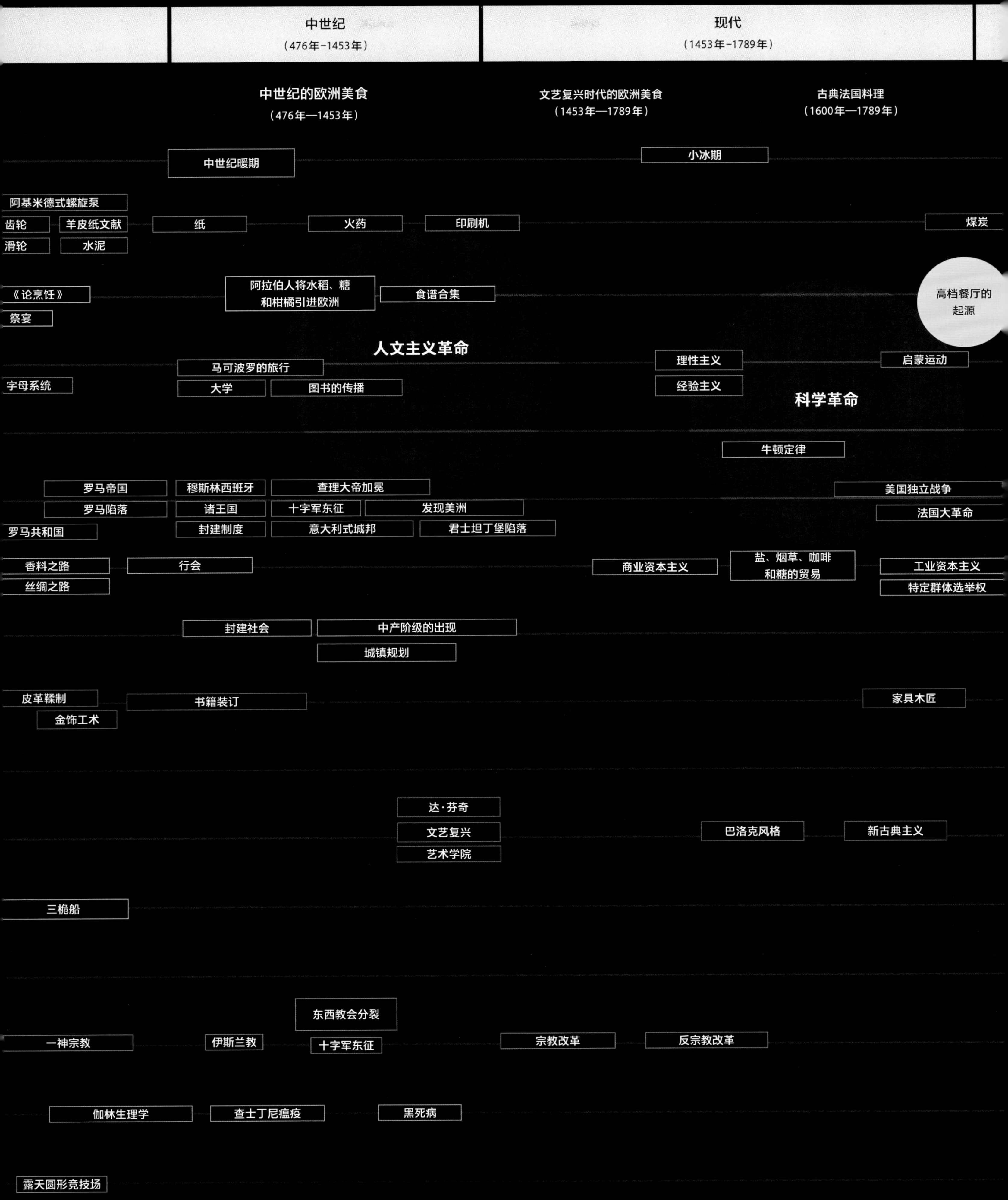

中世纪
（476年-1453年）

现代
（1453年-1789年）

中世纪的欧洲美食
（476年—1453年）

文艺复兴时代的欧洲美食
（1453年—1789年）

古典法国料理
（1600年—1789年）

中世纪暖期
小冰期

阿基米德式螺旋泵
齿轮
羊皮纸文献
滑轮
水泥
纸
火药
印刷机
煤炭

《论烹饪》
祭宴
阿拉伯人将水稻、糖和柑橘引进欧洲
食谱合集
高档餐厅的起源

人文主义革命
马可波罗的旅行
字母系统
大学
图书的传播
理性主义
经验主义
启蒙运动
科学革命

牛顿定律

罗马帝国
穆斯林西班牙
查理大帝加冕
罗马陷落
诸王国
十字军东征
发现美洲
罗马共和国
封建制度
意大利式城邦
君士坦丁堡陷落
美国独立战争
法国大革命

香料之路
丝绸之路
行会
商业资本主义
盐、烟草、咖啡和糖的贸易
工业资本主义
特定群体选举权

封建社会
中产阶级的出现
城镇规划

皮革鞣制
金饰工术
书籍装订
家具木匠

达·芬奇
文艺复兴
艺术学院
巴洛克风格
新古典主义

三桅船

东西教会分裂
一神宗教
伊斯兰教
十字军东征
宗教改革
反宗教改革

伽林生理学
查士丁尼瘟疫
黑死病

露天圆形竞技场

当代

（1789年至今）

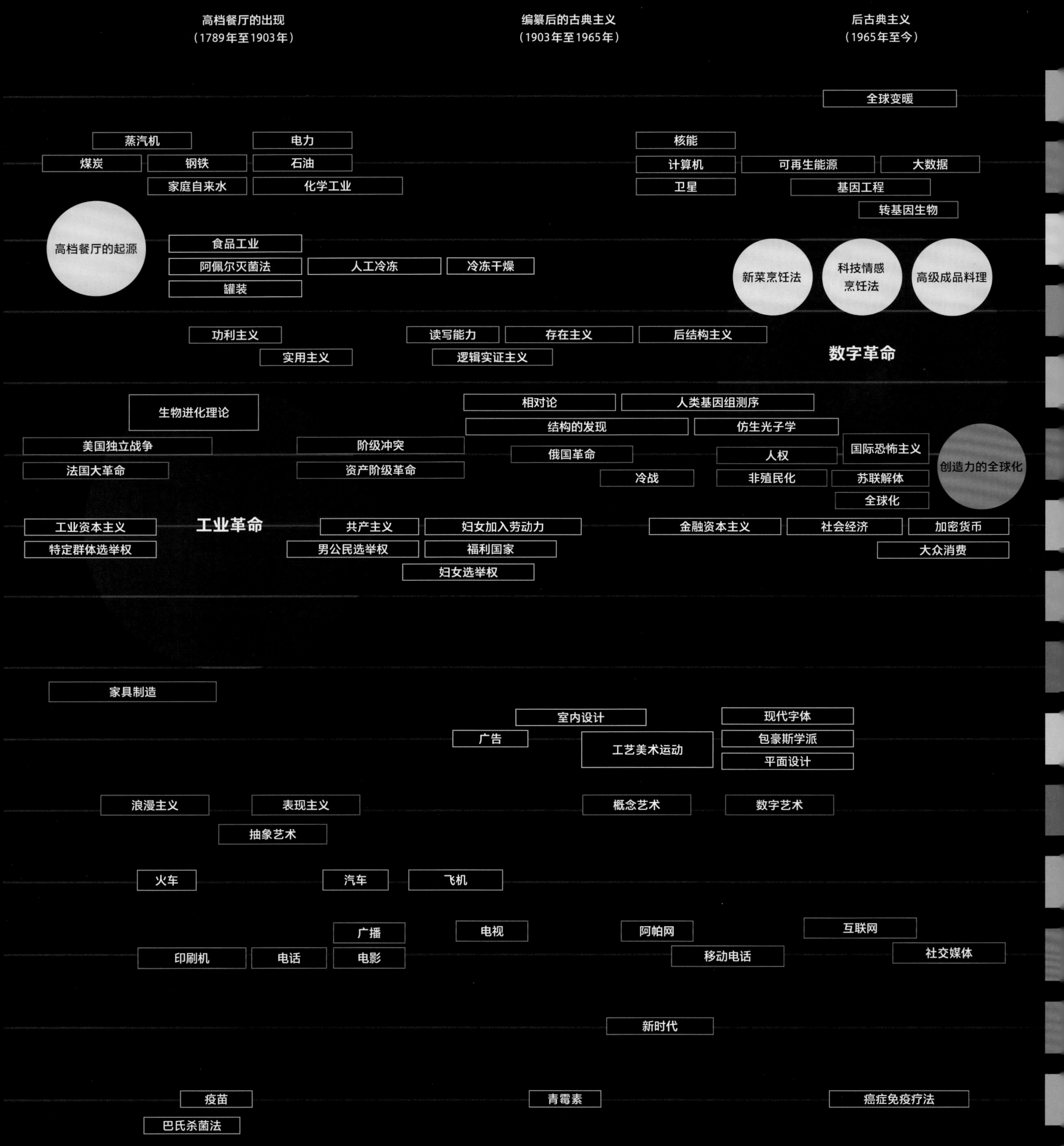

高档餐厅的出现（1789年至1903年）

编纂后的古典主义（1903年至1965年）

后古典主义（1965年至今）

全球变暖

蒸汽机
电力
核能
煤炭
钢铁
石油
计算机
可再生能源
大数据
家庭自来水
化学工业
卫星
基因工程
转基因生物

高档餐厅的起源

食品工业
阿佩尔灭菌法
人工冷冻
冷冻干燥
罐装

新菜烹饪法
科技情感烹饪法
高级成品料理

功利主义
读写能力
存在主义
后结构主义
实用主义
逻辑实证主义

数字革命

生物进化理论
相对论
人类基因组测序
结构的发现
仿生光子学
美国独立战争
阶级冲突
俄国革命
人权
国际恐怖主义
法国大革命
资产阶级革命
冷战
非殖民化
苏联解体
全球化

创造力的全球化

工业资本主义

工业革命

共产主义
妇女加入劳动力
金融资本主义
社会经济
加密货币
特定群体选举权
男公民选举权
福利国家
大众消费
妇女选举权

家具制造
室内设计
现代字体
广告
工艺美术运动
包豪斯学派
平面设计
浪漫主义
表现主义
概念艺术
数字艺术
抽象艺术

火车
汽车
飞机

广播
电视
阿帕网
互联网
社交媒体
印刷机
电话
电影
移动电话

新时代

疫苗
青霉素
癌症免疫疗法
巴氏杀菌法

认知革命

旧石器时代

（10万年前至5万年前）

智人在认知能力方面取得了巨大的飞跃。
他们的大脑能够储存智力。

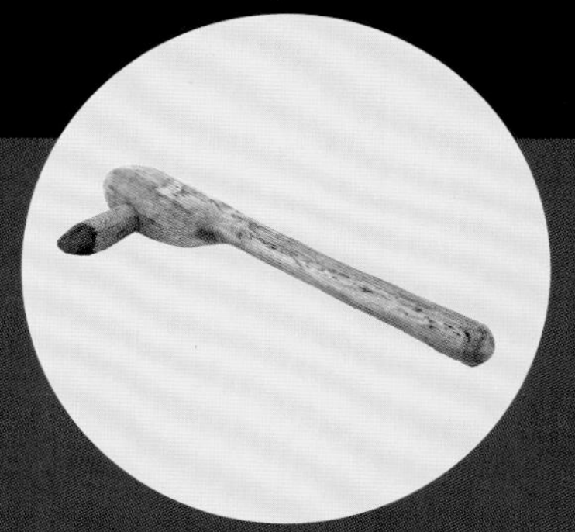

农业革命

新石器时代

（1万年前至3500年前）

人类能够驯化植物和动物；农业和畜牧业诞生，
并随之出现了生产型经济。

知识革命

文艺复兴

（15世纪至16世纪）

希腊和罗马古典价值观的复兴。
人本主义（以人为中心）取代神本主义（以神为中心）。

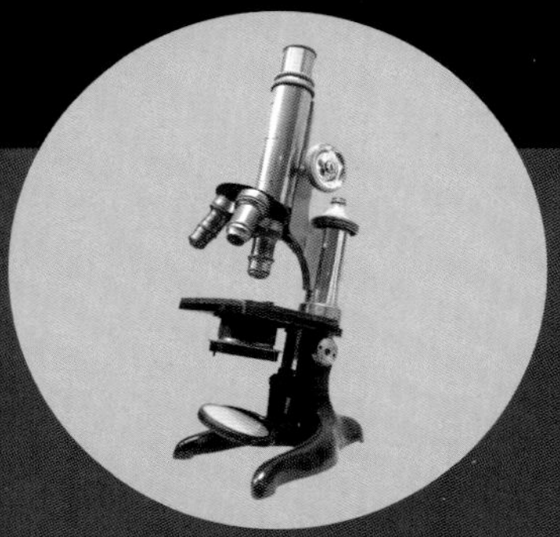

科学革命

现代

（17世纪至18世纪）

启蒙精神、百科全书精神和英国经验主义的影响
催生了现代科学思想的开端。

工业革命

当代

（18世纪至19世纪）

新的能源、发动机的发展以及工业机械的发明
带来了重大的经济、科技和社会变革。

数字革命

当代

（20世纪至21世纪）

数字世界的加速发展已经完全改变了
工作、交流和理解世界的系统。

食物史：一门学术性学科

关于美食史的研究被涵盖在一门非常宽泛的学术性学科中，这门学科名为食物史，是历史学的一门分支。由于历史这门学科的整体更新，它在20世纪60年代的法国被系统化地组织起来并呈现为现在的形式。费尔南德·布罗代尔（Fernand Braudel）等历史学家和许多其他年鉴学派的成员都支持将分析食物作为历史研究的核心主题。

尽管过去这门学科的主题有时仅限于产品的定量研究和严格的营养学方面，但是如今它涵盖与食物相关的各种主题，从生物学方面到纯粹的文化方面：食物系统、消费模式、禁令、禁忌和其他文化偏好、烹饪、美食、礼仪和其他餐桌规范、烹饪实践的社会功能等。

它的研究关注“*Homo edens*”（进食的人）——唯一一种令食物的社会意义变得不可或缺并将喂养和被喂养的行为转化为高度复杂的文化现象的动物。实际上，食物史学家认为人类的营养实践在社会结构中占据着关键地位，它在社会结构中与人类群体生活的所有其他方面产生联系。尽管营养实践专注于非常特定的历史维度，但实际上它连接着所有其他历史领域。

食物史是一门强调多学科的历史分支，它依赖生物学、植物学、地质学、地理学、人类学、社会学、艺术、文学、医学、营养学、语言学等方面的专家。在所有这些学科中，人类学拥有研究食物的悠久传统，是影响力最大的。如今，最能代表这门历史学科的机构是位于法国的欧洲营养历史与文化研究所（Institut Européen d’Histoire et des Cultures de l’Alimentation，简称IEHCA）。

遗憾的是，这一历史学分支在机构设置上几乎没有什么影响力。对于IEHCA这样的例外，也几乎没有专门为它设立的部门，而且真正的专家（将大部分工作投入到该主题的历史学家）很少。这种现实状况的后果之一是，如今的食物史缺乏清晰的定义和标准化的概念基础。当我们打开一本关于食物史的书时，常常会发现美食与营养混在一起，而且公共领域和私人领域之间或者饮品世界和烹饪实践世界之间没有任何区分。厨师很难从这些书中获得清晰的信息。

“通常而言，关于美食史的研究被涵盖在一门非常宽泛的学术性学科中，这门学科名为食物史。”

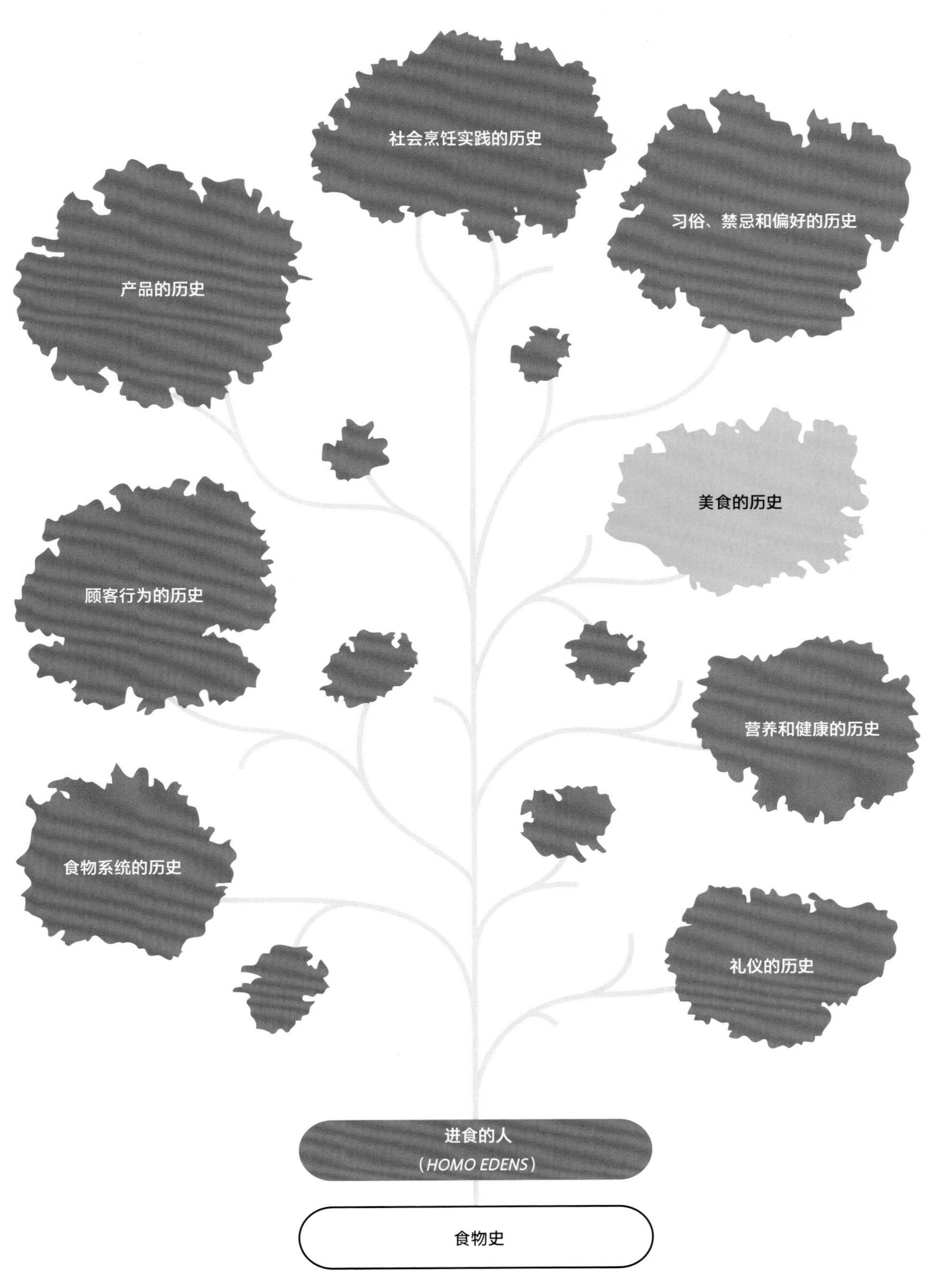

在食物史中，最不受认真对待的维度之一是美食和高档餐饮部门的历史。它的研究到目前为止仍不是优先考虑的事项，这主要是因为它提供的社会信息似乎很少，而且它与其他历史维度的联系也极为有限。现实情况是，美食的历史几乎是空白，这是不公平的，仍然有许多工作等待完成。

食物和美食历史中的迷思、谬论和未被解答的问题

缺乏历史准确性的虚假信息和轶事充斥着食物和美食的历史，并且不断出现在各种形式的公共讨论中。只需在互联网上搜索某种制成品的起源或者特定技术的历史，你就会见到不基于任何可靠来源的叙述。

造成这种现象的部分原因在于显著的兴趣的不平衡：该主题在公众中引起了极大的兴趣，但历史专业人士对它的兴趣却很小。如我们所见，很少有食物史部门和专门研究该领域的历史学家。这导致学术界缺乏通俗易懂的相关论述，并说明该领域亟须评判证据的标准。同样，来自相关学科（营养学、化学、食品技术、农业工程等）的专家也常常在缺乏正确处理过去信息的经验的情况下接触历史来源。有时看似是多学科的研究成果却在专业上频出疏漏。

因此，任何人都可以进驻这个有趣的空间并创造内容，并将其作为网站、博客、杂志和报纸的素材。通过重复，这些信息会进入那些渴望条理清晰且严肃的作品中。迷思和谬论的丰富让该学科显得庸俗，因为任何话题或者轶事都会被赋予重要性。这让我们很难知道什么是准确的历史知识，什么不是。

“马伦戈炖鸡——拿破仑的最爱。”

“玛德琳蛋糕来自哪里？”

“莱昂纳多，厨师兼餐桌礼仪的推广者。”

“一个名叫玛德琳的年轻姑娘向朝圣者提供贝壳形状的蛋糕。”

根据历史记载，1820年9月26日，约翰逊上校证明了番茄并没有毒，是可以安全食用的。

2001年，历史学家安德鲁·史密斯（Andrew Smith）谴责了这一现象，并称其为“假民俗”（fakelore，‘fake folklore’的缩写）。他分析了关于食物过去的故事类型，并对迷思的类型和它们背后的动机进行了分类：

- **新闻业的推波助澜**

  有时候，记者感到有必要为故事增加情感元素，这会导致信息被夸大。他们还往往在紧张的时间期限下工作，没有检查第一手来源的时间，于是他们会接受那些可能虚假或不基于事实的逻辑论点。他们还往往根据现在的情况接受谬论，比如，以为今天发生的事情可以解释过去的事件，又例如，认为既然番茄酱如今在美国大量使用，那么它肯定是在美国被发明的。

- **美食爱国主义**

  关于某种制成品的地理起源存在着很多虚假信息，而外国和其他时代的料理的相关负面信息只是为了突出本地料理的品质。

- **善良的人的壮举**

  许多文献错误地将特定制成品或烹饪技术的发明归功于特定的人。这种不良做法的另一面是在没有可靠证据的情况下将发明归功于弱势群体。

- **宣传**

  食品工业和高档餐饮部门的公司为了自我推广传播了许多迷思。

- **与健康相关的迷思**

  关于这种或那种饮食的益处，存在很多未记录整理的信息。人们相信这些信息，仅仅因为“过去就是这样的”，这是一种用历史佐证当今决定正当性的典型尝试。

所有这些都提醒我们，当我们研究某样事物时，我们必须非常谨慎，不要将这些迷思当作既定事实。我们必须始终从支持每个论断的真实证据开始，或者确保专家适当地使用了我们用作论断基础的信息来源。

除此之外，还有数不清的未知充斥着美食史领域。很多未知是信息缺失的结果：未标注日期的食谱；没有被写下来的烹饪技术；关于某些厨师职业生涯的信息非常稀少等。另一些未知则是因为人们缺乏对某些事物进行调查的兴趣。我们使用智论方法学探究所有这些未知，努力越过挡在我们挚爱的学科的相关历史知识前面的障碍。

就食物和美食的历史而言，
存在许多没有科学证据支持的传说和虚假信息。
你必须睁大眼睛！

美食史是如何进行整理的？

当我们着手研究西方社会高档餐饮部门的历史时，我们发现它确实拥有以多种方法完成的参考书目，但是其中缺少烹饪专业人士的视角。很少有历史书写作的目的是让主厨、一线服务人员的经理和侍者将这本书用作职业发展的工具书。

此外，每种学术视角都坚持自己的标准，这导致如今缺少支持单一分析方向的公认方法学。对于学术知识而言，这不一定是件坏事（因为多种不同的观点和标准总是有好处的），但是当我们要将这些知识运用到实践中时，就会产生阻碍作用。

就目前而言，当我们观察食物史（高档餐饮部门历史所属的学科）相关图书的整理方式时，显而易见的是存在各种各样的模型。查阅主要图书的目录就能发现，这些图书常常按照历史时期（例如世纪）整理内容。其他图书按照烹饪风格、产品风格等进行整理。图书的主题也受到极为不平等的对待，并且存在明显不合理的大段空白。我们经常可以在营养领域发现与高档餐饮领域混杂的主题；或者发现与大众烹饪相关的内容与烹饪艺术相关内容混在一起；有时能够找到有关某时期产品和工具的详细信息，却找不到任何与美食技术相关的信息。

据我们所知，还没有一本历史书通过讨论构成高档餐饮部门的要素和系统来描述美食的历史，也没有任何一本历史书横跨创意系统发展与就餐体验洐化之间的空白，探讨运营系统和其他必要的过程和资源之间的细节。换句话说，我们找不到对高档餐饮部门的过去进行与我们根据智论方法学所提出的方案相似的详细分类研究。

我们也不知道是否有任何历史学家对分析美食知识在历史来源中的整理方式感兴趣，因为相关引领人物并未标准化地整理他们的知识。在每个时期，厨师、出版商和其他作者都根据不同标准整理自己的书籍，这导致了信息的空缺和混乱。

没有历史来源（无论是食谱合集、手册、专著、词典还是专业图书）试图描述高档餐饮部门的所有要素。就连玛丽-安托万·卡雷姆和奥古斯特·埃斯科菲耶等有意尝试为该学科带来秩序的最杰出的厨师都没有成功地解决这一问题。

然而在历史来源方面，最严重的缺点可能是缺乏按照编年顺序的记录，这同时影响了最古老和最新的食谱合集。来自所有时期的食谱合集都倾向于按照当时习惯的门类、技术和产品路线组织结构（前菜、鱼和肉类菜肴、甜点等），但是很少有人考虑食谱的编年顺序。考虑到最近创造的食谱有时和来自极遥远过去的食谱只差几页的篇幅，这种考虑上的欠缺让食谱风格演变的追踪以及确定食谱不同阶段变得非常困难。

最奇特的是，虽然可以理解旧书中缺少编目整理的决心，但是现代图书中仍然存在这种空白。换句话说，有助于识别类似要素的秩序——得到共识的大门类——显然是不存在的。这是我们在高档餐饮部门研究中遇到的主要问题之一。

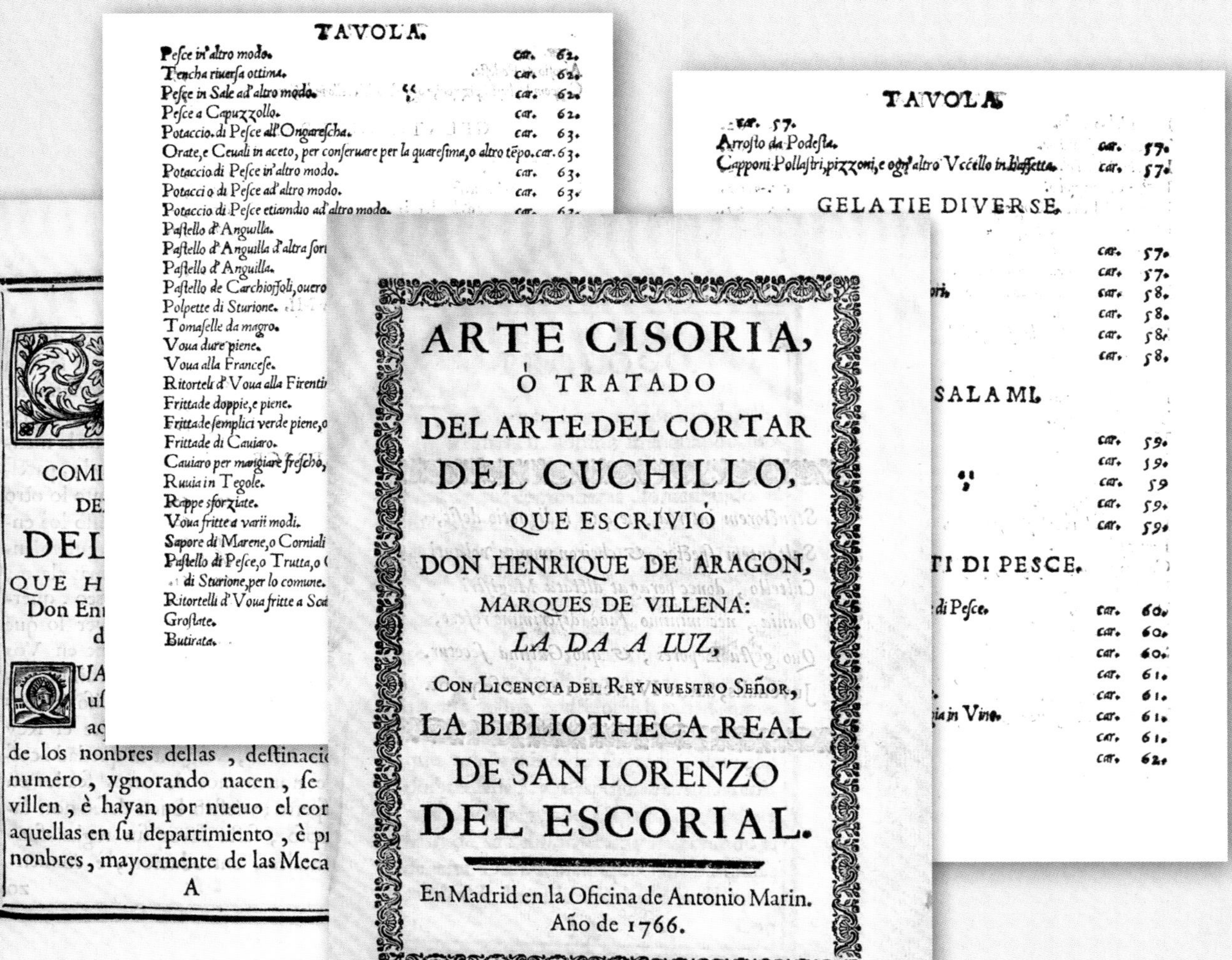

TAVOLA.

Pesce in altro modo. car. 62.
Tencha riuersa ottima. car. 62.
Pesce in Sale ad'altro modo. car. 62.
Pesce a Capuzzollo. car. 62.
Potaccio di Pesce all'Ongaresca. car. 63.
Orate, e Ceuali in aceto, per conseruare per la quaresima, o altro tepo. car. 63.
Potaccio di Pesce in'altro modo. car. 63.
Potaccio di Pesce ad'altro modo. car. 63.
Potaccio di Pesce etiandio ad'altro modo.
Pastello d'Anguilla.
Pastello d'Anguilla d'altra sor
Pastello d'Anguilla.
Pastello de Carchiorsoli, ouero
Polpette di Sturione.
Tomaselle da magro.
Voua dure piene.
Voua alla Francese.
Ritortelli d'Voua alla Firenti
Frittade doppie, e piene.
Frittade semplici verde piene, o
Frittade di Cauiaro.
Cauiaro per mangiare frescho,
Ruuia in Tegole.
Rappe sforziate.
Voua fritte a varii modi.
Sapore di Marene, o Corniali
Pastello di Pesce, o Trutta, o
di Sturione, per lo comune.
Ritortelli d'Voua fritte a Sca
Groslate.
Butirata.

ARTE CISORIA,
Ó TRATADO
DEL ARTE DEL CORTAR
DEL CUCHILLO,
QUE ESCRIVIÓ
DON HENRIQUE DE ARAGON,
MARQUES DE VILLENA:
LA DA A LUZ,
CON LICENCIA DEL REY NUESTRO SEÑOR,
LA BIBLIOTHECA REAL
DE SAN LORENZO
DEL ESCORIAL.
En Madrid en la Oficina de Antonio Marin.
Año de 1766.

COMI
DE
DEL
QUE H
Don En
d
UA
us
aq
de los nonbres dellas, destinaci
numero, ygnorando nacen, se
villen, è hayan por nueuo el cor
aquellas en su departimiento, è p
nonbres, mayormente de las Meca
A

TAVOLA.

car. 57.
Arrosto da Podestà. car. 57.
Capponi Pollastri, pizzoni, e ogn'altro Vccello in Baffetta. car. 57.
GELATIE DIVERSE.
car. 57.
car. 57.
car. 58.
car. 58.
car. 58.
car. 58.
SALAMI.
car. 59.
car. 59.
car. 59
car. 59.
car. 59.
TI DI PESCE.
di Pesce. car. 60.
car. 60.
car. 60.
car. 61.
car. 61.
in Vino. car. 61.
car. 61.
car. 62.

关于食物、烹饪、美食和高档餐饮部门一般历史的图书

正如本页标题所示，我们必须使用至少四个不同的名称来查找关于高档餐饮部门及其众多先驱者的过去的信息。我们说“至少”，是因为其实列表很长。它还包括餐食史（history of the meal）、营养史（history of alimentation）、烹饪史（culinary history）、食料史（history of foodstuffs）和味觉史（history of the palate），仅举几例。我们遇到的第一个困难是真正知道这些名称的背后是什么，它们所涉及的是什么学科。

当我们在书名甚至目录的指引下，想要将注重较早时期烹饪艺术史以及较新时期高档餐饮史的研究，与探讨整体食物领域、特定产品、食物场所、大众烹饪等主题的研究区分开时，这会是一项非常艰巨的任务。实际上，正如我们所见，这些主题常常是混杂在一起的。

为了说明标准的悬殊，下面列出了一小部分有影响力的图书。我们选择了试图研究不同历史时期的综合图书，而且我们选择的图书是用食物史领域最常用的三种语言写成的：英语、法语和西班牙语。任何对高档餐饮历史感兴趣的人都应该将它们用作获取主要历史趋势大致走向的首批图书。

每本书本身都是完整的参考，其中高质量的内容对于获取历史知识具有重要价值。它们一起组成大量信息，提供了对各个历史时期的良好总结。通过分析它们的目录，我们无意指出缺点。根据各自的标准，每本书都是有价值的。我们这样做的目的正是着手进行该项目的原因之一：如今缺乏供当代高档餐饮部门的职业人士了解自己学科历史的系统且有用的编码。

《营养史》(*Historia de la alimentación*)

马西莫·蒙塔纳里(Massimo Montanari)和让-路易·弗朗德兰(Jean-Louis Flandrin)著,2004年版,最初于1996年以法语和意大利语出版

这本出色的参考书汇集了五十位历史学家的研究成果,是极具影响力的食品史手册之一。它由该领域的两位领军人物共同整理和编辑:让-路易·弗朗德兰,国际期刊《食物和饮食方式》(*Food & Foodways*)的共同创始人兼巴黎第八大学的荣誉退休教授,以及马西莫·蒙塔纳里,博洛尼亚大学的中世纪历史和食物史教授兼从历史和人类学视角撰写食物和烹饪相关著作的作家。

在浏览目录页时,我们发现该书分为7个按照编年史顺序排列的章(根据一般历史时期),只有第4章“西方人和其他人”是例外,它是基于族裔的标准定义的,并且似乎继续了上一节对中世纪的解释。每章各有一名作者论述其专业范围内的特定主题。他们在不同的章中处理的对象并不完全一样,也没有使用相同的视角,但是这本书显然想要在每一章讨论多多少少一样的材料。按照习惯,似乎历史标准得到了优先考虑。对于每一章,目录都揭示了相关时期的特殊性,例如,很多内容用来讲述古典世界中国家和城市之间的差异,还有一章专门论述了当代的食品工业化现象。

当我们从智论方法学的角度看待该书呈现的知识,以寻求将它实际应用于餐饮业时,就会变得很容易迷失方向。例如,有些章节将未经制作的产品、经过制作的产品和制成品的解释混合在一起。另一些章节没有区分涉及美食的内容,也不用美食标准讨论营养的内容。美食资源受到不均衡的对待。在关于制作工具的内容上可以看出这一点。某些章节专门描述中世纪的制作工具,但是我们在任何其他章节都看不到反映它们演变和变化的类似内容。食谱合集也是如此,关于现代(恰逢印刷的兴起)的章节介绍了它们,但是在关于当代的章节中没有出现这个主题的延续。

① 关于食物、烹饪、美食和高档餐饮部门一般历史的图书

CONTENTS

《烹饪和帝国》(*Cuisine and Empire*)

雷切尔·劳丹（Rachel Laudan），2013年

食物历史学家雷切尔·劳丹的这部作品围绕着这项重大研究展开，它涵盖了与食物有关的一切事物的演变以及食物在世界不同地区与文化的联系。这本书按照作者自己定义的烹饪风格划分。在她看来，烹饪风格包含一系列偏好食材、技术、菜肴、菜单和品尝方式，它们由烹饪哲学统一起来。该书涵盖的地理框架同时包括东方和西方。目录描述了8章，每一章都由一系列标准定义，这些标准区分了劳丹在历史上辨别出的每种风格，其中包括基于谷物的古代帝国烹饪、佛教烹饪、伊斯兰烹饪，以及中世纪和欧洲文艺复兴时期的基督教烹饪。从智论方法学的角度来看，我们很难识别出高档餐饮部门分类学中每种要素的相关信息，也很难知道书籍内容在何处、何时讨论烹饪艺术、高档餐饮风味、大众烹饪等。

《烹饪和厨师的历史》(*Historia de la cocina y de los cocineros*)
埃德蒙·内林克(Edmond Neirinck)和让-皮埃尔·普兰(Jean-Pierre Poulain),亦以法语出版,2004年

让-皮埃尔·普兰是图卢兹第二大学的社会学家、人类学家和教授,而埃德蒙·内林克是图卢兹大学教师培训学院的烹饪教师兼协调员。他们的书从聚焦美食开始,首先论述了中世纪和现代上层阶级宴会所采用的烹饪艺术,然后是当代高级餐厅的烹饪艺术。此外,这本书是极少数专门讲述食物史并突出厨师地位的图书之一,还加入了那些最具代表性的厨师们的传记。

目录是根据两项标准整理的,其中一项是编年史顺序,另一项标准的性质则更加多样化。前七章按照历史顺序排列:第一章很短,介绍史前和上古;第二章讨论的是中世纪;第三章是文艺复兴时期;第四章是17世纪;第五章是18世纪;第六章是法国大革命;第七章是19世纪。接下来,最后的六章似乎是按照难以仅根据标题定义的特定的历史里程碑整理的。其中有一章专门介绍豪华酒店,另一章名为“食物现代性”,还有一章概述了法国美食的重大事件,甚至还有一部关于烹饪教派的小型历史词典。

目录没有指定小节,这意味着我们很难根据标题并应用智论方法学来知晓可以在各章找到什么信息。从内容中我们可以看出,与高档餐饮部门分类学的某些要素相关的历史里程碑得到强调,但作者无意描述它们的全部演变。例如,书中有很多内容用来解释保存技术,但是几乎没有关于各时期固有烹饪技术的任何内容。关于工具和菜肴的信息并不系统,而且只有在讨论特别值得关注的事件时才会提到它们。该书对服务及最近几百年里发生的服务变化给予了极大的关注,但是没有从用餐者的角度提供关于高档餐饮体验的任何解释。

关于食物、烹饪、美食和高档餐饮部门一般历史的图书

《有趣和令人好奇的美食史》(*Histoire divertissante et curieuse de la gastronomie*)

奇连·斯唐热尔（Kilien Stengel），2013年

关于美食史的许多文献存在各种语调和论述类型，这本书就是一个活生生的例子。它是一部传播奇闻轶事和有趣信息的作品，但无意提供任何解释，它只想呈现可能令人惊讶的任意事件。

该书整理内容的思路是为每个信息分配一个日期，日期有时是准确的，有时则基本上是象征性的，以便读者能够细读作者心中每个世纪最重要的里程碑。书中没有对任何变化的原因给出解释，也不交代影响书中不同美食现象的主要趋势或历史过程。与其说这是一本历史书，倒不如说它是一条标出日期的大型时间轴。例如，它提到在1000年，恰逢法国城镇桑塞尔（Sancerr）重建教堂期间，因为工人们缺乏制造砂浆用的水，他们用了葡萄酒来代替；澳大利亚在1788年进口了第一批葡萄藤；1991年，保罗·博古斯（Paul Bocuse）的蜡像成为出现在巴黎格雷万蜡像馆里的第一位主厨蜡像。

作为法国图尔市欧洲食物历史和文化研究所的一名教师，奇连·斯唐热尔严格按照编年顺序将这本书分为9章：史前、上古、中世纪、文艺复兴时期、17世纪、18世纪、19世纪、20世纪和21世纪。每一章都包括一段简短的前言，分为“产品”“烹饪艺术”和“餐具”，接下来是有关烹饪历史上不同要素的轶事：产品、行为主体、工具、服务技术、烹饪技术、著名菜肴、饮品等。作者无意系统化整理书中内容，这意味着不可能知道每个类别中有多少信息。筛选这些信息以便根据智论分类学方法对高档餐饮部门进行归类，那将会很有趣。

《餐桌世界史》(*Histoire mondiale de la table*)

安东尼·罗利(Anthony Rowley),2006年

安东尼·罗利是巴黎政治学院的历史学家、美食作家、法国图尔市欧洲食物历史和文化研究所的共同创始人。这本兼收并蓄的书提供了从史前到当代的总体概述。虽然其地理框架并不特定,但它整体上侧重法国和西方。

从目录中可以明显看出,这本书是非常个人化和主观的陈述,具有明显的文学性质。仅凭每章的标题,很难知道材料的组织方式。第一章名为“食物策略的诞生”,而很容易从各小节看出它专门讲述旧石器时代。接下来就不再那么容易推断出其他章节涉及的时期,因此必须阅读内容。让我们逐一查看各章的标题。

第二章名为“餐桌上的秩序”,包含“黄油之谜”和“切割的艺术”等主题;第三章是“规则与混乱”,其中包括“庆祝柔性”和“永不沉没的罗马欧洲”等小标题。第四章名为“欧洲的胃口”,涉及“进步的马”和“用眼睛‘吃’东西”;第五章是“对新事物的口味和对同一事物的痴迷”,其中包括子章节“太阳与月亮有约”和“传播与发明”;第六章“中央帝国”包括“法国丑闻”和“一个寓言故事的历史”等小节;第七章名为“梦想家的时代”,包括“全民肉汤”和“拯救生命的工业”等小标题;第八章名为“十字军东征的精神”,小标题有“烹饪圣地的变迁”和“烹饪,一种记忆的艺术”等。结论之前的最后一章是“无政府状态的开始”,它的最后一个小节名为“恪守常规的胜利”。最后,我们来到了结论,其子标题是“为兔子辩护”。

这种类型的书虽然在食物史上具有不可否认的价值,但是对于该部门的职业人士则十分模糊。如果不仔细阅读材料,就很难理解这些主题在讨论什么,以什么顺序讨论。在具有此类文学性质的图书中寻找真实信息是一项复杂的任务,尽管这当然不是缺陷,因为它们并非是作为参考书设计成这样的。相反,它们的编写是为了提供轻松的阅读乐趣。然而,如果我们想到某位一线服务经理或者主厨想要了解自身行业在其他历史时期的细节,那么像这样的书似乎并不是最佳选择。

处理特定时期的历史书

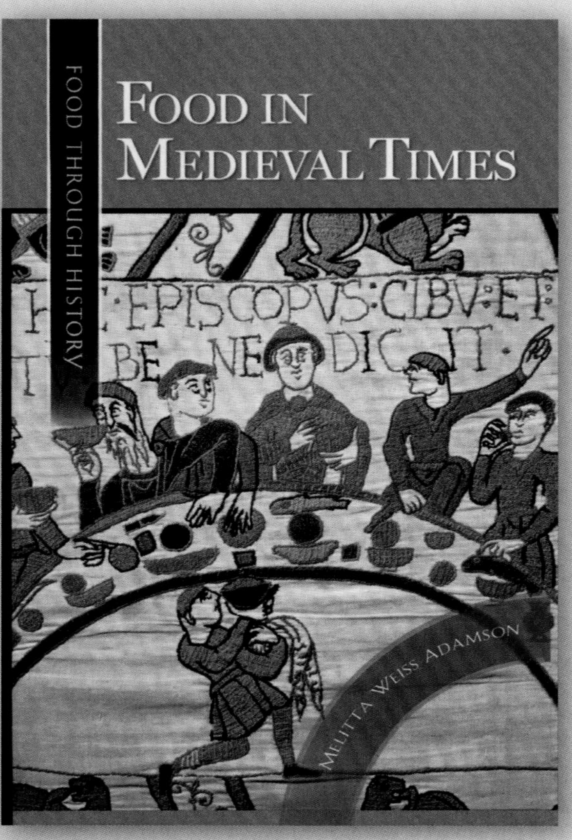

CONTENTS

《中世纪时代的食物》(*Food in Medieval Times*)
梅丽塔·韦斯·亚当森（Melitta Weiss Adamson），2004年

作者是一名德语和比较文学教师，专门研究中世纪的食谱合集以及与中世纪营养摄取有关的一切。这本书是有关食物史主题的典型作品。它涉及大众烹饪和日常营养的各个方面，而并没有包括很多烹饪艺术方面的信息。它的目录分为“食料”“食物准备”“按地区划分的烹饪”“饮食习惯和食物观念”“食物和宗教”，以及最后的“膳食和营养概念”。根据智论方法学，站在高档餐饮部门的视角，目录提供了关于分类类别（产品、烹饪技术）以及与营养有关的某些学科（宗教学、营养学）的信息。根据智论的概念框架，其余信息（地区烹饪和饮食习惯）是来源、流程和系统的组合。

《文艺复兴时期的宴会》(*Festins de la Renaissance*)

伊丽莎白·拉特雷莫利(Elisabeth Latrémolière)编，2012年

这本书讨论的是在文艺复兴时期的法国皇家宫廷举办的宴会，并特别关注2012年在法国布卢瓦皇家城堡(Château Royal de Blois)举办的一场展览中展出的部分物品。这本书涵盖的方面包括厨房和用餐大厅的建筑学、用于宴会的餐具以及礼仪规则。这本书可以作为这场展览的目录，并使用了法国文艺复兴时期烹饪艺术各领域专家的学术性文本作为扩充。

第一章“菜肴和餐食”包括两篇文章，其中一篇介绍了法国贵族宴会的一般主题，而另一篇描述了16世纪法国的厨艺图书是什么样的；第二章专门介绍礼仪并包括两篇文章，第一篇文章围绕吉斯公爵们的餐桌礼仪，并解释了相关文化，第二篇文章涉及历史来源这一主题，并分析了一系列来自当时的文献，详细介绍了不同贵族家庭的食物开支。

第三章专注于宴会上使用的物品，其中一段文本专门介绍考古发现；第四章讨论那个时期的图像学，并描述了宴会的绘画艺术；第五章包括两篇关于当时贵族家庭厨房结构的文章。这本书以这次展览中所有物品的详细目录作为结尾。

通过应用智论方法学，很容易看出这本书在装盘、转移、服务和品尝工具方面是有价值的。它还包括特别容易在文献中被忽视的主题的相关信息，美食级别的餐食以及除菜肴之外涉及的所有事物：空间、环境、背景等。书中提供了展览物品的照片并配以说明性文字，让这本书可以很容易地被高档餐饮部门的职业人士作为参考书。但是，它没有涵盖其他重要方面，例如准备技术或宴会上最常使用的食材。

3

关于食物、烹饪、美食和高档餐饮部门一般历史的图书

从上古时代开始就存在烹饪的书面证据。世界上的第一批书面食谱来自古老的美索不达米亚地区——书写的发明之地。这些食谱被刻在来自约公元前1700年古巴比伦时代末期的泥板上。从那时起，有关烹饪的历史来源出自各个地理区域和各个时期。紧随古代文明之后，中世纪产生了许多著名的地方食谱合集手稿。后来，随着印刷机的出现，印刷图书诞生。一开始，这些印刷图书复制的是古代手稿，直到撰写新的原创书籍的作者逐渐增多。

第一，厨艺书的历史很复杂，必须结合三种类型的知识才能理解任何此类出版物。首先，必须了解其出版背景详情：出版者、出版时间、制作了多少个版本、不同版本的内容如何变化、内容涉及哪些行为主体、出版动机、它的目标等。在某些时期，出版商常常以新标题和凭空捏造的作者名字发布旧书。马埃斯特罗·乔瓦尼（Maestro Giovanni）的《值得的作品》（*Opera dignissima*，1530年）就是这种情况，它实际上是1516年的《意大利宴会》(*Epulario*)这本书，作者是乔瓦尼·德罗塞利（Giovanne de Rosselli）。

第二，我们必须对美食有基本的了解才能阅读书中的内容。例如，我们需要知道存在哪些类型的行为主体（maître d’hôtel，今指餐厅领班，在17世纪是什么？）、每种美食资源的特征之间的差别、最有影响力的厨师的名字等。

第三，我们一定不能忽视历史背景。例如，战争或冲突会影响图书出版数量，而国内或国际政治局势以及社会问题都会对图书和美食界产生直接影响。例如，要想理解17世纪上半叶法国图书稀少，我们需要知道法国卷入了三十年战争（1618—1648年）；同样重要的是要知道，在法国大革命（1789年）爆发后，没有关于君主政体或王室的图书出版。

“厨艺书”这个头衔涵盖了类型广泛的图书，包括真正的食谱合集（食谱占内容一半以上的图书）；记载一些食谱的专著；关于技术、工具或产品的文章；结合不同学科内容的图书，例如园艺、烹饪和医学以及无数其他学科。下面是我们精选出的在西方美食史上特别有影响力的几本古董厨艺书。我们指出了它们目录的排列方式，并进一步举例说明其中材料结构安排的多样性。我们想强调的是，现在和过去都没有出现实现美食知识系统化的有用且统一的方法。

Cy commence le liure du cuysinier Taillevent.

Sensuyt le viandier pour appareiller toutes manieres de viandes que Taillevēt cuysinier du roy nostre sire fist tant pour appareiller bouilly cōme rosty: poissons de mer & de eaue doulce: saulces: espices et autres choses a ce cōuenables et necessaires cōme sera dit cy apres. Et premieremēt du premier chapitre.

Brouet blanc de chappons: blanc mēger a poisson blāc brouet dalemaigne: salemine. brouet georget: grane de poisson: brouet de canelle a chair. Autre brouet a chair. Cretonnee a poix nouueaulx ou a feues: mesgre potaige: cretonnee despaigne: cretonnee a poisson: brouet vert a veau ou a poulaille: ciue de lieure: graue dalouettes & descreuisses: chaudume a anguille et brochet: soupe a moustarde: trimolete de perdrix: fimee a connilz. gibelet doyseaulx de riuiere: bouilly larde a connilz & a poulaille: brouet rappe a veau: poulaille venoison a souppes: cheureaulx souppes: venoison sanglier aux souppes: fourmige dāguilles faulx grenō froide: sausse rousse a poussins ou a veau viole: poussins & veau: gelee a chair: vinaigrette: bāsac de lieure: oyes a la trahyson: rist & arbaleste de poisson: brochetz: anguilles a la galētine: lard larde: mortelle: sobourot & petis poussins: brouet de cailles: cresme frite: haricot brun: formaige de la teste dūg sāglier: espaule de montō farcie: moule aux poussins farcis: esturgon a poisson et a chair: faisāst paōs armez: fayēnces telles potees de lan

《勒维昂迪耶》(*Le Viandier*)

纪尧姆·蒂雷尔(Guillaume Tirel),1370年

《勒维昂迪耶》是法国烹饪史上重要的中世纪食谱合集之一，源于13世纪或14世纪。它的作者被认为是绰号“泰勒文特”(Taillevent)的纪尧姆·蒂雷尔。这本书包括两部分，每部分又分成若干章节。第一部分包括食谱：

Potaiges lyans, potages épais——浓汤

Rostz, roŝtis——烤肉

Entremetz——每道菜之间的菜肴

Potaiges lyans sans chair——没有肉的浓汤

Pour malades——病号餐

Poissons d ’eaue doulce——淡水鱼

Poisson de mer ront——圆形海鱼

Poisson de mer plat——扁平海鱼

Sausses non boullues——不用煮的酱汁

Sausses boullues——煮过的酱汁

蛋奶酱、果馅饼和派的指导说明

香料和香草列表

第二部分包括葡萄酒的保养和饮品的混合，以及制作甜点小雕像的技术。

③ 历史来源：古董厨艺书

TAVOLA

car. 57.
Arrosto da Podestà. car. 57.
Capponi Pollastri, pizzoni, e ogni altro Vccello in Baffetta. car. 57.

GELATIE DIVERSE.

Gelatia Torbeda. car. 57.
Gelatia chiara Francese. car. 57.
Gelatia biancha, & d'altri diuersi colori. car. 58.
Gelatia di Pesci. car. 58.
Cappone in Gelatia. car. 58.
Gelatia dozenale. car. 58.

A FARE SALAMI.

Mortadelle di Carne. car. 59.
Inuestiture. car. 59.
Salcizzoni. car. 59
Zambudelli. car. 59.
Persutti. car. 59.

TRATTATI DI PESCE.

Come si debba Carpionare ogni sorte di Pesce. car. 60.
Anguilla riuestita. car. 60.
Fongi freschi, a varii modi, e Salati. car. 60.
Gallane in sapore, e fritte. car. 61.
Lamprede arrosto, & in sapore, e fritte. car. 61.
Trutta, o Luzzo, o Varrolo, o Megia in Vino. car. 61.
Pesce in Cassonata. car. 61.
Pesce in Sale. car. 62.

TAVOLA.

Pesce in altro modo. car. 62.
Tencha riuersa ottima. car. 62.
Pesce in Sale ad altro modo. car. 62.
Pesce a Capuzzollo. car. 62.
Potaccio di Pesce all'Ongaresca. car. 63.
Orate, e Ceuali in aceto, per conseruare per la quaresima, o altro tẽpo. car. 63.
Potaccio di Pesce in altro modo. car. 63.
Potaccio di Pesce ad altro modo. car. 63.
Potaccio di Pesce etiamdio ad altro modo. car. 63.
Pastello d'Anguilla. car. 63.
Pastello d'Anguilla d'altra sorte, o d'altro pesce. car. 63.
Pastello d'Anguilla. car. 64.
Pastello de Carchioffoli, ouero Ruuia in Tegole. car. 64.
Polpette di Sturione. car. 64.
Tomaselle da magro. car. 64.
Voua dure piene. car. 65.
Voua alla Francese. car. 65.
Ritortele d'Voua alla Firentina pieni, e vuoti. car. 65.
Frittade doppie, e piene. car. 65.
Frittade semplici verde piene, o rognose. car. 66.
Frittade di Cauiaro. car. 66.
Cauiaro per mangiare fresco, e per salare. car. 66.
Ruuia in Tegole. car. 66.
Rappe sforziate. car. 67.
Voua fritte a varii modi. car. 67.
Sapore di Marene, o Corniali da centenare. car. 67.
Pastello di Pesce, o Trutta, o Carpa, o Varollo, o Luzzo intiero, o in pezzi, o di Sturione, per lo comune. car. 67.
Ritortelli d'Voua fritte a Scartozzo. car. 68.
Groslate. car. 68.
Butirata. car. 68.
Cipolle

《宴会的食物组成》(*Banchetti compositioni di vivande*)
克里斯托福罗·迪·梅西布哥（Cristoforo di Messisbugo），1549年

这本书由一个贵族家庭的管家在费拉拉（Ferrara）所著，分为三个部分。第一部分列出了各种活动所需的厨房设备清单；第二部分描述了一系列宴会作为案例，甚至指定了合适的音乐；最后部分是分成6组的323份食谱：面食、蛋糕、汤、酱汁、炖菜和乳制品。这是首批重视服务技术和房间装饰的图书之一。

ARTE CISORIA,
Ó TRATADO
DEL ARTE DEL CORTAR
DEL CUCHILLO,
QUE ESCRIVIÓ
DON HENRIQUE DE ARAGON,
MARQUES DE VILLENA:
LA DA A LUZ,
CON LICENCIA DEL REY NUESTRO SEÑOR,
LA BIBLIOTHECA REAL
DE SAN LORENZO
DEL ESCORIAL.

En Madrid en la Oficina de Antonio Marin.
Año de 1766.

TRACTADO
L CORTAR
HILLO,
Ó EL SEÑOR
illena, à prezos
Jarava.
son las Artes del
s de los Omes de
o, que muchos
, destinacion en
nacen, se mara-
ueuo el cortar de
niento, è propios
de las Mecanicas,
que

《皇家美食切割和雕刻艺术》(*Arte cisoria*)

[恩里克·德·阿拉贡(Henrique de Aragon),维莱那侯爵,1423年]

这本书详细描述了皇家饮食中切割和雕刻食物的艺术、切割工具以及工具的用法,而且包括礼仪和卫生方面,以及服务专业人员应该考虑的习惯。目录很长而且很能说明问题。下面是部分章节,可以让读者对这本书的整理方式有所了解:

- **第一章**:不同艺术——其中包括切割和雕刻艺术——在何时以及为谁创立。
- **第二章**:切割和雕刻艺术为什么与其他艺术融合。
- **第三章**:切割师需要的技艺以及涉及的习俗,尤其是在为皇室服务时。
- **第四章**:所需设备以及设备应该如何维护和保存。

③ 历史来源：古董厨艺书

LE VRAI
CUISINIER
FRANCOIS,

Enſeignant la maniere de bien aprêter & aſſaiſonner toutes ſortes de Viandes, graſſes & maigres, Légumes & Pâtiſſeries en perfection, &c.

Augmenté d'un nouveau Confiturier, qui apprend à bien faire toutes ſortes de Confitures, tant ſéches que liquides, des Compotes de Fruits, des Dragées, Bruvages delicieux, & autres délicateſſes de bouche.

DU MAITRE D'HOTEL
Et du Grand
ECUYER-TRANCHANT,

Enſemble d'une Table Alphabetique des Matieres qui ſont traitées dans tout le Livre.

Par le Sieur DE LA VARENNE,

Ecuyer de Cuiſine de Monſr. le Marquis d'Uxelles, Premier Plénipotentiaire aux Conferences de la Paix à Utrecht.

Nouvelle Edition augmentée des nouveaux Ragoûts qu'on ſert aujourd'hui.

A LA HAYE
Chez JEAN NEAULME Libraire.
M. DCC. XXI.

TABLE

Generale des Viandes graſſes, dont les façons & methode d'appreſter ſont en ce Livre, dirigée par ordre Alphabetique.

A

Abbatis d'Agneaux en potage.	13
Desoſſez, farcis en potage.	22
En ragouſt.	35
Abbatis d'agneaux en ragouſt.	80
Abbatis de poulets d'Inde.	45
Achis de viande cruë.	50
Achis de viande roſtie.	49
Achis de Perdrix.	82
Agneau en ragouſt.	35
Agneau roſti.	58
Agneau en paſté.	214
Alloüettes au roux en potage.	9
Alloüettes à la ſauce douce en potage.	13
Alloüettes en ragouſt.	38. 80
Alloüettes roſties à la broche.	69
Alloüettes en paſté. 144 en tourte.	248
Allebrands en ragouſt. 44 roſtis.	57
Aloyau roſty.	66
Andoüilles.	30
Arbolade.	99
Artichaux fricaſſez.	90
Artichaux frits.	là meſme.
Artichaux à la poivrade.	91
Artichaux en cus.	là meſme.
Aſperges à la ſauce douce.	96
Aſperges en ragouſt.	96
Aſperges à la creſme.	là meſme.
Attereaux.	59

《法国厨师》(*Le Vrai cuisinier françois*)

弗朗索瓦·皮埃尔·德·拉瓦雷纳(François Pierre de La Varenne)，1651年

这是法国美食第一个黄金时代颇具代表性的著作之一，这个时代的法国美食被我们命名为“古典法国料理”，其在智论方法学的时间框架中占据特定的时期，跨越17世纪和18世纪。《法国厨师》特别有影响力，这不仅是因为它出过多个版本，还因为后来的几个世纪人们仍然沿用其中的大量食谱。在技术术语方面，这本书首次提到了高汤(stock)、肉汁(jus)、肉的高温焦化锁汁(searing)和不使用面包制作的增稠剂(如大米淀粉和乳酪面粉糊)。

它包括一张简短的起始部分目录，标题是“一年当中各个季节通常能够找到和使用的肉类表”，我们可以从中看到第一级排序标准是季节。接下来，拉瓦雷纳提供了八百多份食谱，分为肉类菜肴和用于斋戒日的无肉菜肴。每一部分都是按照菜肴类型安排的：汤、头盘（第一道菜）、第二道菜，以及最后的甜点和法式糕点。这本书没有整体目录，而是每个主要部分有自己的目录。菜单上的菜肴顺序也是每个部分进行整理排序的标准。

美食知识如何在整个历史中传承？

对美食知识进行重新整理和分类的兴趣出现在21世纪并非偶然，此时数字世界及其海量的庞杂信息需要新的信息整理和消化方式，以免造成混乱。知识获取方式的多样化程度比从前高得多，而且出现了很多接受教育的方式。这让我们想知道美食知识如何在整个历史中传播以及它在今天的传播方式。

随着时间的推移，美食知识的传承一共出现了四种主要方法，而且它们如今正在被结合起来。在评估每个时期可用的历史信息时，将它们考虑在内是很有用的：

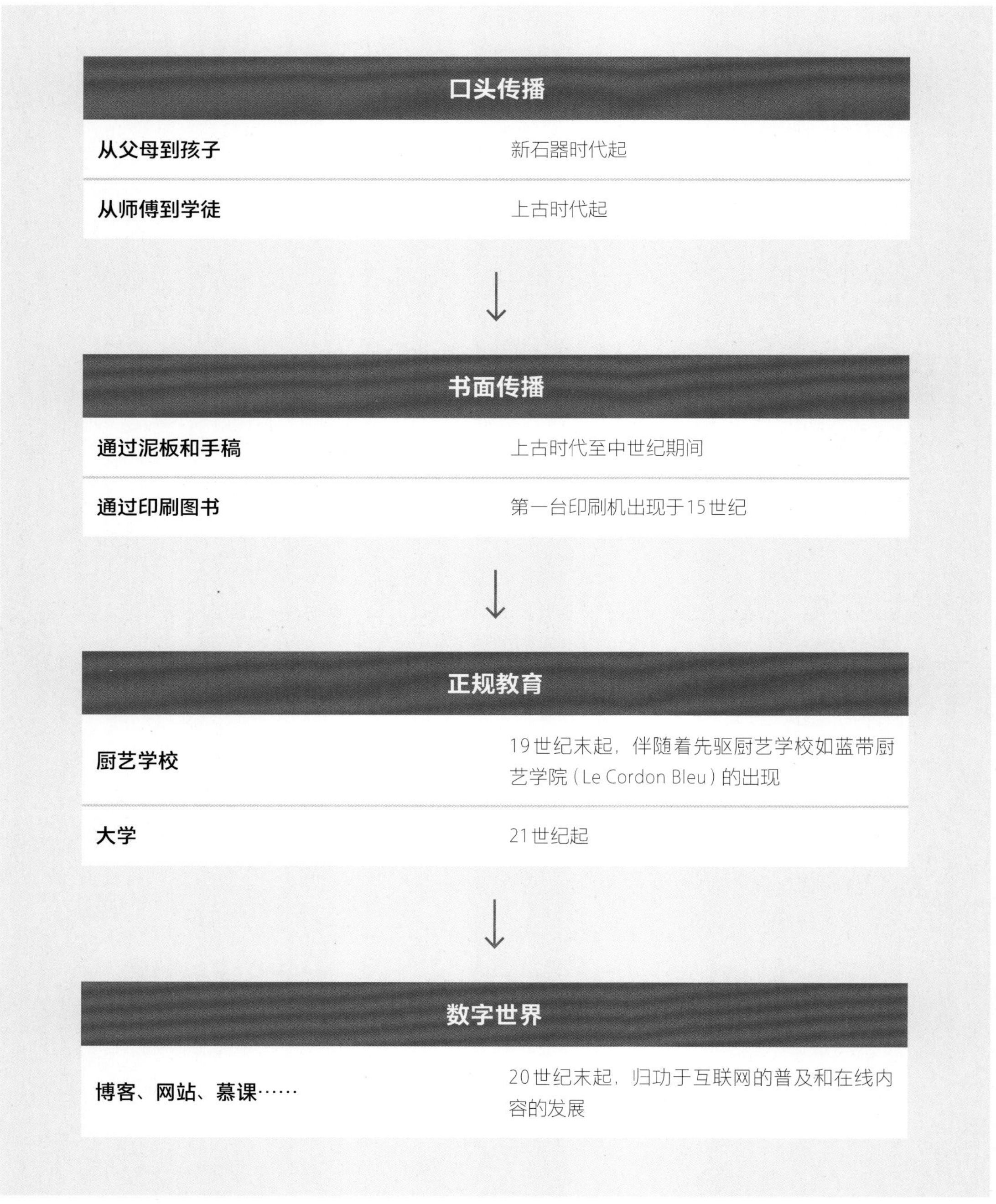

口头传播
从父母到孩子
新石器时代起
从师傅到学徒
上古时代起
书面传播
通过泥板和手稿
上古时代至中世纪期间
通过印刷图书
第一台印刷机出现于15世纪
正规教育
厨艺学校
19世纪末起，伴随着先驱厨艺学校如蓝带厨艺学院（Le Cordon Bleu）的出现
大学
21世纪起
数字世界
博客、网站、慕课……
20世纪末起，归功于互联网的普及和在线内容的发展

• 口头传播

一旦原始人类获得能够清晰表达的语言，烹饪所需的动作序列一定是他们常讨论的主题之一。尤其是在旧石器时代，当时这项任务涵盖了从获取天然产品到品尝的一切内容，而生存直接取决于这些技能。从那时起，对如何准备制成品的口头解释一直是传递美食知识的重要方式：首先是从父母传递给他们的后代，然后随着各行业的逐渐职业化，再从师傅传递给学徒。我们只能想象，在历史上最长的一段时间内，在印刷图书问世之前，没有任何一种学习方式不涉及模仿那些拥有经验与知识的人并听取他们的指导。这是发现过去的美食细节的主要障碍。

• 书面传播

随着书写出现在上古时代，除了口头传播，又出现了一种新的纪录和传承美食知识的方法：书面文本。尽管美食不是一个很普遍的主题，但是即便在古美索不达米亚地区，我们也发现了零星的写作案例，它解释了某些制成品是如何准备的。许多个世纪以来，能够接触到这些文本的人非常有限。直到15世纪中叶印刷机发明之后，食谱合集才更加普及开来。然而它依然受到限制。并不是所有的厨师都会读会写，实际上，当时的大多数厨师可能都是文盲，他们的学习方式仍然是通过口头传播和模仿。

• 正规教育

第一家厨艺学校洛桑酒店管理学院（École hôtelière de Lausanne）成立于1893年。两年后，蓝带厨艺学院（Le Cordon Bleu）成立于巴黎皇家宫殿，面向厨艺杂志《蓝带烹饪》（*La Cuisinière Cordon Bleu*）的读者招生。蓝带学院很快发展成一所培养职业厨师的正规学校，以满足大酒店对主厨的需求。这就是烹饪学校在20世纪初面对蓬勃发展的高档餐饮行业应运而生的方式。从那时起，每个国家都建立了自己的公共职业学校，而如今获得这些学校的资格认证是在相关领域工作的最佳方式。2011年，巴斯克烹饪中心（Basque Culinary Center）成为第一家培训美食职业人员的大学级机构，从而在西班牙引入了美食领域的高等教育。

• 数字世界

如今，广泛的学术课程得到了进一步的补充：人们可以通过新的数字媒体（博客、网站、在线课程、社交媒体等）访问大量美食信息。

知识并非总是累积的，美食也不总是积累的

集体学习是人类伟大的壮举之一，它令个体的智慧呈指数级增长。我们传播并累积和社会化知识的能力优于任何其他生物。我们设计出了各种技术和工具，这确保我们创造的知识不会在后代失传。口头传播的诗歌、歌曲、写作、印刷、绘画、图书和教育机构只是其中的一些例子。

然而，并非所有累积下来的信息都用于扩展我们的知识。知识有时会被抛弃，因为知识可能被认为是错误或无用的，或者只是被忘记了。这是科学知识中非常普遍的现象。科学进步是一系列范式转换的结果：某样事物曾被认为是不可辩驳的真理并构成所有理论的基础，直到它在某一天被发现不再有效。例如，直到20世纪初，《圣经》中描述的大洪水还在地质学中被认为是不可辩驳的真理。当人们发现非常古老的地层时，会毫不犹豫地将其称为“洪积层”，以代表那次事件。然而，后来地质理论的更新永久地摒弃了《圣经》中的参考，《圣经》中的文本不再用于解释地质信息。

基于民间或传统神话和传说的知识也被摒弃了。对于这种情况，由于社会的变化需要新的参考资料，某些叙事就被剔除了。人们需要神话和传说来解释其伟大首都的起源和建设。然而当来自北欧的人控制欧洲大陆时，能够解释罗马建城的神话已不再重要。

楔形文字书写局部。

这种现象也可以在美食史中找到。在某些时期和其他时期之间，知识常常由于截然不同的原因丢失。有些食谱、技术、工具、产品和组织工作的方式已被遗弃或丢失，而且并没有明显的原因。因此有必要根据智论方法学进行历史分析，以恢复沿途丢失的知识。

我们将用一些例子解释我们的意思。美索不达米亚人开发甚至记录下来的精致烹饪艺术消失在时间的迷雾中，且并没有加入后继者的烹饪艺术中。它被遗忘是由于一些非常复杂的历史原因：后继者波斯人不会说美索不达米亚泥板上的书写语言；他们还有其他习俗和优先事项；他们是一群拥有不同口味和习惯的人。苏美尔人、阿卡德人、亚述人和巴比伦人享用的肉汤、面包、炖菜、面团和腌肉的众多食谱，还有他们的宴会礼仪和服务技术都不再实行。

我们再举一个距今较近的例子：奥古斯特·埃斯科菲耶的《烹饪指南》（1903年）遗漏的食谱。这位20世纪初最有影响力的厨师对他那个时代的烹饪知识进行了严格的筛除、整理和改进，并收录在他这本著名的书里。后来的职业厨师将它视为行业手册，而他们的工作就是不断复制这部指南中的食谱。但是，埃斯科菲耶没有写进书里的食谱都发生了什么？它们都丢失了。如今，我们惊讶地重新发现了埃斯科菲耶忽视的一些食谱，而所有这些被弃用的食谱都出现在古董厨艺书中，这些书也是这些被弃用的食谱被留下的唯一记录。

美索不达米亚地区的烤馅饼食谱

“在牛奶中加入烹调汁和捣碎的韭葱、大蒜和粗面粉，然后用牛奶浸泡面粉，让面粉吸收牛奶，然后将其揉成面团。取一个能装下鸟的大浅盘，将面团铺在盘子上，并让面团边缘略微超出盘子的边缘。（此处省略部分步骤）烤好之后，从炉子里取出，将用作“盖”的面团硬壳从盘中取出，抹油并摩擦，然后放在盘上，供上菜之前使用。”

“即将上菜之前，拿出带有底壳的浅盘，然后小心地将鸟摆在上面。从锅里取出切碎的内脏和砂囊，从烤炉里取出烤好的塞贝图卷，放在鸟上。（此处省略部分步骤）将用作“盖”的面团硬壳盖在所有食物上面，然后端上餐桌。”

让·博特罗（Jean Bottéro），1995年，第11—12页。《美索不达米亚烹饪书》（美索不达米亚文明）[*Textes culinaires Mésopotamiens (Mesopotamian Civilizations)*]

考古学：考古记录和考古专家

正如我们在第72页解释的那样，考古学已经成为帮助我们研究最遥远历史时期的重要学科。这些时期包括旧石器时代、新石器时代、两者之间的时代（中石器时代），以及我们称为文明时期的古代。

这些时期相关信息的主要来源被称为考古记录：遗留下来的人类过去使用或制造的物品的成套材料。考古记录包括工具和各种类型的人工制品，以及建筑物和其他构造的废墟、动植物的有机残骸、坟墓、废料，甚至包括过去的人在大地景观上留下的印记，以及人类的骸骨。

为了使用考古记录查明最古老的人类群体如何养活自己和烹饪，我们必须求助考古界的专家。考古学这门学科通过研究和分析考古记录来提供关于人类过去的知识，它的应用范围不仅限于史前研究，还可以应用于任何时期，尽管它最常涉及那些最遥远的时期。

考古学研究的对象是考古遗址，在这个空间里可以找到人类与环境之间相互作用留下的痕迹。考古学家发现并挖掘这些遗址，整理并记录出现在其中的所有物质文化的证据。考古人员对每件物品和遗址本身的研究产生可靠且合理的科学理论和解读，它们解释了过去，但仍在不断被修订。

关于古老的过去，最有趣的事情是其知识完全取决于考古学家决定发掘的地点，以及他们在发掘遗址方面的技能（结合运气）。可能出现的情况是：有人发掘了一座新石器时代的小屋，但是里面的遗迹很少，然而就在它旁边的泥土里埋着另一座信息量丰富得多的小屋，可以为该团队提出的问题提供关键线索，但是该团队却没有决定挖掘此处或者缺少挖掘的资金。

在发掘或者进行其他调查之前，考古学家不知道将获得什么信息，或不可能获得全部信息，也不可能挖掘整个地球的表面。因此，考古学家的理论总是临时性的。我们将在后面评论考古信息的这一特殊性如何影响一些关键主题，例如人类进化。

尽管如此，考古学仍然是一门现代科学，其方法和技术设法将这种困难的影响降到了最低。例如，化石埋藏学（古生物学的一个分支）用于解释考古遗迹如何到达遗迹被发现的地方。如果在一把燧石刀旁边发现了瞪羚的骨头，化石埋藏学让考古学家可以知道这把刀是否切过瞪羚的肉以供食用，或者相反，两者出现在一起是因为它们一起被洪水卷走，最后冲进了一处洞穴。在选择发掘地点时，还会使用高度先进的勘探方法。对于在下层土中发现的遗迹的类型，考古学家们拥有先验知识，他们并不是盲目开挖。

考古领域有许多专家致力于寻找特定类型的遗迹。至于本书关注的营养方面，最重要的专家包括：

在西班牙北部的拉德拉加（La Draga）新石器时代遗址发现的植物遗迹。

- **动物考古学家（Zooarchaeologists）**。这些专家研究动物遗迹，并提供关于当时环境条件、不同原始人类种群的饮食、抓捕动物的策略以及它们的食用方法的信息。在这个专业中，有人专注于宏观动物区系（macrofauna，大型哺乳动物），有人专注于微动物区系（microfauna，最小的动物）。后者也包括专业分支，例如对贝类区系（malacofauna，软体动物）的研究。

- **植物考古学家（Archaeobotanists）**。这些专家研究植物的遗迹，以确定某个场所被人类使用时的环境条件，以及饮食和生存的相关信息。该领域的专业分支包括古果实学（palaeocarpology），专注于研究碳化果实和种子；孢粉学（palynology），对古花粉的研究；以及对植物岩（植物体内的细微矿物颗粒）的研究。

- **古人类学家（Palaeoanthropologists）或生物人类学家（physical anthropologists）**。这些专家分析人类的骸骨遗迹。对于从人体解剖学方面理解人化过程（人类进化），以及发现关于过去人口的健康、人口统计学甚至饮食方面的信息而言，他们的研究至关重要。饮食信息是通过骨骼的化学分析获得的，例如对人体骨骼胶原蛋白中稳定的氮和氮同位素的研究。

- **民族考古学家（Ethnoarchaeologists）**。这些专家将人类学和考古学结合起来。他们致力于研究当今人口种群的物质文化，其目标是阐明更早的人类群体的文化和象征行为。

- **技术考古学家（Archaeotechnologists）**。这些专家研究过去的技术和科技，基本上从每个时期的工具着手研究。这种分析对于研究旧石器时代的工具是最重要的，这也是他们研究较多的时期之一。

痕迹学和废物分析：古代工具的科学

我们的项目对考古学的许多分支特别感兴趣，其中之一是痕迹学（traceology），一门研究石头和金属工具上的微小标记以理解它们如何被使用的子学科。这为我们提供了有关旧石器时代和新石器时代所使用烹饪技术的丰富信息。

痕迹学专家能够告诉我们某种工具用于什么动作（它是用来刮擦、切割还是打孔的？）、它的使用强度、它是否是多功能的，以及它用在什么类型的产品上（植物、动物）。通过检测微观残留物，我们可以推断出该工具是否用于捣碎根茎类蔬菜、割草、加工树脂、切割树皮等。所有这些都对我们了解遥远过去的烹饪技术的进步至关重要。

反过来，我们可以分析陶瓷材质的工具，特别是用来准备食材的碗和其他容器，以查明它们最常容纳的食材类型。陶瓷容器是多孔的，其微孔会使曾经容纳的食物的残渣遗留。使用复杂的化学分析方法，专家可以推断出这些残渣来自什么类型的产品，同时也可以对附着在石器上的有机微量痕迹进行这样的检测。

专家能够告诉我们一只碗的底部是否存在动物或植物油脂，它是否曾用于长时间或较短时间的加热烹饪，以及哪些产品曾与它接触，至少是在该容器被使用的最近一段时间内。换句话说，他们可以告诉我们有关产品和技术的信息。专家还有可能发现哪些类型的制成品是供储藏的，哪些是放在这样的容器里进行交易的。

“痕迹学为我们提供科学信息，让我们可以了解来自最遥远过去的烹饪技术和菜肴的详细信息。”

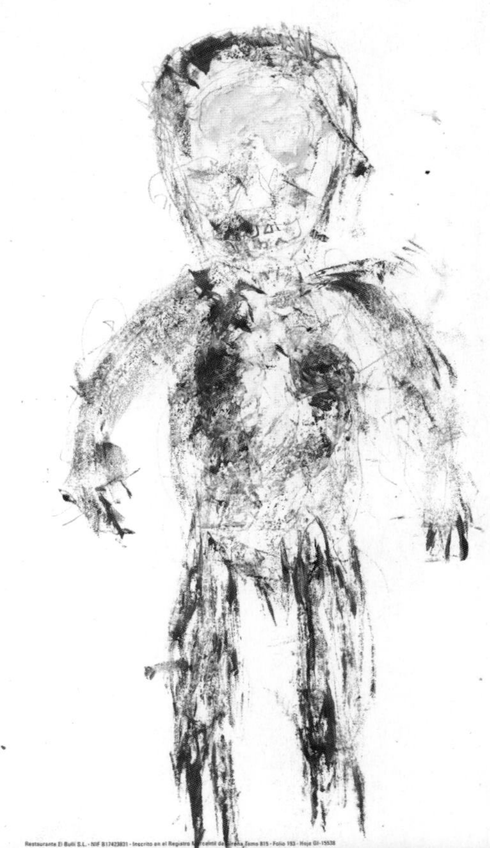

幅图画样本，用于解释烹饪历史的研究背景。

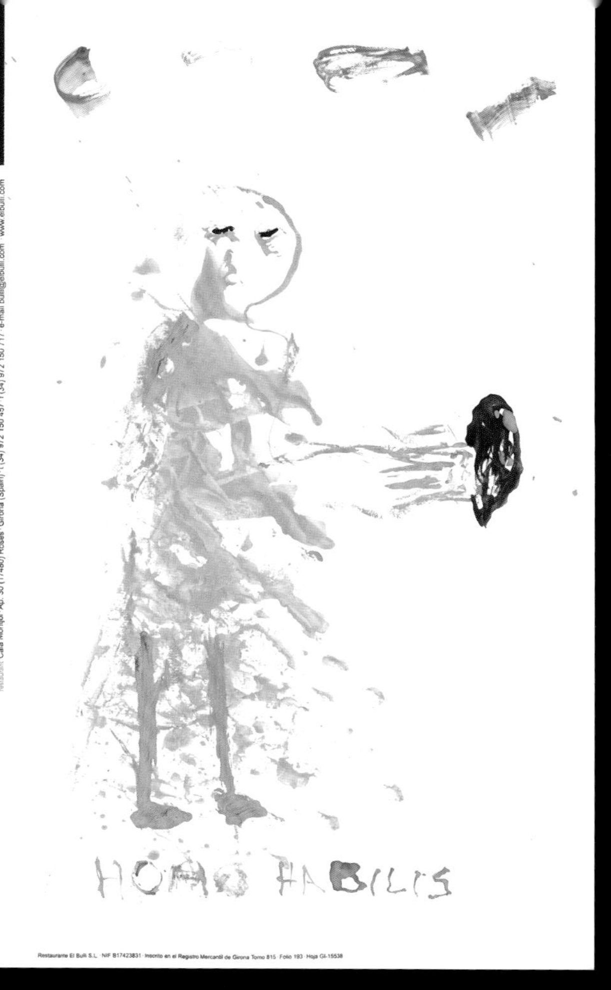

elBulli

taller Portaferrissa 7, pral. 2a · 08002 Barcelona (Spain) · t (34) 93 270 37 00 · f (34) 93 270 37 01 · e-mail taller@elbulli.com
restaurant Cala Montjoi · Ap. 30 (17480) Roses · Girona (Spain) · t (34) 972 150 457 · f (34) 972 150 717 · e-mail bulli@elbulli.com · www.elbulli.com

elBulli

taller Portaferrissa 7, pral. 2a · 08002 Barcelona (Spain) · t (34) 93 270 37 00 · f (34) 93 270 37 01 · e-mail taller@elbulli.com
restaurant Cala Montjoi · Ap. 30 (17480) Roses · Girona (Spain) · t (34) 972 150 457 · f (34) 972 150 717 · e-mail bulli@elbulli.com · www.elbulli.com

Restaurante El Bulli S.L. · NIF B17423831 · Inscrito en el Registro Mercantil de Girona Tomo 815 · Folio 193 · Hoja GI-15538

elBulli

taller Portaferrissa 7, pral. 2a · 08002 Barcelona (Spain) · t (34) 93 270 37 00 · f (34) 93 270 37 01 · e-mail taller@elbulli.com
restaurant Cala Montjoi · Ap. 30 (17480) Roses · Girona (Spain) · t (34) 972 150 457 · f (34) 972 150 717 · e-mail bulli@elbulli.com · www.elbulli.com

Restaurante El Bulli S.L. · NIF B17423831 · Inscrito en el Registro Mercantil de Girona Tomo 815 · Folio 193 · Hoja GI-15538

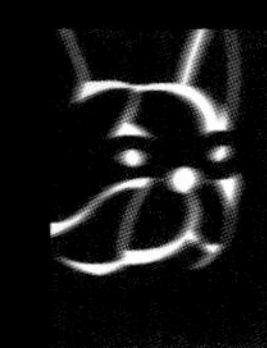

elBulli

taller Portaferrissa 7, pral. 2a · 08002 Barcelona (Spain) · t (34) 93 270 37 00 · f (34) 93 270 37 01 · e-mail taller@elbulli.com
restaurant Cala Montjoi · Ap. 30 (17480) Roses · Girona (Spain) · t (34) 972 150 457 · f (34) 972 150 717 · e-mail bulli@elbulli.com · www.elbulli.com

Restaurante El Bulli S.L. · NIF B17423831 · Inscrito en el Registro Mercantil de Girona Tomo 815 · Folio 193 · Hoja GI-15538

主角：人类

无论是为了营养还是为了味道，人类已经进行了数百万年的“烹饪-进食-饮用”三角行为的组合。本书涵盖的人类进化研究提供了迄今为止我们可以分析的结果。随着对人类在这些行为方面的理解的增进，如今我们已经知道，这样的行为是在整个历史中创造和创新的，无论是在个人层面还是在整个社会的集体层面。

人类进行烹饪行为以求生存，这是一种滋养自己身体的方式，目标是通过进食和饮用摄取养料。在此基础上，通过创造新的烹饪方法及烹饪结果（被进食和饮用的东西），人类才有机会超越最基本的需求，即营养摄取（养料、生存）。因此，如今有成千上万以营养为目的的菜肴，因为人类一直通过在食材、技术和工具方面发明不一样的烹饪方法进行创造和创新。但是，这种变化产生的反应超出了生存的基本需求，而烹饪开始被理解为某种可以带来快乐的事物，从而诞生了美食固有的享乐主义。

无论目的如何，进行“烹饪-进食-饮用”这三种行为的人类都会受到很多种影响。有些影响是个人固有的，会在生理和心理上影响他们（例如，在进食以维持生存方面，一位盲人可能会受到自身眼盲的制约，因此他将和其他人一起创造和创新，以克服这种制约）。其他影响来自环境，即烹饪、进食和饮用发生的具体背景，通常而言环境决定了烹饪过程及结果（例如，在撒哈拉沙漠烹饪和在马德里烹饪是不一样的，资源丰富时和资源稀缺时、夏天和冬天、有大量时间时和时间很少时也不同）。

通过身体和心智的结合，再加上精神的加持，人类得以实施这些行为。在产生创意和实现创意方面，每个层面都扮演不同的角色，从而人类在烹饪时创造了新的用途和解决方案。身体负责捕捉来自烹饪、进食和饮用所发生的环境或背景的刺激。心智通过认知过程解释这些刺激，负责提出答案，令人能够实施行为，而这再次需要身体的参与。作为与无形世界（例如宗教、文化、信仰和传统）相关的主观特征的集合，精神可能为烹饪、进食和饮用行为增添制约因素。例如，当某个人的精神方面阻止其使用某种特定的食材烹饪时，或者在进食时要根据特定的信仰选择菜肴时，就会发生这种情况。

烹饪、进食和饮用行为还往往被转化为活动、行业和职业，并变成可被研究的学科。

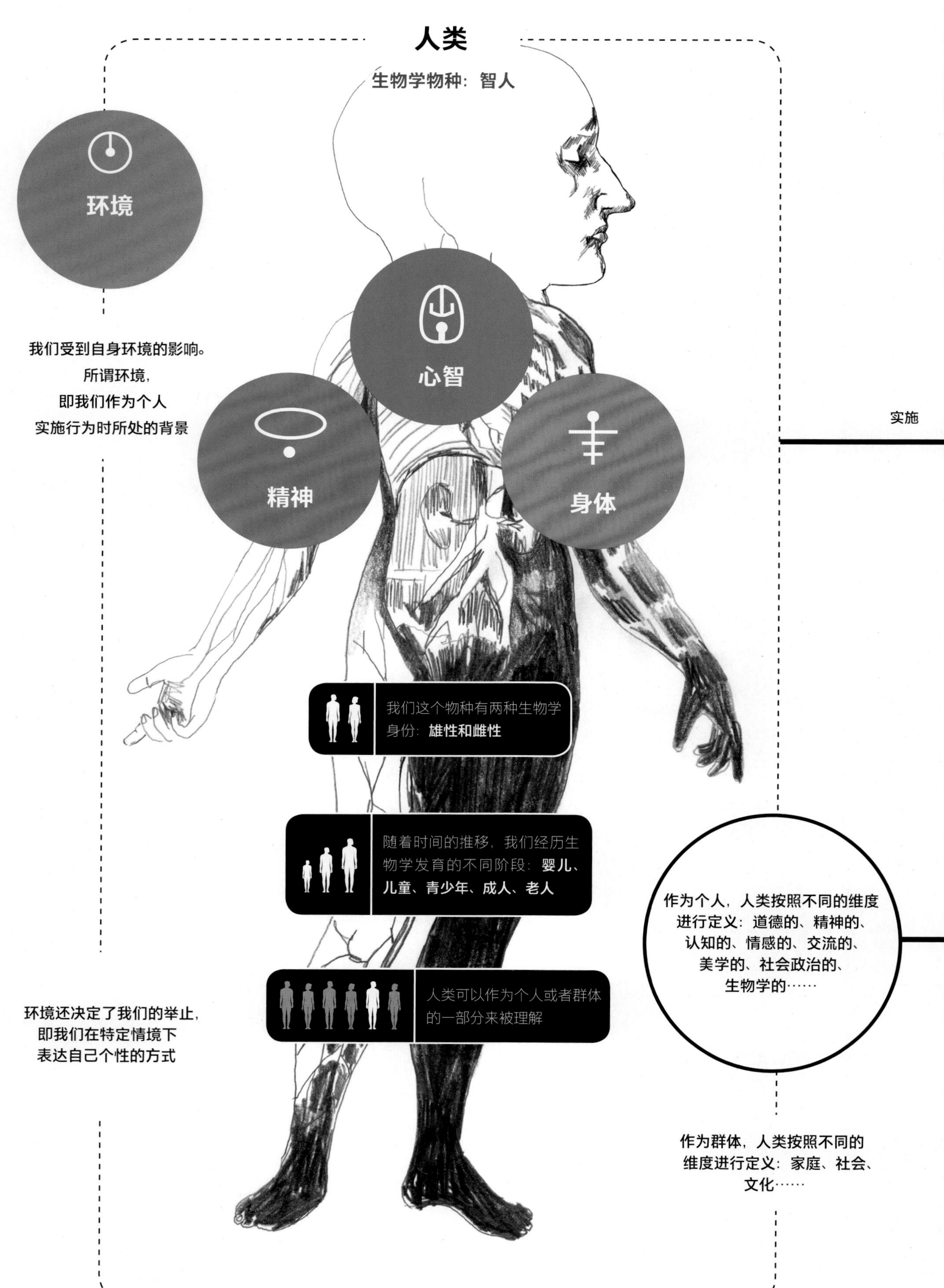
人类
生物学物种：智人
环境
心智
精神
身体
我们受到自身环境的影响。
所谓环境，
即我们作为个人
实施行为时所处的背景
实施
我们这个物种有两种生物学身份：雄性和雌性
随着时间的推移，我们经历生物学发育的不同阶段：婴儿、儿童、青少年、成人、老人
人类可以作为个人或者群体的一部分来被理解
作为个人，人类按照不同的维度进行定义：道德的、精神的、认知的、情感的、交流的、美学的、社会政治的、生物学的……
环境还决定了我们的举止，
即我们在特定情境下
表达自己个性的方式
作为群体，人类按照不同的维度进行定义：家庭、社会、文化……

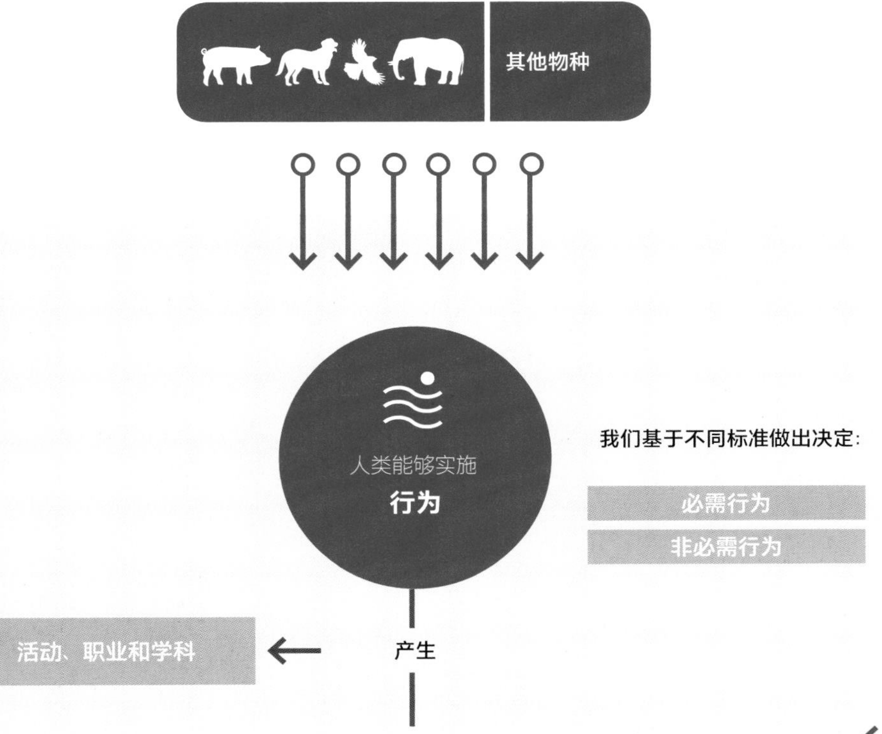

我们基于不同标准做出决定：

必需行为

非必需行为

我们拥有的能力和直觉受情感或感觉影响，
并让我们能够实施行为。
我们的举止取决于态度、价值观、
我们的性格或气质以及习惯和习俗。
我们的行为方式被称为
我们的个性、身份或文化

烹饪、进食、饮用、摄入和品尝

我们考虑的行为特征因我们的
个人直觉、感受、个性、习惯和价值观而异，
这反映在我们对烹饪、进食、饮用、
摄入和品尝的相关决定中。
而且它发生在决定食物和饮品种类、
肉的熟度、何时为菜肴添加更多调味料，
或者是否以一杯鸡尾酒开始品尝行为时

这些维度影响
我们与环境以及
其他个体的互动

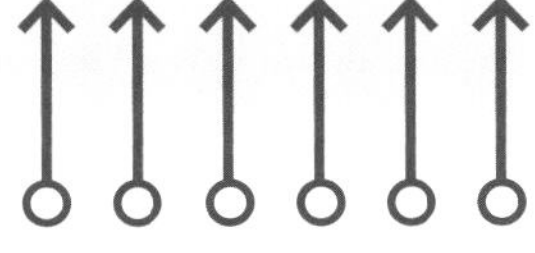

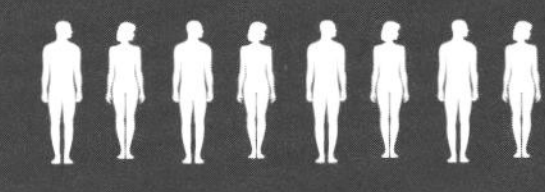

其他个人
同样如此

身体进行烹饪、进食和饮用、摄入和品尝

人类身体的正常功能令其能够进行烹饪、进食和饮用、摄入和品尝等行为。骨骼和肌肉组成的运动系统在实体上支持烹饪、进食和饮用、摄入菜肴的行为，而内部器官消化、吸收、转化和清除消费的食物和饮品。感官系统让个人能够通过大脑刺激感知品尝体验

身体与心智和精神结合，让人类能够进行烹饪行为以及进食、饮用和品尝体验所需的协调动作

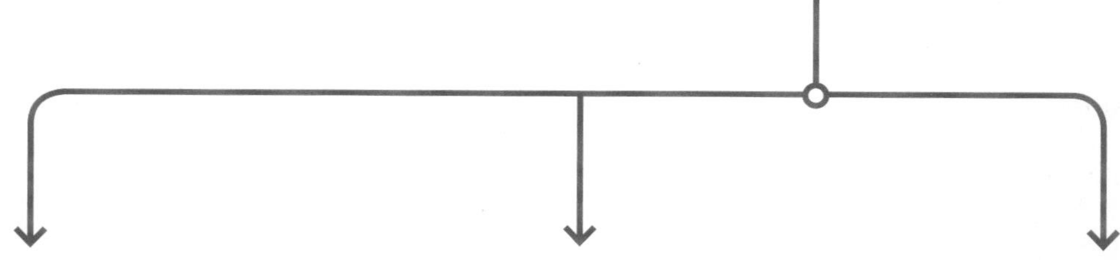

部位

外部身体由多个部位组成：
- 头
- 躯干
- 四肢

身体

生物的实体维度协助生物学发育以及其与环境的相互作用：
- 思考的身体
- 化学的身体
- 感官的身体
- 生长的身体
- 协调的身体
- 遗传的身体
- 实体的身体

结构

每个生物的身体都由不同的结构层次构成
- 系统
- 器官
- 组织
- 细胞
- 细胞核
- 脱氧核糖核酸
- 含氮碱基

降序排列的结构层次

系统 → 器官 → 组织 → 细胞 → 细胞核 → 脱氧核糖核酸 → 含氮碱基

帮助我们烹饪、吃、喝、吸收和品尝的器官

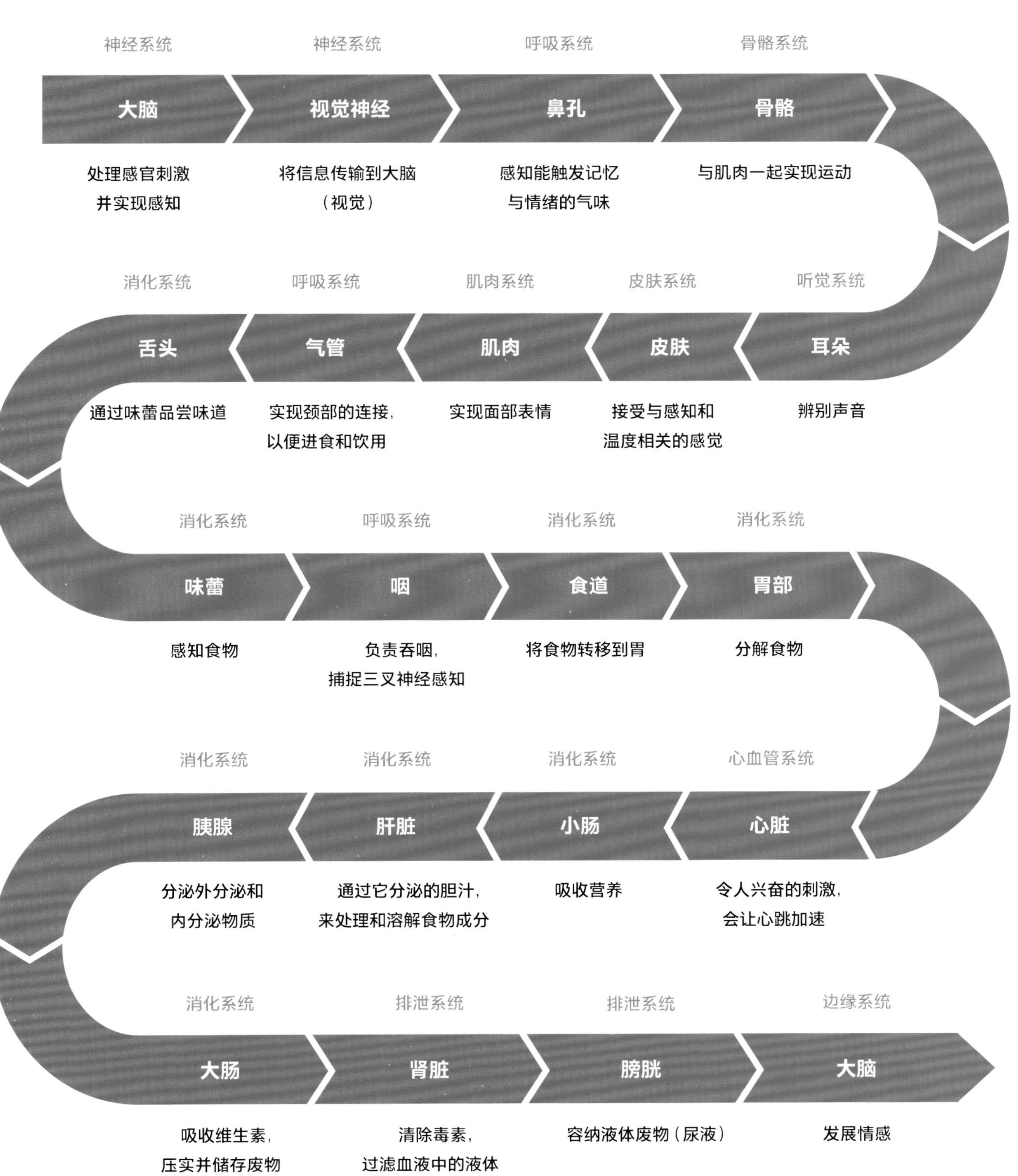

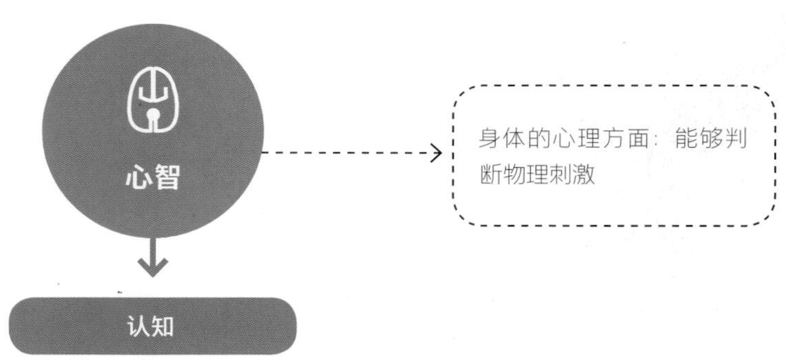

心智处理来自认知过程的知识

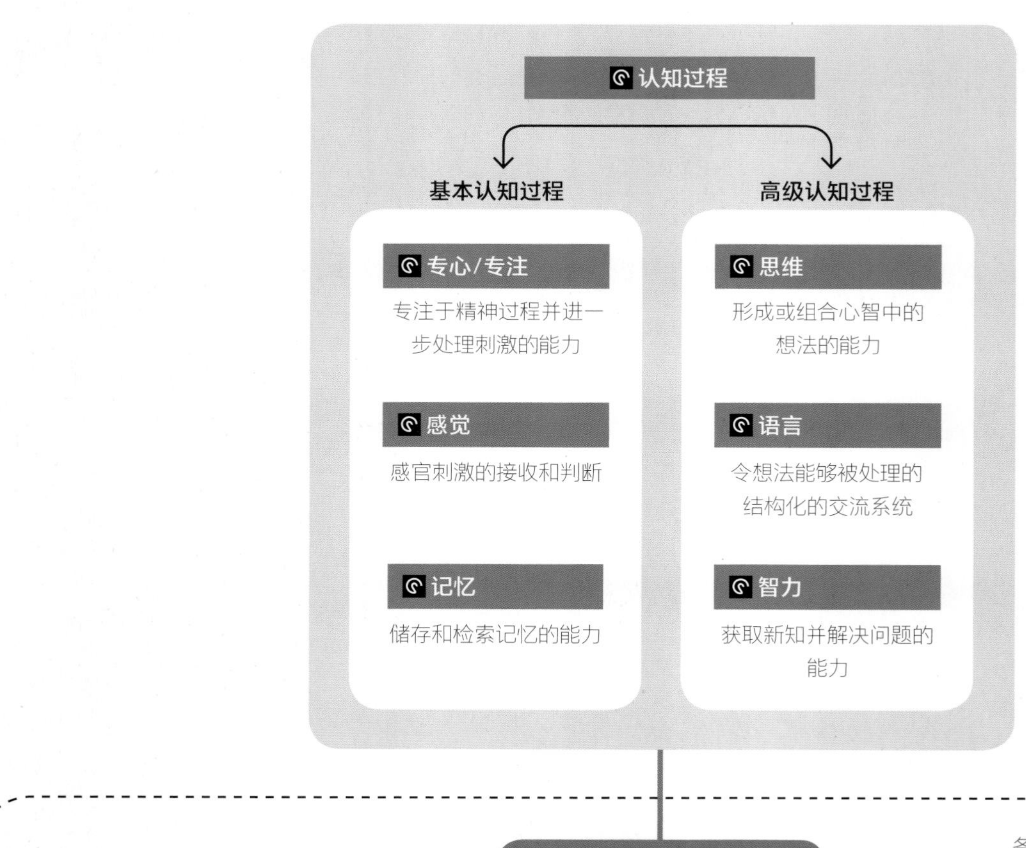

认知过程
基本认知过程
专心/专注
专注于精神过程并进一步处理刺激的能力
感觉
感官刺激的接收和判断
记忆
储存和检索记忆的能力
高级认知过程
思维
形成或组合心智中的想法的能力
语言
令想法能够被处理的结构化的交流系统
智力
获取新知并解决问题的能力

认知操作

各种认知过程相结合的结果：令行为（创造，学习）、活动（品尝、教学）和职业（咖啡师、主厨、侍酒师）行为得以进行和发生

人类执行的一些最重要的认知操作是：思考、分析、推断、情境化、推理、测试、描述、陈述案例、构想、批评、抽象思维、对质、对比、质疑、评估、解释、处理和期望

用心智烹饪、进食和饮用，摄入和品尝

人类的心智通过认知过程来处理烹饪、进食和饮用所必需的信息。心智首先解释感官刺激，令与烹饪、品尝、进食和饮用等行为（可视为体验）相关的情感和感受得以形成。无论是对于烹饪者（厨师）还是对于进食和饮用者（用餐者），认知操作都是必不可少的

身体的感觉与心智结合，让我们能够感受和感知

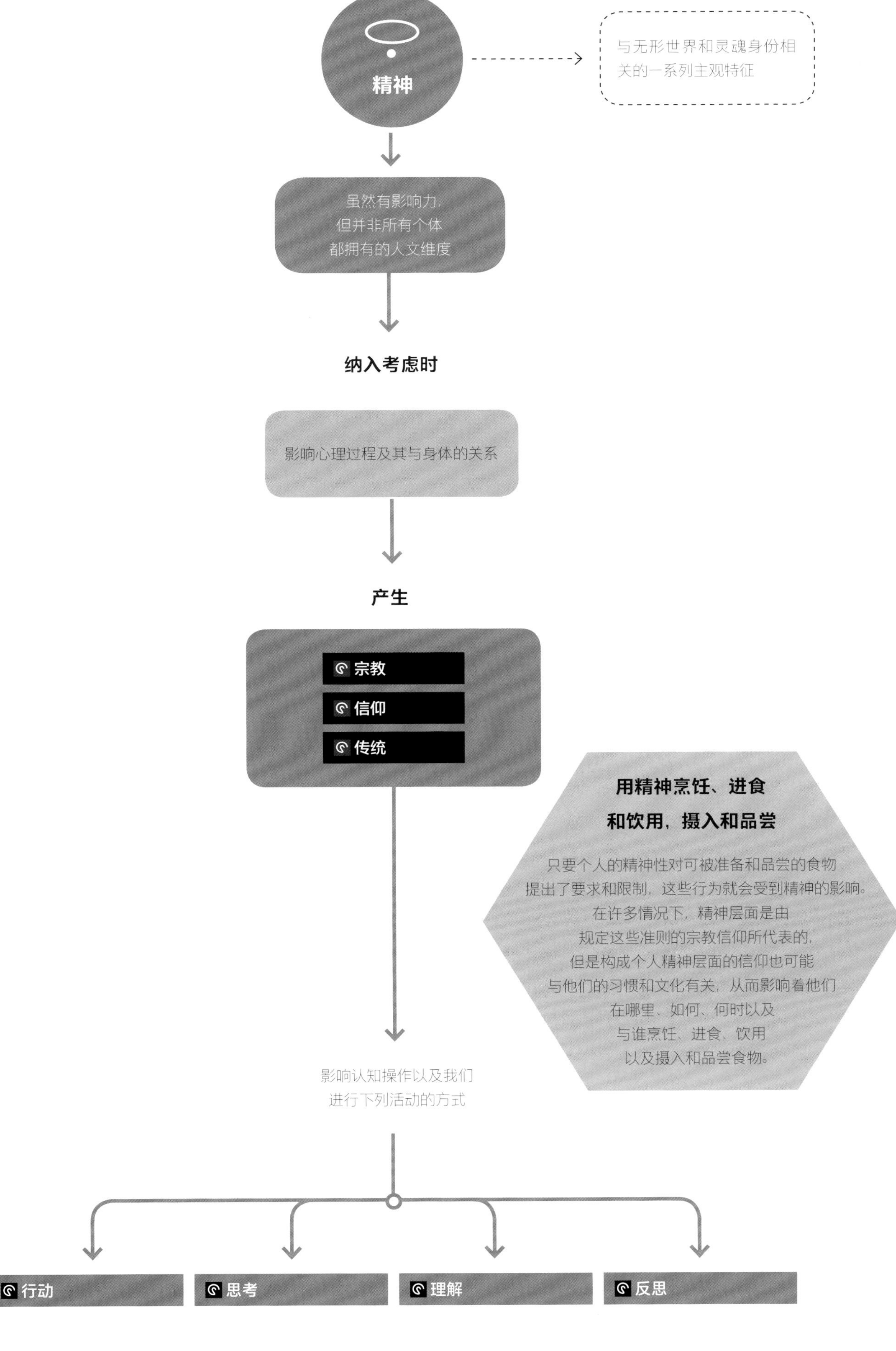
精神
与无形世界和灵魂身份相关的一系列主观特征
虽然有影响力，但并非所有个体都拥有的人文维度
纳入考虑时
影响心理过程及其与身体的关系
产生
宗教
信仰
传统
用精神烹饪、进食和饮用，摄入和品尝
只要个人的精神性对可被准备和品尝的食物提出了要求和限制，这些行为就会受到精神的影响。在许多情况下，精神层面是由规定这些准则的宗教信仰所代表的，但是构成个人精神层面的信仰也可能与他们的习惯和文化有关，从而影响着他们在哪里、如何、何时以及与谁烹饪、进食、饮用以及摄入和品尝食物。
影响认知操作以及我们进行下列活动的方式
行动
思考
理解
反思

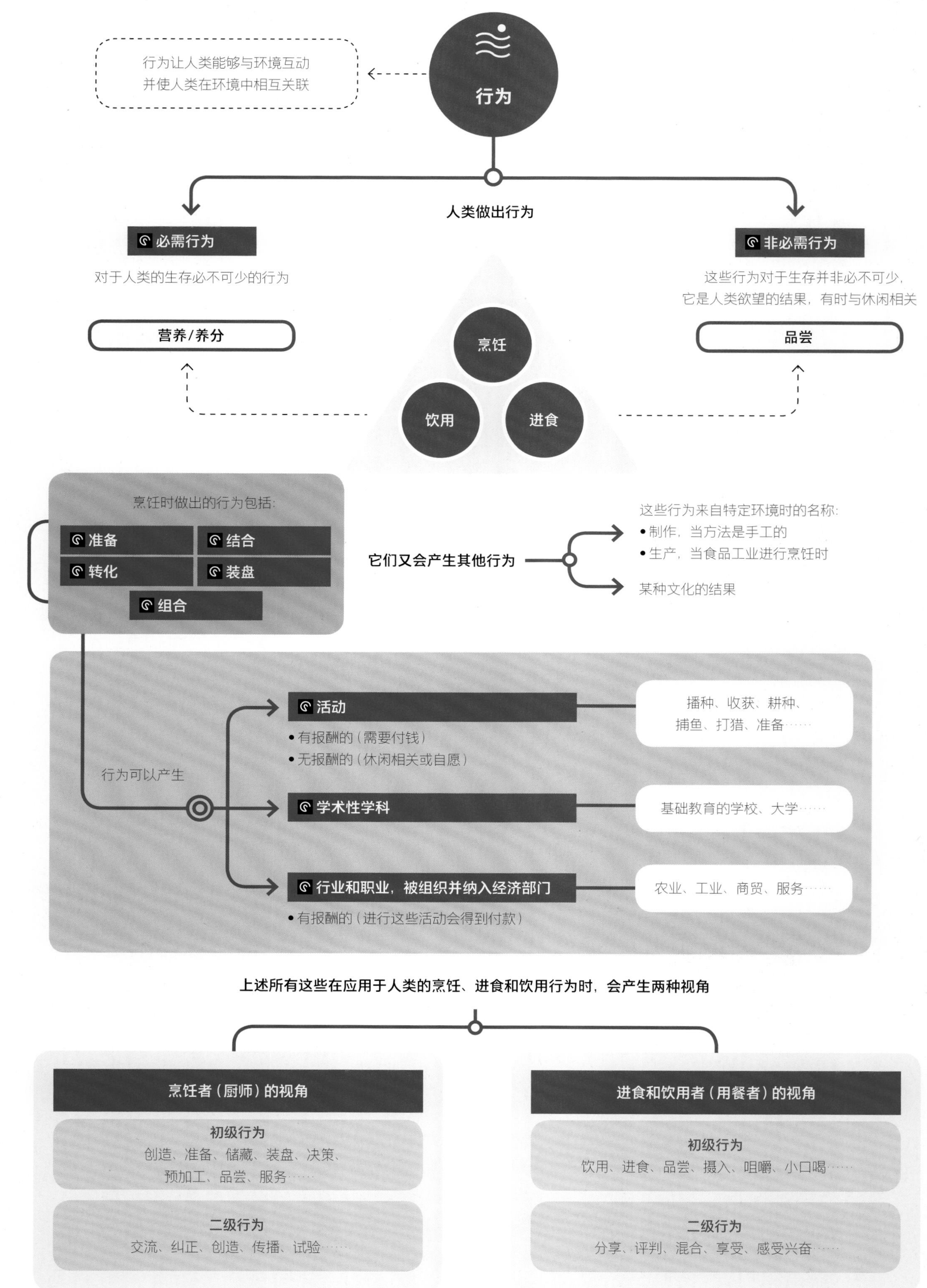
行为让人类能够与环境互动
并使人类在环境中相互关联
行为
人类做出行为
必需行为
对于人类的生存必不可少的行为
营养/养分
非必需行为
这些行为对于生存并非必不可少，
它是人类欲望的结果，有时与休闲相关
品尝
烹饪
饮用
进食
烹饪时做出的行为包括：
准备
结合
转化
装盘
组合
它们又会产生其他行为
这些行为来自特定环境时的名称：
• 制作，当方法是手工的
• 生产，当食品工业进行烹饪时
某种文化的结果
行为可以产生
活动
• 有报酬的（需要付钱）
• 无报酬的（休闲相关或自愿）
播种、收获、耕种、
捕鱼、打猎、准备……
学术性学科
基础教育的学校、大学……
行业和职业，被组织并纳入经济部门
• 有报酬的（进行这些活动会得到付款）
农业、工业、商贸、服务……
上述所有这些在应用于人类的烹饪、进食和饮用行为时，会产生两种视角
烹饪者（厨师）的视角
初级行为
创造、准备、储藏、装盘、决策、
预加工、品尝、服务……
二级行为
交流、纠正、创造、传播、试验……
进食和饮用者（用餐者）的视角
初级行为
饮用、进食、品尝、摄入、咀嚼、小口喝……
二级行为
分享、评判、混合、享受、感受兴奋……

我们如何开展活动？

烹饪、进食、饮用、摄入和品尝

人类都在一系列因素的影响下实施这些行为，其中一些因素是他们内在的因素，而另一些因素则是环境造成的

渐进的行为、任务和活动的开展是根植于基本和高级认知过程中的认知操作的结果

人类**需要**什么才能进行渐进的行为、任务和活动？

本能

导致个体以某种方式行动的与生俱来的先天遗传冲动，在一个物种的所有个体中都是相同的

能力

源自认知过程的才能、技艺或资质，可以出现在所有个体中，除非身有残疾

↓

根据遗传背景、经验等，呈现出不同的水平

基本能力

有才能

技艺高超

什么**影响**行为、任务和活动？

思维

在特定情况下的态度和行为方式

情感/感受

令个体倾向于以特定方式对刺激做出回应的神经化学和激素反应

价值观

根深蒂固的信念，从伦理角度决定个人的本质

性格和气质

个人的本性及其反应方式：前者是天生的，后者是后天获得的

还有什么**其他变量**影响行为、任务和活动？

知识

让我们得以理解事物的后天获取的信息

学习

获取、修改或强化知识

经验

通过生活在特定环境下或者经由长期实践获得的知识

一般陶冶

令人发展出批判性评价的一系列知识

哲学

思考和看待事物的方式

习惯和习俗

后天获得的行为方式，在几乎不经理性思考的情况下定期重复进行

我们将所有这些因素的总和称为人格/身份认同/文化。通常而言，我们在使用人格或身份认同这两个词时指的是个人，而在说文化这个词时指的是行业

→ 一系列制约因素（生理、心理和精神）和环境（社会、政治、文化和地理）决定了特定情况下个人人格或行业文化的表达方式

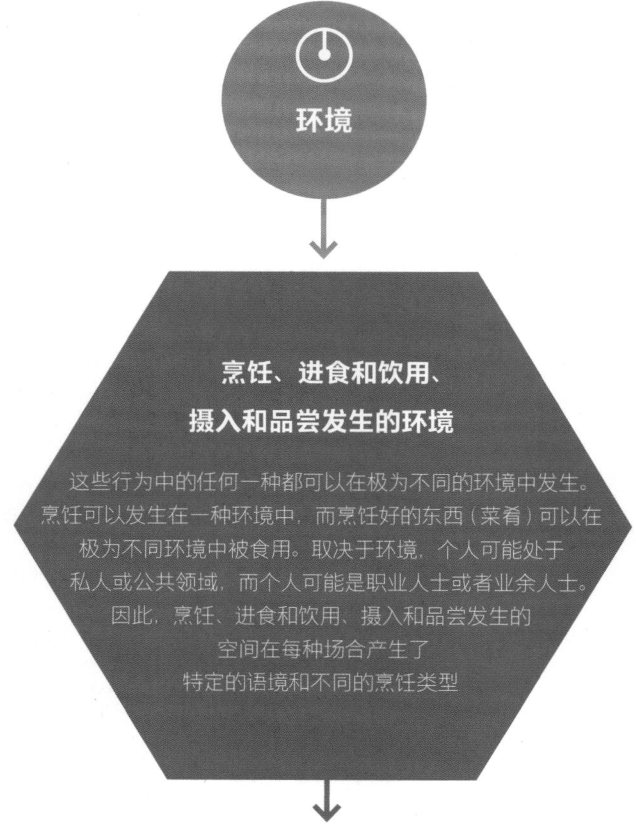
环境
烹饪、进食和饮用、
摄入和品尝发生的环境
这些行为中的任何一种都可以在极为不同的环境中发生。
烹饪可以发生在一种环境中，而烹饪好的东西（菜肴）可以在
极为不同环境中被食用。取决于环境，个人可能处于
私人或公共领域，而个人可能是职业人士或者业余人士。
因此，烹饪、进食和饮用、摄入和品尝发生的
空间在每种场合产生了
特定的语境和不同的烹饪类型

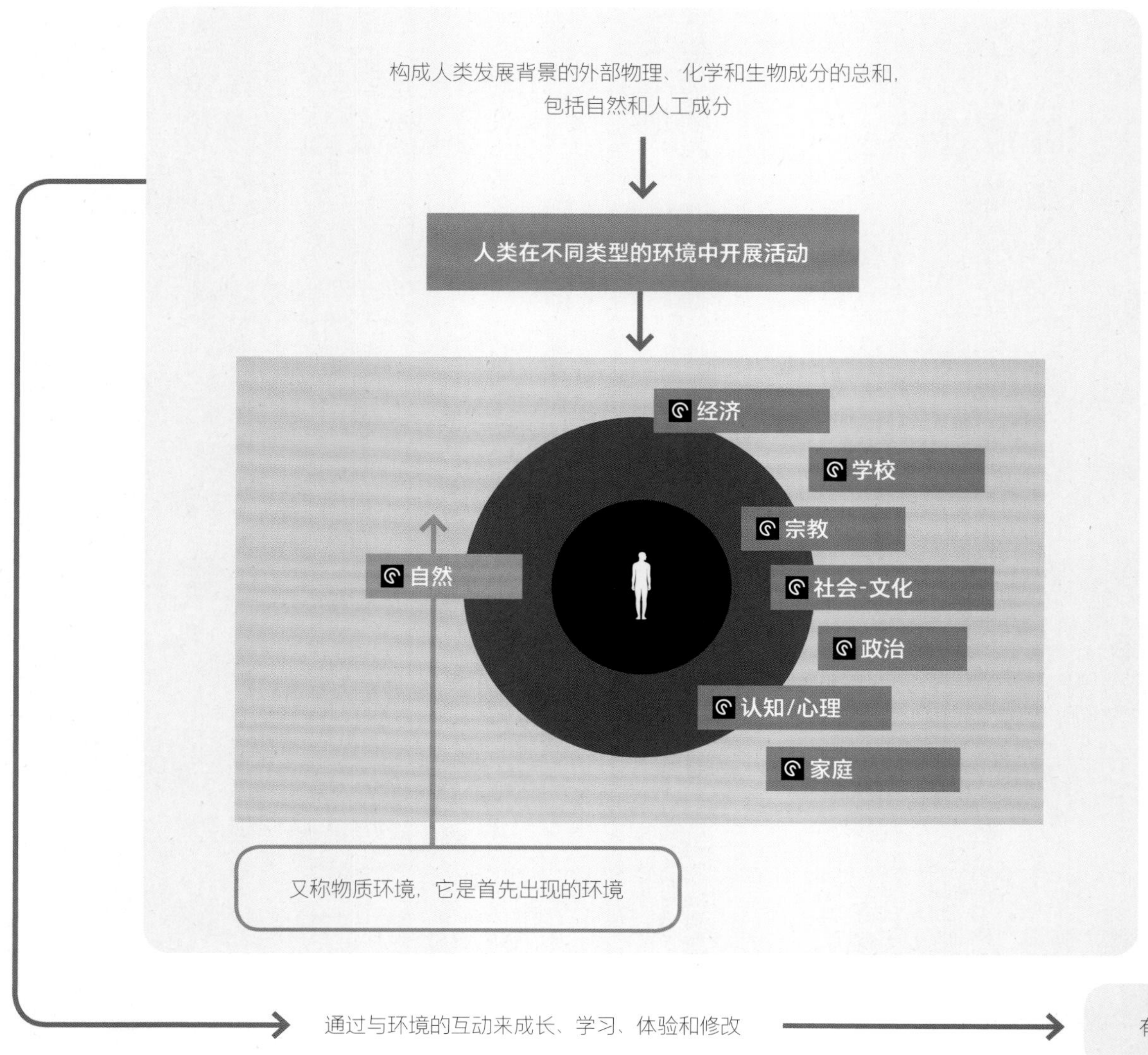
构成人类发展背景的外部物理、化学和生物成分的总和，
包括自然和人工成分
人类在不同类型的环境中开展活动
经济
学校
宗教
自然
社会-文化
政治
认知/心理
家庭
又称物质环境，它是首先出现的环境
通过与环境的互动来成长、学习、体验和修改
有权利和义务

我们开始本书：烹饪的起源

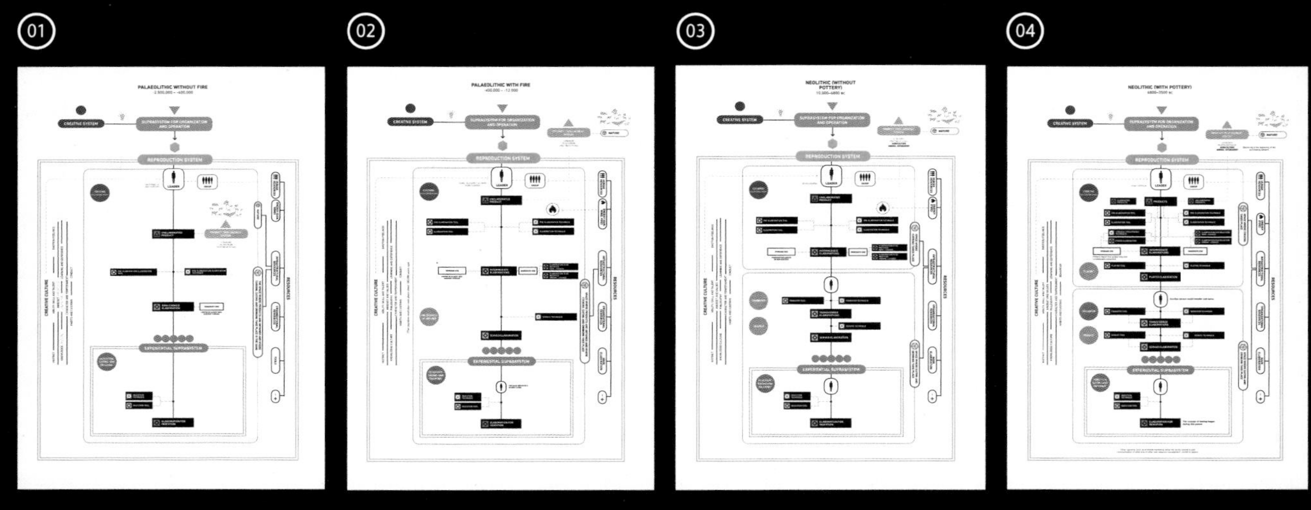

不用火的烹饪　　用火的烹饪　　不用陶器的烹饪　　用陶器的烹饪

读者将在该项目的第一本书里发现什么

这套系列丛书的第一本很特别，因为它离我们的研究对象最遥远。我们追溯到很久以前，因为甚至在今天，构成高档餐饮现实一部分的许多元素仍然起源于旧石器时代和新石器时代这些史前时期。

从那时起，人类开始烹饪并使用技术、工具、食材、饮品等。按照智论方法学划分的高档餐饮部门的门类正是在那时出现的。在本书接下来的内容中，我们将探讨烹饪开始是指什么、谁开始了烹饪、烹饪开始于何时何地，以及服务开始是指什么、谁开始了服务、服务开始于何时何地。在当今的高档餐厅中，我们仍然可以找到这些史前渊源的痕迹。

正如我们已经解释的那样，由于在古代文明出现之前不存在美食，所以这第一本书讨论的是人类的营养。尽管如此，我们用来研究史前时期营养的指导方针仍是西方社会高档餐饮部门的智论方法学，这让我们不会离主题太远。我们提醒您，我们的首要任务是满足高档餐饮部门的职业人士，即那些有责任将历史知识纳入烹饪学科的餐饮领域的个人。

也许我们应该澄清这一特定前提。经常阅读历史图书的读者以及专门研究过去的职业人士可能会发现这本书有点失焦，因为它在处理史前时期时使用的不是常规分类。我们提到了新石器时代引领者的个性，旧石器时代用于装盘、服务、转移和品尝的工具，这些都是在宣示我们的意图。我们意识到了这一点。

如我们所见，该项目，即本书包含我们的主要推理脉络，它追溯的历史线索最终交织在当代高档餐厅和它们的供应物中。在我们以长远眼光逐步构建的该项目的数字版本中，营养领域将有自己的一席之地和智论分析，而其他职业人士（例如考古学家和历史学家）将找到以最令他们感兴趣的方式呈现的信息。

我们这本关于旧石器时代和新石器时代的烹饪相关图书与其他专家（例如考古学家）撰写的书有何不同？尽管主题相同，但我们的目的和方法学改变了内容和解释方式。

话虽如此，我们再次宣布我们非常重视史前专家告知的当时发生的事情，尽管我们后来以自己的方式整理了这些信息。但是，正如我们之后将进一步扩展的那样，我们已经了解到，随着考古材料的发掘和研究，新的信息被揭示，史前历史正在被不断重写。这是我们的项目在网站上实现的另一个原因，因为这将使新信息更容易被添加。

一把手斧在不同人眼中的兴趣点……

高档餐饮部门的职业人士

分类
用于预加工和制作的工具

用于什么技术
通过操作进行转化的技术，例如切割、砸碎、去骨髓

用在什么产品上
动物界：哺乳动物
植物界：根茎类蔬菜和茎秆

能量
机械能（用手使用）

技能/知识
使用它不需要什么专门知识

考古学家

分类
杏仁状两面体，无皮层

材料
燧石

科技
阿舍利文化2型模式

年代
35万年前

起源地
托拉尔瓦考古遗址
单元编号5b

在旧石器时代和新石器时代不存在的东西

- **世界上没有……**

  没有金钱，没有市场经济，没有科学或科技，也没有书写，没有大学或学术性学科，大都市，或者国家和军队之类的东西。

- **没有美食，因此……**

  烹饪、食物和饮品的语境都局限于营养。换句话说，不存在美食的概念。没有烹饪艺术，因此没有美食层面的餐食。

这极大地限制了系统的存在，即不存在产生制成品的创造性系统。自然会有新的制成品，但它们不是有意组织和整理出的系统的结果。当时存在手工再生产的部分要素，但不是全部。支持系统稀少，不存在管理、财务、采购或营销。

没有高档餐厅……

在缺少市场经济和劳动力专业化的情况下，显然不存在餐厅。因此，我们不能谈论任何与餐厅管理有关的事情。没有可以放在高档餐饮部门智论方法学中理解的运营方式。

- **没有美食供应……**

  因此，它的范畴都不存在：预订、顾客体验、入场、欢迎、接待台、服务、供应的即兴部分、餐后聊天、账单、离开、顾客反馈。

- **没有后果……**

  换句话说，美食供应在餐厅之外产生的任何事物（以及产生供应的中间结果）都不存在。

- **许多烹饪类型不存在……**

  虽然出现了第一种烹饪类型，但是没有伴随着高档餐厅的到来涌现的丰富种类。

我们的科学顾问

安东尼·帕洛莫（ANTONI PALOMO）

安东尼·帕洛莫拥有巴塞罗那自治大学（UAB）的史前考古学博士学位，目前是巴塞罗那加泰罗尼亚考古博物馆史前藏品部的文物管理员兼UAB的副教授。

他专攻地中海地区新近史前社会的研究，并开发学科间的考古项目和策略，将其用于文化遗产的鉴赏、传播和保存。他的科学成果的主要研究对象是新近史前时期的生产过程和工具使用（石头、木材、纤维、骨头）、定居点的演变、水下考古学、实验考古学和社会科学的教育方面。

他是加泰罗尼亚巴尼奥莱斯（Banyoles）拉德拉加新石器遗址研究项目的联合主任，该遗址是伊比利亚半岛上唯一已知的湖滨定居点。帕洛莫和他的团队自20世纪90年代以来就在耐心地挖掘这个定居点，而它大大促进了我们对伊比利亚半岛第一批农业社区及其生活方式的理解。我们有机会参观该遗址，并亲眼看到一些最令人印象深刻的木制工具。体验拉德拉加遗址并结识指挥挖掘工作的考古团队是撰写新石器时代相关章节的转折点。

此外，作为史前工具专家，帕洛莫为我们重新创造了一批旧石器时代的工具，这些工具是根据当时的石头雕刻技术并使用燧石和石英岩制作的，同时还制造了一批新石器时代的工具，包括在拉德拉加发现的最特别的物品的复制品。他和他关于史前烹饪技术的教育研讨会让我们能够更好地了解如何在树干中煮沸液体，以及使用一块燧石去除动物的骨髓是多么容易。

欧达尔德·卡博内尔（EUDALD CARBONELL）

欧达尔德·卡博内尔是一位史前史学家，1976年毕业于巴塞罗那自治大学，1986年在巴黎第六大学（又称皮埃尔和玛丽-居里大学）获得第四纪地质学博士学位，1988年获得巴塞罗那大学的地理和历史博士学位。他是西班牙国家研究委员会的协作成员。1988年至1991年，他曾在罗维拉-威尔吉利大学授课，该大学当时是巴塞罗那大学在塔拉戈纳的校区。从1999年起，他在这里担任史前历史学教授。他在这里创建了跨学科研究团队，该团队成为2004年成立的加泰罗尼亚人类古生态和社会进化研究所的核心，直到2015年，他一直都在该研究所担任所长。自1978年以来，他在埃米利亚诺·阿吉雷（Emiliano Aguirre）的领导下，与何塞·玛利亚·贝穆德斯·德·卡斯特罗（José María Bermúdez de Castro）和胡安·路易斯·阿苏瓦加（Juan Luis Arsuaga）一起发掘了欧洲和非洲的大量考古遗址，包括从1983年起自己领导发掘的阿布里克罗马尼遗址（Abric Romaní）。他是阿塔普尔卡基金会（Fundación Atapuerca）创始受托人之一和副主席。

他是许多著作的作者，其中包括一篇发表在《科学》（*Science*）期刊上并与阿塔普尔卡团队的其他成员共同撰写的文章。文章介绍了先驱人（*Homo antecessor*），并提出其在欧洲出现的时间比其他原始人类早得多。他在2003年获得罗维拉-威尔吉利大学颁发的杰出教授头衔，并且是罗马俱乐部西班牙分会和纽约科学院的成员。他在1997年代表阿塔普尔卡团队获得阿斯图里亚斯亲王奖。2000年，他被加泰罗尼亚政府授予纳西斯·蒙图里尔奖章，并在2009年荣获西班牙国家文化奖。他是我们前往阿布里克罗马尼遗址参观的向导，我们在那里了解到尼安德特人的烹饪比我们之前认为的更复杂。我们和他一起去了阿塔普尔卡，在那里我们深深着迷于在布尔戈斯省那个小角落发现的人类进化的每一座里程碑。

卡梅·库贝罗·科尔帕斯
(Carme Cubero Corpas)

作为巴塞罗那大学史前史、古代史和考古学博士学位的拥有者，卡梅·库贝罗·科尔帕斯如今是加泰罗尼亚生物考古学协会和阿克奎纳（Arquecuina）研究组的成员，还参加了研究伊比利亚断层（L'Esquerda Iberian）和巴塞罗那省特尔河畔罗达（Roda de Ter）中世纪考古遗址的团队。

她的工作集中在通过种子和果实的考古遗迹研究农业管理和栽培植物的食物用途；通过煤炭学（炭化木头）遗迹的分析研究人类景观和自然环境的演变；以及最后，她在伊比利亚断层遗址开展的关于史前和中世纪作物的实验考古活动。她将这项工作与古代农业专著的分析结合了起来。

库贝罗·科尔帕斯曾在维克大学和加泰罗尼亚开放大学担任讲师和副教授，从事考古、历史和人文领域的研究。作为文化大使，她完成了许多任务，包括创造教育和传播材料、在巴塞罗那省的综合和考古博物馆归档藏品、为感官处理障碍者改编和制作无障碍展览以及策划活动。多亏了她，我们得以完善对旧石器时代和新石器时代未经制作的产品的了解。

托尼·马萨纳斯·桑切斯
(Toni Massan é s S á nchez)

拥有巴塞罗那和图卢兹烹饪学校的文凭，托尼·马萨纳斯·桑切斯将自己一生的工作生涯致力于教学、研究和食物新闻业。他是食品与科学基金会（Alícia Foundation）的总干事。该基金会是一个应用严格的科学标准改善食物烹饪的研究中心，他还是巴塞罗那大学食品瞭望台（ODELA）的成员。

他与当地厨师一起旅行，以了解世界各地的烹饪传统。作为加泰罗尼亚美食的著名专家，马萨纳斯·桑切斯为负责分类和编目传统加泰罗尼亚烹饪语料库的研究团队设计了整套方法并担任团队的领导者，并且他还是百科全书《我们的烹饪》(*La nostra cuina*）的科学总监。

他在媒体界拥有丰富的经验，并在那里继续致力于传播饮食文化。他撰写、管理并参与了各种关于产品、餐厅和烹饪文化的图书、网站、指南、电视节目和纪录片。他在西班牙和其他地方策划了关于烹饪、饮食文化和可持续性的展览，包括2015年米兰世博会上的“巴塞罗那，加泰罗尼亚首府，为真正的人提供真正的食物”，以及2017年在巴塞罗那罗伯特宫举办的“罗卡之家：从地球到月亮”。

他撰写了关于烹饪历史的几篇文章，并在不同的国家开设了课程并举办了讲座和演讲。他在巴塞罗那科学博物馆设计并组织了科学和烹饪之间的首次对话，在那里他联合了最好的主厨和来自不同学科的顶尖科学家。他获得过巴塞罗那市美食奖、伊格纳西·多米尼奇奖、纳达尔美食奖的美食功绩奖章，以及胡安·马里·阿扎里美食和媒体奖。我们很幸运地利用了他丰富的科学和传播经验，这让我们能够修改和评估本书的内容。

第1章

从生命的起源到旧石器时代

（38亿年前至250万年前）

地球这颗行星是一个庞大的系统。地球的历史始于一个充满巧合的故事。当这一系列随机事件合并之后，地球开始作为一个大型系统发挥功能。从最微小的生物到最全球级的气象现象，所有事物都是同一套完美互联的机制的一部分。智论方法学的系统性思维的改编受到了这一逻辑的启发。

我们如何抵达旧石器时代

生命的起源

没有生命，就不会有烹饪。这句话不只是在说作为生命体的我们——进行烹饪以喂养自己的人类，同样，没有生命的话，就不会有用于烹饪的产品。我们将在后面看到，在我们用于烹饪的产品中，只有0.000001%是惰性物质。剩下的，也就是几乎全部，都来自生命体。这就引出了问题：生命是如何起源的？在什么时间点上，我们可以说生命出现了？在这个奇迹之后，最初的进化步骤是什么？让我们回到最初，从宇宙的起源开始。

根据大多数科学家接受的理论，一切都始于一系列涉及物理学和能量的事件，称为大爆炸。一开始，整个宇宙被包含成一个密度无限大的点，在某个既定的时刻，这个点发生爆炸，或者说开始膨胀，产生了物质、时间、空间和能量。物质粒子向各个方向分散，并形成我们今天所知的天体，其中包括太阳系和其他星系、行星、恒星等。

在大约46亿年前形成的天体之一就是我们居住的行星——地球。从它出现的那一刻起，地球就遭受了一系列剧烈的地质事件，这让地球变得极不稳定。在这些力量的撼动下，地球的表面经历了数百万年的巨大变化，直到逐渐稳定下来。

因此，地球的形成是一个漫长的巩固过程的结果，不同类型的事件（例如这些天文学和地质事件，但也包括气候相关事件）共同参与了这个过程。就像太阳系中的其他行星，以及宇宙的其他部分一样，这个状态下的地球仅由惰性物质组成。

惰性物质和生命物质之间的区别绝不是容易定义的。直觉上，我们可以说一块石头和一只蚂蚁都是一组随着时间变化的分子。但是和所有生命体一样，一只蚂蚁是从同一物种中诞生的。它生长，自我维持，对外部刺激做出积极反应，繁殖，并在度过一段各不相同的时间后死亡。在正常条件下，似乎所有生命物质都具有一种维持自身、保持自我生命的自然趋势，但惰性材料完全缺乏这种趋势。

有趣的是，虽然生物是有生命的，但是构成生物最小单元（细胞）的成分并非如此。因此，生命始于惰性物质，是化学元素、能量和反应结合而成的结果。

所以，回到我们的问题上：生命是如何起源的？在什么时间点上，我们可以说生命出现了，在这个奇迹之后，最初的进化步骤是什么？

地球上的生命起源可追溯至38亿年前，其最古老的证据是化石化的单细胞细菌。这些最初的简单生命体微小得只能在显微镜下看到，它们出现在水里，并通过无数次进化，产生了最初在水生环境中发展的动植物。数百万年后，某些水生物种发展出了可适应浅水生活的特征。随后，经过许多变化和生物适应，出现了第一批生活在陆地上的物种。

这是如何发生的？有许多假说试图解释地球上的生命是如何创造的。一种最普遍接受的理论断言，在适当的时候，由于适宜的能量条件和水的存在，各种复杂的化合物之间的反应产生了一系列几乎不可思议的条件。这就是所谓的原始汤理论。

原始汤理论

原始汤理论（primordial soup theory或prebiotic soup theory）是由苏联生物化学家亚历山大·奥帕林（Alexander Oparin）在1924年提出的。如今它是关于地球上生命创造的最广泛接受的理论。它提出生命是碳基分子逐渐进行化学演化的结果（碳是生命必不可少的化学元素）。

生命（LIFE）※

- 赋予生命体独特品质的原理或力量
- 从出生到死亡的时期
- 构成个体存在的生理和心理体验的序列
- 某种生活方式

※我们已经针对我们探讨的主题选择了最相关的定义。

地球有两种对生命至关重要的元素：氮和氢。来自环境的紫外线和电能作用于包含这些元素的分子，从而形成第一批简单的核糖核酸（RNA）结构，这种结构至今仍存在于我们的细胞中，而且它的搭档脱氧核糖核酸（DNA）要想正常发挥功能，它是必不可少的。

有人提出，这些带有RNA的分子被雨水冲进炎热缺氧的海洋环境，由于它们与蛋白质、核酸（会产生DNA）以及其他必需化合物的结合，生命得以继续加速发展。在这种营养汤里增殖的第一种结构是非常简单的单细胞生命形式，它们通过渗透过程发育。这种机制如今可见于人体细胞的进出过程中。后来又出现了生物学上更复杂的结构。

不同类型有机体的出现顺序可归纳如下：

1. 简单的单细胞有机体，没有清晰界定的核或自身生命（非生物）。

例如：病毒和基本分子，像蛋白质和氨基酸。病毒是一种特别的生命形式。它们是不活跃、看似无反应的微生物，它们只在接触能够感染并寄生的有机体时才会表现出生命活动。

2. 单细胞生物，缺少复杂、清晰界定的核（原核生物），有自身的生命。

例如：细菌和微藻类。它们是所有生物的普遍共同祖先（根据英文首字母缩写，又称“luca”），换句话说，是地球上首先出现的单细胞生物。

3. 多细胞生物，拥有清晰界定的核（真核生物）。

例如：动物和植物。

无生代（Azoic era）：
地球上尚未出现生命的
地质时期的名称。

多细胞生物的出现

从原始汤中的单细胞生物中产生多细胞生物（后来又产生动植物）的过程是生物学的另一个谜。科学家已经提出了几种理论，其中包括内共生理论、细胞化理论和群体理论。

- **内共生理论**

　　该理论提出，最早的多细胞生物是通过建立了共生关系并通过来自不同物种的许多单细胞生物的合作出现的。随着时间的推移，它们变得如此相互依赖，以至于它们的基因组融为一体，从而形成了单一的多细胞生物。该理论的弱点在于共同基因组的出现。目前还无法理解来自不同生物的基因组如何结合成一个单一的基因组。

- **细胞化理论**

　　该理论的主要假设认为，拥有多个核的单细胞生物可以通过在每个核周围形成内膜而发育出分区或隔室，从而产生一种包含不同细胞的生物。研究人员认为该事件发生在生活在海底并通过“口沟”获取食物颗粒的纤毛原生动物的内部。然而，这种理论缺乏足够的科学证据证实，同时也缺乏整合胚胎学的基本标准（这些标准并非被考虑在内）。

- **群体理论**

　　这种理论是最被广泛接受的。它的捍卫者断言，多细胞生物原本是通过共生关系融合而成的同一物种的生物群体，例如鞭毛原生动物。随着时间的推移，群体中的每个生物都会在某种程度上专门发挥特定的功能或形成某种结构，从而逐渐失去其个体性。群体就以这种方式转化成了一个多细胞生物。

与生命起源相似的环境出现在美国黄石公园的大棱镜彩泉（Grand Prismatic Spring）。那里存在从非生物条件中增殖出简单生命形式的理想大气条件。

从哺乳动物到原始人类

“人是猿的后代”这种大众化的说法是一种简化的表达方式，它表明我们是属于灵长目类人猿亚目人超科（Hominoidea）人科（Hominidae，该科物种称为hominids）人属（*Homo*）的哺乳动物。为了叙述在进化阶梯上定义我们的这一步，我们先停留片刻，详细追溯我们的起源：哺乳动物，以及该类群内部的灵长类动物。

根据是否存在由脊柱支撑的内骨骼，科学家将动物界分为脊椎动物和无脊椎动物。哺乳动物是脊椎动物中的一类。定义它们并赋予其名称的特征是用于哺育后代的乳腺。大多数哺乳动物生活在陆地上，不过也有一些物种的生境在水里，例如鲸和海豚。

哺乳纲

和鸟类一样，哺乳动物也是由爬行动物（冷血爬动的动物，例如鬣蜥和鳄鱼）进化而来的，这一过程发生在中生代末期（约2.08亿年前）。第一批哺乳动物体型很小，很可能生活在树上，主要在夜间活动。它们最有可能是小家畜大小的内温（温血）动物，拥有相对较大的头骨。毛发对于保温必不可少，而毛发的存在暗示着皮脂腺和汗腺的出现，它们起到润滑毛发和调节体温的作用。最初的哺乳动物没有胎盘，这意味着它们是从卵中出生的，而且出生时处于非常不成熟的状态。恐龙在6500万年前的灭绝意味着这些早期哺乳动物拥有新的机会开拓新的、无人居住的栖息地。哺乳动物的类型大大增加，而且出现了另一个对它们具有决定性意义的特征：胎盘，它实现了在母体内孕育后代。

根据出生前后代的状态，哺乳动物可以分为三类：卵生类、有袋类和有胎盘类。第一类是哺乳动物和爬行动物的中间链条，它们的特征是产卵而不是直接生出有生命的年幼个体。该类别中的物种很少，其中有鸭嘴兽和针鼹，后者是一种长得像刺猬的动物。有袋类的特征是后代在母体子宫中待的时间很短，并在体外的袋中完成孕育过程，在那里，后代吸食乳汁生长。袋鼠是该类别中最有名的动物。

最后，有胎盘类动物的特征是母体子宫内有一个很漫长的妊娠期，胎盘是为胎儿提供食物的临时性器官，同时也保证了胎儿的发育。这是哺乳动物中数量最多的一类，而包括人类在内的灵长目就属于这个类别。灵长类动物出现在大约6500万年前，不过这个日期已经遭受质疑，有些专家将它推移到8500万年前。迄今为止记录的最古老的化石拥有5500万年的历史。灵长类动物目前被划分为非常复杂的系统，包括多个亚目和科，它们的共同特征包括每条四肢的末端有5根趾、类似的牙齿排列方式以及在解剖学上的某些相似性。灵长类动物中存在人猿总科，其中包括所谓的无尾狭鼻猴和大多数与人类最相似的猿类。

人猿亚目人超科的下一级是人科，也就是人类所属的科。关于这个科存在一些混乱，因为它传统上只包括双足灵长类动物，但是如今的生物学家还将大型猿类，如大猩猩、红毛猩猩和黑猩猩纳入其中。为了区分这两个群体，有时使用“hominin”这个词代指双足灵长类动物（目前只有智人）。这本书将坚持传统，仍然使用“hominid”（原始人类）一词来描述构成我们这一支谱系并开启了旧石器时代的记载的双足灵长类（见第182页）。与原始人类家族并列于人科的是猩猩科（该科今已并入人科）类人猿，包括黑猩猩和大猩猩。

所有生物在基因上都非常相似

生物的进化展开了无数的分支，创造了无穷无尽且各式各样的身体、颜色、大小、形状、生活方式、行为等。生物的多样性是如此丰富，以至于任何人都不可能认识地球上的所有现存生物。

然而，如果我们专注于遗传学，我们可以看到生物存在大量同质性。大多数动物拥有很高比例的相同的DNA。海豚和人类共享90%的遗传物质，但更令人惊讶的是，我们与香蕉共享多达60%的基因，而与鼠的共享基因比例则有99%。

在外观如此多样的情况下，怎么会有这么高的基因相似性？这是因为基因中的一些微小变化、基因的分布，以及最重要的整套遗传物质与自身以及环境的互动方式。

表观遗传学是遗传学的一个分支，它分析哪些环境因素影响基因。这些与基因组无关的因素是许多生物学行为的原因，例如为什么某些特征被表达而另一些特征不被表达，这发生在什么时候，以及环境是否发挥了全部潜能。

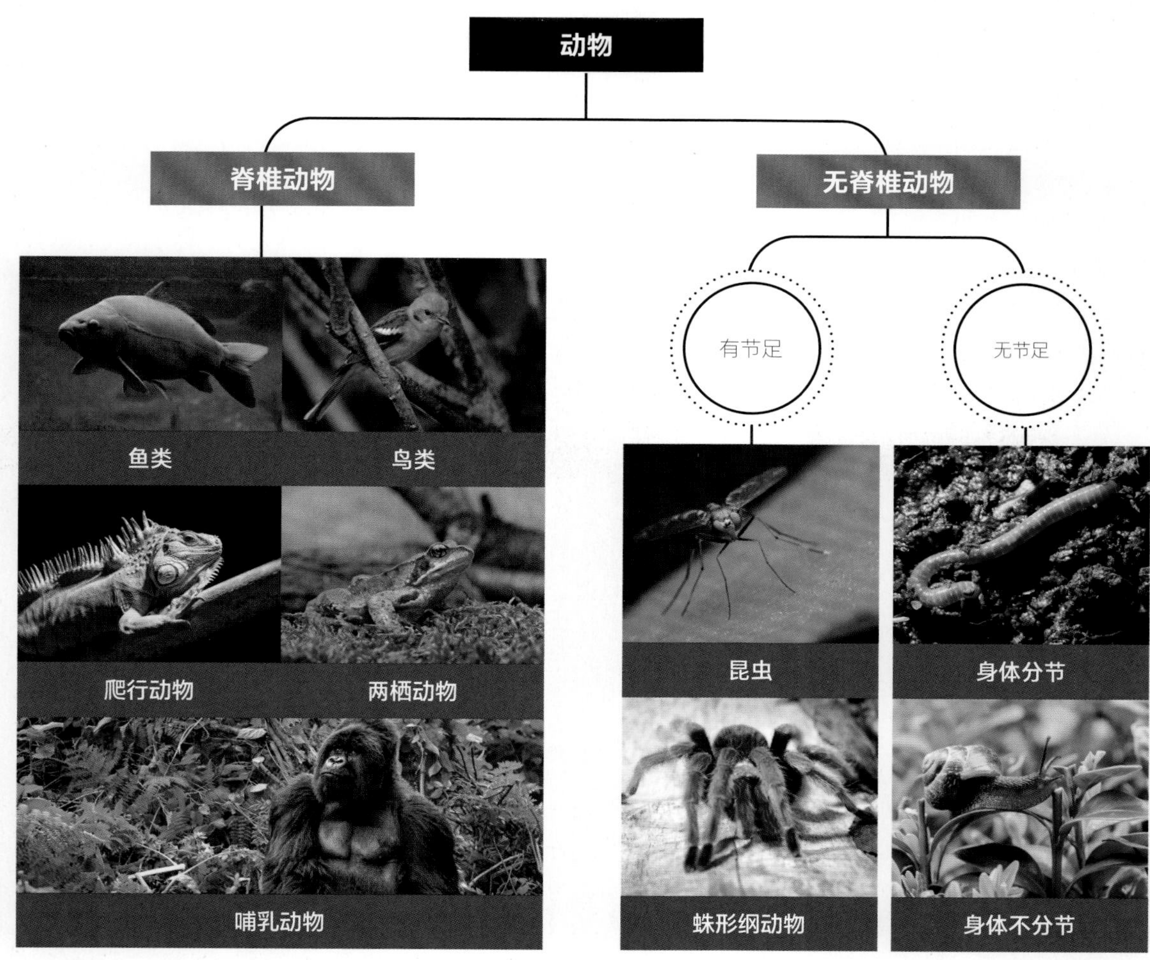

物种的灭绝

有时，自然选择和生命发展涉及的其他机制可能导致某些生物灭绝，这可能是由于无法高效适应栖居环境或者由于外部环境所致。

在地球生命的整个进化历程中，曾出现过多次物种大量灭绝的事件。在这些极端情况下，超过75%的物种在100万年至350万年之间消亡（按照进化的标准看，其速度很快）。自生命在地球上诞生以来，至少出现了5次已被发现的物种大灭绝。造成这些事件的原因是巨大的谜团，解开它们并不容易，而且对于可能触发这些事件的事件或情况，专家们存在分歧。其中最著名的大概是6500万年前结束了恐龙生命的那次事件，根据最新证据，这似乎是小行星撞击地球的结果。

然而，除了这些罕见和极端的事件，部分物种的偶尔灭绝是一种自然现象，这构成生命进化的一部分。当一个物种的最后一个个体死亡时，就认为该物种已灭绝。当最后仅存的个体数量稀少得让它们的繁殖受到实际阻碍时（最后一批个体之间的地理距离，或者年龄、健康方面的问题，或者缺少异性个体等原因），也会引发灭绝。物种通常会在出现之后的1000万年之内消亡，不过也有例外，某些物种已经生存了数亿年之久。这些自然灭绝的原因有很多，而且在大多数情况下每个物种的灭绝原因都是特定的，但是专家们区分出了许多典型因素，其中包括生境的退化或快速转变、竞争压力、疾病和遗传污染等。

最近，专家指出了人类在这些灭绝中的特殊影响。根据大量研究，我们很可能处于全新世灭绝之中，鉴于我们改变生态系统自然平衡的能力，人类将加快物种在这一过程中的消亡速度。

地球上的大规模灭绝

名称/时期	时间（百万年前）	估计持续时间	灭绝物种	可能的原因
奥陶纪-志留纪灭绝事件	439	50万年至100万年	85%	超新星爆发/冰川作用导致的海平面下降
泥盆纪-石炭纪灭绝事件	367	300万年	82%	地幔柱
二叠纪-三叠纪灭绝事件	251	100万年	96%	可能的小行星撞击和地幔柱
三叠纪-侏罗纪灭绝事件	210	100万年	76%	泛古陆的分裂，伴随火山大爆发
白垩纪-第三纪灭绝事件	65	30天	76%	小行星撞击和火山大爆发

生命在地球上的进化

生命在我们这颗行星上的进化穿插着重要的里程碑。这张图表呈现了其中的一些里程碑。

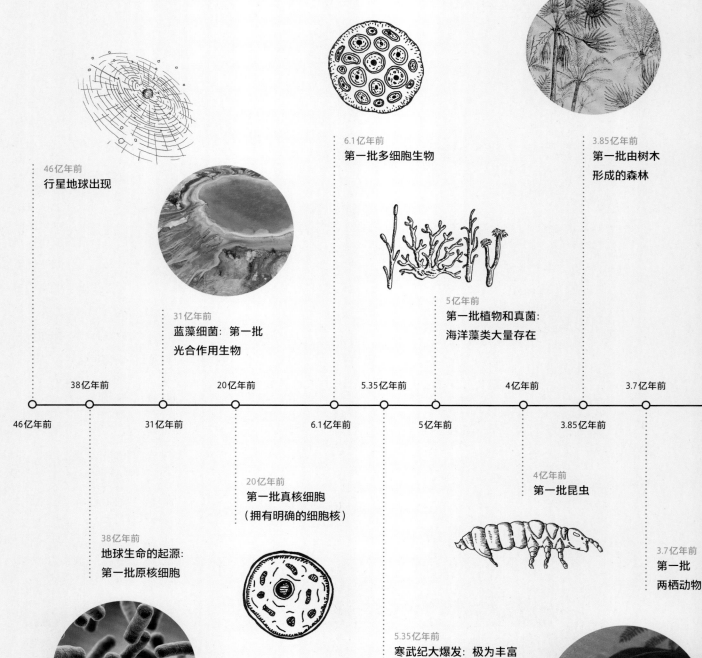

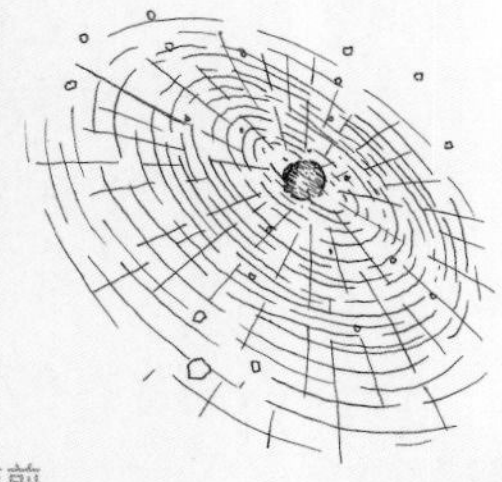

46亿年前
行星地球出现

38亿年前
地球生命的起源：
第一批原核细胞

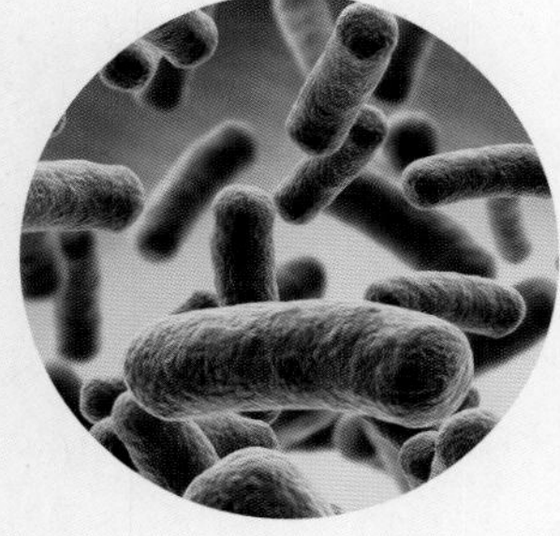

31亿年前
蓝藻细菌：第一批
光合作用生物

20亿年前
第一批真核细胞
（拥有明确的细胞核）

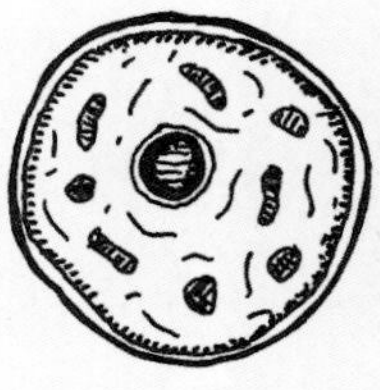

6.1亿年前
第一批多细胞生物

5.35亿年前
寒武纪大爆发：极为丰富
多样的海洋生命形式

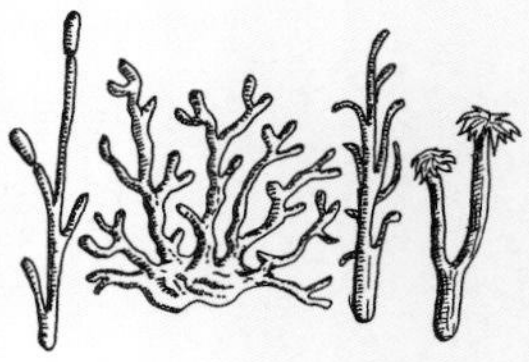

5亿年前
第一批植物和真菌：
海洋藻类大量存在

4亿年前
第一批昆虫

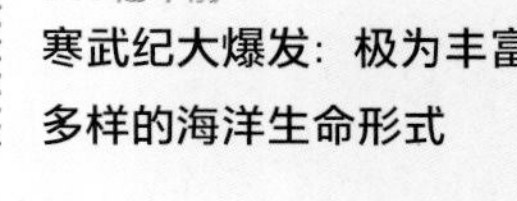

3.85亿年前
第一批由树木
形成的森林

3.7亿年前
第一批
两栖动物

46亿年前　38亿年前　31亿年前　20亿年前　6.1亿年前　5.35亿年前　5亿年前　4亿年前　3.85亿年前　3.7亿年前

太古代　元古代

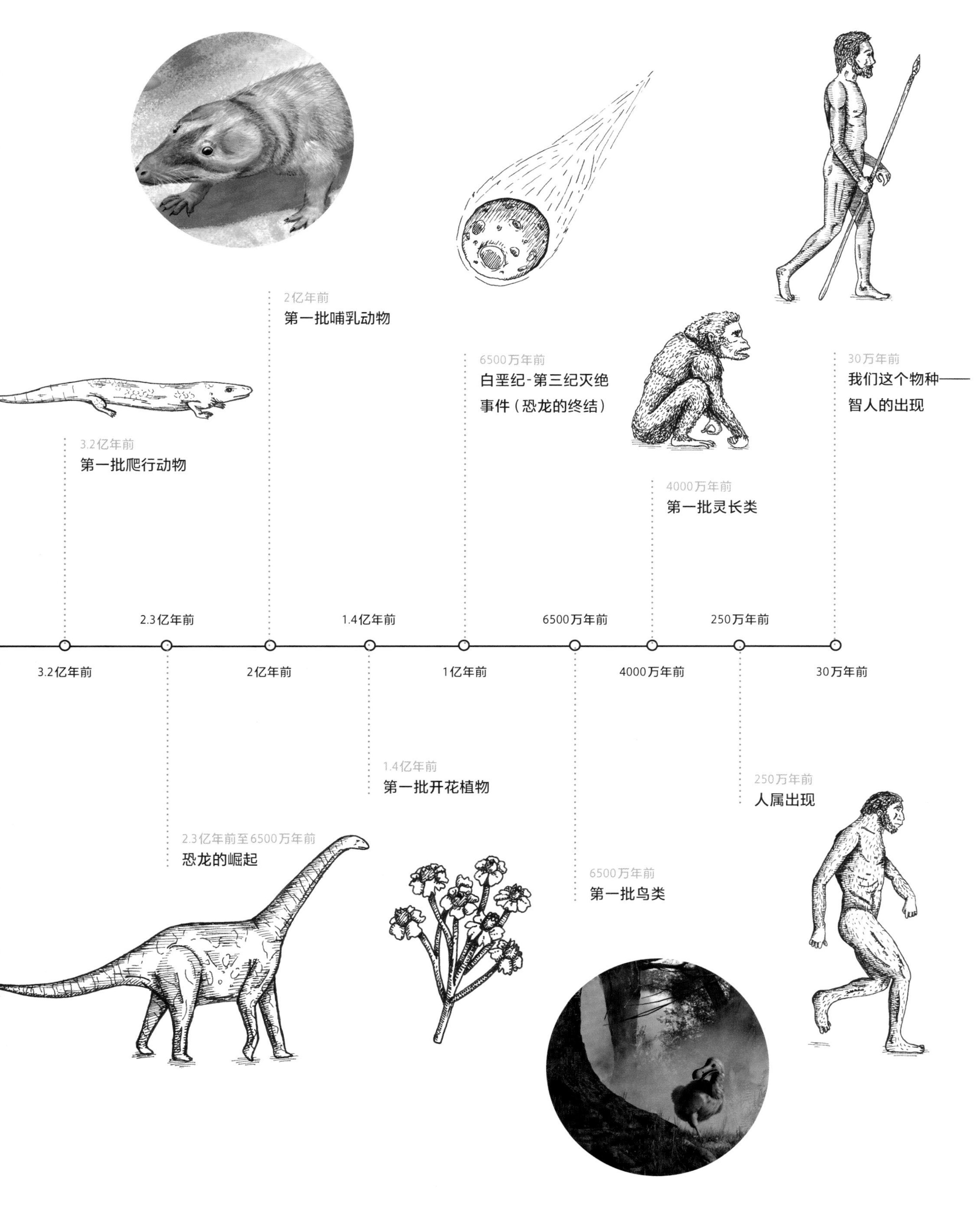

2亿年前
第一批哺乳动物
6500万年前
白垩纪-第三纪灭绝
事件（恐龙的终结）
30万年前
我们这个物种——
智人的出现
3.2亿年前
第一批爬行动物
4000万年前
第一批灵长类
2.3亿年前
1.4亿年前
6500万年前
250万年前
3.2亿年前
2亿年前
1亿年前
4000万年前
30万年前
1.4亿年前
第一批开花植物
250万年前
人属出现
2.3亿年前至6500万年前
恐龙的崛起
6500万年前
第一批鸟类
寒武纪
古新世
晚第三纪
第四纪

自然：生命的舞台

自然可以定义为现存现实的集合。这意味着自然是一切存在的事物；它就是现实，即世界。但是对自然这个概念的更狭窄的定义是，除了人类创造的人为环境，自然还包括所有现存生物以及容纳生命在其中发展的环境。

生命占据了地球并形成群体，这造就了特定的空间，如果想要理解高档餐饮部门的世界，那么理解这些空间已经变得至关重要。下面是对一些基本概念的解释，我们将在智论方法分析中的不同时间段提到这些概念。

动物群和植物群

首先，我们应该确定一点，植物学（研究植物界中的生命体的科学分支）将特定区域内的一整套植物物种命名为“植物群”（flora）。动物界中与之对应的概念是“动物群”（fauna），指的是居住在特定地方的动物物种。烹饪中使用的大多数材料都来自植物群和动物群。

我们不能忽视人是动物这一事实。因此，严格地说，人类构成了动物群的一部分，并与动物群的空间建立了紧密的关系。动物群的生活空间将决定许多事物，其中包括人类行为和人类对环境的影响。

生物群系

生物群系是在大陆规模上占据较大地理范围，由植物和动物组成的一类群落。它分为陆地生物群系、海洋生物群系和淡水生物群系（最后两种的规模较小）。陆地生物群系根据它们的植被结构来定义，而植被的结构又是由气候决定的。海洋生物群系的特征由它们的深度（除了其他方面，深度影响接受光照多少）以及与海岸的距离决定。淡水生物群系的特征表现在水的运动状态上，其中的水可以是静止的或流动的。

- **主要陆地生物群系是**：苔原、北方针叶林、地中海森林、西伯利亚干草原、北美大草原、非洲稀树草原、温带落叶林、热带雨林以及沙漠。
- **主要海洋生物群系是**：开阔的深海、覆盖大陆架的浅海以及海岸带。
- **主要淡水生物群系是**：湖泊、池塘、河流和溪流。

生态系统

生态系统是这样一种单元，其中包含有生命的生物，它们与实体环境互相作用，从而在该系统的有生命部分和无生命部分之间制造能量交换。在一个生态系统中，有些生物进行消费，另一些生物被消费，生物以一种倾向于保持平衡的动态进行相互作用。

生态系统的决定性特征是其成分之间的关系，因为整体的特质不同于各部分特质的总和。从严格的意义上说，“生态系统”一词的使用与规模无关，它可以用来指一滴含有微生物的水，一根倒在地上但有生命的树干，甚至可以用来指整个地球。但是，它通常用在生物群系之下的中等规模上。换句话说，一个生物群系包含许多生态系统。

人类强大的行动能力让他们在改变和影响自己居住的生态系统方面的力量超过任何其他动物。人通常是导致生态系统失衡的因素。生态系统失衡会造成其他物种的灭绝或被驱逐、植被退化、景观改变等。

生境

生态系统包括生境的概念，这个概念指的是生物种群所占据的实体环境。它是某个生物群落居住的地方，又称群落生境或生态生境，有时我们会针对不同的规模选择这些术语。在同一生境内生存的生物的集合称为生物群落（biocoenosis）。因此我们可以说生态系统是一系列生境加上各生境包含的生物群落。

一般而言，生境因其拥有的生命类型而异。我们可以用非常笼统的术语来谈论生境，因此“陆地生境”“水生生境”“空陆生境”和“水陆生境”等术语定义了生物共存的主要环境。气候是决定生境特征的因素之一。

气候

气候被定义为特定区域的天气统计数据，也就是说，特定区域中盛行的大气条件。对任何气候的描述都含有五个变量：

- 温度
- 气压
- 风
- 降水或降雨模式
- 湿度

气候由4个环境变量决定：

- 纬度
- 海拔
- 地形
- 水体

气候类型的分类方法有很多，但最常见的方法是根据盛行气温进行划分。除了大尺度上的分类，我们不应该忽略的事实是，还存在特定地理和环境条件导致的小气候，例如城市中的气候。其主要的气候类型包括：

- **炎热气候**：赤道气候、热带气候、干旱亚热带气候、沙漠气候

- **温暖气候**：亚热带湿润气候、地中海气候、海洋性气候、大陆性气候

- **寒冷气候**：极地气候、高山气候

生物竞争

生物竞争是生物之间的一种相互作用，在这种竞争中，不同物种（或者同一物种的不同个体）必须共享有用的资源，例如水、食物、领地甚至能生育的配偶。它是一种动态现象，频繁发生于所有类型的生境中，并且是自然选择研究中的关键概念。指引生物竞争的主要原理之一是高斯定律，根据该定律，如果其他环境因素保持不变，那么为同一资源展开生物竞争的两个物种将无法稳定共存。更脆弱的物种要么灭绝，要么通过某种改变来适应，从而令自身能够占据另一个没有大量竞争者的生态位。

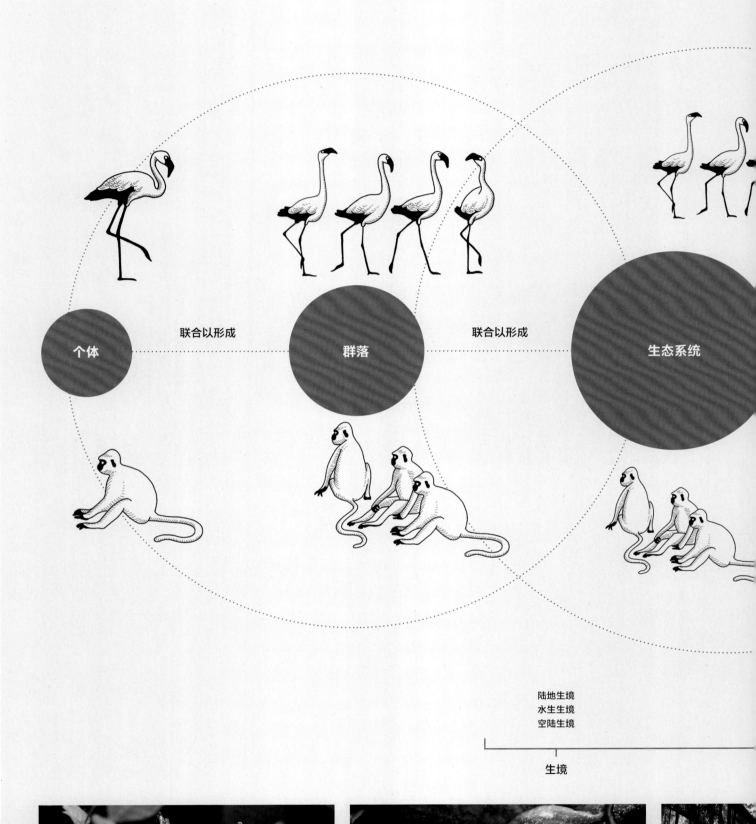

联合以形成

个体

群落

联合以形成

生态系统

陆地生境
水生生境
空陆生境

生境

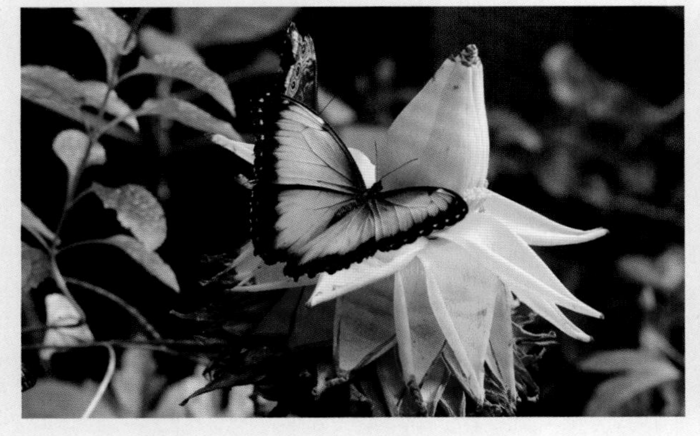

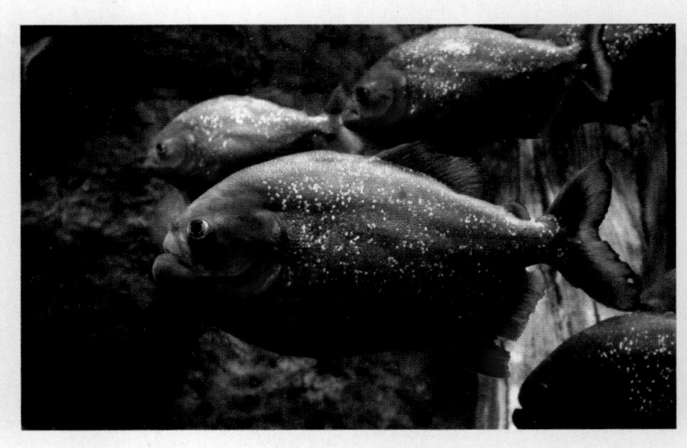

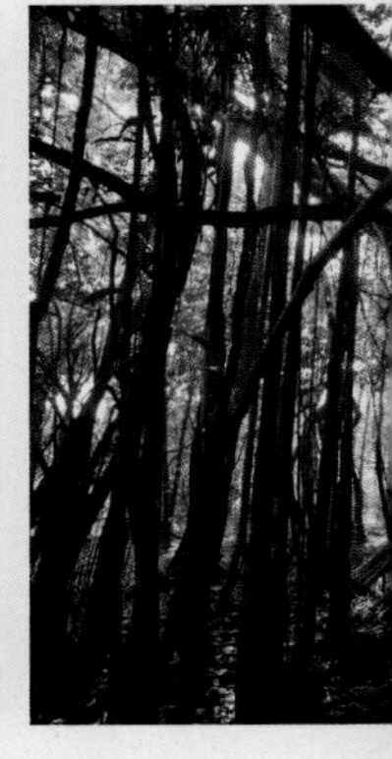

几种不同的生态系统形成

信风/西风　相对湿度80%　气压很低　年降水量1500毫米　27℃

赤道气候

第2章

旧石器时代：重大历史里程碑

（250万年前至公元前10000年）

一切都始于旧石器时代。我们在那时为自己特殊的生活方式奠定了基础：作为一个聪明、善于社交、机动性强、适应性强，并喜爱艺术、成就和美食的人。这是我们创造烹饪的时代，这一美妙的发明从那时起便一直陪伴着我们，无论是为了日常营养，还是为了开发最精致的高级料理。高档餐饮历史的起点就处于这个时期。

旧石器时代概况

旧石器时代在英语中为“Palaeolithic”，意为“古老的石头”，指的是原始人类在这个时期创造的第一批工具。旧石器时代始于大约250万年前能人（Homo habilis）的出现，结束于新石器时代各项创新的引入，而新石器时代于约公元前10000年出现在中东。然而，旧石器时代的起点如今正处于争论中，因为迄今为止最古老的石头工具可能是南方古猿在大约300万年前制造的。

旧石器时代和新石器时代之间有一个过渡时期，称为中石器时代（Mesolithic）或中石器时代（Epipalaeolithic），其具体日期因地区而异。在本书中，我们将它视为旧石器时代的一部分。

虽然旧石器时代是史前最长的历史时期，但它也是我们掌握信息最少的时期。旧石器时代所发生事件的重建基于稀少的材料遗存，这些材料既难于获得，解释起来又极为复杂。尽管如此，专家们已经成功地对我们祖先生活中的缓慢进步以及他们与环境的互动方式提供了一般性的解释。

旧石器时代研究的地理范围非常广泛，横跨非洲、亚洲和欧洲的不同地区。科学家们在地球上任何有迹可循的地方（尽管它们彼此孤立）追踪人类进化的路线，这些路线缓慢但坚定地帮助我们了解自身的起源。

旧石器时代导致了人化过程，也被普遍表达为“人类进化”，这是在人属内发生的适应、学习、革命和变化的缓慢过程，最终形成了我们这个物种——智人。特别重要的一点是我们的大脑尺寸的逐渐增大，这最终让我们变成了地球上最智慧的物种。

这个过程的发生环境正在经历重大的气候变化和陆地生态系统的深刻改造，这迫使我们这个物种的成员提出新的适应策略。

这一时期还见证了我们的社会生活方式的起源，以及我们在抽象的、象征性的和艺术的世界中迈出的第一步。我们在这里找到了属于我们的特殊性质的关键线索。

“旧石器时代是人类历史链条的第一个环节。
正是在这一时期，我们极大地拉开了
自身与其他动物的距离。”

旧石器时代的营养和烹饪：一切开始之时

该时期带来了烹饪的出现，这是我们在自我维生方式上引入的颠覆性元素，这让我们与其他动物的营养习惯完全区分开来。因为烹饪，人类将能够在后来的时代中开发出最精致的美食。

要想烹饪，需要有智力的大脑和有行动能力的身体。人属各物种的认知发展对于烹饪的起源和进化至关重要。虽然智人参加了专家们所说的发生于10万年前至5万年前的认知革命，并且是发展烹饪的主力军，但是我们如今知道，能人和直立人（*Homo erectus*）——以各自的方式——也拥有参与两大重要里程碑（烹饪工具的制造和使用火来烹饪产品）所需的足够智力。因此，人类心智的发展及其对烹饪的影响是进化的一个方面，它经受了数千年的锻造，并在我们这个物种中达到顶点。因此，心智的进化和烹饪的起源共享一条路径。解剖学上的进化可以说亦是如此。我们的身体在整个旧石器时代逐渐被塑造，而营养在这一过程中发挥了很大的作用。

对旧石器时代营养和烹饪的智论方法学分析极为复杂，因为我们面对的是多个横跨数千年的时期，这些时期涉及非常广泛且不断变化的地理背景，以及发现了不同身体和认知特征的原始人类。我们在这本书中的目的是，在高档餐饮部门的智论方法学提供的结构下对主要信息提供语境并将信息浓缩。

以下几页简要概述了发生在旧石器时代的最相关事件，这些事件的后果对烹饪世界至关重要。这表明该时期在我们的身体和心智的进化历史中占据关键地位。我们描述的所有里程碑都创建了必要的语境，通过该语境才能理解随后智论方法学对烹饪的分析。通过这样做，我们希望为高档餐饮部门的基础创建出总体轮廓。

人工产物的起源

在第一个原始人类出现之前，一切都是自然的。出现在地球上的任何元素或者发生的任何事件都是自然固有力量的结果。随着能人的到来，一种相反的现实出现了：人工制品，即在人类的智力潜能和创造能力的鼓动下由人类的决心和行动创造的事物。根据定义，所有的人类创造物都是人工的。

旧石器时代见证了自然和人工二分法的开始，而历史这门学科描述的是由人工制品、结构和活动（每个社会都创造这些事物以适应其环境）构成的整个世界如何进化。烹饪是一项史前发明，是在我们的整个历史中一直存在的一种人工现实。

在我们所谓的历史之前，时间尺度是如此广大，以至于人类的心智很难想象这个时间尺度。为了更好地理解它，一种非常有表现力的方法是将从地球诞生起到所谓的历史为止的时间表达为1天的24小时。这种转换会让我们意识到，旧石器时代的250万年几乎只是这一天的最后1分钟。

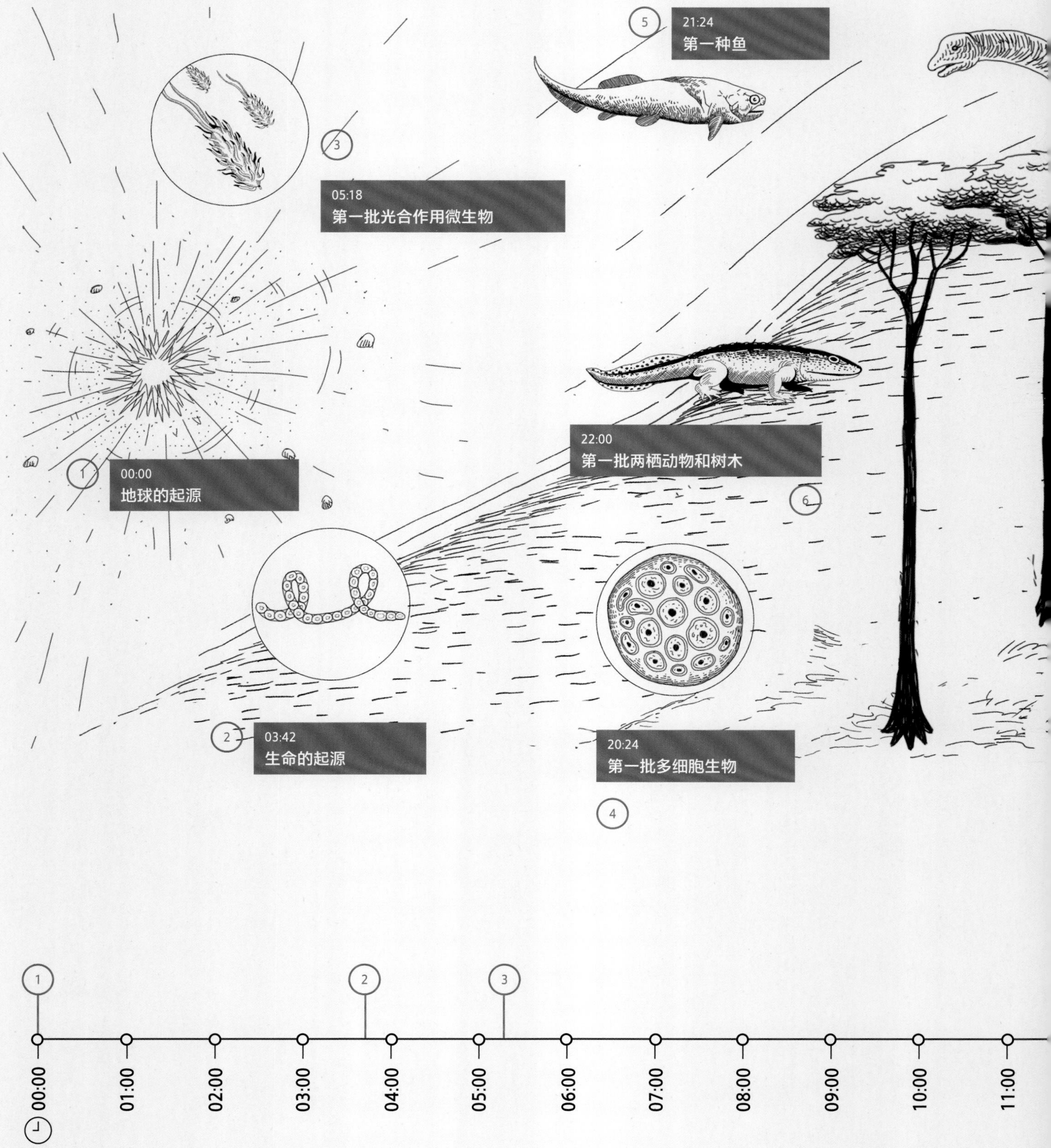

5　21:24　第一种鱼

3　05:18　第一批光合作用微生物

22:00　第一批两栖动物和树木　6

1　00:00　地球的起源

2　03:42　生命的起源

20:24　第一批多细胞生物　4

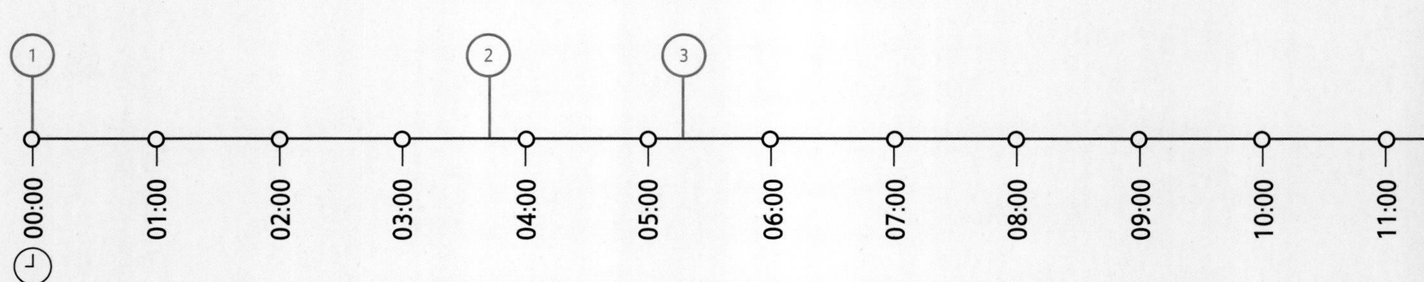

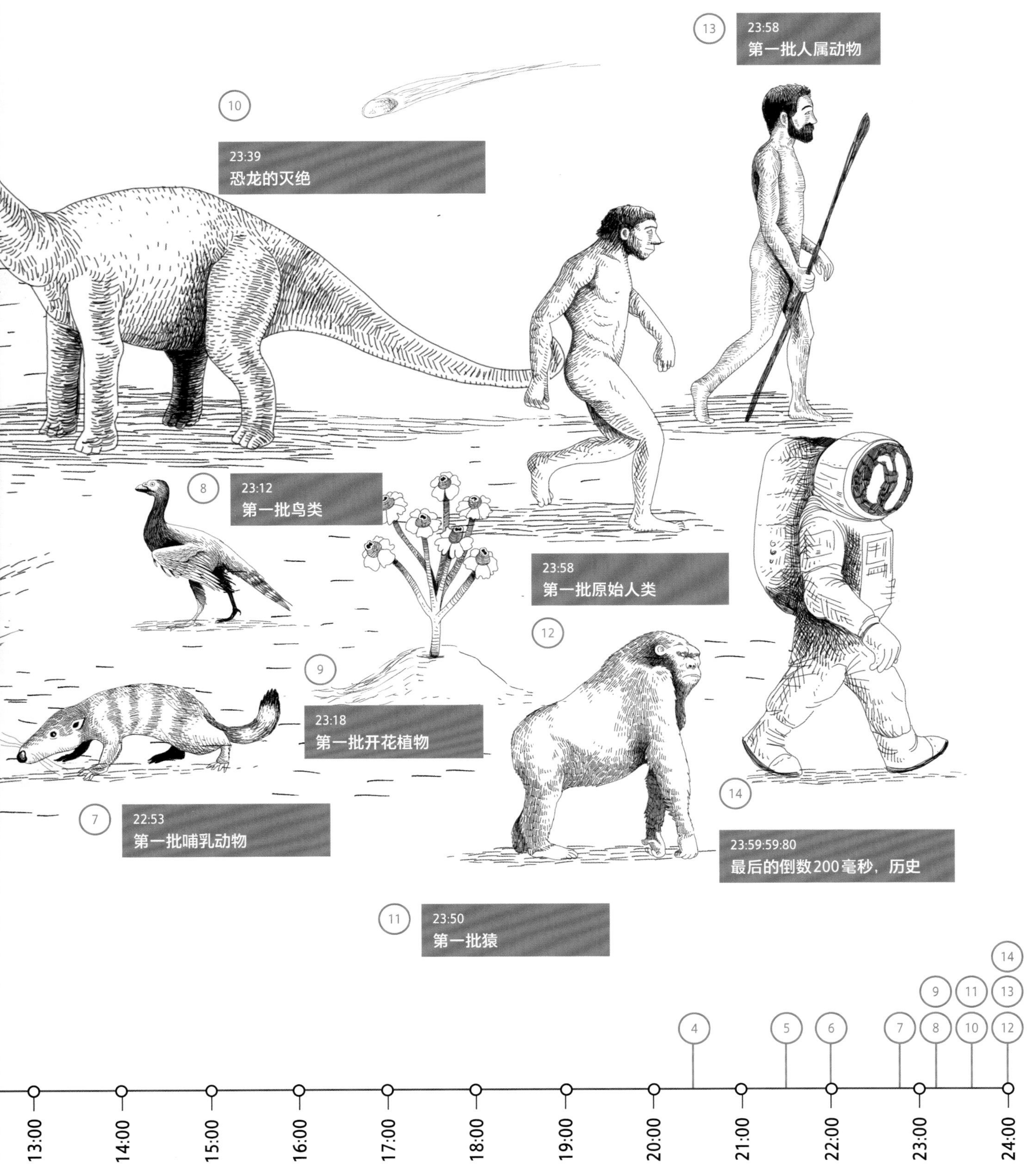
13
23:58
第一批人属动物
10
23:39
恐龙的灭绝
8
23:12
第一批鸟类
23:58
第一批原始人类
12
9
23:18
第一批开花植物
14
7
22:53
第一批哺乳动物
23:59:59:80
最后的倒数200毫秒，历史
11
23:50
第一批猿
14
9
11
13
4
5
6
7
8
10
12
13:00
14:00
15:00
16:00
17:00
18:00
19:00
20:00
21:00
22:00
23:00
24:00

旧石器时代的时期划分

传统划分

历史学家、考古学家和人类学家通常将欧洲的旧石器时代分成三个子时期：旧石器时代早期、中期和晚期。其中的第一个时期覆盖了非洲大陆以及直立人迁徙到的欧洲大陆部分地区。后两个时期仅指欧洲和与之接壤的某些地区，例如中东地区（在世界其他地区，对于旧石器时代使用其他年代术语）。

- **旧石器时代早期（250万年前至20万年前）**。这是三个子时期中最长的，并且出现了我们的两位主角——能人及其后继者直立人。它始于两百多万年前，拥有与我们非常不同的人属物种。虽然这些物种看来似乎微不足道，但是这一时期却产生了一些重要的里程碑：第一批工具、烹饪的起源、对火的控制、走出非洲的旅程以及这些早期原始人类如何改造自己的空间从而令生活更舒适的首批案例，我们将其称为历史上的第一批定居点。

- **旧石器时代中期（20万年前至4万年前）**。这是欧洲的尼安德特人的时代。他们很聪明，能够制造出更强大的工具，且是技艺高超的猎手，具有敏感性和使用符号的能力。这一时期还产生了历史上的第一批墓葬，这是社会意识的证据，说明了社会纽带的重要性，也许还体现了最早的宗教情感。烹饪、捕鱼、打猎和采集的技术都达到了新的复杂程度。

- **旧石器时代晚期（4万年前至1.2万年前）**。这一时期的开始恰逢智人进入欧洲，该物种此前已在非洲存在了26万年。这是人类的历史的开端。旧石器时代的智人已经表现出高度发达的认知能力，这将极大地推动新石器时代的降临。智人是动物界中最聪明的物种，并且成为霸权人科物种——人属中唯一生存至今的成员。旧石器时代晚期还见证了最早的艺术表现形式的创造。虽然最新的发现表明智人是在大约5万年前出现在欧洲的，但是今天所有的科学文献仍在继续表明旧石器时代晚期始于4万年前，这也是我们在这本书里使用的日期。

这些是研究人类进化的专家们所考虑的事情。但是，从烹饪的角度看，营养和烹饪的进化中存在两个我们感兴趣的重要转折点：对火的控制以及最聪明的原始人类智人的出现。如果我们以这两个转折点为基准，可以想到传统年代划分外的另外两种划分方式。

不使用火的旧石器时代和使用火的旧石器时代：基于智论方法学的年代划分

对火的控制带来了烹饪革命，因为它将一种能量使用方式引入烹饪，这将产生无数新的可能性。火意味着产品的物理和化学性质能够以前所未有的方式被改变。这还能够实现质感和风味的全新世界。从前只能通过太阳、风或人体机械能获得的可能性得到了极大的扩展。实际上，人类是唯一能够随意利用能源的动物。

有两种方法可以知道原始人类何时开始用火烹饪：通过研究直接证据（在旧石器时代的考古记录中发现的篝火遗迹）和通过观察间接证据（在原始人类的骨骼和牙齿中发现的表明其饮食发生的改变以及产品处理方式的变化）。专家指出，第一个控制用火的物种是约100万年前生活在非洲的直立人。但是根据观察，要经过很长时间才能将火大量融入日常生活之中。考虑到这些细节并根据用火的标准，旧石器时代可以按照下面的方式划分：

不使用火的旧石器时代（250万年前至40万年前）。虽然有证据表明对火的控制可追溯至旧石器时代早期，但众多发现表明，直到大约40万年前，火才被人属物种经常性地使用。在欧洲，尼安德特人谱系的成员［其中包括海德堡人（*Homo heidelbergensis*）］一直在使用火。本章的大部分内容专门介绍尼安德特人——第一个最充分地利用火的物种。但是，在100万年前第一次控制火和60万年之后用火达到社会化之间发生了什么？这仍然是个谜团。直立人是否学会了控制它，却没有搞明白如何将其纳入自己的生活方式？或者其实他们做到了这一点，只是证据仍然有待发现？

使用火的旧石器时代（40万年前至1.2万年前）。正是从这个时候起，原始人类营地中的篝火遗迹变得更普遍。考古学家发现了几种类型的炉灶，很多炉灶曾被使用了很长时间。智人会建造最复杂的炉灶，他们常常在炉灶底部放入石头，以便将热量保持得更久。

对火的控制是人类历史上的转折点。

另一种划分：智人之前和智人之后

毫无疑问，我们这个物种令烹饪和美食的历史发展成为可能。智人拥有超高的智力，这是先前原始人类的认知进化的顶点，智力带来了此前物种从不具备的能力。在旧石器时代，智人使用了更专门化的工具，改进了烹饪技术，并大大提高了所用产品的数量，并丰富了产品的多样性，我们将在后面详细讨论其他细节。

根据最新的发现，智人出现在30万年前的非洲，这一事实令他们的存在成为我们可以用来划分旧石器时代的年代界限。在智人之前，南方古猿进行营养摄取，而能人和直立人开始了烹饪。随着智人的出现，复杂的烹饪活动出现了巨大的发展和进步。我们可以将尼安德特人纳入进来，它是另一个进行类似烹饪形式的智慧物种。

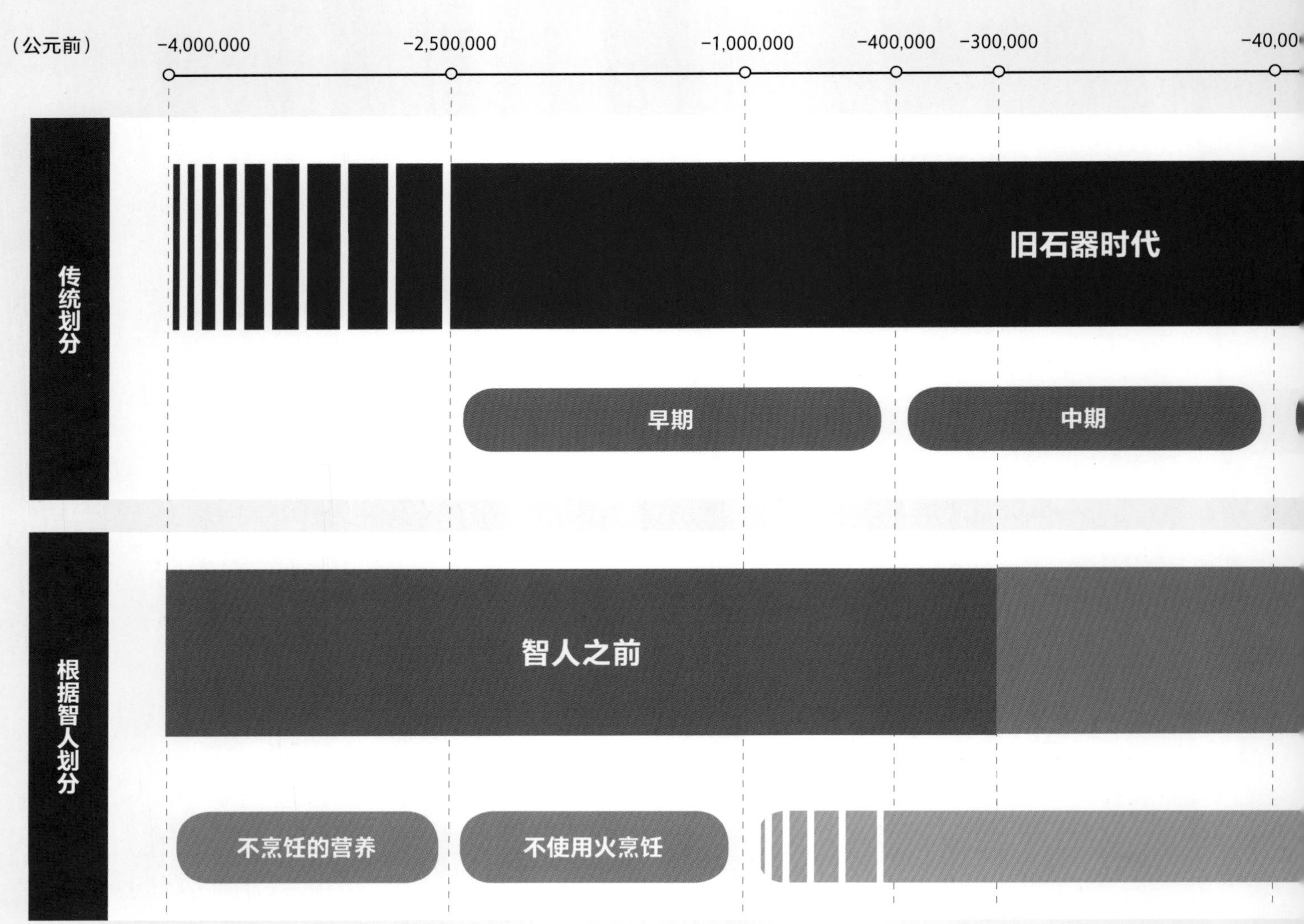

实际上，如果我们继续深入一步，我们也可以将新石器时代划分到我们假设的“智人之后”时期中。最终，新石器时代仍然是仅用于满足营养目的的烹饪环境，也就是说，没有证据表明美食思维的存在。陶器（这种工具将标志着高档餐饮部门历史的另一个里程碑）的存在与否决定了细分这一阶段的边界。因此，我们提出的年表是：

- **智人之前（400万年前至30万年前）**
    - 不烹饪的营养（400万年前至250万年前）
    - 不使用火烹饪（250万年前至40万年前）
    - 使用火烹饪（40万年前至30万年前）

- **智人之后（30万年前至公元前3500年）**
    - 使用火烹饪，不使用陶器（30万年前至公元前6800年）
    - 使用火烹饪，同时使用陶器（公元前6800年至前3500年）

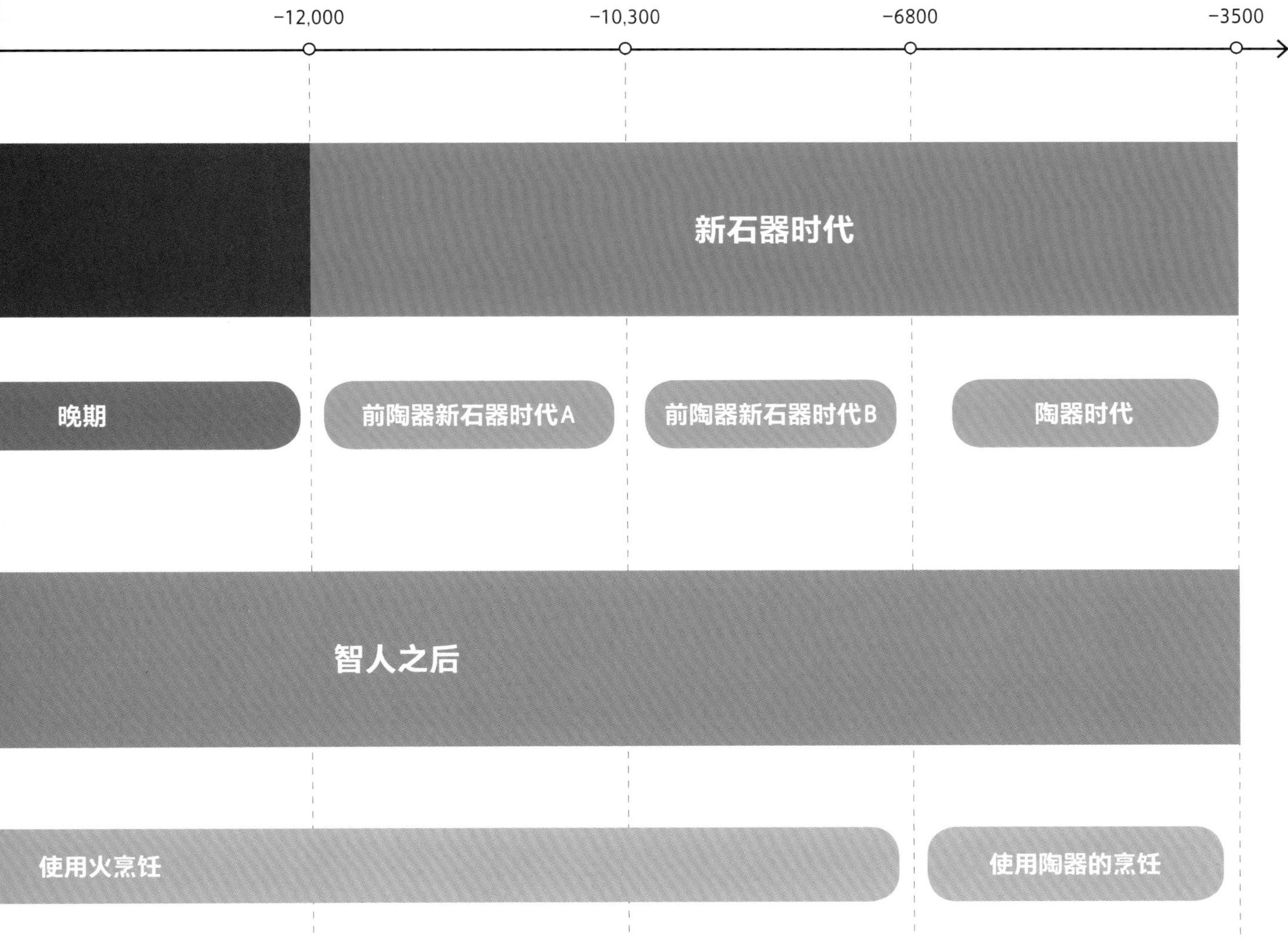

01

旧石器时代：重大历史里程碑

自然

自然与人的互动

在旧石器时代发生了一件显而易见且超乎寻常的事件：人类与自然之间开始进行有意识且涉及智力的互动。所有生物都与它们的自然环境建立关系，从而以不同的方式影响它们在其中生活的生态系统。其他生物和我们之间的区别在于，我们拥有改变环境的非凡力量。

我们能够改造自然，使其适应我们的需求。仅试举一些例子：我们建造灌溉沟渠和运河，将天然水道中的水输送到干旱地区；我们改变土壤的成分，令其更加肥沃；我们可以转移森林，在海中制造陆地，甚至在原本不存在某种生态系统的地理区域复制整个生态系统。

对自然影响最大的人类层面是我们的生产方式，换句话说，我们制造自己消费的产品的方式。例如，当我们想到资本主义的工业化世界时，这是显而易见的。我们制造种类繁多的产品，这需要大量原材料，且改造了产业所在地的景观。社会组织的类型也极大地影响自然。当下，城市生活是一种人工现象，它需要彻底改变城市所在地的自然景观。

人与自然之间的这种不平衡的关系始于旧石器时代。游牧群体的狩猎和采集者的社会复杂程度仍然非常有限，他们的生活方式局限于从自然界中的所有产品摄取营养所需。换句话说，他们摄取营养的方式几乎不存在任何生产方法。为了提供遮风挡雨的庇护所，人们建造临时性结构（小屋）或者使用天然结构，例如几乎未被改造的洞穴。

任何可被消费的东西都是狩猎或采集而来，这保持了自然平衡并避免过度。原始人类进行的活动很少导致灭绝或资源枯竭，因为这些人集中在不会对环境构成危险的小群体中。实际上我们可以显而易见地了解到，在旧石器时代将要结束时，随着智人数量的显著增长，这些群体选择在陆地上分散以避免竞争资源，尽管缺点是他们需要扩张到资源较少的土地上。直到新石器时代，我们才会看到他们对自然环境的更具侵略性的行为。

东非大裂谷——对人类起源影响最大的地理特征

寒冷期和温暖期：旧石器时代的全球气候变化

原始人类的进化发展经历了两个地质时期：第三纪的后期和第四纪。两者之间的边界通常认定为180万年前。第三纪的后期对应上新世，而第四纪分为两个时期，更新世和全新世（如今的时期）。

在上新世和全新世之间，一系列寒冷和温暖交替的时期改造了地球上的生命，并考验了生物的进化能力。寒冷时期被称为冰川期或冰川作用，更流行的说法是“冰川时代”。在冰川期，冰川和极地冰盖的范围大大增加。来自两极的冰和永久积雪到达了欧洲大陆的中纬度地区，那里夏天的温度不超过0℃，并且出现持续干旱。海平面可能下降了100米以上，从而露出新的土地，甚至在大陆之间形成桥梁。原始人类的生活受到巨大影响。例如，冰川期让他们需要寻找庇护所，要么躲在洞穴里，要么建造第一批小屋，而这可能是直立人控制用火的原因。在温暖期或者说间冰期，极地冰盖退却，地球温度上升，雨水变得丰富。海洋平面上升，并且有面积更大的土地可供动植物使用。尼安德特人和智人都是在某一间冰期中出现的。

更新世的最后一个寒冷期——称为末次冰期——对应的是威斯康星冰川期的最后阶段（11万年前至12000年前），当时发生了地球气候最后的寒冷振荡。末次冰期之后就是全新世——一个漫长的温暖时期，一直延续到我们这个时代，有时又被称为冰后期。全新世的到来促进了温带森林和热带雨林的形成，而苔原和干草原地区退缩，将极地气候压缩至地球的北极和南极。此外，全新世与大型哺乳动物的灭绝吻合，如猛犸象和披毛犀这些适应极端寒冷的物种的灭绝。随着冰川的退缩，各大洲呈现出我们今天所知的面貌，在白令海峡——连接美洲和亚洲的冰川以及存在于亚洲和澳大利亚之间的冰桥都消失了，这让这些大陆从此之后永远分离。

气候	名称	多少年前	MIS※
冰后期	如今	12000	1
冰川期	威斯康星	110000	2—4
间冰期	里斯-沃姆	140000	5
冰川期	里斯或伊利诺伊	200000	6
间冰期	民德-里斯	390000	11
冰川期	民德或堪萨斯	580000	12
间冰期	贡兹-民德	750000	13—21
冰川期	贡兹或内布拉斯加	110万	22—60
间冰期	多瑙-贡兹	140万	
冰川期	多瑙	180万	
间冰期	拜伯-多瑙	200万	
冰川期	拜伯	250万	

在发生于11万年前至12000年前的上一个冰川期（称为威斯康星冰川期），欧洲的最大冰层覆盖范围。

※MIS，即“Marine isotope stage”的缩写，指深海氧同位素阶段

地理变异：地质和生态系统的变化

与旧石器时代地球上发生的气候变化相关的是地球上的动物群、植物群及其生境（即在生态系统中和地壳上）的变化。我们的祖先必须适应景观的这些突然变化，这颠覆了他们的生活方式。研究人员特别强调了我们尤其感兴趣的一点：气候和生态系统的每一项变异都会带来营养方面的改变。有很多众所周知的事件极大地影响了我们的历史。

首先是原始人类的起源，他们是我们所属的灵长类家族。原始人类是人科中使用双足运动的成员，这意味着他们以后肢站立，直立行走。这种解剖学特征受到发生在非洲东部地区的地质和部分生态系统变化的影响。在那里，雨林逐渐转变成不那么浓密的森林，然后又变成了点缀着小片树丛的稀树草原。景观上的这种变化与一个构造事件有关：东非大裂谷的出现。它是一条巨大的断层，纵贯非洲大陆，在非洲东部地区与中西部地区之间形成一条非常突然的分隔。这一地理特征阻碍了动物从一侧向另一侧地移动，并造成非洲东部地区（原始人类诞生之地）的干旱。山脉在断层西侧形成，从而阻碍潮湿气流的运动，这导致了中非雨林的形成。这一侧的灵长类动物不需要适应新景观，于是大猩猩和黑猩猩继续享受雨林环境。然而，东边的灵长类动物不得不应对新的景观，而后腿站立行走带来了许多优势，我们将在后面提到。

第二次重大事件是第一次事件的延续。300万年前至200万年前，干旱加剧了非洲东部地区发生的变化，新的干旱环境导致了稀树草原生态系统的最终形成。一些原始人类通过专门食用非常坚硬和干燥的果实来适应，例如南方古猿属的某些物种。它们发展出了能够处理和消化这些食物的强大下颚和肠道。然而，其他原始人类以不同的方式适应：通过尽可能多样化他们的饮食而不是专门吃少数几种产品。我们的第一个直系亲属——能人就是这么诞生的。他们是第一种拥有多样化饮食的原始人类，这种饮食富含动物性产品。

最后，另一座带来深远影响的里程碑是全新世的到来和温暖气候的建立。正如我们所看到的，随着新时期的到来而升高的温度和湿度有利于森林的出现，而伴随森林而来的是一种新的特殊性：生物多样性增加。突然之间，出现了智人可以消费的丰富多样的动植物，不再有那么多平坦的、动植物种类贫乏的草原或热带稀树草原景观。

此外，后退的冰盖创造了许多内陆淡水水体，令捕鱼在欧洲大陆上成为可能。正如我们已经看到的那样，不只是习惯寒冷的巨型动物灭绝了，而且许多其他动物的分布范围也仅限于剩余的小块冰冻区域。后面我们将讨论这如何影响智人的行为，并解释新石器时代的革新的来临。

气候和地理的变化对我们最初的饮食形式产生了重大影响。

02

旧石器时代：重大历史里程碑

人体：我们的解剖学进化

谜团众多，答案很少

我们回顾了人体进化中的里程碑，以理解人体的起源并回答下面的问题：

① 我们在什么时候发展出了基本味觉？

② 我们是否总是对咸味、甜味、酸味和苦味有同样的感知？

③ 对味道的感知会随着经验变化吗？

④ 对平淡无味的感知是什么时候出现的？

⑤ 身体是否始终拥有感知所有味道的能力，即使从未体验过？

⑥ 情感如何影响品尝体验？

⑦ 品尝体验中的情感是如何在历史中变化的？

⑧ 知识是否从根本上影响品尝体验？

⑨语言的出现如何影响感知味道的能力？

⑩ 语言是否导致烹饪方式进化？

⑪ 当摄入或品尝体验发生在火源旁边时，它们是如何进步的？

⑫ 所有动物都拥有味觉偏好吗？

关于祖先的身体我们知道什么

我们现在思考本书的主角——人类是如何出现的。我们的身体是怎样形成的？这种能够创造和享受美食思维的动物的生物学史是如何开始的？我们将目光投向人类进化。

人类进化是对最终诞生智人的原始人类物种的出现序列的称呼。该领域的专家能够为我们提供关于我们谱系中各原始人类的身体如何进化以及我们的特定解剖结构如何形成的详细信息。然而专家们可以使用的信息很少，而且他们只能提供部分情况。要想熟悉我们祖先的身体，我们基本上只能依赖一种类型的信息：考古记录中保存的骨骼遗骸。骨骼含有大量随时间硬化的矿物质，如果它们被埋在适当的沉积物中，可以保存成千上万年。

骨骼提供了人类体形的直接证据，更具体地说，它们是人体骨骼系统的证明。然而，它们还为我们提供了关于其保护或包裹的器官的大量间接信息。于是，我们得以知道下列方面的详细信息：

- **关于正在生长的身体**，来自不同物种女性保存下来的髋骨。
- **关于正在思维的身体**，来自头骨，提供了其中容纳的大脑的相关信息。
- **关于化学性的身体**，来自各种化学研究，例如研究骨骼中含有的稳定同位素，这提供了关于饮食的信息，我们还通过胸腔形状和轮廓的演化来了解消化系统。
- **关于遗传学的身体**，来自古生物学的最新进展，保存下来的骨骼样本可以提取DNA和蛋白质。

除了骨骼，考古记录中还有其他人工制品提供了旧石器时代人体进化的间接信息。例如，原始人类消费的动植物的遗迹提供了关于原始人类的饮食及其对身体可能的影响的大量信息。下面几页对我们身体形成过程中的一些重大里程碑进行了整体概述。

日期指的是距今多少年以前

我们的进化树

随着科学进展和新化石的发现，我们的进化树的形状正在改变。黑猩猩、倭黑猩猩与南方古猿的联系存在争议，而我们对谜一般的图根原人（*Orrorin tugenensis*）或地猿（*Ardipithecus*）知之甚少。

能人出现的日期越来越往前推（最新发现表明它们可能起源于280万年前），而直立人内部的分支仍在争论之中。我们祖先的进化树仍有可能发生重大变化。

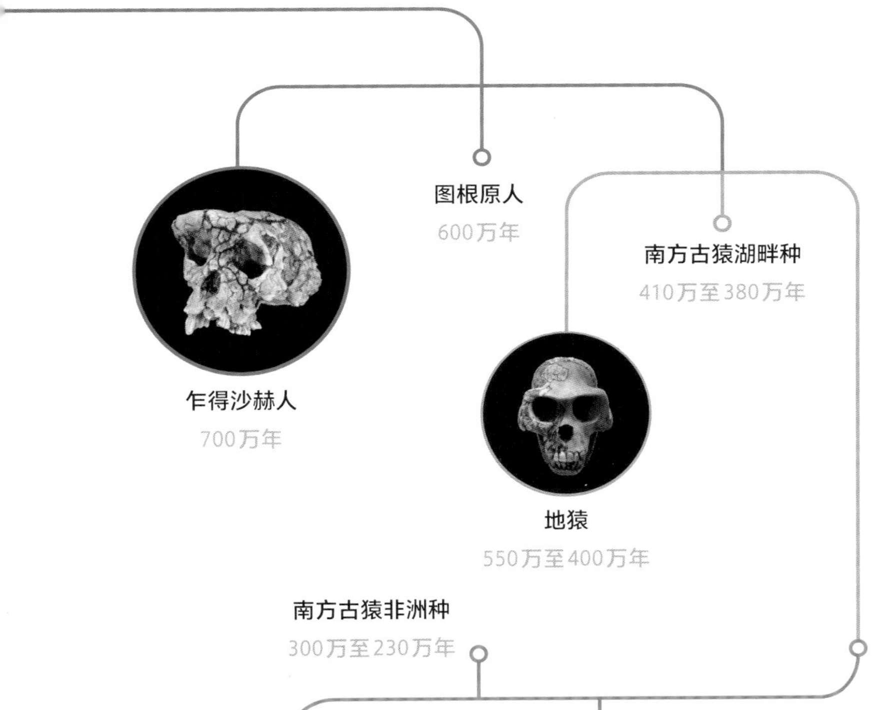

图根原人
600万年

乍得沙赫人
700万年

南方古猿湖畔种
410万至380万年

地猿
550万至400万年

南方古猿非洲种
300万至230万年

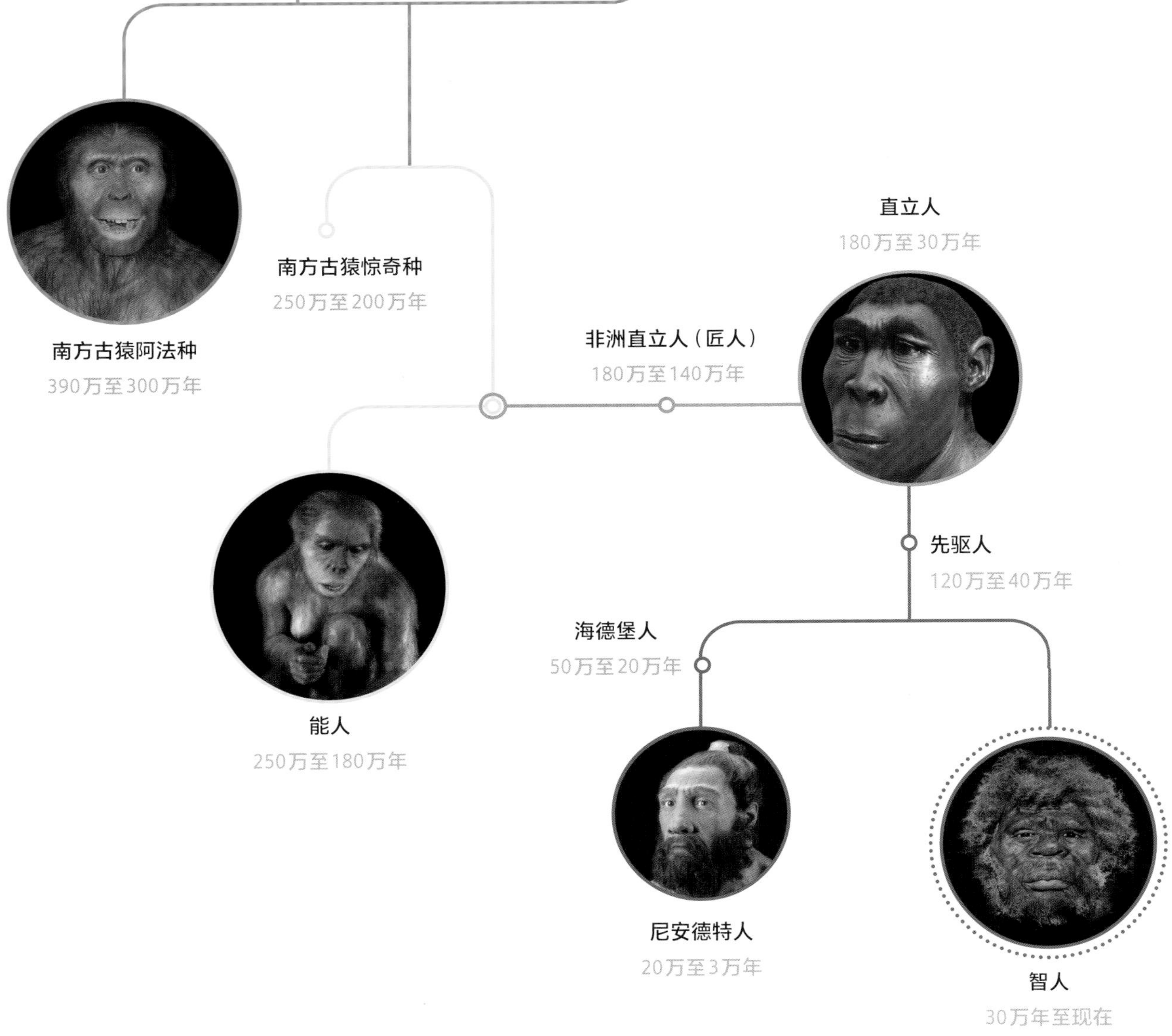

南方古猿阿法种
390万至300万年

南方古猿惊奇种
250万至200万年

直立人
180万至30万年

非洲直立人（匠人）
180万至140万年

能人
250万至180万年

先驱人
120万至40万年

海德堡人
50万至20万年

尼安德特人
20万至3万年

智人
30万年至现在

南方古猿（第一种双足灵长类动物）的骨骼系统

对人类进化的主要里程碑的任何概述都必须从我们的进化先祖南方古猿开始。

- 回到我们在第155页尚未讲完的故事，大约700万年前（尽管这个日期一直处于争论之中），我们的进化分支与黑猩猩的进化分支分道扬镳。这种分离发生之后，经过一连串如今不为人知的转变，原始人类家族伴随南方古猿属出现，该属诞生于400万年之前的非洲。该属物种最典型的特征是其双足运动系统，即其使用后肢站立并直立行走。这种在灵长类动物中如此特殊的解剖特征在非洲东部地区非常有用，那里的景观（起初覆盖着森林）正变得越来越干燥，树木越来越少。
- 双足运动提供更宽广的视野。森林的消失导致了新的威胁，而躲避危险的策略变少了。结果，能够观察地平线为南方古猿带来了应对意外事件的优势。
- 新景观的干旱气候使气温升高。直立身体受到的太阳辐射较少，这让其能够更有效地利用微风散热，从而可以保持最佳体温。
- 虽然丧失身体毛发是研究人员仍在争论的特征，但似乎它与双足运动同时出现，而且可能与在炎热稀树草原环境中减少身体热量的机制有关。
- 双足运动解放了上肢，从长远来看这成就了我们捡起和搬运物体以及制作各种器具方面的特殊手工技能。

双足运动这项解剖学特征引发了一系列生物和文化转变，并在数百万年后造就了我们这个物种——智人。骨骼的其余部分都必须适应这种新配置。

伴随每个原始人类新物种的出现而完善的最重要的变化如下：

- **头骨。**枕骨大孔（连接脊柱并且有脊髓从中穿过）发生了移动。

- **脊柱。**脊柱获得了新的形状，其曲线令躯干得以保持直立。然而，新的特征有利也有弊，这让脊柱更加脆弱，容易出现各种病痛。

- **骨盆。**骨盆必须重新排列并加宽才能承受身体的重量。但是这让分娩更困难，而且我们失去了奔跑时的速度。

- **腿。**骨骼得到加强。

- **脚。**脚趾变小（不再需要用它们攀爬），脚跟加长。大脚趾在直立保持平衡时发挥重要作用。

作为目前研究的一部分，科学家们确定了8个南方古猿属物种。前4个称为纤细型物种，是最古老的类型，并由此产生了其他4个物种，称为粗壮型物种。后4个物种专门食用特别干燥和坚硬的植物，这些植物是他们居住的越来越干旱的环境中所固有的。这迫使他们发展出强壮的下颚，导致其颅骨普遍粗壮，因此得名。许多研究人员认为粗壮型物种属于另一个不同的属，并将其命名为傍人属（*Paranthropus*）。

南方古猿的饮食习惯与之前的灵长类先驱相差无几。他们通过采集果实、根茎和种子以及食用小动物来维生。根据目前的研究，南方古猿似乎没有创造能力，没有关于他们制作或者进行烹饪的记录。然而，鉴于最近的发现表明他们确实有创造了石器的可能性，也许将来的发现会让我们感到意外（见第264页）。

从能人到智人：人属最重要的物种和它们的主要解剖学特征

如我们所见，一段长期干旱过程形成了非洲东部的稀树草原，即南方古猿的起源地。在某个时候，一些原始人类略微改变了他们几乎全素的饮食，偶尔摄入更多的动物性产品（腐肉、内脏和骨髓）。这一具有重大生物学后果的事实将产生一种新型原始人类——人属（*Homo*）。

然而，和关于人类进化的所有信息一样，在这一点上专家们也存在不同意见。虽然人属来自南方古猿的后代是最广为接受的，但有些研究人员提出我们来自不同的原始人类，如肯尼亚平脸人（*Kenyanthropus platyops*）。

在研究进化链条上后续各环节的主体经历的变化之前，我们应该弄清从人属出现到智人都出现了哪些主要物种。该属的分类和生物学路径是许多争论的主题，而且经常随着新发现的出现而更新。就在本书编写期间，又有其他智人的祖先被发现，包括发现于南非并在最近被命名的纳莱迪人（*Homo naledi*）。它一开始被认为是能人的前身，但如今我们知道这个新物种与智人大致在同一时间生活。

考虑到每个新的环节都可能改变迄今为止得到公认的理论，我们现在研究一些最重要的人属物种，他们在专家心中的地位最稳固，而在这本书里我们将一直追踪他们的路径：

- **能人。**第一个代表，我们这一谱系的首个成员。根据专家们约定俗成的惯例，能人出现于250万年前，即旧石器时代的开端（但请参见第197页对这个日期的最新修改）。能人是第一种已知的能够改造石头并将其转变为锋利切割工具的原始人类（见第264页关于早期工具的信息）。这是令他们被划分为新的属的特征之一。此外，他们的头骨比南方古猿的头骨圆，而且他们的解剖结构在雄性和雌性之间也不再有那么大的尺寸差异。他们的颅容积增加到600～800立方厘米。所有这些特征都是人属成员的特征，且这些都将在后续的物种中逐渐发展。这些物种生活在非洲的东部和南部地区。

- **直立人。**直立人是人类进化链中的关键环节之一，尽管这也是最充满谜团和难以理解的环节之一。他们是存在时间最长的原始人类，从180万年前起居住在地球上，一直生活到30万年前，而且他们占据着从非洲到亚洲东部之间截然不同的土地。由于他们的空间和年代跨度以及他们的解剖结构变异，许多研究人员认为直立人这个称谓实际上涵盖了一群不同的物种，其中包括：

- **匠人。**他们是最早的样本，生活在180万年前至140万年前的非洲。他们是第一批迁出非洲大陆的人。

- **直立人。**很多专家将直立人这个名称的使用严格限定于居住在亚洲并在地理和遗传上相对孤立地生活（直到智人出现）的匠人。

- **先驱人。**据在西班牙布尔戈斯省的阿塔普尔卡考古遗址工作的研究人员称，在格兰多利纳洞穴（Gran Dolina，又称“大水池坑”）中发现的遗骸属于一个新物种——先驱人。这是匠人进化而成的物种，他们在大约80万年前生活在非洲，并在第二次迁徙时离开这座大陆，前往欧洲。根据这种理论，先驱人这支谱系在欧洲产生了尼安德特人，在非洲产生了智人。然而，该理论存在一个问题：在非洲没有发现先驱人的任何遗骸以支持该假说。

- **海德堡人。**欧洲的最后一批直立人，生活在50万年前至20万年前，被称为海德堡人。在阿塔普尔卡遗址的“骨坑”（Sima de los Huesos）洞穴中发现了32名个体的遗骸。该物种在先驱人消失之后立即出现，并产生了尼安德特人。

我们在这本书里用“直立人”一词来指所有这些物种。他们最典型的特征是颅容积达到900～1100立方厘米，与能人相比有增加，而且上下肢的比例完全与人类一致：腿比手臂更长、更强壮。他们行为的一个突出特点是新工具的制作，其中包括史前时期最具象征意义的工具之一：双面手斧，它是第一件标准化的工具。在制造它之前必须对其结构深思熟虑，而且这种结构一直以同样的比例不断复制，不光是被直立人复制，还被很久之后的尼安德特人和智人复制。

- **尼安德特人。**尼安德特人在大约20万年前至3万年前生活在整个欧洲和中东地区。他们的身材高大魁梧，适应当时的寒冷气候。他们的颅容积甚至超过了智人（1500立方厘米）。他们是当时曾经存在过的进化程度最高的原始人类，但是他们无法与来自非洲的新物种（智人）竞争。尼安德特人会埋葬死者，这是象征性思维的最早表现之一。他们是首个系统性地使用火的物种，而且根据一些专家的看法，他们很可能曾使用语言进行交流。

- **智人。**大约30万年前出现在非洲。19万年后，他们从非洲大陆迁徙，并在约4万年前抵达欧洲。他们最终将占据整个地球，取代其他原始人类物种。他们的平均颅容积为1350立方厘米，而表现在这个物种中的巨大进化改变是他们使用特殊的符号，这将引发成就人类的技术和文化创新。

人类进化的4大关键事件

①
起源
人属出现。首个得到清晰鉴定的样本是能人。

②
从非洲迁徙
人属第一次离开非洲是在180万年前。做到这一点的物种是直立人。

③
进化
随着人属的分散，人类进化分成了几个平行的分支。

④
智人霸权
智人占领了这颗行星，成为霸权的原始人类。

主要人属物种的扩张

这张地图展示了整个旧石器时代主要原始人类物种的扩张区域。对于智人，我们关注他们的起源地非洲，以及他们扩张到全世界的事实。

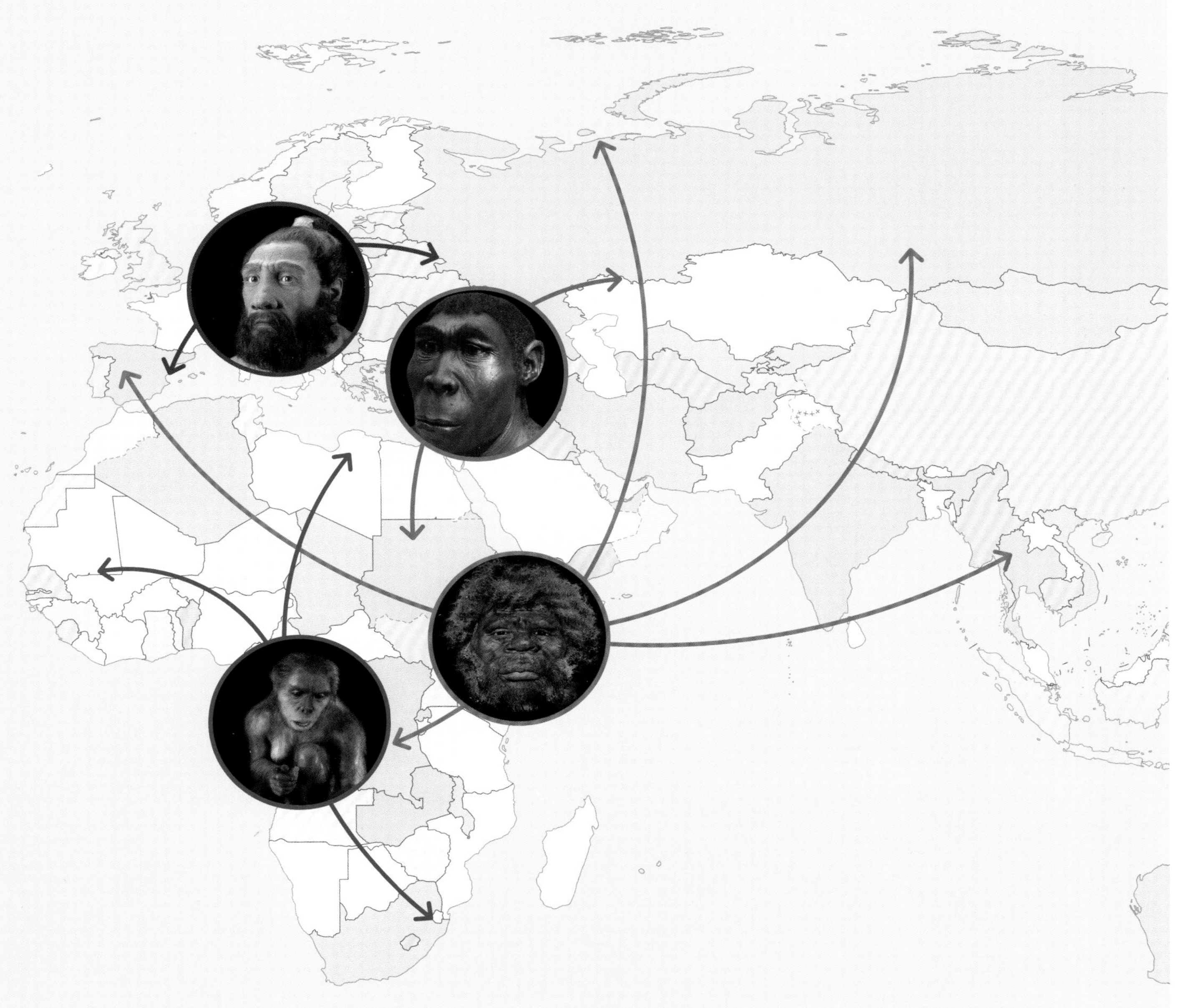

年代	物种	地点
250万年前至180万年前	•能人	非洲东部和南部
180万年前至20万年前	•直立人	非洲和亚洲
20万/15万年前至4万/3万年前	•尼安德特人	欧洲和中东
30万年前至今	•智人	世界各地

我们的性别二态性的起源

人属的出现颠覆了灵长类动物的世界。人属各物种经历的变化不只是在他们之前的灵长类特征的进化，而且可以将这种变化看作是他们在生物学和行为上的根本变化。这些转变之一涉及雄性和雌性身体之间的差异。性别二态性在其他灵长类动物中非常有限，而且几乎总是只体现在体型和生殖器上。如果我们从一段距离之外观察大猩猩、黑猩猩和红毛猩猩，会很难区分雄性和雌性，除非我们能够清晰地看到它们的生殖器。然而，人类物种雄性和雌性之间的差异很明显，因为两性之间存在不同的解剖学特征。在人属中，性别二态性从体型问题变成了身体构造问题。

从大约150万年前开始，直立人女性髋部的髂嵴加宽，令其腰部变窄，并形成女性解剖学特征性的弯曲臀部。这还导致脂肪积累和肌肉质量的重新分布。此外，人属雌性发育出了突出的乳房，这似乎没有任何实际功能，因为这只是通过在乳头周围堆积脂肪实现的。甚至乳房的形状似乎在哺乳中不发挥作用，其他需要为养育大量后代保持漫长哺乳期的灵长类动物并不拥有外部发达的乳房。人属雌性的另一个特征是缺乏一年一度的性接收期或发情期。换句话说，她们可以在一年当中的任何时候进行性活动。

除了显著的髋部、突出的乳房和缺少发情期，我们这个物种还拥有其他有趣的解剖学特征。我们的身体——男人的和女人的——具有非常敏感的区域，例如嘴唇（在其他灵长类动物中几乎都不突出，但在我们这个物种中，嘴唇拥有清晰的分界线和更加醒目的颜色）、耳垂和乳头。许多人类进化专家认为，女性以及其身体中的这些特殊性构成了人属发展出的独特策略的一部分：一种以愉悦为导向的新型性行为。愉悦且频繁的性增强了我们的社会纽带和合作趋势。从进化的角度看，人类的合作和社会生活特征是其起源于非洲的关键。人类在热带稀树草原这样干燥和恶劣的景观中生活，并且拥有动物界中最依赖亲代养育的后代，合作是生存的关键。

“男人和女人之间的解剖学差异
可能是人类进化的一个诀窍，
这种差异化帮助人类开展合作。”

女性的髋和分娩

对我们这个物种具有非凡意义的另一个解剖学现象是我们特殊的出生方式，这对我们的身体非常关键。在人类中有一种名为幼态持续的现象。幼态持续指的是人类后代被拉长的生长期，与灵长类近亲相比，人类后代需要长得多的时间才能完全发育成熟。我们这个物种的另一个特征是大脑的发达——我们的脑容量大大增加。

这些生物学特征意味着我们的后代需要21个月的胎儿生活。然而，他们只能在母亲的子宫里发育9个月，然后必须提前出生。这是因为人属女性是双足运动的，她们的直立髋部无法令产道达到足够的宽度，生出完全发育的孩子。

智人婴儿在出生时处于未完成状态：婴儿需要一整年的时间完成发育，即达到其成年时脑容量的一半。这使得人类后代成为动物界中最具依赖性、最脆弱的物种。婴儿必须被携带、喂养和照料至少一年，否则就会死亡。黑猩猩出生时的脑容量约为200立方厘米，大约是成年时（450立方厘米）的一半。

我们的大脑是如此硕大，以至于人类婴儿的脑容量必须达到700立方厘米（1岁幼儿的脑容量），才算完成孕育。婴儿离开子宫时的脑容量只有380立方厘米。虽然人属物种的颅容积比我们的小，但证据表明，从孕育期开始，大脑的发育就必须有一部分在子宫外完成。

鉴于物种的生物学活性（其生存能力）取决于群体中的成年个体为群体中的最小成员付出的合作和照料，因此这必定会完全重组社会关系。这一事实很可能导致了男女角色的第一次分工，因为只有母亲可以在婴儿出生后的前几个月用母乳喂养婴儿。

这是又一种导致我们生活在社会中的生物学情况，而社会产生了多种多样的社会组织，这正是人类历史的特点。这也证实了这样一种观点，即我们的生物学计划为通过合作达成的进化成功铺平了道路。

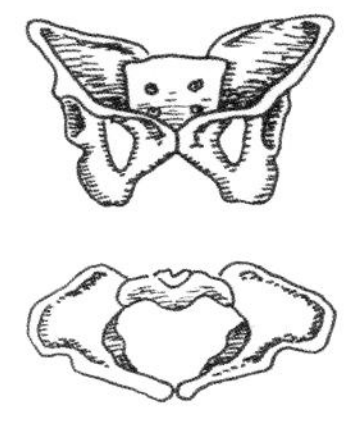

南方古猿阿法种“露西”（320万年前）

南方古猿雌性的骨盆开始采用特殊的双足原始人类的形状，尽管是以一种非常初级的方式。子宫外的未成熟阶段比如今人类婴儿的还要短。

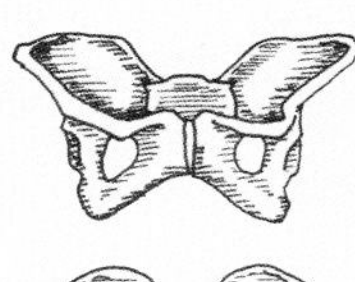

新生儿头颅周长
318毫米

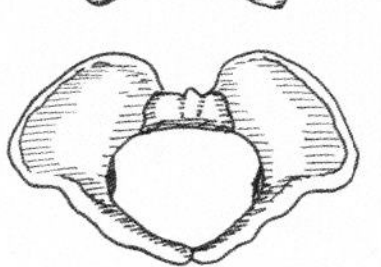

骨盆入口周长
353毫米

直立人（120万年前）

直立人女性已经能够生出大脑容量很大且幼年期更长的后代。她们的髋部更宽，产道的周长比南方古猿更大。

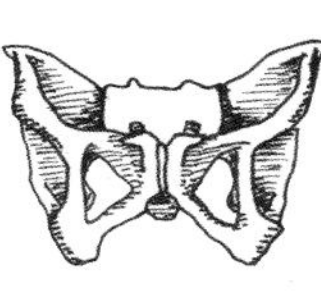

新生儿头颅周长
320～370毫米

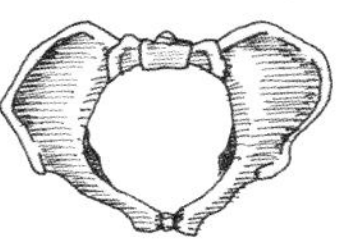

骨盆入口周长
385毫米

智人（如今）

智人女性的髋部继续加宽，直到达到正确的双足运动和更纤细的解剖结构所允许的极限。

史前的童年：年龄的社会构建

为了定义生命的阶段（或者人类的年龄），我们使用一系列专门的词汇，例如“新生儿”“婴儿”“儿童”“青少年”“年轻人”和“成年人”。这些词汇会根据研究背景出现差异，因此它们可能是模糊不清的。

这些年龄阶段尽管与个体成熟过程中体内的生物学变化有关，但是也呈现出各种社会构建出的含义，因此它们是随意的。年龄段之间的界限也是文化的产物。

西方社会在历史上始终倾向于将童年（以及上述其他类别）视为可以通过医学确定的生物学和普遍现实。根据这种观点，儿童必须被理解为从属于家庭领域的对象，他们完全依赖成年人并且处于出生到完全融入社会之间的某种中间状态。然而，历史学家和人类学家最近一直在试图反驳这种理论。他们已经证明，童年就像性别一样是一种文化构建，它与个体生物学特征有关，但并不完全由这些特征决定。这一概念绝不是静态的，伴随社会和经济转型，这一概念已经随着时间演变。

为了理解童年在旧石器时代可能拥有的意义，考古学家将目光投向不同的历史来源，例如研究手工艺学习这一现象。我们已经知道2～5岁的儿童已经为这种学习做好了准备，甚至还可以完成更复杂的任务（这将在后来的工业革命期间得到证明）。因此，科学家进行了一些特殊的研究，目的是找出能够证明是被新手制造出的人工制品。在制作东西时，相对于成年人的新手，似乎有些错误类型在儿童身上更普遍。

手工艺品为我们提供了史前时期儿童劳力的许多相关信息。我们知道这份劳力对于狩猎和采集者社群十分重要，因为儿童往往负责采集和准备一部分这些社群中相当重要的赖以维生的食物。话虽如此，在新石器时代的第一批农业社会出现之后，童工的分量毫无疑问将更加重要。在那之后，儿童在社会中的位置将由他们在生产型经济中发挥的作用决定。对玩耍的分析也为其中一些观点提供了启示。所有哺乳动物都玩耍，人类也不例外；这是我们的生物学遗产的一部分。环境是如此至关重要，以至于玩耍和游戏由文化决定，并且充当学习的工具。在史前遗址发现的证据表明，玩具受到成年人活动的启发，这意味着它们被用作社交工具。

我们双手的形状

随着人属的出现，其手的形状也与其他灵长类动物大不相同。其他灵长类和人类的手都有五根手指：四根手指和一根大拇指，即能够触摸其他手指的拇指。但是对于人类而言，拇指明显肌肉更发达，而且灵活性更好。这可以理解为一种自然选择机制，对于人类，这样的拇指有利于使用手熟练并精确地制造各种物体。拇指在其他灵长类动物中的基本功能是在树木之间攀爬和移动。

其他手指的形状也不同。人类手指更短、更扁平，而其他灵长类动物修长的圆柱形手指让它们能够更高效地爬树并在树枝间移动。

我们的手灵活得多。其他灵长类动物无法像我们一样转动手腕，特别是那些使用指节走动的物种。我们手的解剖结构让我们能够精确地运动并控制我们的力量。它让我们能执行精巧和准确的行为，例如穿针引线，但也能做出强劲而快速的动作，例如用锤子敲击。尽管其他灵长类动物也会用手使用工具，但没有任何物种能够像人类一样以复杂而多样的方式使用工具。

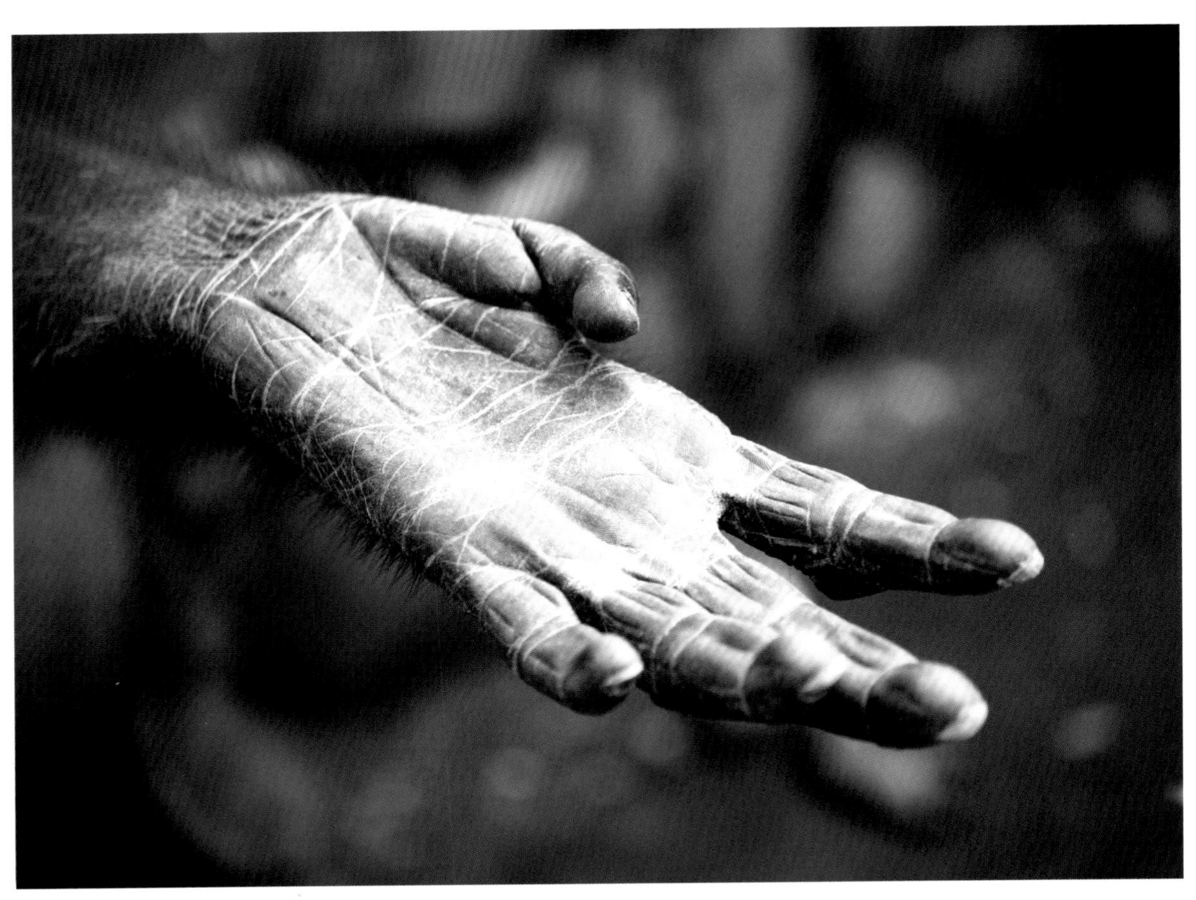

旧石器时代的饮食

维持生命所需的燃料来自我们吃的食物。喂饱自己是我们作为一个物种进行的首要活动之一，而且它将我们与其他动物联系起来。在旧石器时代，饮食和我们对饮食做出的改变对于我们身体的塑造至关重要。更具体地说，我们将看到人属成员的饮食如何在它们大脑体积增长的同时导致肠道缩短。

根据可获取的未经制作产品的类型以及这些产品如何制作，专家确定了饮食演变的三个主要阶段。我们将在下文更详细地介绍它们（见第344页），而在这里，随着我们继续解释身体的变化，我们将提供有趣的整体信息。结论可以归纳如下：

- **饮食基于未经制作的野生植物性产品。**这是南方古猿的饮食，它们消费动物的途径微不足道（昆虫和某些小动物），而且产品不经过任何形式的转化。
- **饮食基于野生植物性产品，并通过较为偶然性的食腐增加对野生动物性产品的消费，这增加了优质蛋白质。**这些动物性产品包括腐肉、内脏和骨髓。这种饮食利用初级技术制作产品，例如干燥和发酵。这种饮食是能人和第一批直立人的典型特征。
- **饮食基于野生植物，通过狩猎和其他活动较为习惯性地获取野生动物。**对产品的制作得到巩固，特别是涉及用火的一切制作。这是尼安德特人和智人存在的大部分时期的饮食特征。

自然，水始终存在于他们的饮食中，而且真菌世界的产品（例如蘑菇）的消费也始终存在。诸如盐之类的矿物质产品将在后来成为人类饮食的一部分。

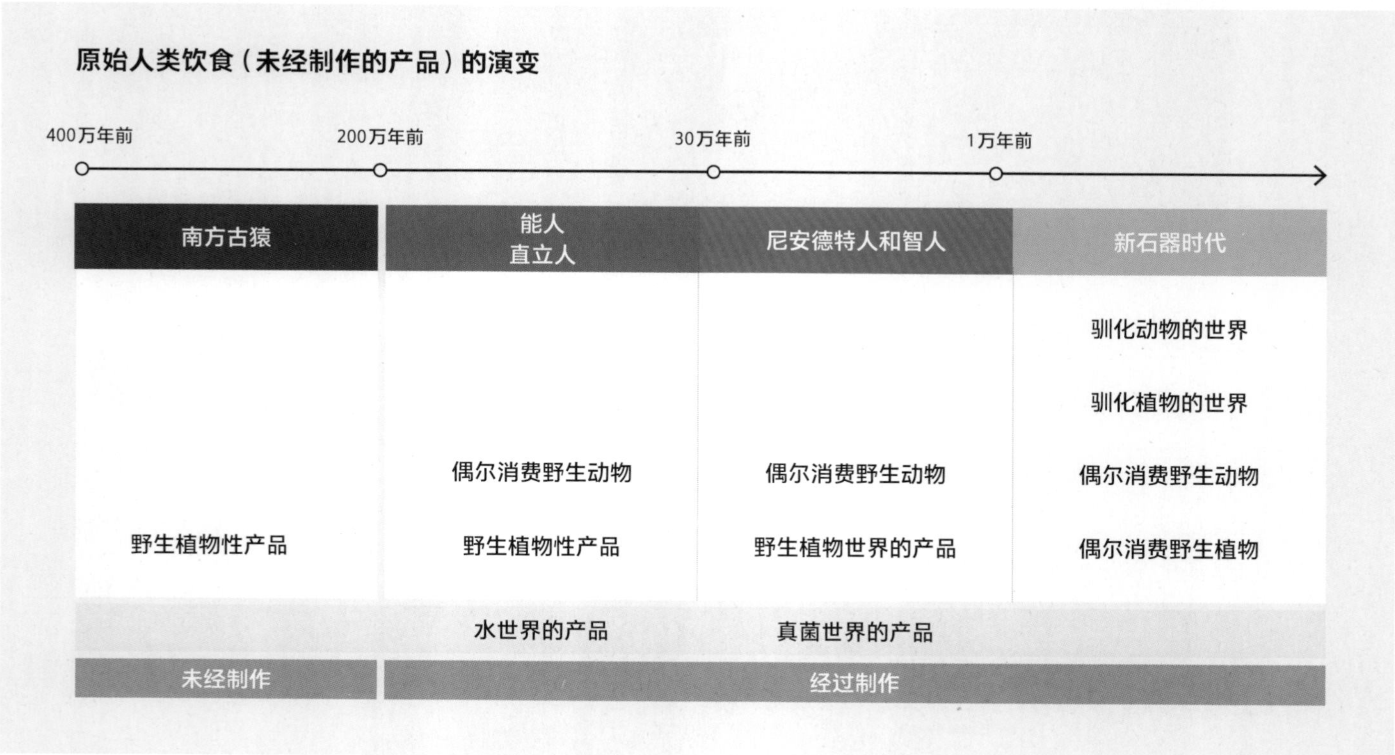

原始人类饮食（未经制作的产品）的演变

400万年前	200万年前	30万年前	1万年前
南方古猿	能人 直立人	尼安德特人和智人	新石器时代
			驯化动物的世界
			驯化植物的世界
	偶尔消费野生动物	偶尔消费野生动物	偶尔消费野生动物
野生植物性产品	野生植物性产品	野生植物世界的产品	偶尔消费野生植物
	水世界的产品	真菌世界的产品	
未经制作	经过制作		

伟大的革命：人类开始吃生肉

南方古猿的饮食主要由植物组成，但是有些勇于冒险的个别古猿在约280万年前将腐肉加入自己的饮食中。他们敢于尝试自己在自然界中发现的这种资源。自然选择偏爱这种选择了饮食变化的个体，由此引发了物种改变。这些南方古猿变成了一种新动物：能人。

这种饮食变化为何如此重要？肉中的营养成分很高，而且它和生的植物性产品相比，消化更快、更容易。作为食草动物，南方古猿的肠道长而复杂，在体内占据了很大空间。他们的新陈代谢需要将大量能量，用于咀嚼和消化构成其饮食的草、根、叶片和块茎。肉容易消化得多，不需要那么长的肠道。另一个重要优势在于，肉类每单位提供的营养高得多。吃肉比吃植物性产品高效得多。

这些食腐原始人类的肠道逐渐变短，从而改变了胸腔的解剖结构，这有助于改进他们的直立姿态。与此同时，动物性产品提供的额外能量被用于刺激另一个器官的生长：大脑。能人的脑容量比其南方古猿祖先大得多。换句话说，当原始人类开始吃更多的肉时，他们的大脑开始增长，令智力的发展成为可能。此时的智力还是非常原始的形式，但足以让他们制造出工具，用于打破骨头并从中获取营养丰富的食物，例如骨髓。从这个方面看，这是一种自我延续的循环过程。更高的智力意味着摄入高能量食物的可能性更大，反之亦然。

如果人类没有足够的智力自行得到肉，那么肉的第一次消费是如何发生的？所有迹象表明，腐肉是他们的首次肉食来源。他们设法在其他食腐动物（例如鬣狗）之前得到了稀树草原大型捕食者留下的动物尸体。借助工具，他们可以提取骨髓，这是鬣狗无法获得的营养来源。

但是，也有其他理论质疑对肉类的过分重视，并提出应该以其他食物的摄取补充该假说，例如植物的营养储藏器官（块茎、鳞茎和根），这些食物也富含营养而且更容易获取。实际上，这似乎就是如今的某些狩猎和采集者社群采集的策略，例如坦桑尼亚哈扎族部落的成员。

吃大型捕食者留下的腐肉有助于人类拥有更聪明的大脑。

使用火制作产品成倍放大了消费肉类的解剖学效果

吃生肉导致能人的大脑体积超过其祖先——南方古猿，而且正如我们所见，这让人类踏上了成为地球上最聪明生物的道路。但是为了保证不断增长的大脑所需的营养，第二项创新也是必不可少的：将食物置于高温下，即用火烹饪。

一切都似乎表明，通过如此剧烈的燃烧来加热食物有助于促进人类的生物学进化。由此产生的化学烹饪方式减少了咀嚼所需的能量和时间。通过增加养分的消化率，养分的吸收变得更容易。烹饪还可以让没有牙齿或牙齿未充分发育的儿童无须咀嚼就能进食，并让他们的肠胃更好地消化食物。此外，化学加热烹饪可以消除毒素、细菌和其他病原体，从而改善食物质量并增加可摄入食物的种类。这些好处增强了人类的身体，巩固了人类最积极的特征，加速了人类的变化。

有些研究人员如人类学家理查德·兰厄姆（Richard Wrangham）认为，火的控制在我们作为一个物种的历史上发挥了必不可少的作用。在他们看来，这项创新提供了如此巨大的进化优势，以至于我们的生物学特征适应了从能人到直立人的转变过程中的经加热处理的饮食，从而导致了目前的状况，即使用加热处理后的产品提供营养已经对我们的生存至关重要。

实际上，我们在直立人中看到牙齿变小，体型增加，胸腔变小且骨盆变窄（这两个特征都表明消化道缩小了），而且大脑增加了42%。据兰厄姆看来，所有这些变化只能是由于消费用火制作食物的习惯。另一个有趣的特征，即攀爬能力的丧失可能与掌握用火从而在夜晚提供保护有关，这让个体可以睡在地面上而不是爬到树上休息。火还让直立人更容易走出非洲。火将会成为抵御捕食者的保护形式，也是在黑暗的夜晚中提供光照和温暖的极佳资源。在生起篝火或火把时，任何新的土地都会变得不那么恶劣。

然而，考古发现并未证实兰厄姆的假设（更多详情见第263页）。在直立人存在于非洲的时期，只有适时和非常零星的用火被发现，而且其与因为气候而自发出现火的区域相吻合，例如非洲南部地区。几乎没有任何关于篝火的证据让我们可以断言火是用来烹饪的。实际上，根据最近的研究，火似乎并没有在走出非洲的迁徙以及占领寒冷的土地（如欧洲北部）中发挥重要作用。消费热食对解剖学的益处似乎是肯定的，但是我们暂时只能把这些益处算在40万年前至30万年前居住在地球上的人属成员头上，其中包括欧洲的尼安德特人前身和亚洲的弗洛勒斯人（*Homo floresiensis*）。

火的进化意义还可以从两个发现中推断。第一个发现是，地球上的所有种群都用热量烹饪，无一例外，这是个普遍的事实；第二个发现是，直到今天，我们的解剖结构似乎也已经适应了这种烹饪方式。根据许多专家的看法，如果我们的饮食只包括野生的和不熟的食物，我们将很难维持新陈代谢。

兰厄姆总结如下："烹饪增加了我们食物的价值。同时，烹饪改变了我们的身体、大脑、我们对时间的使用，以及我们的社会生活。它让我们成为外部能量的消费者，从而创造了一种与自然形成新关系并依赖燃料的生物。"在分析旧石器时代的烹饪元素时，我们将继续探讨用火的重要性。

消化酶的进化

消化酶是一种以化学方式参与消化的蛋白质，它们存在于胃和肠壁中。

没有直接证据表明我们的消化酶在整个人类进化过程中是如何转变的，以多快的速度转变，但是毫无疑问，这一过程伴随着不同人属物种的饮食变化。

能人消化道中的酶当然不太可能类似我们现在拥有的消化酶。他们的肠胃一定做好了分解和消化腐肉的准备，这些腐肉不过是处于分解过程中的肉、内脏和骨髓。如今，我们的身体不适应这种野蛮的饮食，如果我们敢于在稀树草原上吃死去的长颈鹿的遗骸，我们将死于细菌感染（译注：也许只有贝爷是例外）。

在我们进化过程中的某个时刻，一旦我们采用火作为烹饪大部分食物的手段，我们的酶就会开始适应新的饮食，食用不同状态下的动植物以及在火的帮助下变得可食用的更多种类的产品。

消化酶

人类花了200万年才开始吃用火烹饪的肉。

我们祖先的DNA

除了在考古记录中发现的骨头，近些年来，我们还可以接触到祖先遗体的另一部分：他们的DNA遗迹。

1987年，由生物化学家艾伦·威尔逊（Allan Wilson）领导的团队在《自然》杂志上发表了一篇文章，这篇文章开启了史前领域的基因研究。当时，我们这个物种的化石残骸非常稀少，而且学术界对它们的起源和分布知之甚少。该研究团队设计了一种新方法来阐释我们的起源。他们发现了一种出色的遗传标记，可以用来追溯人类从一开始的系统发育（进化史）。这项研究分析了来自世界各地的一群在世妇女的线粒体DNA。

研究结果雄辩地表明，人类的起源地是非洲。此外，研究结果还证明了我们物种内部的多样性实际上是非常均一的，这支持了我们这个物种（智人）的起源离现在非常近的观点——不超过20万年。他们的理论被称为“走出非洲”或“线粒体夏娃”。

如何通过从如今妇女身上采集的样本来追踪我们这个物种的地理起源？关键在于线粒体DNA的特征。人体DNA拥有一套复杂的基因组（核基因组）和一套更简单的基因组（线粒体基因组），因为后者并非来自细胞核，而是来自线粒体——一系列负责为细胞产生能量的细胞器。这种DNA具有非常特殊的特征，即它只由女性传播，而且它不发生重组（也就是说变异只能是自发突变的结果），而且每个细胞拥有这种DNA的成百上千个拷贝。因为这些以及其他特征，线粒体DNA是基因组中特别适合用于人类进化研究的一部分。

科学家能够通过重建所谓的多态性（线粒体DNA内新特征的集合），并使用线粒体DNA重建我们物种过去的运动。每当出现多态性时，就假定出现了新谱系。现代谱系包含其时代固有的标记，以及所有过去谱系共有的多态性。通过这种方式，可以根据特定多态性重建二叉进化树。然后研究人员可以确定变化发生于何地何时。

此外，我们现在能够从考古记录发现的骨头中回收DNA片段，尽管这个过程在技术上很复杂，因为遗传材料的分解速度很快。人类在1984年首次回收古代DNA，它属于一个已经灭绝的南非山羊物种。与人类进化相关的第一批遗传物质样本出现在1997年，它属于尼安德特人，对它的研究证明这些早期人类不是我们的直接祖先，而是平行的进化分支。

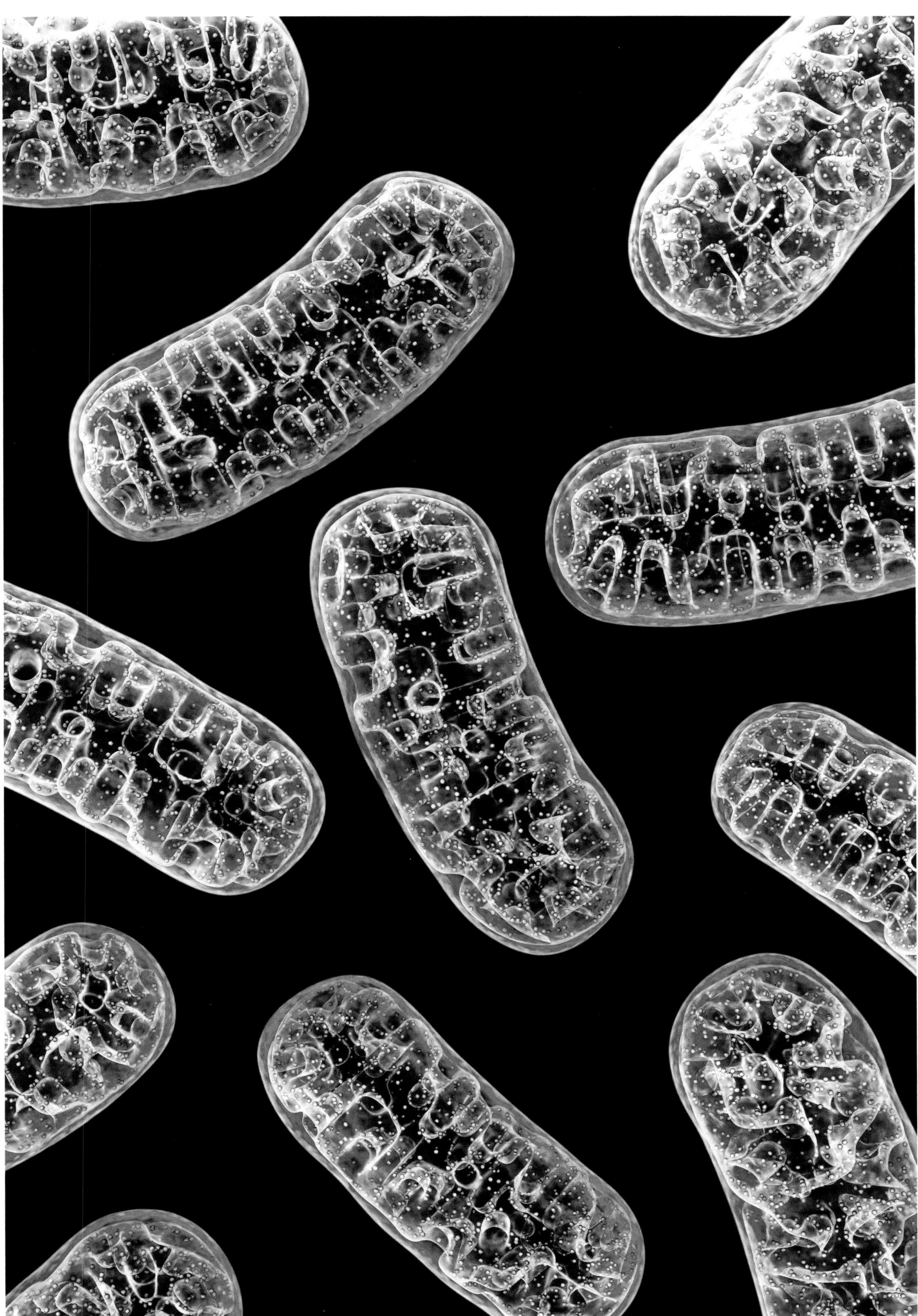

线粒体细胞壁的3D图

残遗器官

人类漫长的进化过程导致的一种有趣的情况是如今我们体内存在残遗器官。残遗器官或结构是指已经在进化过程中丢失原始功能的身体部位。它们的实体特征在当时是有用的，但是如今已经没有明显的功能。因为它们是无害的，因此在我们这个物种的解剖结构进化中似乎没有消除它们的理由。

其中一些结构和器官与我们最初饮食中的生肉和未经制作的植物性产品有关。还有一些则与我们作为四足灵长类的过去有关。让我们看一下最引人注目的那些残遗器官：

- **阑尾**

  在史前时期，阑尾有助于消化那些纤维素含量高的植物。现在有很多专家指出了它对我们免疫系统的重要性，然而，没有阑尾的人从未表现出抗病力降低的现象，因此其功能值得怀疑。

- **智齿**

  当我们的饮食成分很坚硬，我们需要坚固的牙齿咀嚼，同时还要拥有肌肉发达的较大下颚时，智齿会被使用。我们的饮食改变令这些牙齿不再是必要的，但大多数人仍然有智齿。

- **尾椎**

  尾椎，又称尾骨，是祖先的尾巴在我们骨架上的遗存，它可以追溯到我们仍然是爬树灵长类的时候。即便在今天，也可能观察到尾巴在胚胎形成的第十四至第二十二阶段之间发育，它会在后来的阶段被身体吸收。

- **扁桃体**

  这本应是我们抵御细菌的第一道防线，但它有时会成为细菌的同盟，打开细菌进入我们体内的大门，从而让我们被细菌感染。

- **鸡皮疙瘩**

  当我们感到寒冷或恐惧时，我们的皮肤会立即形成鸡皮疙瘩：皮肤上的毛发竖起，毛孔变硬。当我们还是披满毛发的灵长类动物时，这种反应可以有效地抵御寒冷并保暖；在恐惧时，竖起身体的毛发会让我们看起来更大，也许可以吓退捕食者。

并非关于人类进化的一切都已讲述：可以改变历史的新闻

在编写本书时，新闻界和科学期刊不断发表新的发现、研究、结论和信息，持续改变对人类起源的描述，让这个主题越来越复杂。在这样的一本书里，我们不可能追踪所有新信息（我们再次遇到了纸面工作的局限性）。无论如何，我们想记录一些引起我们注意的最新发现，这些发现可能会大大改变我们对旧石器时代原始人类及其饮食的认识。

各个研究团队正在开始清晰地描绘一个画面，即人类进化并不是一条直线，这让物种以一种有序且连贯的方式逐个出现。有证据表明人类进化存在平行线和杂交物种，这些杂交物种混合了一些较早和后来近亲的特征。这是对16个头骨进行研究得出的结论，它们有的来自阿塔普尔卡遗址的“骨坑”洞穴（可追溯到43万年前），有的甚至来自非洲之外（位于格鲁吉亚）更古老的人类遗址（距今180万年前）。前者不再被认为是尼安德特人的祖先，而是一个单独的物种，或许是尼安德特人的叔伯和姑姨（进化意义上的），但不是他们的父母。在格鲁吉亚发现的遗骸表明这个族群不是离开非洲的直立人，他们拥有从直立人和能人继承来的混合特征。在有些时期，人属的不同物种会共同存在，这让许多分支在彼此之间进行繁殖。例如，神秘的丹尼索瓦人与智人和尼安德特人混合，而且对基因组的研究表明，如今的亚洲人是丹尼索瓦人和智人杂交的结果。

尼安德特人是被发现相关新信息最多的物种，而且每个新发现都表明他们非常复杂，比传统上认为的更复杂。对其口腔微生物群（牙齿上的牙垢）的研究表明，与欧洲北部食肉为主的尼安德特人不同，那些生活在阿斯图里亚斯的尼安德特人不吃那么多肉，但是食用种类繁多的植物（包括苔藓）、蘑菇和松子。像我们一样，他们根据自己的环境和喜好调整了自己的习惯。智人和尼安德特人之间的交配继续带来惊喜，而且越来越明显的是，他们的相遇绝不是零星的。DNA研究表明，我们从尼安德特人那里继承了更强大的克服感染的能力。我们在进化上的成功可能在于这些特征的混合。

新的原始人类物种也在受到关注。我们现在知道曾经存在纳莱迪人——在南非发现的原始人类物种，似乎已经开始埋葬死者。最后，研究表明早于当时的人类以及与当时的人类平行的物种曾经成功实现了惊人的壮举。美国的新发现暗示（如今作为一种假设），美洲早在大约13万年前就已经被某个远古原始人类物种“殖民”了（比此前认为的早11.5万年）。

我们的起源日期正在被逐渐向前推。迄今为止发现的最古老的人类可追溯至280万年前，比上一次早了50万年。这个发现有助于解释为什么最后一个已知的南方古猿个体与第一个已知的人属个体之间存在100万年的时间差。工具也同样如此。可追溯至330万年前的石器已经被发现一段时间了，这让人们不禁怀疑哪个物种最先制造了它们。

03

旧石器时代：重大历史里程碑

人类心智的形成

如何研究旧石器时代的心智

人类的心智是如何产生的？我们从什么时候开始拥有智力？认知过程是如何起源的？有关我们心智起源的这些问题和其他问题对于研究高档餐饮部门的历史至关重要。

在旧时器时代，人类心智是与人类身体同时进化的，是漫长而缓慢的演化过程的产物。但是，与我们的身体不同（考古记录中保留有身体的证据），心智是无形的。它是一种非物质现实，不会被埋在特定的地方。

那么，我们怎样才能解决人类心智起源之谜呢？科学家们认为，只有通过结合不同科学专业的跨学科方法才能做到这一点。以最直接的方式做到这一点的学科叫作认知考古学。虽然考古学的方法和优先考虑事项在该领域内占据主导，但是这种方法也结合了心理学、神经学、社会学和进化生物学的知识。但是，对于这种将我们与所有其他动物和生物区分开的人类奇迹是如何产生的，我们仍然知之甚少。一般而言，有两种类型的证据用于获取有关我们心智起源的知识：直接证据和间接证据。

直接证据

这似乎仅限于骨架中与心智最相关的部分的解剖和生理细节：这些部分包括头骨及其附近的其他骨骼。专家们特别关注这些细节（当考古记录很丰富并且可以找到它们时）：

- **头骨**，它多多少少提供了大脑尺寸的直接概念。大脑表面部分区域会像浮雕一样印在头骨内侧，留下名为硬脑膜的结构，硬脑膜提供大脑相关区域曲线和形状的负像。
- **语音系统骨骼的遗迹**，例如舌骨，在我们理解对于心智形成十分关键的重要认知过程即语言时，可提供相关信息。舌骨向我们讲述关于喉的情况，以及它所处的位置是否能够实现语言交流。

间接证据

这指的是人类活动的物质遗迹。所有人类行为及其相应的物质结果（某种工具、装饰品或结构）都是进行这些行为的个人的精神活动的结果。这就是考古学领域的专家所理解的思想、语言和举止之间的关系的认知。下面几页提供了一个机会来了解（仅举一例）制作双面手斧背后有什么认知操作。

这会导致一个问题，就是我们只能了解原始人类的认知能力的一部分。我们不知道他们的认知极限是什么，或者他们是否想达到这些极限。考古记录只告诉了我们认知能力发展带来的少数物质结果，以及与心智相关的稀少的解剖特征。心智能力指的是同一件事，而它的应用方式、时间和地点都是截然不同的事情。今天也是如此。例如，一个人可能拥有非凡的数学能力，但是如果他的环境和欲望无助于发展这种能力，那么他的才能可能会被彻底忽视。因此，心智既是生物学问题（必须拥有以特定方式连接的大脑），也是行为问题（必须以某种方式行动以发展心智）。

很显然，人类心智的配置也受到自然选择和遗传漂变的逻辑制约，并且人类心智会在没有特定目的或目标的情况下完成配置。这是一个漫长而渐进的过程，但是它包含决定性的阶段，这些阶段将在接下来的几页阐述。

进行思考的身体：头骨和大脑的进化

鉴于头骨和大脑对心智的重要性，我们将在本节详细解释它们的解剖结构的进化。大脑是有机物质，就像肉或内脏一样，会分解并消失。从考古记录中恢复旧石器时代的大脑是不可能的。我们从被发现的头骨中了解人属物种大脑的进化，这些头骨让科学家能够估计每个头骨曾经包含的大脑的体积和可能的形状。

脑形成：大脑尺寸的问题

我们的大脑有多大？如果我们考虑的是绝对大小，那么它与其他灵长类动物的大脑相比是很大的，但是与鲸或大象的大脑相比却很小。但是鲸不会进行数学运算，也不会描绘风景。那么，大脑尺寸与认知能力有关系吗？

实际上，在比较大脑尺寸时，必须将大脑与身体其余部分的比例考虑在内。大的身体需要大的大脑才能执行基本任务，例如体温调节、运动、呼吸和接受外部刺激。对于特定的身体尺寸，我们会预期能够满足基本功能的特定的大脑尺寸。如果大脑在比例上超过预期（这一事实需要使用脑形成商数计算得出），那么大脑就很可能具有超出基本任务的认知能力。脑形成商数为1，意味着动物拥有适合其身体的大脑尺寸；如果它大于1，说明大脑拥有额外的物质，很可能用于更复杂的认知任务。现代人脑的脑形成商数是7（以哺乳动物为参照），这超过任何其他动物。因此，相对而言，更大的大脑更聪明，这种看法似乎有一定的道理。

无论是绝对大小还是相对大小，我们的大脑都在我们从南方古猿到人属动物的蜕变时实现了巨大的飞跃。从那以后，我们的大脑尺寸和脑形成商数一直在逐渐增长。这种变化的第一个指数来自250万年前的能人，其颅容积为600立方厘米，几乎比最后的南方古猿样本大三分之一。从能人到下一个物种直立人，这个数字增加了40%，达到900立方厘米。在我们目前的进化状态，现代人的颅容积高达1350立方厘米，大脑重量达到1500克。

“大脑既是身体，也是心智。”

大脑的形状

但是，大脑的尺寸只是一个方面。真正令我们变得聪明并且能够解释我们心智特殊性的，是大脑的排列方式、它的各部位是如何连接的，以及除了形态学，神经元是如何建立联系的。

关于容纳大脑的容器（头骨）的形状，我们观察到它随着不同人属物种的出现逐渐呈现出现代人的形状。趋势是它变得圆润，前额更宽并形成下巴，眉弓消失，面部变得更短更平坦，下颌变得不那么突出。

如我们所见，硬脑膜可以帮助我们研究古代原始人类的大脑解剖结构。保存完好的硬脑膜让我们能够看到大脑表面的哪些部位大于其他部位，或者某些部位是否改变了位置，甚至两个半球之间是否存在差异。专家们识别出了古代原始人类大脑的许多特点。例如，小脑（位于头骨底部）的尺寸在我们的属中逐渐减小，但是这个趋势随着智人的出现发生了出乎意料的变化，智人的小脑更大。这与我们稍后将要探讨的认知革命相吻合。对硬脑膜的研究还表明，我们的大脑发展出了比其他灵长类更宽的顶叶。专家们认为，大脑的这一部分是用来处理句法和语法的。我们还可以观察到，我们这个属的大脑尺寸的扩大尤其涉及所谓的大脑皮层的增长，大脑皮层是遮盖两半球的神经组织覆盖层，负责我们的大部分认知能力。

如此硕大且复杂的大脑是个高风险的发育特征，因为维护成本很高。当我们休息时，大脑使用的能量超过全身所用能量的20%。后果就是，如我们所见，它的保养涉及饮食的变化和烹饪的发明。拥有像我们这样大的大脑带来的进化优势在今天是不可否认的，但是在旧石器时代并没有那么明显。虽然它的确让我们能够制造出锋利且实用的工具，但是我们却损失了肌肉质量、速度、力量、围长等，这些在稀树草原上也很有用。进化“偏爱”我们的大脑，这一事实可能是自然选择的一种过程，其最终的成功是随机的。老实说，我们不知道成功的原因是什么。

大脑如何进化？

大多数动物拥有大脑，或者换句话说，大多数动物的神经系统有某种集中化部位。然而，有些无脊椎动物没有大脑，要么是因为它们没有神经系统，要么是因为它们拥有某种不集中于任何器官的非对称神经系统。

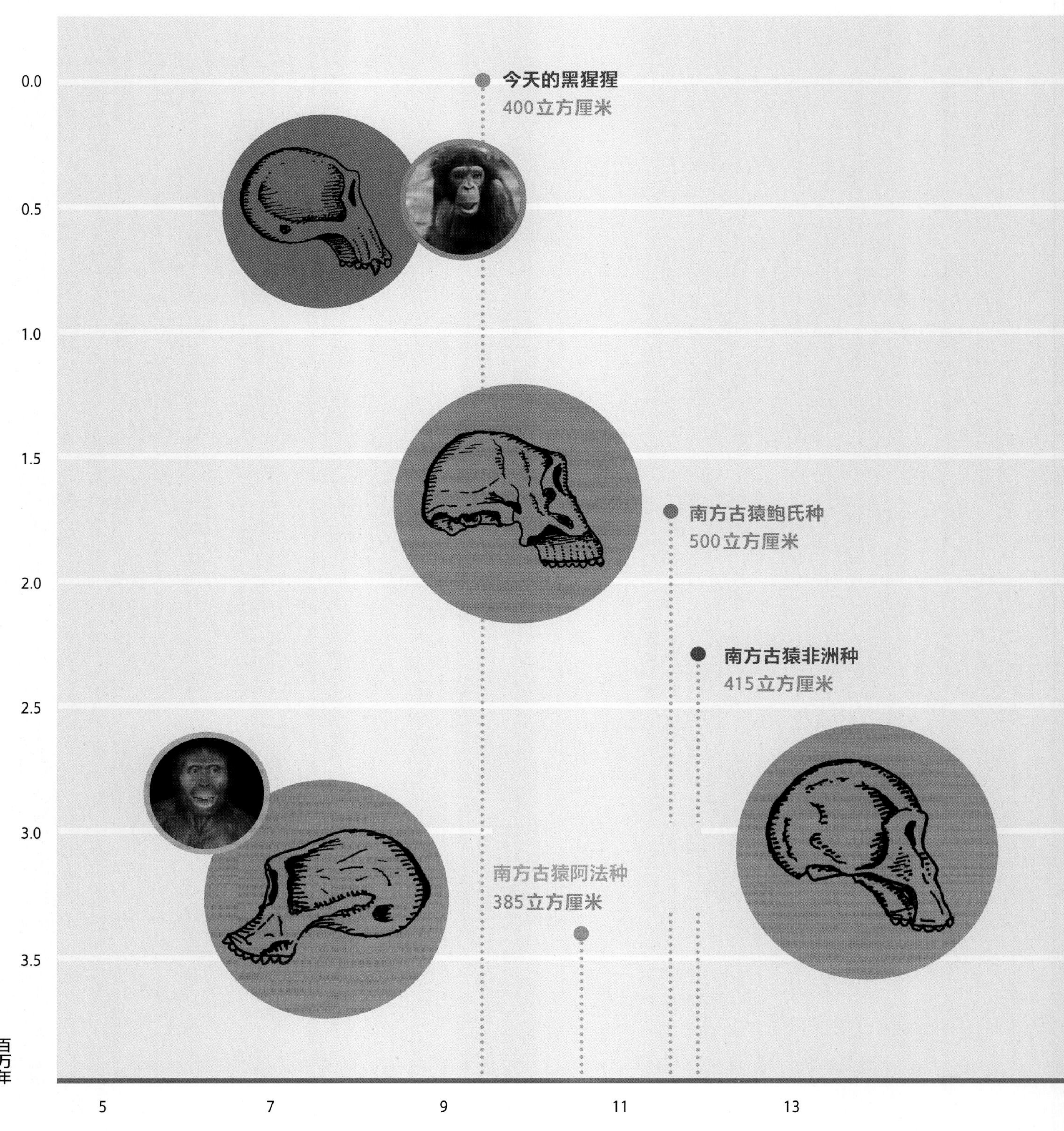

在我们作为哺乳动物的进化过程中的某个特定时刻，我们设法通过大幅增加相对其他灵长类动物而言更大的大脑尺寸，实现了一次进化飞跃。然而，更大的大脑需要大量能量。如下图所示，每个新物种的出现都令大脑在休息时消耗的能量百分比显著增加。在我们目前的进化状态下，我们的大脑消耗的能量是全身消耗总能量的20%多一点。这解释了为什么大脑尺寸的增加伴随着其他变化，例如我们饮食的优化或肠道尺寸的减小。通过增加每次摄入的营养消费量，烹饪（尤其是用火烹饪）帮助我们应对新出现的心智的能量需求。

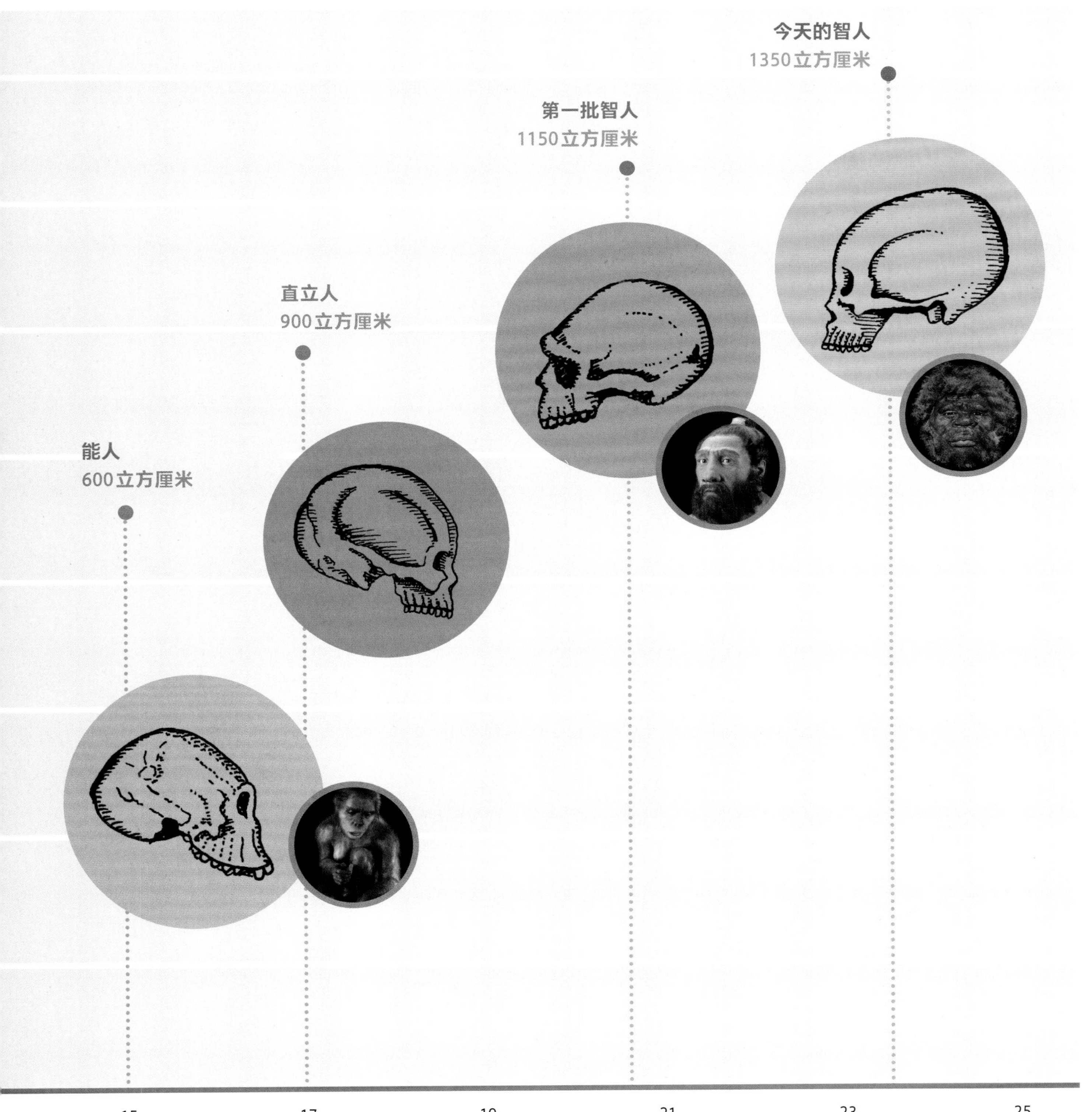

来源：Leonard, 2006: 314.

基本认知过程和智力要素：灵长类的遗产

正如我们在第138页所看到的，心智通过认知过程处理信息。人类大脑属于灵长类动物的大脑，而我们的认知的本质出现在这些动物的进化历史中。我们广泛继承了大量灵长类动物的大脑的精神特征，随后对它们进行了修改、改进和扩展。首先，我们都拥有基本的认知过程，正如我们在讨论人类心智时所解释的那样，这些认知过程在动物界的进化中出现得非常早。距今超过5000万年的最古老的灵长类已经掌握了感知能力，尤其是发展了重要的视觉灵敏度或视野清晰度。4000万年前出现的类人猿分支获得了感知今天我们仍然喜爱的各种色彩范围的技能。我们还从它们身上遗传了我们相对较差的横向视觉。通过对现代灵长类动物如黑猩猩的实验，我们知道古代灵长类一定也拥有记忆，特别是短期记忆。而且毫无疑问，考虑到它们复杂的社会生活和工具的使用，它们必然将注意力和专注力投入在大量日常任务上。

更令人惊讶的是，我们从漫长的灵长类进化中继承了智力的首批特征。4000万年前出现的类人灵长类动物的脑形成商数是2.1，据我们所知，这表明它们的大脑与身体的相对比例较大，并说明除了生存所需的基本大脑物质，它们还拥有大量可用于认知过程的大脑物质。在其认知特征中，它们已经拥有通用智力，根据认知考古学专家史蒂夫·米森（Steven Mithen）的看法，这种智力可以在任何行为领域实现简单的动作和行为。这是处理感官接收信息的第一个层级，并涉及基本问题的解决以及其他任务。

这种通用智力通过结合使用工具的能力得到发展。对于如今存活的黑猩猩怎样理解使用棍棒和石头之类的工具，尽管并非所有专家都达成了一致意见，但似乎这种技能属于这种通用智力，而不属于具体而复杂的技术智力。这一点的证据是，如今的所有灵长类动物并不是都使用工具。然而，这需要组织化的运动能力、通过试错学习、知道如何按层次组织运动以及拥有更多其他动物没有的能力。饮食和觅食策略让灵长类动物在其进化早期就获得了用于获取产品的特定智力。它们能够记住关于环境的信息并创建心理地图，从而在寻找食物方面建立竞争优势。

最后，我们的灵长类祖先是人属一开始就拥有良好的社会智力的原因。根据米森的计算，在超过3500万年前，灵长类动物就能够自发组织由复杂关系凝聚而成的较大群体。社会生活是智力的绝佳刺激，因为它涉及极其复杂的认知过程，需要大量非常具体的操作。研究灵长类动物的科学家特别提到了两个这样的过程：战术欺骗和心智解读。在由或多或少等级化的社会关系连接的群体中，成员似乎知道如何时不时地欺骗他人以占有他人拥有或控制的资源，这种情况很普遍。灵长类动物经常采用这种策略。

从进化的角度来看，灵长类动物从很早就开始发展大脑中专门用于识别面孔和表达感情的部分。他们似乎能够解读其他个体的思想并采取相应的行动，即便只是以有限的方式。实际上，许多专家认为，复杂社会生活的发展是猿和猴拥有较大的大脑的原因。这意味着我们这种特殊的社会生活方式也受益于这种灵长类遗产。

感官知觉的起源

触觉、听觉、视觉、味觉和嗅觉在饮食中起着至关重要的作用，因为它们都参与了我们所说的味道。味道是结合了触觉、芳香和基本味觉的感官知觉，但是视觉和声音（以及其他变量，例如某些痛觉感受器）也间接参与其中。

味觉和嗅觉非常古老。数百万年前的第一批细胞就已经拥有了化学感受器，用来检测水中的各种化合物，将有益化合物和有害化合物区分开。

随着时间的推移，自然选择进化出了能够检测蛋白质的更精致的感受器：它们是嵌入细胞膜内的分子，对特定的化学特征做出反应。随着生命形式变得更加复杂，多细胞生物发展出了嗅闻气味和感知味道的特定器官和解剖结构，这些器官和结构还可以识别质感、重量、密度、温度、声音和光线。

至于我们和我们最近的祖先，口和鼻在我们的营养摄取中发挥至关重要的作用，因为它们的组合在很大程度上决定了我们能感知的味道。人属不同物种的头骨变化最终缩短了连接口腔和鼻腔（咀嚼食物时味道中的芳香成分被嗅觉捕捉的位置）的鼻后通路，这是下颚体积缩小和面部变得扁平的结果。

这段缩短的距离强化了我们使用味觉和嗅觉品味食物的特殊方式。作为交换，我们的嗅觉失去了对外部气味的敏感性。大多数哺乳动物的嗅觉都比我们敏锐，或许是因为我们的双足姿态令鼻子远离地面，而且我们已经不再用嗅觉作为警示自己的关键感觉。

另外，触觉、听觉和视觉通过与许多其他解剖学变化的相互作用而逐渐改变，这些变化包括双足运动、体表毛发丢失以及头骨的变化等。

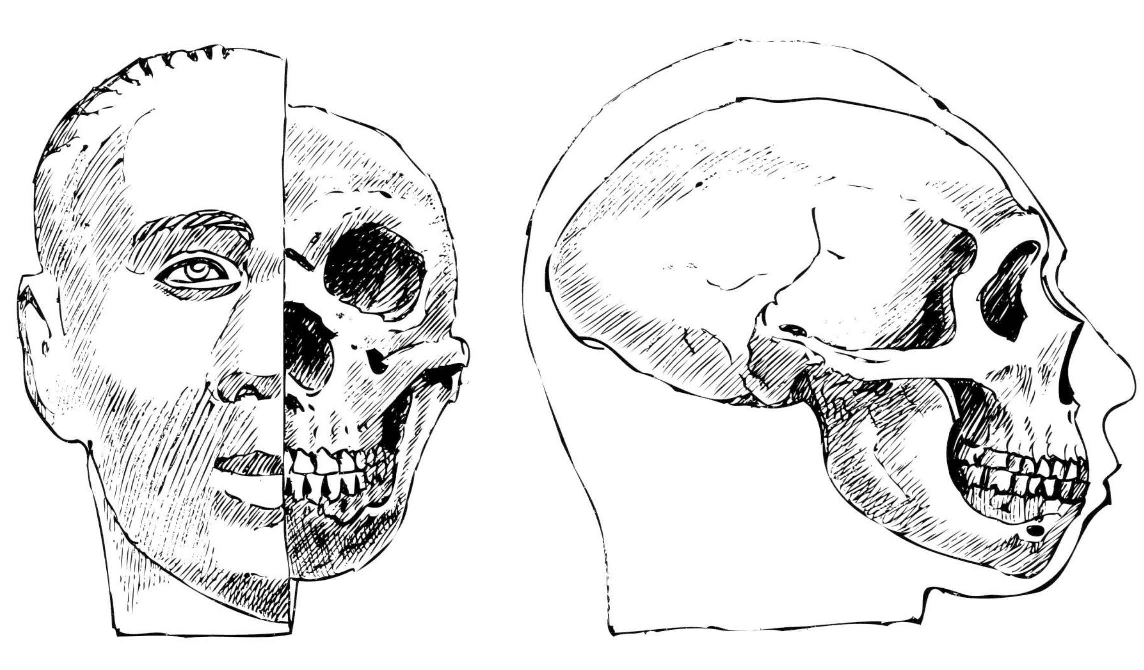

注意力和记忆的进化

如我们所见，记忆和注意力是基本的认知过程，根植于我们的灵长类遗产之中。注意力是记忆中必不可少的过程。专注力也是如此，我们可以将其视为特别强烈的注意力。换句话说，这三个过程倾向于连接起来，并服务于记忆。

关于记忆在现代心智形成中发挥的突出作用，以及记忆进化中的细节为何是理解我们思维方式的关键，已经有了很多科学文献。特别是弗雷德里克·柯立芝（Frederick Coolidge）和托马斯·温（Thomas Wynn）等科学家已经呼吁关注工作记忆的作用。这种记忆允许信息的临时储存和处理，以执行任何类型的任务，即我们总是在使用的短期记忆。我们用这种记忆来理解我们听、读、说和看到的东西。短期记忆负责与我们的长期记忆连接，还负责日常决策过程，以及其他事务。工作记忆是维持所有其他记忆的关键认知过程。

柯立芝和温提出，当我们这个物种（智人）的工作记忆能力增强时，我们得以完成决定性的认知进步。由于一系列或多或少、有些突然的基因和表观遗传变异，我们的大脑获得了更强大的信息记忆能力。

具体地说，我们工作记忆的提升令语言可以变得更复杂。我们突然能够使用语言学上的从属：包含由特定关系类型连接的其他句子的表述。例如："我知道玛丽知道乔没有电脑。"这个例子包含三个连接起来的句子："我知道""玛丽知道"和"乔没有电脑"。这种将句子连接到其他句子中的能力产生了重大影响，因为它增加了可传达信息的复杂性。该信息的发布者或接收者必须能够在其工作记忆中保持句子之间的联系而不至于把自己搞糊涂。

这种新能力影响了我们处理信息并随后采取行动的能力，这意味着我们可以在心智中保持更多的信息，从而给了我们更多的行为选择。同时，它为人类举止的巨大可变性铺平了道路，甚至播种了创造力的种子。对柯立芝和温而言，工作记忆的提升是所谓的认知革命的标志，我们现在就要探索这场认知革命。

"当我们的记忆能力提升时，
语言的复杂程度就增加了。"

抽象思维和象征性思维的起源

思考就是在头脑中形成想法。现实中存在很多类型的思考方式。在这里，我们来看看以下两种思考方式：抽象思维和象征性思维，它们因其在人类心智特殊性方面的重要程度而受到史前研究人员的关注。

抽象思维包括从特殊情况总结一般性，换句话说，它包括从特定物体和图像的特征中得出结论的能力。抽象思维的想法抽离了现实，可以处理当时并不在场的事物，并让我们能够比较和建立关系。我们似乎是唯一能够谈论丛林里的老虎却并未见到老虎或老虎涉足丛林的动物。在旧石器时代，这种思考方式会体现在很多领域，从通过考虑将来的用途来雕刻工具，到在发现猎物之前确定要捕猎的种类。

与抽象思维紧密相关的是象征性思维。这是指我们通过符号进行思考的能力，换句话说，就是通过表征替代所指事物的表示形式。符号学（研究符号的科学）中常用的符号分类方式如下：

- **图标。**它们通过相似性来表示所指对象。例如，一棵树的绘图（写实主义的）可以是一棵真树的图标。

- **指引标志。**它们通过与所指事物的关联发挥作用。烟雾是着火的指引标志；雪中的爪印是留下脚印的动物的指引标志。

- **记号。**它们与所指事物的关系是自由决定的。例如，在大多数语言中，用来构成“房屋”一词的线条并不像一座真实的房屋。

这两种思维是相互联系的，尽管抽象思维通常导致象征性思维。追溯抽象思维在旧石器时代的起源是一项复杂的任务，但科学界普遍认为，这种心理能力的物质表达似乎是与日常和即时功能无关的对象的外观，例如个人装饰品、颜色的使用、以特定的仪式埋葬死者，以及艺术品和图像的创作。

哪个原始人类物种首先拥有抽象和象征性思维，关于这个问题的争论很复杂。专家们一致同意的是，这些思维方式在旧石器时代晚期的智人中已经得到充分开发，但是对于更早的时期，他们没有达成一致意见。

有人指出，原始人类制造的某些工具的外表超出了纯粹的功能。例如，海德堡人似乎花费了大量精力制作一种双面手斧，它的美观和对称性超出了纯实用性的要求。也许它们被用作指引标志，体现了其所有者的某种特定特征。这些原始人类还竭尽全力制造特定颜色的颜料，例如红色，但这种行为却没有明显的功能性目的。

尼安德特人是此类争论的中心。许多研究人员在发现的墓葬中看出了死后生命的概念，而其他人则认为墓葬本身必然暗示着这一观念的存在。尼安德特人也是首先创造装饰品（另一种明显的象征性标志）的原始人类，他们可能已经有了人类语言，我们将在稍后探讨这一点。

但是，正如我们所说，直到进入旧石器时代晚期，我们才发现智人的抽象和象征性思维的明确证据，例如霍伦斯敦-史塔德洞穴（Hohlenstein-Stadel cave）中的狮面人身雕刻、神秘的拉尔泰（Lartet）骨骼及其数学符号、埋葬在俄罗斯松吉尔（Sunghir）遗址的一名男子所穿衣服上的装饰性串珠，以及该时期智人在欧洲洞穴岩壁上留下的绘画。

会说话的猿及语言出现的相关理论

根据认知考古学专家安赫尔·里韦拉（Ángel Rivera）的说法（2009:16），“人类语言可以定义为通过社会认可的符号表示系统（理论上涉及声音和/或手势）对所有想法、概念和感受的自愿传播，目的是干预听众的意识或注意力，换句话说，为了特定的目的（简单信息、社会关系和/或共同完成任务的可能性），语言被所有该消息的传播对象接收和理解”。

语言的出现是我们历史上重要的进化里程碑之一，而且它是人类智力起源的许多相关争论的核心。语言学家、考古学家、神经科学家、进化生物学家和心理学家等提供的信息和理论非常重要，却也同样模糊。词语不会变成化石，我们无法恢复来自更新世的音频。虽然智人在起源于非洲时似乎已经发展出一种清晰发音的人类语言，但尚不清楚智人的哪个祖先在通往语言交流的道路上迈出了第一步。

- **实体证据：我们何时可以说话？**

我们的发音系统由喉组成，其解剖结构让我们能够发出各种各样的声音。然而，它在喉咙中的位置很低，并留下了一处空间——咽上空间或声道，我们呼吸的空气和吞咽的食物都经过该空间。这个器官是我们会呛住的原因，也是我们不能同时吞咽和呼吸的原因。根据自然选择的逻辑，对于在我们这个物种中造成的如此特殊的物理限制，说话能力必定会有极大的补偿。

喉由软骨组成，并由肌肉固定在适当的位置，因此它很快就从考古记录中消失了。然而，舌骨和颅底可以提供有关喉部位置和固定方式的间接信息。谁是第一种拥有低位喉的原始人类？

调查阿塔普尔卡遗址的研究团队很幸运地能够恢复两枚舌骨和一个底部完好无损的头骨，根据他们的发现，“骨坑”洞穴中的海德堡人化石已经表现出了低位喉的特征，换句话说，他们已经能够说话了。他们是尼安德特人的先祖，如果他们已经以这种方式配置自己的喉部，那么也许这种解剖特征来自更早的先驱人甚或匠人。尽管如此，他们的脸仍然有些长，这会导致一种不同于现代人类的语音，很可能难以说出元音/i/、/u/和/a/。此外，由于中耳小骨头的发现，我们还知道他们能够以与智人同样的方式听声音。

但是，并非所有研究人员都认为舌骨位置是说话能力的决定因素，而且尽管从解剖学上说，这些人类能够发出与我们的语言相似的声音，但这并不表示他们这样做了。要想让这件事发生，还必须出现其他对认知和社会性有更高要求的情况。说话的需要与社群生活有关，和他人产生关系才会赋予语言意义。

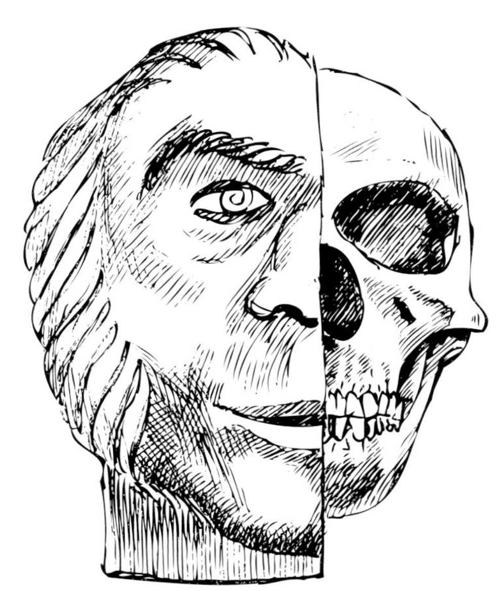

他们还必须拥有足够的认知能力来实现特定的象征性思维，即将现实的特征转变为自主决定的符号（声音）。因此，语言与我们大脑尺寸的增加密切相关。由于这是一个渐进的过程，因此可以合理地认为语言也是逐渐获得并缓慢完善的。

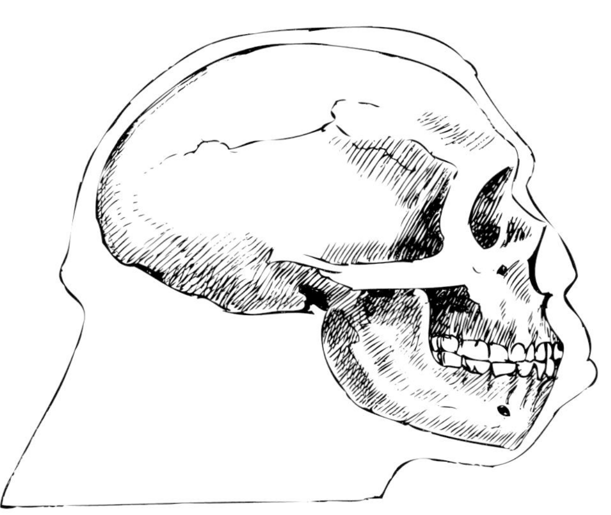

有话要说的考古遗迹

探索语言起源的另一种方法是观察考古记录中足够复杂的物体和举止形式，它们的复杂程度需要一种能够保证其成功的清晰语言。装饰品常常被当作例子。一条项链或一尊艺术化小雕像是对群体和个人身份的意识的证明，只有通过口头交流才能巩固这种意识。尼安德特人被认为是第一种拥有此类物品的原始人类。

有些活动需要重要的协调工作，如果没有口头交流，协调工作很难完成。例如狩猎大型哺乳动物，以特定方式雕刻石头，动物的捕杀、屠宰、被转移到定居点这一系列的行为，或者甚至是尼安德特人在旧石器时代中期已经实行的一系列用于品尝和储存的烹饪技术。

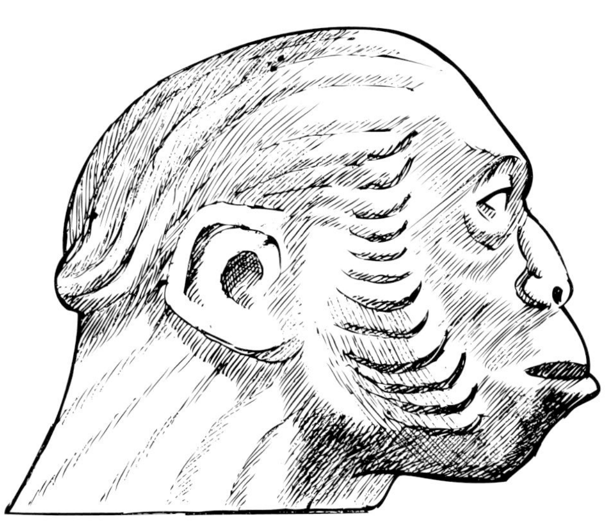

很显然，人类语言成了非同寻常的进化优势，因为它尤其促进了集体学习，这是我们强大的武器之一。我们是唯一能够进行集体学习的物种，而不是仅作为个体学习。代代积累的信息总是比丢失的信息多。这有利于非常快速地适应变化，并消除了像其他生物那样等待将变化融入基因的需要。当人类能够在大脑中形成概念，同时想象和表达这些概念时，他们能够从自己的心智中汲取灵感并分享想法，语言显示出它巨大的潜力。

关于人类智力出现的理论

关于我们的智力的出现，有许多不同的理论。通常而言，除了所用方法的差异，专家们将所有理论分成两类：一类认为智人的智力是突然出现的；另一类认为，这是一个缓慢而渐进的过程。

我们发现史蒂夫·米森提出的理论特别令人吃惊。在他看来，人类心智的发展按照某种进化形式分为三个基本阶段。在第一阶段，我们的心智被某种非特定的一般智力主导；在第二阶段，这种智力得到多个分开运作的专门智力“模块”的补充，这些模块包括技术智力、关于自然资源的智力、社会智力等；在第三阶段，这些专门智力模块相互联系并共同工作。

米森认为，在人类进化的过程中，由于语言提供的认知流动性，即穿透不同模块的壁垒并唤醒我们精神潜能的元素，我们所拥有的从独立神经元模块构成的智能转变为充分连接的心智。认知流动性是智人在20万年前取得的重大进步，它奠定了现代举止的基础，而现代举止在6万年前的认知革命中得到了最充分的体现，我们将在稍后讨论这场革命。

米森的理论建立在多学科方法的基础上，这种方法提供了大量证据。即便如此，人类心智仍然如此复杂，以至于任何理论都注定会有一些不严密的地方。例如，他的理论似乎与神经学的最新发现不符，让人们难以解释怎么会存在这样一个阶段：当一切都表明大脑能够通过连接各个部位进行工作时，大脑的各个区域却在独立运作。

阿塔普尔卡遗址的研究人员持不同观点，认为人类智力是一种更渐进且同质的发展过程，在这个过程中，智人只是链条中的最后一个环节，每种原始人类都为人类智力增加了特征。最近的考古发现将首次艺术表现形式的出现时间确定得更早，似乎也在印证这种看法：我们是整个智慧生物链条上的最后一个例子，也是最完美的例子。

“人类智力是渐进过程还是突然过程的产物？”

人类智力的进化
按照史蒂夫·米森的观点

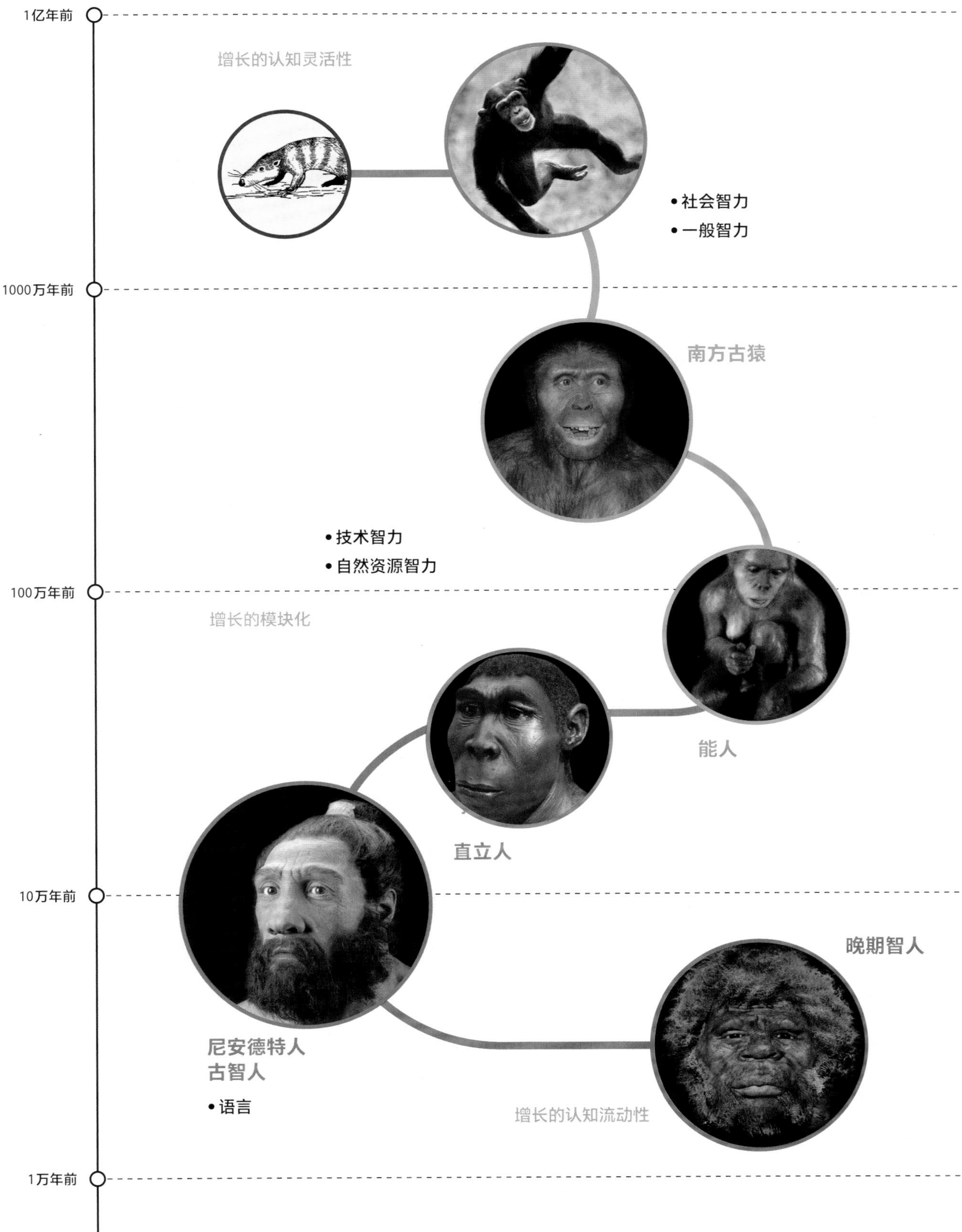

认知操作：石器的演变揭示了什么

认知操作是智力的机能，令行为得以执行。当我们将认知操作付诸实践时，许多令它实现的操作就会启动。一个有趣的练习可以帮助我们多理解一点旧石器时代祖先的心智，那就是观察石器并从中推断制作它们所需的认知操作。

桑德·范德吕（Sander van der Leeuw）等专家分析了一些工具，以探究制造它们的个体必须拥有如何复杂的工作记忆。范德吕研究了要想制作这些工具必须同时处理的不同信息来源的数量。

在这里，我们看看三个被视为旧石器时代里程碑的范例：单面切削器、双面手斧和月桂叶形尖。

所有旧石器时代石器的共同点是随着原始人类设计新形式和新技术而逐渐变得越来越复杂的一系列认知操作。这套操作序列通常包括下列操作：

- **想象这种未来的工具和它的用途**
- **做出制造它的决定**
- **选择合适的石头（并非所有石头都可以破碎并形成锋利的边缘）：**
    - 熟悉石头
    - 对它们进行实验并尝试将它们碎裂
    - 对比它们
    - 决定哪种石头是合适的
- **思考雕刻技术**
- **选择锤石**
- **应用技术：**
    - 计划所需形状
    - 计划敲打顺序
    - 实施敲打
    - 纠正错误
    - 完善形状

单面切削器

一块岩石或卵石通过在一侧接受敲击得到锐利的边缘。根据范德吕的说法，该过程需要的短期工作记忆指数（缩写为STWM）为3：选择原材料、选择锤石以及以小于90度的角度撞击的技术。进一步的发展将会是双面切削器，它需要更多敲击才能得到连续的切割边缘，其STWM为4。

双面手斧

这只双面手斧是一种金字塔形的工具，通常尖端扁平，底部圆润。它的创造标志着雕刻技术的显著进步。对于双面手斧，雕刻者通过在两侧进行切割将两个维度合并到这件工具中，其STWM为5。

月桂叶形尖

“尖”是一种长度大于宽度的燧石刀片。在被连续刨片令整个周边变得尖锐时，它变成了月桂叶形尖。这里使用了修整技术，即制作一系列力度较小的刨片，用更轻柔更准确地敲击增加对象的尖锐程度。不只是两侧都被雕刻，而且通过修整提升了锐利边缘，其STWM为7。

认知革命：能够解释一切的大脑连接

在结束对我们心智起源的描述之前，我们应该停下来思考最后一个事件：以智人为主角的认知革命，这是我们心智配置的最后一步。

无论是通过米森提出的独立模块，还是通过从一开始就有的整合智力，人属各物种都逐渐获得了能力。在烹饪领域，他们知道放在火上的食物会发生改变，并让人更有食欲，而且他们学会了如何点燃火以及如何将产品从火中取出。所有这些都指出了人属物种超越了其他动物局限性的初步思考能力。每个人属物种都以自己的方式达到了新的智力水平。

在某个时候，智人设法将其祖先发育的大脑所有部分以某种方式融合在一起。正如米森和许多其他专家解释的那样，他们以一种全新的方式为自己的大脑连接线路，赋予大脑特有的智力。这种特殊性标志着人类历史的转折点，一种将加速人类进化的范式转换。我们将这种智人独有的推理、学习和区分能力称为认知革命。

实际上，根据专家的说法，这种新的智力线路方式并不是随着智人这个物种的诞生立即出现的，而是出现在一段时间之后。最初的智人样本［通常称为克罗马农人（Cro-Magnons or Proto-Cro-Magnons）］并没有显示出这种先进智力的迹象。在来自10万年前至5万年前的考古记录中出现了这一革命性的超凡智力的证据：他们第二次离开非洲，但是这一次获得了高度成功。他们很快抵达欧洲和亚洲，并占据了无人居住的土地，例如澳大利亚；他们造成了在地球上居住的其他原始人类物种的灭绝；而且他们创造了水运船只、油灯、用于狩猎和捕鱼的精准武器，以及用来制作御寒衣物的针和锥子。可以毫无争议地归类为珠宝的物品来自这一时期，它们和艺术表现形式一样，都具有重大意义。

认知革命之后，我们不再关注生物学，而是转向历史，以理解人类做过什么以及在他们身上发生了什么。在那段遥远的时期，我们的身体和心智都得到了配置，此后，我们除了在实践中发挥潜力，没有做任何其他事情。

关于身体方面的问题仍然存在，例如预期寿命和疾病的影响。这些方面让身体重新回到历史叙述中，但是现在关于特定的事件，如果这些特定事件没有导致我们的解剖结构发生变化，就需要对我们的行为做出重大改变。心智也同样如此。从旧石器时代晚期开始，我们人类将在不同领域应用我们的智力，创造出用于扩大我们对世界控制范围的知识，但是至于这些知识是数学的、化学的、精神的、政治的还是哲学的，则将取决于文化选择，而不是我们大脑解剖结构或基因的变化。

在旧石器时代中，人类身体与营养和品尝相关的进化

我们所解释的在旧石器时代关于身体和心智的一切与美食的世界如何相关联？为什么没有人思考过这个问题？现在，我们将我们指出的每个里程碑与其在当今高档餐饮领域继续发挥的作用联系起来。

性别二态性	男性和女性的不同饮食需要。
残遗器官	智齿和阑尾是我们旧石器时代饮食的遗迹。
女性的髋	脆弱的人类后代。必要的社会合作：作为家庭或社群进行的烹饪和品尝，其是一种强化纽带的群体活动。
双足运动	双手得到解放，我们制造了第一批烹饪器具。
拥有智力的大脑	烹饪的进化及美食的创造。
味觉和嗅觉	品尝涉及的两种主要感觉。
消化系统	用火烹饪导致的肠道形状和尺寸的变化。
手的形状	精准的美食技术。

在旧石器时代中，人类心智与营养和品尝相关的进化

基本认知过程

所有基本认知过程都用于促进和改善营养。

注意力

感官知觉

记忆

复杂认知过程

思维

象征性思维通过艺术为未经制作的产品创建图标。
制成品需要抽象思维吗?

智力

获取食物的策略。烹饪被发明了。

语言

用于传递获取产品、技术、制作工具、
制作制成品等的策略。

04

旧石器时代：重大历史里程碑

精神

宗教和精神性的起源

用人类学的术语来说，宗教是一套思想体系，提供了一种有序的现实观。这套体系认为世界中的秩序由某种神圣的实体决定。宗教是一种先于科学的知识整理方式，它是一种理解世界的特殊方法。

这个定义可能需要花些力气才能理解，因为在我们当代的西方世界，有种版本的宗教依然伴随着科学，这种宗教的表达虽然已经降至最低水平，但是在过去，在科学思维解释世界之前，它占据着科学的位置并行使着解释和理解现实的功能。

宗教是如何构建的？其主要工具是“仪式”，这是一系列姿态的精确重复，这些姿态特别关注特定的对象、行为或人。仪式若要有效，表演必须符合传统。通过仪式，日常世界的习惯性秩序被成功地终止了。这种表演是一种清晰的模型，表现了事物应该如何，同时展示了群体成员必须拥有的情感和行为模式。定义仪式的另一个特征是重复。

一种惯用的仪式是献祭，它运用了互惠原则。某种祭品被奉献给神，这就产生了接受它并给予某种回报的义务。这种仪式性的供奉旨在建立一种被视为神圣的债务。

所有宗教都拥有共同的结构：它们都有一个或多个神；它们都通过仪式表达；它们有禁忌等的标准。但是各种宗教的具体表现形成却大相径庭。

从直接证据很难知道我们祖先宗教生活的这一方面。专家们使用从当今的狩猎和采集者那里收集的信息来推断出旧石器时代的首批原始人类必定拥有的宗教思想。

当我们提到人属的第一批成员时，与其谈论宗教，不如谈论神圣这一概念的起源才更合理。随着他们认知能力的提高，他们对周遭世界进行解释的需求也随之增长。很显然，理解现实和自然的第一种方法是通过神圣这一概念。他们居住的世界，即伴随着他们生活的自然是如此强大，以至于他们为其赋予了神圣的人格。

随着更聪明的原始人类的出现，神圣或神圣性的概念必须被赋予一套已经举办过仪式的宗教体系。我们可以辨认出其中的一些宗教仪式，例如尼安德特人和智人的葬礼，死者的尸体在葬礼中得到特别的照料，并伴随有象征性物品，这是我们所熟悉的宗教实践。

大约50个尼安德特人埋葬地在深深的洞穴和岩石庇护所中被发现。智人在旧石器时代晚期以更大的强度采用了这一习俗，令仪式更加复杂，而我们发现了许多死者尸体并伴有陪葬物品的墓地。

我们还知道，那些用宗教模型来解释现实的人类群体认为他们周遭的大多数事物都是神圣的。而且他们认为自己的大部分活动都具有仪式的性质。因此，狩猎、壁画洞穴甚至烹饪都被视为宗教行为就不足为奇了。

05

旧石器时代：重大历史里程碑

个性：区分行为的特征

旧石器时代的个性

每个人都在发展中获得自己的个性，换句话说，他们发展出某种特定的品质和行为方式，而这些品质和行为方式构成其个体特征并将他们与其他人区分开来。

本章将分析影响旧石器时代人类个性的每个变量是如何表达的。我们从原始人类的本能以及他们执行行为和开展活动的能力开始。我们将特别关注人类进化中的主要能力之一：创造力。这将在后面我们探讨活动时出现。

我们考察了旧石器时代人类以特定方式对特定情况做出反应的主要倾向，即他们的态度或思维模式，这与上述能力直接相关。在进行活动时，人类受到情感和感受的影响。我们分析了这些神经化学和激素反应的起源，这些反应促进人类以特定方式对自身接收的不同刺激做出回应。

旧石器时代的行为还受到个体和群体每次持有的价值观的制约。这种所谓的价值观，就是从道德角度判定他们本质的信念。

我们还考虑了气质和性格的影响，前者是一个人内在的性情，后者是后天获得的反应方式。我们还看到原始人类如何获得知识、知识的起源和进化，这些如何与学习关联，而学习是促进人类加深对世界理解的基本要素。由于知识的进步，我们已经能够解决问题，并迎接每个历史时期提出的挑战。我们还研究了原始人类在这个进化阶段拥有的经验如何成为知识和学习的来源。

与所有这些相关，我们探索了旧石器时代原始人类的复杂性，这种复杂性可以理解为他们可获得的不同类型知识的集合，以及他们在这个阶段固有的思维和看待事物的方式，即他们的哲学。作为影响他们个性的变量，旧石器时代的习惯和习俗是我们将会考虑的另一个要素。最后，我们通过研究他们的生活、行为和行为决定方式来分析我们祖先的举止。

通过对所有这些因素（本能、能力、思维模式、同情感和感受、价值观、性格和气质、知识、经验、学习、复杂性、哲学、习惯、习俗和举止）的分析，我们就得到了个性——一系列决定人的为人处事方式的原始特征和品质（见第141页图表）。

因此，我们可以在人类历史的每个主要阶段探索他们的个性，这将让我们接触到文化的概念。在“斗牛犬百科”、智论方法学以及本书所属的历史项目中，我们倾向于在使用“文化”一词的定义时将它与商业世界联系起来。在这种语境下，文化是指一群个体在其职业活动中的特定思维模式和行为。

个性是决定我们为人处事方式的一系列特征。

注重人的个性

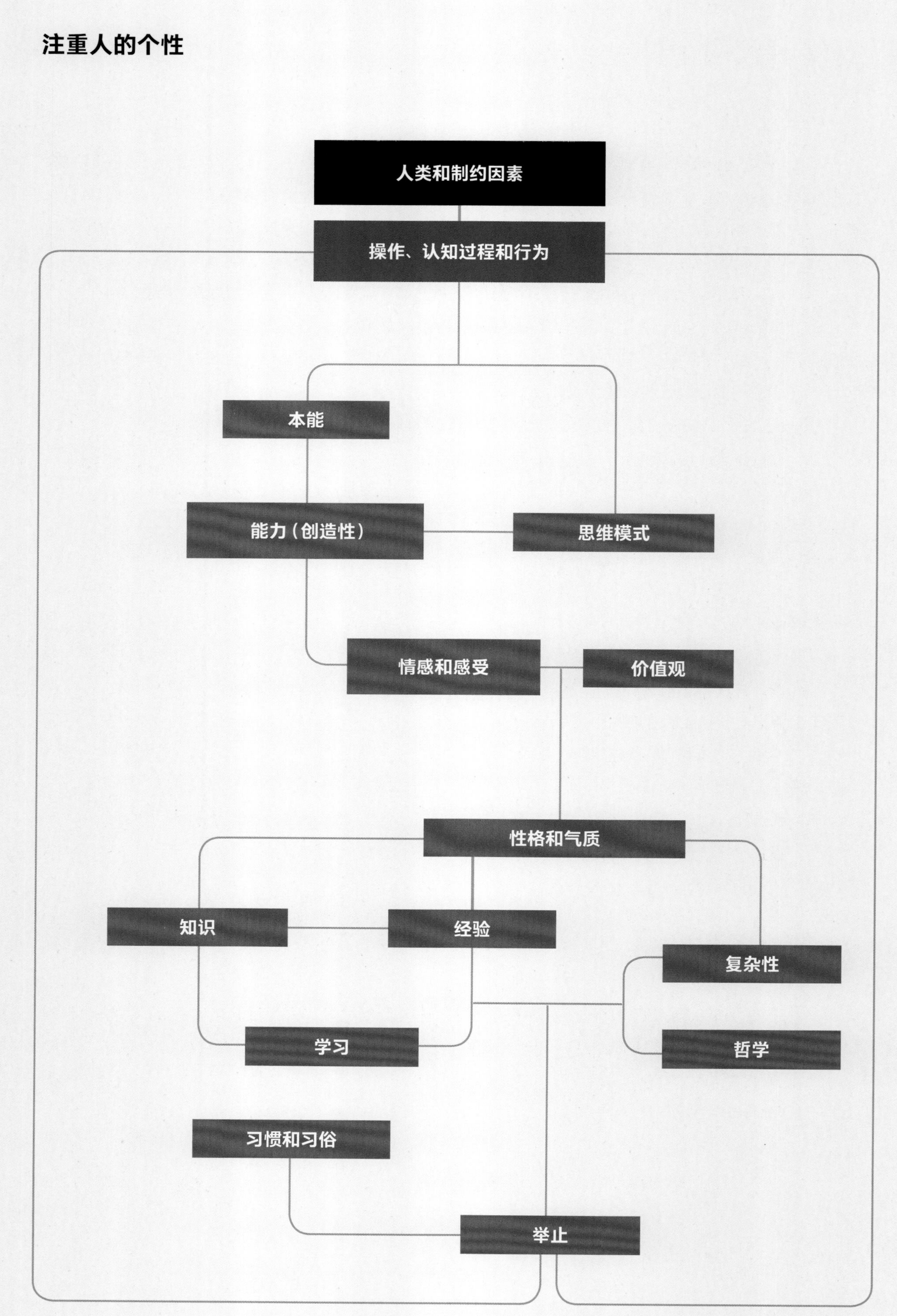
人类和制约因素
操作、认知过程和行为
本能
能力（创造性）
思维模式
情感和感受
价值观
性格和气质
知识
经验
复杂性
学习
哲学
习惯和习俗
举止

本能

本能是一种天生、自然的遗传本性的冲动，它导致所有拥有相同性别和年龄的物种个体采取某种行动以满足某种需要。动物界中的任何本能举止或行为必须至少具有下列特征：

- 先天性——它肯定不需要事先学习。
- 永久性——它采取的行为模式是不变且永久的。
- 特定性——它始终伴随一系列内部或外部刺激发生。
- 促进行为主体或其直系亲属的生存。

本能举止是刺激的结果，或者是通过一系列反射动作和非自愿行为实现的，这些行为令该物种得以生存，前提是该物种的所有成员都参与这些非自愿和自动行为。

对于人类，确定本能是什么以及本能的操作方式是更复杂的问题，这就导致了争议。虽然本能可能在人类进化之初发挥了重要作用，但是人类是否仍然拥有本能成了一个问题。如今各界意见不一，但是不同学科专家的总体看法似乎暗示人类没有本能。我们是如此特殊的动物，以至于我们设计了一套不受生物学支配的行为模型。简单地说，我们的生物学适应了我们决定的行为。我们创造了如此之多的行为方式，如此之多的不同文化领域，以至于很难想象存在任何能够在所有人类中产生同样行为的刺激（而这正是本能的定义）。人们经常提到婴儿在学习之前能够做的事情，而生物学的程序设计在我们的生命之初的确具有重要的意义，但是很快它就随着社会化变得模糊起来。

正如西格蒙德·弗洛伊德（Sigmund Freud）所定义的，最接近本能的是冲动。冲动是内部紧张状态导致的心理欲望，这种内部紧张往往被感知为身体紧张。冲动的目的是平息或抑制这种紧张状态。我们还拥有所谓的反射动作，它们是非自愿的自动反应，常常是先天的，例如新生儿的吮吸或握紧手的反射动作。反射大多是非常简单的动作（将手从火上抽出），而冲动是每个人特有的，而不是物种天生的。

然而，在旧石器时代，人属不同物种位于灵长类世界和人类世界之间的某个地方。他们逐渐放弃了更像动物的行为，以采用我们物种典型的文化行为。可以合理地认为，我们一开始从其他灵长类动物中继承了许多本能，然后伴随着我们逐渐变成后期的智人，这些本能随着时间的推移而淡化。然而，这种动态的详细信息很难追踪。能人有在鬣狗面前逃跑的本能么？当直立人学会狩猎时，他获得了其他捕食性动物的捕猎本能吗？如果答案是肯定的，那这种本能又是何时丢失的？我们很难知道。

能力

令特定任务或活动、学科或实践得以执行的一系列条件、素质或才能（尤其是智力方面的）就是我们通常所说的能力。

能力是源自认知过程的属性，因此，能力是一个物种所有个体共有的（残障情况除外）。然而，能力存在于所有个体之中的事实并不意味着它们以同样的方式或程度呈现，因为能力取决于每个人的智力、经验和遗传。因此，旧石器时代原始人类的能力与当今的人类不同，也不是所有当时的原始人类共有的。

正如我们先前讨论的那样，最早的智力形式出现在旧石器时代（见第204页和第210页）。最初的能力就源于当时的人属物种，例如，我们知道旧石器时代的狩猎和采集者组成群体生活，并根据行为模式进行组织，这意味着他们有组织和工作的能力。还可以推断出，某些成员有领导的能力，尽管他们仍然缺乏正式的职级或压迫性的权力。

一方面，随着身体的变化，他们的身体能力逐渐改变。例如，他们逐渐失去了攀爬的能力，但是由于其认知过程从一开始就赋予他们不断增长的理解能力，他们由此又获得了许多其他机能。通过知识的累积和他们将知识融会贯通的能力，他们还能够制定出保护自己的策略（抵御气候、防御动物、四处迁徙等）。

另一方面，旧石器时代祖先们的认知过程赋予他们学习、认识和理解的能力，他们已经开始表现出连接、联系、情境化、解释、比较、识别和联想的能力。他们还开始表现出象征能力的迹象，这让他们能够想象、幻想、感知，这些过程最终将导致他们提出想法。这些能力让他们有可能去发现，尤其是创造。因此，他们开始发展出人类进化的关键能力之一：创造性。

创造性，即创造的能力，是对人类历史而言强大的驱动力之一。因为它让人类能够生产和修饰事物，改变它们的状态，以及解决出现的任何问题。关于创造的能力和创造性思维模式，有很多内容可以说，它们是人类固有能力的重要组成部分，也让我们有了进行研究、调查、探索和实验的可能性。

在下一章，我们将对这一至关重要的人类能力及其历史演化进行详细分析。

思维模式

思维模式是纯粹的个人特征。取决于背景、心理状态、能力和面对的环境，每个人都会显示出某种特定的思维模式或态度。在这里，我们谈论的不仅仅是一种思维模式，我们实际上谈论的是已经付诸实践并与不同特定环境相关的许多特定的思维模式。换句话说，人类的思维会适应他们在任何特定时间所处的环境。思维反复无常这一事实并不妨碍它们被标记和评估，例如我们可以断言一种思维模式是有利的还是不利的、是积极的还是消极的。

思维模式是一种不断与能力对话的变量，这就提出了一个问题，即特定思维模式是否也是一种能力。无论如何，思维模式可以被认定为促使或有利于活动开展的特征。

我们可以假设，旧石器时代的有些原始人类拥有更加有利和积极的思维模式，而另一些原始人类的思维模型则较为不利或消极。有的原始人类积极主动，有的则消极被动；有的原始人类拥有利他主义的思维模式，而另一些原始人类则被个人利益驱动。尽管没有办法搜集这方面的具体信息，但我们可以识别出那些我们强调的能力所导致的思维模式。据此，我们可以假设我们能够在我们祖先的行为中识别出具有合作性、参与性和组织性的思维模式，而且正如我们已经指出的那样，对于进化至关重要的一种思维模式——创造性思维——促使我们的祖先或多或少地诉诸创造，并将创造作为应对他们生活背景中的挑战和满足需求的手段。

正是由于这种强调合作和参与的行为方式，我们还可以说，负面或不友好的态度几乎肯定会受到惩罚和鄙视。

我们想象的可能存在于旧石器时代的思维模式

- 合作思维
- 参与思维
- 组织思维
- 创造思维
- 交流思维
- 求知思维
- 同情思维
- 探索思维
- ……

情感和感受的起源

情感是心理和身体的反应，促使人类以特定的方式对外部（来自外部）和内部（与经验相关）的刺激做出反应。对于人类，情感体验取决于参与背景或情境评估的认知过程、思维模式和信念，而背景或情境起到情感催化剂的作用。因此，同样的刺激可能会让两个人产生不同的情感，这是他们过去的经验、知识以及特定性格决定的。感受是情感反应过后产生的意识和沉思。

情感和感受藏在几乎所有人类思想、行为和决定的背后，因此对它们的分析非常重要。

人类的情感出现在旧石器时代吗？查尔斯·达尔文（Charles Darwin）尝试在《人类和动物的情感表达》(*The Expression of the Emotions in Man and Animals*，1872年）中首次回答这个问题，这是关于情感的第一部科学专著，达尔文在其中探索了人类和动物表达情感的方式。他发现了一些能够解释我们为什么有情感的关键线索。在他看来，情感是自然选择用来令生命成型的所有一切中的一种要素。情感在人类中出现并被选择，因为它们对人类的生存起着决定性的作用。达尔文提出了解释情感起源的三个原则：

- 有用的相关习惯的原则：存在某些有用的情感，通过重复，这些情感最终成为自然选择保留下来的一套情感的一部分。例如，厌恶令我们远离有毒和可能有害的事物。

- 对立原则：每种情感都有其反面，并在相反的情况下发生。例如，厌恶的对立面是愉悦。

- 由于神经系统的构成而产生行动的原则，它与意志无关，在某种程度上也与习惯无关：某些情感是神经系统被过度刺激而出现的结果。恐惧就是这种情况，它在出乎意料或不受控制的情况下自发且非自愿地出现。

包括约翰·图比（John Tooby）和勒达·康斯曼德（Leda Cosmides）在内，一些科学家正在继续从进化角度研究情感起源。他们提出，情感就像安装在我们体内的计算机程序，以帮助我们解决困难，而且情感可以根据环境状况打开或关闭。这提出了一个至关重要的观点：什么环境条件导致了情感的形成？需要实现情感的适应性问题是什么？根据我们对旧石器时代的了解，我们可以强调以下方面：

- 后代的脆弱性。正如我们在第187页所见，人类后代极度依赖养育，他们需要一段很长时间的照料。要想完成这项任务，拥有爱、怜悯和温柔等情感一定是非常有用的。

- 一夫一妻制。与单一配偶建立长期纽带似乎是人类行为中根深蒂固的趋势，这大概是为了保证后代的生存。与群体中的特定个体建立持久的感情纽带的能力必须服务于某种非常实际的目的。我们已经看到，自然改变了我们的身体，令愉悦感在我们的性生活中特别强烈，这也促进了我们这个物种特有的高度合作倾向。

- 对病人或老年人的照顾。在人类进化的过程中，预期寿命逐渐增加。从旧石器时代中期开始，我们观察到有些群体为年纪最老的成员提供特别照料，用以治愈自身并让老者的生活更轻松一些。正如我们所见，成功取决于合作，照料很可能是凝聚群体所有成员的必要条件，并让所有成员能够继续从自己的经验中受益。

- 对不平等的抑制。我们知道旧石器时代的狩猎和采集者群体可以包括65～100名成员。彼此的摩擦在大群体中容易发生得多。然而，我们知道狩猎和采集者是以平等的方式组织起来的，没有等级制度。贾雷德·戴蒙德（Jared Diamond）等学者认为，要保持这种平衡，就必须加强在人与人之间建立纽带和联系的情感。

- 协同性工作。我们知道，有些任务是由于团队合作完成的，例如狩猎大型哺乳动物和建造公共小屋。与之前的观点一致的是，这些任务必定鼓励了亲属的积极情感。

总之，我们的主要生存策略是合作，这产生了激发特定情感的需要。通过自然选择，这些具有适应性的情感随着时间的推移被选择并保留下来，成为普遍的人类天性。

达尔文提出，情感和表达情感的方式是通过基因传递的，而且每个人都有感受情感的能力。我们以相同的方式表达情感，而且能够在其他人中识别出情感。达尔文相信，情感是我们终生固有且不变的特征。

但是，达尔文搞错了。情感形成于旧石器时代，而我们的解剖、遗传和心理进化导致我们的基本情感中的一部分固定了下来。但是，正如我们所见，一旦智人告别了旧石器时代，生物学就不再帮助我们理解如何行事。情感也不例外。文化在一定程度上修改了我们感受到的情感、我们表达情感的方式，以及刺激情感的事物。因此我们可以推断出，情感有“历史”，它们随着时间的推移发生了变化，而且它们对不同人类群体的影响方式以及不同人类群体体验它们的方式也将有所不同。

虽然情感是个体的，每个人都根据自己的生活经验和生活方式体验它们，但是每个社会也都会建立一套参考框架，定义哪些情感应被重视、哪些应该被忽略、哪些应该指导人际关系、它们必须被如何表达，以及它们如何被容忍和忽视。这套参考框架在很大程度上调节了公众对情感的表露。

图为黑冠猕猴（*Cynopithecus niger*，学名已改为*Macaca nigra*），两幅图表达两种情感。
插图来自查尔斯·达尔文，《人类和动物的情感表达》（1872年）

价值观

价值观被定义为人类坚守的信念，这些信念从道德立场决定人类的秉性并指导人类的行为。除了信仰，价值观还涉及促使我们以特定方式行事的感受和情感，不只是因为如此行事的结果，还因为这样做实质上被认为更值得赞赏。

每个人都有自己的价值等级体系，这意味着价值是按照重要性分级的。个人最重要的价值观——可以认为是他们个性中不可或缺的一部分——指导他们的决策，控制他们的欲望和冲动，并强化他们的责任感。

这些价值观不但以独特的方式排序，而且取决于个人的生活经验，它们还被赋予了独特的意义。价值等级体系常常会在个人的一生中发生变化，而且它们在人类进化的不同时期的阶段变化得更剧烈。

每个人拥有的价值观往往与社会定义的正确或可取的标准保持一致。关于旧石器时代的价值观，这基本上就是我们能够谈论的一切。虽然我们已经可以非常广泛地定义狩猎和采集者哲学的共同点，但是我们很难超越这一点来讨论每个人定义的价值观，因为每个群体都制定自己的价值观，而旧石器时代的价值观没有为我们留下一点痕迹。

然而，正是通过这些一般特征的定义，我们才能够断言，这些早期群体存在诸如家庭、爱、合作和公平之类的价值观，而且这些价值观源于他们为了完成任务而建立的情感纽带、对老年人的照料以及非等级群体组织。同样，我们可以断言，自然本身就是一种价值观，一切来自其中，通过自然可以理解一切，以至于自然被认为是神圣的。在这种对自然的尊重中，我们还观察到了感激环境并与之和谐共处的价值观。

慷慨的价值观源自存在于旧石器时代部落中的互惠原则（分享、接受和回馈）。这体现在猎物总是被分享以及个人不积累物品的事实上，个人财富的概念还不存在。

“个人价值观总是与社会定义的正确或可取的价值观有联系。”

性格和气质

性格和气质是个人或群体特定的品质和境况的集合，并根据其本性以及行为和反应方式将这二者区分出来。这两个概念常常不加区别地使用，但很多作者指出了它们之间的差异，这些差异可以概括为以下事实：气质是天生的，而性格是从这种原始的性情和习惯中获得的。

性格和气质是考古学中最无形的东西。由于每个人都可能接受新的体验，所以，对研究过去的专家而言，他们的内向或外向程度、情绪稳定性、德性和缺陷以及举止都是谜团。

我们可以大胆猜测，每个原始人类的性格都可能对群体的正常运作做出了贡献。爱挑事的气质或不友好的态度几乎肯定会受到惩罚或者被鄙视，合作对于生存的环境至关重要，有敌意或者和其他人起冲突的性格没有前途可言。

此外，专家们一致认为旧石器时代性格和气质的类型范围比现在狭窄得多，换句话说，在当代西方和资本主义世界中，极端个性是常态的各种特质和行为，与任何生活在旧石器时代或传统的前工业社会的人无关。在旧石器时代，就像在古代历史的大部分阶段一样，人们在各个方面都必须有更多的相似之处，无论是在本质上还是在行为方式上。实际上，相似是生存并在世界上找到自己出路的关键之一，这几乎和现在的情况完全相反：如今我们每个人都在努力与众不同，以寻找自己的位置。我们生活的环境截然不同，而历史再三向我们表明，过去的居民并不像我们，他们在性质上和我们不一样，他们并不像当代西方世界的人那样思考和做事。

在史前时代，性格和气质的类型很可能比如今有限得多。

知识和学习。旧石器时代的原始人类如何发现事物？相互连接的知识的起源和衍化

对理解的需要源自认知过程，它是人类的另一项特征。我们在这一过程中迈出的首批步伐与人类进化遵循相同的路径，随着人属每个物种的出现逐渐前进。

知识对于我们在这个世界上执行任何外部行动都至关重要。每个人类群体都设计了理解周遭世界的方法，从而让自己能够对世界施加某种程度的控制。我们这个物种的名字——智人——强调了这一点。我们是聪明、会思考、理性的生物，具有推理的能力和产生知识的需求。这就是哲学家勒内·笛卡尔（René Descartes）在他不朽的名言“我思故我在”中所表达的。

理解与学习这一行为紧密相关。知识是学习的成果。反过来，若要将创造性（我们将在下一节探讨）付诸实践，首先需要理解的能力。要想充分利用知识，必须将知识连接起来。这意味着我们必须找到我们理解的现象之间的关联，以便获取尽可能多的情境。每当人类理解时，都在利用一种心智能力，这种心智能力包括对信息的连接、关联、情境化、解释、比较、识别和联系，并将该信息纳入为他们提供知识的系统中去。

在整个历史中，知识根据每种文化的生活方式、需求、传统和对现实的世界观而采取不同的形式。例如，我们的史前祖先不太可能对自然现象的最终原因感兴趣，因为这更像是拥有世界科学知识的社会的特征。与知道“为什么”相比，我们的史前祖先更想知道哪些自然元素会反复出现，以及它们与什么有联系。

我们知道，在人类起源时期和古代历史的大部分阶段，人类获取解释的唯一来源是他们最有把握了解的事物：他们自己。人类行为成了解释任何自然现象的模型。河流、岩石、动物、植物、风、雨等都表现得像人。它们有感受、意识；它们可以自由行动，甚至可以与人类交流。这种类型的思维被称为万物有灵论。在一个万物都有“灵魂”的世界里，一切都是有生命的存在：岩石会变得愤怒，河流可以帮忙，猎物可以对猎物说话。

然而，自然在某种程度上是特殊的人，并且由于无法控制自然或者预测自然的行为，因此它被赋予了更高的、神圣的性质。所以，在理解这些行为诞生的同时，神圣的概念（神话思维，也称为宗教）也诞生了。

自然按照人的方式运作，虽然这种想法似乎是幼稚和低效的，但是这套系统对于开展活动是有用且实际的。事实证明自然没有消失，而且人类得以生存，更重要的是，人类取得了进步。

数千年过去之后，我们才设计出另一种更强大的理解现实的方法——科学。它为我们提供了对自然现象的更准确的理解，进而让我们能够设计出改变自然现象的方法。在西方的大部分历史阶段，这两种理解方法是共存的，直到科学赢得了这场战斗。

从我们的史前祖先获取知识并解释周遭现象的方式出发，我们可以凝练一些关于他们积累的知识类型的想法。根据我们在考古记录中的观察，他们展现出越来越先进的技术知识，这可能是他们的注意力、专注力、理解和学习能力不断增长的结果。

例如，石器的制造已经从一种非常简单的动作（敲击石头一或两次）变成了需要极精确知识的过程（见第212页）。制作莫斯特箭需要大量必须正确执行的技术动作。

概括地说，当我们将注意力从原始人类的某个物种转移到下一个物种时，我们观察到他们生活中所有领域的知识都增加了。史前人类与其自然环境及其本性（仍然与其他灵长类动物的本性紧密关联）之间存在密切的联系，这为他们提供了关于生存所需资源的大量知识。某个直立人对动植物的知识很可能超过如今的任何城市居民。

智人在积累知识方面迈出了巨大的步伐。他们增加了保护自己不受恶劣自然条件侵害、生存以及迁徙的策略。另一项基本认知能力——学习，在我们这个物种中到达巅峰。学习和认识将会是赋予我们决定性进化优势的两项能力，而它们是通过一种强大的工具——语言实现的。

应该强调的是，这种获得和积累的知识并不是一成不变的。人类是处于不断变化中的个体，并且不断获得新知识，而且知识随着时间的推移而改变。某些类型的知识会被摒弃，然后被新的信息取代，而另一些类型的知识则会成熟并得到改进。

然而，知识积累本身并非全都是正面的。它并不总是提高我们对现实的理解。有时候，我们面对的知识层次的重叠让我们很难知道什么是真实的，什么是在不假反思的情况下仅仅由于惯性或方便传递下来的。这种知识可能包括不真实、缺陷、翻译不当、模棱两可或错误的解读、矛盾的概念、夸张、简化、概念错误、傲慢、过时的知识或大众传说，这些只是在知识传播中阻碍真正的理解的部分例子。

认识世界的第一种方式是将人类的特质赋予自然界中的一切。

经验

经验是知识的来源。它是通过生活环境或情况获得的生活知识。经验是长期实践的结果，并提供用来做某种事情的知识和技能。

我们可以说，旧石器时代的原始人类逐渐获得了程序性知识，这是从做事的方式中汲取的（不同于事实性知识，它是从事物的本质中搜集的）。

所有经验都会产生学习，这意味着当我们的祖先做出行为时，他们会从中获取经验，例如，他们学习并且能够改进狩猎或采集的方法。

原始人类的复杂性

所谓复杂性，我们指的是每个人拥有的一套知识类型，他们的特定技能、教育和培训等。因为这个类别应用于个人，所以无法被历史学家审视。我们只能推断，对于旧石器时代的任何原始人类群体，其成员之间的复杂性几乎没有差异，因为个体之间的差别在所有层面上都是很小的。

他们学习和认识的能力带来的知识进步培养了他们的复杂性，并令他们能够创造。他们拥有和积累的经验也使他们的复杂性增长了。

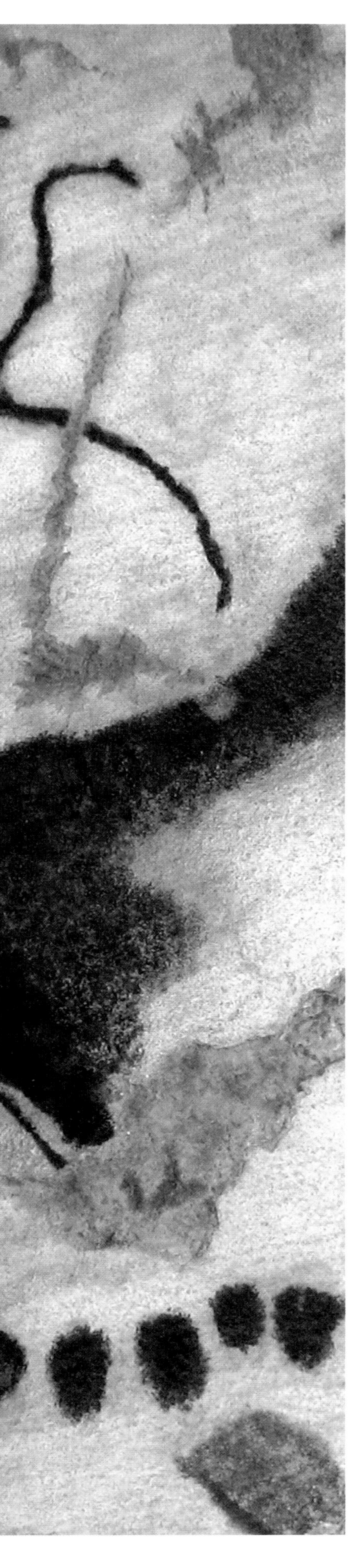

史前哲学：万物有灵的心理状态

当我们讨论处于旧石器时代各时期背景下的哲学时，我们指的是指导人类群体行为的心理状态。这就是他们的世界观：他们认为世界是什么样的，以及什么样的想法指导着他们的行为。哲学并不取决于生物学，而是取决于文化的发展，即一个社会决定如何生活。

我们已经讨论了旧石器时代人们的哲学，并首先提到了万物有灵的心理状态，它极大地影响了生活的其他方面。这种心理状态的一个有趣的细节是，它缺乏我们现在拥有的复杂的时间观念。对我们来说，过去、现在和未来的存在是显而易见的，同样显而易见的事实是，所有事件都可以按照时间排序。然而，在万物有灵的心理状态中，时间并不是整理现实的重要参数。实际上，我们可以说这些人生活在一种永恒的存在中，而事件是根据现实的另一个参数——空间来整理的。因此，当一个人死去时，他并不是构成了过去的一部分，而是去了另一个地方。因此，在他们生活的世界里，除了自然中的存在，还充满了灵魂以及神秘无形的事物。

同样令人感兴趣的是这种心理状态的显著情感特征。因为自然的一切都被视为人，所以人们与一切都形成了个人和情感上的关系。基于科学知识的心理状态提供关于已知现象的客观而枯燥的信息，与之不同的是，万物有灵论中的一切都充满了情感，既有正面的，也有负面的。

通过人类行为解释世界并不能提供现象背后和真实机制有关的大量信息，所以现象既无法被控制，也无法被更改。自然呈现为一个强大的实体，并因此被偶像化，成为某种神灵。据最近研究狩猎和采集者部落心理状态的研究者之一阿尔穆德纳·埃尔南多（Almudena Hernando）称，这些群体认为自然是神圣的。他们相信，由于自然的行为方式与人类相似，那么他们是作为特殊的人被自然选中的，并处于自然的保护之下。自然保障他们的安全，这让他们感激。这种心理状态是一种与环境的交融，通过这种方式，他们感到自己是受到神圣保护的整体中的一部分。

旧石器时代的习惯和习俗

人类行为不但与能够做的事有关，而且还与需要做的事以及被认为是正常的事（即习惯和习俗）有关。因此，分析旧石器时代所有不涉及理性过程或者需要极低推理水平的重复性行动是很重要的。

我们可以想象，那些过去的狩猎和采集者的生活拥有某种令人们养成习惯的特定的日常结构。我们不可能知道每个人会养成什么特定的习惯，但是我们仍然可以提及一种有趣的现象，这种现象是人类学家在他们能够分析的大多数狩猎和采集者群体中发现的，即他们有大量空闲时间。每当研究狩猎和采集者用来寻找食物的时间时，结果总是令人吃惊的。研究者发现，狩猎和采集者并没有饿着肚子、每天焦虑不安地游荡着搜索赖以维生的食物，他们每天最多花费6小时，而且1周花费不超过5天来获取必要的资源。这种状况再加上更多样的饮食和群体成员的有限数量，塑造了相当健康的社会，它与后来出现的农业社会相比，人们更少遭受饥荒。

我们祖先的举止

当我们谈论人类的举止时，我们指的是行为和行动方式。我们可以从不同角度探讨这个词汇。心理学从影响行为的机制和决定行为的心理方面去理解举止。举止也被理解为主体特性的表达，即人类个性的体现。

控制和影响举止的三个决定性因素：

- 目的——取决于行为的目的，举止获得意义并产生了一种解释。
- 动机——举止拥有某种将自身发动起来的东西。
- 因果关系——举止也因特定原因存在或发生。

另外两个要素也可以指导举止：

- 社会和环境——主体周围的环境，包括身体和社会环境（外部因素）。
- 生物学——通过基因产生关联，而基因是生物过程中的决定性因素。基因是内部因素，我们还可以添加另一些要素，例如饮食和子宫内的妊娠月份。因此，人类的举止还与心理学和生理学有关。

人类拥有不同形式的举止。这种多样性很容易理解，毕竟个体拥有不同的目标。他们发现自己处于不同的环境，而且他们都是独特的人。从这个意义上说，他们被赋予了能力、思维模式、价值观、性格和气质、哲学、情感、一定水平的知识和复杂性、学习和经验、习惯和习俗，以及（对于原始人类而言）特定的本能，他们的举止就是通过所有这些发展的。

没有一种方法可以解释举止的组成部分，而每种社会科学学科都按照自己的方式整理它们。我们认为我们先前描述的所有要素都属于举止的概念范围。我们并不自称是这方面的专家。我们的目的是找到一种简单的方法，来解释理解人类行为时，我们认为具有决定性意义的事物，之后我们将在整体上尤其是高档餐饮部门的创造和创新活动中更详细地解释这些事物。

我们如何知晓旧石器时代的举止？这是一个无法汇编信息的领域。没有书面记录，该类别显著的个体性让它无法被考古学探究。然而，从前面我们对举止的每个要素以及一般意义上的个性的描述，我们可以大致了解当时的行为是什么样的。

情境对原始人类个性的影响

当历史学家和考古学家谈论情境时，他们往往指的是社会经济、政治、文化和意识形态方面的情境，所有这些都是人为的构建，并形成了群体举止发展的参考框架。在某种程度上，这种框架限制了每个人可以开展的活动范围。

例如，在中世纪的欧洲，农奴就是不能停止劳动，去城镇做生意或者去军队碰运气，即便他们有能力这样做。市民无法从事农业生产（即使他想这样做）或者考虑当一个神职人员，因为他们被禁止这样做。换句话说，大致说来，狩猎和采集者的行为方式不会像农奴一样，也不像工业家或者19世纪的艺术家。每个人都被所在其中生活的历史情境（背景）限制，除了性格或举止方面的个人差异，这些历史情境（有时是有意识的，有时是无意识的）规定了正确的行为方式。这一特点使得从历史分析的角度研究人类行为成为可能。如果每个人都按照独特且不可预测的方式行为，社会科学家就没什么能够研究的了。

当我们谈论旧石器时代时，就情境而言，我们关注的是一个相对简单的历史时期，因为专家们所谓的社会经济复杂性的水平很低。与其他时期相比，活动种类、自然环境中的干预、人的类型以及人之间的关系都比较少。

在旧石器时代背景下具有最大权重的特征是为人类提供资源的活动：狩猎和采集。人类学家和考古学家数十年来一直在研究创造这种社会的社会意识形态结构的类型，以确定其成员的行为方式。尽管每个狩猎和采集者群体都有自己的特性，但他们也拥有影响行为的许多共同特征。

例如，他们的经济活动（狩猎和采集）的特殊性导致了在狩猎和采集者之间实行的互惠原则。根据这一原则，除了接受和回报，他们还有分享的义务。游牧生活的要求降低了积累以后必须带走的物品的有用性，所以个人财富的观念在这类群体中毫无意义。在这一情境中，最有价值的资产——食物，只能是必不可少的资产，但是食物的所有权不是个人的。猎人的首要职责是分享猎物。

基本社会结构是小部落（band），这是一个由数十名通过亲缘关系联系起来的个体构成的，且具有平等性质的非正式机构。当人数达到数千人时，它通常被称为部落（tribe）。小部落和部落中存在不同分工，尽管这种分工有很大的灵活性。虽然女性倾向于做采集工作，但她们也参与狩猎，而男性主要从事狩猎，不过他们肯定也参与采集。领导者是存在的，但是没有任何职级或压迫性权力。这种群体可以随时选择新的首领，因为首领的权威取决于他从其他人那里得到的信任。有时候，他们会采取萨满祭司或精神领袖的形式，帮助群体在转移营地或者与附近群体结成联盟时取得成功。

狩猎和采集者在其中居住的生物群系也具有重要影响，它决定了群体的大小和移动方式。没有模型可以告诉我们一群狩猎和采集者多久移动一次或者群体规模有多大。环境及其资源决定着这些群体的生活方式。

最后，除了情境，人们所属的群体确立的哲学是一个重要因素，并且对其成员的举止有很大的影响。我们已经在第231页讨论了这一点。

我们可以将哪些原始人类称为人类？

在研究人类进化时，我们发现大量相互关联的原始人类物种，他们构成了一棵具有许多复杂分枝的家谱树。这些物种中的哪些是人类？

概括地说，虽然这棵家谱树的许多成员都作为亲戚，位于家谱树中我们的上方，但是我们倾向于将“我们的祖先”这一标签限制在人属的各个物种。因此，旧石器时代作为人类历史的第一个时期开始于能人——人类的首个代表。但是，这个小家族正在变得越来越复杂。

问题在于，人属的所有原始人类真的都是人类吗？数十年前，唯一真正的人类物种——智人，被认为是我们这个物种。他们的工具、他们对地球上大部分生态系统的适应、艺术和语言的产生和集体狩猎策略的设计等，这些都是在此前的原始人类中未曾观察到的特征。换句话说，通过考古文物观察到的举止树立了作为人类的基准，而直到最近，这一系列的人类行为才仅在智人中发现。

然而，考古工作的进展将人类的门槛大大向前推动。尼安德特人在他们行为的复杂性上表现出了和智人相同的水平。而且如果我们再往前，会发现海德堡人的样本表现出了所有人类举止的特征：他们使用大量文化策略获取资源；他们分享自己的食物（他们拥有稳固的群体意识）；他们照料病人等。

同样的情况也出现在人类起源的传统标志——制造工具上。在非洲的最新发现表明，有些原始人类早在人属出现330万年前就能雕刻石头了！我们是否必须尽快承认南方古猿是第一批人类物种？在接下来的几页，有一些带插图的方框展示了人属各物种的能力、哲学和前面几页描述的其他概念。我们在其中填写了我们掌握的最相关的信息。显然，在这种情况下，我们指的不是特定个体，而是组成物种的个体的总和。

“能人在多大程度上是人类？”

能人

本能

仍然和他们的灵长类动物本性紧密相连。

能力

认识/学习

- 学会剥落石头。
- 他们的智力让他们能够组织起来，作为一支团队去获取养活自己的肉类。
- 能够搜刮腐肉，并摄取骨髓和大脑等部位以获取营养。
- 后天获得的技术智力。

想象/创造

- 制作了第一批工具。

思维模式

- 未知。

情感/感受

- 产生了最初的情感。

价值观/性格/气质

- 未知。

哲学

- 万物有灵的心理状态。
- 循环时间的概念。

情境

- 非常简单的社会经济情境，以小群体为单位进行采集和食腐。

直立人

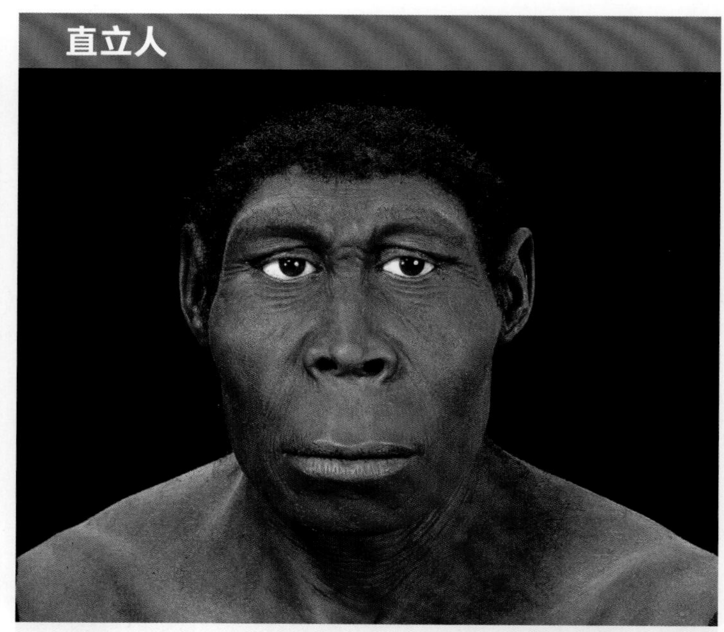

本能

向人类举止靠近了一小步。他们的灵长类动物本能减少了。

能力

认识/学习

- 提升了技术智力。
- 能够提前设计工具。在开始剥落石头之前，他们知道自己想要得到的形状。
- 能够从两面剥落石头。他们做这件事的特定方式产生了第一件人类著名的双面手斧。
- 能够点燃篝火。
- 更多空间探索；能够在大陆上迁徙移动。
- 增加了对自然资源的知识。
- 学会打猎。

想象/创造

- 制造篝火并设计控制火的技术。
- 制造新的武器。

思维模式

- 未知。

情感/感受

- 发展情感。

价值观/性格/气质

- 未知。

哲学

- 万物有灵的心理状态。
- 循环时间的概念。

情境

- 采集、食腐以及开始狩猎的社会经济情境。

尼安德特人

本能

高度发达的人类举止。肯定丢掉了许多灵长类动物本能。

能力

认识/学习

- 开创了语言。
- 提升了他们的学习能力。
- 能够适应非常寒冷的气候。
- 能够制作非常复杂的工具。
- 更多空间探索；能够在大陆上迁徙移动。
- 增加了狩猎、捕鱼和采集的知识。
- 掌握了用火技能并每天使用。

想象/创造

- 表现出象征性思维的迹象：想象的首个证据。
- 艺术和装饰品的首个证据。
- 发明了一种新的手工技术：用锤石剥落石头。
- 创造了他们自己的石头剥落技术及勒瓦娄哇石片打制术。

思维模式

- 未知。

情感/感受

- 有证据表明他们照料病人，埋葬死者。在情感上比此前的原始人类更发达。

价值观/性格/气质

- 未知。

哲学

- 万物有灵的心理状态。
- 循环时间的概念。

情境

- 狩猎和采集的社会经济背景。

智人

本能

最终失去了所有本能。

能力

认识/学习

- 获得了动物界最用途广泛的智力。
- 完善的语言。
- 严格属于人类的学习能力。
- 能够适应所有环境；占领了地球。
- 完善了工具。
- 增加了狩猎、捕鱼和采集等方面的知识。
- 学会了在岩壁上作画，雕刻小雕像以及制作珠宝。

想象/创造

- 充分发展的艺术创造力。
- 充分发展的象征性思维。
- 开发使用新材料制作工具。

思维模式

- 未知。

情感/感受

- 充分发展的人类情感。

价值观/性格/气质

- 未知。

哲学

- 万物有灵的心理状态。
- 循环时间的概念。

情境

- 狩猎和采集的社会经济背景。
- 定居生活的开始。

06

旧石器时代：重大历史里程碑

创造性

人类活动如何开始和演化？

能人出现时，他们的基本身心活动全都与生存息息相关，在这一点上，他们与自己的灵长类动物亲属别无两样。他们呼吸、四处走动、攀爬、睡觉、梳理毛发、进食……这些行为不需要外部资源（只需要身体和心理能力），也不需要知识或训练，它们是几乎自动甚至不自觉地进行这些行为的。后面又出现的首批行为是在自己身上或者与其他人的互动中进行的，例如交流、抚摸和处理伤口。

他们还开始开展由行为和任务构成的活动（更复杂的操作），这需要某种知识或训练，有时还需要资源，并且是有意开展的。很快就出现了与自然环境相关的活动。最重要的活动与维持生存相关。

当能人可以开展一系列新活动，而且这些新活动需要制作和使用某种人工的东西或某种此前在自然界中不存在的东西时，转折点就来了。在人类开始之初，提升基本生存任务或者令这些任务更容易完成的意图鼓励了创造。

我们知道，首先要制造的物品是石器。能人用一块石头敲击另一块石头，得到了锋利的边缘。但他们使用的并不是随机的石头，也不是以随意的方式敲击。他们选择的是最合适的石头，并用特定的方式敲击。这种剥落石头制造工具的活动是技术的起源。

能人的后代继续增加他们的活动种类，特别是那些涉及人为创造的活动。直立人将学会控制火，从而启动一项具有历史意义的基本技术，而尼安德特人将开发出制作工具的新技术和高度复杂的狩猎策略。

随着新石器时代的到来，此时已经远离灵长类动物的世界了，同时智人作为唯一的主角，人类逐渐让这个等式更加复杂。某些活动变成了行业，即个人被惯常占用的事务，用于为自己提供维持生计的必要资源。行业涉及关于某个主题的技术和理论知识，而这些知识往往是非正式地代代相传下来的。在很久以后的历史上，行业的复杂程度增加了，它们变成了需要正式教育和训练的职业，而这些职业往往与一门或多门学科联系在一起。

在与知识相关的活动中，存在着组织并促进知识各个分支的学科。如今，它们构成了许多职业活动的基础。学术性学科与活动的另一个分支科技联系在一起，当科学发挥作用时，之后的创造领域就出现了。

除了行业和职业，还有一些活动是为了愉悦感开展的，或者是利他的，即不寻求补偿。爱好和消遣就是例子，但是还有其他活动和义务有助于实现良好的生活平衡，而不会产生任何报酬。

人类活动的分组和分类方法有无数种。一个有用的概念是活动领域，它将拥有共同主题的不同类型的活动聚在一起。常用于分类的另一个概念是经济部门，它将商业活动集中在一起。

本章节探讨主要的人类活动，它以某种方式产生了所有其他活动，以及开展这些活动所必需的能力。这些主要活动是创造和创新，而这种能力就是创造性。然后，我们将最重要的事件归入对高档餐饮部门影响最大的活动领域中。

人类活动和动物活动之间的差异

在我们所做的事情里，有什么是属于人类的？如果我们认真思考这一点，我们会发现我们有很多与动物相同的活动。实际上，所有这些活动都是生命必不可少的。区别在于我们如何开展它们。对于人类，任何基本活动都以非常广泛的维度发生，例如进食和睡觉。我们能够围绕它们创造许多不同的物品、机器、知识领域、经济部门、行业、活动领域等。

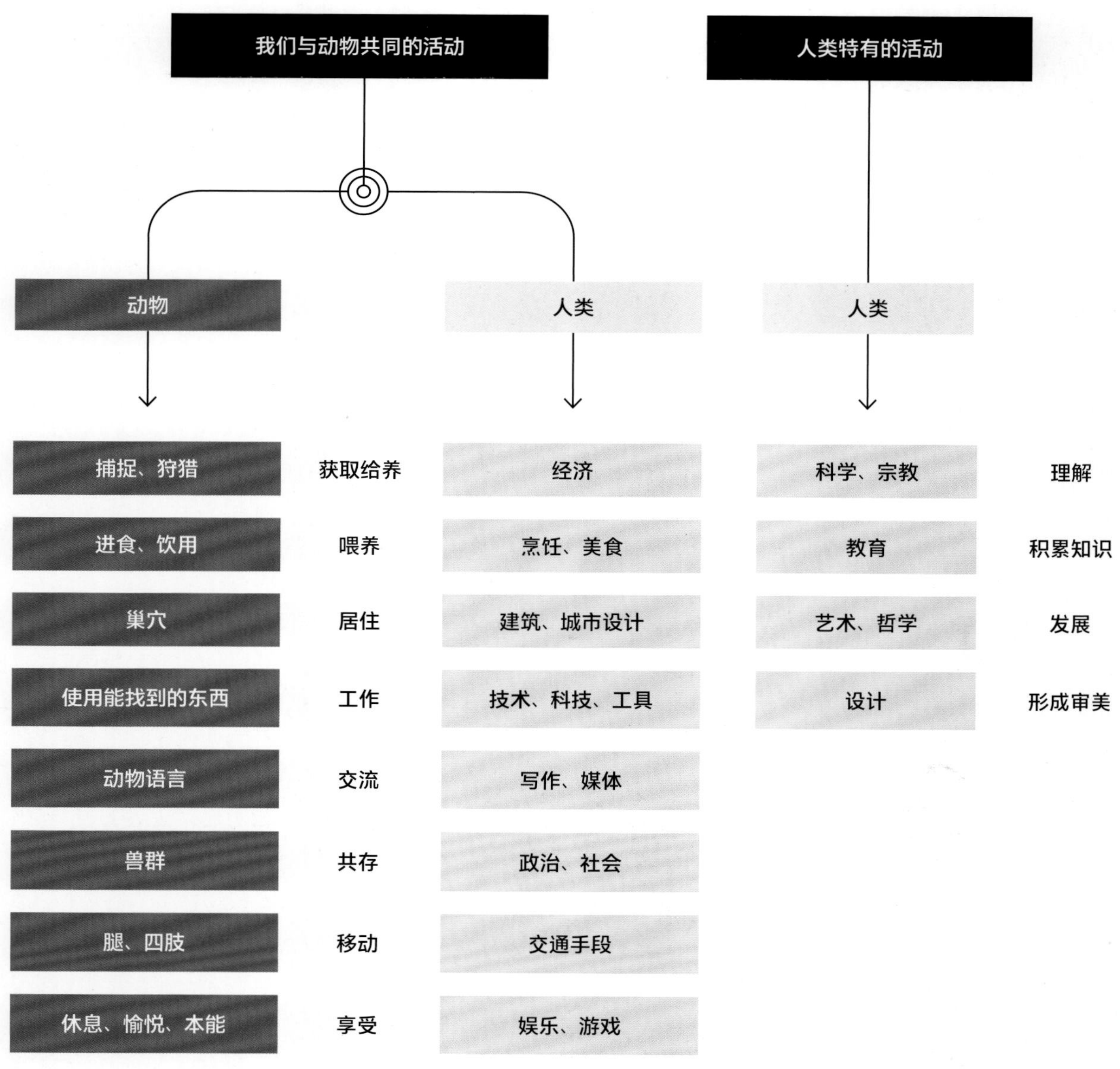

“人类为了开展他们的所有活动从而创造。”

人类的主要活动及其众多衍生活动中的一些活动

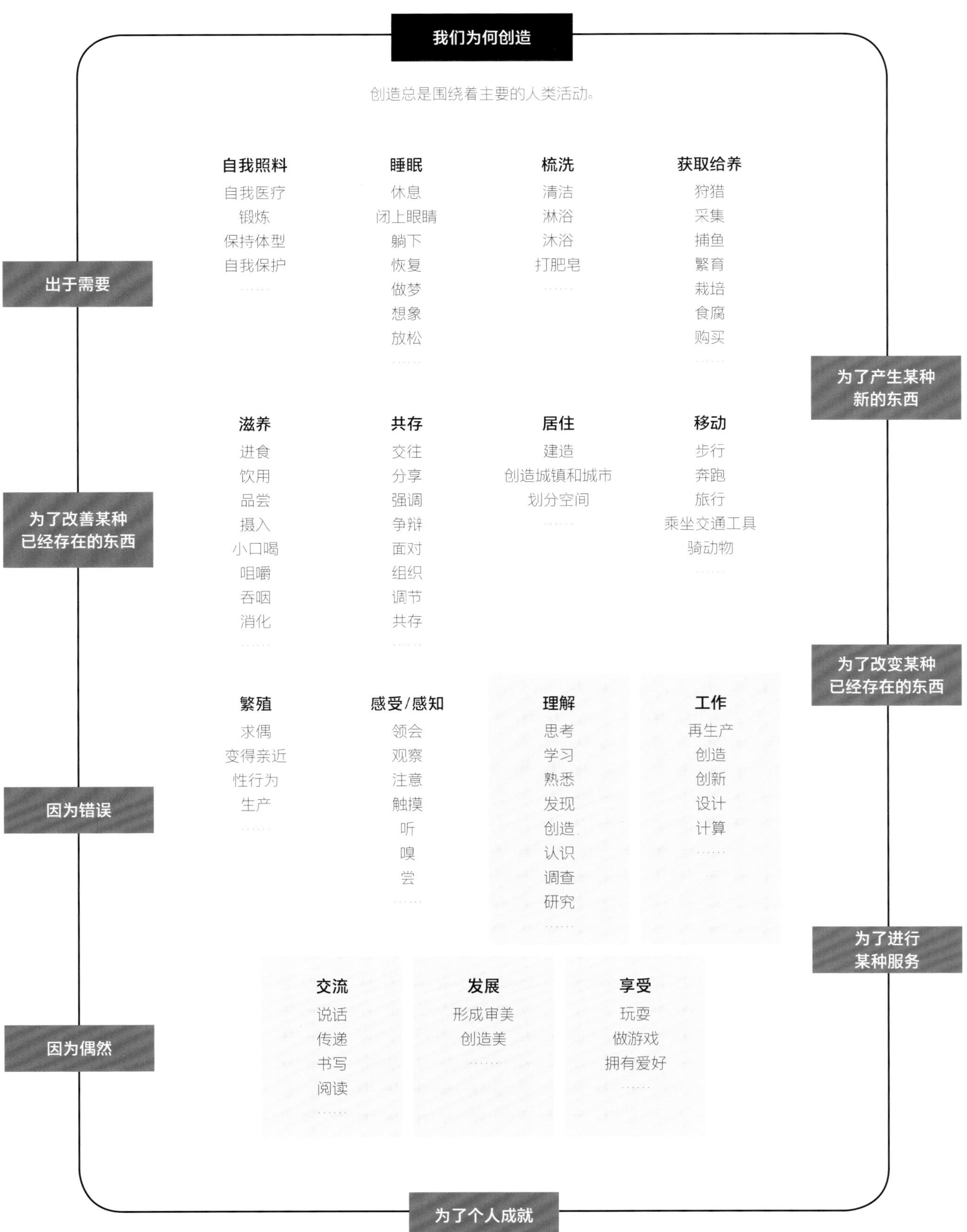

我们为何创造
创造总是围绕着主要的人类活动。
自我照料
自我医疗
锻炼
保持体型
自我保护
……
睡眠
休息
闭上眼睛
躺下
恢复
做梦
想象
放松
……
梳洗
清洁
淋浴
沐浴
打肥皂
……
获取给养
狩猎
采集
捕鱼
繁育
栽培
食腐
购买
……
滋养
进食
饮用
品尝
摄入
小口喝
咀嚼
吞咽
消化
……
共存
交往
分享
强调
争辩
面对
组织
调节
共存
……
居住
建造
创造城镇和城市
划分空间
……
移动
步行
奔跑
旅行
乘坐交通工具
骑动物
……
繁殖
求偶
变得亲近
性行为
生产
……
感受/感知
领会
观察
注意
触摸
听
嗅
尝
……
理解
思考
学习
熟悉
发现
创造
认识
调查
研究
……
工作
再生产
创造
创新
设计
计算
……
交流
说话
传递
书写
阅读
……
发展
形成审美
创造美
……
享受
玩耍
做游戏
拥有爱好
……
出于需要
为了改善某种已经存在的东西
因为错误
因为偶然
为了产生某种新的东西
为了改变某种已经存在的东西
为了进行某种服务
为了个人成就

创造和创新：人类进化的主要活动

什么是创造和创新？创造性个性

按照正式定义，创造可以拥有不同的含义：

- 从无到有，产生某种东西。
- 首次建立、发现、引进。
- 以比喻的意义诞生某种东西或者赋予其生命。

《创世纪》是《旧约》的第一本书，它开头的第一句话是，“起初，上帝创造了天和地”，这是因为它们是从“一无所有中”被创造出来的，这解释了从无到有，产生某种东西的概念。然而合乎逻辑的是，如果人类要创新新事物，他们必须从已经存在的现实开始。我们称为“创造”和“创造物”的东西是指从已经被创造的事物开始的新形式。

创造是一种纯粹的人类行为。人类进化的历史在某种程度上就是人类创造物的历史。从历史上看，我们可以首先谈论创造和创造物。只有在后来的当代时期，我们才能谈论创新。当创造物在市场经济中被接受时，创新才诞生，换句话说，它表示某种创造物是成功的，因为市场接受了它。

在我们的整个历史中，数以亿计的创造性行为逐渐积累，直到产生了塑造当今世界面貌的伟大的当代创新。人类能够在以下方面进行创造和创新：

- **宇宙和自然。**对于人类的继续进化，理解物理环境始终至关重要。因此，人类增加了关于物理环境的知识和基于这些知识的创造，令自己得以适应和进化。

- **人类自身，关于人类自身。**从自我意识出现以来，人类一直想要研究自身并熟悉自身。艺术是创造的源泉，它让人类能够认识并解释他们在整个历史上对自身的理解（岩洞壁画、医学、心理学和哲学理论，宗教等）。此外，人类的社会拥有独特的集体文化，这些文化不断发展并重构，产生了让他们能够与其他人类交往的新结构（国家、城市、父权制等）。

- **人类做什么（行为和活动）。**新的产品和服务，它们是人类的创新产物，满足人类的需求并且不断发展（交通方式、美食、移动电话等）。

- **人类和自然的互动。**人与自然关系的新概念。新出现的意识形态常常鼓励这“两个世界”之间的和谐互动，它们其实是同一个世界。该领域的许多创造物旨在减少人类对环境的影响（循环利用、电动汽车、生态学等）。

人类有能力在这些领域当中的任何一个内进行创造，以应对我们生活的方方面面。这种情况如此普遍，以至于我们将自身从诞生我们的自然界中割裂开来，包裹在人类学家所定位的文化概念当中。我们甚至通过自己的创造来应对我们与动物共同的方面（见第240页图表）。为了满足对庇护所的需要，动物制造巢穴、地洞等。然而人类发明了建筑学和城市设计。为了滋养自身，动物进食和饮用，而人类创造了烹饪和美食。为了交流，动物使用一种初级语言，但是我们创造了书写、口头语言和媒体。从这个角度来看，活动领域可以定义为人类满足需求的典型方式。

下面几页从创造的角度说明了活动领域在整个历史中的出现顺序。每一项创造的背后都离不开人类（见第132—143页）。如果我们要了解人类如何创造和创新，就必须理解作为一个物种的我们是谁，以及我们的身体、心智和精神中发生了什么。要完成这项分析，我们还必须检查人类在这种创造方面如何行事。在第219页，我们看到了人的个性如何解释人类开展活动的方式。

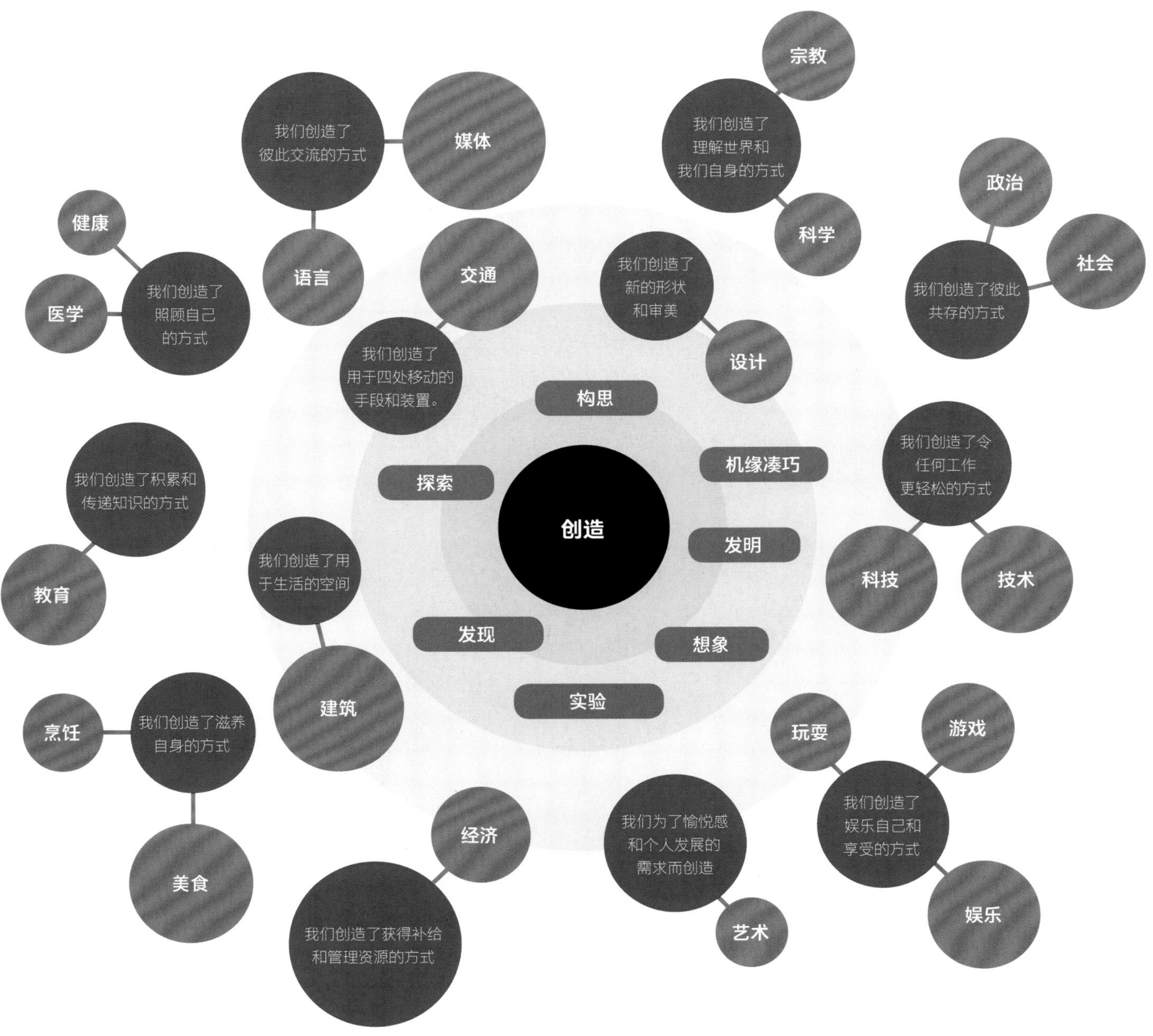

在创造领域中，解释自然以及与创造和创新相关的人类行为的一系列变量（本能、能力、思维模式、价值观、情感和感受、性格和气质，再加上知识、学习、经验、复杂性、哲学、习惯和习俗以及举止）就是我们所说的创造性个性。这些解释变量随着人类的进化发生变化和演变，这也是人类行为随着创造和创新演化的原因。在这种情况下，我们可以谈论人类在每个历史时期的创造性和创新性个性（如果我们将创新活动考虑进来的话）。

在这种有待分析的创造性个性的能力中，有一种能力无疑是最重要的，而且它表现为执行这些类型的行为所必备的能力：创造性。然而，创造性需要搭配其他同样重要的能力和一种创造性思维。所有这些以及我们可以说的关于旧石器时代（这是我们关心的时期）的创造能力的内容，都将在后面探讨。

但是，在此之前，我们可以使用思维导图和特定的词汇表为人类进化中的两大关键行为建立情境，这两种行为是本章节的主题——创造和创新，从而帮助我们可视化并理解这些对人类如此重要的活动相关的主要概念。

这张图表是创造和创新的关联图，它表明与创造和创新相关的主要概念是相互关联的，可以从不同的观点和不同的初始概念对它进行可视化和理解。

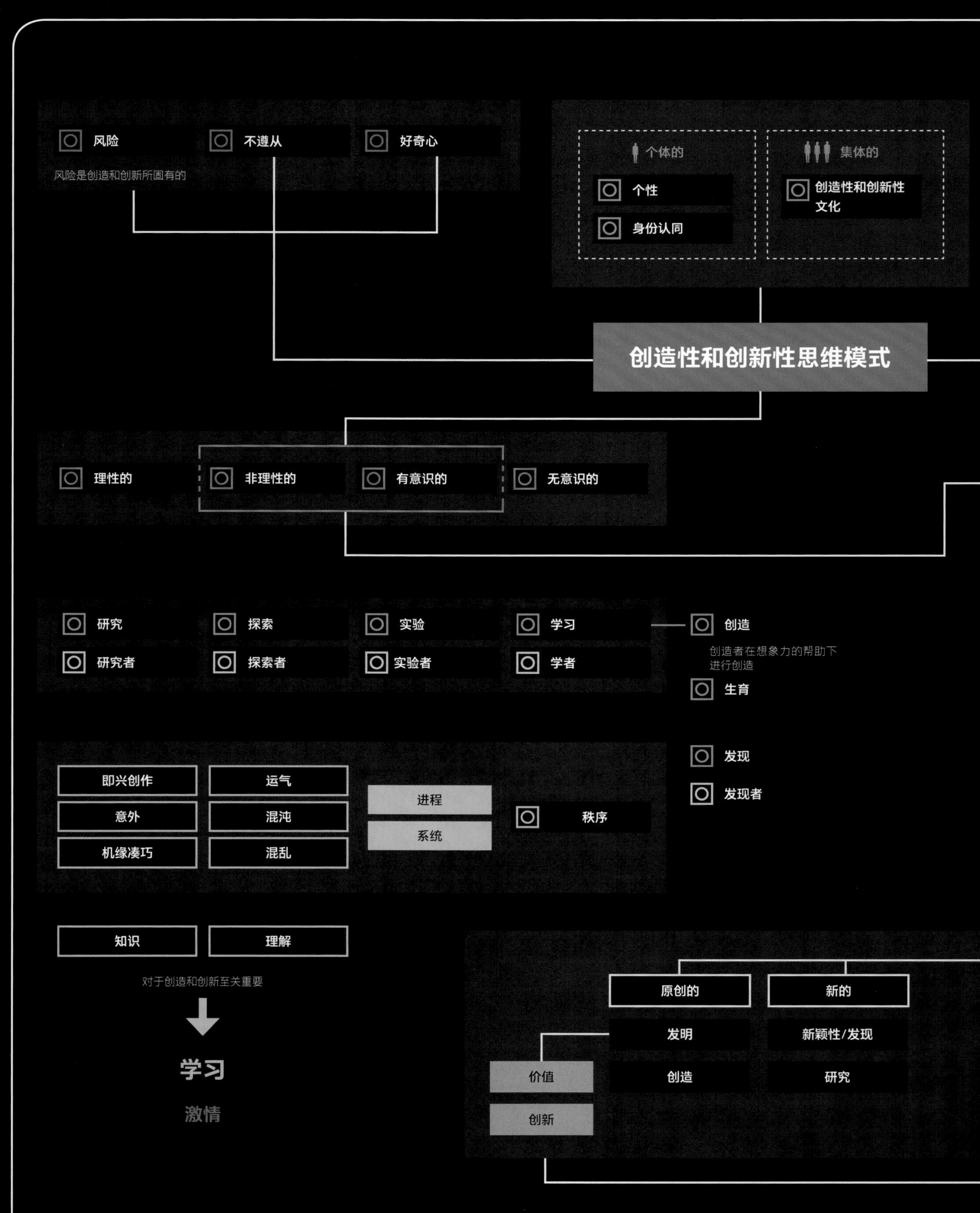

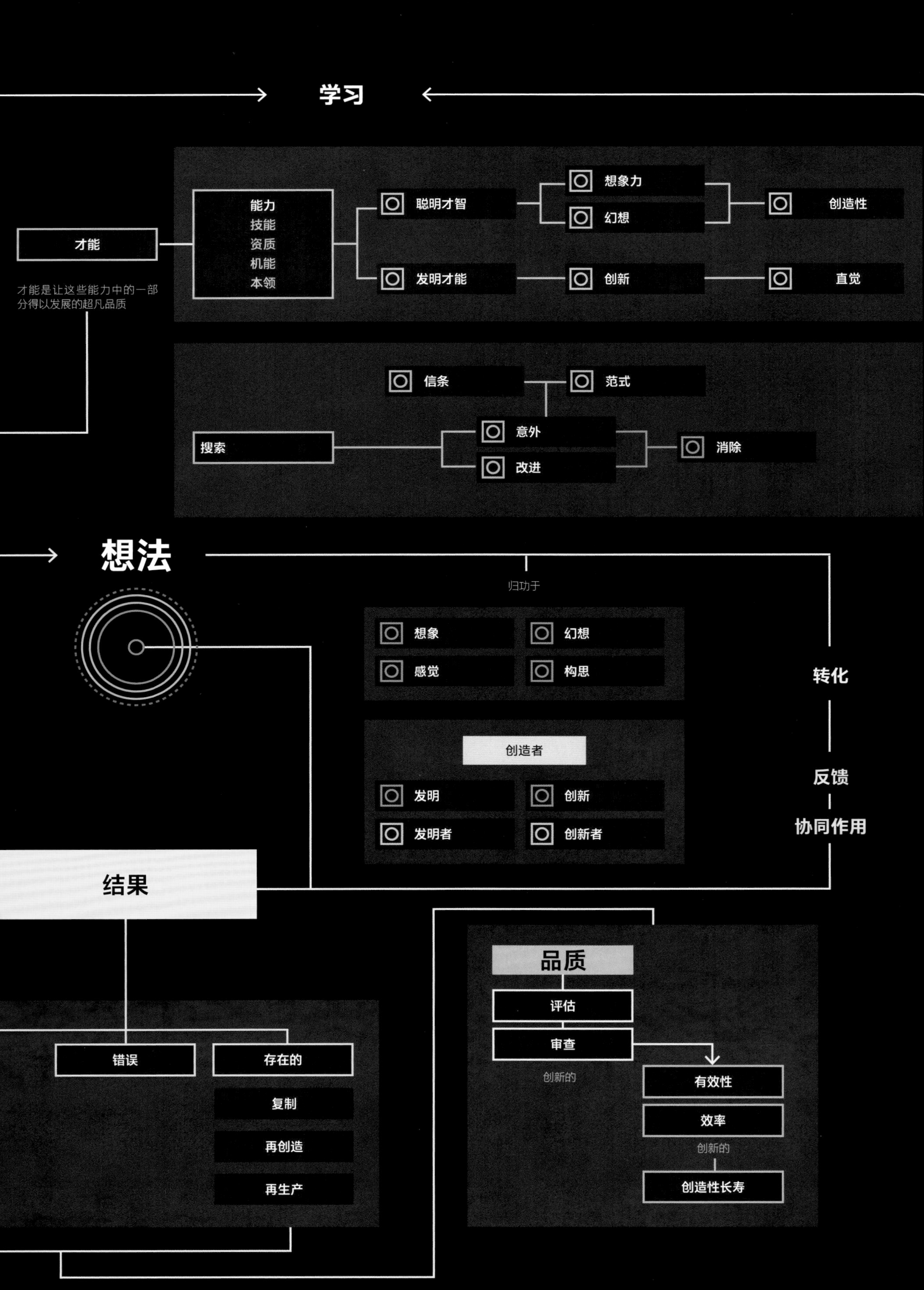

学习
才能
才能是让这些能力中的一部分得以发展的超凡品质
能力
技能
资质
机能
本领
聪明才智
发明才能
想象力
幻想
创新
创造性
直觉
搜索
信条
范式
意外
改进
消除
想法
归功于
想象
幻想
感觉
构思
创造者
发明
创新
发明者
创新者
转化
反馈
协同作用
结果
错误
存在的
复制
再创造
再生产
品质
评估
审查
创新的
有效性
效率
创新的
创造性长寿

创造和创新术语词汇表

能力（ABILITY）

» 能够做某件事的品质。能力是若干条件、品质或资质的集合，令某件事得以执行。

能够（ABLE）

» 做某件事的机会、技能、品质或手段。

混乱（ANARCHY）

» 混乱，无条理，喧闹。由于不遵守控制生活中特定活动或领域的规则或习俗，导致的冲突、失调和混乱。

资质（APTITUDE）

» 在特定活动中表现出色的能力。

» 令某种物体适合特定用途的品质。

» 出色地从事某种商业、行业或艺术的能力和意愿。

» 获得某种工作或职责并出色表现的本领和适当性。人或事物拥有的开展特定活动的技能或才华；或者在某种商业、行业、艺术或游戏以及其他事务中表现出色的能力和技能。

审查（AUDIT）

» 系统性地检查某种活动或状况，以评估它们对规则和客观标准的遵守情况。对商业活动中的任何关键点的检查或控制过程，以验证它是否恰当地运营。取决于检查目标，审查有多种类型。审查可以是内部的，也可以是外部的，这取决于审查者的身份（独立审查机构或公司本身）。

意外（CHANCE）

» 无法预料或避免的情况的组合。

变化（CHANGE，名词）

» 改变的行为和效果。表示从一种状态到另一种状态的行为或过渡；也可以指代替或取代某种事物的行为。

变化（CHANGE，动词）

» 从一种事物或状况转变为另一种事物或状况。

» 改变外观、条件或行为。

混沌（CHAOS）

» 彻底的混乱或失调。

本领（COMPETENCE）

» 做某件事或控制特定事物的专门技能、资质或适当性。执行某件事的能力。

构思（CONCEIVE）

» 在心智中形成某种想法，特别是如果这种想法用于解决问题或者作为某个项目或计划的起点时。

有意识的（CONSCIOUS）

» 指这样的人：拥有对某件事的知识或者意识到某件事的存在，特别是他们自己的行为及后果。

» 有意识的人的典型特征。有意识的行为。

» 拥有认识现实的意识或能力。指的是做某件事时知道事情正在被做或者做这件事涉及什么。

复制品（COPY，名词）

» 复制或模仿的结果。

复制（COPY，动词）

» 复制的行为。

» 模仿某物或某人，或者其他人的作品，目的是赋予其真实感。模仿典型（以及事物），目的是产生真正的相似性。

创造（CREATE）

» 首次建立，发现，引入；以比喻的意义诞生某种东西或者赋予其生命。

创造（CREATION）

» 创造的行为和效果。创造是让某种此前不存在的事物形成。

有创造性的（CREATIVE）

» 具有或激发创造、发明等技能；能够创造某种事物；描述具有创造性的人。

创造性和创新性文化（CREATIVE AND INNOVATIVE CULTURE）

» 一个笼统的术语，涵盖了创新中涉及的所有变量，以及我们的存在方式和我们的行事方式。这个术语和商业文化紧密相关。这种倾向和行为可以用来描述单一个体（个人文化）或一群个体（集体文化）。

创造性思维（CREATIVE MINDSET）

» 创造性趋势。

创造性（CREATIVITY）

» 开展创造过程的机能。进行创造的能力。

创造者（CREATOR）

» 创造、建立或发现某种事物的人。

» 创造或已经创造特定事物的人。

文化（CULTURE）

» 文化有很多定义。在组织化情境中，文化被理解为群体之间的一系列信念、习惯、价值观、态度和传统，它们存在于所有组织中。

好奇心（CURIOSITY）

» 保持好奇的品质。了解或查明某事的欲望。

好奇的（CURIOUS）

» 倾向于学习未知的东西；描述有好奇心的人。

发现（DISCOVER）

» （揭露）表明，公布。

» 找到某种未知或隐藏的东西，尤其是未知的陆地或海洋。

» 了解以前未知的知识。

发现者（DISCOVERER）

» 发现隐藏或未知事物的人。

» 进行追寻并找到答案的人。发现者是发现曾经未知事物的人，或者通过实验、观察和思考，发现了新公式或者先前未知自然现象的科学解释的人。

发现（DISCOVERY）

» 发现的行为和效果。发现是与以前未知或隐藏的事物的相遇。

信条（DOGMA）

» 某种被视为正确且不可辩驳的陈述。

» 系统、科学或学说的基础或要点。教条是宗教、学说或思想体系的基本要点，它被认为是真实的，不能在其体系内受到质疑。

怀疑（DOUBT）

» 在两种观点或两种选择之间，或者关于某个时间或信息缺乏信念。

» 为了缓解或解决怀疑而提出的问题。因此，怀疑是对于某个事件的犹豫或者在几种可能性面前缺乏信念。

有效性（EFFECTIVENESS）

» 进行某种行为后达到想要的或者预期效果的能力。

效率（EFFICIENCY）

» 利用某人或某物以达到特定效果的能力。这个词可以在不同的语境中使用。管理中的效率指的是正确使用最少的资源达到目标，或者使用同样或更少的资源以达到更多目标。

消除（ELIMINATE）

» 移除或分离某物并将其丢弃。

错误（ERROR）

» 错误的概念或有缺陷的判断。

» 被误导的或弄错的行为。

» 某种做错的事。错误是弄错或者判断失误的事物。它可以是某种行为、概念，或者某种没有正确地执行或完成的事情。

评估（EVALUATE）

» 表示某物的价值。

» 估计、鉴定或计算某物的价值。

评估（EVALUATION）

» 评估的行为和效果。评估是对某物价值的一种估计、鉴定或计算。

存在的（EXISTING）

» 在特定时间存在。

实验（EXPERIMENT）

» 在实践中测试和检查某事物的优点和特性。

» 在物理、化学和自然科学中，它意味着执行操作以发现、检测或证明特定现象或科学原理。

实验者（EXPERIMENTALIST）

» 进行实验、检查、测试、试验、验证和研究的人，并通过实践和某种科学操作，基于一个事件开展实验。

探索（EXPLORE）

» 努力识别、记录、探究或发现某种事物或某个地方。

探索者（EXPLORER）

» 进行探索的人。

机能（FACULTY）

» 资质、身体或道德力量。
» 做某事的权力或资格。

幻想（FANTASIZE）

» 使用想象力创造某物。
» 发挥一个人的想象力。将现实中不存在的事件、故事或事物概念化。

幻想（FANTASY）

» 通过对过去或遥远事物的图像进行再现，以可感知的方式表现理想典范或者理想化现实观念的心智机能。
» 通过幻想形成的图像。
» 想象力的较高层次；进行发明或生产时的想象力；人类在心理上表现不存在的或真实存在但当时人们并不在场的事件、故事或图像的能力。

反馈（FEEDBACK）

» 一套用于控制系统的方法，在这套方法中，将任务或活动获得的结果重新引入系统，目的是控制和优化行为。因此，反馈定期应用于涉及类似机制的任何过程，以进行系统的调整和自我调节。又称追溯（retroaction）。

想法（IDEA）

» 理解的第一个也是最明显的行为，仅限于对某事物的简单了解。
» 保留在心智中的可感知对象的图像或表示形式。
» 纯粹、理性的知识，产生于人类理解的自然条件。
» 为了实现一件作品而用想象力创造的计划和安排。
» 对某人或某物形成的概念、观点或判断。
» 一个概念。想法是一种心理表征，产生于人的理性或想象力。

身份认同（IDENTITY）

» 个体或群体固有的一套特点或特征，总结了他们在其他人眼中的角色。
» 一个人必须是个体而且不同于他人的意识。身份认同是某个特定的人或对象的特定性质，由将他们区分出来的特征或特点决定。

想象力（IMAGINATION）

» 呈现真实或想象事物的图像的心智机能。
» 为新想法、新项目等塑造“形状”的能力。
» 构思想法、项目或创新性创造的能力。一个人拥有的呈现真实或想象事物的图像的技能。一种心理过程，可在心智内部操控创造出的信息，从而产生心理表征。

想象（IMAGINE）

» 呈现心中所想的某物或某人的图像。
» 基于特定的迹象假设某种事物。
» 发明或创造某物。在心智中形成并不存在的事件、故事或事物的图像，或者这些都是真的或曾经是真的，但此时人们并不在场。

改进（IMPROVEMENT）

» 某种事物变好、变高级或者增加；一种改变或进展，令某事物从不稳定的状态进入更好的状态。

即兴创作（IMPROVISATION）

» 在未经实践、研究或准备的情况下突然做某事。

聪明才智（INGENUITY）

» 快速且轻松地进行思考和发明的人类机能。
» （天才）拥有机智和才能的个体。
» 直觉、理解、诗意和创造性机能。
» 一个人用来获得自己欲求之物的勤勉、资质和奇思妙想。
» 看出并迅速展示事物有趣一面的机智和才能。通过智慧且有技巧地结合已存在的知识和可用资源，想象或发明事物的能力。与直觉、理解和创造性机能相关。

创新（INNOVATE）

» 通过引入新的特征改变或更改某事物。在经济学领域，这个概念特指新的供应品和它们的实施。只有在想法作为产品、服务或流程实施，并得到成功的应用时，它们才导致创新。

创新（INNOVATION）

» 引入新的特征或更改某事物的行为和效果。
» 产品的创造或改动，以及它被引入市场。

创新性思维（INNOVATIVE MINDSET）

» 进行创新的趋势。

创新性（INNOVATIVENESS）

» 进行创新的能力（新创造的智论方法学术语）。

创新者（INNOVATOR）

» 进行创新的人。

激励（INSPIRATION）

» 在艺术或科学中驱动并刺激创造性工作。
» 被某人或某物刺激之后想要自己进行创造的感受。

直觉（INTUITION）

» 无须推理，立即理解事物的机能。
» 感觉的结果。
» 预感。
» 对某种想法或真实的个人的瞬时感知，这种感知对拥有它的人而言显而易见。在无须理性干预的情况下，以清晰且直接的方式认识、理解或感知某种事物的技能。

发明（INVENT）

» 找到或发现某种新的或未知的事物。
» 形容某个诗人或艺术家：找到、想象、创造他们的作品。

发明（INVENTION）

» 发明的行为和效果。
» 某种被发明的事物。某种此前不存在的事物的创造、设计或制作；某种被首次创造、设计、构思或生产的事物。

发明才能（INVENTIVENESS）

» 进行发明的能力和意愿。

发明者（INVENTOR）

» 进行发明的人。发明过某物或者致力于发明创造的人。

认识（KNOW）

» 通过运用智力机能发现事物的性质、品质和秩序。
» 理解、观察、熟悉并注意到某人或某物。

知识（KNOWLEDGE）

» 认识的行为和效果。
» 理解，智力，自然理性。
» 信息或智慧。知识是人类通过理性理解事物的性质、品质和秩序的机能。

学习（LEARNING）

» 获取某种艺术、手工艺或者其他东西的行为及效果。
» 通过实践获得某种持久的行为。学习是通过研究、锻炼或经验，对某种事物相关知识的获取，特别是学习一门艺术或手工艺所必需的知识。

长寿（LONGEVITY）

» 拥有较长寿命的品质。创造性长寿应理解为令创造性和创造性结果持久存续的目标。

长寿的（LONG-LIVED）

» 已经达到很高年龄的某人或某物。

运气（LUCK）

» 一连串的偶然或意外事件。
» 纯粹偶然地发生在某人或某物上的情况；可能是有利的，也可能是不利的。运气可理解为决定不可预见或意外事件和情况如何发生的原因或力量。

思维模式（MINDSET）

» 以某种方式体现的心理。思维模式还可以定义为对某种活动类型的倾向。

新的（NEW）

» 首次被感知或看到。
» 不同于最近的版本。

不遵从（NONCONFORMITY）

» 不轻易遵循既定建构或特定情况并将其摒弃的人的思维模式或倾向，特别是在这种情况是强加的或者不公平时。

秩序（ORDER）

» 事物所属位置的安排。
» 连贯性，事物彼此之间的恰当排列。
» 做事遵守的规则或方式。
» 一系列或一连串事物。根据特定标准，在空间或事件发生的时间中定位事物和人的方式。

原创的（ORIGINAL）

» 形容具有科学、艺术或文学性质，或者任何其他体裁的作品，它们是由作者或制造者的发明才能所致。
» 形容任何这样的对象：用作令其他对象等同于它的模型。
» 具有新颖性或者其作品或行为表现出新颖性的人。
» 一件物品，常常是艺术性的，用作模型，以制作其他等同于它的物品。某种事物，它既不是复制品也不是对任何事物的模仿，而是以其新颖性、与众不同来自发创造的结果。

范式（PARADIGM）

» 一种或一套理论，其核心被不加质疑地接受，并为解决问题和增进知识提供基础和模型。在特定情况下必须实施的任何模型、模式或用途。从广义上讲，它是指一种或一组用作模型的理论，用来解决问题或者在可能出现这些问题的特定情况中使用。

激情（PASSION）

» 精神错乱或依恋紊乱。

» 对某事物的嗜好或压倒性的喜爱。激情是一种可以控制意志且错乱、理性的感受。

个性（PERSONALITY）

» 构成一个人的本性并将其与其他人区分开的一组特征和品质。

玩耍（PLAY）

» 为了娱乐、有趣或者特定能力的发展而高兴地做某事。

» 搞恶作剧，嬉戏。

» 通过参与有规则的游戏寻找娱乐和乐趣，无论特定的兴趣如何。

» （赌博）冒险。

过程（PROCESS）

» 自然现象或人为操作的一系列连续阶段。一系列按照逻辑安排的步骤，专注于获得特定结果。过程是人类设计的行为机制，以改进某事物的生产率、建立秩序或解决问题。

生育（PROCREATE）

» 关于人或动物：产生同物种的个体。

品质（QUALITY）

» 事物固有的属性或属性合集，令人能够判断其价值。

» 以适应特定方式的产品或服务的调整，可将品质理解为某事物固有的属性合集，使其具有与同类事物相比的独特特征和价值。

再创造（RECREATE）

» 再次创造或生产某物。

再创造（RECREATION）

» 从已存在的事物创造或生产某物的行为和效果。

再生产（REPRODUCE）

» 再次生产。

» 从原创复制。

再生产（REPRODUCTION）

» 再次生产某物的行为和效果。

研究（RESEARCH，名词）

» 探寻以发现某些事物的行为和效果。研究的目的是为了拓宽知识面，原则上不追求任何实际应用。

研究（RESEARCH，动词）

» 探询以发现某些东西。

» 系统地开展智力和实验活动，以增加对特定主体的知识。

研究者（RESEARCHER）

» 进行研究的人。开展或参与研究（寻求知识并阐明事件及相关的项目）的人。

结果（RESULT）

» 事件、操作或审议的效果和后果。由行为、操作、过程或事件产生的效果或事物。

风险（RISK，名词）

» 伤害或接近伤害的可能性意外或不幸发生的可能性；某人或某事遭受损失或伤害的可能性。

冒险（RISK，动词）

» 承担风险。敢于做某件危险的事；当某人决心做某件令自己涉险或暴露的事情时。

冒险的（RISKY）

» 危险的。

» 大胆，轻率，鲁莽。形容大胆或敢于冒险的人。

学者（SCHOLAR）

» 专门学习的人。学者是指学习了大量内容或者付出极大的努力学习的人，或者致力于学习某个主题或学科，并且拥有广泛而深刻的相关知识的人。

搜索（SEARCH）

» 寻找某物的行为。搜索是由个人、团体或工具执行的用于查找某人或某物的动作和过程。

感觉（SENSE）

» 以个人和即时的方式感知想法或真相，仿佛其就在眼前。在无须理性干预的情况下，以清晰且即时的方式认知、理解或感知某物。

机缘凑巧（SERENDIPITY）

» 意外或偶然发生的宝贵发现。出于好运气，意外、随机、出乎意料地发现，这些发现不是正在寻找或研究的东西，但是为目前的问题提供了解决方案。因此，机缘凑巧可以视为个人拥有的一种技能，这种技能让人总是偶然发现与他们寻找的东西无关的事物，它对于解决其他问题很有帮助。

技能（SKILL）

» 做某事的能力和意愿。

» 一个人可以轻松而熟练地进行操作的某种事物。

复杂性（SOPHISTICATION）

» 拥有一套令个人得以发展批判性判断的知识。

学习（STUDY）

» 进行理解，以达成或领悟某事。

» 记忆知识。

» 观察（专心检查），可将学习理解为应用智力或实践理解的行为，目的是获取知识、学习一门艺术或职业、记住事物的内容等。学习还指密切观察、检查、思考或考虑某事物，以便熟悉它或者寻求某问题的解决方案。

协同作用（SYNERGY）

» 两个或更多原因的作用，其效果大于各自作用的总和，来自希腊语中的“合作”一词。

系统（SYSTEM）

» 关于某主题的一系列合理且互相关联的规则或原则。

» 一组事物，当它们按照特定秩序相互连接时，有助于特定目标的达成；相互关联并相互作用的元素的有序模块；这个概念用于定义有序排列中的概念集合和真实对象。

才能（TALENT）

» 智力（理解能力）。

» 资质（执行能力）。

» 智力或资质适合特定职业的人。特殊的智力或资质，一个人必须学习这些才能轻松处理事务或者熟练地开展活动。

转化（TRANSFORM）

» 改变某人或某物的形式。

» 将某物变成其他东西。

转化（TRANSFORMATION）

» 某种事物从一种状态变成另一种状态的行为和效果。

无意识的（UNCONSCIOUS）

» 对于自己的行为或者行为的后果，没有任何具体的意识。无意识被用来描述某些人的心理状态或倾向，他们没有意识到自己的行为，且通常并没有以这种方式行事的意愿。

理解（UNDERSTAND）

» 领悟、掌握或洞察某种事物。

理解（UNDERSTANDING）

» 领悟和被领悟的行为。

» 理解和洞察事物的机能、能力或洞察力；人类感知事物并清晰地认识事物的机能或轻松程度。

» 理解或宽容的态度。

价值（VALUE）

» 事物的使用程度或适合程度，以满足需要或提供幸福或享受。

» 事物的某种品质，为了这种品质而想要拥有该事物；需要付出特定数额的金钱或者等价的东西。用来指事物拥有的意义、重要性或有效性的程度。

创造性：必不可少的能力

创造性是创造、产生新想法或概念，以及用新颖的方式连接已存在的想法和概念的能力。一般而言，创造性涉及为特定问题提供原创性解决方案。

创造性是一种人类固有的机能，包括联系以前从未联系起来的想法。每个人天生都是有创造性的。我们的天性就是富于创造性的。从我们出生时到我们死去的那一刻，我们都是拥有创造性能力的存在，因为根据定义，整个大脑都被认为拥有创造性。当我们创造一个涉及手动操作的想法时，大脑中控制运动和空间方向的部位便开始起作用。当目的是产生新的图像或声音，负责处理视觉和声音的大脑部位就变得更加重要。因此，我们可以断言，创造性分布在整个大脑，换句话说，没有一个特定的部位像大脑一样，对于产生创造性而言特别重要，或者对于诞生创新的创造性想法的产生负有唯一责任。

至关重要的是准确地理解什么是创造性，不仅要将它作为一种机能理解，还要认识到它是人类固有的、不可分割的维度。意识到创造性是人类的普遍品质，这意味着恢复我们的真实身份。创造性可能是一切的基础，是人类脱颖而出并不同于其他物种的能力的起源。许多作者断言，语言可能是创造性的结果。

在创造过程中，不只是材料和想法发生了转化，个人也出现了转化，而且这种转化可以在人类发展的漫长进化中以及创造的每种行为（无论多么简单）中观察到。

创造性常常被认为是“原创性思维”“建设性想象力”“发散性思维”和“创造性思维”。它是人类认知的一项典型技能，而且还以一定程度存在于某些高级灵长类动物中。

和大脑的其他能力（例如智力和记忆力）一样，创造性包括不同的、相互联系的心理过程。生理学研究还无法完全解读这些过程。原创性思维是一种源自想象力的心理过程。目前尚不清楚传统思维和创造性思维的心理策略有何不同，但是创造性的质量可以通过结果判断。

“至关重要的是准确地理解什么是创造性，
不仅要将它作为一种机能理解，
还要认识到它是人类固有的、不可分割的维度。”

创造性为什么会出现?

我们能够创造，以响应出现在任何领域（生活、个人、集体、实践、精神等方面）的需求。

有哪些因素令人类成为能够进化到这一水平的唯一物种？如果我们查看进化过程，我们会看到涉及智人的先驱者的里程碑，这些里程碑为智力和创造性的出现奠定了基础：

- **双足运动**：在最初的原始人类中，后肢行走的技能是一种生物学创新。双足运动逐渐发展，直到达成智人修长而完全直立的解剖结构。除了其他能力（见第182页），双足运动还带来了用双手转化或携带东西的能力（食物、后代、工具等）。
- **工具的制造**：解放双手对于制造工具至关重要。
- **适应能力**：我们的人类祖先克服了不断威胁生存的巨大阻碍，例如大灾变和自然灾害、气候变化、景观的突然改变、动物群和植物群的变化。通过非常有用的适应性机制，所有这些都被克服了。

然而，毫无疑问的是，将智人与其祖先区分开的是他们的大脑，大脑负责智力的出现、推理能力、抽象思维和创造能力。

我们能否断言，创造性是与大脑发育一起发展的？通过对大脑体积和重量的演变过程以及不同的脑形成商数对大脑发育的研究，可以让我们断言人类的创造能力按照与大脑功能发展相同的速度逐渐发展，以适应生境和环境的压力。

如我们所见（见第183页），最古老的头骨（属于能人）表明第一批人类的大脑约为600立方厘米，比黑猩猩的大脑稍大。我们的现代大脑的平均体积为1350立方厘米，是这个数字的两倍多。两百多万年前出现在非洲的直立人已经拥有750～1250立方厘米的大脑体积，身高已经达到170厘米。在那之后，人类的进化分裂成了平行发展的不同分支。这场革命产生了真正的智力，即在受到刺激时从不同选项中灵活选择的能力，以及伴随它产生的创造性。

我们的另一个典型特征是对理解的需要，这源自我们的思考能力。从一开始，智人就试图弄清楚周围的一切，他们构思答案并提出理解世界和他们自身的结构和意义的方法。理解和创造性息息相关；我们对某种事物的理解越完整和有效（例如情境、学科、活动、未解决的问题或需求），我们进行创造的可能性就越大。知识是创造的必要条件。

与此同时，知识也在被创造。认识、理解和创造知识是科学家的工作，他们增进了我们对任何领域的理解（新的机制、科技、工具、产品等）。

创造性的进化中的重要里程碑

人类历史实际上是人类创造能力的历史。在历史的每个时期和世界的每个地方，人类都设计了各种各样的物体、技术、程序、方法、结构、计划等，以解决自己遇到的任何问题。第98—101页的图表浓缩了主要的创造里程碑，并按照领域排列。

所有首次完成的东西都是被创造的。如果再做一次，那这就不再是创造过程，而是再生产过程。创造性为新的创意解决方案打开了大门。在我们的整个西方社会高档餐饮部门历史项目中，我们将分析每个时期的主要创造性里程碑。然而，通过简介的方式，这里总结了与艺术有关的最重要的创造性特征。

史前
（250万年前至公元前3500年）

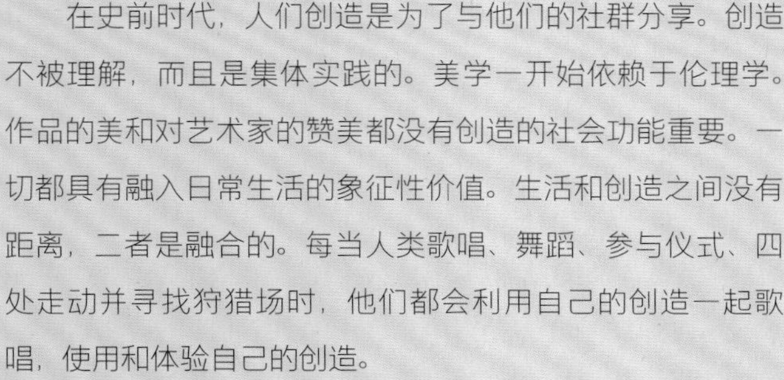

在史前时代，人们创造是为了与他们的社群分享。创造不被理解，而且是集体实践的。美学一开始依赖于伦理学。作品的美和对艺术家的赞美都没有创造的社会功能重要。一切都具有融入日常生活的象征性价值。生活和创造之间没有距离，二者是融合的。每当人类歌唱、舞蹈、参与仪式、四处走动并寻找狩猎场时，他们都会利用自己的创造一起歌唱，使用和体验自己的创造。

中世纪
（476年至1453年）

神本主义和天主教渗透了一切。艺术是一种神圣的表达，而艺术家的手只是一种表达手段。每种描绘都包含基督教强加的道德戒律。艺术是一种灌输形式。

01　02　03

古代文明
（公元前3500年至476年）

艺术家的才能开始受到大众的认可。他们被认为是上天选中的人，他们的能力被认为胜过其他凡人。美学的概念开始出现并掌管艺术：美学将自然原理转变为平衡且优美的形状、声音和色彩。

创造就是思考，衡量，形成与现实世界的联系。结果，艺术和创造逐渐向理性和可衡量的方向转变，变得可以用文字、数字和比例表达。

当代
（1789年至今）

创造的神圣概念被公开摒弃，而关于创造性的实证研究开始出现。遗传性状的概念在19世纪占据主导地位，特别是在男人当中。人们花了很长时间才接受女人也具有创造能力的事实。

关于创造性的第一批理论研究出现在20世纪初。社会心理学家格雷厄姆·沃拉斯（Graham Wallas）以一种直接的方式研究了这个主题，将创造性理解为一种过程，并提出了创造性的4个阶段：准备、孵化、洞察和验证。1950年，心理学家J. P. 吉尔福德（J. P. Guilford）对创造性和智力做了区分，方法是将创造性定义为一种不同形式的智力，他将其称为“发散性思维”。他分辨出构成创造性的8种能力：对问题的敏感性、流畅度、灵活性、原创性、分析能力、综合能力、重新定义的能力和洞察能力。欧文·A. 泰勒（Irving A.Taylor）定义了创造性的维度，并通过深度层次来确定它们：表达创造性、技术创造性、发明创造性、创新创造性和应急创造性。最近，创造性思维的重要研究者霍华德·加德纳（Howard Gardner）将创造性视为一种更高阶的认知操作。

在这一时期，随着西方市场经济的兴起，创造出现了一个新的商业维度：创新（即当市场接受你的创造时）。当存在接受创新的市场经济时，才会存在创新。在此之前，创造必须取得进化上的成功才能繁荣。

创新可以被视为在市场中成长和生存的主要商业策略之一。尽管有很长的路要走，但是很多企业，尤其是规模较大的企业，已经通过为其分配预算、领导者和团队、技术和工具以及其他特定资源，将创新概念引入到他们的计划中。

现代
（1453年至1789年）

创造的神圣概念逐渐模糊，让位给遗传性状的思想。与此同时，出现了一种人文主义的观念，根据这种观念，男人（不包括女人，此时她们被认为不属于同一类别的人）不再受命运或神圣计划的束缚，而是共同为自己的命运负责。

文艺复兴时期的艺术家都是有成就的科学家。他们观察并学习一切。他们想尽可能准确和忠实地模仿自然和它的美。当时的创造走在一条要求很高的路上。

旧石器时代创造性的关键线索

即使在旧石器时代，我们的人属祖先也表现出了能够发现、创造和创新的迹象，并且能够做出没有任何特定目的的创造。

我们的祖先在这些古老的时代为何创造又如何创造？

人类的第一种创造性行为是什么？

在这个阶段，他们的智力达到怎样的程度才足以进行创造？

为什么创造性的进化在旧石器时代如此缓慢？

与如今相比，他们的认知过程是什么样的，而这如何影响创造？

我们能否断言创造性是与大脑开发一起发展的？我们的人属祖先具有什么创造能力？本能的作用是什么？

我们可以谈论旧石器时代的创造性个性吗？

什么样的思维模式和价值观在这一时期占主导地位，它们如何影响创造？传统在什么程度上限制了创造？

我们可以谈论这一时期的创造性技术吗？我们可以谈论旧石器时代的创新吗？

什么思维模式和价值观在这一时期占主导地位？它们如何影响创造？

传统在多大程度上限制了创造？

我们可以谈论这一时期的创造性技术吗？

我们可以谈论旧石器时代的创造吗？

就像与人类起源相关的所有事情一样，我们的知识仅限于该时期专家恢复的物质证据。在这方面，我们拥有的创造性行为的首个有形证据是一件人类工具——被专家称为“单面切削器”，我们可以将它称为“第一把刀”或者“第一件用于预加工和制作，也曾用于品尝的工具”。

从地上捡起石头砸碎某物或者用棍子在洞里戳来戳去都不涉及任何创造，这只是赋予已有物体新的用途而已。许多动物都能够这样做，例如猴子和许多鸟类。然而，只有人类能够用一块石头敲打另一块石头，以制作新的工具，赋予其此前从未出现过的功能，并以此为起点拓宽了技术行为的范围，以创造出其他工具。

但是，除了留存到我们这个时代的工具，我们知道早期人类还创造了许多其他与他们的生存必需品（例如梳洗、旅行和着装）和抽象必需品（例如艺术创造）有关的事物。他们在烹饪领域创造了许多物品。我们的旧石器时代祖先如何创造新的制成品，如何用新产品烹饪，如何发明在阳光下将肉晒干的技术？我们可能永远不会找到这个问题的确切答案，因为我们缺少来自他们的文字记录和证词。但是，我们可以针对这一时期的创造和创新过程中的一些制约因素提出有充分依据的假设。

关键线索之一可以在身体中找到。在旧石器时代，成千上万年以来，人属成员的生物学身体逐渐变成不同的物种，每个物种都被其他物种取而代之。每次生物学变化都可能产生新的需求。这些需求可能是创造性的萌芽吗？例如，在遥远的时代，攀爬能力的逐渐丧失等情况必然导致了防御捕食者的新想法的发展。消化道和头骨解剖结构的变化必定导致幸存的人属物种找到了喂养自己的新途径。在当时，生物学驱动的创造力肯定比现在强大得多。

另一条关键线索可能在于时间。我们倾向于将创造过程视为特定个体的行为，人属物种开始、执行并完成创造过程。然而在史前时代，产生最杰出发明的创造性是集体的事情，是众多个人引入的微小变化的结果，这些人作为共同创造过程的一部分进行合作，尽管他们自己并未意识到这一点。学习如何从骨头中获取骨髓或者如何制作刮擦器，这可能涉及原始人类几代人的众多决定，这些决定逐渐整合到一个过程中，其成果将被后代享受。

为什么创造性的进化在旧石器时代如此缓慢？如我们所见，创造性的发展速度与原始人类的大脑发育有关，这会影响他们的能力，特别是创造能力的速度。我们已经看到，原始人类大脑的进化是一个渐进过程（见第200页）：第一批能人的大脑与旧石器时代晚期最后一批智人的大脑几乎看不出什么关系。

观察工具的进化并分析它们的制作方法，这是观察创造性发展速度的一种可能的方式。例如，可以看出个人工具是最先创造出来的，然后它们的制造者才能创造用于获取工具的更高效、更标准的方法。

可用信息更少的其他领域仍然是未解的谜团。对火的控制以及烹饪的进化就是这种情况。如果像专家说的那样，大约100万年前人类就控制了火，那烹饪（技术、制成品等）怎么会几乎毫无发展？如果他们有点燃火并令其保持燃烧的智力，那么他们为什么没有发展出烹饪的智力？我们没有答案，但我们可以提出一些假设：

- 证据的偏差。有可能的情况是，他们的烹饪逐渐变得更复杂一点，或者至少经历了不同的阶段（就像制作工具一样），但是能够证明这一点的证据还没有被我们发现。也许在未来，配置有炉灶的直立人的定居点将终于出现，证明他们能够烹饪。就像科学家们说的，“证据的缺乏不等于没有证据”。

- 如果我们假设，在将来我们找不到更多旧石器时代的重要烹饪证据，那么我们可以提出这样的假设，即他们没有创造更多东西，是因为他们没有这个需要。我们应当记住，必要性是创造的主要驱动力。

- 我们还可以基于对传统社会的认识得出结论，这些传统社会对世界的了解并非基于科学（例如旧石器时代的狩猎和采集者）。传统社会在本质上是保守的。他们不喜欢改变也不寻求改变。他们的运转基于传统，即总是以同样的方式做事情。在他们看来，变化是一种威胁。他们不鼓励好奇心、不遵从个人倡议，所有这些都是我们当今社会的创造性的典型特征。

智人经历的认知革命看起来是他们发展新能力的过程（见第213页）中的一大步飞跃。那是艺术创造性——一种纯人类的能力——的开始（或全面发展）。这种类型的创造性又与我们的象征性思维关联，也就是说，出现了将概念与物体联系在一起以及将符号转变为想法的可能性，这一事实构成了至关重要的变化。

旧石器时代的各种艺术表现形式——可携带艺术品、岩洞壁画和装饰品（见第280—283页）需要一种将想法转化为一系列轮廓或形状的心理过程。一开始，这些绘画和小雕像与它们代表的现实有某种程度的相似性。被描绘的野牛有点像真正的野牛，而塑造得像女人的小雕像的轮廓和真正的女人有一定的相似性。在接下来的新石器时代（见第462页），我们看到艺术和象征主义的能力随着抽象形式的发明而得到进一步发展，这些形式与它们所代表的现实并不相似。除了艺术，许多专家还在旧石器时代晚期的智人中识别出一种活跃的创新形式，可以引导他们改进工具并使用新材料进行更多发明。

象征性思维无非是人类想象力、幻想、直觉和观念形成的开端，这些能力让人们能够拥有和构思想法，在心智中做计划以便在可能的情况下将计划付诸实践。产生想法的能力使得叙事、艺术品、新生活方式、新经济策略等的创造成为可能。和聪明才智一样，想象力和幻想是创造性的基础，而创造性是人类历史上强大的推动力之一。每个人都有这些能力，但不是每个人都以同样的程度发展或使用这样的能力，或者得到同样的结果。

这些创造能力令发现和创造（以及后来的创新）成为可能，同样，这些创造能力可以实现学习、研究、探索和实验。毫无疑问，在人类进化中扮演先驱角色的几代原始人类曾将创造能力付诸实践。

有两种品质可以激发想法的产生：好奇心和不遵从。然而，这两种品质并不总是受到社会的重视。在有些历史时期和人类群体中，这些品质不受鼓励，结果就是很少有人发展它们。也许在旧石器时代，还没有群体规范施加的限制，但是有生物学施加的限制。实际上，当生物学完成了对我们的配置，让我们以智人的身份出现时，我们的创造能力立刻飞速发展。

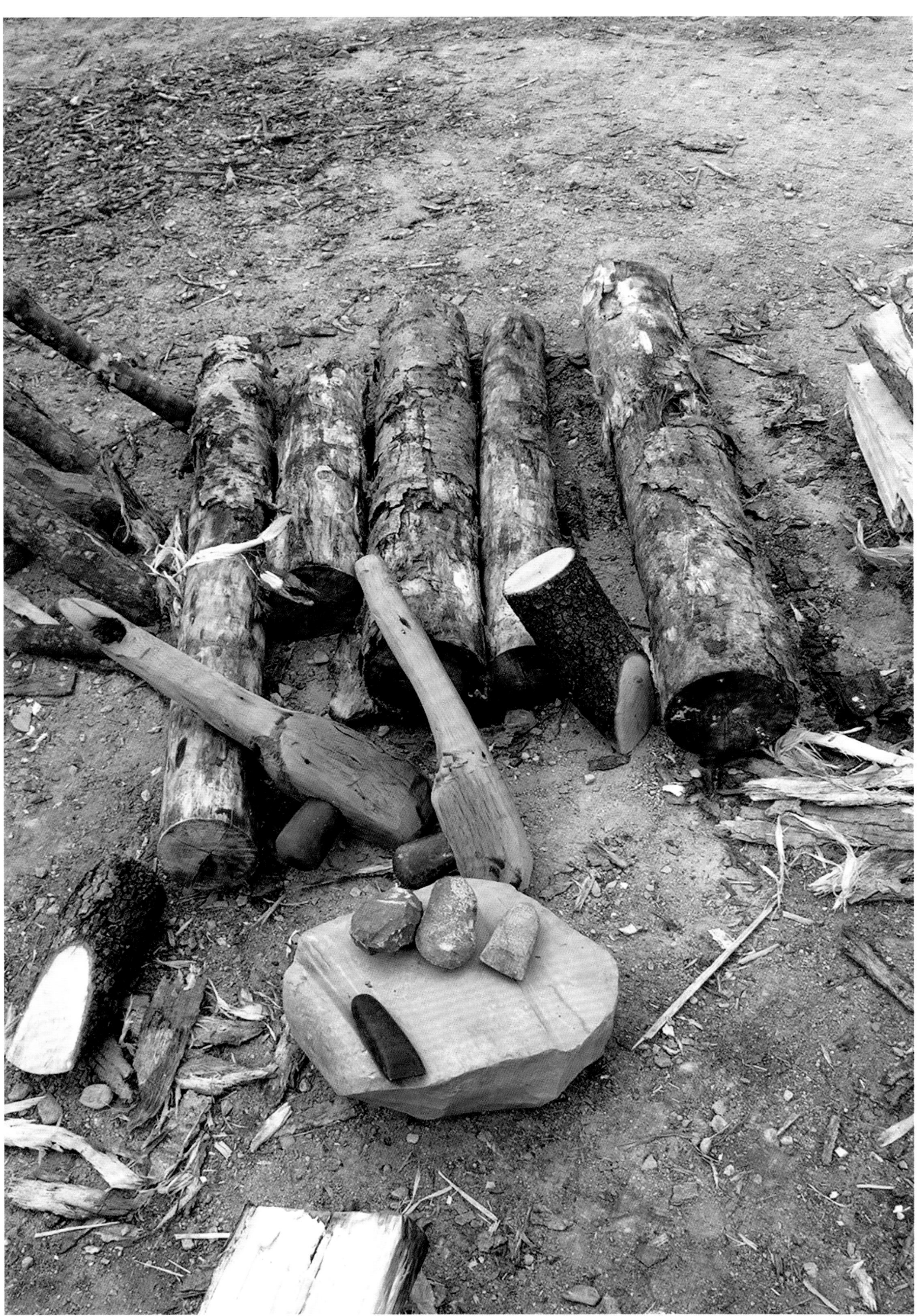

07

旧石器时代：重大历史里程碑

技术、科技、工具

最早利用环境的人类技术

用创造技术来承担各项任务的能力起源于旧石器时代。正如我们在第240页所解释的那样，人属成员进行和其他动物同样的活动——四处走动、攀爬、摄入食物等，但他们很快开始创造只属于人类的活动，这些活动需要特定的资源，还常常需要工具。这些活动将涉及特定技术的使用。但到底什么是技术？技术的定义取决于使用它的学科。对于医生、陶艺师和厨师，技术有不同的含义。通过从高档餐饮领域开始，并朝着一般定义迈进，我们提出了以下定义：

为了达到特定结果而受标准或特定规程支配的行为或程序。

技术的应用意味着标准或规程的实施。标准和规程让某种技术的重复每次都能产生同样的结果，即使应用于不同的材料。然而，人们通常为每种活动开发特定的技术。一种技术的有效重复创造出一种方法。

实际上，在整个历史中，工作的开展以及行业和职业的发展都逐渐形成了各自特有的技术。在原始历史时期，群体的所有成员都知道群体使用或执行的所有技术，在发生了一次转移之后，在后来的历史时期，职业分工的现象愈演愈烈，以至于每个行业对门外汉而言基本上是未知的存在。

随着科学和应用科学知识的出现，科技产生了，这个等式变得复杂起来。和“技术”一词一样，科技的概念对于每个学科也有不同的含义。工程师、IT专家和工业家在谈论科技时指的并不是完全相同的东西。

一个有用的定义如下：

通过优化技术和工具应用科学知识，以改进任何过程的结果。

从这个定义可以看出，科技令技术和工具得以改进，但它的作用是改进过程。新工具并不是“科技”，相反，科技是令它们得以制造的过程。例如，一台食物处理机并不是科技。在高档餐厅中，科技的存在是间接的，仅限于制作特定工作的过程。无论人们是怎么认为的，某种工具本身的存在与否并不是科技。

首先是技术，然后是出现时间晚得多的科技，它们都将是历史发展的关键驱动力。回到旧石器时代，每种活动都需要使用适当的技术。下面是源自旧石器时代的特定人类技术的说明性清单，这些技术将在后来的历史时期经历剧烈的演变。

营养领域：

- 获取产品的技术
- 烹饪的技术

交通领域：

- 水上旅行的技术

建筑领域：

- 建造庇护所的技术

手工艺领域

- 加工木头、植物纤维和石头的技术

艺术领域：

- 绘画和雕刻人物的技术

控制用火：一种颠覆性的技术

正如我们在第192页所见，第一种使用火的原始人类是直立人。由于火在自然中的偶然存在（雷击、野火等），他们肯定已经认识到了这种现象的潜力。对火的控制一定是渐进的，而且存在使用自然或意外火灾的第一个阶段。也许他们首先学会了如何保存意外火种，后来又学会了如何在特定的时间仍然零星但有效地重现火种。

控制用火和用火烹饪构成了一场革命（我们将在后面讨论），但是火的其他用途也让它必不可少：

- 随意产生的能量来源。火是人类学会控制的第一种外部能量来源。实际上，我们是唯一能够按照自己的意志产生燃烧源的动物。火给我们带来的好处是如此之大，以至于我们最终变得依赖于外部能源。在旧石器时代和新石器时代，火可以使用木头和周围环境中的其他干燥有机废物（燃料）制造。后来的历史时期中还使用了其他燃料，例如煤和天然气。在最近的时代，电取代了生火的需求。

- 日落后的光照。火让白天延长了，这意味着原始人类得以增加进行各种活动（包括烹饪）的小时数。

- 热量。火会使人体的温度升高，这在气候变化导致气温剧烈下降的时期特别有用。

- 保护。火可以驱赶捕食者和昆虫。

- 探索。所有这些优点让火成为调查恶劣环境和未知土地的辅助工具。

篝火还具有强烈的社交作用，欧达尔德·卡博内尔等专家对此进行了详尽的研究。人们会围在火边，这促进了群体内部的交流。它彻底改变了原始人类的社交能力，而且很可能它在鼓励使用语言方面发挥了重要作用。此外，点火并令其保持燃烧对个人而言太费心力，并且需要复杂的心理能力，例如注意力、意图、交流和合作。

毫无疑问，炉灶成了群体进行制作和品尝的首个空间，也是人们进行烹饪，共同进食并分享故事、知识、建议等的首个场所。它既是厨房也是餐厅，而且在大众烹饪的情境下，这种情况将持续许多个世纪。另外，对于许多最先进的手工艺形式，火将成为必不可少的元素。在旧石器时代，火被用来制作天然的焦油胶水以及提高矛的硬度，而且后来它对于很多方面都至关重要：制陶、金属加工（始于古代文明），以及最近的各种工业类型。

存在什么具体证据证明了对火的控制？如我们所见，所有迹象都表明直立人逐渐学会了控制用火，这暗示数10万年过去之后，火才成为原始人类日常生活的一部分。研究结果显示，这种能源的社会化发生在大约40万年前。考古记录显示，从那时起，篝火的制作遍及地球各地，只要那里存在人属的成员。在欧洲，系统性地将火融入生活方式的将会是尼安德特人的前身和尼安德特人。

在比40万年前更早的时期，直立人用火的证据非常零星。除了下面的方框提到的考古遗址，还有许多没有定论的发现，例如烧焦的骨头或者在高温下烧成的黏土块，它们与控制用火的关系令科学界产生了分歧。

山毛榉坑（Beeches Pit，英格兰，40万年前）。直径宽1米的数个炉灶，由约翰·高勒特（John Gowlett）发掘。

舍宁根（Schöningen，德国，40万年前）。一座湖泊岸边的遗址，有数个炉灶和22匹马的遗骸，由哈特穆特·蒂梅（Hartmut Thieme）发掘。这里有人类作为群体狩猎以及干制肉类的一些最早的证据。

盖谢尔贝诺雅各布（Gesher Benot Ya'aqov；以色列，79万年前）。坐落在约旦河两岸的遗址。这里有烧焦的油橄榄、大麦和葡萄种子、燧石和烧焦的木头。

在欧洲大陆，存在大量非常一致的证据表明尼安德特人和智人在过去25万年里控制用火。这两个人属物种经常用火。我们在接下来的章节讨论他们的烹饪。

阿布里帕特（Abri Pataud；法国多尔多涅省，40万年前）。这里发现了暴露在高温下导致破裂的河中卵石和石煮技术的证据。

阿布里克罗马尼（Abric Romaní，西班牙巴塞罗那，7.6万年前）。这里发现了超过60个尼安德特人的炉灶，有木炭、烧焦的骨头和木头。

先驱洞（Vanguard Cave，直布罗陀，9.3万年前）。尼安德特人的炉灶。这里发现了松子制作过程的证据：用火加热松果，再用石头砸开松果，暴露出松子。

哈奥尼姆洞（Hayonim Cave，以色列，25万年前）。这里发现了大量炉灶。

我们在何时意识到我们的转化能力？

工具的诞生

对于工具起源的解释，非洲的新发现似乎带来了意外的转折。直到最近，人们才认为第一种能够制造工具的原始人类是能人。这方面的首批发现是20世纪60年代在坦桑尼亚的奥杜威峡谷（Olduvai Gorge）。能人的第一批化石就是在那里发现的，并且与第一批已知的工具相关。看起来是我们的谱系（人属）首先产生了巨大的认知飞跃，才学会了互相敲击石头以获取具有锋利边缘的薄片。这座里程碑一直被认为是我们进化成功的第一步。

然而，许多研究者怀疑，能人制作的工具也许过于先进，不太可能是第一批。目前最古老的能人化石只有230～240万年的历史，随着来自260万年前的工具被发现，这种怀疑在数十年间不断增长。可能是人属之外的另一种原始人类制作了这些工具，或者能人比目前发现的化石更古老。

2015年，所有怀疑都消散了。在肯尼亚图尔卡纳湖（Lake Turkana）岸边，人们发现了一批来自330万年前的工具。有足够多的考古学家观察到，制作它们的技术比此前发现的最古老的工具使用的技术更原始一些。这种新技术被命名为“洛姆奎”（Lomekwian），比能人制作的工具早70万年。与此同时，还是在2015年，一块新发现的腭骨似乎将能人的起始年代推到280万年前。然而，即便得到证实，它被发现的时间仍然与图尔卡纳湖岸边发现的工具的时间相隔甚远。

要知道是哪种原始人类制作了洛姆奎工具，仍然为时尚早。就目前而言，只能说它们的年代与肯尼亚平脸人（这个物种很可能属于南方古猿属）的生活时期吻合。虽然所有这些新发现都正在被阐明和证实，但出于本书的目的，我们将继续以250万年前的能人及其工具为起点。

人属的每个后续物种都将改进剥石技术，增加所制作工具的种类并提高工具的实用性。第一种工具是拥有锋利边缘的简单卵石，制作方法是敲击卵石的一侧或两侧，去除外表面的一部分。到旧石器时代中期结束时，尼安德特人已经拥有了更加复杂的工具制作技术。使用勒瓦娄哇技术，他们可以将卵石加工成石核，并从中取出标准尺寸的小石片，换句话说，清晰且预先确定的形状让卵石成为真正的小刀。尼安德特人已经在“预先设计”他们的工具了。最后，智人将成功地生产真正的专业工具箱。

工具是什么样的？

当你第一次看到旧石器时代的石头工具时，它们会给你留下这样的印象：这些是完全随机的碎片，可以在任何森林地面或河岸上找到。你还会想：“这肯定不可能是工具吧？”“它们之间有什么区别？”以及“它们看上去都一样”。

因为这是一个与我们全然不同的人生活的遥远时代，所以你需要一点引导。以下几页提供了考古学家用来描述和研究旧石器时代工具的一部分尽可能地简短且富于说明性的基本概念的总结。只有以这种方式，我们才能使用智论方法学分析它们。其他时期不存在这种问题，因为每个人都能够识别中世纪的烹饪用锅或19世纪的叉子。

在这里，我们概述了考古学家告诉我们的工具材料、制作方式以及分类方法的相关内容。

工具的材料

旧石器时代的原始人类使用了能力所及的天然材料，并学会了区分最适合使用的材料：黑曜石、石英、燧石、石英岩（以及其他岩石）、骨骼、木头和兽皮。

动物学家往往根据所用材料对工具进行第一级划分。这决定了它们在考古记录中的保存状况。使用石头制作的工具几乎不会随着时间的推移而腐朽，这让许多样本得以发现。实际上，石器工具是旧石器时代遗址中的主要发现。分析它们的方法已经大大进步，而从它们当中可以提取关于我们祖先生活的大量信息。

就工具在考古遗址中的出现次数而言，排名第二的是使用骨骼制作的工具。骨头由有机质和矿物质构成，前者包括骨髓和胶原蛋白等，它们会随着时间分解消失，而后者在考古记录中保存得非常好。原始人类将某些动物骨骼重塑成很实用的工具。因为它们的出现频率比石器低，所以对它们的了解较少，科学家对它们的关注也比较少。

考古记录中几乎没有保存下来的用易腐材料（如木头、叶片、植物纤维和兽皮）制成的工具。只有木材在非常特殊的情况下才能保持其原始形状或者以压痕或铸件的方式保存下来。关于这一点，考古学家的确有话要说，但我们只能猜测此类工具的存在，并观察它们在如今的狩猎和采集者社群中的使用。

最后，有两种对于烹饪必不可少的东西，但考古学家并不认为它们是工具：炉灶和烤炉。首批可以追溯到旧石器时代，然而，它们不是可携带的物品，而是我们今天所说的固定在地面上的装置或设施。对于炉灶，考古学家有他们自己的基于形状的分类方法（在地上挖简单的坑，用石头围成炉灶，或者在上面放置三脚架等），但是关于烤炉，相关信息和样本就很少了。我们将在使用智论方法学分析工具的部分更详细地介绍这一点。

这些关于材料的信息很有用，但是我们一定不能忽视的事实是，我们目前对旧石器时代工具的了解并不完全对应现实。如果我们能够通过一扇窗户直接观察过去，我们可能会看到原始人类的营地拥有大量使用木头或植物纤维制成的工具：篮子、绳索、器皿、把手、长柄勺和许多其他东西，这些物品基本不会出现在考古遗址中，但很有可能在旧石器时代烹饪的发展中发挥了至关重要的作用。现在我们拥有的，只是一小部分保存下来并埋在地下的东西。

考古学家眼中的工具制作和分类

让我们看看考古学家如何对工具进行分类和描述。这是一种非常实用的方法，可以知道哪些东西曾经存在以及它们的样子。当我们将智论方法学应用于高档餐饮部门时，我们将遵循自己的标准并作出选择。需要考虑的一个重要细节是，人属的每个新物种都保存了其祖先的工具并用一些新的品类丰富了这套工具库，但他们的主要工作是发展和完善自己继承的工具。因此，旧石器时代晚期的智人并没有贡献很多新的工具。他们大大改进了自己拥有的工具，而且主要发明的是骨制和木制工具。

石器工具

旧石器时代的石器工具是使用名为“剥落”（又称敲打和削片）的技术制作的。剥石是指通过敲击（或施加压力）令石头成形，逐渐缩小其大小和体积。换句话说，就是从石头上去除碎片，直到产生期望的形状。并非所有石头都适合制作工具。只有燧石、黑曜石和某些其他石头拥有必要的性质：它们总是以可预测的同样的方式破裂。

考古学家区分了剥石的三种主要方式，这些方式被称为“模式”，是由所需的复杂程度决定的（就知识和技能而言），从敲击一次卵石形成不规则的锋利边缘，到剥下形状极为具体的小箭头（这需要大量知识和多个剥石步骤）。考古学家对旧石器时代的主要石器工具的分类和定义如下：

能人

模式1（250万年前至150万年前）。没有计划，也没有复杂的形状，只打算得到锋利的边缘，没有标准形状。

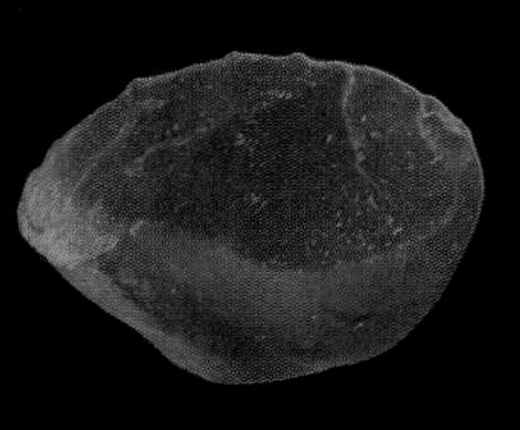

01 **单面切削器（Unifacial chopper）**——在一侧剥落的卵石，有一条锋利的边缘。用来砍和切割坚硬物体，例如骨头。它是人类制作的第一件工具，由所有旧石器时代的原始人类制造。

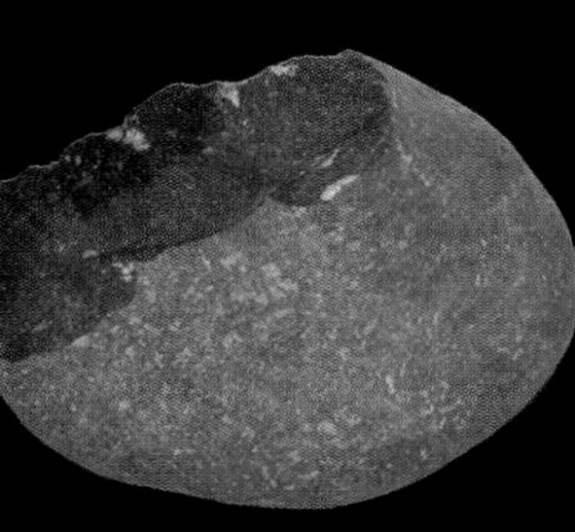

02 **双面切削器（Bifacial chopper）**——和单面切削器相似，但是两侧都进行了剥落，用于切割的边缘更加锋利。

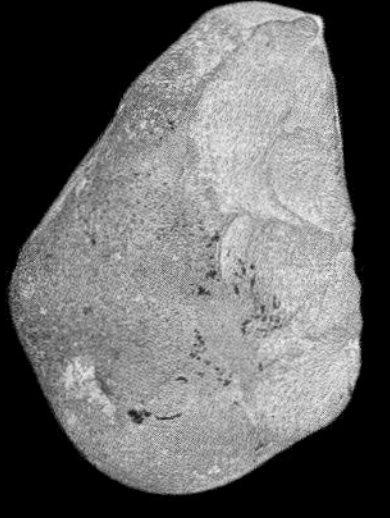

03 **锤石（Hammer stone）**——未被剥落的卵石，它是用来碾压、磨碎和敲打。这些石头一经发现就被当作工具使用，但是它们带有表明其用途的痕迹（这正是考古学家识别它们的方式）。

04 **石片（Flakes）**——从被剥的卵石上脱落的碎片，拥有非常锋利的边缘。在整个旧石器时代，它都用于切割。

直立人

模式2（170万年前至30万年前）。形状是事先想好的。剥石技术稍微复杂了一些。

05 **双面手斧（Biface或hand axe）**——用作重型匕首、斧头或锤石。第一件标准化（所有双面手斧头都拥有同样的形状，尽管大小不一）和多功能工具。

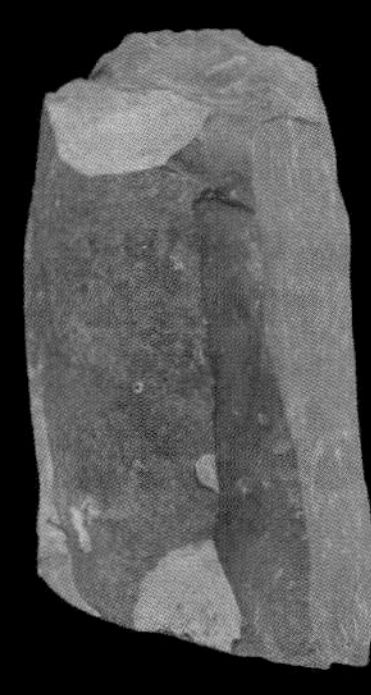

06 **劈刀（Cleaver）**——拥有一条锋利边缘的大石片，与斧头类似。用在骨头、木头和肉处理。

尼安德特人

模式3（30万年前至3万年前）。更精确的剥石。标准的石片和石刃。

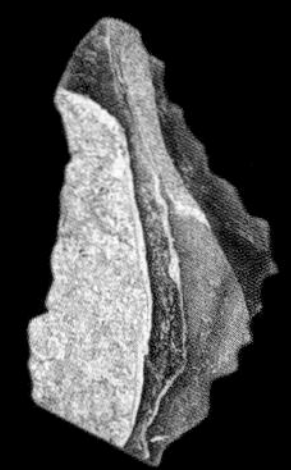

⑦ **齿状石片（Denticulate flake）**——用法和锯齿刀相同的石片。

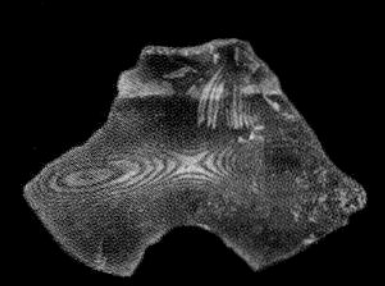

⑧ **凹口（Notch）**——带有明显缺刻的石片，用于刮擦、削皮等。

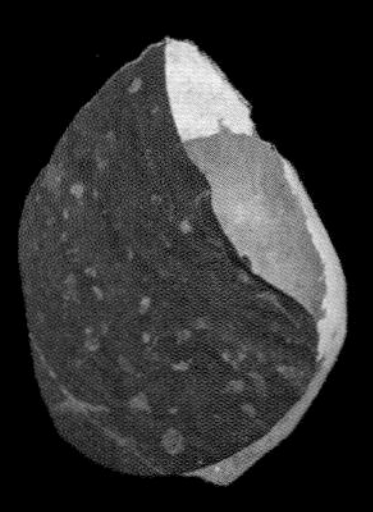

⑨ **刮擦器（Scraper）**——一条纵向边缘以一定角度打磨锋利的工具，用于剥皮和刮擦任何材料。它是使用石片制作的。

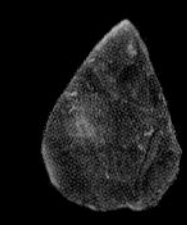

⑩ **莫斯特尖（Mousterian point）**——带尖石片，与箭头相似。

智人

模式4（4万年前至12000年前）。高度完善的剥石技术，生产出非常专业化的工具。

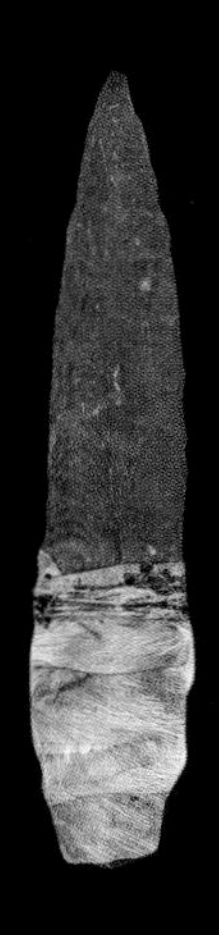

⑪ **有背石刃（Backed blade）**——通过修整形成的石刃。它和今天的刀类似，有同样的用途，通常连接在把手上。

⑫ **錾刀（Burin）**——拥有坚固尖端的石刃，用于打孔、刻槽等。

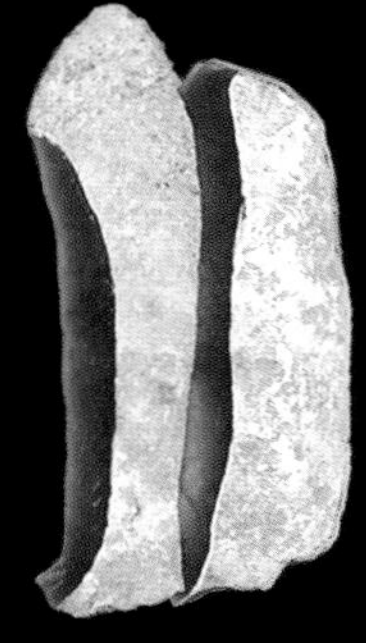

⑬ **石刃（Blade）**——在石核上进行一次非常精准的敲击得到的长条形石片。其边缘非常锋利但形状不规则。

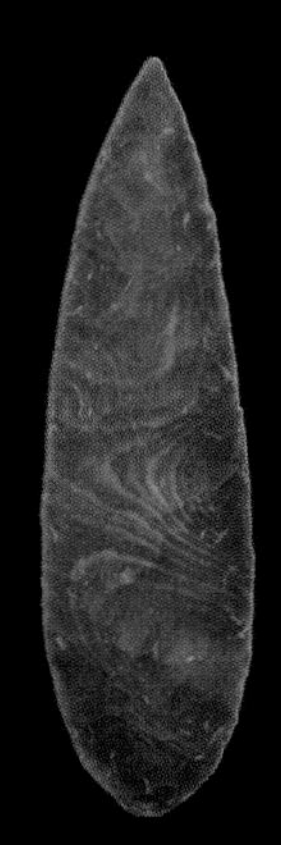

⑭ **月桂叶形尖（Laurel-leaf point）**——旧石器时代最精致的石刃，它像有背石刃，但加工得更精准，通常连接在木制把手上。

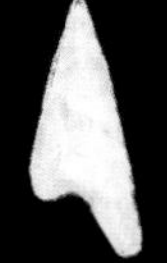

⑮ **经过完善的箭头**——出现了多种多样的箭头。

⑯ **细石器（Microliths）**——非常小的石片和石刃，很可能连接在把手或木头支撑物上，形成复杂的工具。

骨制工具

骨头是一种坚硬的材料，是可以用作执行多种任务的工具。从我们非洲祖先的时代开始，研究人员就已经发现了这些工具的存在。包括能人在内的第一批原始人类使用哺乳动物的骨骼碎片挖掘白蚁，而将较大的骨头块（例如股骨头部）用作锤子。最全面且复杂的骨制工具来自尼安德特人和智人。

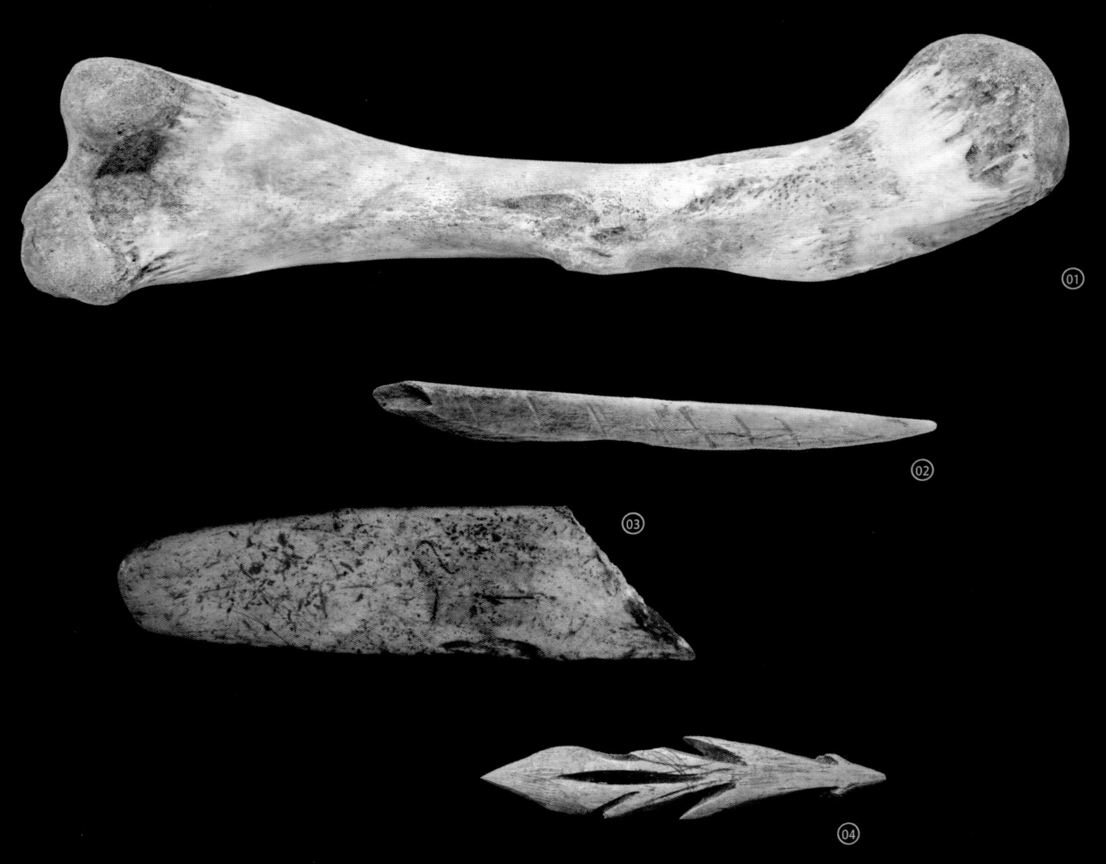

能人和直立人

01 **骨头片段和碎片，没有塑形或修整**——最锋利的用于切割和刮擦，而最大、最坚硬的用作锤子，例如股骨头。

尼安德特人

02 **骨锥**——做成锥子形状的骨骼片段。最坚硬的骨锥可以穿透坚硬的材料，例如厚厚的皮，而最精致的骨锥可以用来穿透或切开柔软材料，例如肠子或小鸟。

智人

03 **磨光器**——使用肋骨做成的工具，一端光滑圆润，非常适用于加工兽皮。

04 **鱼叉头**——通过在鹿角片段上刻出凹口制作出的工具。它连接在木柄上，用于捕鱼。

05 **鱼钩**——做成钩子形状的骨头，用于钓鱼。

06 **骨针**——较粗一端有孔的小锥子，与植物纤维一起使用。

07 **矛尖**——骨头被打磨成非常锋利的尖，连接在矛杆上，用于狩猎。

木制工具

⑧

木头是一种易于获得、用途广泛的材料。考古学家已经发现它用于制作柄和把手、武器（例如长矛）以及各种各样的器皿。如今我们知道，木头从非常早的时代就开始被使用了。在阿布里克罗马尼遗址，一些木头物品的铸模表明当时存在盛放食物的木制器皿，以及用于烹饪、搅动余烬和取水的长柄勺。

能人和智人

未知。

尼安德特人

⑧ **三脚架**——三根木棍构成一个支架，通常放于炉灶上方使用，可将兽皮或用木头制成的器皿挂在上面。

⑨ **拨片**——拥有手柄和扁平桨叶的工具。

⑩ **长柄勺**——带凹面的手柄，用于携带余烬、食物和水。

⑪ **扦子**——木棍，有时带有尖锐的末端。

⑫ **器皿**——有各种大小和形状。

智人

⑬ **投矛器/弓**——木制或鹿角工具，作为投射武器，例如箭。

08

旧石器时代：重大历史里程碑

经济和交通

采办食物：经济

旧石器时代的原始人类是过着游牧生活的狩猎和采集者。他们在土地上频繁走动，寻找食物。觅食、捕鱼、食腐和打猎让他们能够从自然中获得生存所需的全部未经制作的产品。我们从对当今的狩猎和采集者开展的人类学研究中知道的是，在大多数情况下，狩猎和觅食的权重是不平衡的。

觅食往往贡献了每日热量摄入的60%以上，因此它是确保生存的工作。植物是人类群体的主要食物来源，而在旧石器时代也是如此。人类依靠根、茎、果实、种子、真菌和植物界的其他产品生存。

虽然狩猎获取的资源较少，但它是最影响群体组织的活动。因为狩猎具有威胁性而复杂，所以它需要大量组织工作，包括与邻近的群体结盟。狩猎并不只是简单地杀死一头动物，还包括探索周边区域、了解猎物的习性、追逐猎物、分散其注意力、杀死和屠宰、运输猎物，以及最后的分享。这是一项高度协作的活动，涉及许多人的参与（不只是射箭或投矛的人）。此外，我们已经讨论了摄取肉类在我们的解剖结构和大脑发育方面的特殊价值（见第191页）。

- **觅食：来自植物界的产品来源。**觅食任务是指从土地获得可食用的野生植物。这些任务需要事先知道哪些物种可以吃、它们的成熟程度以及位置。觅食常常不必使用工具，因为叶片和果实可以用手采摘，不过有时需要使用石器切割茎秆或挖出土里的根。

  与狩猎相比，觅食有几个优点。植物不会动也不具有暴力，而且它们在社区中成群生长，这使得觅食任务没有风险，而且群体里的任何人都可以执行。

- **食腐：无须狩猎获取肉类。**我们已经看到了肉类消费对人类进化的重要性，但是旧石器时代的祖先是如何消费动物性产品的？所有迹象表明，原始人类使用的第一种获取肉类的策略是食腐，即接触其他捕食者留下的动物尸体。专家认为，能人和直立人都实践了这一策略，一方面他们需要赶走其他食腐动物，另一方面他们需要使用特定的工具割下剩余的肉并得到骨髓和其他器官，例如大脑。

  很少有动物拥有得到骨髓所需的足够强大的下颚。但是，当时的原始人类能够用他们打磨尖锐的石头来获取这些营养丰富的宝藏。像其他白色脏器一样，骨髓和大脑含有大量脂肪，这是在自然界中稀有的营养物质。

- **狩猎：在其他食肉动物之前获取猎物的艰巨任务。**直立人的出现标志着旧石器时代人群肉类消费的逐渐增加。他们发展出的对这种产品的需求和口味，加上他们不断发展的技能，导致直立人和我们进化链条上的最后两个环节的人属物种——尼安德特人和智人——开展狩猎。

智人引领了高度专门化的狩猎工具的开发，以至于我们甚至能够识别出为每种猎物设计的整套工具。他们设计了长矛，这让他们可以在不用离受害者太近的情况下打猎，还有投矛器，它令智人投掷武器的力量和射程成倍增加。另一项巨大的创新是弓，这种设备在大约65000年前首先出现在欧洲。

我们知道，原始人类使用四种巧妙的系统来猎杀动物：

- 陷阱，例如在动物习惯通过的地面上挖的大坑。
- 大规模杀戮技术，包括使用噪音和火把将野生动物兽群向悬崖驱赶，致使它们跌落摔死。
- 伏击，驱赶动物，令它们穿过狭窄的通道，以便用长矛杀死它们。
- 固定，特别是在沼泽地区，驱赶动物并最终将它们困在沼泽里。

- **获取其他类型的产品。**觅食、食腐和狩猎是获取食物的主要策略，而且这三种策略还被用来获取其他资源。例如，与觅食类似的技术被用来获取真菌或小型沿海软体动物（拾贝）。至于捕鱼和抓鸟，所用工具和知识与狩猎类似。

“人类与自然形成的第一种经济关系是开采性质的：我们从自然中获取它提供给我们的东西。”

我们的首批旅程：交通

在进化历程中，旧石器时代的原始人类得以离开他们在非洲的家园，居住在地球的其他地方。如今，归功于考古记录中的化石，我们能够重建直立人和智人等物种走过的路线。虽然我们现在可以在地图上追踪他们走过的路径，但是我们不应该忽略的事实是，对于走过这条路的个体，这些旅程并没有那么长，他们当中没有一个人覆盖了整条路线。走出非洲的迁徙是非常缓慢的过程，历经成千上万年，每一次进展都是一个个群体一点点地逐步取得的。

有两次迁徙对人类进化至关重要：

- **匠人在180万年前离开非洲**。最近的考古发现表明，匠人（直立人被细分成的首批物种之一）在大约180万年前离开非洲，来到世界的其他角落生活。这种原始人类看起来从非洲向东旅行，穿越了亚洲，对格鲁吉亚、中国和爪哇的考古遗址进行的年代测定证明了这一点。

　　在阿塔普尔卡考古遗址工作的研究人员提出，一百多万年前，留在非洲的直立人继续沿着自然进化的路线前进，产生了先驱人。这个新的原始人类物种在大约100万年前开始了离开非洲的第二次迁徙，这一次是向北（也许穿越了直布罗陀海峡），从而令他们移居欧洲南部。

- **智人在20万年前开始在整个地球上定居**。下一个踏上史无前例的迁徙之路的物种是智人，他们从非洲故乡出发，成功地占据了地球上直到那时还无人居住的地区。他们殖民的第一个大陆是非洲。最新的发现暗示存在一个尚未完全清晰的复杂故事：在非洲北部发现的智人遗骸可以追溯到30万年前，而在南非发现的遗骸来

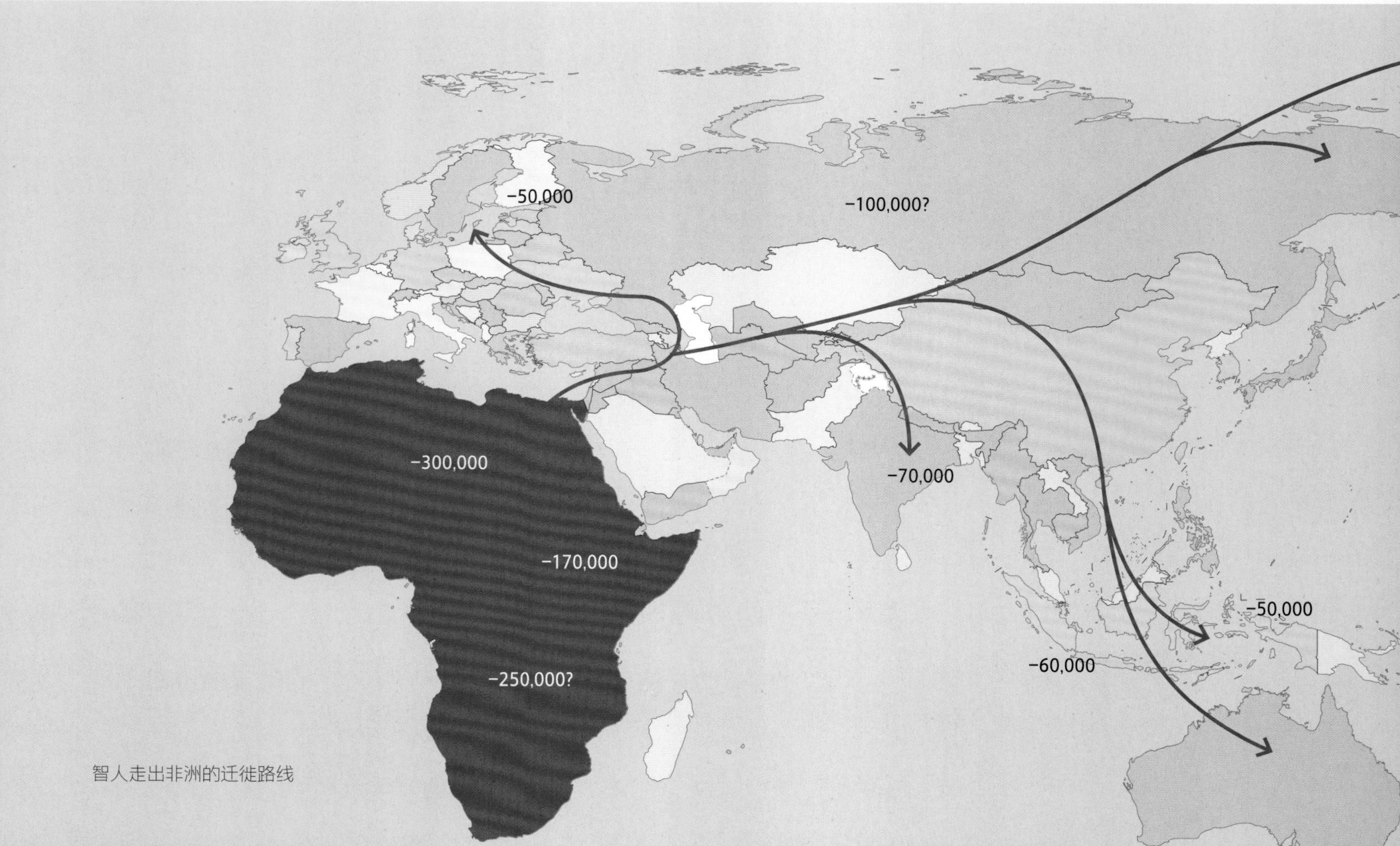

智人走出非洲的迁徙路线

自稍晚的时代，大约25万年前。看起来智人出现并栖居非洲大陆的时间比之前认为的早得多。

他们在大约19万年前抵达黎凡特地区，尽管看起来他们并未在那里生存很长时间。也许尼安德特人——他们提前占领了中东地区——造成了激烈的竞争。因此，智人继续被限制在非洲，直到大约5万年前，他们再次踏上迁徙之路，这一次获得了成功（不过最近的证明表明，也许他们在通过亚洲的道路上是成功的，这意味着大约10万年前他们就可能已经在亚洲的某些地方居住了）。

智人继续殖民亚洲，并设法抵达澳大利亚和印度尼西亚。他们在大约5万年前从中东抵达欧洲。在这些地方，他们遇到了人属的其他物种。不只是尼安德特人，还有从直立人的最初形式进化而来的亚洲原始人类：东亚的直立人，爪哇的梭罗人（*Homo soloensis*），印度尼西亚弗洛勒斯岛（Flores）上的弗洛勒斯人，以及西伯利亚的丹尼索瓦人（*Homo denisova*）。古遗传学专家正在争论这些物种在遗传上相容并经历杂交过程的可能性。这似乎可以从当今人类种群的基因组构成中推导出来，研究结果显示了来自不同原始人类物种的基因所占的百分比。

智人在3万年前至2.5万年前通过白令海峡进入美洲。但是，关于他们从多个地点（从波利尼西亚甚至澳大利亚）进入美洲的可能性还存在争论。在美洲发现的化石以及其他考古发现的年代测定并未显示出清晰的路线，因此很难确定他们抵达北美的确切时间。显而易见的是，他们花了数千年时间才穿越了北美和南美两座大陆。

09

旧石器时代：重大历史里程碑

建筑、手工艺品和艺术

第一批人类住所：建筑学和室内设计

在旧石器时代，人类的活动并不只包括狩猎、觅食和迁徙，他们还必须在庇护所中休息、睡眠、玩耍、照料和社交。最初被原始人类用作住所的地方是深洞或岩厦，这些可以保护他们免遭风雨和其他危险（例如捕食者）的侵害。在某个时刻，他们开始自己在露天搭建庇护结构。这是人类建筑史上的第一步。

有很多来自旧石器时代早期的例子可以归类为最早建立的小屋，但是科学界并不认同这种看法。第一批小屋来自旧石器时代中期，是由欧洲的尼安德特人建造的。例如，乌克兰有一些小屋是用猛犸象的骨头建造的，这些骨头被排列成特定的结构，支撑起兽皮做的屋顶。在摩洛多瓦1号遗址（Molodova I），其中一个小屋占地50平方米，并设置了15个炉灶。除了这些极端情况，许多专家认为露天的临时小屋——小而且不太坚固——变得普遍起来，是因为它们可以很快地架起来。尽管如此，尼安德特人仍然继续依靠天然洞穴来建立自己的营地。

在布置住所的内部空间方面，尼安德特人也是先驱。在阿布里克罗马尼遗址，研究人员能够识别出他们在洞穴内组织活动的方式，因为他们用炉灶和其他元素在洞穴内做了标记。他们睡觉或工作（制作工具、鞣制兽皮、修理用具等）的区域和进食的区域是分开的。一切都似乎表明，最大炉灶周围的同一个空间是用来进食和烹饪的。最有趣的是，这种活动空间布局和今天的狩猎和采集者布置空间的方式非常相似。

来自旧石器时代晚期（此时的物种是智人）的信息更加丰富，而且小屋遍布整个欧洲。我们通常看到的小型营地由三个小屋构成，小屋是将兽皮覆盖在木杆结构上搭建的，和考古学家在法国平斯旺（Pincevent）等遗址中发现的情况非常相似。使用大型猛犸象骨头建造墙壁的习俗在欧洲较寒冷的地方（今天的波兰、乌克兰和捷克境内）被延续下去。这些人看起来也通过分隔活动来布置室内空间。在以色列的奥哈罗2号遗址（Ohalo II），考古学家发现一座小屋被分成两个不同空间：一个是研磨种子的空间，另一个是制作石器工具的空间。

与旧石器时代居住空间有关的所有证据都突出了烹饪及其相关过程作为原始人类生活的中心活动的重要性。这些建筑学方面的进步表明空间的设计始终需要一个专门用于产品预加工（例如研磨和剥皮）以及制作的区域。

第一批小屋是欧洲的尼安德特人建造的。

手工艺品的起源，设计的先驱

在旧石器时代创造的物品中可以找到手工艺品模糊的根源。我们在旧石器时代最先产生了一种兴趣，令我们想要了解如何加工某些天然材料，以创造出既有用又美观的物品。

最初的手工艺品是使用石头、木头、骨头、兽皮和植物纤维制作的。许多手工艺是为了制作工具开发的，以方便我们祖先制作各种生计活动的物品。其他手工艺则生产装饰性、美观或者有趣的物品，例如第一批小雕像、装饰品和玩具，这些对于群体的生存没有重要意义。这些是珠宝和时尚设计等学科的先驱。

史前专家最关注的是那些制作石器工具需要的手工艺。他们观察到，在每件石器工具的背后都是一整套动作和技术诀窍，完全没有投机取巧的空间，而且这些技术是世代相传的。我们将其视为随着时间的推移持续下去并被重复的“做事方法”，这就是我们之前讨论过的技术。行为和技术的重复是手工艺的本质。

有些物品带有装饰，例如把手和长矛；各种各样的工具上也会出现雕刻线条，或者被涂成赭石色。自人类起源以来，手工艺品就和艺术有着重要的联系。

如今，手工艺和艺术交汇于一门诞生于工业化新兴时的学科：设计。平面设计和工业设计以及其他学科都借鉴了手工艺和艺术传统。区别在于，当我们谈论设计时，似乎总是存在一种不可剥离的实用性标准。

设计专家已经在旧石器时代找到了他们这项业务的一些背景。在我们还是狩猎和采集者时，我们就在逐渐完善每一件已创造物品的形状。从能人（或者某个更早的物种）剥的第一块石头到智人制造的箭头，我们可以看到人类对令形状尽可能地发挥作用的兴趣不断增长。我们在这里看到了设计的前身。

“最早的手工艺产生了由石头、木头、骨头、兽皮和植物纤维制成的物品。”

在巴塞罗那阿布里克罗马尼考古遗址发现的一条项链上的串珠（75000年前至40000年前）

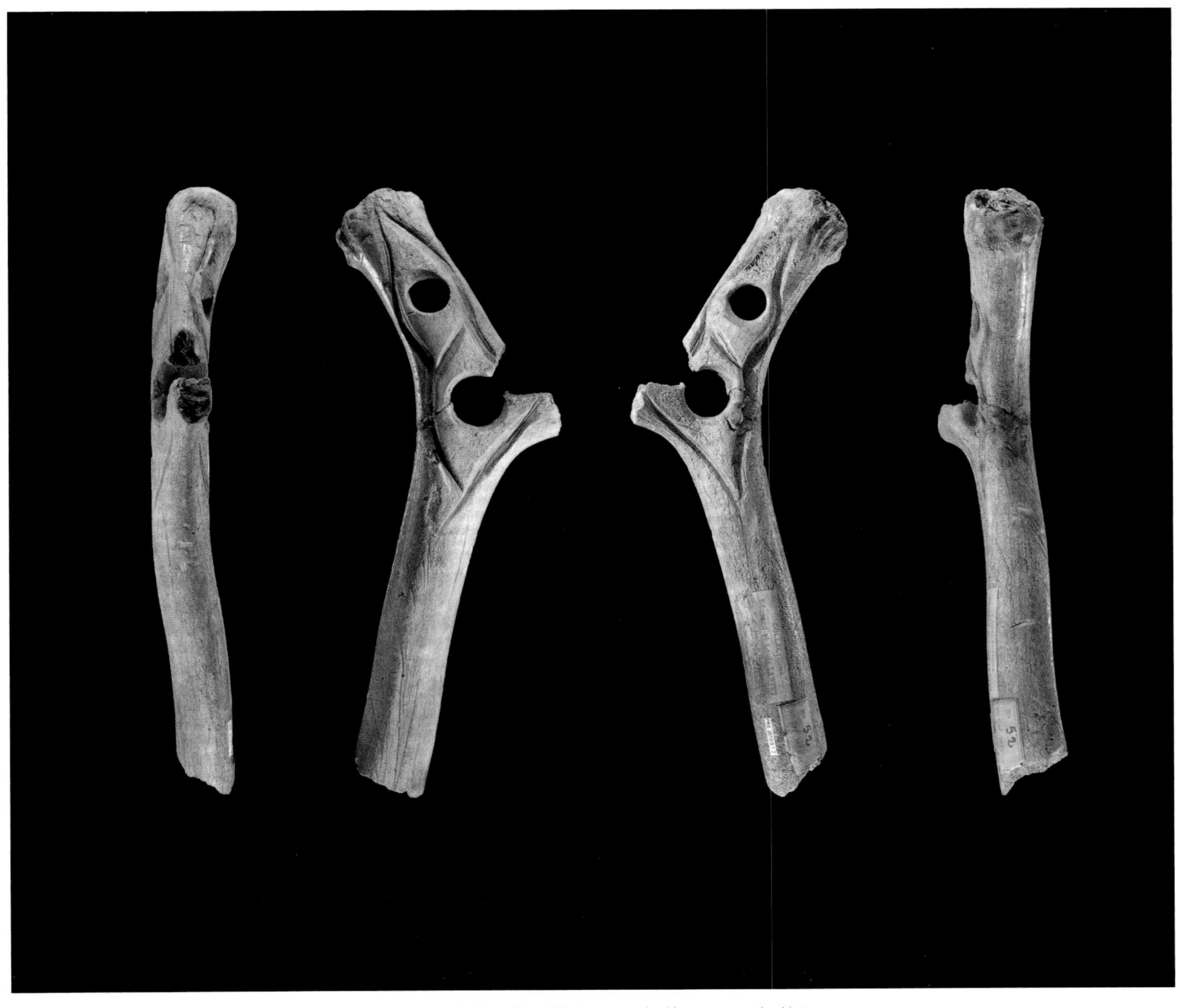

在法国多尔多涅省拉马德莱娜（La Madeleine）岩厦中发现的手杖（17000年前至10000年前）

艺术的诞生是一种活动还是一种思维模式？

旧石器时代见证了典型的人类活动之一的诞生，这种活动最显而易见地说明了象征性思维意味着什么。它就是我们称为艺术的史前现象：无明显实用目的的物品和图像的创造，它们完全是出于审美、智力、神秘、宗教、奇妙或装饰方面的兴趣构思的。

制造了最早的艺术表现形式的原始人类是智人——我们这个物种。最早的创造冲动是在一块石头上蚀刻线条，形成几何图案（一条小小的水平带，其中布满菱形），这块石头还被涂成了赭石色。这件物品是在南非的布隆伯斯洞窟（Blombos Cave）考古遗址发现的，可追溯至75000年前。

这个地方的居民取悦自己的方式是在一串贝壳上打孔，将它们当作串珠制成项链，装饰自己的身体。专家认为，这些是世界上最古老的个人装饰品，是在那个遥远的时代开始被探索的另一种艺术形式。当智人从非洲大陆迁徙时，他们带着自己的艺术好奇心走遍了整个地球。得到最多研究且最著名的旧石器时代艺术来自欧洲，这种艺术行为似乎在这里得到了巩固。在欧洲可以找到两种类型的艺术品：岩洞壁画（洞穴墙壁和岩石上的绘画）和可携带艺术品（小型岩石雕像）。

然而，科学界最近指出了也可能是艺术表现形式的古老得多的其他样本。它们包括在直布罗陀的一个洞穴里发现的尼安德特人雕刻的几何图案，以及出现在一只软体动物的壳上的一小片涂鸦，后者是爪哇岛上的直立人在大约40万年前留下的。现在还无法得知这些样本是有意为之还是偶然的结果，但是如果它们得到证实，我们将不得不承认象征性思维的能力并非我们这个物种所独有，它也存在于人类进化链条的第一个环节当中。

在科学研究这些可能性的时候，目前最谨慎的做法是继续将艺术与智人的心理能力及其特殊的认知革命联系起来。

来自布隆伯斯洞窟的一块有雕刻的石头，它是人类历史上最早的艺术品（大约75000年前）

坎塔布里亚阿尔塔米拉洞穴（Altamira Cave）中一幅岩画的复制品（35000年前至15000年前）

岩洞壁画

智人群体感受到了在栖身的洞穴或者附近的岩壁上呈现周围世界的强烈欲望。他们使用雕刻、绘画甚至浮雕技术描绘形象。对大型食草动物（野牛、驯鹿等）的描绘很普遍，而且风格非常写实。还有一些抽象的图案，其含义我们无法理解。有时他们还尝试描绘人物，但缺少描绘动物时的那种写实。大致说来，这些绘画不构成场景。各组成部分之间没有表现出互动，而且在有颜色的画中，也只会同时使用两三种颜色。

最引人注目的例子出现的地方集中在法国南部和西班牙北部沿海地区。在拉斯科（Lascaux）、尼沃（Niaux）、肖维（Chauvet）、阿尔塔米拉和蒂托·巴斯蒂罗（Tito Bustillo）这些洞穴中保存了如此之多的代表作品，以至于完全可以将它们视为原始的美术馆。

可携带艺术品

可携带艺术品是专家用来描述可移动的艺术品或装饰物的术语，也就是可以用手拿起的物品。有很多日常使用的工具装饰有刻线或者涂有颜色，例如锥子、鱼叉头、刀和矛尖。还有一些项链串珠或小石板，除了美观，它们没有其他明显的功能。

也许最令人着迷的物品是小雕像，其中很多雕刻成女人的形式，另一些则以动物的形式出现。这些女性形式被统称为"维纳斯小雕像"，然而不幸的是，它们的深层意义和它们在当时的社会中发挥的作用完全无人知晓。有人推测，那些在性方面（例如乳房、臀部和外阴）表现出夸张特性的小雕像可能与生殖崇拜有关。但是，其他呈现出高度风格化女性形式的小雕像很可能拥有其他截然不同的意义。

来自旧石器时代晚期欧洲的女性小雕像

烹饪艺术是一种活动还是一种思维模式呢？

我们提出这个基本上是反向的问题，是因为我们知道艺术终将影响烹饪的世界，并且在最近出现了最复杂的美食的例子。然而，我们似乎无法在旧石器时代找到它的踪迹。

某些出现在洞穴绘画中的动物实际上是很受青睐的未经制作的产品，或者是最难获取的产品，这意味着将它们与烹饪联系起来也许不算离题太远。在文明到来之前，我们都没有发现真正的烹饪艺术的例子，但是引人深思的是，当那些在洞穴里绘画、雕刻小物件并装饰自己身体的敏感的狩猎和采集者们在制作他们获取的产品时，是否心怀某种美食思维呢？如果只要有空闲时间和一定的决心，他们就能够将这种敏感性施加在绘画上的话，那么也就认为他们也可能已经将其用于烹饪，这也不算是荒谬的想法。

艺术在人类起初之时有什么意义？

艺术是我们这个物种所特有的创造天才，而这批最早的例子让专家和爱好者为之着迷，他们很想知道这些艺术品对我们的祖先有什么意义。他们为什么要装饰自己的工具？他们为什么在洞穴里画画？他们为什么雕刻小雕像？他们构思艺术品的方式是否和我们现在相同？他们这样做是什么意思？

所有这些问题导致人们进行了多次尝试，想要弄清史前人类心智中发生的事情。看起来显而易见的是，他们的艺术也与心智、抽象和神圣的世界相关，但最难确定的是，这些最早的例子是否构成了“为艺术而艺术”——纯粹的审美意识的体现，没有任何其他意义。

20世纪初，这些绘画，特别是描绘动物的绘画，被广泛认为是一种交感巫术。描绘动物是为了在狩猎这种动物时获得成功，而雕刻可生育的妇女是为了给群体带来生育力。后来，随着考古学的新理论趋势的出现，一些专家提出岩洞壁画中的图像构成了一套复杂的符号系统，代表相关群体的现实状况，符号被分为相互对立的部分，例如女性和男性。另一些专家则倾向于将原始艺术理解为萨满仪式的一部分，萨满祭司在这种仪式中体验到的恍惚状态的效果让他能够以写实和抽象的风格描绘、雕刻和表现各种形象。无论如何，维纳斯小雕像和洞穴浮雕的意义随着时间的流逝消失了，科学家如今正在专注于每个例子的描述和年代测定，而不是推测其含义。

无法否认的是，具有多种意义、内涵和功能的艺术行为将继续陪伴我们这个物种直至今日，并在我们的身份认同和我们理解周遭世界的方式中发挥至关重要的作用。

艺术是令我们区别于动物的活动之一。

10

旧石器时代：重大历史里程碑

烹饪

烹饪是什么

“斗牛犬百科”为这个主题专门撰写了一本将近500页的图书《烹饪是什么：用现代科学提示烹饪的真相》(2020年)，当我们关注细节时，这个主题就会变得非常复杂。在试图回答这个问题时，这本书从我们认为必要的角度探讨了现实和烹饪行为，以突出该行为已知的意义，并通过用新的方式思考烹饪来提升烹饪的意义。在这里，我们将《烹饪是什么：用现代科学提示烹饪的真相》一书的精华凝练为以下几页。

我们的目标是通过关注过程及其结果来为烹饪和料理的含义提供情境，对它们的理解需要考虑具体的历史时期。在私人领域，烹饪作为家庭生活的一种反映分为业余和职业两个版本进行发展，其特征是烹饪在一个家庭中根据许多特定资源实施。在公共领域，烹饪是餐厅中一切事务的运转核心，在这里，我们可以观察到围绕着它的联系是如何建立的：美食供应的结构，这决定了食物和饮品如何供应以及将它们送达顾客需要的服务；用来上菜的工具；每种情况下使用的品尝工具（餐具、刀叉等）；将饮品和葡萄酒的世界作为品尝体验中同等重要的元素等。

烹饪行为的起点是对自然的改进，因为在这一行为中，通过在食用或饮用之前的转化，在自然中发现的产品变得可食用或者品质得到了改进。在获取烹饪所用产品的自然环境中，有些转化过程并不是人类干预导致的，这让我们可以说在干燥、成熟和发酵等情况下，自然进行了烹饪。动物和人类都从共有的自然环境中获取用于摄取营养的资源，以此为起点，烹饪是决定人类的特征并将我们与动物区分开的行为之一。这是因为它涉及对转化的意识，这种转化超越了单纯的生存需要，并受到一种克服了本能的决心的引导。

到底什么是烹饪？根据智论方法学，烹饪是这样一种行为，在它产生的过程中，资源被用于转化为一种或多种产品，或者转化为中间制成品（以任何方式）。虽然这种转化有很多方面，但它总是建立在共同的基础上：产品的总和，并且由烹饪者使用工具将技术应用在产品上。智论方法学定义的料理是指烹饪行为产生的所有制成品的集合，而制成品也是同一行为的结果。

烹饪是人类固有的一种行为，它在每次被付诸实践时都会产生一种过程，并且根据一系列问题的答案被定义：谁来烹饪，烹饪在何处进行，烹饪何时发生，烹饪为何发生以及烹饪是为了什么，它们是对烹饪如何发生这一问题的共同回应。这一行为产生的特征是多变的，因为取决于每次出现的制约因素，人类曾经并且继续以许多不同的方式烹饪，获得不同的结果。区分人类和动物并让烹饪一开始就能够存在的事物是人类的意识能力，这让他们有决心和倾向去带着改进或改造的思维模式去改变从自然获取的东西，而且他们在心里知道可以用很多不同的方式完成这件事。

此外，在历史上的某个特定时刻，我们发现为了喂饱自己而烹饪是我们使用制成品获取营养时的一种选择，但是我们也发现了通过烹饪带来的体验品尝的愉悦感的可能性，从此以后我们还为享乐主义而烹饪。

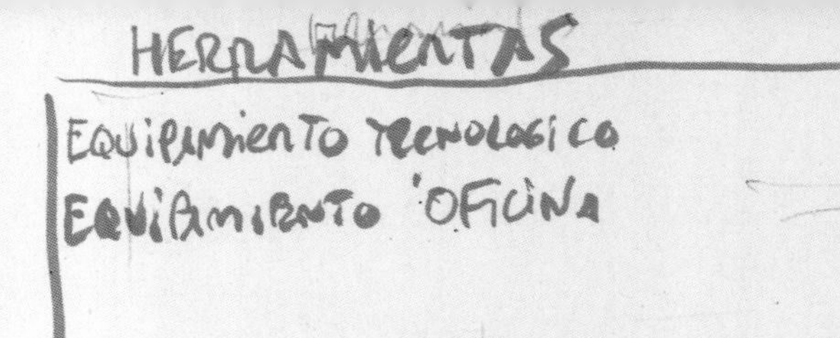

在尝试解释烹饪是什么时，营养和享乐主义是两个必须提及的概念。这是因为厨师的决心通常是对两者之一做出的回应（同时回应两者也是一种选择）。它们还描述了被品尝的制成品的两大主要用途（为了营养或者用于享受，前者从营养学角度出发，后者强调从品尝食物和饮品中得到的愉悦感）。此外，必须指出的是，当人类摄入食物时，那是因为他们进行了如下两种行为之一或全部：进食和饮用。被进食和饮用的东西滋养身体，并根据制成品具有哪种用途被称为食物或饮品。

在烹饪中创造意味着获得新的制成品。但是，为了能够烹饪，我们必须在较早的阶段准备好我们将要使用的产品，即预加工。在这个阶段，我们使用非常明确的技术改进产品或中间制成品，或者令其变得更加“可烹饪”。在绝大多数涉及烹饪的情况下，会有某种已存在的制成品被再生产，在得到制成品这一结果之前是预加工过程，然后是装盘步骤。装盘将确定制成品的最终构成，并结束再生产过程。装盘可以在厨房或饭厅结束，此时将确定某种特定的器皿，以便将烹饪结果转化为可供品尝的最终制成品，也可以出于储存目的进行烹饪，即烹饪后不立即进食或饮用。如果是这种情况，我们必须谈论某种储存用途，并分析这种用途需要将制成品或产品以不易腐坏的状态短期保存还是长期保存。

在烹饪时，人类做出不同的行为，例如转化、结合或组合产品，这需要用到各种技术和工具。有时候，烹饪只需要将一种产品与另一种产品结合起来，而无须转化其中的任何一种产品。

在使用烹饪这个词时，我们可以指存在于食品工业中的手工工艺（无须科技或应用科学知识）或生产过程。换句话说，我们在烹饪时进行制作，但也可以通过生产进行烹饪。

上述所有这些都可以按照不同的难度和复杂程度进行，例如当厨师使用执行难度很高的技术时，或者当最终制成品需要制作许多中间制成品，令烹饪过程变得更加复杂时。不过必须理解的一点是，困难并不总是意味着复杂，反之亦然。无论技术和中间制成品有何特征，作为烹饪时的转化过程产生的结果，最终制成品可能是生的、不生的或者半生的。如果它们经历了制作过程，它们将始终被认为是烹饪过的，因为它们涉及转化（无论这种转化是否涉及通过加热进行的化学诱导烹饪）。

我们关注厨师这个角色。厨师是人类，因此拥有身体、心智和精神。这些层面中的每一个都在烹饪现实中有其作用和意义：烹饪需要身体执行行为，需要心智发展想法和产生知识，需要精神令烹饪和品尝的原因超越单纯的生理因素并承担其他意义。在这方面，我们认识到烹饪是一种行为，因此是它一个极其强调实践的主题。烹饪存在理论，从而令它的实践部分不断发展，而这对于改进是必不可少的。

在意识到自己能够以古老的方式使用工具将技术应用于产品以改善自己的营养之后，人类意识到他们能够继续以不同的方式转化新的产品，创造不同形式的料理。人类进行烹饪的最主要的原因，是因为我们知道自己可以烹饪。

无论是在家庭情境中还是在餐厅行业内，厨师这一角色都呈现出不同的形象。但是并非只有“进行烹饪的”行为主体（无论是业余厨师还是职业厨师）才进行烹饪，因为某些制作过程是在厨房之外，由服务行为主体、顾客或用餐者自己完成的。

CONDICIONANTES DE LA PERSONALIDAD

从职业的角度看，烹饪是一个可以让烹饪者在其中发展的领域。它源于一种孤立的行为，在新石器时代变成一项活动，随着时间的推移和需求的增长，它变成了一门行业或职业。对于任何烹饪者，尤其对于职业厨师而言，感官知觉是一项必不可少的要求，因为它让人能够接收到来自周围环境的刺激。从烹饪的角度看，感官知觉可以发展成一种才能，让厨师能够预测顾客或用餐者在吃自己烹饪的菜肴时将感受到什么。

职业厨师还有另一种形象，他们为我们烹饪，而我们购买的食物和饮品是他们的工作成果，而且是工业化制作出来的。如果作为家庭或餐厅中制作过程的一部分，这些经过制作的产品可以成为中间制成品，而当它们不经进一步的转化就装进盘子或玻璃杯里上菜时，也可作为最终制成品直接品尝。

品尝烹饪内容的人是用餐者，无论他们品尝的是手工过程还是工业过程的结果。用餐者这一角色非常重要，因为他们摄入制成品，但也因为他们有可能烹饪制成品，以不同的方式参与制作（做出决定、应用技术、结合中间制成品、装盘等），这表明烹饪过程并不总是在厨房结束，实际上常常延伸到品尝的边界。

由厨师执行的转化产品的行为被理解为个人用来获得结果的技术。烹饪还是一种科技，因为它产生了一套技术资源和烹饪程序，可以让人连续设计用于制作和生产（后者主要是在食品工业中）的新型过程和技术。我们还可以添加烹饪方法的视角，在这个意义上，制作之后是一套有序的流程，它将各个阶段联系起来，以实现特定的结果。

科学帮助我们更好地理解烹饪时发生的情况，因为它给我们提供使用的产品、转化方法、相关技术以及烹饪结果的相关信息。但是，尽管烹饪可能涉及对食物的实验，但除非在特殊情况下，我们才能说烹饪是在搞科学。不过，烹饪的确允许科学思维和结构化科学方法的存在。同样，如果我们以数学的视角，我们可以将烹饪编码视为一种能够产生特定公式的代数，并将食谱类比为算法。

一旦将这些要点全都考虑在内，那么很明显，烹饪是这样一种过程：它的实施使用大量特定资源（美食资源，例如产品和工具，以及非美食资源，例如能源和人力资源），而且它可以在遵循特定制成品的再生产过程的流程图上呈现出来，从而将它的各个阶段形象化。过程和资源的总和形成一个系统，对于高档餐厅，该系统令它的活动成为可能，而该系统的结果是构成高档餐厅美食供应的食物和饮品，也就是顾客的消费内容。

在人类进行烹饪所需的资源中，我们发现有些资源虽然本质上和美食无关而且不只用于烹饪，但却至关重要。例如，在很多情况下，来自各种来源并以不同方式应用的能量决定了发生在产品中的转化类型。时间对于厨师也很重要，因为根据可用时间的多少，时间会以特定的方式被当作资源。十分钟的烹饪和数个小时的烹饪相去甚远。时间还可以被当作一种烹饪指标，让人能够在一天、一季或一年中订购不同的餐食。最后，同样重要的是进行烹饪的地方，即厨师出现的空间，它是一种决定性资源（因为烹饪总是需要在一个地方进行），进而决定了过程、结果和整个系统。

作为对烹饪是什么这个问题的回答的一部分，我们提出一个问题：同一事物是否始终以同样的方式烹饪？虽然拥有共同的基础（产品、技术、工具），但烹饪行为可以用数千种不同的方式执行，而且我们发现在某些情况下，厨师会受到非常特定的意图的引导。

首先，并非所有主厨都会烹饪所有种类的制成品或者使用他们喜欢的任何技术。当我们谈论烹饪时，必须提及专门化，因为它为许多厨师创造了高度分化和特定的职业路径，而这些厨师是根据他们精通的制成品进行分类的。一方面，有些专才只制作食物或饮品，对他们而言，制成品的使用是其工作的决定性因素；另一方面，烹饪专门化体现在两个不同制成品世界的区别上，这种区别在于主要口味偏好（甜味或咸味），这还定义了同一品尝体验中的不同时刻。烹饪装饰方面的专家与甜味世界的料理有着非常密切的联系，他们使用的装饰可以是制成品中可食用的一部分，或者仅仅只是装饰。

区分不同烹饪方式及其结果的一些主要因素来自厨师的意图：他们是专注于营养还是享乐主义，是想制作

出于特殊意图而进行烹饪的另一个例子是“基于产品的料理”，它涉及对产品的特定制作程度（不过度），并在供品尝的最终制成品中突出其中一种产品（存在一个主要决定元素，并可能搭配其他元素）。沿着这些思路，我们发现了另一个在集体想象中拥有特定含义的概念——“自然烹饪”，尽管这引起了争议。

根据定义，“自然”定义了一种使用天然（野生）产品的烹饪风格，即所用产品不是人工的（没有经过农业生产或制作）。目前，在烹饪中实现这一点非常困难，因为这意味着极大地限制了可用的产品种类。一开始，确实存在100%的自然产品，但是自从人类开始饲养和栽培物种以来，人工产品就几乎在全世界的所有烹饪中替代天然产品了。

当成食物还是饮品的制成品，这些制成品的特点是甜味还是咸味，烹饪结果是为了立即品尝还是为了储存等。这种行为的另一个主要制约因素是烹饪发生的领域，即公共领域还是私人领域。

无论有意与否，所有制成品都是在历史上的某个时刻创造的。自从烹饪在原始社会起源，它就一直有创造性，但这并不意味着烹饪总是有创造性。有些厨师的烹饪可以归为此类，当他们的工作涉及某种前所未有的东西时，无论这种东西是实际烹饪过程还是最终制成品。如果除了创造，厨师还设法从这种创造的价值中获利，那么他们还有创新性。

如果我们思考最终制成品的特征，我们就会发现在很多情况下，这些特征是和制作过程一起继承并分享的，但是我们也发现烹饪结果可以拥有自己的决定性特征。随着烹饪方式增添额外的特征，历史上不断出现不同类型的料理。虽然料理的类型回答了如何烹饪的问题，但我们必须知道可以使用哪些标准分类。

就像在任何采访中一样，获得最佳信息的关键是提出最相关的问题。在这种情况下，应答的将是料理，而且必须选择能够确定最相关信息的标准。这些标准及这些让我们能够认识特征的问题，在许多情况下也有助于我们为特定料理类型的结果（制成品）提供情境。当制作和消费的情境发生变化，制成品被创造时，决定其特征的若干方面也会发生变化。制成品在被创造时可以与某种特定的烹饪类型相关，但它们也可以改变成其他类型。

制成品的安排结构（点菜菜单中、品味套餐中、自助餐中）对烹饪系统、过程、资源以及得到的制成品都有重大影响。将以上全部应用于一家高档餐厅，我们会发现可以通过一种非常独特的料理类型来定义高档餐厅，只要我们能够看出总是存在一种或一套代表餐厅理念的特征。

但是，当一种以上的料理类型的特征被结合起来，一家餐厅的料理可能会包含一些微妙的变化。

回应如何烹饪并体现在烹饪内容中的特征，即烹饪这一行为，可以按照特定的方式配置，以产生烹饪风格（当厨师以独特的方式创造和理解料理，并将这一点体现在烹饪结果中时）和运动（指的是基于相同哲学并遵循相同轨迹的类似个人风格的总和）。另外，烹饪趋势、时尚和新颖性以消费的形式体现，这种消费形式存在了一段时间，并在过程和烹饪结果中得到反映，从而影响了料理的特征。

服务职业人员所做的工作在烹饪中至关重要，具体来说，他们令烹饪结果的品尝成为可能。每种服务的特点都随着历史上的料理类型演变，而且服务也根据上菜内容（即制成品，根据它们从厨房出来的方式进行区分）的特征进行了调整。

作为对料理、烹饪行为及其结果的理解的一部分，我们必须解释这一现实，以便为它找到比行为本身更多的意义。像语言一样，烹饪的构建始于最小的意义单元（产品、技术、工具），并从中产生更高等级的单元（制成品），进而可以表达出话语（品味套餐或真正的品尝）。作为一种人类行为，烹饪可以成为一种反映感受和情感的表达方式，爱是其中的终极例子。在其他时候，烹饪的目的是和一起品尝制成品的人进行社交，令进食和饮用的时刻成为与其他人共享的仪式，并建立牢固的社会纽带。

当厨师通过其烹饪活动反映对现实的观念，通过烹饪时的决策体现现实时，就可以理解为他们的烹饪中有某种哲学。通过烹饪体现思想还有另一种情况，指的是宗教信仰提出的限制和义务影响了信徒能够消费的食物和饮品，甚至还会影响制作或生产过程。烹饪承担意义的另一种方式是作为每个人和社会的文化载体，文化将身份认同的一部分转移到了烹饪上，这体现在制作过程、所用产品以及被创造和生产的制成品的特征中。

对烹饪行为的另一种解释是，将其视为一种使用食物的设计形式，它赋予组合物意义，并为了这个目的使用产品和中间制成品。与设计密切相关的另一种想法是将烹饪视为一种艺术形式：当某种具体的事物呈现在盘子或者玻璃杯里，且超越单纯的营养，并被赋予信息和意义时，它既是创造性的，也是杰出的精湛技巧的复制。在这两种情况下，我们都拥有一名创造作品（制成品、绘画、舞蹈作品、陶艺）的艺术家（厨师、画家、舞蹈家或陶艺家），作品的创造过程是手工的，艺术家为此使用了自己的心智和身体，尽管可能有工具的辅助。

烹饪如今是大学等级的学术性学科，而且越来越多地出现在培养未来职业人士的各式各样的学校中。在它产生科学知识的地方（这种情况极少发生），它被认为是一门科学学科。就其教育方面而言，烹饪可以用于交流，尽管它不是唯一的信息来源。在学术界，烹饪传播知识，但是在学术界之外，我们发现烹饪在会议、讲座等场合有不同的信息目的。在交流领域，我们发现烹饪这一主题作为内容创造者，在出版和视听制作业有强烈的存在感，而且烹饪主题以许多不同的形式存在。

到目前为止，一切都让我们在谈论烹饪时将它视为一种蕴含消费的行为，而且资源在这一行为中被管理。可以从厨师决策中的责任意识的角度来看待这个问题。厨师的决策可以考虑可持续性，并努力将对自然环境（补给品的来源）的影响降至最低。同样，烹饪者可以确保烹饪结果是健康的。尽管这个目标在注重营养的烹饪中更常见，但健康的食物和饮品也可能出现在包含愉悦感并以享乐主义为基础的烹饪形式中。

在探讨了上面的解释之后，考虑到我们所说的，烹饪涉及消费，于是我们面对的问题是烹饪与维持经济的三个产业建立的关系以及烹饪的影响。对于第一产业农业、畜牧业和渔业，烹饪从中获取未经制作的产品；在第二产业工业中，这些产品经过转化后被分送各地销售；在第三产业服务业中，我们发现了餐饮和食品服务这一

整个公共领域，烹饪是接待业的一部分，而接待业又是旅游业的一部分。

出于所有这些原因，我们可以断言，理解烹饪的历史就是理解人类的历史，或者至少是更好地理解人类历史，因为我们讨论的是一种自我们这个物种诞生以来就陪伴着我们的事件。烹饪受到人类生活情境的强烈影响，它适应这种情境，并从中叙述一段布满不同路径的旅程，每一条路径都对应着它在每个历史时期、在全世界的每个地方的演变。

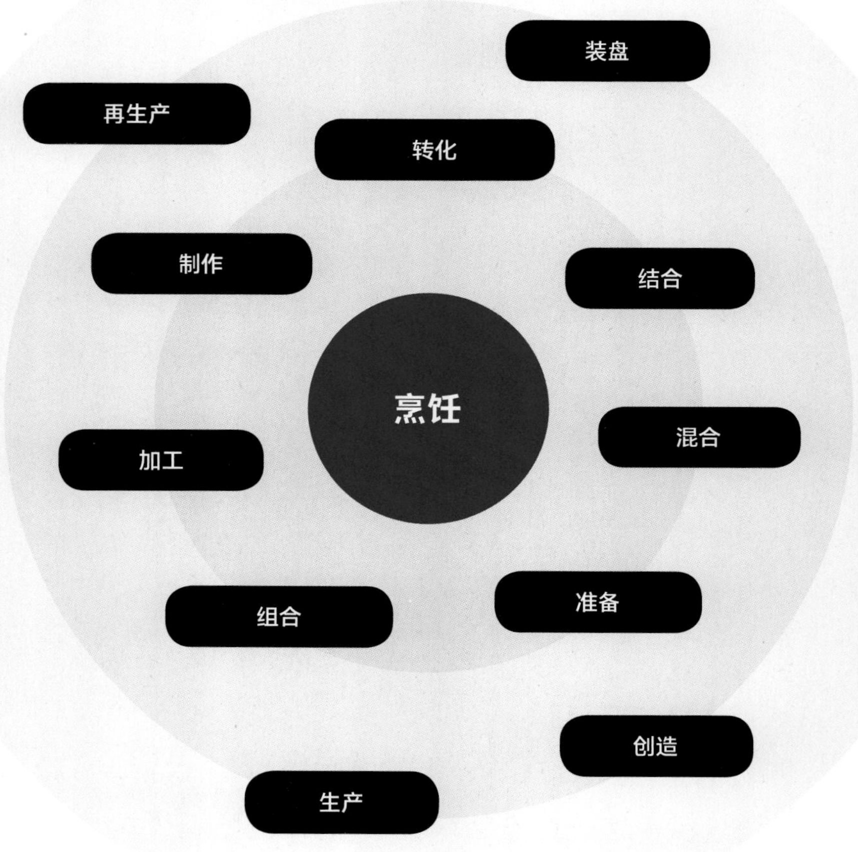

M

DELBERGENSIS

A

T

I

ACIONES

CEREBRO

NEANDERTALENSIS

CRO-MAGNON

ESTRUCTURAL SOCIEDAD MAS COMPLEJA

S

ADORNO PERSONAL

ARTE

COMPORTAMIENTO RELIGIOSO

OBTENCIÓN MIEL

RITOS FUNERARIOS

COMERCIO

CONTROL DEL FUEGO

烹饪何时开始：我们的假设

科学家倾向于将控制用火的起源（见第262页）确定为烹饪的开始。我们认为这是错误的，因为按照烹饪的严格定义，火对于烹饪并非必不可少。在学会控制火之前，原始人类能够进行的许多行为无疑构成了烹饪：腌泡、干制、发酵，甚至砍剁、砸碎、碎裂等。我们认为，烹饪始于第一个决心以某种方式改进未经制作的产品的原始人类。

研究人员似乎忽略了这样一个事实，即其中一些不加热的烹饪技术可能对原始人类的生物学进化施加了显著影响。在那些被认为是由于原始人类对用火处理过的产品而产生的变化当中，有一些变化可能是此类烹饪技术促成的。为了确定这一点，有必要知道这些程序能否将产品的营养品质提升到用火烹饪的程度，这是一个我们将来会探讨的问题。实际上，考虑原始人类控制火之前的烹饪技术的重要性可能会给理查德·兰厄姆提出的理论带来又一个疑点。他断言化学诱导的用火烹饪食物改变了直立人的解剖结构，尽管没有证据表明他们经常用火。只有很久之后的尼安德特人将火的使用纳入日常生活，这让我们怀疑用火在直立人的解剖结构变化中的重要性。腌泡或干制能否补充了直立人在火上烧烤的零星行为？这些技术是否能够对他们的生物学施加这样的影响？我们将把这些问题留给专家。

我们现在感兴趣的，是使用前面几页的思考作为烹饪由何构成的指南，探讨是哪种原始人类开始了烹饪。

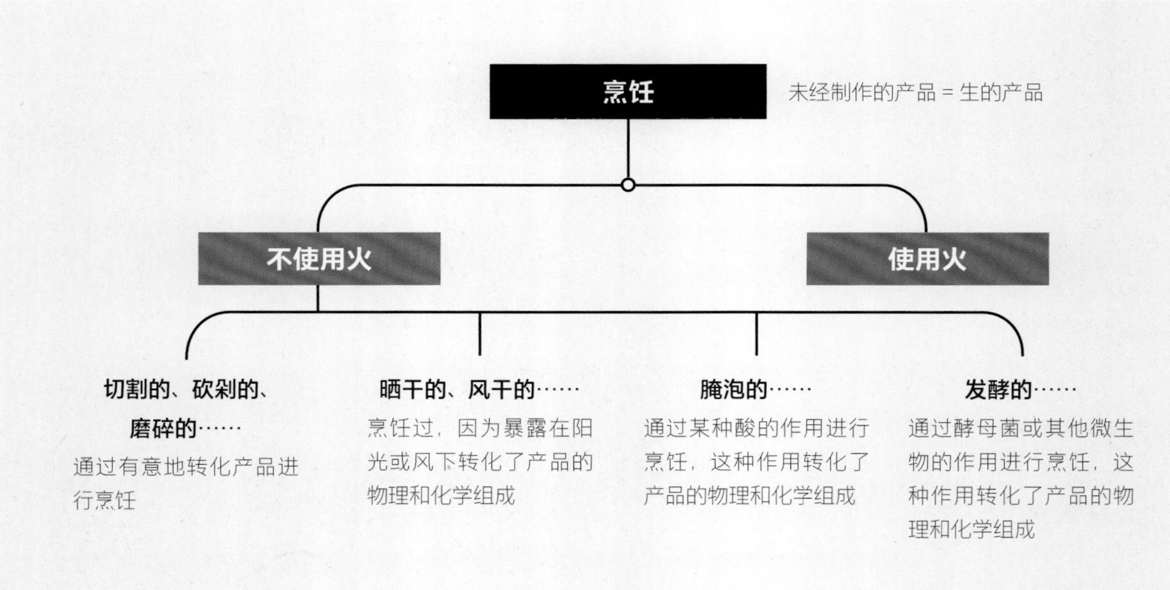

“烹饪令我们成为人类。”

哪种原始人类开始以复杂的方式烹饪？

人属的哪个成员是首先以复杂的方式烹饪的，这是一个很复杂的问题。我们有很多线索，但是也有很多空白让我们无法清晰地看到烹饪是如何从一种营养过程变成一种可视为烹饪过程的复杂行为的。

什么表明了这种转变？在我们历史当中如此早期的阶段，是什么决定了烹饪？我们可以思考关于数量的以下两个标准：

- **过程中的元素数量。**数量越多，过程越复杂。营养过程最简单的表达可能是当原始人类采摘果实或者发现昆虫或根茎时，稍微清洁一下然后当场吃掉。此时，只有一个行为主体，只有一个空间，没有工具（只有双手），而且只有一种基本技术（清洁）。这就是界限，没有烹饪的营养摄取与我们眼中的烹饪存在模糊边界。逐渐地，元素的数量增加了，例如，预加工空间（狩猎/觅食空间）和制作空间（营地）的出现。许多基本和复合烹饪技术应运而生，既有用于立即使用的，也有用于储存的。精准的工具和用于特定用途的工具也出现了。简而言之，流程图变大了。

- **每种元素内部的多样性。**多样性越大，复杂程度越高。当实行的技术、使用的产品、工具、空间、行为主体等的数量增加时，复杂程度就会提高。

但是我们在哪里划出界线？哪种原始人类拥有足够多的元素和必要的多样性，让我们认为其烹饪是复杂的？它是智人、尼安德特人，还是直立人？

- 近些年来，考古学家掌握的理论和信息都在迅速发展和变化。我们对这一时期烹饪的研究继续令我们感到惊讶。我们获取的每一条新信息都让我们质疑我们之前认为理所应当的东西。我们曾经清楚地知道，智人已经是聪明又老练的厨师。现在我们承认，尼安德特人烹饪的复杂程度也值得这一称号，而且我们还想知道是否应该继续回溯。

能人：第一位厨师

谁首先拥有烹饪的思维模式？出于两个基本原因，我们认为是能人。

首先，他们的大脑已经开始变得聪明，拥有前额叶皮质，让他们能够接受烹饪必需的非常复杂的感觉冲动。他们的大脑尺寸超过南方古猿，并且他们的认知能力中包括烹饪所需的认知能力。

其次，他们是已知最早使用石头制作工具并将其用在产品上的原始人类。换句话说，他们是第一批发展出烹饪技巧（切割肉类、砸碎骨头获得骨髓、切割果实等）的原始人类，我们可以将其视为一种原始形式的烹饪。

能人有消费新的未经制作的产品（例如骨髓和大脑）的意图，而且他们是第一种增加饮食中产品多样性的原始人类。预加工和制作技术的发明对于这些产品的消费必不可少。因此，在我们看来，这个原始人类物种应该接受"人类第一位厨师"的光荣称号。话虽如此，尽管取得了伟大的成就，但能人只是迈出了一小步。他们缺乏更进一步的智力，无法为烹饪活动赋予所有意义。由于我们对该物种掌握的信息极少，我们很难以明确的烹饪思维和决心来想象他们。他们的贡献是生存需求刺激的，而他们仍然保留了很多灵长类动物的特征。

直立人：烹饪能力和思维

直立人是烹饪史上的一个有趣的角色。他们负责了最重要的事件之一：控制用火。点燃火并将一块肉放在上面，这是非常复杂的行为，具有以下特征：

- 高度发达的能力：知道如何点燃火；拥有将肉放在火上面而不烧焦它的想法；将肉从火上拿下来而不烧到自己。
- 将自己的能力付诸实践的意图，即想用火烹饪。其他动物如果有人类教的话，也许能够学会使用炊具的基本概念，例如今天的黑猩猩，但是作为一个物种，它们从未发展出进行这种行为的思维模式，尽管它们也表现出了对用火制作过的食物的偏爱。
- 某种知识传递系统，用来传递点燃篝火和在火焰或余烬上烹饪所需的知识。

虽然直立人发现了火，但看起来他们并没有将火融入他们的烹饪中，或者说至少迄今为止还没有可以让我们下结论的发现。他们在地球上生活了很长时间，我们本应拥有关于其烹饪行为的更多信息，但不幸的是，我们几乎找不到任何证据。这是烹饪进化史中的第一个巨大空白。也许将来直立人会给我们带来巨大的惊喜，但是就目前而言，我们知道他们开始进行狩猎，这改变了他们获取未经制作的动物性产品的方式，让他们能够更好地利用肉块。此外，他们增加了处理转化产品的石头工具的种类。没有人知道将来我们能否认定直立人就是设计出首批化学诱导烹饪技术的物种。

尼安德特人：第一位有智力的厨师

尼安德特人是在两个独特的方面引起专家和大众最大好奇心的原始人类：他们几乎和智人一样聪明，而且这两个物种在欧洲共存了数千年；他们制作工具的方式和他们的习俗（例如埋葬死者）与其烹饪行为的复杂性吻合。尼安德特人是第一个将火用于日常烹饪产品的物种。在从他们用作庇护所的洞穴里发现的遗迹至少能够表明这一点。

虽然被认为以食肉为主，但是在尼安德特人居住的所有群落生境内，他们似乎拥有非常多样化的饮食，其中富含植物性食物，他们也用火制作这类食物。尼安德特人烹饪技巧的一个明显的例子出现在巴塞罗那省的阿布里克罗马尼考古遗址。在整个旧石器时代中期，这处遗址被不同的尼安德特人种群占据，而他们点燃了两百多个篝火，并使用火烹饪各种动物，尤其是马和鹿。

该遗址的发现者就是在这里找到了他们口中的第一个“人类居住地”：划分出不同空间的洞穴，包括炉灶、烹饪设施、睡眠区域、制作工具的地方等。尼安德特人的大部分时间都在这里度过，借助火的热量躲避恶劣的自然环境和现象。

专家推断，与农业和工业化城市所需的漫长工作时长相比，这些群体每天花在寻找食物上的时间很少。三或四个小时就足以让他们获得维生所需的未经制作产品，而且他们不太可能每天都必须出去捕鱼、觅食或狩猎。

在剩余的时间里，他们利用如今可用的丰富资源做了什么？他们很可能投身于群体的维持（抚养儿童、哺乳、照料、休息、玩耍、社交等）、制造和维护工具、制作衣服和装饰品、安排并清洁空间以及烹饪！

许多线索向我们展示了令人惊讶的细节。例如，他们相当频繁地燃烧苔藓。苔藓散发的烟雾有防腐性能，阻止微生物的繁殖并抑制病原体的活动，因此燃烧苔藓是烟熏他们挂在木制三脚架上的肉类的好选择。在洞穴中的某些区域似乎存在小型的个人炉灶。根据对其他狩猎和采集群体的类似民族学研究，我们知道他们经常为了享受乐趣而吃零食，有时不与群体中的其他人分享，而是单独享用，这些零食甚至可能是调过味的。

拥有这么多用于烹饪和享受的时间一定会有所回报。虽然我们见不到他们的制成品，但我们可以想象得到有些制成品一定相当精致，或许他们为烤肉简单地添加了香草，或者将动物性产品和植物性产品结合在天然容器中。如果他们能够花时间和精力装饰自己的身体，为什么不会花时间创造美味而复杂的制成品呢？

智人的烹饪：我们所知的烹饪的开始

我们抵达旧石器时代烹饪起源的尽头，也是一段将产生高档餐厅的激动人心的历史的开端：智人进行的烹饪。我们这个物种在大约30万年前出现在非洲，拥有动物界功能最齐全而且最聪明的大脑。不久之后，由于科学未知的原因，我们的大脑以某种不同的方式进行配置，而认知革命最终将我们塑造成今天的人类。我们这个物种的第一批代表是怎样烹饪的？

我们已经从考古记录中直接确定了几个特征。除了像他们的邻居尼安德特人一样频繁地用火，智人还开发了更专门和高效的工具：用于穿孔的小针、鱼钩、鱼叉、非常锋利和坚硬的石刃、锯齿刀等。至于他们的技术，考古学家正在逐渐发现他们最惯用做法的线索。他们不只是在高温上烧烤。在希腊的克里索拉洞穴（Klissoura Cave）等遗址，人们发现了涂有硬化黏土的小洞，智人在这些小洞里同时烘烤几种埋在余烬里的产品。还有一些情况，例如在著名的法国平斯旺遗址，研究者认为他们食用过一种用马骨头做的富含脂肪的汤，汤是放在某种容器里（可能由兽皮制成，不过也可能是木头的）然后用烧烫的石头煮的。这是人类的第一道汤！

然而，最重要的部分并没有出现在稀少的考古遗迹中。智人很可能创造了烹饪的文化层面。正如他们有能力制作洞穴壁画和小型女性雕像一样，他们很可能在烹饪中融入了喜好、价值观、守则、禁忌、传统、仪式和规则，以此来建立自己的世界。

基于他们的文化判断，他们将根据超越营养考量的标准选择可食用的东西，就像如今产品的饮食价值并不总是指导我们的消费选择一样。智人给自己周围的一切都赋予了文化意义，而正是每个群体固有且独特的文化意义最能影响我们实践的烹饪类型。

愉悦感、传统和仪式规则将在根本上决定什么值得食用。另外，好奇心、创造性、不遵从和适应危机的灵活性让可食用产品的范围得以扩展，无论新产品的营养价值或者消化难易程度如何，人类都有可能改变对它们的看法。简而言之，旧石器时代的智人为日后形成的高度复杂的料理类型的网络奠定了基础，他们种下了很久之后将成长为美食的种子。

历史上的第一批厨师

工具和技术
280万年前
能人
280万年前
火
100万年前
直立人
180万年前
聪明的大脑
20万年前
尼安德特人
20万年前
认知革命
5万年前
智人
30万年前

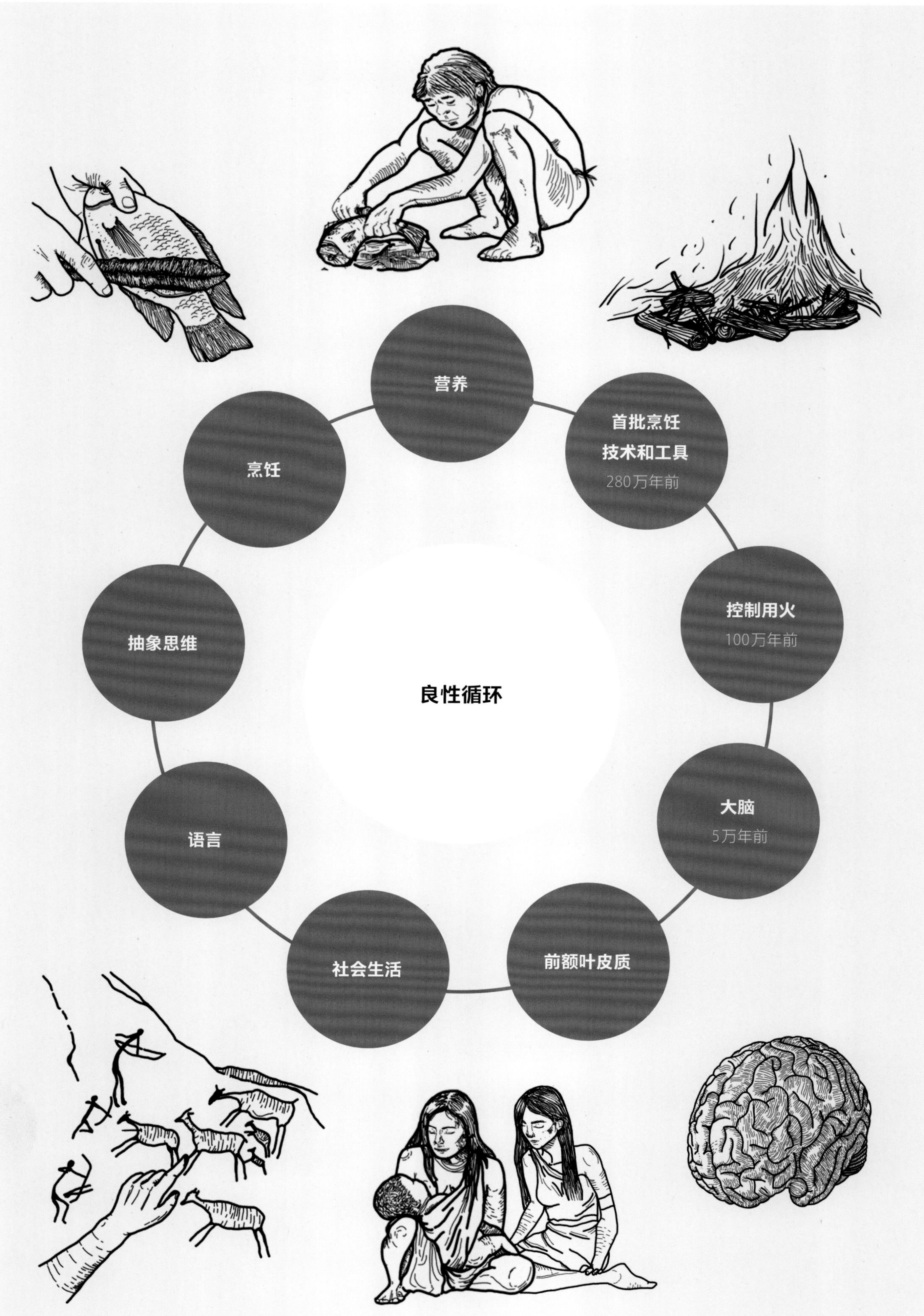
营养
首批烹饪
技术和工具
280万年前
控制用火
100万年前
大脑
5万年前
前额叶皮质
社会生活
语言
抽象思维
烹饪
良性循环

烹饪和人类进化：旧石器时代的良性循环

旧石器时代是人类历史中由烹饪在其中起主导作用的历史时刻。在后面的某些时刻，我们的重大进化里程碑与烹饪也有互动，但都没有如此激烈。如果我们将到目前为止解释过的一切都包括在内，那么我们就会得到一个由根本性原因和结果形成的神奇圆环，从而理解我们为什么是今天的样子。

- 第一批能人可以让食物的来源多样化，包括比其祖先南方古猿吃更多的肉。
- 这之所以成为可能，是因为烹饪的出现让他们能够获取骨髓和大脑之类的重要产品，我们从首批预加工和制作工具中知道了这一点。
- 与控制用火相结合，这鼓励了新烹饪技术的使用，这些技术提升了食物的可消化性，扩展了他们摄入产品的种类。
- 这项创新导致大脑变大，其尺寸随着每个人属新物种的出现不断增长。
- 更大的大脑导致更复杂的心智的发展，令其能够执行复杂的认知过程。这让我们可以建立更好的食物供应策略，并使我们成为非常高效的狩猎和采集者。
- 较成功的策略之一是集体生活和合作的习俗，这增强了我们的适应能力。反过来，诸如身体形状和我们特别的出生形式等因素也有助于建立我们善于合作的性格。
- 集体生活促进了语言的发展，激发了我们的抽象能力和象征性思维的表达，还加快了我们的学习能力。
- 产生了艺术、宗教等象征性思维。
- 所有这些都对我们烹饪方式的衍化至关重要。
- ……反过来，烹饪方式对于最大限度地发挥我们营养形式的优势至关重要，并继续巩固我们的生物学进步。

第3章

旧石器时代的烹饪、食物和饮品

我们现在根据智论方法学分析旧石器时代的烹饪：

- 不使用火的旧石器时代
- 使用火的旧石器时代

烹饪、食物和饮品的起源

在探索了旧石器时代的背景之后，我们转向我们的研究对象：烹饪、食物和饮品的起源。我们将最重要的事件分为三个部分：

- 01 烹饪出现之前的营养、食物和饮品
- 02 不使用火的旧石器时代的烹饪、食物和饮品
- 03 旧石器时代的烹饪、食物和饮品

第一部分非常简短，只是提到人属之前的原始人类开始以人类的方式进食和饮用，而不经任何烹饪技术的加工。随着烹饪的出现，营养的历史发生了根本性的变化。一方面，控制用火极大地影响了旧石器时代原始人类对待营养相关一切事物的方式。火成倍增加了制作产品的选择，并导致了许多新工具的创造；另一方面，控制用火产生了基于营养的社交维度。在火堆旁进食是一粒种子，将在数千年后转化为高档餐厅的餐室。

接下来的内容根据智论方法学列出的纲领叙述了烹饪、食物和饮品的里程碑。换句话说，我们将通过产品、技术、工具、过程和资源踏上一段愉快的旅程，避开可能出现的技术术语和过于复杂的结构。

我们意识到自己面对的是非常遥远的年代和各种环境，甚至还有不同的原始人类物种。我们无意于详述特定考古遗址的相关细节，也不想开展致力于揭示特定发现的科学辩论。本项目的数字版本将为此留出空间。在这里，我们总结并概述塑造我们祖先营养的要点，并更仔细地研究了后来对于高档餐饮部门不可或缺的类别。我们提醒您，我们的意图是为如今该部门的职业人士简单叙述他们今天所从事的所有工作的起源。

我们将在此前解释的所有内容之间建立关系。每当出现在这个时期的身体、心智、精神以及其他活动对叙述产生明显的影响时，我们都将提及它们，以提醒读者注意人类进化的细节以及旧石器时代背景的重要性。

问题比答案更多

每当我们谈到旧石器时代，都会发现自己面对着越来越多的问题。在我们历史的曙光中发生了很多事情，而几乎没有什么信息可以为我们提供问题的确切答案。在接下来的内容里，我们将尽力填补任何空白，并在史前专家提供的信息的不断指导下，为我们接下来提出的一些问题提供答案。

①以提供愉悦感为意图而不仅仅为了营养的烹饪始于何时？

②产品被储存吗？哪些产品被储存，如何储存？

③烹饪中的“创造”是何时开始发生的？

④食物从何时开始成为服务内容？

⑤团队烹饪何时开始？

⑥咸味世界和甜味世界是在何时分开的？

⑦制成品和咸味产品何时开始被品尝？

⑧花一开始被食用吗？

⑨可食用的物种是如何被发现的？有毒的物种呢？

⑩真菌何时开始被消费？

⑪投入使用的第一种甜味剂是什么？糖是什么时候开始被制作的？

⑫巴旦木的食用方式是什么？鲜食或干制？从树上摘下时，或者当干燥的果实落在地上时食用？

⑬什么动物首先被食用，哺乳动物还是鸟类？

⑭首先被食用的是鱼还是软体动物？

⑮首次被食用的鱼是淡水鱼还是咸水鱼？

⑯我们什么时候开始意识到微生物的存在？

⑰植物是否有很多部位被丢弃，或者当时人们曾经试图使用尽可能多的部位？

⑱首次用来煮的容器是什么？它是用什么制成的？

⑲最早的烹饪技术是什么？

⑳食物何时开始被砸碎和切碎？

㉑烧烤是第一种化学诱导的烹饪技术吗？

㉒测量和称重何时开始？

㉓蛋黄首次与蛋清分开是什么时候？

㉔蛋是以什么方式开始被烹饪的？完整地留在蛋壳里煮？从蛋壳里取出？生的？

㉕煮可以在不使用固体容器的情况下发生吗？

㉖冰何时开始用来冷却饮品？

㉗汤（soup）和浓汤（purée）哪一个先出现？

㉘高汤首次用在烹饪中是什么时候？

㉙果汁制作的历史有多久？

㉚冰是否曾用于制作任何类似冰冻果子露的制成品？

㉛制成品何时开始成为作品？

㉜制成品何时开始被混合？

㉝为了保存食物而用盐腌制开始于何时？

㉞烟熏被用作保存技术、化学诱导的烹饪技术，还是调味技术？

㉟最初，人们是否在特定时间聚集在一起进食？还是饿了才进食？

㊱装盘始于何时？

㊲第一种餐具是用什么制成的？

㊳品尝工具首次使用装饰是什么时候？

㊴水之后的第一种饮品是什么？

㊵人们在用餐时间喝饮品吗？还是只有在口渴时才喝？

㊶第一次食物和饮品搭配发生在什么时候？

没有烹饪的营养：南方古猿的现实

正如我们所见，南方古猿属的不同物种——分为纤细型物种和粗壮型物种——是人属的直系祖先。它们是第一批双足原始人类，并将为人属成员创造的饮食习俗提供基础。

南方古猿吃什么？

为了解释什么食物构成南方古猿的饮食，专家们研究了他们头骨和颌骨的解剖结构等特征，对他们的骨骼同位素和牙齿磨损进行了分析。

总体而言，专家认为他们偏爱的产品是柔软而成熟的果实和嫩叶，可以由昆虫作为补充（例如白蚁和蛴螬）。然而，他们的头骨解剖结构（拥有硕大的臼齿和强壮的下颌肌肉）让他们能够消费三种处理难度大得多的产品：干燥坚硬的种子（他们用牙齿将其磨碎）、有硬壳的坚果（例如核桃和松子）以及植物的储藏器官，例如块茎和鳞茎，它们富含营养但是难以咀嚼。作为植物性资源，最后一种产品似乎在人类饮食的演变中发挥了非常重要的作用，因为它们是碳水化合物的来源。当人属失去了南方古猿属强大的咀嚼能力时，也许正是多亏了火和切割工具的加工，他们才能继续从这种营养宝藏中受益。

每个南方古猿属物种都令自身的营养方式适应其居住的树木繁茂或稀疏的环境。粗壮型物种（又称傍人属）拥有强大得多的咀嚼系统，这似乎表明他们配备了更好的硬件设施，可以在资源匮乏和干旱时期消费那些更难咀嚼和消化的植物。

人类的这些祖先似乎仍在隐藏着某些秘密。对纤细型物种，如南方古猿阿法种（*Australopithecus afarensis*）的骨骼进行的化学分析表明，他们的饮食和如今的黑猩猩有很大的不同。骨骼的分析结果并没有集中在乔木和灌木的果实和树叶上，而是呈现了消费更多禾本科（Poaceae）和莎草科（Cyperaceae）物种的证据。这让我们很想知道他们是否直接消费了这些植物，还是吃掉了以这些草为食的食草动物（这会在原始人类的骨骼中留下同样的痕迹）。我们就这样来到了关于南方古猿饮食的争议之处：他们消费了多少肉？

直到现在，这一直是最明显地将它们与人属分开的问题。一般认为虽然南方古猿可能是杂食性的，但它们只食用了微乎其微的动物性产品，而它们对动物的消费开始深刻影响人属各物种。尽管没有得到所有专家的认可，但有证据表明他们可能通过使用有天然切割边缘的石头消费了偶蹄类哺乳动物（例如斑马和羚羊），但这仍然是个未被广泛接受的假说。争论仍在继续，但我们确信将来会有新的证据阐明这个问题。

他们如何进食？

至于南方古猿进食（和饮用）的方式，看起来仍然不存在烹饪行为的痕迹。它们只是拿起产品然后摄入。关于这一点，最有趣的是获取这些产品的过程。它们根据想要得到的植物部位使用不同的觅食技术，也根据小动物的种类采用不同的狩猎技术。为此，它们使用自己的双手和身边的物体。我们认为它们只会从自己四处走动时遇到的溪流中喝水。产品一旦被采集或捕获，水源一旦被发现，它们的双手和嘴就用作切割、砍剁、研磨、小口喝和饮用的工具。

烹饪的缺失告诉我们很多事情。当时，不存在制成品，他们只吃产品；不存在烹饪技术，或者最多只有特定的预加工行为，例如用手和牙齿清洁或折断产品；不存在工具，只有双手和嘴；不存在改进或转化食物的意图。因此，当时不存在进行创造或者任何制作过程的空间。

既然不存在制成品，就没有我们所理解的服务：向另一个人供应制成品的行为。我们也找不到品尝行为，最多只能谈论一种接受和摄入产品的过程，这将是成千上万年后我们所说的用餐者体验的前身。

南方古猿的营养过程

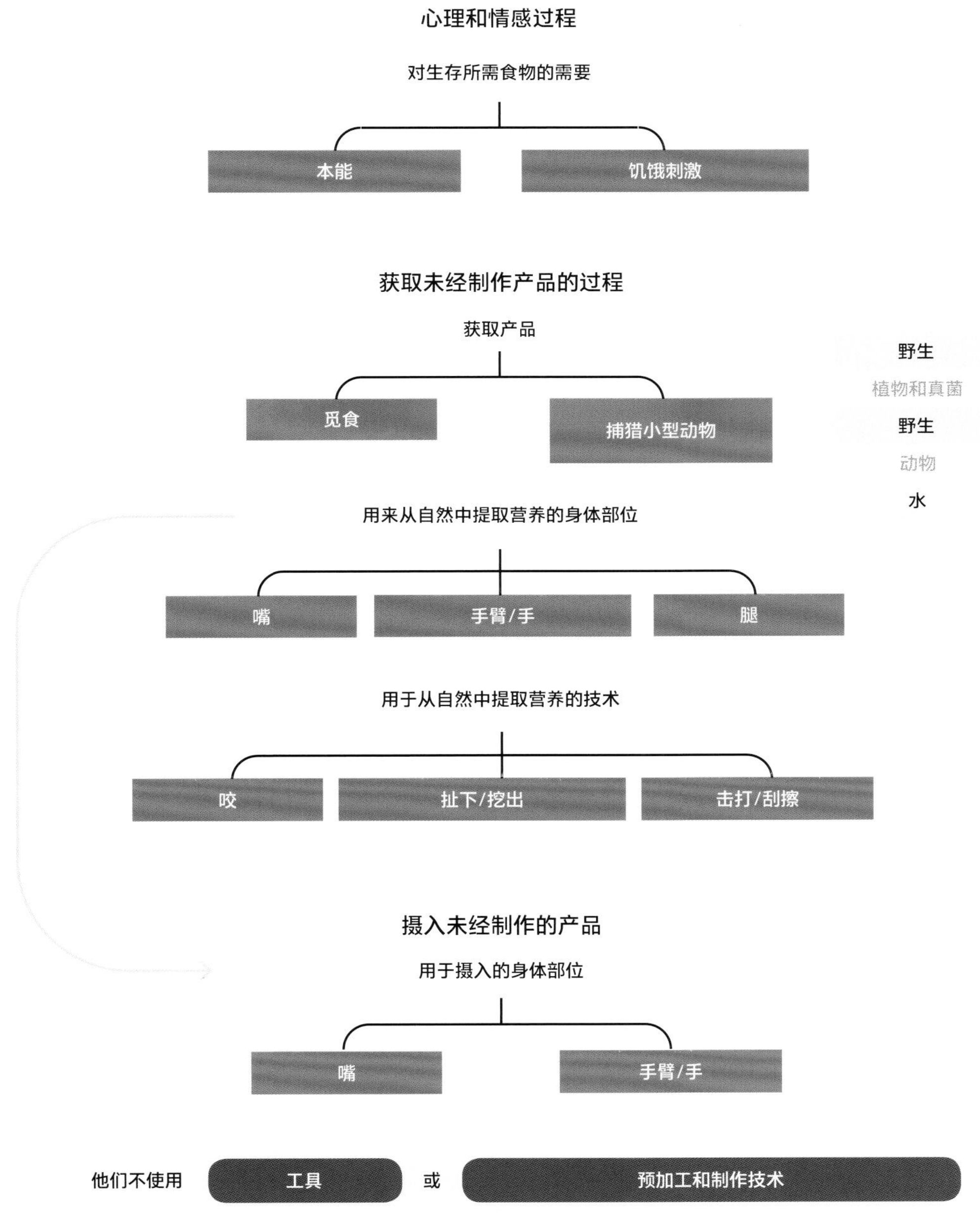

不使用火的旧石器时代

进食和饮用如何在不使用火的旧石器时代发生？制成品的起源

能人和直立人是这极为漫长的首个时期的主角。在进食方面，他们有两种选择：未经制作的产品和制成品。就摄入的即时性而言，他们的日常食物摄取和南方古猿相似。他们在觅食的同时利用时间摄入果实、树叶、种子、小昆虫等我们所谓的未经制作的产品。这也是如今的狩猎和采集者的行为方式。然而，与其祖先不同的是，能人和直立人首次有了摄入第二种食物类型的选择：制成品。这些是通过用双手或某种工具（或其他工具）对某种未经制作的产品（或其他产品）应用某种技术（或其他技术）得到的结果。

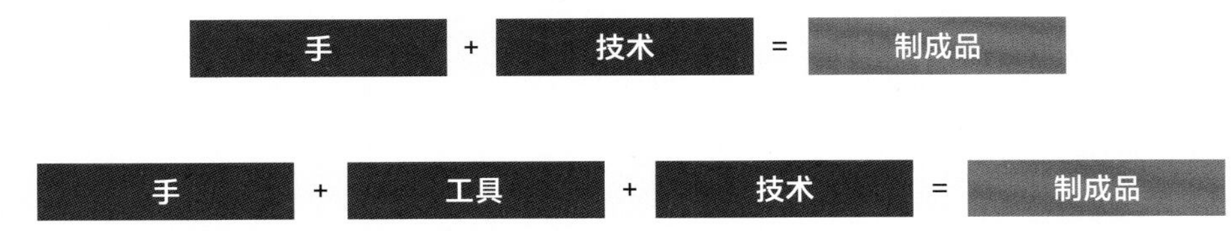

我们假设在能人的开始和直立人的结束之间，非常简单的制成品逐渐变得稍微复杂了一点，而未经制作的产品的摄取逐渐变得不再重要。我们将在下文探讨作为烹饪资源的未经制作的产品，但我们首先将关注该时期的一大新颖之处：第一批制成品。

在不使用火的旧石器时代，制成品的直接科学证据非常少。我们不知道什么产品被结合起来，也不知道它们如何调味。专家们将论证内容集中在构成这段时期饮食的产品和养分的类型上，但是很少有人探索在烹饪进化的第一个阶段如何得到制成品的相关细节。这是因为此时的制作过程极度简单，使用的制作技术和工具都很少，还因为制作结果一旦被消费就完全消失了。对于后来的时期，有可能通过分析容器中的残留物或者通过食谱的存在恢复某道炖菜的组成，但是对于不使用火的旧石器时代，实际上不可能知道被制作后供消费的动植物的最终形态。

不过我们能做的是基于三个对比鲜明的发现提出假设：所制作工具的类型、自然对保存施加的限制，以及人工能源的缺乏。我们可以认为最初的原始人类只能借助非常少的切割工具和无法预测的自然力量，例如阳光和风，这意味着他们必须迅速进食以免食物腐坏。在这种情况下，他们能够做什么？

一开始，他们会使用我们如今视为预加工的技术制作非常简单的制成品，例如去除任何不可食用的部分（更多例子见第336页）。他们很有可能迅速学会了利用自己的工具，并从预加工进步到使用机械技术（我们称为处理）转化他们获取的食物，改变其质地和味道，令它们更容易消化，更让人有食欲。能人和直立人的所有工具看起来都适合通过处理来进行大部分烹饪转化技术，尽管这是以一种非常粗糙的方式，几乎谈不上精确性。它们可以用来切割、砸碎、挤压、铺展、打碎等。我们在第336页和337页展示了所有可能性。

通过结合制作过程，他们将逐渐能够从简单制成品过渡到复合制成品，例如砸碎切好的水果得到果汁。

通过在他们的能力范围之内，利用特定的自然现象（例如风或太阳的热量）制作稍微复杂一些的用于储存的制成品需要对产品及其可能性有更深入的认识。我们指的是干制，甚至还可能包括使用自然发酵的首批制成品。

饮品：第一种冷泡饮料，以及果汁的起源？

不使用火的旧石器时代也是人类饮品起源的时代。同样，我们必须谨慎，因为考古记录中没有具体的遗迹能够直接证明这一点。作为任何生物的主要化合作用来源，水是从自然资源、泉水以及河流湖泊等水体中获取的。作为游牧生活者，早期人类不容易携带水，所以他们总是需要靠近稳定供应水的自然水源。旧石器时代的水只是一种未经制作的产品，但是当时存在供饮用的制成品吗？

鉴于当时的原始人类能够使用的资源，他们应该已经能够制作第一种冷泡饮料，即增添了滋味的水，只需要将叶片、花或果实浸泡在水里，以增添或改变其味道。我们可以说这就是第一种软饮料。同样，鉴于他们作为觅食者对植物界的广泛认识，他们也可能已经制作了果汁。遗憾的是，根本没有实证信息可以支持我们的假设。

烹饪相关章节的叙述顺序

要想知道如何烹饪，必须理解用餐者。使用从未被尝试过的产品进行烹饪，或者试图运用从未在被品尝的制成品中运用过的烹饪技术，这是非常复杂的。因此，我们的叙述总是开始于当某人坐在餐桌前时发生的事。对于本章而言，则是当一个原始人类面对某种原始制成品时。通过这种方式，我们穿越每个阶段所需的过程和资源，从用餐者一直追溯到厨房。

不使用火的旧石器时代的其他制成品分类方法

我们首选的制成品的解释和分类方法是通过参考制作它们使用的技术。然而，制成品有许多其他特征，这让它们能够以不同的方式进行分类。对于不使用火的旧石器时代，我们重点关注下面这些类别，它们突出了关于制成品的有趣信息，并向我们介绍了在那遥远的过去出现的二分法：

- **制成品是食物还是饮品。**在我们看来，这是一种非常有趣的二分法，因为它一直被认为是理所当然的，很少有人认真思考两者之间的区别。我们认为区别在于制成品的用途。例如，葡萄酒如果装在玻璃杯里供应可以用作饮品，如果用来制作酱汁则可以当作食物。某种制成品是食物还是饮品，这将取决于其状态、密度或稠度、用来品尝它的工具，以及摄入它时发生在嘴里的动作（它是被咀嚼还是被小口喝）。这种区别出现在我们的历史之初。

- **甜味世界的制成品和咸味世界的制成品。**这是由我们的感官定下基调的基本区别，始于通过味觉的高度直观的评价。在这一时期，某种制成品是甜的还是咸的，将取决于产品的性质和组成，以及诸如成熟或发育状态等制约因素。随着技术变得更复杂，甜味和咸味世界在后来的历史时期逐渐变得复杂起来。

- **制成品供立即使用还是用于储存。**这种分类决定了制作和品尝之间是否存在明显的间隔。旧石器时代一定有很多令摄入时间得以延迟的保存技术。在新石器时代，我们将见到一些供储存的制成品将变成非常重要的经过制作的产品。

- **生的或不生的制成品。**这一时期的大部分制成品是生的，因为缺少用于烹饪的火。对于通过自然作用进行的物理和化学转化（例如在阳光下干制或自发发酵）得到的制成品，存在一条模糊的边界。我们认为这类制成品是不生的，但是这一点尚有争议。

下面是我们使用智论方法学为高档餐饮部门提供的众多制成品分类方法中的一部分：

1	根据用于享乐主义还是用于营养
2	根据厨师的数量
3	根据用餐者对制成品的干预程度
4	根据它被消费、创造或再生产的空间
5	根据气候区
6	根据大陆和地理区
7	根据再生产供品尝制成品所需的时间
8	根据再生产准备好被品尝的制成品所需的时间
9	根据创造所需的时间
10	根据消费一套制成品所需的时间
11	根据消费的时间段
12	根据假日和节庆日历
13	根据产品来源
14	根据产品是天然的还是人工的
15	根据产品供应方
16	根据是否突出主要产品
17	根据难度水平
18	根据应用技术的数量
19	根据制作水平
20	根据人属物种
21	根据品尝工具
22	根据品尝制成品的用餐者人数
23	根据视觉
24	根据气味/香味
25	根据质感
26	根据温度

在不使用火的旧石器时代，餐厅菜单会是什么样子？

作为一项有趣的练习，我们想知道在不使用火的旧石器时代，餐厅菜单会是什么样子。我们必须将菜单建立在第一批原始人类能够获得的产品的基础上。结果就是这张古菜单。

古菜单
不使用火

金合欢 种子或幼嫩的荚果，砸碎
合欢 合欢花
破布木 幼嫩或干燥的果实
柿属 成熟或发酵的果实
枣 幼嫩果实

羚羊 生骨髓
长颈鹿 生颈肉，切碎
马 新鲜的脑
鹿 脊髓
猛犸象 脸颊肉和舌头

鳄鱼 捣烂的肉
陆龟 生肉，切碎

牡蛎 一打，去壳
蛤蜊 生的，泡在蛤蜊汁中
贻贝 生的，伴有海水

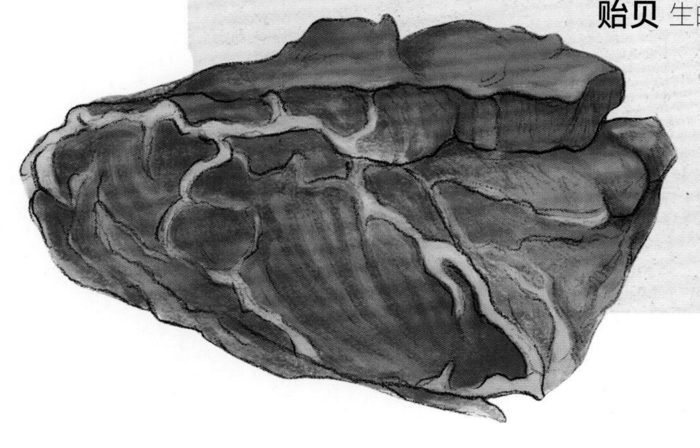
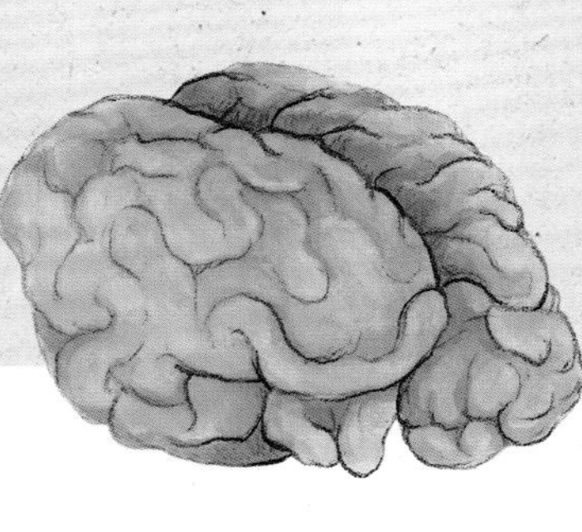
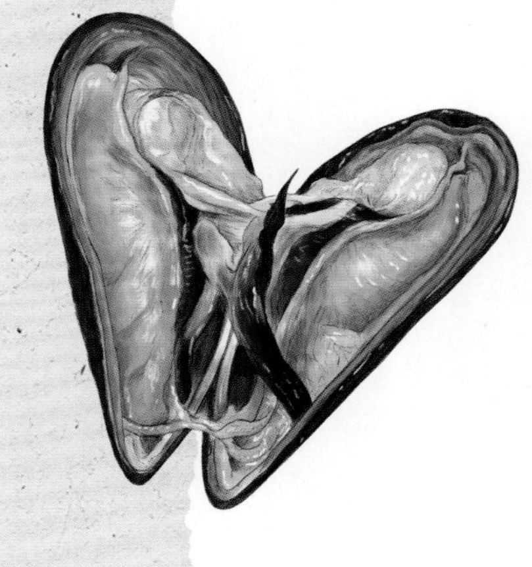

自然中的分解过程

由于自然是旧石器时代原始人类的橱柜，所以他们会找到正在经历分解或腐烂过程的未经制作产品。分解是化学改造和微生物改造的结合。

化学改造

不需要生物参与的化学反应。

- 氧化，由于空气中存在的氧气。
- 脱水，水分丧失。
- 光解，由于光的作用而分解。
- 热解，由于热的作用而分解。

微生物改造

这种类型的改造取决于微生物的活动，而微生物可以分为：

分解微生物

这些微生物是异养的，意味着它们无法自己制作食物，只能通过分解构成其他生物的生物分子（糖、脂质等）获得能量。

- **厌氧（发酵）微生物** 无须氧气就能获取营养的原始微生物。
- 葡萄糖的分解是通过发酵进行的（无氧反应，没有氧气参与）：
  - 酒精发酵（葡萄糖 > 乙醇）
  - 同型乳酸发酵（葡萄糖 > 乳酸）
  - 异质乳酸发酵（葡萄糖 > 乳酸、乙酸、甲酸、乙醇等）
  - 丙酸发酵（葡萄糖 > 丙酸 + 乙酸）
  - 其他：混合酸发酵，丁二醇发酵，丁酸发酵等。
- 还有其他类型的发酵使用葡萄糖以外的营养物质：
  - 苹果酸乳酸发酵（苹果酸 > 乳酸）
  - 苹果酸乙醇发酵（苹果酸 > 乙醇）
- 乙酸发酵（乙醇 + 氧气 > 乙酸）使用氧气，实际上是一种氧化或有氧反应，并不是严格的生化意义上的发酵。不过，由于发酵“fermentation”一词的词源是拉丁语单词“fervere”（意为“沸腾”），指的是液体起泡的性质，所以它在广义上适用于此。

- **需氧（氧化）微生物** 氧气在空气中积累之后（此前的空气是一种有毒的废物），较晚出现在地球上的微生物。它们使用氧气分解葡萄糖（葡萄糖 + 氧气 > 二氧化碳 + 水），这种过程名为呼吸作用。

兼性微生物

视情况而定，可以使用或者不使用氧气。

- 酿酒酵母（Saccharomyces cerevisiae）更喜欢通过酒精发酵分解葡萄糖，尽管它从中获取的能量较少，因为它产生的乙醇可以消灭其他竞争微生物。
- 合成微生物是自养的（能够制造自己的食物），它们通过光合作用（使用二氧化碳合成葡萄糖）或其他基于硫等元素的生物化学途径，从简单的无机物中（二氧化碳、水、矿物质等）获取能量和生物分子。它们不参与分解。

腐肉这种特殊情况

在这个时期，腐肉是原始人类营养摄取中的一种非常特别的元素。它处于未经制作的产品和经过制作的产品之间的边界上。这是因为它是在现场食用的，直接来自死去动物的尸体，但是需要工具处理遗骸，至少需要将肉切割下来，并从骨头上分离，才能创造出能够进入人属物种的口腔并被下颌加工的食物，而且原始人类必须劈开骨骼才能获得骨髓和大脑。

我们的祖先能够利用的第一种脂肪和动物肉类来源就是腐肉。这个词的意义已经发生了很大的变化，如今它指的是腐烂并且不适合食用的肉。然而在旧石器时代并非如此。当我们谈论食腐时，我们指的是多种动物实行的一种资源获取策略：利用捕食者留下的动物遗体。食肉动物通常先从猎物的胸腔内部消费内脏，然后是后腿和臀部。如果它们还饿的话，会继续吃四肢和脸。这些捕食者并不经常将猎物吃干净，往往会留下大量新鲜的肉和脂肪。

食腐动物通过收拾遗骸来利用腐肉，无须花费精力去捕猎。它们摄入的肉和脂肪不是腐烂的，否则它们不会吃。实际上，食腐动物的技能是在动物尸体变得不可食用之前尽快接近并分解它。食腐动物会明智地选择吃什么，以避免中毒。例如，人属物种似乎不消费小型哺乳动物的腐肉，正是因为它们腐烂的速度很快。正如我们在第191页所见，能人是首个成功食腐的灵长类物种，这要归功于他们的工具和与其他灵长类动物相比巨大的智力优势。我们还看到了腐肉的消费如何影响我们的大脑尺寸和肠道的转变。数千年过去之后，人属物种才学会狩猎。

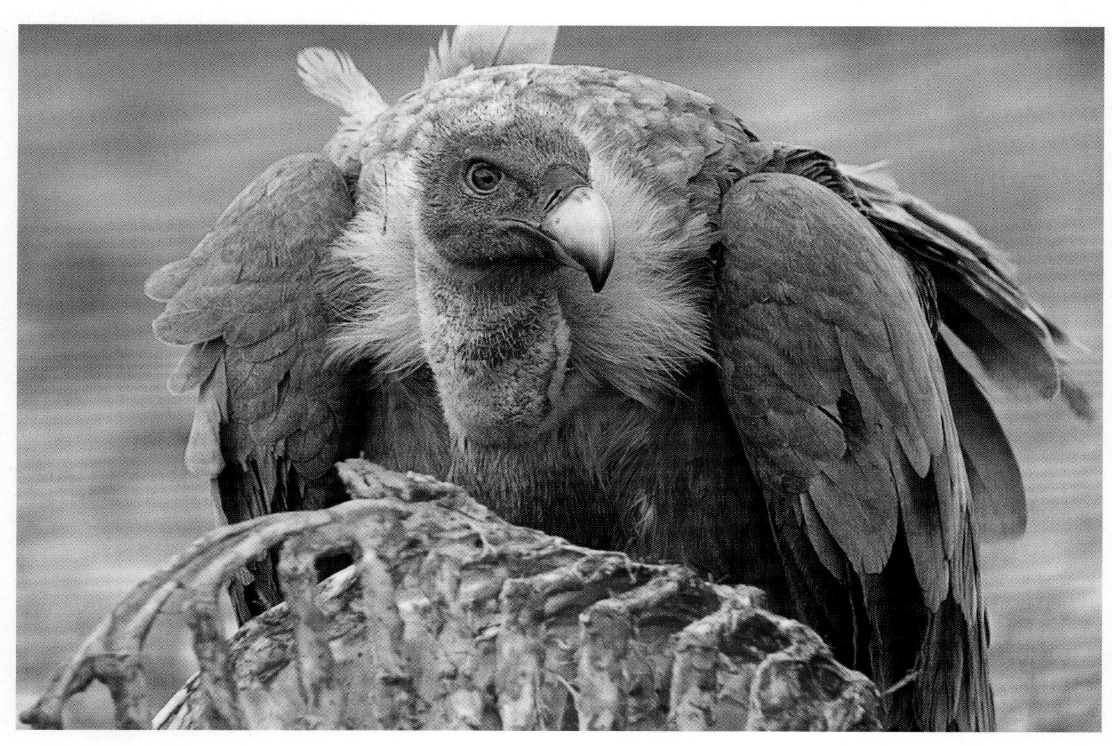

今天的我们可以吃腐肉吗？

答案是肯定的。例如，在角马尸体中的生肉的早期分解阶段，我们可以吃它，也可以吃生的脊髓。我们的身体仍然对不同成熟或熟化阶段的动物性产品的消费保持着耐受性。然而，因为我们不习惯，所以我们的身体会产生消化不良或其他不适反应。如果我们给能人喂快餐，也会发生同样的事情。特定人群的饮食取决于文化背景，这是唯一的障碍。常规惯例会让身体产生适应性。素食者在吃下牛排后可能感到不舒服，日本人则可能会在喝牛奶后感到不适（因为乳糖不耐受）。如果今天的我们要吃腐肉，也会发生同样的事情。

从腐肉到令人愉悦的发酵物

死亡动物的分解过程有不同的阶段，例如发酵和腐烂。发酵是酵母菌引起的过程，类似于细菌和微生物在腐败中的呼吸作用。当果实、肉类或其他有机物质开始分解时，化学氧化和脱水发生，而分解微生物开始以这些为食。它们产生的很多物质对人类有毒。实际上，我们发展出了对分解时产生的气味的厌恶，这让我们知道某种产品是否适合食用，或者是否有毒。然而，分解涉及的其他物质对人类健康是无害的。也许我们的祖先对腐肉的消费解释了我们如今为什么如此喜爱被微生物分解的食物（葡萄酒、奶酪、酸奶、面包、泡菜、腌肉、酱油、味噌、德国酸菜等）。但真正的原因是什么？

分解的最初阶段，在氧气少、糖分高且未被微生物污染的环境中，例如甜瓜或葡萄内部，会发生二氧化碳浸渍，产生一种独特的含有酒精的甜香气味。这是一种非常特殊的发酵形式，在这个过程中，构成果实的植物细胞是活的，它们通过将葡萄糖转化为乙醇产能的方式来消耗自身的糖分储存。这些乙醇在果实内积累直至果实破裂，令分解过程在微生物的影响下继续。

另一个例子出现在牛奶中。新鲜奶酪是通过鲜挤牛奶中的自发乳酸发酵过程生产的。在这种情况下，存在于液体中的乳酸菌负责这一过程，而液体将在几天内凝结，变得更酸（乳酸的形成），也更容易消化，因为细菌已经消化了部分乳糖（糖分）。

在不同发酵过程中形成的某些化合物是令环境变得不适合竞争者的一种机制，例如乙醇或酸。如果条件从一开始就适合某些微生物独自发酵（有很多此类微生物的例子），它们能够消灭所有竞争者并在产品中大量繁殖，从而延缓其腐坏。在特殊条件下，自然界存在无须人类干预的自发发酵。新的食物以这种方式自发制作，我们可以认为它们处于腐烂过程的最初阶段。

屠宰和熟成技术的结果

 熟成的

与清洗、切割成适当大小以及称重有关的技术的结果

洗过的 | 搓过的

去除不可食用部分的技术的结果

去皮的 | 去须的 | 去鳞的 | 切割过的

劈开的 | 剥过皮的 | 拔过毛的 | 灼烧过的/烧焦的

烧过毛的

产品改进技术的结果

清空的 | 打开的 | 去籽的 | 取出骨髓的

去皮的 | 去壳的 | 剥壳的 | 拔过毛的

切碎的 | 宰杀过的 | 掏空的 | 取出内脏的

这一页展示了我们认为在能人和直立人的饮食中常见的一些预加工产物。很多食物都会在这一步被吃掉，不使用任何后续的制作技术。这种情况下，按照严格的定义，它们就是制成品。预加工产物和制成品之间仍然没有分别。

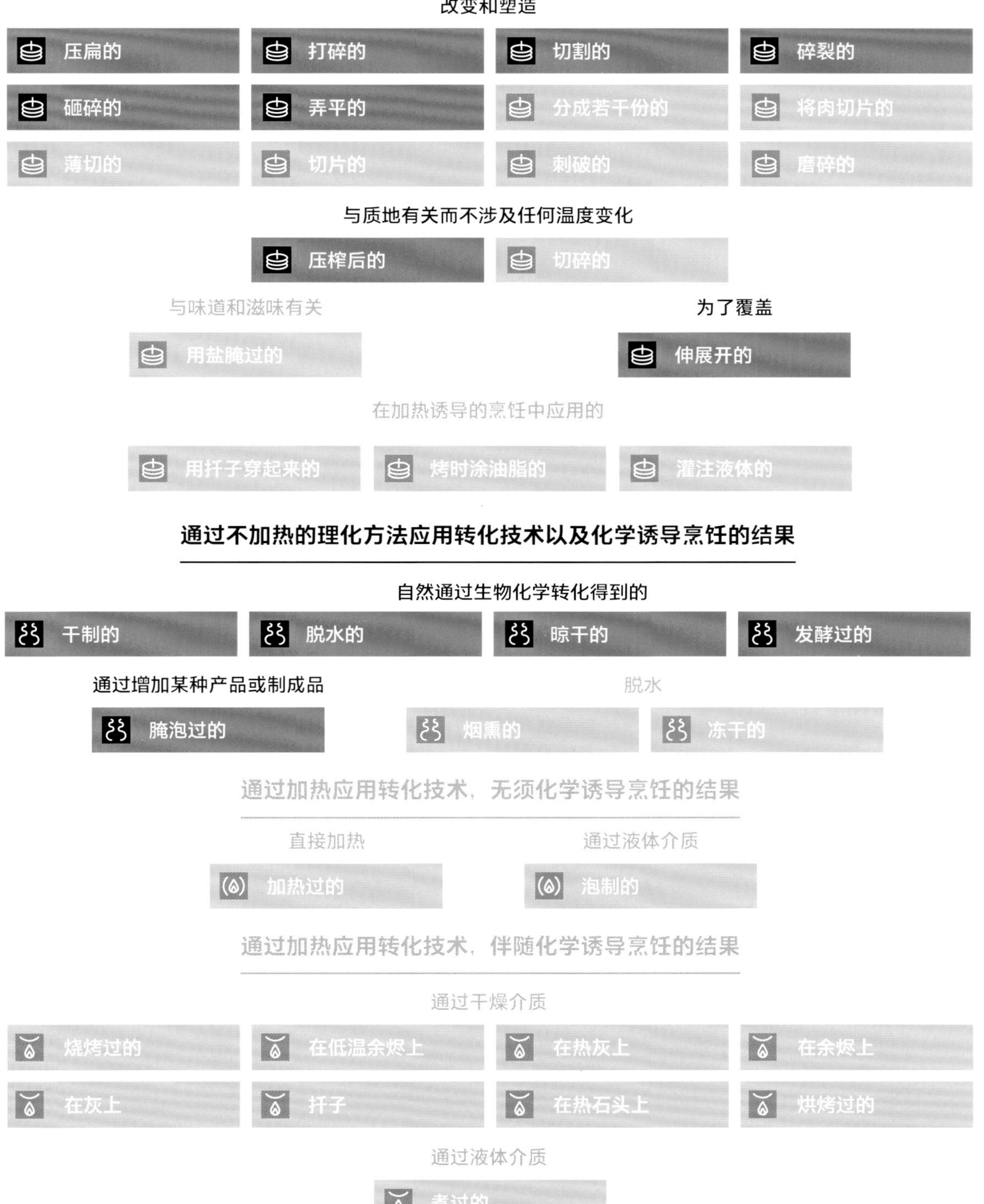

在不使用火的旧石器时代，许多只需要通过处理的方式来应用转化技术的制成品已经成为可能，但其受到两个方面的限制：可用的产品以及在实施中造成的缺乏精准性的工具类型。具体结果和今天可能得到的结果截然不同，但本质上是等效的。

摄入如何发生？最初的进食和饮用技术

当我们谈论进食和饮用技术时，我们指的是什么？这些就是我们所说的品尝技术，是按照将我们想摄入的某种制成品或产品送进嘴里的方法或规则来执行的动作。近几十年来，在高档餐厅中，品尝技术经历了一场巨大的革命，但是它们在起源时是什么样的呢？

这又是一个难以通过考古记录追溯的主题。我们必须根据可用的信息（旧石器时代工具、制成品和情境的简单程度）大胆推测。

根据进化逻辑，我们可以断言，第一个人属物种通过他们的灵长类基因继承了每种哺乳动物的固有能力：将食物和饮品送到嘴里，使用下颚和牙齿，以各种技术处理它们（咀嚼、研磨、小口喝、饮用等），以及随后的吞咽。猿、豹和第一个人属物种之间的区别在于解剖结构上的细节：每个物种拥有不同的下颚构造，此外，人属是双足动物，这意味着他们使用双手将食物送到嘴里。

开启了人类品尝技术的伟大变化是外部工具的使用，在这方面，考古学家恢复了一些有趣的信息。

我们指的是这样一种习惯：将一块肉的末端放在牙齿之间，用一只手扯住肉的另一端，另一只手再用某种石器工具（例如刮擦器）割下一口大小的肉块。有时候，切割时工具凑得太近，以至于在牙齿上留下了痕迹。多亏了这种粗心大意，考古学家得以在较晚的原始人类（例如海德堡人）中发现这种品尝技术。鉴于缺少盘子和桌子，这种技术很实用。而在我们看来，我们最早的祖先很可能也使用了这种技术，这是合理的推测。

我们还认为，他们使用了某些有机餐具来协助将食物和饮品送到嘴里的任务。下一页展示了他们可用的工具类型。

摄入还是品尝？

我们区分两个不同的方面：摄入和品尝。当我们只是想以最愉快的方式喂饱自己而没有任何特定的坚持或者特殊的关注时，我们是在摄入。当愉悦感和思考是行为的重点，而我们不想错过体验的任何细节时，我们是在品尝。我们旨在从中获得最大的享受，并在可能的情况下刺激我们的智力。

至于旧石器时代，我们只能考虑摄入这种情况，品尝无从谈起，因为这个词是美食情境专属的。不过，让我们有能力品尝的生理和心理基础是在此时奠定的。大脑的进化提高了我们对进食和饮用的感知能力。尤其是前额叶皮层的发育起着重要作用。大脑的这个部分是感官冲动（也包括摄入冲动）汇聚以及做出决策的地方。大脑的这个部分还负责复杂的认知功能，而根据神经科学，这些功能不断受到愉悦感原则的刺激。摄入和品尝无疑是人类愉悦感的典型来源。我们能够享受自己的进食和饮用，这种享受超越了单纯的充饥。从历史的角度来看，我们将品尝的起点放在古代文明时期的烹饪艺术兴起时。

在用于高档餐饮部门的智论方法学中，我们分析了我们进行品尝时身体和心智的反应。在进食和饮用者身上发生的一切，以及在不同资源的协助下进行的所有行为，我们称之为体验系统，它的主角是用餐者或顾客。

什么工具用于进食和饮用？

在痕迹学研究的帮助下（见第128页），考古学家们知道原始人类的石器工具是多功能的，特别是能人和直立人制造的石器。这让许多石器可以用作辅助摄入的餐具，正如我们在上一页所见。

更进一步地说，我们只能推测，鉴于原始人类与大地景观和自然的紧密关系，他们应该习惯于从周围环境中取用自己认为有用的东西。因此，我们认为有机餐具起源于不使用火的旧石器时代，在这里我们提出了一些我们认为合理的例子：

叶片

让我们想象一下，能人采摘果实，然后将它们放在同一种植物的叶片上。再想象一下，他们吃完果实之后，还可能吃掉“工具”。这可能是第一种可食用的装盘工具吗？

树皮

这也可能是一种容纳制成品的工具，可能用于运输食物，或者只是简单地盛放食物，直到需要摄入为止。

石头

大而扁平的石头可能用作餐盘，在上面摆放食物。

挖空的果皮和壳

挖空的葫芦可以当作碗，而贻贝或蛤蜊的壳可以是很不错的勺子。

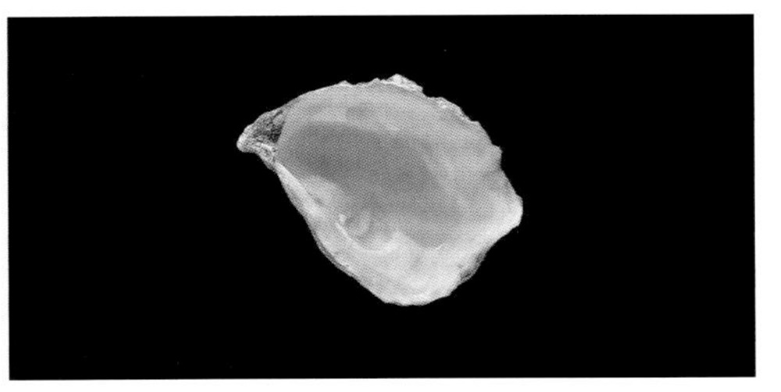

在不使用火的旧石器时代，进食和饮用体验是什么样的？

摄入体验将从能人身上单纯的早期灵长类本能转变为直立人发展出的更多文化形式。随着原始人类的大脑继续发育，与摄入相关的行为选择将会增加。尽管整个体验过程一开始受到充饥本能的支配，但人属物种逐渐赋予了进食和饮用行为许多不同的意义，这些意义涵盖了社会、宗教、文化和休闲等层面。

此时此刻，我们应该强调一些对于理解若干过程的演变必不可少的东西，这些过程一开始牵涉营养，后来涉及美食。其主要过程一开始是合并的。它们由同一行为主体在同一空间使用同样的工具进行。我们可以想象营养在不使用火的旧石器时代的最初的形态，某个原始人类摘下一个果实，将其打开或者用工具切开，然后当场摄入。在这种情形下，体验过程、再生产过程（通常理解为烹饪）以及创造过程（如果这种果实的制作是首次发生的话）都被合并在一起。这些过程将逐渐分离，而且很有可能在这个仍然不使用火的时期，已经出现了烹饪者和摄入者不是同一个人的情况。

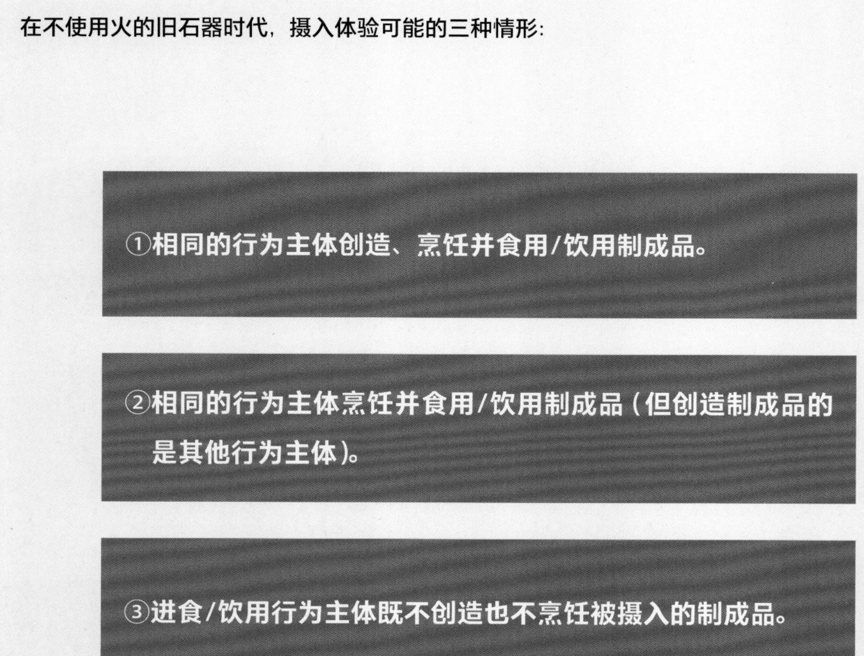

在不使用火的旧石器时代，摄入体验可能的三种情形：
①相同的行为主体创造、烹饪并食用/饮用制成品。
②相同的行为主体烹饪并食用/饮用制成品（但创造制成品的是其他行为主体）。
③进食/饮用行为主体既不创造也不烹饪被摄入的制成品。

谁，如何，何地，何时？行为主体、过程和非美食资源

我们断言高级餐饮的基础是在旧石器时代奠定的，因为这是构成餐厅活动核心的行为和过程出现的时期。我们谈论的是烹饪、服务（我们将在使用火的旧石器时代看到这两种活动）以及这两种活动需要的大部分资源。烹饪是产生服务需求的触发因素，而服务带来了为用餐者装盘和转移制成品的便利。在这个时期创造的烹饪技术至今仍在使用，某些制成品甚至器皿也是如此。

为了使烹饪、进食和饮用行为成为可能，我们通常还需要一套所谓的支持系统和过程，取决于情境，这套系统和过程可能多少有些复杂。在餐厅中，这意味着用于促进、提高我们的供应品的知名度和可见度及与营养、销售和交流相关的一切。它还将包括令一切顺利且正确运行的财务、行政和组织系统。

在家庭领域，这些系统要简单得多。实际上，我们以一种综合且凭直觉的方式来完成许多此类任务，因为包括其他事情在内，进食和饮用者清楚地知道烹饪的实施场所和方式，而且无须为此体验支付任何报酬。

在旧石器时代不存在市场经济，也没有任何金钱、商贸和企业。没有餐厅，所以支持系统和非美食资源都减少到了最低限度。我们将在下面讨论支持系统的一部分：

- 领导者和某些过程（例如交流）
- 非美食资源，例如空间、时间和人力资源

谁来烹饪？存在任何主厨吗？

关于旧石器时代，我们不能按照今天的理解去谈论个人。就算是旧石器时代晚期的智人也不会意识到自己是分离于周遭自然环境之外的存在。实际上，个体性（一个人感觉到自己是独一无二的，并在自己不同于其他人的认识下行事）将在历史进程中非常缓慢且渐进地出现。

那么，他们最有可能作为一个群体进行狩猎、觅食、烹饪和进食，尽管其中一些活动是由个人在偶尔或零星的情况下完成的，但这始终是非常特殊的情况。

我们还应该回顾的事实是，人类后代的依赖性极强（正如我们在第187页讨论的那样）。有孩子的母亲需要社群的其他成员为她们提供没有时间自己获取的生活必需品。我们还知道，智人之前的某些物种照料社群中生病的成员，这再次证实了群体生活的重要性。

尽管如此，虽然我们不能说存在组织和群体身份意义上的领导者，但是这些原始社会中一定存在这样一些人，他们的能力令他们脱颖而出并为自己赢得了更大的权威。他们可能是那些可以预测野生兽群运动模式的人，那些知道最佳觅食、狩猎或捕鱼策略的人，那些最擅长给动物剥皮的人，以及后来使用火时，最擅长烤大块肉的人。这些权威的最初迹象是将来会转化为领导能力的萌芽。

谁创造了制成品？

鉴于我们意识到的第一种创造性行为（或者该行为的结果）是剥落石头以切割某种产品，那么创造过程一定始于能人。从那时起，烹饪过程的每种新贡献都可以视作创造过程的结果。正如我们在讨论创造性时所见（见第252页），我们无法挑出某个有意识的个体创造者，相反，我们面对的是千百年里逐渐引入的小变化，在如今回望，我们可以将其称为一种创造性过程。

创造行为的火花和推动力可能是什么？可以合理地认为，正如在大部分历史中发生的那样，生存、适应、摆脱危险等需要是当时创造力的主要诱因。

因为我们无法获得制成品或者以更小的时间尺度（例如一年）研究该时期，所以科学无法得知应用在当时食物上的标准化水平。产品是否总是以同样的方式切割、分割和砸碎？它们以同样的方式调味吗？还是在每个动作中对某种变量进行了轻度修改？

关于烹饪以及他们将要进食或饮用的东西，他们如何交流？

• **手势的世界**

在我们开始说话之前，我们的祖先在数千年的历史中发展了一套手势交流系统。双足运动和双手的解放有利于这种原始语言，这无疑为口语的发展奠定了基础。

能人和直立人实现的里程碑让我们相信，他们的手势肯定变得越来越复杂。这让直立人能够迁徙到更远的地方，以及将他们的石器标准化（比能人的石器复杂得多）。

如果是这种情况，那么与烹饪相关的一切都将通过这些手势以及观察来传递。观察技巧最熟练的个人如何制作制成品，这将构成年青一代学习内容的核心。

烹饪和进食在何处发生？营养空间

用形而上学的术语来说，空间和时间这两个参数最能让我们理解自己体验的一切。从日常来讲，空间是我们居住以及在其中移动的领域。此时仍然没有专门的空间，没有实体上的餐室或食堂。烹饪和摄入空间必须通过产品获取技术、群体规模、气候和类似情况来确定。例如，对于食腐而言，很显然腐肉被发现的地方就是它被预加工、制作和摄入的地方。

然而，植物性食品需要更复杂的空间安排。它们被采集、积聚，然后被带到群体成员进行摄入的地方。能人或直立人搭建营地的证据非常稀少，所以我们不能提供除了这些猜测的任何东西。

进食发生在何时？营养时间

时间也是如此。很难知道早期原始人类在多大程度上习惯于每天特定的进食时间。我们不知道他们的一天是怎么组织的、每天进食几次，或者获取产品和摄入之间相隔多长时间。

家庭：必不可少的人力资源

如我们所见，公共生活至关重要。每个原始人类群体都必须自给自足，而且它的成员执行从获取产品到摄入产品的整个营养过程，包括制作必要的工具。换句话说，不会有群体之外的人执行这些任务。

当我们谈论群体时，我们指的是家庭。旧石器时代的狩猎和采集者分为由相关个体构成的若干群体。按照人类学术语，这些群体被称为小部落。取决于他们的规模和习俗，他们可能是一个庞大的谱系或者一个小家庭。小部落组成更大的单位，称为部落。

关于小部落社会，存在很多人类学模型，但是至于哪种具体的模型能够概括旧石器时代群体的特征，没有人能够确定。毫无疑问的一点是，在如此漫长的时期内，鉴于这样的地理和文化差异，必定存在大量社会组织模式。最有可能的情况是，能人群体的组织方式更接近其他非人灵长类动物，而尼安德特人和智人的群体将达到与如今的狩猎和采集者类似的社会复杂水平，而对于后者而言，组织模式的数量几乎和群体一样多。

所有这一切的中心点是其地理规模。最初，全世界原始人类的数量很有限，而且他们集中在非洲的某些地区。这将导致高度本地化的社会结构，即接触其他群体的可能性极小。随着人口的增长和原始人类的扩张，他们一定能够和其他群体建立“地区”关系，从而产生联盟和冲突。

在不使用火的旧石器时代，烹饪如何发生？

• 预加工：没有烹饪的烹饪

我们必须为祖先放宽一些标准，因为他们的许多制成品只是今天我们眼中的预加工产物。预加工意味着对产品应用技术，让它们为真正的制作技术做好准备。我们指的是去皮、清洁、剥皮和去骨等。简而言之，就是准备产品。

当能人将瞪羚的腿骨放在地上，然后用手斧敲打它以获取骨髓时，他们实践的技术在我们今天看来是烹饪之前的技术。然而，这些原始人类很可能直接摄入骨髓，而不会烹饪它，让它更激发食欲（混合、调味等）。考虑到能人的实践在历史上的重要性，对于他们，我们承认他们已经通过预加工开始烹饪。或者更确切地说，他们正在开始的这项活动将会成为烹饪行为的必然前奏。实际上，预加工需要两个将触发烹饪过程的关键要素：意图和思维模式。

• 制作，但不服务

然而，他们所做的不只是预加工。我们知道能人和直立人实施了最早的制作技术，尽管这些技术很少而且简单，但是没有证据表明他们存在服务。这个过程似乎不是系统地进行的，或者至少不是以一种可察觉的方式进行的。空间之间似乎也没有区分。所有迹象都表明，烹饪（预加工和制作）和摄入发生在同一空间。

鉴于这种早期再生产过程（即我们在不创造的情况下烹饪，只是再生产已知的菜肴）的简单性，我们还可以认为行为主体很少，常常只有一个人，而且如果存在只摄入而不烹饪的用餐者，他们将不会积极地改动制成品。

第329页的图表展示了人类历史上的第一个再生产系统。我们尝试提供再生产系统中涉及的阶段和元素的总体概述，从构思想法（想要烹饪）开始，到用餐者摄入烹饪内容为止。在历史进程中，这场突变将变得更复杂并获得更多元素。

“史上首个再生产系统的图表简单而紧凑：
一个人在一个空间里使用一种工具，
并对一种产品应用一种简单的技术。
这肯定是一切开始的方式。”

不使用火的旧石器时代

250万年前至40万年前

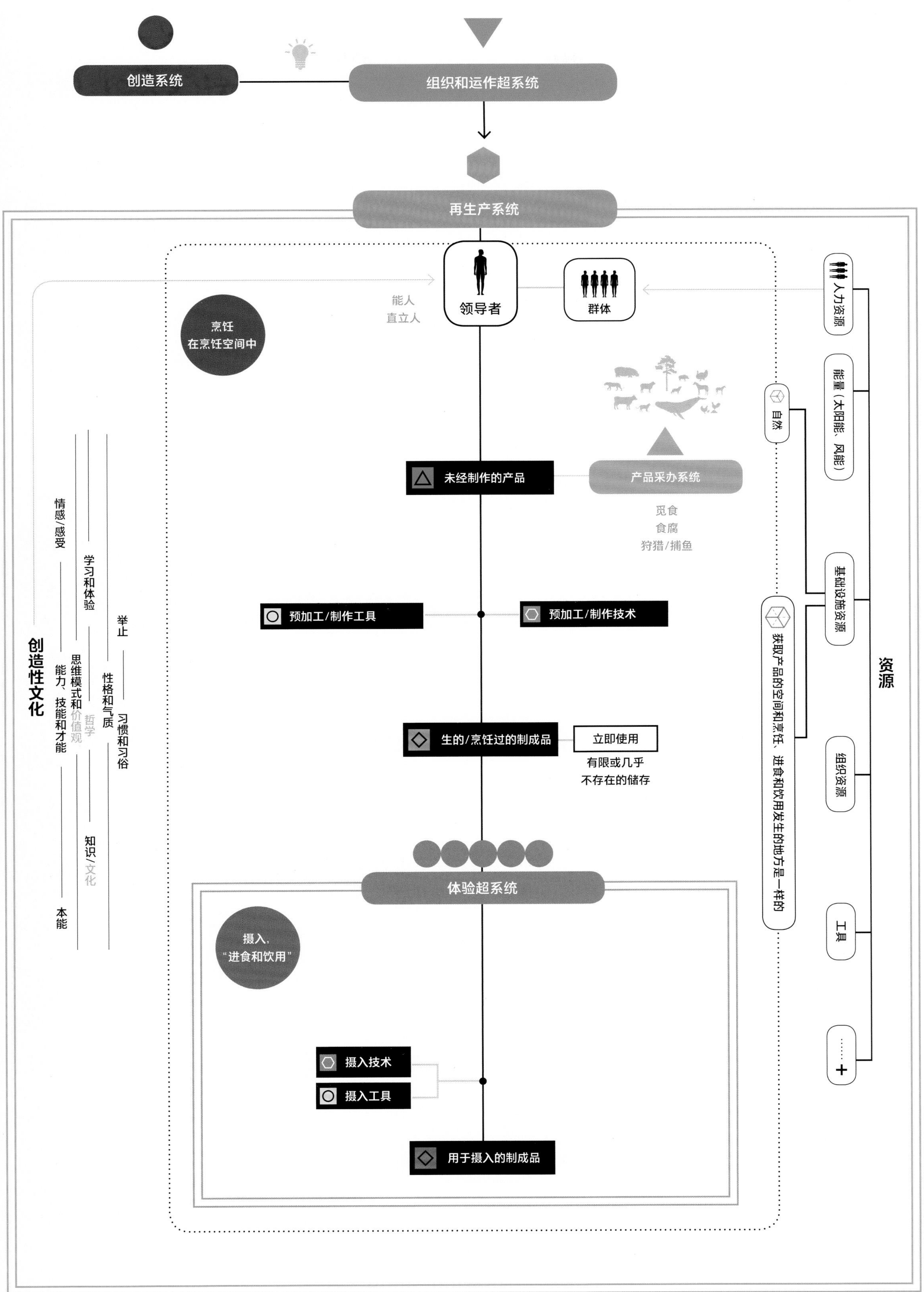

不使用火的旧石器时代的美食资源

“我们需要什么才能烹饪（预加工和制作）？”

在这段理解旧石器时代烹饪起源的旅程中，至关重要的是明确我们已经讨论过的再生产过程所需的资源。我们特别指的是预加工和制作技术、工具和产品。

自然和人工资源

从一开始，能人就在使用资源执行日常任务。因为他们的本性仍然与其他灵长类动物的本性联系紧密，所以他们的大部分资源是生物性的，也就是说，他们的资源构成了自然的一部分。例如，他们使用与其他哺乳动物相同的技术：步行、摄入、咀嚼、呼吸、攀爬。他们的饮食包括存在于自然中的产品——其他生物（来自动植物的未经制作产品）以及无机物（例如水），而且他们使用存在于自然中的能源，例如风能和太阳能。

然而，令能人成为如此特殊的动物的原因，是他们设计了最早的人工资源：石器。他们学会了剥落在周围环境中发现的岩石，并将它们转化成功能性物品，好让自己实施特定的行为：切割、砸碎、劈开等。在整个旧石器时代，这些工具经历了剧烈的变化和演变过程，直到成为更加专门和实用的形式：智人的石器。

人属的其他物种立即开始增添更多人工资源。接下来也是最典型的人工资源，即对火的控制。当他们学会人工复制篝火时，他们开始控制一种非常强大的能源。从那以后，他们变得高度依赖能量的产生。在整个历史上，这导致了一场追寻燃料以便随意产生火和热的复杂演变。在最近的时代，这场追寻导致了电的发现。

自然和人工之间的区别是美食资源的第一次历史区分。

点燃篝火是人类历史上颠覆性的事件之一。

旧石器时代的美食技术：考古学家告诉我们的

考古学家对美食技术所知几何？他们知道自己发现的工具是如何使用的吗？他们知道。专攻痕迹学（研究工具上的使用痕迹的科学，见第128页）的考古学家对工具的使用方法了解很多。显然，他们心中没有智论方法学，当他们发现某种预加工技术时，并不会如此归类。而且他们不只关心美食技术，还关心手工艺技术（例如某种石片是否用来切割木头或鞣制兽皮）。

这些专家研究这些工具所使用的材料或产品，以及最常执行的特定操作。宽泛地说，有两种类型的研究可以确定这些工具执行了什么技术：

- **应用在被发现的工具上的科学方法。**按照科学标准，始终考虑工具的保存完好程度（并非所有工具都经得起全面的分析），有可能确定它们当时用在什么材料上。专家有时能够告诉我们工具是否曾用在肉类、干燥或新鲜皮肤、木制或非木制材料上。如果不能达到这种精度，他们至少可以确定工具是否曾用在坚硬或柔软的材料上。他们还可以确定工具是否曾用于特定任务，或者它们是否是多功能的。有时候，通过研究工具的专门化程度，专家知道它是否专门用来切割肉类或者切割植物茎秆。
- **实验的方法。**专家按照与原件同样的形状和材料复制旧石器时代的工具，并开展活动以测试其功能性。例如，对于猎物的处理方式，他们实施了许多实验：剥皮、分离大块尸体、将肌肉切成大份的肉、切割肌腱、提取骨髓以及大脑和内脏等，如何使用工具以及使用什么工具完成这些任务才更实用。专家们使用实验得到的信息提出假设，然后根据在真实工具上发现的痕迹验证或推翻这些假设。

除了这些方法，还有应用于考古遗址中动植物遗骸的方法。专家还可以通过骨骼上的痕迹（切割痕迹的形状、排列和方向）以及植物遗骸的保存状态来探索美食技术。鉴于此，如果某位厨师接受了只使用旧石器时代的技术和工具创造制成品的挑战，他们就会知道询问专家什么以及可以期望从他们那里获得什么答案。

> “考古学的一些分析技术让我们能够确定某种工具如何应用于某种未经制作的产品，或者使用了什么美食技术。”

最早的预加工技术：屠宰专家

在旧石器时代早期结束时，随着直立人此时已经达到更高的进化水平，狩猎的频率有所增加。这产生了至关重要的技术，例如屠宰、剥皮和去内脏。对于较大的猎物，例如群居食草动物（鹿、山羊、瞪羚、马等），原始人类必须学会如何将猎物分割成容易入口的较小且便于操作的部分。

多亏了对骨骼表面标记的痕迹学研究，考古学家得以告知我们屠宰过程是如何进行的，遵循什么步骤，以及动物被分割成哪些部分。以下具体的例子将解释这一点。

生活在今以色列境内盖谢尔贝诺雅各布遗址（Gesher Benot Ya’aqov）的直立人，使用一种高度组织化且一丝不苟的方法屠宰野生鹿。根据骨骼上切割痕迹的数量、排列方式和形状，可以推断出他们遵从下列顺序：

- 剥皮，通过在头骨、掌骨、跖骨、趾骨上切口来进行。
- 屠宰，在第一节椎骨和颌骨处切割，以分离头部，然后切割四肢关节，分离后腿和前腿。
- 割肉和将肉切片，在颌骨、椎骨、肋骨、肩胛骨、肱骨、桡骨、尺骨、骨盆、股骨和胫骨上留下了标记。
- 骨髓提取，在肱骨、桡骨、掌骨、股骨、胫骨和趾骨上留下了水平标记。

这些标记重复出现在该遗址中的所有野鹿骨架上，这表明存在一种重复进行的过程。此外，看上去整个过程都是在同一个地方进行的。所有这些都表明，能人对猎物的解剖结构和屠宰过程拥有相当详尽的知识。

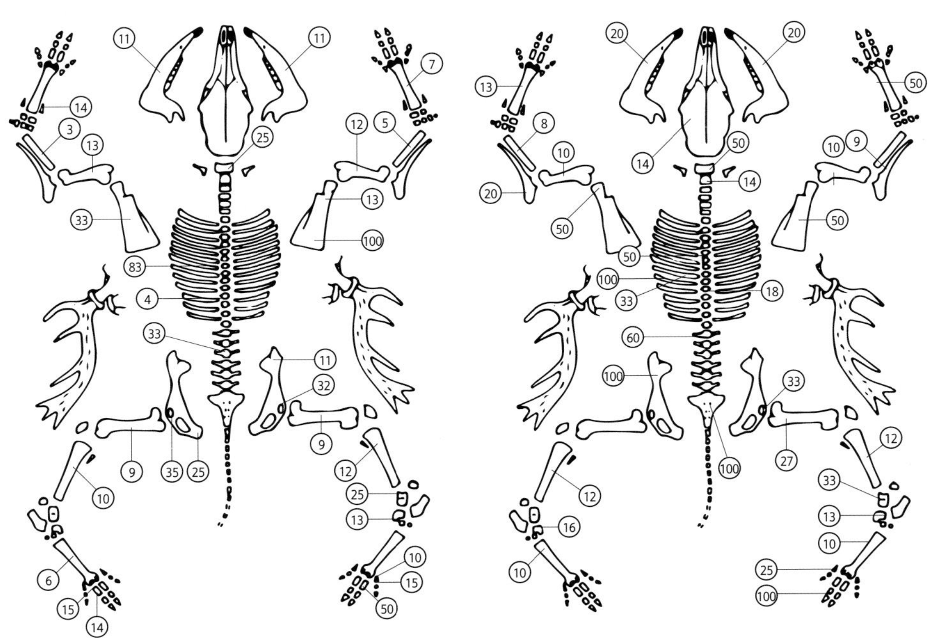

这张图表展示了在以色列盖谢尔贝诺雅各布遗址发现的两只野生鹿（黇鹿）的骨架上的切割痕迹的位置和频率。
Rabinovich, R., *et al.* (2007): 139.

最早的烹饪技术是什么？通过处理实施的转化技术

第一批伟大的烹饪艺术出现在这一时期，可以将它们归类为通过处理实施的转化技术。它们改变了产品的形态，但没有改变其化学组成。如今我们根据它们用于预加工还是制作对它们进行细分，但是正如我们所见，两者之间的界限在这个时期是模糊的。

部分技术是用双手和嘴实施的，而另一些技术令工具的使用变得不可或缺。有些属于我们所说的基础技术，例如，无论情境如何（在家或者在高档餐饮烹饪，以及任何类型的料理），对于烹饪都必不可少的技术。在不使用火的旧石器时代，出现的技术用于去皮、切割、劈开和清洁等。基础技术产生所谓的衍生技术，它们与衍生出它们的基础技术有相似的功能，但是增加了特异性，通常这与某种类型的产品或所需动作相关。例如，从打开这一基础技术中衍生了其他技术，例如去壳或剥壳。

由于痕迹学研究，基础技术有大量考古学证据。分析工具上细微痕迹的考古学家知道造成这些的行为类型，从中可以推断出当时使用的烹饪技术。然而，衍生技术是我们自由判断的结果。我们的理解是，由于存在基础技术而且它们应用在种类众多的产品上，所以衍生技术必定是可能存在的。

烹饪最早的饮品

母乳和水是（至今仍是）最早的人类饮品，而且，它们不需要任何制作。然而，我们的祖先可能从旧石器时代一开始就烹饪果汁了。所有狩猎和采集者群体对于他们从环境中采集的植物，都拥有广博而深入的知识。

很有可能的情况是，旧石器时代的觅食者能够辨认适合消费的多种果实，并且知道每种果实的最佳成熟状态。最成熟多汁的果实一定很轻易地释放了它们的汁液，只需要用手操作或者在运输时意外碰伤即可。

使用当时的工具和技术就可以复制这种效果以得到果汁，具体做法包括用石头或双手压果实、使用石器切割工具，以及后来使用有机材料或石头制成的器皿收集果汁。然而，在炎热的气候下，果汁很难保存，而不受控制的发酵会将这种甜味液体变得极不讨人喜欢。在比较冷的气候下，果汁和果实可以保存得更久。

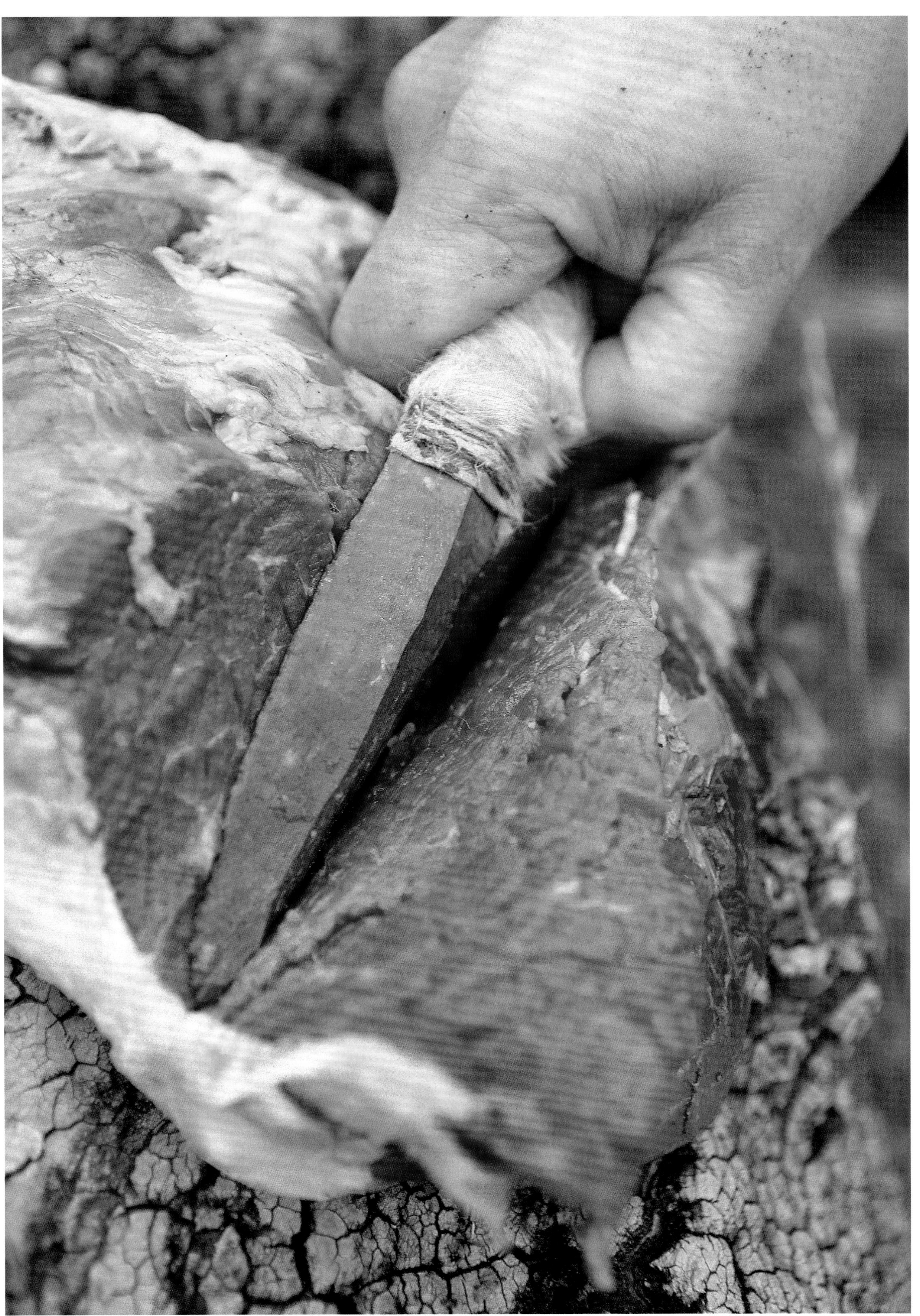

屠宰和熟成技术

熟成

与清洗、切割成适当大小以及称重有关的技术

清洗
揉搓

去除不可食用部分的技术

去皮
去须
去鳞
切割
劈开
剥皮
拔毛
灼烧/烧焦
烧毛

产品改进技术

清空
打开
去籽
取出骨髓
去皮
去壳
剥壳
拔毛
宰杀
屠宰
掏空
取出内脏

通过处理的方式应用的转化技术

改变和塑造

- 压扁
- 打碎
- 切割
- 碎裂
- 砸碎
- 弄平
- 分成若干份
- 将肉切片
- 薄切
- 切片
- 刺破
- 磨碎

与质地有关而不涉及任何温度变化

- 压榨
- 切碎

与味道和滋味有关

- 用盐腌

为了覆盖

- 伸展

在加热诱导的烹饪中应用的

- 用扦子穿
- 灌注液体
- 烤时涂油脂

通过不加热的理化方法应用转化技术以及化学诱导烹饪的结果

自然通过生物化学转化得到的

- 干制
- 脱水
- 晾干
- 发酵

通过增加某种产品或制成品

- 发酵

脱水

- 烟熏
- 冻干

通过加热应用转化技术，无须化学诱导烹饪的结果

直接加热

- 加热

通过液体介质

- 泡制

通过加热应用转化技术，伴随化学诱导烹饪的结果

通过干燥介质

- 烧烤
- 在低温余烬上
- 在热灰上
- 在余烬上
- 在灰上
- 扦子
- 在热石头上
- 烘烤

通过液体介质

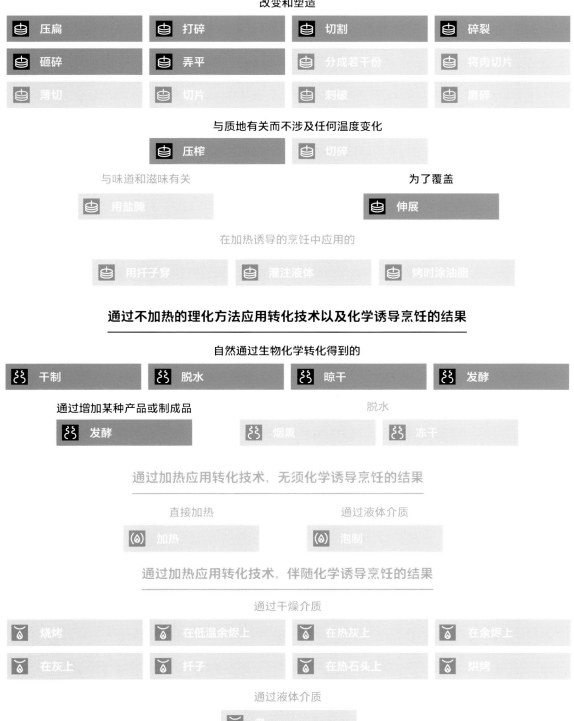

最早的保存技术是自然实施的

我们的理解是，我们刚刚解释的通过处理的方式应用的转化技术是为了制作用于立即消费的制成品，不带有它们被储存起来的任何预期。然而，整个烹饪储存技术领域也起源于不使用火的旧石器时代。

我们的祖先受益于自然自发实施的技术的成果。例如，当成熟的果实从树上掉下来时，浓缩的糖分会通过酵母菌和细菌的作用发酵，而产物可能会成为具有一定酒精含量的自发制成品。我们没有证据表明能人和直立人在观察到这种技术之后决定复制它。这件事的发生仍然要等待很长时间。

自然可以自发进行的另一种技术是在风或阳光的作用下干制。松树和核桃树等植物的果实在树上干燥，而它们的种子被完好地保存起来（我们通常称其为坚果）。像其他动物一样，第一批原始人类肯定吃过这种自然干制的产品。有意的干制以及衍生技术（例如在空气中晾晒或脱水）将在以后出现在更聪明的人类物种中。

在气温可以季节性地或永久地降至极低的区域，人类肯定观察到冻在冰里的（冰冻的）产品被保存了下来。这也是一种起源于自然作用并在后来被有意地用于保存特定食物的技术。

“在不使用火的旧石器时代，料理是生的，
除了在一些例外情况下，制成品被自然自发烹饪。”

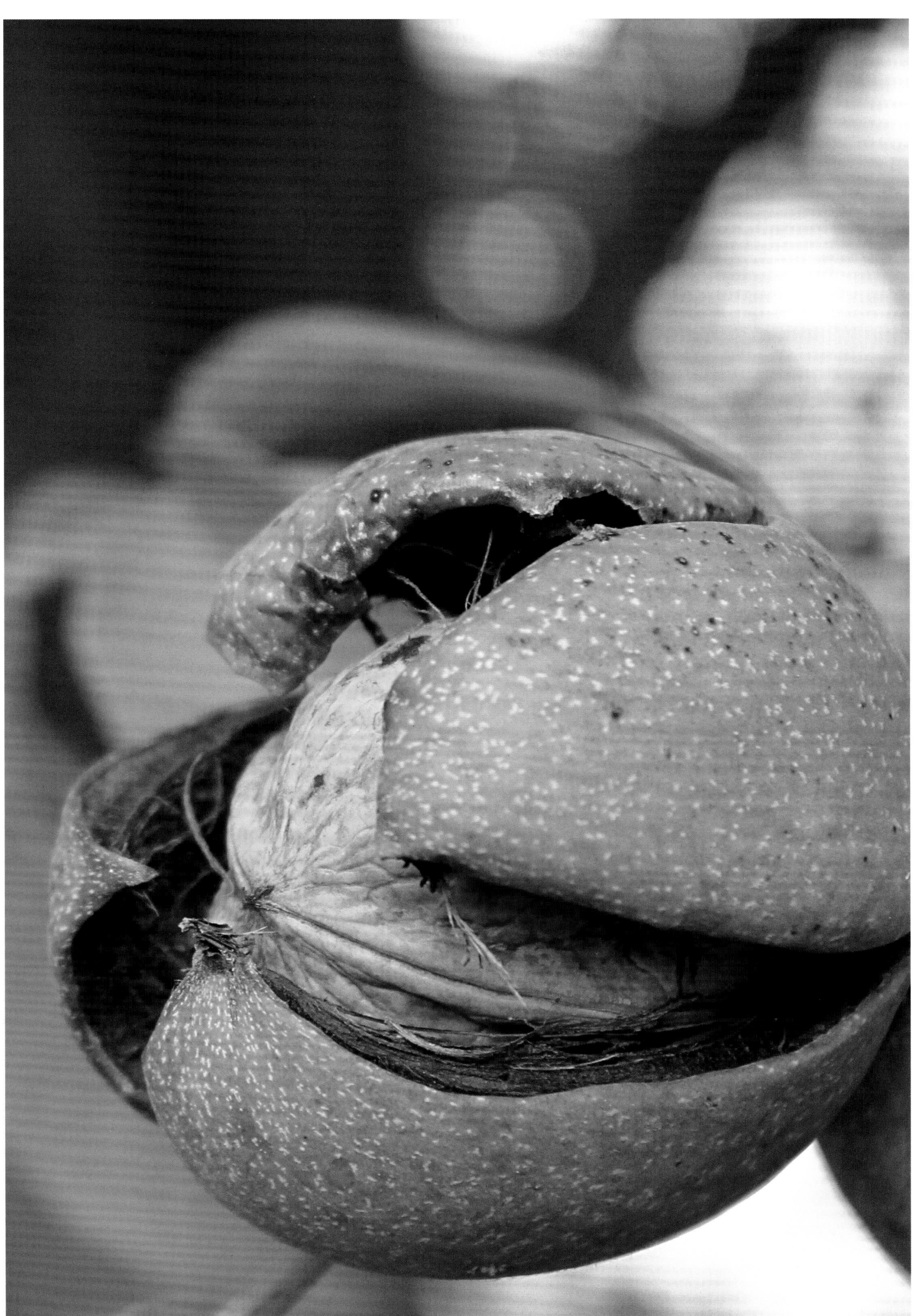

食物和饮品如何供应?

从我们的角度来看，用于装盘、转移或服务的技术或行为在职业领域中尤其有意义，但是它们也存在于私人家庭和不那么正式的大众烹饪中。我们从新石器时代开始就能觉察到这些技术，此时工具的衍化让技术得以实施，而在古代文明时期，技术开始随着烹饪艺术的出现而发展。

实际上，我们无法提及旧石器时代的装盘、转移或服务技术，因为我们假设食物是在制作后立即被食用的。假如它们真的存在，那么它们的表现形式一定受到了最大的限制，并且使用我们在第323页提到的有机餐具。

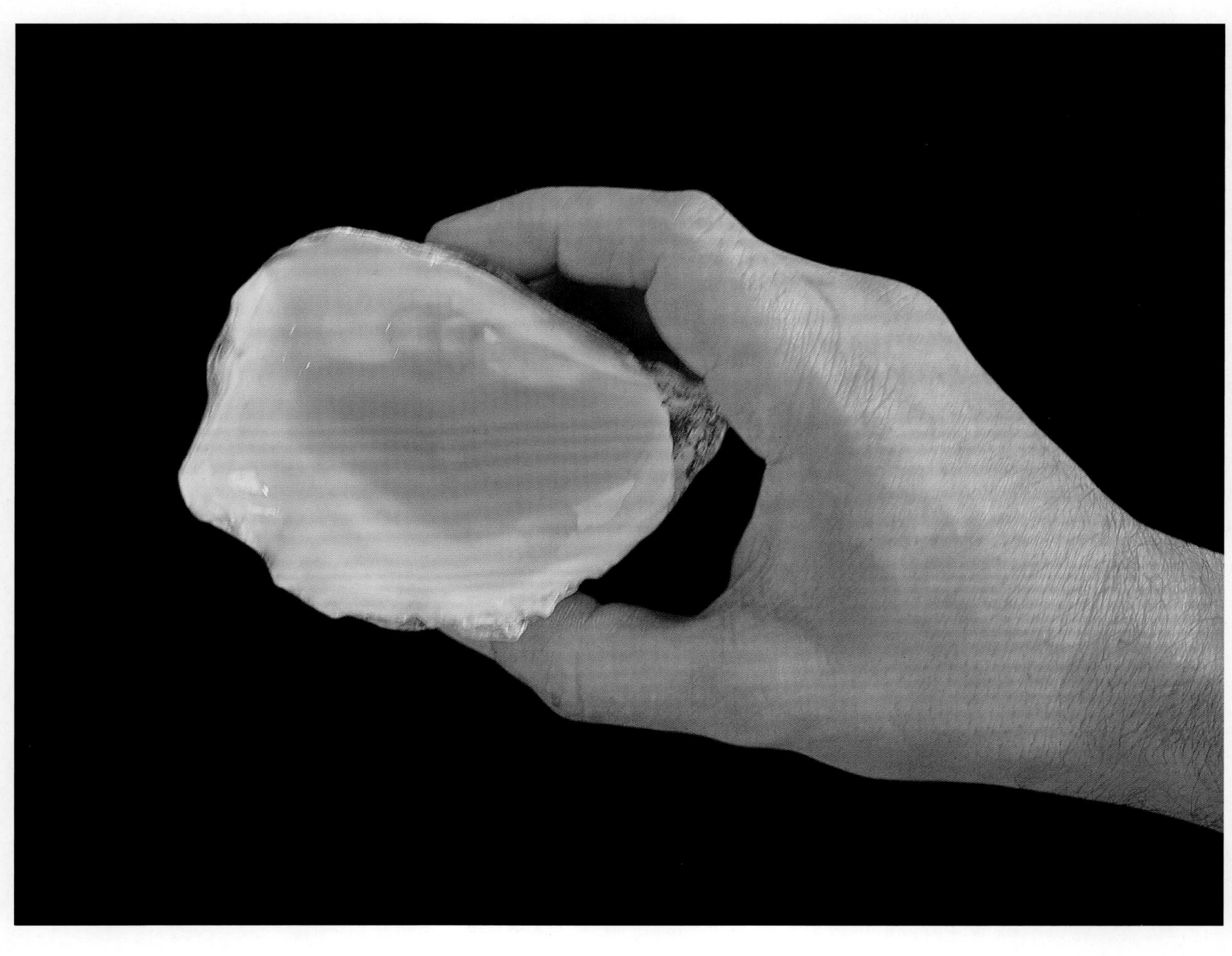

烹饪使用了什么工具？

双手和嘴：最早的人类工具

让我们踏上成为智人之路的第一个重大进化变化是双足运动——我们的典型运动方式，它实际上是我们的第一项颠覆性技术。这项创新首先由南方古猿和地猿，后来由人属不同物种开发，从而让我们能够解放双手，去抓握各种物体，而且这提升了我们的视野，让我们能够看到更广阔的土地。

使用双手的可能性是这种形态学变化的最初结果，而且是一个影响极其深远的结果。我们的双手变成了第一种工具，而且在成千上万年之后，它们仍然是人类制造和使用工具、执行技术以及进行其他基本行为时使用的工具。

如我们所见，有很多烹饪技术可以在无须外部工具帮助的情况下用手完成。我们的手用于获取未经制作的产品，尤其是在觅食时，因为使用它们足以采集果实、茎秆、叶片和根。

我们还必须承认嘴的作用。当我们使用口腔去切碎、砸碎和劈开时，它就起到了烹饪工具的作用。例如，我们在嘴里做出的行为决定了进食和饮用之间的区别。

想想看，人类制造的许多工具只是用来执行我们的双手或嘴能够执行的行为而已。这些装饰能让我们更加高效，更不费力，加快速度以及减少对我们身体的磨损。

起点：易于使用的多功能工具

如我们所见，在整个美食史上，构成美食一部分的元素经历了非常缓慢的分离和专门化过程。一开始，一切都是混合起来的，每个过程、资源和行为主体都是渐渐地才采取了特定形态。例如，在人类起源之初，烹饪刚刚诞生的时候，猎人、进行预加工的厨师、进行制作的厨师、服务的行为主体、用餐者甚至清洁人员都是同一个人。

工具也同样如此。虽然我们现在可以区分那些优先用于预加工和制作的工具，但常态是它们都是多功能的，用于进行各种任务，不只是与营养和烹饪有关的任务，还与各种手工艺有关。很有可能出现的情况是，用来肢解哺乳动物的腿（预加工）的手斧还被用来挖洞、切割纤维、制作绳索，或者砸碎坚果。后来，在旧石器时代晚期，随着智人的工具变得更加复杂，我们开始看到某些功能更特定的工具。

此外，工具的使用不需要太多知识。就像我们想要使用的任何设备一样，总是存在长短不一的学习期，但是对于旧石器时代最早阶段的石器工具，只需要观察有经验的人的使用过程再加上一点练习，就足以掌握它们的使用。

采用自然物体还是制作工具？

当我们使用“工具”这个词时，我们通常指的是某种制造出来的物体，即在自然界不以制造出来的形态存在的物体。然而，无论是在旧石器时代还是现在，我们都将自然物体用于各种任务，调整它们的用途，以将其用作工具。遗憾的是，这些用作工具的物体几乎不会被考古学家看到，因为无法将它们与考古遗址自然存在的物体区分开。

就预加工和制作工具而言，我们可以猜测石头被用来砸碎、切碎或打开，以及树枝被用来搅拌、戳刺等用途。毫无疑问，早期人类会使用任何触手可及的东西，并且会选择合适的物体来适应其功能。

在人类祖先自己制造工具之前，他们使用棍子和石头等物体，以执行改变食物的动作

在不使用火的旧石器时代，用于烹饪的五种最佳工具

正如第266—269页图表上的工具形态，这些工具是能人和直立人最常用的，以下介绍了它们特别适合的技术。

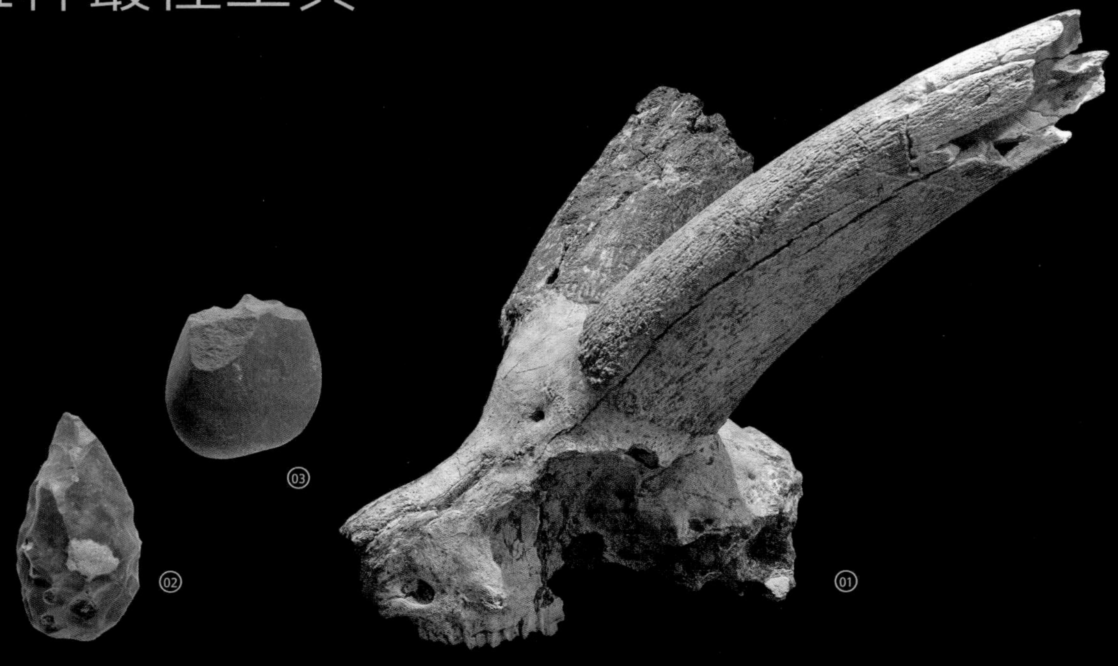

能人和直立人

01 骨头片段和碎片，没有塑形或修整

通过处理的方式应用的转化技术：

掏空——去除动物的内脏，尤其是肠子。

取出内脏——取出动物的内脏，无论是丢弃还是用于其他制成品。

02 双面手斧

通过处理的方式应用的转化技术：

分成若干份——将产品或制成品分成小得多且相等的部分，通常取决于它们如何在一次服务当中进行分配。

切碎——将产品或制成品分成规则或不规则的碎块。

03 单面切削器

通过处理的方式应用的转化技术：

屠宰——将动物分割成符合形态结构的部分。

碎裂——将产品或制成品分成不规则的碎块。

04 石片

通过处理的方式应用的转化技术：

去须——去除某些双壳类动物的足丝。

切割——制造切口，以便将其分成两个或更多部分。

剥皮——去除动物不可食用的皮肤，以改进产品。

05 锤石

通过处理的方式应用的转化技术：

压扁——对产品或制成品施加外力以改变其形状并减小其厚度。

砸碎——通过击打的方式对产品或制成品施加外力，直到它变成小碎块。

原材料：未经制作的产品

因为我们讨论的是如此遥远的时代，所以到底有哪些未经制作的产品构成了能人和直立人的饮食，当时并不存在大量相关信息。专家们基于不同类型的来源提出了一般理论模型，认为情况与居住在类似生态系统中的其他灵长类动物及如今的狩猎和采集者最相似。此外还有一些考古发现，例如与这些原始人类的化石相关的动植物（非常稀少的证据）、牙齿的痕迹和形状、骨头的化学印记以及下颌解剖结构。

专家们一致认为，这些原始人类的伟大成就是采用了明显杂食性的饮食（不像南方古猿那样主要吃植物性食物）。此外，还应该强调环境的重要性：他们必须学会在以稀树草原为主导的非洲景观中找到食物。稀树草原是一种非常开阔的空间，那里生活着适应了干旱环境的哺乳动物（主要是有蹄类动物）和植物。这和此前的灵长类物种在上新世所享受的茂密繁盛的森林完全不同。

大多数模型都特别强调了肉类加入原始人类的饮食中（正如我们已经看到的那样，这在解剖结构上产生了重大影响）。能人是第一种采取习惯性杂食的原始人类，在饮食中加入了来自野生哺乳动物的肉和脂肪。因为他们通过腐食获取这种资源，所以他们没有选择的空间，他们只能吃捕食者剩下的部位。不过，由于他们带着锋利边缘的石器工具，似乎他们常常习惯性地获取富含营养的资源，例如骨髓和大脑。而直立人开发了模式2型工具（见第266页），这种工具比能人的工具更先进，能让他们通过狩猎更多地获取肉类。狩猎这种活动就是这种人类最先有能力开展的，并以食腐作为补充。他们习惯性地消费的动物是羚羊、长颈鹿、马、河马，以及龟、陆龟和鳄鱼等爬行动物。

许多研究者将注意力集中在难以捉摸的来自植物世界的产品。植物的消费几乎没有在考古记录中留下化石印记，它们基本上是缺失的。解释能人和直立人饮食的模型（对于直立人，我们指的是第一批在非洲居住的样本）表明有些理论越来越重要，这些理论都认为以下植物产品是至关重要的：植物的储藏器官（块茎、鳞茎、根茎和适应干旱气候的植物特有的其他营养储存库）。虽然它们不如肉类营养丰富，提供的能量也没有肉类多，但这种资源常见于稀树草原，容易采集，而且营养比例很高。人属物种制造的第一批工具可能被习惯性地用于挖掘和劈开这些产品。

考虑到缺乏来自这一时期的植物遗迹，一群研究人员在20世纪80年代确定了非洲东部和东南部的第一批人属物种能够获取的可食用植物的生态位类群。他们特别提出了6个属，它们的物种最有可能被能人和非洲的直立人消费：金合欢属（*Acacia*，荚果）、合欢属（*Albizia*，花和叶片）、破布木属（*Cordia*）、柿属（*Diospyros*）、榕属（*Ficus*）和枣属（*Ziziphus*，果实）。果实和叶片会是我们的祖先偏爱的可食用的植物部位，其次是我们提到的储藏器官。

旧石器时代原始人类使用的动物和植物与我们今天消费的动植物有什么区别?

正如我们在第155页所解释的那样，生物（人类也在其中）是会进化的。在过去的250万年里，人属产生了许多差异极大的物种。

我们的进化速度相对较快。但是动植物也是如此吗？250万年的时间对它们而言是重要的间隔吗？从旧石器时代到今天，来自生物的产品在多大程度上发生了变化？生物多样性在旧石器时代如何演变？

要回答这些问题，我们必须考虑两个关键概念：物种形成和进化速率。物种形成是特定生物种群在其机体内采纳突变以形成新物种（即其家族的不同分支）的过程。每个种群的成员获得足以导致新物种形成的突变的速率称为进化速率。

据专家介绍，在人属的进化时期，植物并没有发生很大的变化，它们在此期间的进化速率很慢。植物经历的伟大进化革命发生在1亿至1.3亿年前，开花植物（称为被子植物）就是在此期间诞生的。新的开花物种的爆发逐渐构成了如今存在的大多数植物科。

动物的确以相当于原始人类的速率进化，特别是脊椎动物。它们的物种形成很快，在猫科动物、啮齿类动物、马科动物和许多科中，它们甚至比我们还要快。所以自旧石器时代以来，植物的变化相对很小，而动物的改变大得多。直立人可能消费的罗勒更像我们今天知道的这种植物，而史前的马和猪等物种就不那么像今天的动物了。

无论变化是大是小，同属一个科的动物物种之间有什么区别？物种之间的变化在本质上往往是解剖结构上的，并且在某种程度上可以取决于它们的生活方式——它们的饮食、寿命、后代数量等。例如，如果它们是食肉动物，那么不同的物种往往在牙齿、颌骨、骨骼以及肌肉组织的形状和比例上出现差异。

“如果我们通过一扇窗口看向旧石器时代，
动物看上去会和今天的物种极为不同，但植物不会。”

在不使用火的旧石器时代，什么产品构成饮食的一部分？

我们提供了在考古遗址发现的动物群的具体例子，在这些考古遗址中，专家可以证明这些样本被生活在这里的人属物种用作食物。

• 能人

作为被能人消费的未经制作产品的例子，我们将考虑肯尼亚图尔卡纳湖东边一处遗址中的被当作食物的动物群。该样本包括对中型和大型食草动物的消费，偶尔还包括鱼类和爬行动物。

生物/动物界/野生/陆地生境

哺乳动物

• 其他牛科动物

狷羚属物种（*Alcelaphus* sp.，近似羚羊）
黑斑羚族（*Aepycerotini*，近似羚羊）
瞪羚属物种（*Gazella* sp.）
苇羚族水羚属物种（*Reduncini kobus* sp.，近似羚羊）
苇羚族苇羚属物种（*Reduncini redunca* sp.，近似羚羊）
薮羚属（*Tragelaphus* sp.，近似羚羊）

• 其他哺乳动物

长颈鹿属物种（*Giraffa* sp.）
Giraffa stillei（已灭绝的长颈鹿属物种）
河马科（*Hippopotamidae*，3个河马物种）
犀牛科（*Rhinocerotidae*，2个犀牛物种）
猴科（*Cercopithecidae*，1个猴类物种）
疣猴亚科（*Colobinae*，1个猴类物种）
象科（*Elephantidae*，2个大象物种）

• 马科动物

马属（Equus，2个马类物种）

• 猪科物种

猪科（Suidae，3个野猪物种）

生物/动物界/野生/水生生境

鱼类

• 淡水鱼

塘虱鱼科（Clariidae，1个呼吸空气的鲶鱼类物种）

生物/动物界/野生/水生-陆地生境

爬行动物

• 爬行动物

鳄科（Crocodylidae，1个鳄鱼物种）
海龟属（Chelonia，1个龟类物种）

※译注：本页中出现的未翻译的拉丁学名为已灭绝的古生物，尚无中文命名，故保留原文。

- **直立人**

作为被直立人在他们非洲之外的首批家园之中用作食物的动物群的例子，我们根据在以色列约旦河谷中乌贝迪亚遗址（Ubeidiya）发现的残骸提供了一张清单。分析该动物群的研究者称，生活在这里的直立人消费了下列动物：

生物/动物界/野生/陆地生境

哺乳动物

- **兔类**

次兔（*Hypolagus brachygnatus*，一个已灭绝的兔类物种）

- **鹿科动物**

Praemegaceros verticornis（一种鹿）

- **马科动物**

Equus altidens（一种马）
Equus caballus（一种马）

- **猪科物种**

Kolpochoerus olduvaiensis（一种野猪）
Sus strozzi（一种野猪，已灭绝）

- **其他牛科物种**

Pelorovis sp.（一种已灭绝的牛科动物）

- **其他哺乳动物**

巴巴利猕猴（*Macaca sylvanus*）
冠豪猪（*Hystrix indica*）
Canis (Xenocyon) falconeri（一种大型犬科动物，已灭绝）
狐属物种（*Vulpes* sp.，狐狸）
水獭属物种（*Lutra* sp.，水獭）
虎鼬（*Vormela peregusna*）
剑齿虎（*Megantereon whitei*）
猞猁属物种（*Lynx* sp.，猞猁）
猫属物种（*Felis* sp.，猫）
欧美洲豹（*Panthera gombaszoegensis*，已灭绝）
河马属物种（*Hippopotamus* sp.，河马）
惧河马（*Hippopotamus gorgops*）
南非剑羚（*Oryx gazella*）
瞪羚属物种（*Gazella* sp.）
Pontoceros sp.
马羚（*Hippotragini indet*，一种羚羊）
史蒂芬犀（*Stephanorhinus etruscus*，一种犀牛）
南方猛犸（*Mammuthus meridionalis*，一种猛犸象）
伊特鲁里亚熊（*Ursus etruscus*，一种熊，已灭绝）

※译注：本页中出现的未翻译的拉丁学名为已灭绝的古生物，尚无中文命名，故保留原文。

能人和直立人吃哪些未经制作的产品？

这张图是能人和直立人在动植物界消费的一些最重要的产品的简要指南。对于动物，我们突出了能人会食腐的一些物种，以及直立人刚刚离开非洲时能够吃到的物种。对于植物，我们加入了非洲东部地区最有营养的可食用物种。

能人（250万年前至180万年前）
羚羊
长颈鹿
陆龟
鳄鱼
马
河马
合欢的花和叶
破布木的果实
金合欢的荚果
柿子
植物的块根
枣

在不使用火的旧石器时代出现了什么类型的烹饪？

在这个时期，仍然没有实现对火的控制。用于发现能够产生烹饪类型的特征的标准如下：

①烹饪时的目的	能人在旧石器时代制作了第一种用来施加切割技术的工具，他们有进行创造的特定欲望，尽管他们没有意识到自己正在开始烹饪。他们还开始再生产制成品。
②制成品用于进食还是饮用	出现了制作果汁或者增添了滋味的水的可能性，这引入了食物和饮品之间的不同用途。
③用于营养还是享乐主义※	这一条标准表明，当时只有为了营养的烹饪，享乐主义未被考虑。
④制作某种料理的意图	尽管没有人意识到它的发生，但是当时存在对某种拥有特定特征的料理的再生产，这些特征包括游牧、使用天然产品、创造性等。
⑤烹饪是为了立即食用还是为了储存	烹饪内容被立即食用。
⑥厨师的人数	个人层面上的个体化不是一个能够在旧石器时代应用的概念。群体生活是常态，而每个个体为群体做出贡献并同时依赖它。这让我们可以假设，就像狩猎和觅食是集体进行的一样，烹饪很可能也是如此。我们不知道厨师的人数，但是我们可以确定这是由一群厨师为一群用餐者制作的料理。
⑦厨师的年龄	如果我们可以将旧石器时代的原始人类视为一个群体，而且基于我们对烹饪者的具体年龄并不了解，我们可以推断，因为他们作为一个群体进行烹饪，那么不同年龄的厨师应该都会参与这项活动。
⑧进食发生的空间	一切都指向那些构成私人领域的一部分的空间（公共领域不存在），它们可以是室内和室外空间。
⑨气候区	原始人类进行烹饪的地方的气候无疑将决定他们能否在户外烹饪、哪些产品是可用的等。
⑩大陆和地理区域	原始人类生活在地球上的哪个部分将产生地形和地理特征，这些特征有利于特定动植物物种以及其他烹饪资源的存在。
⑪生物群系	取决于地理位置和气候的组合，原始人类将处于某种特定的生物群系中，该生物群系有利于特定产品的消费并决定了它们的丰富或贫乏。
⑫季节	每个季节都会产生不同的营养和烹饪场景。每个季节都会有一种料理，人们在其中使用每个季节的主导产品。
⑬自然或人工※产品	旧石器时代不存在人工产品，这一事实让我们只能谈论自然烹饪。

⑭手工艺的还是工业化的※	所有史前料理都是手工的。
⑮供品尝制成品采用的技术的数量	这是一种相对简单的料理形式，原始人类掌握或使用的制作技术很少（与我们今天熟悉的情况相比）。
⑯中间制成品的数量	考虑到并不存在复杂的制作过程，这种料理的中间制成品极少或者没有。它们的数量将逐渐增加。
⑰结果是生的还是“不生的”	所有烹饪结果（即制成品）都是生的，只有在自然通过干制或发酵来烹饪制成品的少数情况下除外。
⑱创造性水平和创新性结果	尽管我们不能谈论创新，但我们必须指出，烹饪的开端绝对是创造性的，因为它是一种创造性实践的结果，并导致了一种工具的设计。这是第一种创造性料理。
⑲供品尝制成品的温度	在这个时期，只存在冷的料理，因为能够制作出热制成品的技术还没有被发现或控制。
⑳供品尝制成品的气味或香味	气味或香味的分析方式和我们今天的做法不会有任何相似之处，但它们一定是判断用于烹饪的未经制作产品的状态的重要指标。
㉑机动性	因为原始人类是游牧生活的，所以他们的料理也是如此。游牧料理是指在不同地方制作的料理，并取决于位置使用不同的资源。
㉒品尝工具	必须指出，我们认为食物在旧石器时代被摄入而不被品尝，因为我们保留了在美食思维的语境下才能品尝的概念。摄入的主要工具是手。尽管仍不存在用于改进或提升制成品品尝的工具，但是能人和直立人都使用了出现在身边并有助于品尝的物品，例如叶片、石头、果皮和壳等。在任何情况下，对于我们讨论的烹饪，原始人类都没有为之设计摄入或品尝工具。
㉓人属物种	这让我们能够谈论能人烹饪和直立人烹饪。
㉔按照世界历史时期的视角	它们属于旧石器时代，可以分类为旧石器时代的料理，不过本书区分了这段时间内的不同时期。

※星号表明该标准的主要元素在旧石器时代还不存在。我们在这里提到它们，是因为将它们纳入考虑范围是很有用的，可以更好地理解当时的料理与现在的料理之间的区别。

使用火的
旧石器时代

随着对火的控制，原始人类在人化这一不可阻挡的过程中迈出了飞跃的一步。一旦学会了制作篝火的技术，我们就变成了一个对这种我们能够随意生产的能量产生依赖的物种。烹饪经历了一次范式转换，因为化学加热诱导的烹饪从一开始到营养、美食和高档餐饮的整个历史中都扮演着重要角色。

这一时期的主要人物是尼安德特人和智人。前者的突出智力和后者的认知革命是这个时期的标志，在这一时期，智力和火结合，让我们变成了完全的人。

控制用火的开始与烹饪

我们已经有机会介绍了一些控制用火的起源的相关信息。一方面，我们描述了使用这种能源制作产品得到的饮食带来的进化优势，以及对我们的解剖结构可能产生的影响（见第192页）。另一方面，我们解释了火的不同用途为各个人属物种的日常生活带来的改善（见第262页），例如保护、照明和热量等。

值得回顾的是关于谁最先大量使用火的怀疑（见第263页）。我们已经看到有证据表明首次使用火的是非洲的直立人，但是信息的匮乏并不能让我们断言他们将其用作一种习惯性的技术。理查德·兰厄姆提供了最激烈的论点，认为直立人不仅发现了火，还巩固了火的使用。他用大量间接发现弥补直接证据的缺失，特别是在直立人中观察到的解剖结构的变化，在他看来，如果没有由加热制作的产品构成的饮食，这些变化不可能发生。

尽管我们严格遵循专家们对这件事的看法，但是因为缺乏证据，我们还是不认为直立人的料理是用火的烹饪。因此，即使这些原始人类发现了火，目前看上去他们的壮举也要在很久之后（大约40万年前）才会对烹饪产生真实而确凿的影响。从那时起，在整个欧洲、亚洲和非洲，人属物种点燃和控制的篝火的证据成倍增加。

在当时的欧洲，该谱系的发展产生了尼安德特人——人属中首个熟知用火烹饪的成员。在接下来的内容里，我们聚焦于尼安德特人和智人的烹饪、食物和饮品。智人巩固了其祖先的旧石器时代烹饪的所有里程碑，将烹饪实践推向新的高度，并且为我们如今所知的烹饪奠定了基础。

现在，我们将研究由于用火烹饪而发生的范式转换的一些细节。这一切都始于一个重要的谜团：一旦我们的祖先能够控制用火，他们是怎么想到要用它来烹饪的，他们为什么要这么做呢？我们可以想象许多情景。也许是他们品尝了暴露于森林火灾或者温泉水之下的动物尸体的结果。也许这些半烤或半煮的肉对于他们的味蕾和肠胃而言恰好都是一场惊喜。也许他们喜欢这种肉，因为它更容易消化，于是他们决定复制它。

火令烹饪成为人类的特征。我们是唯一系统性地将火用于制作的动物。火焰彻底改变了烹饪，但我们应该强调四个变量的特殊意义：

- 火是“不生的”烹饪的开始，即烹饪方法包括改变了产品感观特性的精心烹饪，并由此区分了用热量诱导烹饪和只是用热量进行加热（见第378页）。
- 火让我们可以扩大能够消费的产品的范围。我们在饮食中增添了生吃有毒或难以消化的产品。
- 与以上内容相关的是，预加工和制作技术的数量增加了。必须理解火的复杂性，在被火烧伤的同时，还要控制火的强度，以得到想要的结果。
- 我们设计了新的工具，用于在烹饪时管理火焰而不烧到自己，并最大限度地利用火。在这一时期，首先出现的是扦子、三脚架、拨片。

除了这些新事物，火还影响了摄入体验、我们如何进食以及在何处进食、空间和时间的安排，以及我们有机会在接下来的几页中扩展的许多细节。

制成品成倍增加

我们在不使用火的旧石器时代，通过处理的方式应用转化技术得到了制成品，这迎来了一整套全新的扩充包：烧烤、煮熟和烟熏的制成品，以及应用紧密相关的技术得到的它们的所有衍生品（烘烤、泡制和焖熟的制成品等，见第356—357页表格）。此时我们的祖先拥有相当全面的选项，而且他们可以享用某些今天仍存在于各种料理中的复合制成品。此时的尼安德特人和智人有可能都习惯于吃扦子上的烤鹿肉和煮熟的根茎。

火实现的烹饪技术（见第365—371页）涉及一系列更复杂的烹饪动作，而准备食物需要一系列持续时间更长的技术。这导致了中间制成品（那些不用于直接摄入，而是获得最终制成品的中间步骤所需的制成品）的激增，这一次更加明显。在之前，切成块的瞪羚已经是最终制成品，而此时通常将其视为烧烤或煮之前的中间步骤。在使用火的旧石器时代末期，出现了两种特别的范式元素：面粉（见第378页）和动物脂肪，例如猪油和兽脂（见第370页）。

火能够转化任何与之接触的东西，这个属性让人们能够在考古记录中检测到它的存在痕迹。因此，考古学家可以解释关于最终制成品肯定具有的形态的某些细节。例如，他们经常找到末端被火焰烧黑的动物骨头，而骨头的中间部位还是白色的。这告诉我们肉块是如何被烧烤的，以及动物的哪些部位以这种方式被吃掉。还有可能计算出去掉肉的骨头在水里煮的时间，这让我们可以想象用它来制作的高汤的某些细节。

使用动物部位或植物制作的高汤就是在这一时期发明的。我们现在知道，骨头曾在这个时期被熬煮以获取大部分剩余的骨髓和其他可溶性物质（例如胶原蛋白），从而获得有滋味的高汤（不过遗憾的是，我们不知道这些骨头是如何调味的，以及具体哪些产品被结合在一起使用）。这种类型的制成品似乎优先使用骨架上的大块骨骼，它们被打破以产生面积最大的暴露表面，从而减少熬煮时间（我们不知道这是不是有意为之的）。

对于咸味制成品，不只是动物的部位或整只动物被烧烤，各种植物也被烧烤。特别是诸如根部、茎秆和果实等部位会被烧烤，因为它们富含生食难以消化的膳食纤维、多糖和纤维素。火还鼓励了烟熏制成品的出现，它们可以立即消费也可以储存待用。烟雾作用过的产品可以保存更长时间，这是因为烟熏导致的干制效果以及其中含有的各种化合物。这种实践只有间接证据，例如放置在炉灶上的大三脚架。

尼安德特人和智人积累和储存食物的能力超过之前的原始人类，但它的规模仍然很小。他们很可能改进了已有的干制和冷冻技术，并增添了烟熏这项技术。很多专家认为哺乳动物骨骼上的纵向标记是获取小肉片以干制或烟熏储藏的证据，如今它们被称为肉干或干咸肉条。

• 我们饮用的东西变了吗？

制作泡制热饮是这一时期人属物种的可用选项。为此，他们只需要水、含有可溶性化合物的植物，以及用来加热的火。遗憾的是，几乎没有能够证实这一过程的植物证据，我们只能推测。

在这一时期，原始人类还能利用一种营养非常丰富的液体：猎物的血液。尼安德特人和智人都进行系统性的狩猎，因此和上一个食腐的时期相比，这种资源的供应更稳定。

发酵饮料？醉猴假说

在生物学家罗伯特·达德利（Robert Dudley）看来，我们的灵长类动物本性让酒精对我们有一种先天的吸引力。和其他哺乳动物不同的是，在检测果实中糖和酒精的浓度时，人类和其他灵长类动物拥有特别敏锐的嗅觉。

这种生物学能力似乎提高了我们作为觅食者的效率。它让我们能够找到处于成熟巅峰期的果实，即当它们拥有最大的能量密度又不致使我们生病时。

当某些酵母菌已经占据果实并且开始产生少量乙醇时，果实就达到了这个成熟点。食用因为发酵产生了少量乙醇的果实有不少好处：少量摄入时，乙醇会增加我们的饥饿感，鼓励我们摄入更多热量，并且显然会延缓衰老的影响。这就是所谓的醉猴假说。

毫无疑问，比我们今天更亲近大自然的祖先们使用了这种能力并食用发酵的果实。我们需要投入大量努力来模仿这种自然过程，将果实和它们的汁液装入容器（木制、石头或某种有机材料），通过酵母菌的作用轻度发酵。也许原始人类还很享受消费大量酒精产生的意识状态的改变。

屠宰和熟成技术的结果

熟成的

与清洗、切割成适当大小以及称重有关的技术的结果

洗过的 | 搓过的

去除不可食用部分的技术的结果

去皮的 | 去须的 | 去鳞的 | 切割过的
劈开的 | 剥过皮的 | 拔过毛的 | 灼烧过的/烧焦的
烧过毛的

产品改进技术的结果

清空的 | 打开的 | 去籽的 | 从骨髓取出的
去皮的 | 去壳的 | 剥壳的 | 拔过毛的
切碎的 | 宰杀过的 | 掏空的 | 取出内脏的

通过处理的方式应用转化技术的结果

改变和塑造

压扁的 | 打碎的 | 切割的 | 碎裂的
砸碎的 | 弄平的 | 分成若干份的 | 将肉切片的
薄切的 | 切片的 | 刺破的 | 磨碎的

与质地有关而不涉及任何温度变化

压榨后的 | 切碎的

与味道和滋味有关

用盐腌过的

为了覆盖

伸展开的

在加热诱导的烹饪中应用的

用扦子穿起来的 | 烤时涂油脂的 | 灌注液体的

通过不加热的理化方法应用转化技术以及化学诱导烹饪的结果

自然通过生物化学转化得到的

干制的 | 脱水的 | 晾干的 | 发酵过的

通过增加某种产品或制成品

腌泡过的

脱水

烟熏的 | 冻干的

通过加热应用转化技术，无须化学诱导烹饪的结果

直接加热

加热过的

通过液体介质

泡制的

通过加热应用转化技术，伴随化学诱导烹饪的结果

通过干燥介质

烧烤过的 | 在低温余烬上 | 在热灰上 | 在余烬上
在灰上 | 扦子 | 在热石头上 | 烘烤过的

通过液体介质

煮过的

小心，烫！进食和饮用热制成品

火的使用引入了一种在此之前影响甚微的颠覆性参数：温度。烧烤或煮过的制成品是热的。用餐者可能等待了足够长的时间，直到热食的温度降低到能够像对待完全凉的食物那样对待它时，但我们也应该考虑他们也喜欢摄入刚烹饪好的食物的可能性。在那种情况下，烹饪技术和工具的世界将不得不千差万别，尽管我们无法得知具体细节。

如果用餐者选择吃热的食物，那么无论食物是被切成大块还是小块，他们都必须改变将食物分成若干份的技术。可能必须要有类似叉子的工具将食物切开（他们可能使用某种简单的打磨锋利的木棍），或者必须要用器皿来容纳热食，以便从上面咬下去。所有我们在早期看到的有机餐具都将在如今拥有更大的存在感。在某些考古遗址，发现了用于在高温下摄入和呈上食物的扦子。必须非常小心地从火中取出烹饪物。处理和拿起用篝火加热的产品或制成品需要工具，但是要想知道这些工具是什么，现在还为时尚早。

液体制成品（饮品或其他）也是个有趣的方面。当它们是热的时，我们往往以不一样的方式饮用它们。例如，近乎本能的是先小口喝，看看温度对我们的嘴是否适宜，然后每次继续喝一小口，让液体能够冷却下来，而不是大口地喝。同样地，天然器皿一定在容纳这些液体方面发挥了重要作用，但是到目前为止，我们还没有发现它们的存在。

使用火的旧石器时代的用餐者是最早在消费热食和热饮中发现乐趣的人，也是最早采取必要的防备措施的人。我们现在看看这种情况将如何改变他们的用餐体验。

火与饮食体验

在旧石器时代的这个时期，除了品尝技术和工具，用于营养摄取的篝火的使用还导致了饮食体验的重大变化。

被许多研究人员强调，而且我们有机会指出的是（见第262页），火的社会化效果。由于篝火散发热和光的方式，原始人类本能地围成一圈坐着。一种合理的推测是，火一旦被控制使用，群体就马上决定只要在有可能的情况下，他们就必须围着火共同进食和饮用。尽管在上一个时期，他们可能以家庭的形式进食，但火这种元素显然体现了这种彼此陪伴进食和饮用的习俗，这极大地改变了饮食体验，并让这种体验更加人性化。

此外，热的制成品提升了依赖性强的个体的营养水平：幼童和身体不适的成人（例如有牙齿疾病）拥有了质地更软的食物，它们更容易摄入和消化。

在感官上，火对产品的效果是革命性的。我们无法想象，当一群旧石器时代晚期的智人坐下来吃一块烤熟的肉时，那种冲击会有多么强烈。产品的质感变得完全不同，变得更脆、更嫩、更令人愉悦。由于炙热的脂肪和美拉德反应（见第368页）导致焦黄部分散发的气味十分浓郁。肉的颜色变了。而且自然地，当他们触摸、撕咬并将肉吃进口中享受时，都会感受到那种令人愉悦的热度。

我们可以想象，在历史上第一次，嘴和双手都沾满了被化学诱导加热烹饪释放出的脂肪和液体。在热的液体制成品方面，一定也有新的体验。这是摄入某种汤或热泡饮品时感受到的温暖的起源。

摄入动作涉及的生物力学发生了很大变化。正如我们在第192页见到的那样，用火烹饪的食物不那么费力，需要的咀嚼次数较少。它对肠胃造成的负担较小，更容易消化，这在进食期间和之后必然明显改善了身体的感觉。

谁，如何，何地，何时？行为主体、过程和非美食资源

谁用火烹饪？

烹饪这项任务是否分配给群体中的特定成员？一直都是相同的人烹饪吗？遗憾的是，这些问题的答案完全无法从考古记录中得到。不过，我们的确知道的是，我们讨论的是人属最聪明的代表，他们具有明显的人类行为：一种自我组织的方式，这种方式不过多依赖其他灵长类动物的资源，而是采用了人类的文化形态。

很多人会好奇这些任务是否按性别分配，若是如此，妇女是否被指派进行烹饪（以及其他照料任务）。有人认为，妇女会被指派与制作食物联系更紧密的任务，但实际上对于如此早的时代，我们不可能知道这一点。我们唯一可以确定的划分（来自生物学上的必要性）是人属物种的雌性专门负责对该物种最重要的营养过程：哺乳其后代。

话虽如此，我们的确知道今天的狩猎和捕食者会在两性之间进行多少有些灵活的工作划分，其中妇女通常承担那些让她们不那么远离生活空间或者风险较小的任务。然而，这些只是一般标准，而每个群体的现实状况都是不一样的。每种文化都使用特定的方式划分工作。

在营地烹饪符合下面这些一般标准：它是在居住地进行的，不会令个体暴露于危险之下（意外、危险的动物、有毒植物、敌对人员等）。因此，人们常常觉得理所应当的是，即便在旧石器时代中期和晚期这样信息极少的时期，妇女也应该被指派这一任务，但是这种想法没有科学依据。

我们也不知道在与营养相关的任务中，是否存在任何与领导者的概念相近的东西。我们已经讨论了狩猎和采集者群体的强烈平等性质（见第225页和325页），如果确定存在一定程度的权威，那么它将是特定方面的，绝不会具有强制性或永久性的。那么，会存在一些因其工作而受到特定尊重的女性厨师吗？

烹饪中的专门化在何时发生？我们提出的观点是，专门化伴随最复杂的技术出现，例如煮和烧烤，这些技术需要时间、一套特定的工具、某个空间以及有深度的认识（至少比其他任务需要的知识更深入，例如砸碎和切割），而深度的认识并不是群体的所有成员都拥有的。也许涉及火的技术的出现导致了为他人烹饪者这一角色的发展。

火如何在烹饪中用于创造？

在这个时期，我们观察到了用火烹饪这一行为导致的很多变化，其中包括技术、制成品、工具、空间和习俗。然而，我们仍然没有发现最初实施这些变化的人所进行的创造过程。

我们继续假设，我们在关于不使用火的旧石器时代的章节中讨论的集体创造性仍是主流。不过，智人经历的认知革命必然影响了他们如何想象、探索、发现，当然还包括创造。我们的印象是，他们肯定已经意识到了自己的创造过程。

当然，创造的速度随着智人的出现大大提升。虽然我们在烹饪领域无法像在工具领域那样清楚地看出这一点，但我们可以假设，他们的新智力也以比此前更快的速度在这个领域产生了创造。

谈论食物：
语言的出现

如我们所见（见第184页），尼安德特人已经成为智力很高的物种，而智人经历的认知革命已经确定了我们独特的智力形式。与此同时，语言出现了，它帮助巩固了我们的人性。我们已经讨论了某些研究者如何认为尼安德特人能够说话，但另一些研究者认为这种可能性只存在于智人身上。

语言对生活的所有方面都产生了不可思议的影响。考古学家在考古发现揭示的行为类型中发现了语言的影响。遗憾的是，营养领域是难以捉摸的，我们无法看出烹饪是如何因为这种传递想法和知识的新方式而改进的。

语言肯定让学习控制用火、采办产品的策略以及制作越来越专门化的工具变得更简单了。但是营养改进了制成品的最终形态吗？它是否让制作技术变得更丰富？在准备食物时，它是否刺激了创造性？我们相信答案是肯定的，但是无法进一步探讨这一观念。

我们认为与营养有关的一切都可以是应用语言的领域，必须出现词语才能描述食物、工具、动作、行为甚至是制成品。或许是语言为进食时间和方式赋予了结构？它是否提供了一种组织任务的新方式？是否发生了关于吃什么和如何吃的争论？我们多希望存在一台史前录音机啊！

火改变了营养的空间和时间

当人类学会控制用火并将其融入自己的烹饪过程中时，很有可能整个家庭都聚集在火的周围，并参与产品的预加工及其烧烤、熬煮（如果存在的话），以及最后的摄入。考古学家在几处尼安德特人遗址发现，篝火周围曾经存在非常激烈的活动：食物的遗迹、小型工具的存在、制作工具的痕迹以及公共生活的其他迹象都出现在火的四周。

虽然我们对不使用火烹饪的地方几乎一无所知，但我们知道使用火的烹饪需要最低限度的基础设施：地上的一个有明确界限的炉灶，以及用来保护它的庇护所。取决于所居住的环境，旧石器时代的人们设计了发现庇护所的不同方式：深洞和岩厦，以及多少有些复杂的小屋（更多详情见第277页）。在庇护所里，他们会点燃篝火，并在烹饪的同时接受温暖、热量和保护。烹饪空间作为清晰明确的多功能区域首次出现，并且是他们不外出时的社交生活中心。

旧石器时代的这个阶段还见证了营养过程的某些必要空间的划分：针对较大动物的狩猎和预加工任务发生的地方（猎杀现场），以及制作和消费发生的地方（营地、有围绕着炉灶的厨房和用餐空间）。换句话说，考古记录中开始更常出现人属物种捕获猎物并对其进行预加工的空间，预加工后他们才会将合适的部位转移到营地，并在那里继续开展制作和保存技术。

虽然难以确定，但我们认为火的使用还影响了时间，并从一开始就影响了，因为必须花时间采办燃料、修建炉灶、点火，以及让火焰和余烬保持尽可能长时间的燃烧，而这又将影响制作时间。简而言之，组织化资源的复杂程度在增加，尽管我们无法确定任何更具体的细节。

使用火的烹饪如何发生

随着火的到来，我们称之为再生产的过程——烹饪已知（已经被创造出来的）制成品——变得更加复杂。在数量上尤其如此，不使用火的旧石器时代的制成品的类别增加了。同时，出现了更多产品、更多技术、更多工具，因此也就出现了更多组合。过程的结果，即所谓的制成品，得到了实质性发展。虽然我们仍然不能看到它们的最终形态，但我们知道化学诱导的加热烹饪肯定增加了中间制成品的存在，并扩大了最终制成品的范围。

彼时还出现了不同行为主体的划分。虽然获取产品的人往往是进行预加工、制作和摄入的人，但是随着我们对旧石器时代晚期的探索，我们获得的印象是，这些任务越来越普遍地被划分，而不同于用餐者的厨师这一形象的轮廓开始成形，尽管是以非常早期的形式。

质量上的复杂程度也增加了，新的类别出现了，尽管很不显眼。例如，我们觉察到了服务的前奏。我们已经看到，温度这个因素——热制成品的存在——如何对工具或动作提出了需要，要求工具在热的小份食物与双手和嘴的使用之间充当中间媒介。我们不能说这就是我们所认识的服务的诞生，因为并没有任何证据，但是我们认为肯定存在某种前身。此外，布置烹饪空间的过程和技术比此前更加清晰地出现：必须准备炉灶、采办燃料、搭建三脚架（如果需要的话），而且在这个过程的最后，离开烹饪区域时要为下一次使用做准备。我们认为，这一时期见证了产品供应空间和烹饪及摄入空间的划分。

装盘呢？服务和装盘是高档餐厅的两个基本过程。然而，它们在历史上的存在比烹饪或品尝晚得多。在旧石器时代，服务和装盘与摄入之间没有分界线。鉴于我们没有资料来源表明这已经发生，所以现在还谈不上什么有明确界限的领域。服务和装盘这两种行为拥有自己的时间和空间，并且需要专门的行为主体。我们看到，它们的存在开始通过专门的服务工具呈现于新石器时代，但是即便在那时，我们也不能谈论服务和装盘的全部维度。

最后，我们真的可以谈论再生产吗？再生产要想发生，必须存在记忆和传统、一系列总是以相同方式制作的制成品。鉴于认知革命和语言的使用，在旧石器时代晚期，我们很可能可以清晰地谈论再生产，即代代相传的已知制成品的重复。

使用火的旧石器时代

40万年前至12000年前

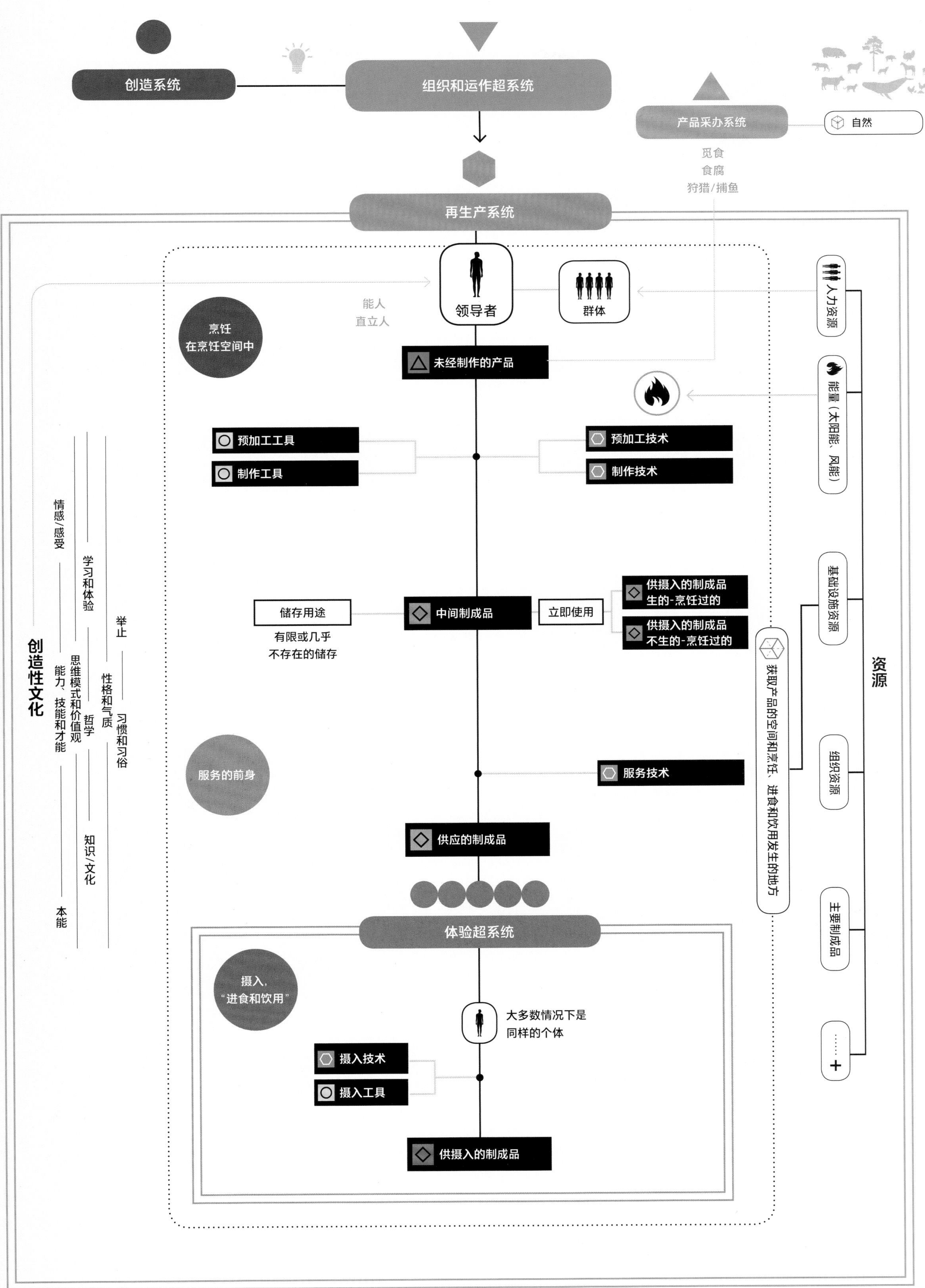

使用火的旧石器时代的美食资源

“火改变了烹饪方式，彻底颠覆了美食资源。”

第一种化学诱导的加热烹饪技术

化学诱导的烹饪技术是那些在产品中带来化学变化的烹饪技术，它们不可逆地改变了产品的分子和感官特性（改变了它的质感、味道和颜色）。作为这些技术的结果出现的制成品是“不生的”（见第373页）。一般而言，此类技术令产品更嫩、更容易消化，并且更容易引起人的食欲。有些化学诱导烹饪技术使用热量导致这种转化，另一些则在无须热源的情况下产生化学变化。我们现在关注前者。这些技术显然是伴随着控制用火出现的，而且它们是这个时期最具典范性的技术。和我们在不使用火的旧石器时代见到的处理技术一样，它们一旦出现，就一直持续至今。

烧烤

这是旧石器时代最重要的化学诱导烹饪技术，也是最简单的烹饪技术。只需将产品靠近火焰或余烬即可得到烧烤制成品。如今存在该技术在旧石器时代中期和晚期投入使用的大量证据。在发现炉灶的地方，也往往有加热作用导致的烧焦的骨头证明这种技术的存在，特别是来自动物界的产品。典型的例子出现在巴塞罗那省的阿布里克罗马尼遗址和法国的阿布里帕特遗址。

这种技术本质上需要控制暴露时间和火的强度（通过调节余烬的温度或者产品和热源之间的距离）。烧烤是一个宽泛的术语，包括大量衍生技术或二级技术。取决于被烧烤产品的类型及其大小、体积和成分，这项技术会进行调整或演化。烧烤一整头野猪和烧烤几个块茎是不一样的。烧烤还根据使用的工具而有所差异，例如，使用的是格栅、扦子还是三脚架。

烧烤是一直持续到今天的技术之一。尽管变化多端，而且出现了越来越复杂的技术和工具，但在很多地方，它仍然以非常类似于尼安德特人和第一批智人的方式实行。

烧烤延长了烹饪任务的时间

用火烹饪带来了一个有趣的后果，主要体现在延长了烹饪过程。

将某样东西放在火焰的热量上，这需要事先准备。无论我们处理的产品是什么都需要准备，不过尤其是来自动物界的产品。为了成功地烧烤，预加工技术成倍增加。动物被剥皮、切开、去内脏、切块、劈开、用扦子穿、捆扎、悬挂等。植物被清洁、切开并分成块。

烧烤完毕，可以使用其他技术转化制成品，令其更容易摄入。例如，一整头烤好的野猪也可以分成若干份，而大的块茎可以切块以便分享。

换句话说，火成倍增加了用于得到供品尝制成品的技术，而这增加了该过程需要的时间。我们还应该思考在摄入前让制成品放凉的需要，以免烫到用餐者（即便这只需要几秒）。火结束了旧石器时代早期烹饪的即时性。烹饪此时需要更多技能、能力和时间。我们最喜欢的活动开始变得要求更高。

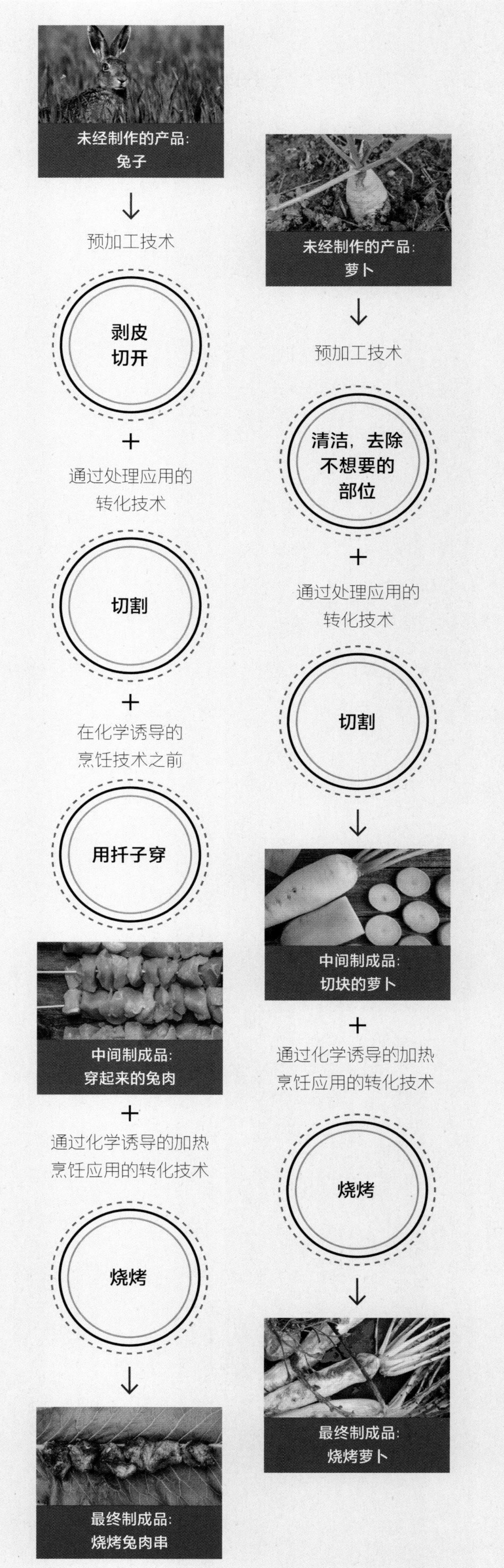

“火结束了旧石器时代早期烹饪的即时性。烹饪此时需要更多技能、能力和时间。”

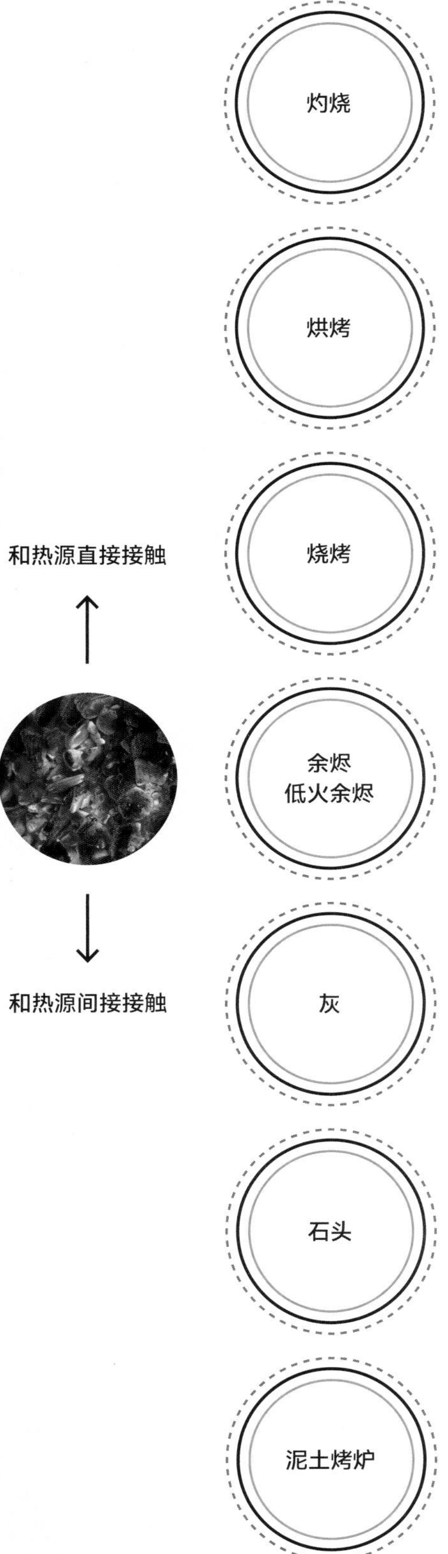

第一批烧烤技术

随着时间的推移，烧烤将产生相关技术：在低火余烬上烹饪、烤架烧烤，以及在热灰里、在热石头上、叉在扦子上、在格栅上烹饪等。很多技术是尼安德特人和智人已经实践过的，但是很难在考古记录中找到细节。

对于烧烤相关的制作技术，一种很好的分类方法是思考产品和热源之间的距离。这就是我们得到左侧图表的方式，它展示了在使用火的旧石器时代最有可能已经使用的技术。一些技术使用直接热量，另一些技术使用间接热量。得到的制成品在口味和质感上差异巨大。火大大扩展了制作技术及其结果的范围。

对于其中的一些技术，存在非常明确的证据。在可追溯至约34000年前至23000年前的希腊克里索拉洞穴遗址中，考古学家发现了内部涂有硬化黏土的小洞，小洞底部有灰烬遗迹，像是下沉式炉灶。人们从里面回收了烧焦种子的残留物，这被理解为烧烤种子的证据。考古学家认为，类似的事情还发生在直布罗陀的先驱洞，一群尼安德特人在篝火上烧烤松果以取出烤熟的松子。

这里特别提到了波利尼西亚典型的“泥土烤炉”技术。据某些研究人员称，它们起源于旧石器时代的这个时期。这种方法需要挖一个洞，并在其中放入用叶片包裹的食物，再将烧得炽热的石头放在食物上，然后用树枝将一切覆盖一起，等待化学诱导的烹饪过程发生，这与纸包烹饪食物的过程相似。

我们烹饪时，火如何转化产品？物理和化学过程的控制

如我们所见，对火的控制导致了第一批化学诱导烹饪技术的创造，它们将大大改变食物的成分、外观和味道。分子变化的技术细节极为复杂而且千差万别。在这里，我们解释了其中最著名的一些变化。

• 美拉德反应

这是指对产品进行加热时发生的一系列反应，而且产品必须满足许多特定条件：存在易反应的分子、最少含有10%～15%的水分，以及不是很酸的pH值。在加热时，还原糖中的某些成分与氨基酸和蛋白质相互作用，形成一种“糖-氨基”化合物，这种化合物很不稳定并导致一系列反应。最明显的结果是最终产品的滋味和香气发生的变化。它还会产生非常独特的深色。

一种清晰的检测方法是烘烤肉或面包的表面，得到（通常是期望中的）更脆的质感和独特的滋味。与此同时，这种发生在表面的反应阻止了肉中的营养成分（水、维生素和蛋白质）通过渗出而流失。

• 焦糖化反应

焦糖化产生的分子反应会导致与美拉德反应的效果类似的非酶褐化。要让这种反应发生，我们必须使用含有糖分的产品。这种反应分为以下阶段：缩合、脱水、裂解和聚合。

为了引起脱水，对糖加热，令温度超过其熔点，导致糖的分子排列方式发生变化，释放出芳香化合物，这会产生棕色、独特的香气和滋味，增加糖的甜度。在聚合阶段，形成的物质被连接在一起，创造出分子更大的化合物。如果继续加热，将实现完全热解，将产品变成苦味的黑色化合物。

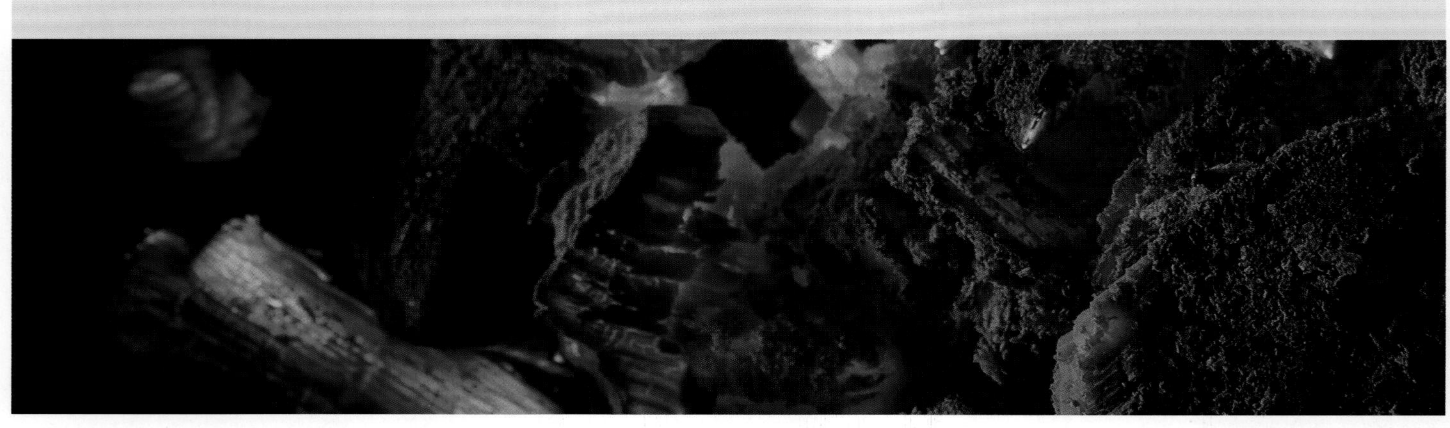

熬煮技术的起源

存在大量间接但很有说服力的证据表明，尼安德特人和智人经常煮食物。但是在他们没有陶制或金属容器的时代，这是如何做到的呢?

所有迹象表明，他们使用的是自然材料制成的器皿，例如兽皮和木头，甚至还有使用黏土在地上做出的不透水的洞。然后这些器皿被放入水和其他未经制作的产品。接下来，已经用篝火直接烧热的石头被沉入器皿中。只要水和石头的比例合适，这种方法几乎瞬间就能让水达到沸点。要延长沸腾时间，只需要取出冷却的石头，添加更多烧烫的石头。按照这种方式，兽皮或木制器皿不会直接和火焰接触，可以承受熬煮过程而不破裂。

该技术有两种类型的物质证据。考古学家发现了在滚烫时被放入水中然后产生裂纹的石头：火裂石。这些岩石呈现的此类标记很有特色，而且它们的颜色、质地和外观都会被改变。科学家测量了各种变量，例如岩石类型、孔隙率、渗透性、受热时间、达到的温度以及它们的使用次数等。这些岩石也往往与营养情境的炉灶相关，这支持了它们用于烹饪技术的假说。

考古学家还知道动物骨骼的遗骸是被熬煮过还是被烧烤过，因为它们之间有很多区别。用于熬煮的骨头没有烧焦的痕迹，它们更小，且断裂的方式不同，并具有不同的切割痕迹，而且它们的化学特征（保留下来的氨基酸的胶原蛋白的量）也很有特点。

此外，熬煮是如今所有狩猎和采集者群体都使用的一种证据充分的技术，其材料复杂性与旧石器时代的群体相似，即没有可用于烹饪的陶器或金属工具。

使用这套流程，原始人类能够获得全新的制成品，这些制成品将烹饪过程的复杂程度提升到了令人惊叹的水平。在营养领域，这是汤、高汤、炖菜等的开始，尽管它们还十分初级。源自熬煮的制成品大爆发要一直等到新石器时代才出现。

在饮品方面，熬煮打开了泡制世界的大门。遗憾的是，虽然我们可以确定它们的存在，但我们无法知道它们的具体形式。

熬煮给人类饮食带来了许多优势，补充了烧烤技术的益处:

- 它增加了可消费产品的种类。
- 这种技术可以特别高效地令有害酶类和植物化学毒素失去活性，例如单宁、生物碱和草酸。
- 它提升了含有大量淀粉的产品的消化率。代替烧烤的熬煮导致淀粉膨胀，重构其细胞壁并加速糊化。这种化学过程称为淀粉回生。
- 它保留了产品中的所有脂肪，而这些脂肪会在烧烤中流失（我们将在后面进一步讨论这个观念）。

与烧烤相比，间接熬煮是复杂得多的流程，这让我们认为它是后来发生的。然而，民族学研究的很多例子表明，有人直接在火上煮树皮或动物肠道里的液体。如果灰烬不太热并且容器加热很慢的话，容器就不容易裂开。遗憾的是，我们无法知道这种熬煮方式是否在这个时期使用。

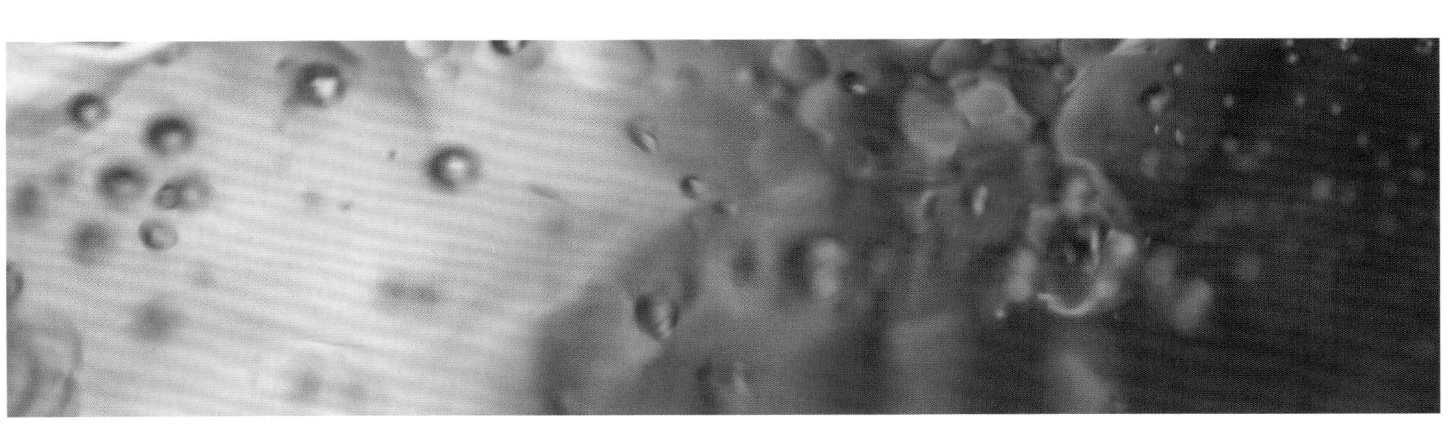

熬煮骨骼以获取脂肪：使用火的旧石器时代中最机智的中间制成品

在关于旧石器时代烹饪的科学文献中，专家们讨论的主题之一是熬煮骨骼以获取用于储存的完美中间制成品的习俗。这种中间制成品就是脂肪，它经过提炼后（融化和冷却）以猪油或兽脂的形式储存。

在不使用火的旧石器时代，利用动物骨骼中脂肪的唯一方法是获取骨髓，只是敲击骨头数次，将冷的骨髓取出食用。这并不是总是那么容易。有些骨头（例如驯鹿的）的骨髓腔（储存骨髓的部位）很大并且容易打开，然而，其他动物（例如马）的骨头拥有明显的海绵状结构，很难在不进行化学诱导烹饪的情况下获取全部骨髓。

尼安德特人和智人都充分利用了被他们猎杀的动物骨骼中的脂肪。他们没有按照从前的方式消费骨髓，而是熬煮了骨头和其他动物组织，以便溶解所有可用的脂肪（不只是骨髓，还有不加热就难以获取的其他脂质）。骨骼（以及其他组织）被打成碎块，然后熬煮。脂肪被逐渐释放，并开始在液体表面形成油层。脂肪一旦积聚，就可以将其回收并冷却直到它变硬。这样就可以将提炼出的脂肪储存很长时间而不变质。

这种技术在今天的狩猎和采集者中有充分的证据。很多此类群体都这样做，是因为脂肪耐储存，容易运输，并且是很宝贵的资源。它是一种热量极高的中间制成品，并用于制作各种制成品（汤、粥等）。它还用于手工艺过程，因为它是一种良好的润滑剂。

我们认为这种技术也在旧石器时代进行。考古学家在法国、德国、葡萄牙、捷克和西班牙的考古遗址中发现了大量证据，他们发现那里的成堆岩石中含有堆积起来的煮过的动物遗骸。例如，在西班牙北部的坎特布里亚发掘埃尔米隆洞穴（El Mirón Cave）的考古学家发现了一座炉灶的遗迹，这座炉灶可以追溯至15000年前，当时它被用来熬煮鹿和野猪的骨头。

然而，专家们仍在继续争论这种做法的原因。动物脂肪是一种非常宝贵的资源，但是使用炽热石头熬煮的技术在时间和燃料方面都是非常费工的。使用这种熬煮技术进行实验的研究在经过计算后发现，大约5厘米长的白尾鹿肱骨、胫骨和股骨片段经过2～3小时的熬煮才能得到大约35克的脂肪。

“少许提炼出的脂肪：史前的调味剂。”

使用炽热石头的间接熬煮技术是旧石器时代为我们准备的巨大惊喜。在安东尼·帕洛莫举办的关于旧石器时代烹饪的教育研讨会上，我们有幸见证了这种方法的有效性。当两三块热石头浸入5升水中时，水在几秒之内就沸腾了。

必要的工具非常简单：石头、在树干上刻出的洞、木钳或者用来移动热石头的类似工具，以及一个小型炉灶。一切准备就绪之后，野鸟的蛋可以在数分钟内煮熟。但是这种技术在旧石器时代应用到什么程度？它被使用得多吗？目前的证据显示，只有在使用陶器的新石器时代到来时，各种各样的煮熟的制成品才开始出现。

用火烹饪改变了烹饪的范式：不生的制成品的巩固

在不使用火的旧石器时代，大多数烹饪过程产生的是生的制成品。烹饪过程包括用手和工具打破、切割、砸碎和磨碎产品等，但是转化只发生在物理层面，而不是化学层面。

然后，在某个我们假设仍然处于不使用火的旧石器时代的时候，出现了一系列我们已经讨论过的技术（见第338页），它们鼓励某些自然过程的发生以创造制成品。这些技术包括腌泡、干制和发酵，它们会在产品中导致不可逆的化学变化，并产生了第一批不生的制成品。

第三个也是更重要的步骤是控制用火的到来。使用火焰烹饪产生了一系列新的不生的制成品。烧烤过和煮过的制成品及其衍生品是如今存在的任何烹饪文化的基础。火（更准确地说是热）是对烹饪中最常用的产品进行物理和化学转化的媒介。由于它广泛用于烹饪，于是我们在大约40万年前确立了人类营养和美食的主要支柱之一。

此时，我们感到有必要暂时停下来，以澄清可能导致巨大混乱的两个基本概念。什么是生的，什么是烹饪过的？

生的和烹饪过的：并非反义词

我们在整本书里坚持反驳一种仍然很常见的观念，在这种观念看来，烹饪就是对产品应用热量，导致某种化学诱导的改变。这是不对的。每当我们对一种或更多产品应用烹饪技术时，我们就是在烹饪，无论应用的技术是什么。当我们切割、擦碎、压扁和研磨时，我们也在烹饪。烹饪不仅仅是加热。澄清了这一点之后，我们又见到了另一个引起困惑的源头："生的"（raw）这一概念。很多人以为"生的"的反面是"烹饪过的"，但这种看法也不正确。"生的"指的是烹饪的结果。取决于一个人决定烹饪的方式（通过选择特定的技术和工具），结果可能是生的，也可能不是，但肯定是烹饪过的。一个非常明显的例子是沙拉：虽然其成分是生的，但沙拉是烹饪过的，即有人通过对它包括的所有产品进行清洗、切割、混合和调味。

- **烹饪过的东西可能是生的，也可能不是生的。**对于生的制成品，其产品没有经历任何生物化学转化，只是物理形态被改变了。不生的制成品总是涉及其产品的某种不可逆的化学转化。在这里，我们意识到了语言的有限：没有一个词可以用来描述某种不生（但烹饪过的）东西。虽然西班牙语单词"cocido"（"经过化学转化的"）可能是我们的一个选择，但它还指一种非常特定的制成品。在斗牛犬基金会，我们喜欢使用"不生的"（unraw）一词。

- **生的东西可能是烹饪过的，也可能是未烹饪过的。**
  - **当产品在自然中发现时。**如果它没有经历加工过程，如干制、脱水或发酵（因为如我们所知，自然也会烹饪），我们说它是生的。
  - **生的未经制作的产品。**根据定义，未经制作的产品（unelaborated products，缩写为UPs）是生的，因为它们还没有经过任何技术（无论是物理的还是化学的）的改变。
  - **生的制成品。**正如我们刚刚解释的那样，如果构成制成品的产品没有经历生物化学改变，制成品就是生的，但根据定义它一定是烹饪过的。

旧石器时代的制成品	生的	不生的化学诱导烹饪
不使用火	• 压扁的 • 打碎的 • 砸碎的 • 切割的 • 弄平的 • 压榨后的 • 切碎的 • ……	• 干制的 • 脱水的 • 发酵的
使用火		• 烧烤的 • 用小火余烬烧烤的 • 用热灰烧烤的 • 用烤架烧烤的 • 在灰烬上烧烤的 • 在热石头上烧烤的 • 穿在扦子上烧烤的 • 煮过的

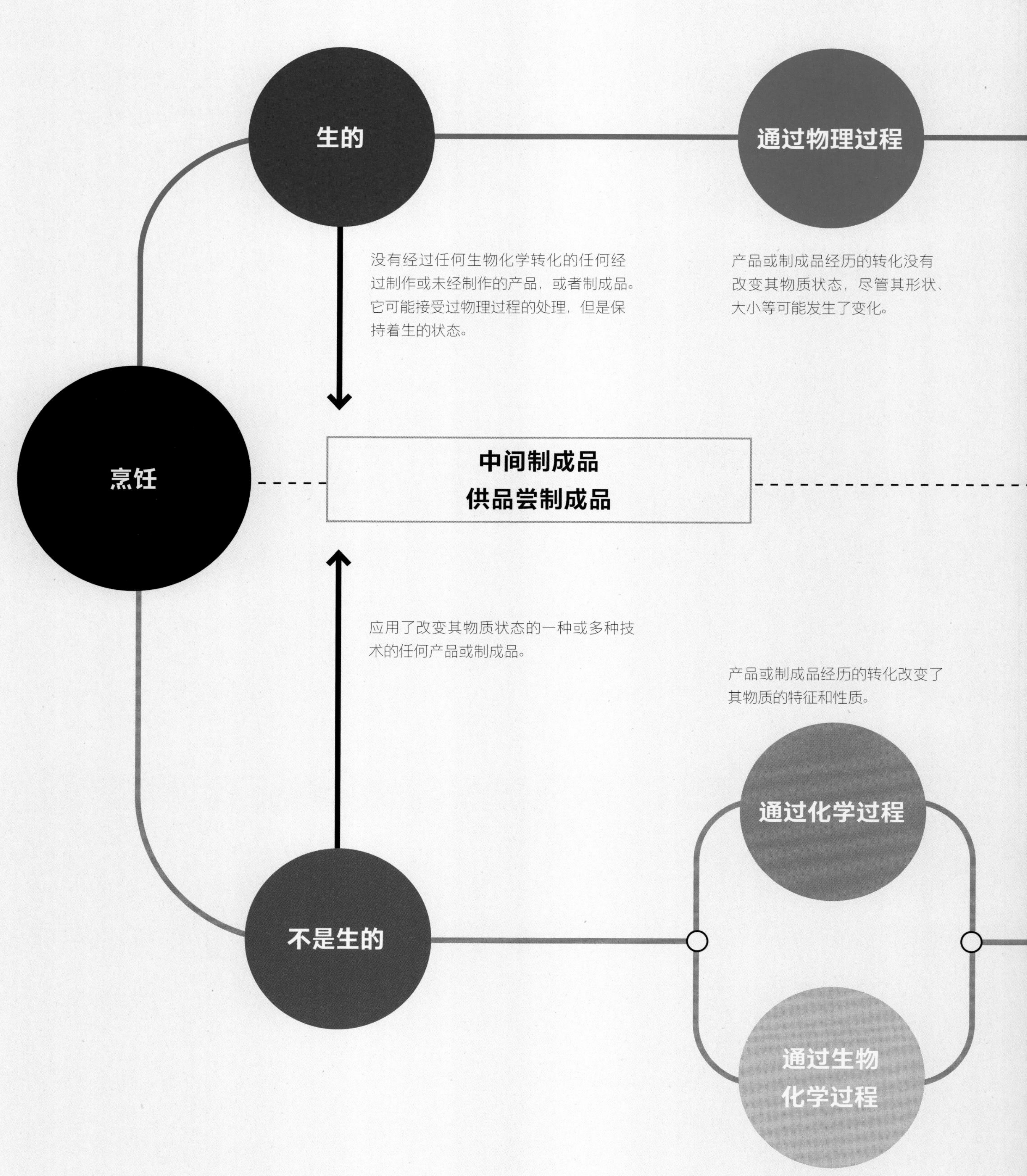
什么是生的和什么是不生的（与烹饪相关）
生的
通过物理过程
没有经过任何生物化学转化的任何经过制作或未经制作的产品，或者制成品。它可能接受过物理过程的处理，但是保持着生的状态。
产品或制成品经历的转化没有改变其物质状态，尽管其形状、大小等可能发生了变化。
烹饪
中间制成品
供品尝制成品
应用了改变其物质状态的一种或多种技术的任何产品或制成品。
产品或制成品经历的转化改变了其物质的特征和性质。
通过化学过程
不是生的
通过生物化学过程
产品或制成品经历的转化是生物物质或微生物导致的，并改变了其物质的特征和性质。

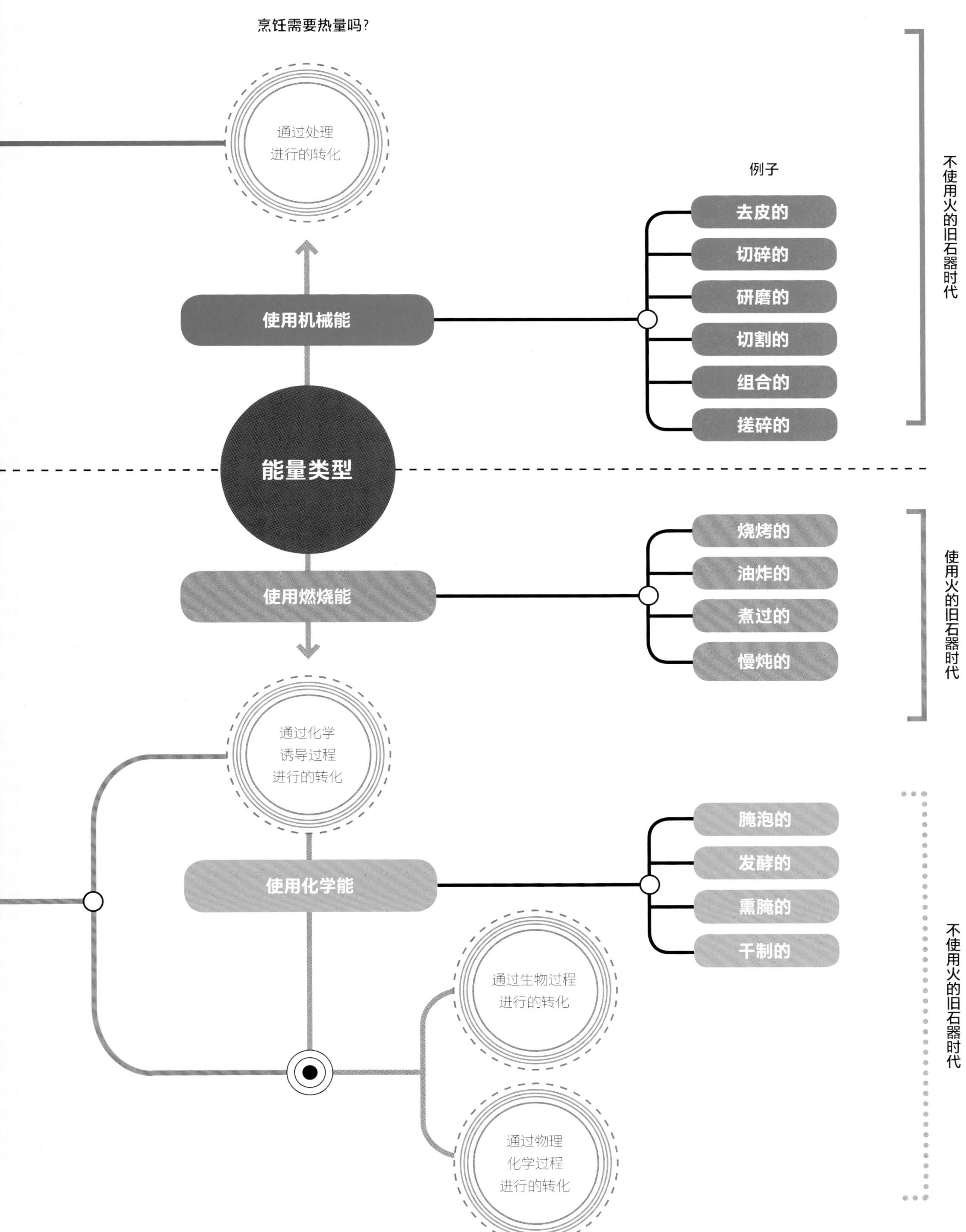

烹饪需要热量吗?
通过处理
进行的转化
例子
去皮的
切碎的
研磨的
切割的
组合的
搓碎的
使用机械能
能量类型
不使用火的旧石器时代
烧烤的
油炸的
煮过的
慢炖的
使用燃烧能
使用火的旧石器时代
通过化学
诱导过程
进行的转化
腌泡的
发酵的
熏腌的
干制的
使用化学能
通过生物过程
进行的转化
通过物理
化学过程
进行的转化
不使用火的旧石器时代

第一种不加热的化学诱导烹饪技术：储存的可能性得以扩展

我们现在讨论涉及化学诱导烹饪（即产品不是生的）但不需要热源的技术。这些技术不可逆转地改变了产品的物理和化学特性，但是会通过火以外的其他媒介起作用。

一般而言，它们会复制有时在自然界自发出现的物理和化学现象。虽然考古学家没有提到它们（因为没有能够证明它们存在的证据），但我们相信它们已经在最聪明的人属物种的能力范围之内，所需要的只是通过人属物种的试错进行观察和实践。他们掌握了这些必要元素。

实际上，这些技术将在整个历史进程中推广，尽管对它们的详细了解直到最近的时期才出现。它们全都用于通过阻止或延缓分解延长产品的保存时间。

- **烟熏。**木材燃烧产生的烟雾可以用来浸渍产品，以利用其干燥和保存特性，并提供新的外观和滋味。烟雾在进行脱水的同时导致蛋白质变性，并阻止细菌和其他微生物的繁殖。尼安德特人似乎使用过这种方法，通常是在篝火上方架起大三脚架，然后在上面悬挂肉类。高度复杂的做法也出现了，就像在阿布里克罗马尼考古遗址的考古发现的那样。在该遗址工作的研究人员知道，这里的原始人曾经燃烧苔藓烟熏肉类，这就是利用苔藓的防腐特性。

- **腌泡。**可以通过将酸性物质应用于产品或制成品来实现。要腌鱼的话，只需加一点柠檬汁。这是一种可行的技术。

- **用盐腌制。**在天然盐田和海边等可获取大量食盐的地区，可以用盐覆盖产品以保存它们。然而，目前没有发现开采盐的证据。

- **冻干。**某种原始的冻干技术可能发生在居住于高海拔山区的人群中。它可能是将食物放在外面过夜，在寒冷的气温下任其冰冻。在早上的第一束阳光和高山低气压的作用下，冰冻的水会升华。结果就是冻干产品。在冻干机于最近问世之前，人类不可能以规律且持续的方式成功地复制这种技术。

饲养动物：活体动物的储存？

在欧洲的某些地区，例如法国等国家，许多考古学家指出了这样一种可能性，马格达林时期（Magdalenian epoch，旧石器时代晚期的一个子时期）的智人使用策略将食草动物圈养在特定区域如狭窄山谷中。这一假说的细节在科学文献中极少，但我们发现它是一种储存动物性产品的惊人方式。然而，虽然这种做法值得一提，但它实际上并不是一种制作技术。

储存技术中的更多新颖性

在旧石器时代晚期将要结束时，已经将所有认知能力付诸实践的智人揭开了一些技术的序幕，这些技术将在新石器时代成为各个社会的常规。我们指的是将来会被农业社会充分发展的食物储存。

• 冷冻

虽然我们认为冷冻易腐产品的可能性存在于更早的时期，但此时我们有了智人储存冻肉的直接证据。在今俄罗斯境内的东欧平原上，考古发现揭示了可追溯至约2万年前的冻肉的储存。食草动物的不同部位被冷冻（腿、肋排等）。

这些动物是在夏天或初秋被猎杀的，当时兽群数量丰富。一旦选好部位，这些智人就在地上挖出若干直径约2米、深约1米的洞。这层地面（我们称之为永冻土）在夏天容易融化（因此容易挖掘），而在全年其他时候都保持冰冻。

考古学家在每个定居点都发现了几个这样的洞。有时它们位于营地中央，有时出现在每个小屋旁，这说明它们的取用和管理方式有所不同。随着旧石器时代临近结束，这种证据越来越多。这些洞变得更大，并用来储存来自种类更多的不同物种的肉。

这一时期的其他预加工和制作技术

- **经过改进的预加工技术。**随着狩猎成为获取动物性产品的标准方法，屠宰等技术将得到大幅改进。虽然直立人已经实行过这种技术，但是尼安德特人和智人完善了它。智人消费的种类更多的产品必定导致了预加工技术的扩展，以便将它们应用于新的产品类型。例如，甲壳类和鱼类的更多消费将扩大去内脏、打开、劈开、去鳞等技术的范围。

- **研磨和捣碎：新石器时代的前奏。**旧石器时代晚期的智人使用石杵和石臼以及手推石磨研磨和捣碎产品。在位于以色列，距今约23000年的奥哈罗2号考古遗址中，人们发现了一些样品。在那里发现的证据表明，那里的居民曾用鞍形手推石磨碾磨野生大麦、小麦和燕麦的谷粒，这种石磨由大而扁平的基石和圆形磨石组成。但是奥哈罗遗址不是例外情况，由于智人开始使用的石磨、石杵和石臼的大量增多，碾磨（研磨和捣碎）禾本科植物（谷物）谷粒的实践拥有相对充分的证据，特别是在这些野生禾本科植物更占优势的地区（地中海地区和非洲）。这意味着我们以为是在新石器时代发明的一种技术其实出现得更早，而且这表明当时存在一种至关重要的中间制成品：面粉。碾磨将会对谷物驯化的成功起到至关重要的作用。

出土于以色列奥哈罗2号考古遗址的石杵和磨石，伴随野生谷物的遗迹。斯皮瓦克（Spivak）和纳德尔（Nadel）摄，2016: 537

- **加热或使用热量而不进行化学诱导的技术。**这一时期存在一整套加热产品或制成品而不改变其化学或感官特性的技术。这些是可逆性技术，因为一旦冷却，产品或制成品就会恢复之前的状态。对于使用火的旧石器时代，没有这些技术存在的证据，但我们再次认为，鉴于它们的简单性和用途，它们一定被使用了。对于习惯用热量烹饪的人属物种，稍微加热一块之前煮过的肉或烤过的植物并不会构成挑战。

- **火带来了更多复合技术。**虽然烹饪随着技术被应用于产品（例如劈开一个果实）始于旧石器时代初期，但复合技术——即对同一产品应用不同技术（例如将果实劈开然后烧烤）——则是在使用火的旧石器时代大规模发展的。这反映了复杂程度在该时期独特的提升，这一点我们已经在前面讨论过（见第362页）。

专门用于饮品的技术

正如我们在第354页所见，在控制用火之后制作的饮品是泡制饮品、血液，以及很有可能是首次出现的自然发酵饮品。

- **泡制**

我们相信在上一个时期，就可能已经存在果实、花和碎叶片的混合物（因其香气被选择）被放入水中制成的冷泡饮品。此时有了火，可以使用热量泡制它们，这增加了为水添加香气和味道的选项。

- **发酵**

我们已经提到过旧石器时代原始人类使用自然发酵技术的可能性（见第338页）：非常成熟的果实开始在地面上积累酒精含量，并且可能以液体形式被消费；或者砸碎的果实被遗忘了一段时间，等到它们被重新发现时，酒精发酵过程已在其中开始。这个过程在自然中相当常见。产品中的糖分通过它转化为乙醇。最早的酒精饮品之一可能是蜂蜜酒，尽管很难证实它出现在旧石器时代或者更晚，但人们认为它已在旧石器时代被消费。

- **放血？**

血液是一种富含营养和热量的可消费液体。然而，狩猎这种实践通常无法让动物被放血，因为猎物会在并不适合给它放血的环境中被突然杀死。即便如此，这一时期的原始人类是否曾尝试收集这种液体？大概只能通过内脏和肌肉中的残留痕迹才能知道这一点。我们很难确定。

说到技术，旧石器时代存在科技吗？

将一块燧石制成小刀需要技术。技术是一套多多少少已建立的指导方针和程序，被用作实现某种目标的手段。技术需要特定的资源才能实施，尤其是知识。

这可以是任何类型的知识（实践的、经验的等），并且可以通过任何方式（通过观察、试错、口头的或者书面的等）传递。旧石器时代的工具是通过应用技术制造的，其中一些很简单（例如单面切削器），另一些则非常复杂（例如手斧）。

然而，制作工业生产的陶瓷刀则需要科技。正如我们在第261页所见，科技被定义为这样一套科学知识，当它们被合乎逻辑或有条理地应用时，能够让人类改变其物质或虚拟环境，从而满足人类的需要，换句话说，这是思考和行动相结合的过程，目的是创造有用的解决方案。

根据科技的这个定义，科学知识的存在必不可少，而这在历史上出现得非常晚。在美食领域，我们只能在工业领域以及职业糕点制作的某些非常具体的流程中谈论科技。这两种情况都涉及对应用技术牵涉的所有变量的科学控制。

屠宰和熟成技术

熟成

与清洗、切割成适当大小以及称重有关的技术

清洗　揉搓

去除不可食用部分的技术

去皮　去须　去鳞　切割
劈开　剥皮　拔毛　灼烧/烧焦
烧毛

产品改进技术

清空　打开　去籽　取出骨髓
去皮　去壳　剥壳　拔毛
宰杀　屠宰　掏空　取出内脏

制作技术
使用火的旧石器时代（40万年前至12000年前）

通过处理的方式应用的转化技术

改变和塑造

压扁 | 打碎 | 切割 | 碎裂
砸碎 | 弄平 | 分成若干份 | 将肉切片
薄切 | 切片 | 刺破 | 磨碎

与质地有关而不涉及任何温度变化

压榨 | 切碎

与味道和滋味有关

用盐腌

为了覆盖

伸展

在加热诱导的烹饪中应用的

用扦子穿 | 灌注液体 | 烤时涂油脂

通过不加热的理化方法应用转化技术以及化学诱导烹饪的结果

自然通过生物化学转化得到的

干制 | 脱水 | 晾干 | 发酵

通过增加某种产品或制成品

发酵

脱水

烟熏 | 冻干

通过加热应用转化技术，无须化学诱导烹饪的结果

直接加热

加热

通过液体介质

泡制

通过加热应用转化技术，伴随化学诱导烹饪的结果

通过干燥介质

烧烤 | 在低温余烬上 | 在热灰上 | 在余烬上
在灰上 | 扦子 | 在热石头上 | 烘烤

通过液体介质

煮

用火烹饪时用到的工具：一种几乎无形的存在

在使用火的旧石器时代，制作石器工具的新方法出现，其他已有的类型也得到完善（见第267页），但是几乎没有工具可被视为是全新的。石头工具主要用于实施通过处理进行的转化技术，这些技术都是我们在上一个时期见过的（切割、劈开、砸碎等）。

智人将会是最复杂和最专门化的工具的创造者。他们的新石器工具将用于获取产品（捕鱼用的鱼叉和鱼钩，捕猎用的箭头、投矛器和弓等）。在烹饪工具这个领域，智人并没有创造出新类型，而是改进了已知的工具（他们拥有配备了更高效的刀柄和更好用的小刀、锯齿状刀刃、刮刀和更细的锥子等）。

火在工具中引入了什么变化？用火烹饪产生了用工具操持产品的需求，以便安全地进行烧烤、翻转、拾起、刺破、上菜等操作而不烧伤使用者。问题在于，大多数这些工具是使用易消亡的材料制作的，几乎不会在考古记录中留下痕迹。只有处于特殊保存条件的少数几个考古遗址揭示了关于此类工具的具体细节。

其中包括我们已经讨论过的阿布里克罗马尼遗址（见第277页和297页）。已有文献记载了不同的尼安德特人群体在这个遗址的漫长居住史，而且多亏了这里的地质成分，木制工具留下了许多印痕，特别是三脚架、长柄勺和器皿（见第269页）。

“在烹饪时对付火的第一批专门工具是用木头制作的，极少有保存下来的。我们对它们知之甚少。”

尼安德特人和智人的烹饪工具

下面的内容展示了这些原始人类最具代表性的工具以及应用它们的烹饪技术。

尼安德特人

01 带锯齿的石片

以处理的方式应用的转化技术：

切片——将产品或制成品切成较薄的片。

02 扦子

以化学诱导加热烹饪的方式应用的转化技术：

用扦子穿——将产品或制成品穿在锐利的工具上。

扦子（在扦子上烤）——直接加热用扦子穿好的产品或制成品。

03 三脚架

以化学诱导加热烹饪的方式应用的转化技术：

低火余烬（在上面烤）——通过直接接触低火余烬，对产品或制成品进行化学诱导烹饪。

烘烤——令产品或制成品承受高温作用，等到其中含有的水分部分或全部失去时，产生烘烤过的表面颜色、标志性的味道和脆的质感。

04 锥子

以处理的方式应用的转化技术：

打开——处理产品或制成品以得到其内部。

刺破——在产品或制成品中刺出一个或多个均匀的割口，目的是在其中添加某种东西、检查熟度，或者促进化学诱导的烹饪过程。

05 长柄勺

以处理的方式应用的转化技术：

烤时涂油脂——当产品或制成品在烤炉或转架烤肉炉中烹饪时，用长柄勺或汤匙将它释放的融化脂肪或汁液少量涂抹在它上面，防止表面干燥并保持内部柔嫩。

灌注液体——将液体或奶油状产品或制成品从其容器中转移到杯子、盘子或任何其他容器中，以继续制作过程或者上菜。

06 拨片

以处理的方式应用的转化技术：

搅拌——通过摇晃或以圆周运动的方式令产品或制成品移动，通常是为了混合其中的不同成分。

混合——将两种或更多产品或制成品结合起来，以获得均一的制成品。

智人

07 月桂叶形尖

以处理的方式应用的转化技术：

肉切片——将产品或制成品切成多少较薄的片。

薄切——从产品或制成品中获取或切出扁平且薄的形状。

08 有背石刃

以处理的方式应用的转化技术：

切割——用锋利的工具在产品或制成品上做出切口。用锋利的工具分割产品或制成品。

01

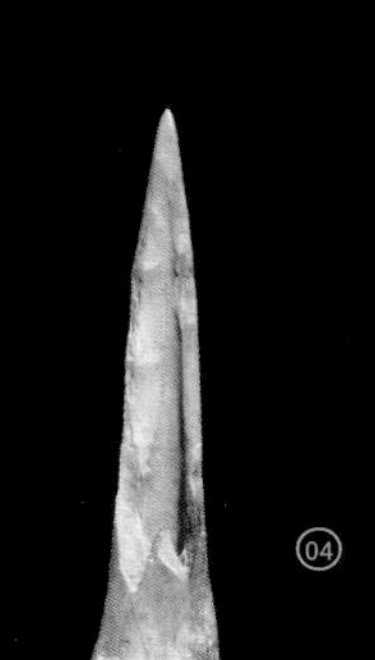

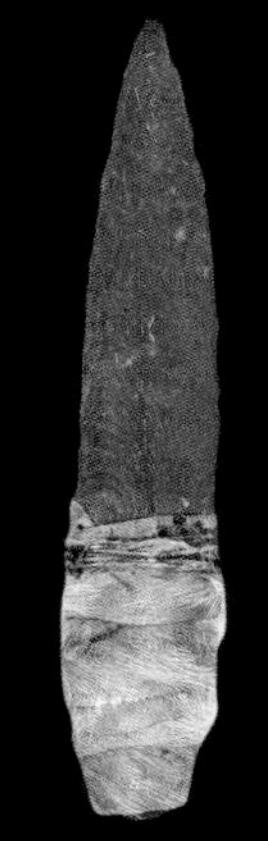

炉灶和烤炉：驯化火的第一批工具

对我们而言，旧石器时代的炉灶和烤炉打开了一个全新的世界。它们令所有化学诱导和需要加热的烹饪技术得以实现。历史研究者使用“炉灶”（hearth）一词来指代考古现场存在篝火的地方。炉灶是火支配人类的无可辩驳的证据：它被保持燃烧、添加燃料并受到保护，并且始终位于特定的位置并受到控制，以防止火蔓延。炉灶是多用途工具，它们被用来烹饪，但也可以提供光照、温暖和保护。

正如我们在第263页所见，来自25万年前的旧石器时代炉灶的遗迹非常少。我们希望能够断言，自从直立人点燃第一堆篝火以来，这项发明就被增添到了我们的烹饪工具中，但是我们已经看到，这一点的考古学证据仍然不足以下结论。直到很久之后，才出现日常使用篝火的清晰案例，而我们甚至不能确定地说篝火帮助我们离开了非洲，或者帮助我们居住在寒冷的欧洲。在第一次控制用火和火的标准使用之间发生的事情是令我们感兴趣的谜团之一。

有了第一批炉灶和烤炉，就产生了一类需要燃料的美食工具。在成千上万年中，这些燃料将一直是木头，稍晚之后木炭出现了。

尼安德特人和智人建造的炉灶是什么样的？

炉灶的形状通常由三个参数决定：尺寸、结构和深度。发现于阿布里克罗马尼遗址的炉灶有两种类型：短时间使用的小而浅的炉灶以及使用多年的大而深的炉灶。炉灶还有平坦和凹陷之分。凹陷炉灶使用天然孔洞，或者是人工挖掘出来的。炉灶的底部和侧壁常常垫有石头。炉灶的使用次数越多，它的形状就会变得越复杂，尺寸和深度也会变得越大。

随着智人的出现，炉灶的实例和模式成倍增加。大多数炉灶是在地面上挖的洞，有时用石头在侧壁和边缘加固。通常将石头放进洞里烧得炽热，用于进行某些制作过程（例如烧烤），但是最有用的是令余烬保持更长时间的高温。最复杂的炉灶甚至有一个小通风口，用于为火输送氧气。

与炉灶一起，三脚架、烤肉扦子和拨片等工具被设计出来，以便尽可能多地利用火。对页图展示了来自欧洲旧石器时代晚期的炉灶的截面图，分析它们的是20世纪著名法国考古学家安·勒儒瓦-高汉（André Leroi-Gourhan）。

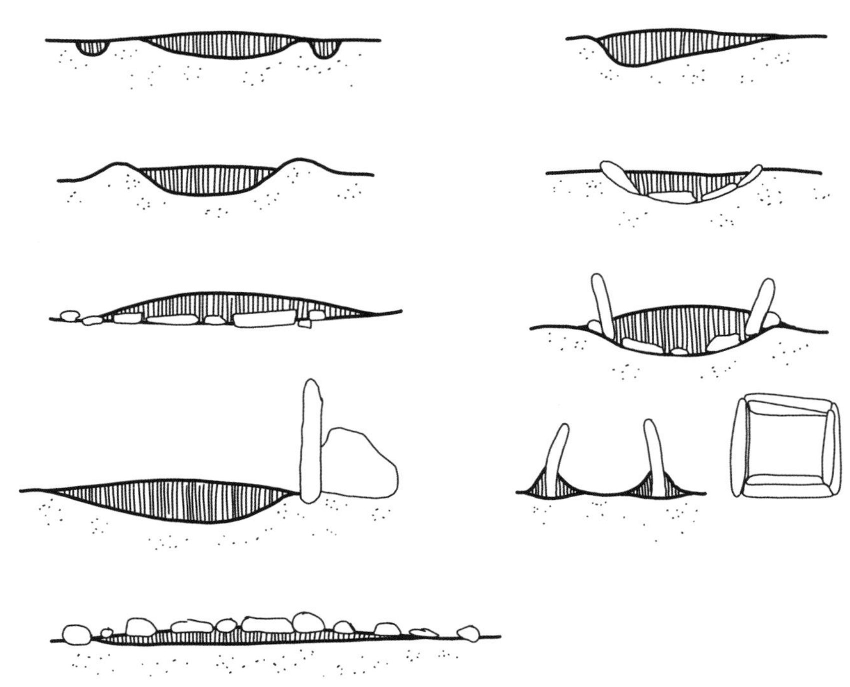

旧石器时代不同类型炉灶的截面，它们可以做出不同的配置。绘图来自Leroi-Gourhan，1979: 9–11

烤炉呢？

对于拥有深洞的炉灶，当未经制作的产品埋进其中的余烬烧烤时，它就变成了烤炉。常在炉灶里发现的石头表明这种做法是可能的。

旧石器时代烤炉的实例很少，但专家们一致指出，泥土烤炉的使用（通常与波利尼西亚文化相关）可能很广泛。泥土烤炉需要在地上挖一个洞，在其中填入热的余烬，然后将待烹饪产品埋进去。有时叶片被用来包裹产品。接下来，所有东西被更多余烬和石头覆盖，以锁住热量。这是烧烤动物和植物（例如块茎和根）的一种非常有用的方法。

使用火的旧石器时代的未经制作产品

被消费的未经制作产品的基本特征是它们的多样性。和祖先相比，尼安德特人和智人拥有更强大的认知能力，这导致了文化和物质复杂程度的增长，令他们能够更有效地适应自己居住的不同生境，并且与之前的原始人类物种相比更充分地利用资源。

尼安德特人身材壮硕，而且拥有较大的大脑。专家们计算得出，要想维持新陈代谢，一个男性尼安德特人每天必须燃烧4000～6000卡的热量，而女性是3000～5000卡。他们捕猎大型食草动物，但也利用各种水生资源，以及一系列来自植物界和真菌的重要产品，而他们始终适应土地和季节带来的限制。例如，欧洲尼安德特人的饮食包括迁徙鸟类、大型牛科动物、马和驯鹿。在地中海盆地西北部记录下来的植物种类非常繁多，有禾本科植物和豆科植物的果实和种子、叶片以及肉质果实和干果，我们将在后面的具体案例中看到这些。

正如我们已经讨论过的那样，智人因其先进的狩猎方法脱颖而出。他们制作的新的石头、鹿角和象牙工具令长途狩猎这一新模式成为可能。他们的箭、矛、飞镖甚至投石器让他们能够放倒最大的动物。对于最难以捉摸的动物（例如鸟类和小型猎物），他们还改进了捕捉它们的方法。使用巧妙的鱼钩和鱼叉，他们学会了高效的捕鱼方法，而且他们还能熟练地采集贝类。在适应各种地形和气候差异方面，他们无疑是最优秀的。难怪他们能够面对上一个冰川期的结束，并且是向生产型经济过渡的物种。

专门研究旧石器时代这一时期的专家常常提到同类相食，这种做法在大多数食肉物种中都相对常见，尽管是偶发性的，而在人类进化中，同类相食自旧石器时代早期进入尾声以来就有记录。关于这种不寻常的烹饪实践的意义，仍然存在争论。一些发现表明这是一种很少见的活动，一般是极度的需求或者仪式性的信仰又或者暴力冲突导致的（在小规模冲突中吃掉被杀死的敌人比吃掉自己群体中的人更合理）。无论如何，我们不能忽视的事实是，人肉出现在了这一时期的未经制作的产品中。

最后，尽管看起来显而易见，但我们决不能忘记他们消费了自然资源中的水——所有未经制作的产品中最重要的东西。属于矿物的未经制作的产品（例如盐）尚未出现在人类饮食中。

尼安德特人使用的未经制作的产品（旧石器时代中期，20万年前至4万年前）

一些尼安德特人群体居住的纬度迫使他们变得完全以肉为食，特别是那些穿越了冰冷的欧洲苔原的群体，因为那里的植物和小型动物都很短缺。他们健硕的体格需要他们消费富含热量和营养的产品，他们成了捕猎大型动物的专家。摄入哺乳动物的肉变得至关重要，这主要包括中型食草动物，如鹿，以及大型食草动物如猛犸象。迁徙水鸟也很重要，它们的肉、脂肪和蛋成了重要的季节性蛋白质资源。下面的内容展示了这些生境中的一些最重要的物种。

生物/动物界/野生/空中生境

鸟类

- **雁形目**
  天鹅（*Cygnus* sp.）
  鸭（*Anas* sp.）
- **鸽形目**
  鸽（*Columba* sp.）
- **其他鸟类**※
  雕（*Aquila* sp.）

生物/动物界/野生/陆地生境

哺乳动物

- **牛科动物**
  麝牛（*Ovibos moschatus*）
  原牛（*Bos primigenius*）
- **山羊类**
  野山羊（*Capra* sp.）
- **马科动物**
  马（*Equus* sp.）
- **鹿科动物**
  驯鹿（*Rangifer* sp.）
  鹿（*Cervidae*）
- **其他哺乳动物**
  猛犸象（*Mammuthus primigenius*）
  犀牛（*Rhinoceros* sp.）

※这些表格包括如今不再被消费的物种，因此根据智论方法学，在未经制作的产品中没有为它们进行分类。

然而，居住在地中海沿岸地区的尼安德特人享有不那么严酷的气候，这让他们能够消费种类更多的未经制作产品。除了陆地哺乳动物，他们的杂食性饮食还包括许多植物和鱼类。在叙利亚一座山洞中的考古遗址，人们发现了许多不同类型的动物遗骸，其中包括马、山羊、鹿、狮子、骆驼和鸵鸟。下表列出了该原始人类地中海种群饮食中的一些标志性物种。

生物/动物界/野生/陆地生境

哺乳动物

• 牛科动物

原牛（*Bos primigenius*）

• 猪科动物

野猪（*Sus scrofa*）

• 马科动物

马（*Equus caballus*）

非洲野驴（*Equus africanus*）

• 山羊类

野山羊（*Capra aegagrus*）

• 兔科动物

兔（*Lepus* sp.）

• 骆驼科动物

骆驼（*Camelus* sp.）

• 鹿科动物

马鹿（*Cervus elaphus*）

波斯黇鹿（*Dama mesopotamica*）

西方狍（*Capreolus capreolus*）

山瞪羚（*Gazella gazella*）

• 其他哺乳动物※

非洲冕豪猪（*Hystrix cristata*）

棕熊（*Ursus arctos*）

缟鬣狗（*Hyaena hyaena*）

狗獾（*Meles meles*）

貂（*Martes* sp.）

鼬（*Mustela* sp.）

干草原犀（*Dicerorhinus hemitoechus*）

狮（*Panthera leo*）

花豹（*Panthera pardus*）

猫（*Felis* sp.）

狼或狗（*Canis* sp.）

狐狸（*Vulpes* sp.）

※这些表格包括如今不再被消费的物种，因此根据智论方法学，在未经制作的产品中没有为它们进行分类。

生物/动物界/野生/陆地生境

爬行动物

• **爬行动物**

欧洲陆龟（*Testudo graeca*）

生物/动物界/野生/空中生境

鸟类

• **鸵形目**

非洲鸵鸟（*Struthio camelus*）

在以色列卡梅尔山（Mount Carmel）附近的一处遗址，考古学家能够找到大量尼安德特人烹饪过的炭化种子的遗迹。根据古植物学分析，这些种子在被烹饪时处于最佳成熟度。其中包括多种豆科植物和野生禾草的果实和种子。他们还发现了大量自然干燥的坚果，例如橡子和开心果。

生物/植物界/野生/陆地生境

维管植物

• **草本动物**

卵穗山羊草（*Aegilops geniculata/peregrina*）
刺猬黄芪（*Astragalus echinus*）
野生小亚细亚燕麦（*Avena barbata/wiestii*）
罗马风信子（*Bellevalia* sp.）
二穗短柄草（*Brachypodium distachyon*）
雀麦（*Bromus* sp.）
纤细红花（*Carthamus tenuis*）
墙生藜（*Chenopodium murale*）
野生鹰嘴豆（*Cicer pinnatifidum*）
狗牙根（*Cynodon dactylon*）
纸莎草，油莎草［莎草科（*Cyperaceae*）］
细叶蓝蓟（*Echium angustifolium/judaeum*）
阿勒颇大戟（*Euphorbia aleppica*）
拉拉藤（*Galium kolgyda*）
野生大麦（*Hordeum spotaneum/bulbosum*）
铜钱豆（*Hymenocarpus circinnatus*）
Peavine山黧豆属物种※1
Lathyrus hierosolymitanus
Lathyrus inconspicuus
Lathyrus sect. cicercula
兵豆（*Lens* sp.）
锦葵（*Malva* sp.）
一年生山靛（*Mercurialis annua*）
滇紫草（*Onosma orientalis*）
橘黄花豌豆或野豌豆（*Pisum fulvum/Vicia palaestina*）
野萝卜（*Raphanus raphanistrum*）
蝎尾豆（*Scorpiurus muricatus*）
埃及蝇子草（*Silene aegyptiaca*）
车轴草（*Trifolium* sp.）
苦野豌豆（*Vicia ervilia*）
Vetch野豌豆属植物※2
Vicia laxiflora/tetrasperma
Vicia lutea/sativa/sericocarpa
Vicia narbonensis
Vicia peregrina
Vicia pubescens
Vicia cuspidata/lathyroides

• **乔木**

栎树（*Quercus* sp.）
大西洋黄连木（*Pistacia atlantica*）

• **灌木**

野生葡萄（*Vitis vinifera subsp. sylvestris*）

※1：山黧豆属约有180个物种，表中所列物种均非中国原产，亦无引进，所以尚无中文译名。
※2：野豌豆属有200个物种，表中所列物种均非中国原产，亦无引进，所以尚无中文译名。

智人使用的未经制作产品（旧石器时代，4万年前至1万年前）

智人必须应对和尼安德特人同样的气候，并且也要根据自己居住的不同纬度的可用资源调整饮食。来自英格兰南部旧石器时代的遗迹得到分析，揭示了消费动物带来的相当可观的蛋白质摄入，这些动物大部分是食草动物。在比较寒冷的地区，脂肪和蛋白质的基本摄入是较大物种提供的，其中包括大型食肉动物，例如熊。在欧洲的温带森林，肉的消费将通过捕猎较小的哺乳动物来维持。

下表展示了在此期间构成智人饮食一部分的某些动物的分类。

生物/动物界/野生/陆地生境	
哺乳动物	
• 马科动物 马（*Equus* sp.）	• 鹿科动物 驯鹿（*Rangifer* sp.）
• 牛科动物 原牛（*Bos primigenius*）	• 其他牛科动物 野牛（*Bison* sp.）
• 猪科动物 野猪（*Sus scrofa*）	• 鹿科动物 鹿（*Cervidae*） 西方狍（*Capreolus capreolus*）
• 其他哺乳动物※ 猛犸象（*Mammuthus primigenius*） 披毛犀（*Coelodonta antiquitatis*） 洞熊(*Ursus spelaeus*) 狼（*Canis lupus*）	

※这些表格包括如今不再被消费的物种，因此根据智论方法学，在未经制作的产品中没有为它们进行分类。

生物/动物界/野生/空中生境

鸟类

- 迁徙鸟类

生物/动物界/野生/水生生境

软体动物

- 双壳类

牡蛎（*Ostrea*）
贻贝（*Mytilus*）
鸟蛤（*Cardium*）

- 腹足类

帽贝（*Patella*）
单齿螺（*Monodonta*）

至于来自植物界的产品，下面是在欧亚大陆各地考古遗址中发现的物种的一部分。对这些遗址的研究不仅揭示了在旧石器时代晚期使用火的热量制作的各种植物产品，还发现了适合研磨它们的石头。

生物/植物界/野生/陆地生境

维管植物

- 草本动物

阴地蕨（*Botrychium ternatum*）
羽衣草（*Alchemilla vulgaris*）
牛蒡（*Arctium lappa*）
块根莴苣（*Lactuca tuberosa*）
地中海假雀麦（*Brachypodium ramosum*）
黑麦雀麦（*Bromus secalinus*）
峨参（*Anthriscus caucalis*）
高莎草（*Cyperus badius*）
湖滨藨草（*Scirpus lacustris*）
辣蓼（*Polygonum hydropiper*）
直立黑三棱（*Sparganium erectum*）
狭叶香蒲（*Typha angustifolia*）
宽叶香蒲（*Typha latifolia*）

智人消费了从植物界采集的产品的不同部位。例如，他们使用野生莴苣和欧芹物种的嫩叶，以及各种水草的根状茎。高莎草、宽叶香蒲、狭叶香蒲、辣蓼和直立黑三棱都是湿地的典型植物。

尼安德特人和智人进食哪些未经制作的产品？

在这里，我们简要介绍了目前已知的尼安德特人和智人消费的主要产品。对于尼安德特人，我们指出了他们在最寒冷的时期猎食的食草动物，而对于智人，我们列出了一些他们在欧洲的温带森林捕杀的物种。

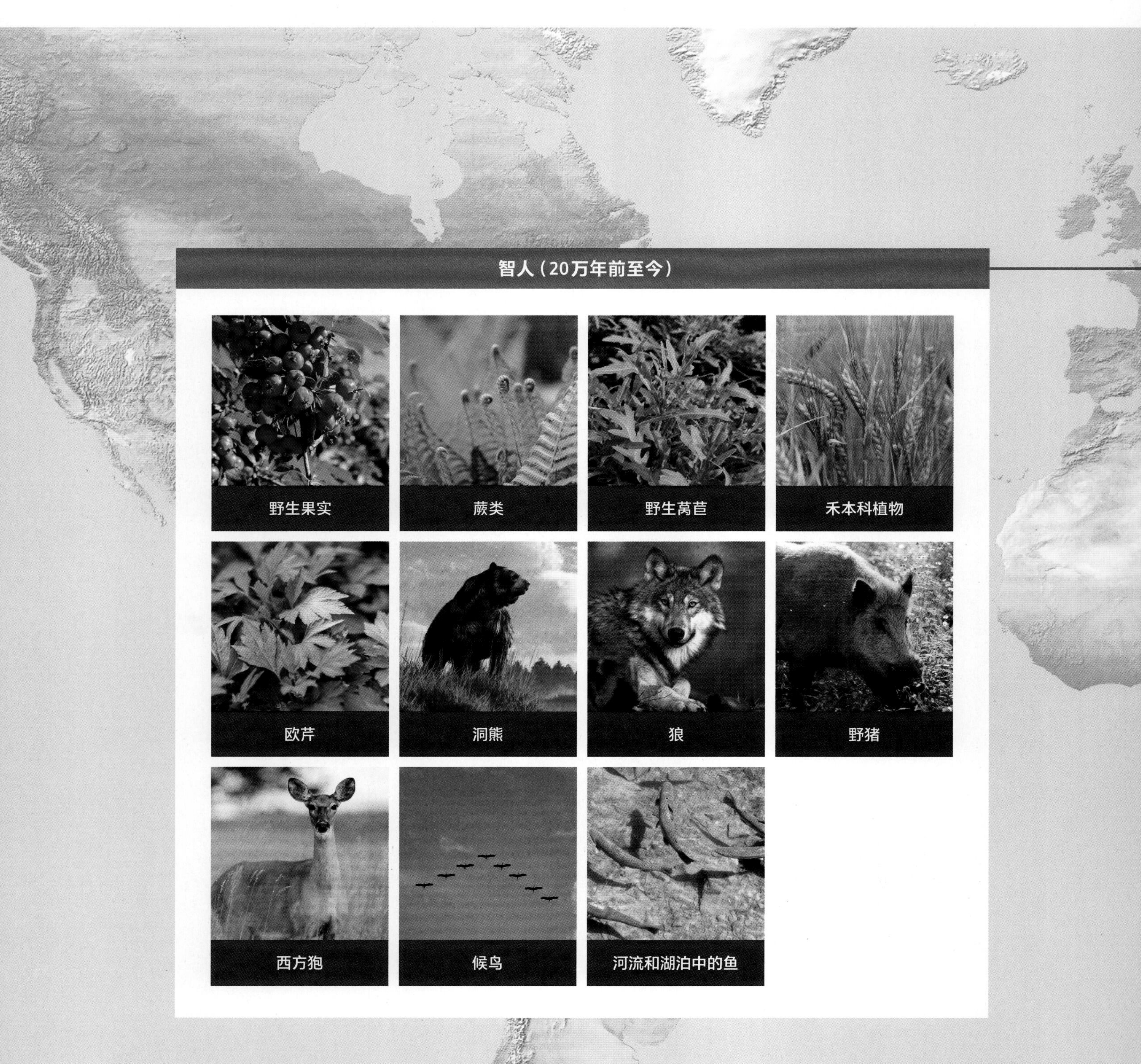

对于植物，我们指出了尼安德特人消费的各种野生豆科植物（兵豆、鹰嘴豆、野豌豆）以及肉质果实（野葡萄）和坚果（橡子）。根据目前的考古发现，智人食用了不同禾本科植物的种子，还采摘了一些植物的叶片，包括野生莴苣和欧芹。

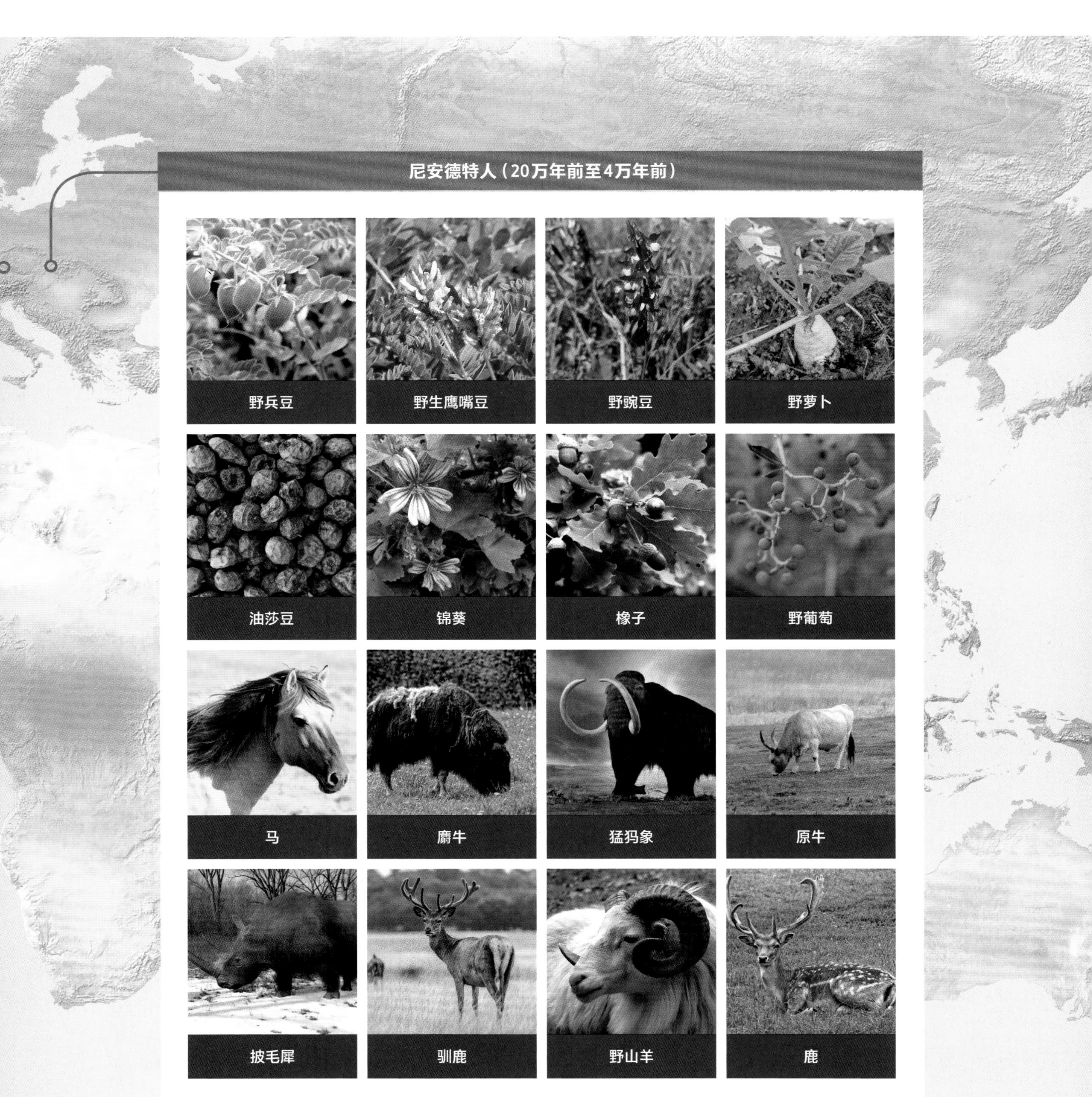

在使用火的旧石器时代出现了什么类型的烹饪？

在使用火的旧石器时代，展示这种烹饪类型能够产生的特征的最重要的标准以及它们在烹饪中的应用如下：

①烹饪时的目的	在旧石器时代，对火的控制以及火作为一种引入新技术的工具在烹饪过程中的应用让我们能够谈论两种目的的结合：创造和再生产。一方面，新颖的东西不断增加；另一方面，狩猎和采集到的产品往往以同样的方式制作。
②制成品用于进食还是饮用	火引入了通过煎煮或煮沸制作饮品的可能性，为上一时期的饮品增添了新的种类。
③用于营养还是享乐主义※	这一条标准表明，当时只有为了营养的烹饪，享乐主义未被考虑。
④制作某种料理的意图	尽管没有人意识到它的发生，但是当时存在对某种拥有特定特征的料理的再生产，这些特征包括游牧、使用天然产品、创造性等。
⑤烹饪是为了立即食用还是为了储存	烹饪内容被立即食用，但是出现了新的保存技术，从而扩展了在不同于烹饪时间的时刻摄入制成品的可能性。这些技术使用了无须加热的化学诱导烹饪方法，例如烟熏和腌泡。
⑥厨师的人数	个人层面上的个体化不是一个能够在旧石器时代应用的概念。群体生活是常态，而每个个体为群体做出贡献并同时依赖它。这让我们可以假设，就像狩猎和觅食是集体进行的一样，烹饪很可能也是如此。我们不知道厨师的人数，但是我们可以确定这是由一群厨师为一群用餐者制作的料理。
⑦厨师的年龄	如果我们可以将旧石器时代的原始人类视为一个群体，而且基于我们对烹饪者的具体年龄并不了解，我们可以推断，因为他们作为一个群体进行烹饪，那么不同年龄的厨师应该都会参与这项活动。
⑧进食发生的空间	一切都指向那些构成私人领域的一部分的空间（公共领域不存在），它们可以是室内和室外空间。
⑨气候区	原始人类进行烹饪的地方的气候无疑将决定他们能否在户外烹饪、哪些产品是可用的等。
⑩大陆和地理区域	原始人类生活在地球上的哪个部分将产生地形和地理特征，这些特征有利于特定动植物物种以及其他烹饪资源的存在。

⑪生物群系	取决于地理位置和气候的组合，原始人类将处于某种特定的生物群系中，该生物群系有利于特定产品的消费并决定了它们的丰富或贫乏。
⑫再生产制成品所需的时间	由于涉及加热的技术需要一定的时间和等待，因此再生产时间延长了。此外，照明和供火燃烧的燃料需要提前准备好基础设施和补给。
⑬进食一种或一套制成品所需的时间	热的制成品需要在消费前冷却，因此用于摄入制成品的时间增加了。此外，在这一时期必须坐下来与其他原始人类群体共享进食时光，这一事实也增加了摄入所需时间。
⑭季节	每个季节都会产生不同的营养和烹饪场景。每个季节都会有一种料理，人们在其中使用每个季节的主导产品。
⑮自然或人工※产品	旧石器时代不存在人工产品，这一事实让我们只能谈论自然烹饪。所用产品的种类增加了，因为人属物种在这一时期能够更好地适应他们居住的生境。
⑯手工艺的还是工业化的※	所有史前料理都是手工的。
⑰供品尝制成品采用的技术的数量	随着化学诱导烹饪技术（加热的和不加热的）以及预加工技术的融入，烹饪变得越来越复杂。
⑱中间制成品的数量	随着新的预加工和制作技术的加入，烹饪过程中的中间制成品增多了。
⑲制作的难度水平	火的到来增加了加工过程的难度，这需要对使用火应用的技术拥有更具体和更复杂的了解。
⑳结果是生的还是“不生的”	不再只有两种选择（生的，或者使用无须加热的化学诱导方法烹饪过的），而且以不同方式加热产品开辟了一个烹饪过的制成品的世界。
㉑创造性水平和创新性结果	尽管我们不能谈论创新，但是就结果而言，这是绝对的创造性的体现，因为将火作为工具引入产生了大量新技术、一种不同的产品使用方式，以及此前未知的制成品。与从前相比，这个时期产生了非常有创造性的料理。
㉒供品尝制成品的温度	温度因素具有重要意义，因为热制成品首次可以任意消费，而且可以更改寒冷的气候和环境温度。火带来了一种新的料理，它可以是热的和非常热的。
㉓质感	用火烹饪的到来产生了新的质感，最重要的是软化的可能性，即制作柔软的制成品，它们将更适合年幼的原始人类和患病的成年人。
㉔脆弱性	与温度相关，知道如何用火烹饪是一回事，而令制成品保持热度是另一回事。此外，热饮必须装在容器中，而且必须避免泼洒或在太烫时摄入，这让我们能够谈论第一批脆弱的料理。

※星号表明该标准的主要元素在旧石器时代还不存在。我们在这里提到它们，是因为将它们纳入考虑范围是很有用的，可以更好地理解当时的料理与现在的料理之间的区别。

㉕供品尝制成品的气味或香味	热的或者非常热的温度导致制成品气味的变化，使它们释放出新的香气。
㉖机动性	因为原始人类是过着游牧生活的，所以他们的料理也是如此。游牧料理是指在不同地方制作的料理，并取决于位置使用不同的资源。
㉗品尝工具	将火作为工具使用的结果是出现了其他制作和品尝或摄入的工具（我们必须记住，由于不存在美食思维，我们不能认为这是品尝），令热的食物可以被容纳、上菜和摄入。制成品与热源的直接接触需要使用工具夹取接受加热的产品。
㉘进食的位置和姿势	火也是用于集体摄入食物的聚会场所，拥有强大的社会化效果。以最低限度的结构化的方式结伴坐在篝火旁的习俗开始形成。
㉙人属物种	虽然直立人发现并熟悉了火，但没有证据表明他们使用火烹饪。根据确凿的发现，烹饪开始于更晚的时候，大约是40万年前，这让我们能够谈论尼安德特人料理和智人料理。
㉚按照世界历史时期的视角	它们属于旧石器时代，可以分类为旧石器时代的料理，不过本书区分了这段时间内的不同时期。

第4章

新石器时代：重大历史里程碑

（公元前10000年至前3500年）

我们的烹饪根植于新石器时代。在数千年的历程中，我们发展出了如今仍然能够在任何餐厅的厨房里看到的工具和技术。尽管设计有所更新，但现代的金属烹饪锅仍与新石器时代的陶瓷烹饪器皿非常相似。第一批农业社会还创造了经过制作的产品，并将烹饪实践用于储存，这增加了烹饪过程的复杂程度，直到这时烹饪过程才变得更加线性化。

新石器时代概况

新石器时代在英语为“Neolithic”，意为“新的石头”，是紧接着旧石器时代时期得到的名字。之所以使用这个名称，是因为这一时期的石器工具的外表，它们在剥落之后，还会进行打磨处理，从而可以有效地完成特定任务。新石器时代始于公元前10000年（即12000年前）的新月沃土，并随着美索不达米亚文明的兴起以及金属工具和武器的发展结束于公元前3500年的同一地区。

新石器时代的特征体现了它与上一个时代的显著差异：农业、畜牧业、新的石器技术、陶器、建筑的开端、定居生活和全新的烹饪形式。这是个重要的时期，我们如今的生活方式就是在这个时期奠定的。

但是，并非所有这些变化都是突然发生的。其中一些在旧石器时代末期的过渡阶段（称为晚旧石器时代和中石器时代）可能就已经崭露头角了。此外，祖先的生活方式（例如狩猎和觅食的习俗）并没有完全消失。换句话说，新石器时代是人类历史上的一个新阶段，但是它的开端和旧石器时代的结束混在一起，而它的创新是逐渐实施的。

新石器时代最早发生的地方是名为“新月沃土”的区域，位于今天的中东。具体地说，这个词指的是位于一大片基本荒漠化地区中的四个土地肥沃的区域：

- 黎凡特（今天的黎巴嫩和历史上的叙利亚和巴勒斯坦地区沿海）

- 叙利亚东北部（幼发拉底河流域中部）

- 安纳托利亚东南部（今土耳其）

- 美索不达米亚和扎格罗斯山脉（今伊拉克以及与伊朗接壤的地区）

如果我们在地图上给这些区域着色，它们会形成一个新月的形状，因此得名新月沃土。如果我们延长新月的西端，将会抵达尼罗河流域——另一个世界上古老的新石器时代的中心。

在世界上的每个地方，新石器时代发生于不同的时间，并且拥有各自的特征。在两个不同的地方，它的开端可以相差6000年之久。例如在某些地方，新石器时代开始后，陶器用了3000年才站稳脚跟，而在日本等地，它是一种狩猎和采集者在定居生活会前就已经采用的科技。换句话说，我们在新石器时代开始看到不同地方之间的生活方式出现了巨大差异。

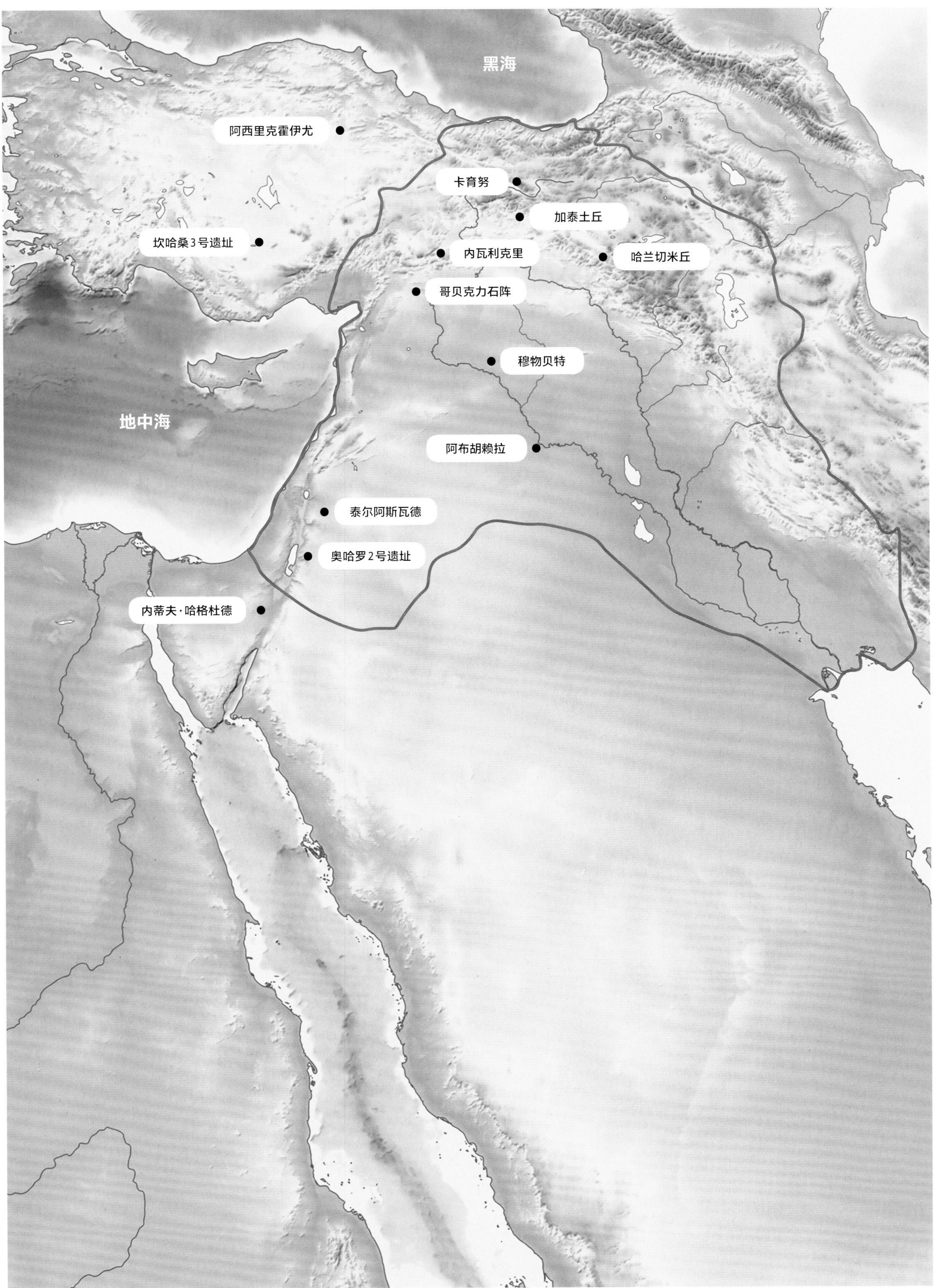

新月沃土和一些最重要的新石器时代定居点

新石器时代的生活方式是如何出现的？

营养再一次引领道路

狩猎和采集者怎么可能从根本上改变自己的生活方式，变成了定居生活的农民？正如历史上所有重大且复杂的变化一样，它有很多解释，而且这种转变并没有看上去那么突然。解释新石器时代何以在更新世末期降临的经典理论之一是所谓的“广谱革命”（broad spectrum revolution）。

由考古学家肯特·V. 弗兰纳里（Kent V. Flannery）在20世纪60年代末提出，该理论认为，在旧石器时代晚期即将结束时（15000年前至12000年前），新月沃土的人口压力迫使许多狩猎和采集者群体占据了边缘地区，即资源较少的区域。更确切地说，智人的繁荣是以出生率大大提高为前提的。群体的规模变得太大，必须分裂。那些离开的群体必须在新的地方寻找庇护所，并找到属于自己的狩猎和觅食领地，不能与其他群体的领地交叉。这些地方的资源通常比较贫乏，因为最好的土地已经被占领了。

为了在新环境中生存，这些群体必须磨炼才智，尽一切可能开发利用身边的一切。结果就是饮食的多样化程度大大提高。他们不再捕猎一两个物种，也不再只采集富含营养的少数几种块茎，相反，他们吃能吃的一切东西。此前被忽视的产品（因为营养或能量价值低）现在变成了主食。如果我们将这套理论应用于美食领域，我们可以将它重新命名为“未经制作产品的革命性扩张”。这些边缘地区的居民肯定不得不榨取其环境中的一切资源，才能获得他们需要的养分，这很可能导致他们最终自己种植了植物。在有文件记载的案例中，可以观察到中石器时代（旧石器时代和新石器时代之间的过渡时期）新月沃土的人群大量采集野生小麦和大麦，还使用不同策略（例如点燃小型野火以清空森林）促进它们的生长。

为了验证弗兰纳里的理论是否正确，科学界已经开展了数百项研究。近些年来，尽管它仍然是一种有效的理论，但研究人员提出了这种广谱饮食始于何时的问题，因为很多方面表明尼安德特人已经在这么做了。有迹象表明这种转变发生在农业出现之前，因为某些发现指向了后来成为新石器时代习俗的先驱性的活动：

- 在地中海东部沿海地区，许多附着在大块光滑石头上的野生禾草种子经年代测定后发现，它们源于旧石器时代晚期。考古学家据此提出，那里已经开始制作面粉了（见第378页）。

- 还有迹象表明，某些群体在旧石器时代晚期饲养动物（见第376页）。

对于新的、更多样化的饮食的采纳，气候条件也发挥了作用。接下来我们将讨论这个问题。

气候有利于生活方式的转变

新石器时代的到来紧跟着大约14000年前间冰期结束时的一种更温暖、更湿润的气候的建立。这也是新的地质时期全新世的开始。所有生态系统、动物群和植物群都发生了根本性的变化。极地冰盖融化了很大一部分，导致海平面上升并淹没了许多沿海地区，因此出现了大量淡水湖泊。

欧洲和亚洲的苔原退回到最北端，导致了猛犸象、披毛犀和大角鹿等大型哺乳动物的灭绝。马、鹿和驯鹿（大型有蹄类哺乳动物）的数量下降，导致其捕食者穴狮、鬣狗和洞熊的灭绝。被局限在缩小区域中的动物站稳了脚跟。落叶森林向北发展，而地中海地区变成了覆盖生产力不高的多年生植被的地区，和今天类似。

在几千年里，生活发生了根本性的变化。狩猎和采集群体不得不习惯新的可用资源模式。动物的种类不同，并以不同的方式运动。新的森林在秋天生产果实，在春天生产球茎，而全年都有丰富的小型哺乳动物、淡水鱼以及海洋产品。

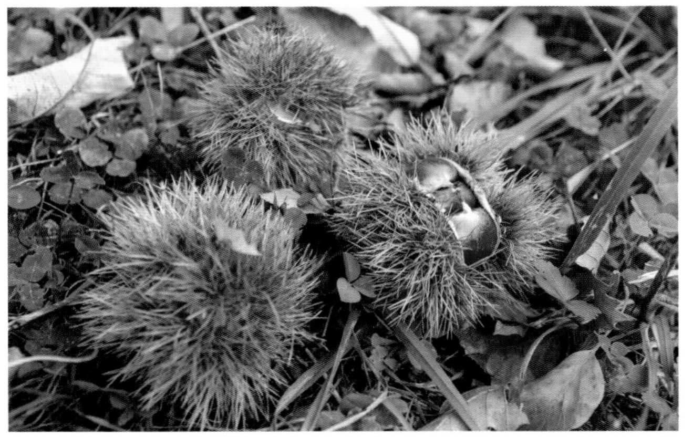

新石器时代在新月沃土的不同时期

在第408页，我们列出了新月沃土新石器时代的一些相关细节，该地区是全世界首个采取农业生产方式并接纳随之而来的所有变化的地方。烹饪方式的革命性变化也是首次在这里出现的。本章提供的大部分具体信息指的都是这个地区。

有趣的是观察新鲜事物是如何逐渐引入的。新月沃土的新石器时代发展得非常缓慢，并分为四个时期。前两个的特点是缺乏陶器，这种技术创新在第三个时期出现于该地区，此时农业和畜牧业已经有了几千年的历史。第四个时期的特点是铜的存在，该时期被认为是向青铜时代和文明兴起过渡的一个阶段。

前陶新石器时代A期（公元前10000年至前8300年）

该时期始于向栽培植物靠近的趋势，包括密集且有意识地采集野生禾草。某些品种已经开始被种植，但是这还不能称为驯化。这是前期阶段。此时仍然没有畜牧业的记录。

定居生活以小村庄式定居点的形式出现，圆形住所部分沉入地下，没有内部分隔。贸易关系似乎已经确立。它们和工业一起构成了新石器时代的第二经济支柱。一些原材料被当时的人类交易，例如曜石（一种非常有用的石头，用于制作锋利的工具）、盐、焦油和硫黄。

前陶新石器时代B期（公元前8300年至前6300年）

小村庄变得有点复杂，可以观察到一定程度的规划。住所采用了矩形形状，带有一些内部分隔。另一个伟大的创新出现了：布。我们知道出现了布，是因为考古记录中存在织布机的配重和纺锤图案。绵羊、猪、山羊和牛被驯化。

此时已经出现了禾本科植物——通常称为谷物（小麦和大麦的品种）——和其他作物被驯化的清晰迹象，例如兵豆、鹰嘴豆和豌豆。

陶器时代（公元前6800年至前4500年）

出现陶器这种人类最早的人工材料（我们将在下面的几页讨论这一点）的时期。人类开始制作各种坚硬且不透水的器皿。在此之前，只有阳光晒干的黏土小雕像，但是此时人类对烧结黏土这项工作有了更好的理解。

随着灌溉沟渠的出现，农业技术变得更加复杂。这些沟渠出现在新石器时代文化中，例如哈苏纳文化（Hassuna，公元前5500年至前5000年）和萨马拉文化（Samarra，公元前5600年至前4800年），它们都位于如今的伊朗境内。实际上，对灌溉系统的控制将成为令该地区出现最早文明的关键因素之一。

定居点（此时是村庄）组织得更好，有围墙和其他防御系统。在该时期的末期已经出现了城市特征，例如新石器时代欧贝德文化（Ubaid）中建造的神庙。

铜石并用时代（公元前4500年至前3500年）

新月沃土地区的某些考古一直出土了用铜做成的物品，这是制铜技术的起点，而这种技术将产生其他金属，例如青铜和后来的铁。为了标明这种创新，所以更改了该时期的名称。

此前的所有变化都得到巩固，城市化进程加快、政治复杂性增加，一切在迈向我们所知的美索不达米亚文明。

新石器时代在新月沃土的不同时期

前陶新石器时代A期

圆形住所

初期农业：
前驯化阶段

贸易网络建立

没有畜牧业

前陶新石器时代B期

矩形住所

农业：
永久确立

布匹科技

有组织的村庄

畜牧业：
第一批被驯化的动物

公元前10000年　公元前9000年　公元前8000年　公元前7000年

陶器时代

铜石并用时代

美索不达米亚文明

陶器

农业：灌溉系统

更好的村庄结构

畜牧业建立：
使用牛奶的最早证据

最早的铜制品

复杂的社会：
专门化和社会阶层分级

公元前6000年

公元前5000年

公元前4000年

公元前3000年

其他新石器时代的中心

除了新月沃土——它将是我们在接下来的内容里的焦点，动植物的驯化和其他新石器时代的创新还独立出现在了其他地方。新的生存模式将从这些地区传播到全世界的其他地方，而研究人员通常会指出五个中心的存在：

- **中国北方和南方（约公元前7000年）。**在全世界最长的两条河流长江和黄河的流域，农业和畜牧业蓬勃发展。如第412页的地图所示，由于每个地区的气候和景观不同，作物和牲畜也是不一样的。

- **巴布亚新几内亚（约公元前7000年）。**在这座偏远的太平洋岛屿上，一些人通过在崎岖不平的西部山区开垦梯田，开始了栽培作物的过程。这一习俗从那里扩散到美拉尼西亚。和其他热带地区一样，这些人选择将农业活动与狩猎采集相结合，基于生产和狩猎创造出了一种真正混合的系统。

- **撒哈拉非洲（约公元前5000年）。**趁着气候良好、水源充足的时期，目前是一片沙漠的地方在当时变成了一片草原，在那里可以发展一点农业，但畜牧业才是特别适合发展的。该地区的新石器时代与一段艺术上辉煌的时期相吻合，许多洞穴蚀刻和绘画证明了这一点，例如保存在阿尔及利亚南部的那些艺术作品。不久之后，新石器时代向南发展了一点，而薯蓣和非洲稻等作物的栽培在热带边缘开始。

- **中美洲（约公元前7000年）。**在这个地区，虽然玉米等植物的驯化始于这一时期的开端，但农业似乎直到约公元前3500年才确立下来。令人惊讶的是，除了火鸡和狗，这里几乎不存在动物驯化。

- **安第斯山脉（约公元前7000年）。**首批农业活动很早就发生在高山地区。被驯化的物种包括马铃薯、豚鼠和美洲驼，还采用了中美洲的作物。

还有第六个区域，印度河流域，那里最先驯化了鸡——我们如今的饮食中受欢迎的动物之一。虽然它长期以来被视为独立于新月沃土之外的一个新石器时代中心，但最近的研究表明并非如此。尽管如此，有趣的是印度河流域的新石器时代造就了繁荣的古代文明之一，其拥有哈拉帕和摩亨朱-达罗这样的城市。

“进入新石器时代的过程
自发出现在地球上的不同地方。”

在欧洲发生了什么？

所有证据表明，新石器时代革命从新月沃土蔓延到欧洲，这要么是寻找新土地的农民的迁徙造成的结果，要么是想法、陶器和驯化动植物通过早期贸易路线传播的结果。

欧洲的新石器时代不是本地现象，而是外来现象。证实该假设的证据包括遗传研究的发现，它们表明某些驯化物种在欧洲大陆不存在野生状态。考古学家还发现欧洲进入新石器时代的过程分为几次浪潮，其导致所有科技、经济和社会创新同时突然出现，而不是逐渐地发展。换句话说，新石器时代在一系列时间序列上分数次从中东抵达欧洲，每次都带来一整套已在中东实施过的创新。

必须牢记的是，新石器时代不是同时抵达欧洲的每个地区的，也不是以均匀一致的方式被引入的。实际上，它横跨非常广泛的时间框架，这反映了不同的采纳速度，令处于不同历史阶段（例如中石器时代、铜石共用时代以及青铜时代）的社会共存于这座大陆。

专家往往会区分欧洲进入新石器时代的4个主要地区：希腊和巴尔干半岛、多瑙河地区（欧洲大陆的中央）、地中海盆地中部和西部地区（今意大利、法国和伊比利亚半岛的沿海和次沿海地区），以及在这之后的大西洋沿岸和斯堪的纳维亚半岛南部（该现象发生在斯堪的纳维亚半岛北部的时间晚得多）。这些地区——或者更具体地说，在这些地区发展的文化——拥有共同的元素，但也具有各自的鲜明特征。

- **欧洲东南部：希腊和巴尔干半岛**

在希腊，新石器时代在欧洲的降临发生在大约8500年前。除了更早进入新石器时代，该地区还与新月沃土有着更大的相似性。

- **中欧：多瑙河地区**

该地区在公元前5500年至前4800年进入新石器时代，而这显然和它重要的河流网络有关。沿河地区是首批采用作为该进程特征的社会、经济和科技变化的地区。

农业首次被用于环境迥然不同的景观：温带雨林。更适合寒冷气候的大麦比小麦更有优势。出于同样的原因，并且由于广阔的放牧土地，饲养牛变得比饲养绵羊和山羊更重要。养猪的重要性也增加了。

- **地中海地区中部和西部**

这里进入新石器时代的过程是沿着海岸进行的，在公元前7000年始于达尔马提亚地区，并在公元前6000年抵达伊比利亚半岛。其农业模式类似新月沃土，主要基于小麦、豆科作物，以及绵羊和山羊的放牧。

- **大西洋沿岸和斯堪的纳维亚半岛南部**

作为距离原始中心最远的地方，这些区域进入新石器时代的时间晚得多，从公元前4500年才开始。在那里，生产型经济的采用与新石器时代晚期典型的巨石墓建筑的扩张相吻合。

欧洲大西洋沿岸进入新石器时代的过程拥有与多瑙河地区相同的特征，例如使用木材搭造建筑以及在更寒冷、更湿润的气候下进行农业和畜牧业。斯堪的纳维亚半岛的极端天气阻碍了农业的有效引进，而畜牧业则几乎完全限于放牧驯鹿。

全世界的主要新石器时代

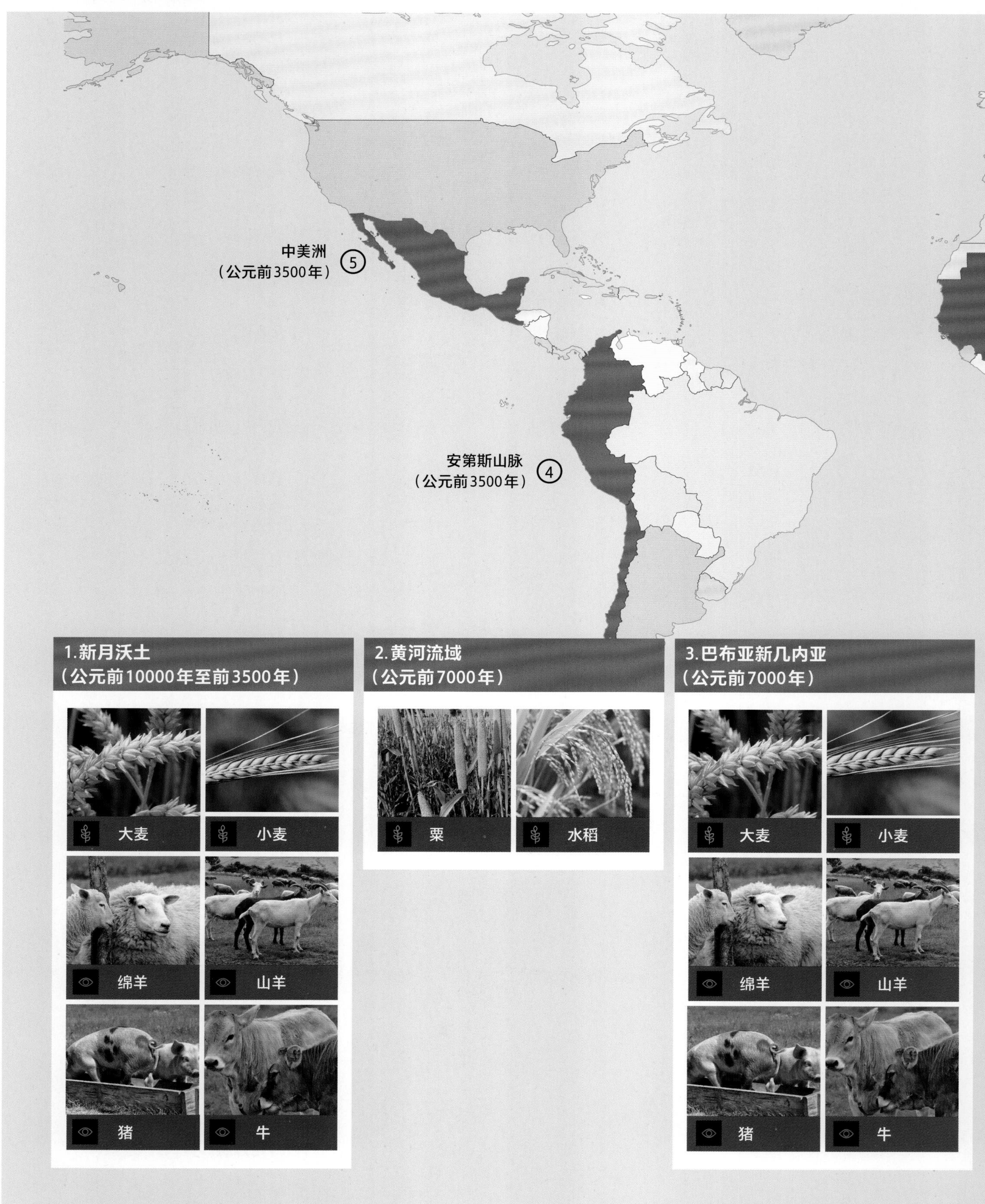
中美洲
（公元前3500年） ⑤
安第斯山脉
（公元前3500年） ④
1.新月沃土
（公元前10000年至前3500年）
大麦
小麦
绵羊
山羊
猪
牛
2.黄河流域
（公元前7000年）
粟
水稻
3.巴布亚新几内亚
（公元前7000年）
大麦
小麦
绵羊
山羊
猪
牛
作物
家畜

①新月沃土
（公元前10000年至前3500年）
②黄河流域
（公元前7000年）
③巴布亚新几内亚
（公元前7000年）
⑥撒哈拉非洲
（公元前3000年）
4.安第斯山脉
（公元前3500年）
玉米
干豆子
木薯
番茄
羊驼
美洲驼
豚鼠
5.中美洲
（公元前3500年）
玉米
辣椒
南瓜
干豆子
青豆
土鸡
6.撒哈拉非洲
（公元前3000年）
粟
高粱
绵羊
山羊

新月沃土和西欧的历史发展差异

如果我们可以穿越回新石器时代，我们将看到世界上的不同地方表现出巨大差异。就像是用纽约市对比莫桑比克的一个小村庄：它们在同一时间共存，但是它们的生活方式完全不同。进入新石器时代的数千年里，中东和欧洲之间也是如此。下表比较了某些地区在同一时间的状态。

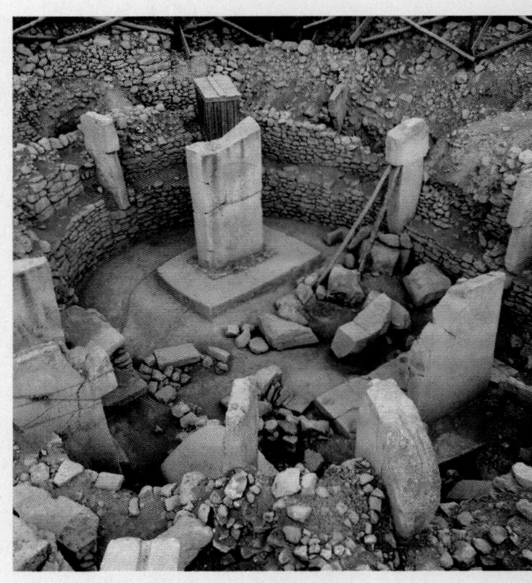
哥贝克力石阵

公元前9000年

新月沃土

- **新石器时代得到巩固**
- **农业**
- **小村庄**
- **露天炉灶**

例子：穆物贝特（叙利亚）

- **神殿**
- **纪念性建筑**
- **宴会**

例子：哥贝克力石阵（土耳其）

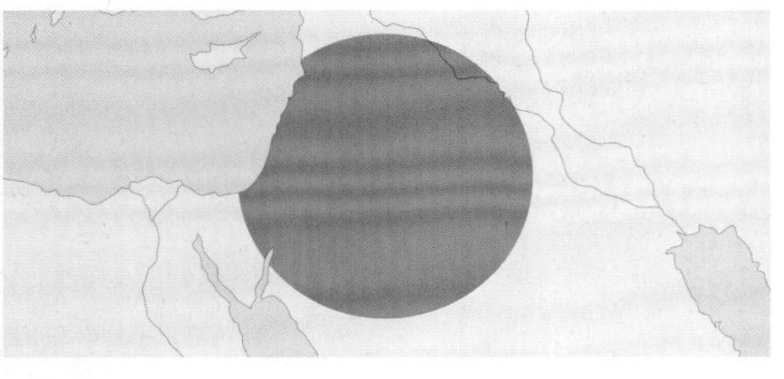

地中海西部

- **晚旧石器时代的狩猎和采集者**

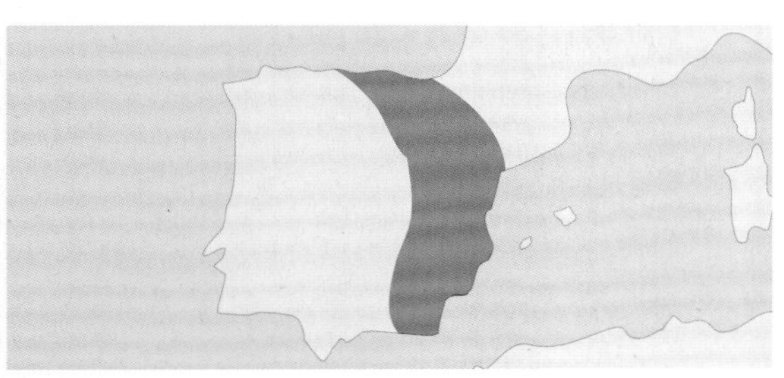

公元前7000年

新月沃土

- **陶器**
- **城市雏形**
- **有厨房和食品室的房屋**
- **神殿**

例子：加泰土丘（土耳其）
5000～8000名居民

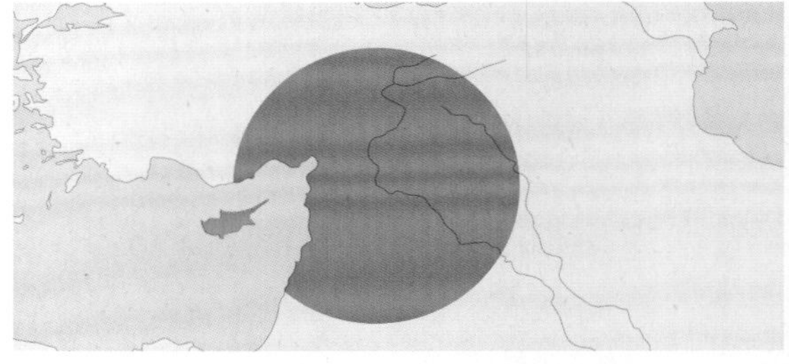

地中海西部

- **晚旧石器时代的狩猎和采集者**

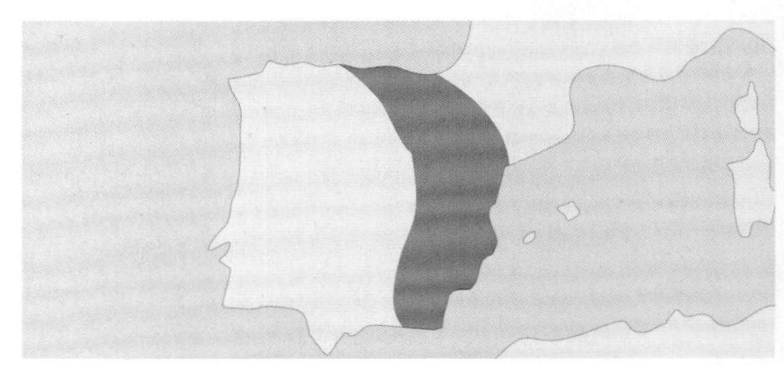

加泰土丘

拉德拉加遗址

米拉雷斯遗址

公元前5000年

公元前3000年

- 第一种金属（铜）　　例子：欧贝德文化（伊拉克）

- 文明
- 烹饪艺术
- 古埃及
- 美索不达米亚

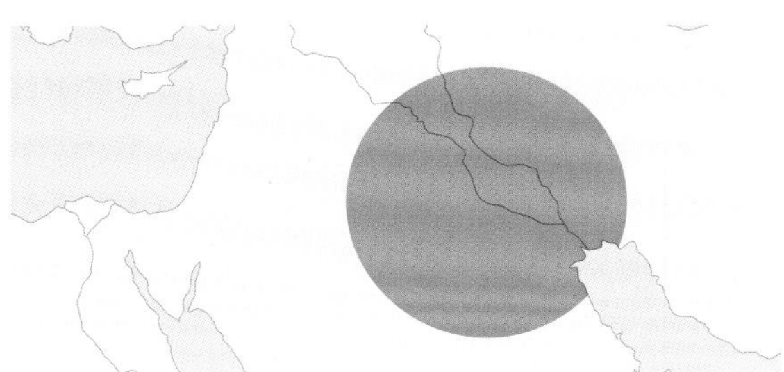

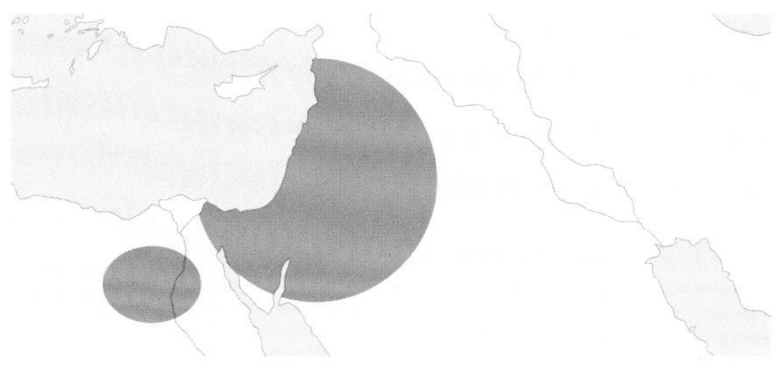

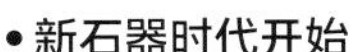

- 新石器时代开始　　例子：拉德拉加遗址
- 没有房间划分的房屋

- 金属（铜）　　例子：米拉雷斯遗址
- 第一座纪念性建筑（城墙）

文化交流始于新石器时代

新石器时代是一个非常重要的时期，不只是因为持续至今的生活方式的创新，还因为将会影响整个人类历史的另一项至关重要的事物的出现：和其他人群的接触。在旧石器时代，地球上的人口是如此稀少且分散，以至于任何接触都是象征性的，没有留下太多烙印（除了遗传上的）。随着定居生活的采纳和人口的增长，出现了一种新的情况，即邻居变得几乎无法忽视。无论是和平的还是暴力的，出于兴趣还是利他主义，具有政治、经济还是文化性质，人群与人群之间的接触都将成为新石器时代以来世界历史内在不可避免的一部分。

所有专家都同意，无论两群人之间的交流发生在什么时候，无论其性质如何，一种元素必定会发挥作用：不对称性。每当两种人群或者文化接触时，其中之一往往会对另一种施加权力，无论这是强制的、政治的或暴力的，还是出于文化优势的。总是拥有更多权力的一方主动施加这种交流或者发号施令。

有一些例子可以说明这一点。当卡斯蒂利亚西班牙人在15世纪末抵达美国时，发生了一场暴力的殖民过程，而在这场过程中，西班牙征服者拥有让他们可以发号施令的科技和经济权力。这是文化交流，但它始终是在西班牙人的统治下进行的。其他案例则更加微妙。在20世纪下半叶，欧洲被来自美国的产品入侵，同时，可口可乐、电视连续剧、好莱坞电影等渗透到欧洲的家庭，而相反的情况并没有出现，很少有美国人吃喝欧洲的产品或者看过欧洲的文化产品。这个过程没有暴力和美国人的侵略，这是一场由美国定下基调的和平文化交流。

让我们探索一下新石器时代首批交流的两个例子。在新月沃土，定居生活的农民群体占据着森林和肥沃的地区，而狩猎和采集者或牧民则生活在他们周围最干旱的区域。新石器时代的首批文化交流就是在这里发生的。似乎采取主动的是定居生活的人，因为他们拥有更大的工具和技术，还拥有能够非常有效地组织与外界关系的社会机构。

如我们所见，新石器时代是从中东来到欧洲的。专家们仍然在争论这场交流是如何发生的，是通过进入欧洲和欧洲周边的人，是贸易网络的结果，还是两者的同时作用。

- **在这些文化交流中，烹饪发生了什么？**有趣的是，烹饪是这些交流的性质的绝佳指标。当我们观察烹饪时，常常能够看出接触过程是快还是慢，是暴力的还是和平的，是广泛的还是有限的。在这里，我们必须区分烹饪艺术和大众烹饪。在第一种情况下，当两群人接触时，本地精英很容易接受来自外部精英的美食习俗（尽管这大部分基于理性分析，而我们谈论的始终是一般情况），然而，由平民百姓实践的大众烹饪更为保守，需要更长的时间来采纳来自外部的新鲜事物。

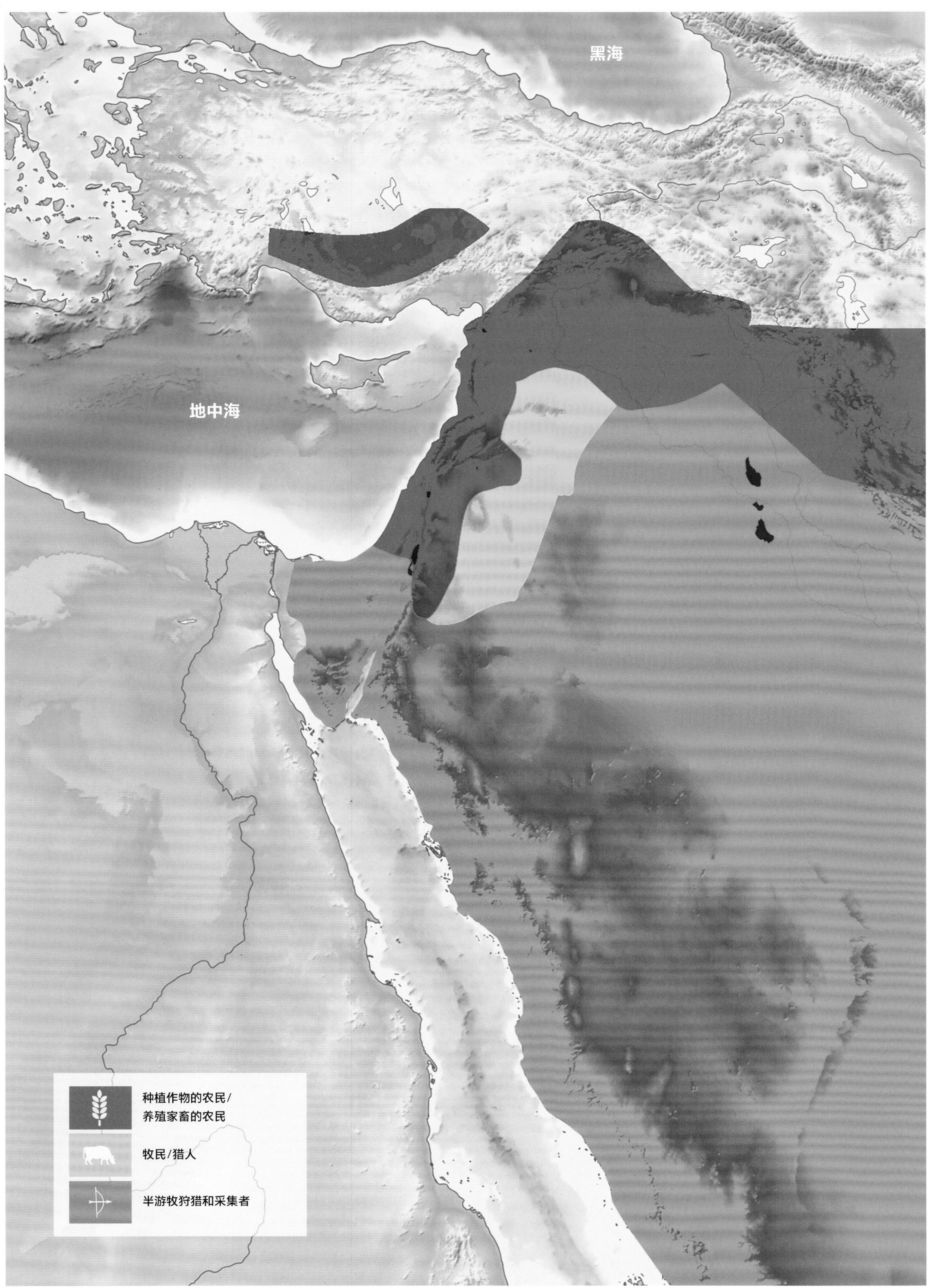

基于获取资源的模式及其物质文化的不同，新石器时代文化在中东地区的分布。
来自Asouti, 2006: fig. 6.

01

新石器时代：重大历史里程碑

自然

新石器时代早期生态系统：新月沃土的环境

在旧石器时代的最后阶段和新石器时代的开始，经历了长期的气候不稳定之后，新月沃土形成了一种明显的季节性气候，开始出现连续的温和冬季和炎热夏季，并伴有季节性的降雨——我们通常称之为地中海气候。正如许多专家指出的那样，这些气候变化导致了植被的适应过程。

由于新的降雨型，一年生植物——生命周期（诞生和死亡）在10个月内完成并每年重复——增加了。这些植物开始取代宿根植物，后者可以生活至少两年。这种变化至关重要，因为新石器时代的定居者将选择使用一年生植物学习如何栽培。

但是情况和今天并不完全相同。专家计算得出，在所谓的全新世气候最佳时期，夏季平均温度比现在高2℃～4℃，而冬天比现在冷得多。除了更大的季节温差，当时还存在明显而漫长的干旱。新植物生态系统的其他特征是碎片化（植物分布在更小、更分散的群落中）以及群落交错区（生态群落之间的过渡区域）的不稳定性。

在新石器时代得到巩固的另一个变化是内陆淡水水体的配置。在中石器时代，该地区有大量淡水聚集，周围环绕着丰富的生态系统。在新石器时代，由于干旱的发展和湖泊面积的减少，这些充满活力的生态系统开始退缩，该地区普遍干旱恰逢人类定居生活方式的开始。炎热干旱的夏季、一年生植物以及地中海气候典型干旱特征的出现是环境方面的里程碑，产生了储存食物和在土地上定居的需要。

地中海气候的出现是最后一批狩猎和采集者变成农民的原因之一。

新的生活方式对环境的影响

在关于旧石器时代的一章中，我们看到了人类和自然之间非对称关系的开始是如何由几乎不改变环境的简单社会结构决定的。当时的群体很小，而他们的生存策略几乎没有改变自然平衡。临时性居住结构的罕见修建也没有导致景观的任何永久性变化。然而，随着定居生活方式和生产型经济的应用，这种情况在新石器时代发生了根本性的变化。农业和畜牧业的发展以及永久定居点的建造涉及对自然环境更具侵略性的行为。

临时建筑结构以及对洞穴和岩厦的占据让位于村庄的出现，这些村庄的石头、木头和泥砖建筑改造了景观。这些早期的水平和圆形定居点主要由不起眼的住所构成，但是竖立起来的公共建筑（庙宇、城墙、巨石墓）在景观中突出得多。

在温带雨林生态系统（例如西欧和中欧的生态系统），修建这些村庄导致了森林被清理。这么做要么是为了供应作为建筑材料的木头，要么是通过燃烧进行的，从而为土壤施肥并促进农业的引进，而农业是对新石器时代生态系统影响颇大的因素之一。

由于原始生物群系的特征，农业的采用为土地带来了一系列变化。在有些情况下，这些行动仅限于在耕作土壤之前清理森林或林下灌丛，但是在某些背景下则采取更强烈的干预措施，例如在山区或崎岖不平的景观中修建梯田。举例来说，在旧石器时代末期人类通过开发土地对大地景观进行密集改造之前，今匈牙利境内超过60%的地区都被森林覆盖，到20世纪时这个数字将下降到11.8%。这不是件小事，因为森林在水土保持中起着至关重要的作用，而且还为大量动植物物种形成自然栖息地。换句话说，农业造成的毁林过程也对生物多样性构成了威胁。

最后关于畜牧业，家畜放牧已被证明对植物生物量具有直接影响，会减少其数量。这反过来影响发生在土壤中的过程，有时会导致土壤侵蚀和盐碱化。

新石器时代以及整个最近历史时期的气候变化

虽然我们通常认为气候的突然变化已经在大约14000年前的最后一次冰期结束，随之而来的是气候调整，但是气候变化在整个历史上仍然继续发生，影响着社会的发展。

新石器时代始于新月沃土温暖宜人的气候，但是在随后的数千年里，无论是在那里还是在其他地方，气候相关的现象都给人带来了挑战。例如，中国长江沿岸的新石器时代文化必须应对若干非常寒冷和潮湿的时期，它们导致海平面上升和洪水泛滥，让人们不得不放弃以前繁荣的广阔地区。

我们应该牢记，农业和畜牧业技术仍然很原始，而且最佳环境条件的任何变化都可能意味着收成遭到破坏。实际上，在19世纪工业化之前，经济建立在未机械化的农作物和畜牧业基础之上，这让人们一直担心气候变化导致的收成低迷的威胁。如今，由于采集过去气候数据的科学技术的进步，我们更好地理解了历史上短期气候变化的影响，这种影响在从前未被察觉。

此外，我们掌握的证据表明，自然灾害曾导致整个文化和文明的衰落。火山爆发、海啸、干旱、洪水等不仅导致破坏，还改变了温度、降雨型以及许多其他气候变量。

虽然在我们看来它们似乎遥不可及，但我们只需要回顾一下最近的自然灾害，例如1815年4月发生在印度尼西亚的坦博拉火山爆发，它不但造成八万多人丧生，还令气候冷却下来，影响了世界大部分地区的收成。第二年被称为“没有夏天的一年”，这场灾难令北半球的许多地区基本上颗粒无收，从而导致了一场持续时间最长、最严重的生存危机。

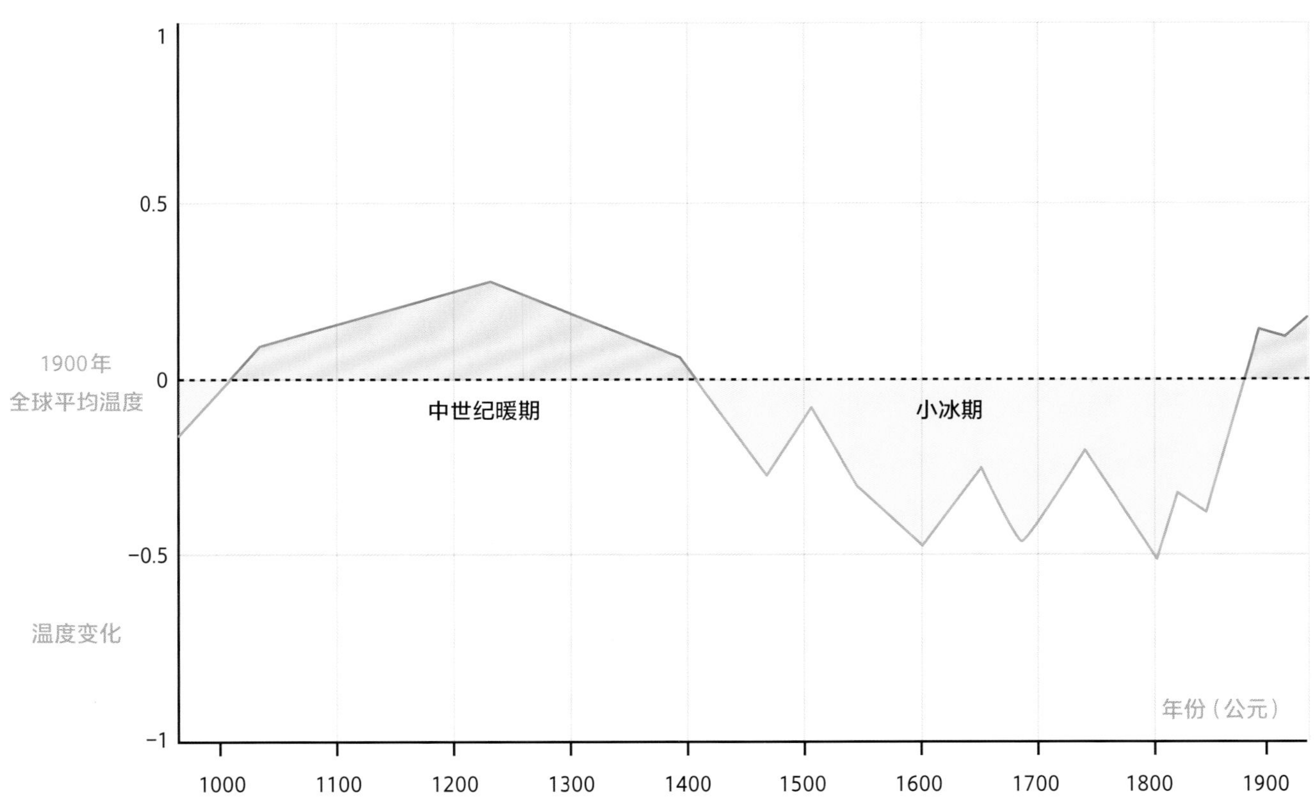

欧洲的气候振荡。专家们观察到，地球在过去的几千年里经历了小规模的变暖和冷却循环。这些气候振荡有时会对不同土地上的历史进程产生重大影响。该图显示了中世纪至20世纪之间明显影响欧洲的气候振荡，存在几个非常温暖的世纪（公元1000年至1300年），而在现代时期有三个相当寒冷的高峰。虚线指示的参考值对应1900年的温度。

02

新石器时代：重大历史里程碑

人体：我们的解剖学进化

身体失去历史解释中的重要性

在旧石器时代晚期，智人确定了自己的解剖特征并且经历了认知革命，此后我们这个物种的历史进程不再涉及任何重大的、定义物种的生理变化。

从新石器时代开始，人类行为模式就从生物学方面转化为文化方面。历史取代了生物学，成为解释我们的外表和行为方式的学科。我们这个物种无限的认知可塑性让我们能够出于和生物学无关的原因改变自己的行为，而且可以在很短的时间内采取改变。我们智人不必等待物种自然进化固有的遗传或解剖学变化，我们能够凭借自己强大的智力改变行为方式。

人类创造了我们在其中生活的现实。我们发明了政治、社会、宗教和经济结构，以指导我们的行为并向我们展示我们在世界上的位置。人类行为的差异性是如此之大，以至于每个时期每个地方的每个群体都发展出了与生物学无关的内在特征。这种差异正是过去的历史所研究的内容，也是当前人类学和社会学关注的焦点。例如，对于新教的兴起或古罗马帝国的衰落，我们不可能凭借对牵涉其中的人们的细胞、基因或神经连接的研究去理解这些事件。现在必须理解指导不同群体行为方式的理性依据、他们如何进行自我组织，以及为他们带来问题的内部紧张的关系和矛盾。

实际上，从新石器时代开始，将会发生与我们此前看到的情况截然相反的事情：智人的生物学变化现在可能是由他们决定采取的行为导致的。例如，我们将看到从事农业和畜牧业一开始将如何对农耕群体的预期寿命产生负面影响，以及谷物和牛奶的摄入从长远来看将如何涉及基因改造。

人类创造的科技最终将克服许多生物学方面的限制。现在，在机械的帮助下，我们能够像鸟儿一样飞翔，并且随着人工智能和智能设计的发展，我们将很快能够克服许多其他生物学方面的限制。

但是有必要指出一种常见的现象，它继续以某种特别的方式将人类文化和生物学联系起来：当某个特定社群决定高度重视某些生物学性状，并为其赋予主观价值时（甚至投机地定义其价值），例如，纳粹颁布法令，要保证金发碧眼的白人比其他人更有特权，而西班牙征服者则规定拥有深色皮肤或土著特征的人在智力上是不合格的。作为直到在今天甚至仍很常见的另一个例子，拥护父权制意识形态的社会认为，身为女性会被削弱执行特定任务的身体能力和智力能力。在这些情况下，并非金发、女性或深色皮肤等生物学性状突然对我们的行为方式产生了特别的意义，这种相关性是指导集体举止的意识形态理论的结果。

甚至就连自然环境的影响也不会是至关重要的历史因素。气候类型或者自然灾害（例如地震和洪水）在一定程度上影响人类行为，但并不起决定性作用。在同样的气候范围或者在相同生态系统中发展的人类文化的差异性可以证明这一事实。自然灾害也是如此。每个社会都以不同的方式面对它们、克服它们，或者屈服于它们。纵观历史，自然环境一直是纳入考虑的众多因素之一，但是它对我们的影响无法与它对其他生物的生活造成的影响相提并论。

健康和预期寿命

与生产型经济相关的新的生活方式带来了一些直截了当的好处，例如每单位面积的土地可以生产出多得多的食物。然而，向农业的转移也有其不利之处，很多缺点都体现为新石器时代第一批人口健康状况的恶化。

对来自那个时期的骨架进行的研究发现，牙齿和骨骼都饱受许多病痛折磨，这导致了预期寿命的显著下降。根据各种来源，当时的平均预期寿命是20岁，婴儿死亡率很高，而成年人往往活不过40岁。这些数字与中石器时代（平均预期寿命是27岁）和青铜时代（35岁）都形成了鲜明对比。

在专家看来，恶化的健康状况主要是由三个因素导致的。首先，受限制的饮食，如仅限于少数几种谷物，这导致新石器时代人口缺乏很多营养。旧石器时代晚期的饮食更加多样，营养价值更高。然而，肉类消费在新石器时代减少，植物的多样性几乎消失了。

其次是定居生活令人口密度激增。换句话说，随着人口的增长，与小型游牧群体相比，更多数量的人聚集在特定的定居点。新石器时代的人口更容易患上感染性疾病和传染病。此外，耕作土地和饲养牲畜会增加工作量，这无疑影响了他们脆弱的健康状态。

最后，还有饥荒的致病性。依赖少数作物会让人类在收成不佳时陷入绝境，在他们依赖狩猎和采集时，这种情况不会这样严重。

简而言之，在新石器时代初期，人类需要在更差的条件下喂养更多人。所以，此时出现了更多的疾病，其中包括维生素和矿物质缺乏、牙齿和牙龈问题，以及背部不适。

由于新的文化发展（交流网络、灌溉系统、农业技术的改良等），这些不利因素逐渐得到缓解（在数千年的过程里），令预期寿命再次增长。新石器时代中的这个鲜为人知的方面告诉我们，历史变化并不总是导致清晰而明显的社会进步。

“健康状况在新石器时代早期大大恶化。”

新石器时代的遗传变化

新的生活方式带来了重大饮食变化，这些变化似乎导致了某些持续至今的长期遗传改变。人类基因组的修饰被称为突变——可遗传的DNA变化，而这些突变可能是致病性的（它们增加了患上某种疾病的风险）、中性的（它们不产生适应性好处也不产生问题）或者有利的。以下内容重点介绍了人类基因组在新石器时代发生的那些有利突变。

乳糖酶基因

最近的研究表明，由于持续接触动物的乳汁，人类发展出了对乳糖的耐受性。在欧洲人口中，乳糖酶（LCT）基因变异在大约9000年前得到推广，恰好与欧洲大陆引入畜牧业并逐渐利用乳制品作为食物的时间重合。从进化的角度看，这是一次相当近的适应。

基因导致乳糜泻

与导致乳糜泻（译注：麸质过敏导致的消化不良）的基因表达相关的优势之一是它可以避免某些类型的维生素缺乏，这是从高蛋白饮食（例如中石器时代的饮食）转变为食用耕作土壤所获产品为主时会发生的典型症状。换句话说，今天被我们视为一种疾病的事物在当时却带来了好处，可以保证一定程度的健康。该基因迫使其携带者改变自己的饮食，获取含麸质谷物缺乏的维生素。

对动物病原体的遗传抗性

影响人类的许多疾病的起源是动物传染病：由于频繁接触动物而导致的感染。在新的新石器时代经济体制下，对源于动物的病原体具有抗性的基因的出现无疑将会是一大进化优势，因为在这样的体制下，由于牲畜饲养和放牧，人和动物的共存将变得更加紧密。

色素沉着基因

最后，应该提及导致出现皮肤色素沉着较少人群的遗传变化：通过更有效地利用紫外线合成维生素D，这种特征可以抵消采用农业饮食导致的维生素D缺乏症。该特征在欧洲大陆尤为重要，特别是在阳光照射较少的北部地区，例如斯堪的纳维亚半岛。

03

旧石器时代：重大历史里程碑

人类心智

基本和高级认知过程：一般特征

到新石器时代，所有人类的身体和大脑都以相同的方式配置，能够执行同样的认知过程。也就是说，此时所有人类都拥有注意力、感官知觉、记忆、思维、语言和智力。同样，任何差异都是文化性质的：这些过程应用于什么、应用方式以及程度。在这方面既有个体差异也有集体差异。

在个人层面上，认知过程的发展可能取决于我们为哪些活动投入时间，例如，一个中世纪的吟游诗人必须刻苦训练自己的记忆力，以免忘记他必须表演的篇幅极长的歌谣和诗歌。古代的织工在将丝线编织成某种模式以制造布匹时，需要极大的专注力。新石器时代的农民必须训练自己的感知，以便尽可能快地觉察可能影响收成的植物生长变化。每个人都为不同的任务激活认知过程，并以不同的程度执行它们。可能还存在一些先天因素，如有些人天生地比其他人更擅长某些过程。

高级认知过程也是如此，有些活动需要更多地使用语言，例如，让我们思考一下古代的书吏或今天的编辑，这些人被要求以准确而复杂的方式使用书面语言。至于智力，某些活动对智力的刺激高于其他活动，或者智力被应用于某个领域而不是其他领域，这会导致某些人更多地发展它，而另一些人的智力发展较弱。这始终是个程度问题。同样，某些人天生拥有执行特定过程的某些技巧。

不过也存在集体倾向，这些特征通常定义了特定人群的心智。关于这方面，我们将在下面几页概述心智在口传文化人群中（即尚未创造书写文字的群体）发挥作用的方式。考古学家和人类学家已经发现，缺乏文字时，一种非常特别的方式决定了人类的思想、学习和行为方式。更具体地说，我们将解释什么是口语性以及记忆是如何工作的。这让我们能够推断出有关其他过程的某些东西。我们还将用一句话来描述一种影响语言的现象：不同语言的出现。

认知过程受到旧石器时代一种重要情况的影响，即书写仍不存在。

口语性

很显然，新石器时代人类社群（以及之前旧石器时代晚期的人类社群）的主要特征之一是口语性（orality），又称口语思维（oral thought）。对于在书写文化中成长的我们，很难想象不熟悉书写或者根本不知道这种事物的存在会是什么样的。正如沃尔特·翁（Walter Ong）、大卫·奥尔森（David Olson）和阿尔穆德那·埃尔南多（Almudena Hernando）等人类学家所解释的那样，口语社会构造其思维的方式和我们的社会截然不同。对于这些群体，思维是一种在性质上不同的认识过程。我们简要概述了一些普遍特点：

- **人们只知道他们能够记住的东西。**不熟悉书写意味着无法将思想记录在任何地方或者任何物体上（某些艺术表达是例外，它们也许记录了对群体有价值的某种事物）。当口语社会的人解决了一个复杂的问题并且想传递这些知识时，他们必须使用高度复杂的口语表达技术，让这段话能够被记住。口语社会中的记忆和知识紧密相关，正如我们将在第430页看到的那样。唯一传递下来并成为集体记忆一部分的是那些群体成员能够想起来的。因此，知识被编排成俗语、歌谣、谚语、歌曲等。

- **交流思想需要个人关系。**没有书写，思想就不可能传播，除非通过与他人交谈来传播。这对分享特定知识的人数设置了明显的限制。书写的发明将消除这种限制。

- **通过信息冗余唤起关注是至关重要的。**当我们阅读时，如果有些事情让我们分心，我们可以很轻松地返回，重新阅读之前的句子以衔接思路。口头上不可能做到这一点。一旦发音完毕，信息就不再保留。如果注意力不集中，一切都无法挽回。因此，在大声表达思维时，会使用大量重复的语言，以确保听众的注意力保持集中。

- **智力创造性受到压制。**书写让心智不必记忆它已经知道的东西，可以随时通过打开书本来重温它。口语社会中的知识必须不断重复以免忘记，这产生了一种相当保守的身份认同，不鼓励旁门左道或者自由自发的创造性。知识是如此难以获得和保存，以至于大部分智力上的精力都被用于知识的记忆储存，而不是创造新的知识。年龄更大的人受到高度重视，因为他们拥有大量储存起来的知识。书写会导致这些人的重要性下降，并有利于新事物的发现。思想和知识中存在原创性，但很有限。

- **只能思考通过感官体验过的事物。**当代旅行者首次来到一个国家时不会感到痛苦，他们有地图做向导，还可以阅读描述这个国家的文字。这在口语社会是不可想象的。如果群体中没有人去过某一片土地，该群体就不可能了解它。缺乏书写的事实意味着也没有地图，也不存在代表现实的主观符号系统，同样地，也不存在抽象参考。如果一棵树消失了或者一条河改变了河道，该群体将迷失方向，直到提供空间参考的新地标被建立起来。

- **概念和切实的经验相关。**与书写文化的概念相比，口语文化的概念更加受到具体现实的制约。如果不提及特定的岩石，新石器时代的农民很难解释岩石的概念，因为在他们的脑海中没有像字典中解释的岩石的形象，他们只能想象自己见过的真实岩石，而不是岩石这个概念。口语文化没有一般定义、总体描述或形式逻辑。这是由书写赋予形式的思想的特征。

拥有读写能力的人很容易陷入一种误区，认为口语思维类型是不合逻辑、幼稚和简单的。口语性涉及一种在性质上不同的思考方式，但是按照它自身的方式，它可以是复杂的、反思性的且符合逻辑的。实际上，领悟口语文化的思想是一项需要付出极大努力的任务，因为它的知识方法可能极度复杂。尽管当时的人们看上去似乎不熟悉逻辑机制（例如因果效应），但事实并非如此。虽然他们知道这种逻辑，他们并未将这种逻辑机制用于整理思维。

口语性施加的限制被书写终结了，不只是因为书写可以产生大量知识，还因为可以将其传递给众多数量的人。此外，对于从事这方面工作的人的心智运转，书写产生了巨大的影响，尤其是在他们构建自我身份认同的方式上。

虽然书写出现于约公元前3500年的新月沃土并终结了新石器时代，但口语思维及其结果并未消失，因为书写将非常缓慢并逐渐地渗透到文化中。一开始，它只影响少数精英群体。直到距离现在近得多的时代，识文断字者的思考方式才成为整个群体的特征。

口语社会中的记忆

记忆是一种非常有价值的认知过程，对于没有文字的人非常重要。大量知识的传播和保存都将依赖它。我们说“大量知识”而不是“全部知识”，因为在某些领域，口语并不是传播知识所必需的，例如那些通过观察和实践进行学习和教学的工作和行业。任何活动中的专业技能都是通过重复的动作保存下来的。

然而，还有其他形式的知识与日常活动联系不紧密，必须通过词语来记住。在这些情况下，人类学家提出了问题：口语社会如何记忆？他们似乎并没有使用我们熟悉的“逐字逐句”记忆事物的文本方法，因为只有当存在参考文本时才有可能做到这一点，并确保所有内容都按照字面重复。他们使用其他策略来记住事物，其中包括使用一系列套话、主题和集合元素，这些始终存在于被讲述的内容中。通过这种方式，负责叙述神话或故事的人在每次叙述时都会改变叙述的确切形式，将套话和元素从一个地方移动到另一个地方，但又不影响情节的内容。这被发现是20世纪仍存在于东欧的口头诗人的记忆方式。

另一个有趣的事实是，对于这些群体，记忆具有很大的非语言成分。每当他们背诵时，他们的词语都会伴随着特定的身体动作。他们会操持某件物品或者弹奏某种乐器，或者他们会跳舞或摇摆。这让人想起正统犹太教徒背诵《塔木德》的方式。虽然《塔木德》是文本，但他们仍然保留了重要的口头传统，在背诵时前后摇摆自己的身体。

在这些文化中，记忆实践体现在某些专家所谓的口语科技（歌曲、诗歌、史诗、舞蹈）中，它们基本上发挥了正规教育机制的作用。除了这些，还有辅助记忆的设备，例如手工制作的蚀刻物体、墙壁上的图形表示，甚至是景观中的单个位置。

“当知识无法记录在文本中时，
记忆变成了一项复杂而至关重要的过程。”

恐新症：对新鲜事物的恐惧

好奇心与对新鲜事物的恐惧之间永不停息的紧张关系贯穿了整个历史。有些人永远追求新颖性，另一些人不惜一切代价拒绝它。在某些历史情况下，寻求未知的意愿比总是诉诸相同事物的惯性更有利。正如我们刚刚看到的那样，史前社会往往是恐新的，尽管它们经历过重大变化。当代西方世界的思维模式截然相反。如今我们积极主动地寻求新颖、创造和创新。因为这个原因（以及其他原因），随着我们进入20世纪，变化呈指数级增长。我们将在后续出版的与西方社会高档餐饮部门的历史相关图书中看到这一点。

语言的出现

一般而言，大多数专家认为旧石器时代和中石器时代狩猎和采集者社群典型的低人口密度导致语系的数量微不足道。在人类诞生的头些年里，新月沃土和欧洲的大片地区只讲少数几种语言。专家们一直在争论首批语言作为身份标记的程度，但他们尚未达成任何共识。

这种情况最有可能随着新石器时代定居社群的出现而改变。与特定土地相连的新生活方式将增强语言作为文化标记（即身份限定符号）的作用。人们之间语言差异的巩固始于新石器时代。

关于欧洲和新月沃土，很多专家似乎都认为，由于我们在第411页讨论过的扩张过程，新石器时代时期，中东使用的语言产生了欧洲使用的语言。其中扩散到整个欧洲的语言被称为古欧洲语。我们对这些语言的详情所知甚少，因为它们在青铜时代被沿用至今的印欧语取代了。

其他研究者如科林·伦弗鲁（Colin Renfrew）解释说，最早的新石器语言已经可以归类为印欧语，而且可以区分出两个时刻：这些语言在新石器时代从新月沃土的第一次扩张，以及青铜时代来自乌拉尔的游牧民的第二次浪潮。无论如何，该时期书面记录的缺失令了解这些语言的任务变得极为复杂。西奥·范尼曼（Theo Vennemann）等专家提出的假设认为，巴斯克语可能是拥有新石器时代根源并沿用至今的少数语言之一。

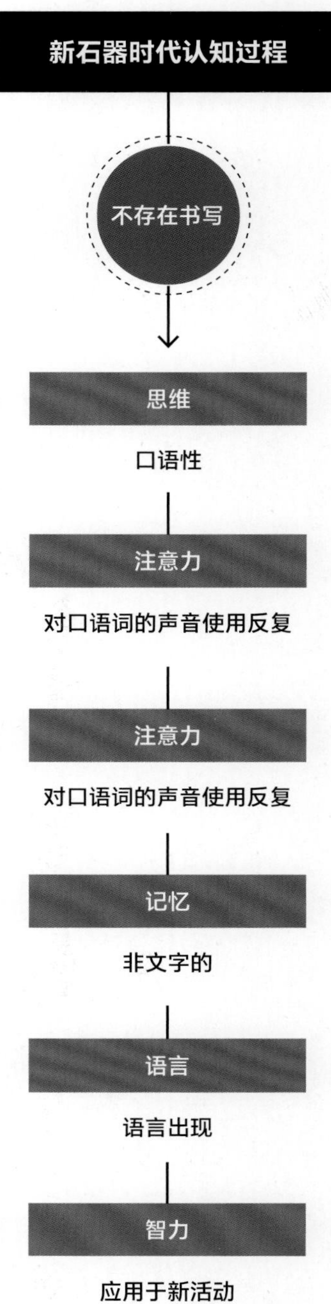

“语言开始旅行，它们按照和新石器时代其他新鲜事物同样的速度扩张。”

认知操作：以农业为例

认知过程通常以某种组合方式表现出来，构成本质上非常实用的子过程，我们将这些子过程称为认知操作。新石器时代典型的新知识形态，以及伴随它们的新的学习方式，产生了新的认知操作以及对旧认知操作的新应用。关于旧石器时代的其中一章提到了制造石器工具涉及的认知操作，而对于新石器时代，我们将强调植物栽培涉及的一些认知操作。

第一批农业方法相对简单，需要的工具也很少。虽然每个新石器时代中心在作物和技术上都有各自的特别之处，但是我们可以将早期阶段非常普遍的一种农业方法作为参考，即刀耕火种或放火休耕农业。它包括下面四个过程，而对于每个过程，我们都指出了一些关键的认知操作，虽然我们知道还有更多。

- **准备土地。**必须选择一块新土地，它通常会被野生植被覆盖。砍伐乔木、清理林下灌木，然后烧掉土地上的一切。灰烬将成为土壤的首批肥料。付诸实践的主要认知操作是：
  - 观察大地景观。
  - 分析最合适的地段是哪个部分。
  - 选择最适合开展这种活动的地块。

- **播种。**使用挖掘棒和简易锄头松土并挖出小洞，并将种子播种在洞里：
  - 计划种植什么种子，种植多少。
  - 在地面上安排种子的种植布局。

- **照料。**播种后必须照料田地，确保植物的生长没有问题。如有必要，进行浇水、除草，并进行检查，以防可能出现的侵扰。
  - 预料各种情况（虫灾和侵扰、干旱等）。

- **收获。**植物一旦达到所需的成熟度，就用镰刀或手收获作物。
  - 决策。必须决定收获作物的确切时间。

04

新石器时代：重大历史里程碑

精神

宗教、仪式以及信仰的世界

我们继续将新石器时代的精神性称为宗教的代名词。但是，它不像今天一样是一种个人选择，而是生活在新石器时代的人们理解现实的一套系统。宗教定义了他们的世界观，以及他们对世界中一切事物的看法：任何活动和物品，任何人类或非人类的层面。和在旧石器时代一样，对于新石器时代，专家们能感知到一种万物有灵的心理状态。因此，将精神性和宗教性的东西与非精神性、非宗教的东西区别开来有点困难，但是我们能够察觉出最接近我们今天对这些词语的理解的文化表达形式。

例如，我们可以谈论关于死者和丧葬仪式的膜拜形式。新石器时代的新月沃土存在不同的习俗，其中包括将死者埋葬在生者生活的房屋，例如院子、厨房甚至睡眠区域。这种做法表明了和死者维持联系的愿望，而且正如我们在讨论旧石器时代时指出的那样，这很可能表明这样一个事实，死者并不构成过去的一部分，只是转移到了不同的空间，在这里是地下，但是显然死者与生者共存。

在新月沃土，一种有趣且得到广泛记录的做法是，在死者被埋葬一段时间之后，人们会前往坟墓取回死者的头骨。他们用不同的方式处理头骨并将其用在仪式中：有时使用泛红的赭石颜料染色，并搭配破碎骨头的片段，或者在头骨表面使用黏土或灰泥复制死者的脸。一旦装饰完成，头骨被再次埋到另一个地方，有时还伴随着新物品甚至其他骨头。关于欧洲新石器时代（即将结束时）的亡者世界，值得一提的是巨石墓：使用石头并按照不同的模式建造的大型墓地（见第463页）。

新石器时代精神世界的另一个关键元素是庙宇和其他专门用于举办集体仪式的建筑结构的存在。近些年来，在土耳其哥贝克力石阵定居点遗址发现的一座面积达9公顷的土丘得到了广泛的关注。在那里，考古学家发掘出多达20根巨大的T形柱子，上面装饰着丰富的动物浮雕。这些柱子高达5.5米，重量超过40吨。显然，大量人员的合作对于它们的建造必不可少。

年代测定表明，这个地方的使用时间是公元前9000年至前7000年的新石器时代初期，当时农业、畜牧业和定居生活都还没有巩固。这个神殿很可能是由该地区最后的狩猎和采集者开始建造的，并被最早的生产者继续建造。他们在这里干什么？根据发掘该遗址的考古学家的看法，从在其中发现的遗迹来看，这似乎是一大群人聚集起来举办宴会的地方，其中肉类被视为最贵重的食物。几千年后的欧洲会出现类似的建筑，例如英国著名的巨石阵。

新石器时代精神信仰的象征之地是同样位于土耳其的加泰土丘考古遗址。在这里以及其他地方发现的神殿是一些理论的源头，它们表明新石器时代存在一种以对名为母神的女性神祇的尊崇为基础的宗教。众多女性小雕像在整个旧世界的出现是支持此类理论的物质证据。这个祖先女神是生育力的象征，对她的崇拜反映了在人类群体中占主导地位的母系世界观，此时，尚不存在男性对女性和自然的压迫和权力。在这种理论的支持者看来，这是一个更加平衡的世界，没有后来伴随文明出现的暴力和不平等。关于史前母神的理论后来得到了加强，不仅是在19世纪初和19世纪中叶的学术界中，而且还在将这些理论视为支持某些政治事业的各种社会团体中。

然而，考古学目前使用的新科学方法和用于解读发现的新理论框架已经抛弃了关于母神的论述，因为它与整体证据不符。考古学家如今的解释是，各种身份的神灵（女性、男性、动物）在每个地方的信仰体系中扮演不同且复杂的角色。

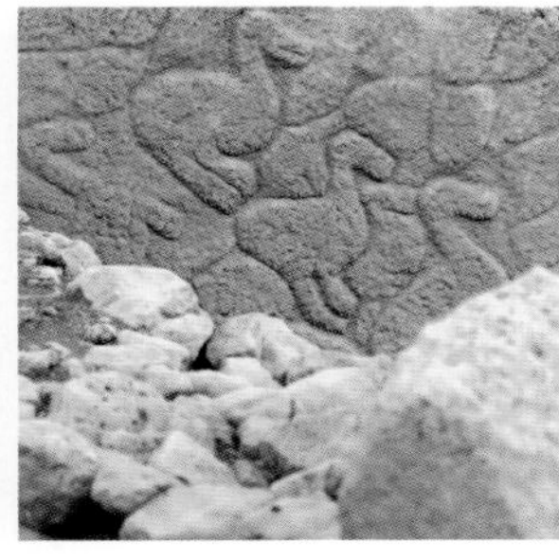

哥贝克力石阵，装饰神殿柱子的浮雕细节

哥贝克力石阵的神殿

05

新石器时代：重大历史里程碑

个性：区分行为的特征

新石器时代的个性

自新石器时代以来，影响人格的所有变量中只有少数几个可以从历史知识中看到，即它们一旦出现在人类中，就根本无法探寻它们的起源。

我们无法对思维模式、价值观、性格、气质、经验、习惯和习俗做出重要的论断。这些单独的类别实际上在考古学中是不可见的，我们只能构建关于它们的假设，例如在关于旧石器时代的一章中指出的那些假设。举例来说，我们假定最有效的思维模式是有利于社群正常运转的思维模式，而每个人的价值观都与社会定义的正确或适宜的价值观相连。我们还假定，和现在相比，性格和气质的选择范围在新石器时代更加有限。至于经验，在我们看来似乎显而易见的是，它与每个人开展的活动紧密相关。

至于新石器时代的人最有特色的能力，我们认为这些能力是在他们进行的活动中表达的，而这些活动只能通过保存至今的遗迹为我们所知。在下一节，我们将看到他们将自己的能力应用于栽培植物、饲养动物、创造材料（例如陶器）、建造定居点等。

本能？

新石器时代的开始带来了许多文化上的新鲜事物，其中包括一种新的食物获取方式、与土地的不同形式的关系以及新的人际关系。它们都是后天习得的文化模式，是智人的特定群体在面临环境施加的挑战时逐渐做出的决策。这些新的行为都不基于生物学上的必要性。我们的细胞、器官或身体系统中没有任何东西让我们非得成为定居农民不可。实际上，并非所有人都成了定居农民。

也就是说，新时代带来的变化证明，智人在做出决定命运的重大决策时，不再受到灵长类动物本能的引导。正如我们在第423页所见，在解释人类行为方面，生物学让位给了历史。

定居生活、学会栽培植物以及建造定居点，
伴随新石器时代而来的这些变化没有一项是本能带来的，
它们都是文化决定。

情感：恐惧和暴力的到来

我们解释过，可以将情感理解成对刺激的心理学和生物学反应，其作用是诱发面对环境挑战的行为。虽然情感是一种个人现象（即每个人每次的情感反应都是特定的），但确实存在某种我们可以在历史中追溯的集体趋势，就像我们在旧石器时代开始看到的那样。对于新石器时代这样遥远的时期，分析人类情感的主要问题是研究对象无形的本质。情感不会在考古遗址留下直接的物质证据。只能通过人类举止在化石记录中留下的烙印，以间接的方式接近它们。

关于这一时期的情感，专家们告诉了我们什么？尽管这不是史前研究的核心主题，但很多专家通过观察涉及主要新颖性的人类行为的变化，对新石器时代带来的情感变化提出了假设。

例如，玛丽昂·本茨（Marion Benz）、约阿希姆·鲍尔（Joachim Bauer）和安赫尔·里韦拉·阿里萨瓦拉（Ángel Rivera Arrizabalaga）等学者让人们注意到了定居生活和生产型经济在情感领域带来的挑战，而且他们提出了许多假设。一方面，对于农业和畜牧业，人类负起了自身生存的责任。此前，自然完成了所有工作，人类社群只需要采集已经出现在自然里的东西，但是从彼时起，养活自己将取决于他们自己非常繁重的劳动。这种责任变化可能导致了自然向群体成员施加的痛苦或焦虑情感。

另一方面，在人口稠密的封闭社群中的生活很可能导致对外来者的不信任、侵略性以及恐惧的增长。个人想要认识社群中的所有人也变得越来越困难，再加上保护财产和土地、获取动物和收成的需要，可能也导致了恐惧以及那些与侵略性相关的情感的更强烈的表达。我们必须牢记，狩猎和采集者采用的保证合作和鼓励同情的互惠原则不再适用于这些人。

正如我们还曾提到的那样，定居生活减少了通过分裂群体解决冲突的可能性，因为侵占方和被侵占方都不会简单地离开并放弃自己的财产。因此，在这一时期，侵略性和恐惧等情感开始以某种方式得到集体控制。例如，本茨和鲍尔将新石器时代的庙宇和神殿（例如哥贝克力石阵的神殿）视为一种引导社群的恐惧的尝试，而攻击姿态的野生动物浮雕（令看到它们的人感到恐惧）会引导这些情感，同时召唤神灵或者神灵在地上的代表抚慰自己。

然而，暴力从新石器时代开始以来就一直在发生，就像在洞穴壁画所记录的那样，例如伊比利亚半岛地中海沿岸的岩画艺术。此外，据专家所说，在某些新石器时代考古遗址的背景中发生了真正的大屠杀。

知识的进化

变成定居农民的过程带来了不同的现实，而这种现实需要适应新活动的知识。栽培植物、饲养动物、制作陶器、建造更坚固耐用的住所、织布等这些以前不存在的过程。新的活动和新的需求不可避免地带来了一套新的知识，并导致新的认知操作付诸实践，正如我们在第433页“以农业为例”中看到的那样。这一特征对于智人而言是非常特殊的。他们的大脑和令人难以置信的可塑性让他们能够在没有预先定义的限制性的情况下学习新技能，并适应在这个过程中不断出现的挑战。

我们已经见到，新石器时代口语社群的知识如何仅限于他们对记忆的使用，并被口语性的特殊性限制。我们还解释了执行新任务所需的许多知识将通过经验传递：通过观察师傅一次次地进行这些任务，直到可以复制这些行为和动作。这就是专家所说的劳动分工和专门化。每个群体中的个人都致力于不同的工作，并不用学习所有事情，而是专注于学习他们的活动涉及的特定内容。这就是知识划分的开始。

知识开始变得专门化。不再是所有人都执行相同的任务或者知道同样的事情。

一般复杂性

对于个人复杂性而言同样如此。个人所拥有的知识以及他们的特定技能和训练都被历史研究的目光所忽视。我们假定个体之间的差异在新石器时代开始出现，因为初期的劳动分工会导致每个人在其主要活动方面提升自身的复杂性，但我们无法进一步探讨这种假设。

在新石器时代，一个人的一般复杂性将包括关于作物、驯化动物、建筑技巧以及实现其生活方式所需的一切知识。

新石器时代的哲学：农民心理状态

许多考古学家观察了这段重要的历史时期，并争论了令它成为如此根本性转折点的因素。在最近的几十年里，这些专家当中的很多人聚焦于心理状态，将注意力集中在加快新石器时代社群哲学观念转变的要素上。这些要素似乎并不是与技术相关的变化本身，例如农业、畜牧业、陶器或永久性住所，而是伴随它们而来的特征。他们特别指出了心理状态的一些变化，这些变化是伴随着储存、在固定的土地上生活以及依赖来自新食物生产实践的延迟回报等行为而产生的。

- **储存**

如我们在第234页所见，狩猎和采集者的生活是由互惠的基本原则定义的，这导致群体成员分享他们拥有的一切，特别是猎杀或采集到的东西。新石器时代的社群开始储存资源，这打破了这种基本的共存规则。对收成或饲养动物的专有权原则取代了共享的逻辑。储存还意味着将重心从当下转移，将许多欲望和顾虑放置在过去和未来。时间的概念将受到这种做法的影响。此外，储存物资改变了对自然的态度。这象征着对自然作为食物供应方的不信任，取而代之的是依靠人类来支配自然。

- **定居生活**

在一块特定的土地上永久定居下来，这在新社群的心理状态中导致了彻底的颠覆。拥有土地的所有权是必要的，这标志着与他人的复杂关系的开始。此外，定居生活迫使人们留在同一个地方，无论发生什么事情。正如我们已经解释的那样，这极大地限制了社群通过群体的分裂或切割解决冲突的可能性。定居生活意味着需要寻找其他控制冲突的方式，这将导致调解机构、法律法规等的建立。

- **作为延迟回报系统的农业和畜牧业**

农业和畜牧业逐渐成为维持生计的主要方式，这一事实导致了控制生产和生产资料（特别是土地和牧场）的需求。这产生了重大的社会结果：它种下了社会不平等的种子，并为社会关系带来了新的规则。家族谱系和继承规则被建立，两者都会导致特定资源对外来者的限制。农民群体将受到其行为和后果的制约，并且必须与其田野、菜地和动物围场建立长期的关系。这导致了以“房屋”为社区核心的概念，从而界定了社会整体和基本经济。

第一批农民的举止

如我们在上一章所见，四个变量影响了旧石器时代的人类举止：思维模式、价值观、性格或气质，以及习惯。在上一章的内容中，我们解释了我们总体上对这些变量所知的一切。因为没有书面记录，我们仍然不可能了解具体人物的举止细节。

环境对新石器时代行为的影响

在新石器时代，社会经济的复杂程度增加了。活动的数量、人类在自然中的干预强度、人际差异、新的社会规则和更高的人口密度导致了界定举止的新结构。我们已经探讨了其中的许多元素：新的价值观、互惠原则的终结、所有权概念的出现、与其他人群的接触以及这种接触是如何发生的等。但是，这种新结构的细节要由每个新石器时代社群来确定。这是人类行为出现巨大差异性的开始。

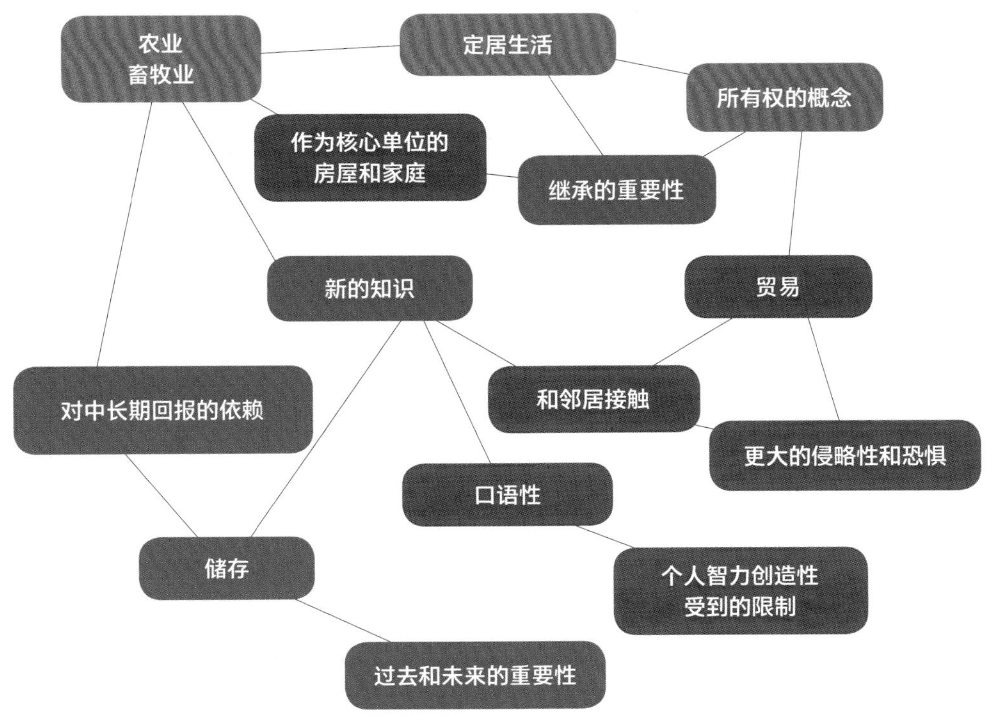

新石器时代的农民

本能

对于可以通过考古学察觉到的行为，本能不存在或者至少没有特别重要的意义。

能力

了解/学习

- 学习栽培植物
- 学习饲养动物
- 学习制作陶器
- 学习在固定的土地上生活

想象/创造

- 创造所有这些活动（农业、陶艺、畜牧业、定居生活等）

情感/感受

- 恐惧和侵略性的出现

哲学

- 所有权的概念和对资源的专有使用权
- 过去和未来的重要性
- 信任对自然的支配
- 对邻居的不信任，内部冲突
- 调节所有权和冲突的新社会规则

思维模式/价值观/习惯/个性

- 在个人层面上是未知的

背景

- 与旧石器时代相比，社会经济的复杂程度不断提高，而且个人和活动之间的互动也有所增长。

06

新石器时代：重大历史里程碑

创造性

新石器时代创造性的关键线索

口语性的特征部分解释了创造性在人类历史早期任何领域中的缓慢发展的步伐。古代口语社会，尤其是那些没有文字的社会，在文化上始终以同样的方式做事以便尽可能地避免变化。

变化只是偶尔发生的事情，而所有文化都通过不同的、或多或少具有创造性的策略去适应。然而，尽管人们做出了反方向的努力，但变化还是发生了，而且不是按照想要的方式发生的。话虽如此，显而易见的是有些特定的人因其创造力和改变事物的决心脱颖而出，但是经过很长一段时间后，这种态度才会普遍受到完全正面的看待。统治阶级将会是首先从个体层面将创造性举措付诸实践的；通过满足自己的欲望，精英拥有改变其社群发展方向的力量。

在新石器时代，我们所说的集体创造性仍然占据很大分量。我们目前可以发现的在那个时期引入的变化是许多人在数百年来的小行为的产物，这些行为构成了一个更强大的创造系统。没有人从头到尾经历过畜牧业的出现和巩固之类的变化，相反，这些是涉及多个世代的变化。这些新鲜事物并不是领导者完全理解的自己所参与的创造系统的结果。

但是，这丝毫不减损人类集体创造性的重要性。在新石器时代，不可思议的行为差异性得到了发展。令人惊奇的是，我们能够找到如此之多解决日常问题（例如采办食物、建造家园、制作服装布料以及管理垃圾）和重大问题（共存、冲突、艺术、政治、社会关系等）的不同方式。这一切似乎都取决于一个无可争辩的事实：智人非凡的创造性心智。

在个人创造性这一领域，我们继续在新石器时代的艺术表现中看到相关例子。正如我们将在第461—463页上看到的那样，新石器时代的艺术拥有新的主题和新的媒介。作为可以自由发挥想象力的人类的“艺术家”的概念仍不存在，而被我们视为艺术的，实际上是表达集体世界观的另一种形式。然而，在绘画、雕塑和浮雕的背后，有一些特定的人在有意或无意地创造着自己的风格。

口语社会（例如新石器时代的口语社会）倾向于限制创造性，尽管它得到了发展。

07

新石器时代：重大历史里程碑

技术、科技、工具

陶器和人工材料的出现

制作陶器的过程通常涉及在高温下烧制黏土，令其硬化。陶器是人类历史上第一种人工材料，因为制造它需要对出现在自然界中的黏土进行物理和化学转化。在烧制后，黏土拥有了新的性能，例如不透水、坚硬、强度和耐火性。陶是一种用途广泛的材料，在许多领域发挥了至关重要的作用，例如手工艺、艺术和工业，以及我们稍后将会看到的美食和营养领域。

陶器如何以及何时出现？

直到不久之前，人们还认为陶器是新月沃土的新石器时代农民的发明。然而，近些年的考古发掘表明，末次冰期时生活在东亚的游牧狩猎和采集者已经掌握了陶器的制作方法。

在日本（绳文文化）和俄罗斯东部发现的陶器残骸可以追溯到18000年前，而最近的发现表明，已知最古老的陶器发现于中国的仙人洞遗址，位于长江以南，据证实来自距今20000年前旧石器时代晚期末的玉木冰川期。这些古代陶器似乎是用来烹饪食物的。它们被用来煮鹿肉和骨头，大概是为了充分利用脂肪和骨髓。根据这些发现，我们可以说中国料理拥有最悠久的陶瓷使用历史，始于农业出现的大约10000年前。

在更新世创造的东亚陶器在其地理范围之外没有产生任何影响，这项发明没有跨越其地区边界。西方必须等到大约公元前7000年新月沃土的农民独立发明陶器，此时距离该地区进入新石器时代已有3000年之久。制作陶器的技术很可能从幼发拉底河中段河谷向四周传播。

最古老的陶器残骸发现于今叙利亚和土耳其边界上的泰尔阿斯瓦德（Tell Aswa̓d）和泰尔萨比阿比亚（Tell Sabi Abyad）等考古遗址。这些地方也是最重要的新石器时代陶瓷文化之一——哈拉夫（Halaf）文化的繁盛之地。和新石器时代的其他典型特征一样（例如动植物驯化和定居生活），陶器在数千年的时间里从那里扩散到整个欧洲大陆。

陶器为什么被发明？

试图解决这个问题的大多数理论都是陶器提供了基于其功能的作用：新石器时代的社群发明陶器，是为了以比从前更卫生、更实用的方式储存他们生产的食物并以恰当的方式烹饪。人们还认为陶器的技术发展是线性的，始于粗糙易碎的器皿，然后逐渐产生更强大和更实用的形式。

然而，在美索不达米亚地区北部有许多遗址，在那里发现的最早的陶瓷不符合科学家的期望。它们表现出了后期更先进阶段的特征：装饰非常均一的侧面形状，并且使用了非常厚的抗性湿黏土。对更粗糙的陶器进行年代测定，发现它们来自较晚的时期，这和人们一直认为的完全相反。专家们还在争论这些证据的解读方法，但有一种可能性是，在新月沃土发明的陶器不是实用性或功能性的，这些陶器被用来创造吸引人的仪式，与日常生活几乎没有关系。

08

新石器时代：重大历史里程碑

经济和交通

从狩猎地到耕地：农业和畜牧业的诞生

新石器时代的早期农业和畜牧业形态和我们今天所知的形态几乎毫无相似之处。最早的农民使用非常简单的耕作技术：用一根挖掘棒为种子开垦土地。他们根据当地地形调整自己的技术。当土壤不十分肥沃时，有必要使用休耕技术，令部分土地休养生息以恢复肥力。在森林生态系统，他们实行了刀耕火种技术，包括通过小规模点火，清理森林，以创造新的种植土地，称为烧荒垦田（swiddens）。在土地有坡度的地区，他们学会了建造梯田，而在新月沃土这样的地区，他们设计了如我们所见的灌溉沟渠（见第407页）。

一开始，人们只使用动物的肌肉（肉）、皮和骨骼，因此必须宰杀它们。新石器时代晚期的重要变化之一是使用可再生动物资源：乳汁、羊毛和动物的牵引力。乳汁产生了新的制成品（奶酪）；羊毛导致织布的诞生；而动物牵引提供的动力触发了一些发明，例如犁、轮子和货车。这就是专家所说的第二次产品革命。这些新鲜事物的组合带来了重大优势：

- 犁增加了农业生产力，并使作物得以扩散到无法用挖掘棒耕作的比较坚硬的土地。这样做的结果是人口增长以及他们向新地区的扩散。

- 羊毛和牛奶导致了牧民的出现，这些人专门致力于饲养山羊和绵羊羊群，可以用自己的动物性产品与种植作物的农民交换自己不生产的植物性产品。这让人类首次能够居住在无法开展农业生产的贫瘠高地。这带来了职业专门化。

- 动物牵引力在货车发明时大大改善了交通，从而促进了贸易的增长。

这些创新产生了重大的社会结果。它们推动了专门化，导致了盈余的累积、角色的分工、等级制的出现等，这些在新石器时代末期开始慢慢出现，并在青铜时代的文明中变得十分明显。

在宰杀前使用动物是史前的又一座革命性里程碑。

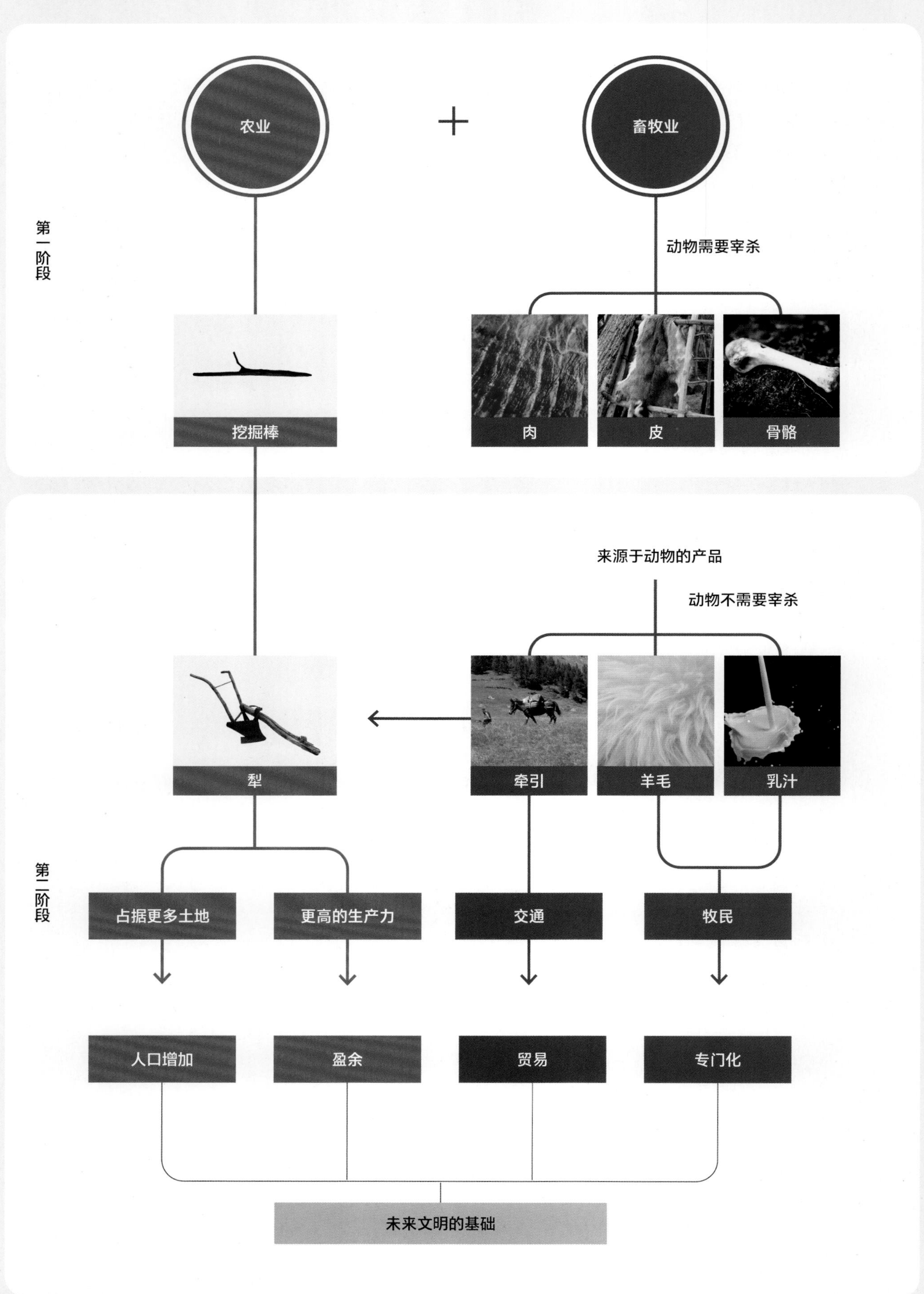
全新世时期农业和畜牧业的演变及其最重要的结果
农业
+
畜牧业
第一阶段
动物需要宰杀
挖掘棒
肉
皮
骨骼
来源于动物的产品
动物不需要宰杀
犁
牵引
羊毛
乳汁
第二阶段
占据更多土地
更高的生产力
交通
牧民
人口增加
盈余
贸易
专门化
未来文明的基础

贸易的诞生

商品交换网络在新石器时代开始形成。这方面的首批发现表明，当时在新月沃土出现了诸如黑曜石、燧石、玄武岩、某些贝壳和宝石之类的原材料贸易。在整个新月沃土地区都存在贸易路线，这些材料从采石场运往众多定居点，而这些路线都始于前陶新石器时代A期（从公元前10000年开始）。幼发拉底河是一条大动脉，它将河谷内的土地与安纳托利亚地区（今土耳其）连接起来。

贸易路线相对较短，只有几百千米，因为交通方式非常基础（步行、骑在动物背上、使用简单的水上船只等，见第457页）。这些路线逐渐相连，但是很少有商人能够走遍全线。

未经制作产品的贸易难以察觉，而且很可能不存在。我们假设，如果这种贸易缺失存在，也只局限于可保留一段时间而不会变质的产品。活体动物（未经制作产品的来源）通过贸易和迁徙路线传播到原产地之外。

农业和畜牧业的巩固以及定居点的稳定性导致了盈余，而盈余实际上是贸易交换的结果，这导致了烹饪的重要变化：经过制作的产品。游牧民此时在沙漠或美索不达米亚相对贫瘠区域的存在表明，经过制作的产品的交换一定成功了，因为只有用来自农业世界的产品补充他们的动物性产品，这些牧民才能生存下去（我们将在第556页进一步探讨该主题）。金钱或者任何其他用于该用途的材料都不存在，这意味着使用了以物易物的制度。市场的概念将逐渐成形，虽然它必须等到文明建立的时期才会出现。

西方贸易演变中的历史里程碑

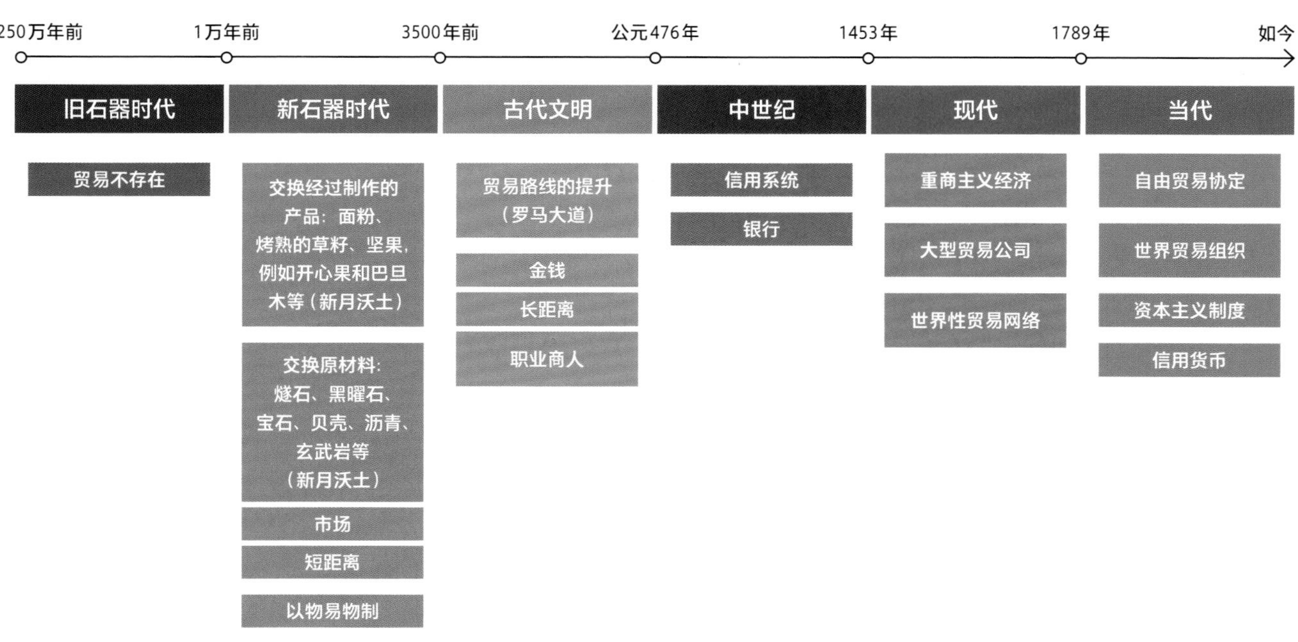

私有财产的起源

根据专家的看法，财产（我们今天称为私有财产）的概念出现在新石器时代。如今这个概念指的是表明资产被非政府实体拥有的一种法律方式。这将私有财产、公共财产（由国家所有）和集体财产（由某个群体所有）区分开来。还有其他类型的财产，例如知识产权、社会财产和混合财产。

在旧石器时代，没有清晰的所有权概念。任何人都可以以私人形式拥有的物品只能是装饰品、工具等，而且甚至不清楚这些物品当初是否被视为私人用品。在新石器时代，定居生活以及对作物、田地和特定动物的依赖产生了向外界澄清所有权的必要性。一块田地是必须加以照料的不动产：除草、犁地、施肥、浇水、种植、等待作物生长等。从长远来看，对劳动和资源的投资得到了回报，而在那时有必要确保没有其他人会占据这块田地或收获其产品。这同样适用于房屋、基础设施、道路和仓库。这些都是与土地相连的物品，而且需要很长时间才能建成。

因此，与狩猎和采集者的生活相比，定居生活更容易遭受敌人的攻击。房屋、土地和仓库可能在冲突中丢失，因此有必要投入大量的时间和精力来捍卫它们并确保所有权。最早的盗贼和侵略者出现了，这是后来将会出现的军队和战争的前身。实际上，城市是作为一种防御系统出现的，人们在城市里居住，可以保护他们的同胞、市民、货物和土地。

此外，定居生活带来了储存和拥有超出必要数量的货物的可能性，这样做可以应对资源匮乏时期，但也可以通过债务来创造凌驾他人的力量。向处于困境中的家庭出借部分作物或动物大概是社会不平等的最初机制之一。小麦作物被毁的农民必须借谷物或面粉才能生存，而且后来必须归还，这让他们在放贷人面前感到脆弱和低人一等。

这些以及其他动因令财产和货物的积累成为主要趋势，尽管它们的巩固和影响直到该时期的尾声尤其是古代文明时期才显现出来。

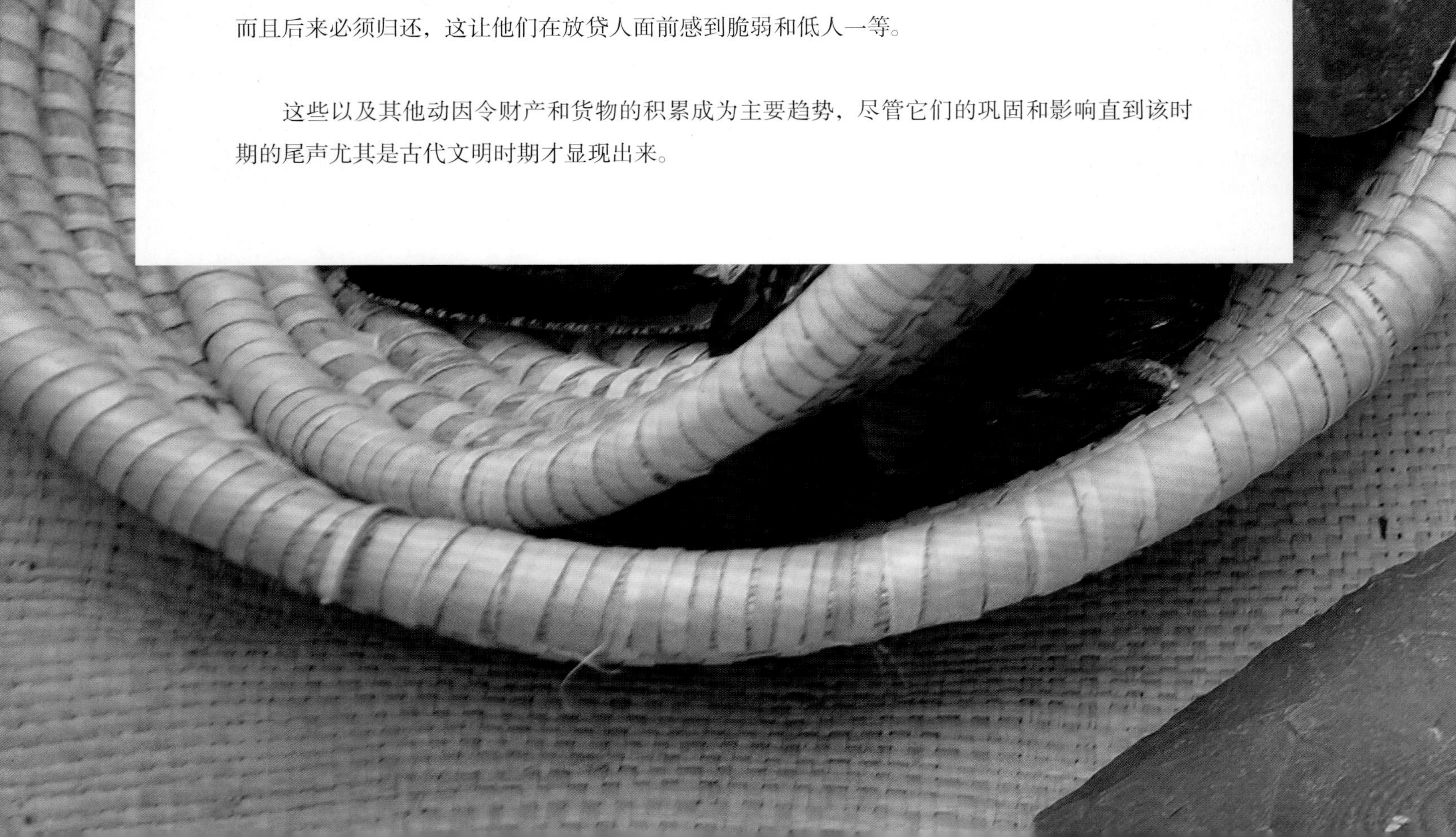

采矿的诞生

采矿实践在新石器时代得到了扩展，并导致了用于开采原材料的地下走廊的出现。在新月沃土，这种现象与黑曜石的开发有关。黑曜石是一种火山岩，特别是在制作切割工具和箭头方面具有很高的价值，也用于制作装饰品。黑曜石主要分布在安纳托利亚中部的卡帕多西亚地区，但是由于其交换而形成的广泛贸易网络令黑曜石分散在半径约900千米的范围之内，这让它不仅抵达黎凡特海岸，还扩散到了塞浦路斯岛和克里特岛。最初的采矿系统涉及相对简单的劳动力组织，而在社会不平等现象几乎尚未露头的背景下，采矿者是自由的个体。

专家指出了人类社群在新石器时代进行采矿的三个原因：

- 作为制造工具的原材料来源，这些工具将被社群使用，并且可能用于开采原材料。因此，尽管需要一定程度的专门化，但这是一种自给自足的活动，既不产生盈余，也不导致劳动分工。这种模式通常与小规模运营有关。

- 进行生产，以便以货易货。这涉及生产多余的材料，并在以后用它们交换其他产品。所开采材料的价值将由其有用性或稀缺性决定，即它不会被组成同一交换网络的整个群体中的个人所使用，而是由一个群体控制。如果生产者从长远来看将依赖于这项活动，那么它将成为真正的专门化活动。

- 积累产品的生产。这实际上是第二种形式的演变。当生产者决定通过他们的活动为某种独特的生活方式筹集资金（例如获取显赫物品）或者当精英获得了控制外部劳动力的能力时（这通常涉及强迫），就会表现为这种形式。二者都是社会分化已经出现或者处于初始阶段的情境。最后一个模式直到被称为铜石并用时代的过渡时期才出现，这是古代文明时代的前奏。

虽然我们开始定居生活，但游牧生活方式并未消失

对于我们的移动方式而言，最重要的事件是生活方式的改变：我们从四处奔波变成固定在一个地方生活。如今，地球上的大部分居民仍然过着定居生活，但游牧生活方式并未完全消失，而是在世界某些地区继续存在，尽管是以更边缘化的方式。

然而，我们永久定居在一个地方生活的原因不是农业，这个过程的方向正好相反：我们停止了四处移动，并在一段时间后学会了栽培植物和饲养动物。例如，世界上最早的定居者并且我们可以说属于新石器时代的新月沃土的纳图夫人就是这样（尽管严格地说，他们生活在之前的中石器时代）。考古学家确定了他们历史的不同阶段，在这些阶段中，他们显然是定居生活的，但还没有驯化他们的产品。朝向定居生活的第一步始于对房屋附近生长的野生谷物进行更密集的觅食。

定居生活的部分原因是我们之前提到的气候变化。新的温和气候导致了可用资源的重新排序，而这些资源随后位于非常特定的空间中。对这些资源必须加以保护、照料，如果存在不确定性，还要将它们隐藏起来。

但是，和所有历史变化过程一样，新状况同时带来了优势和缺点。当他们放弃游牧生活方式时，新的农耕社会缺乏关于其定居点周围地区以外土地潜力的信息，而这些信息是狩猎和采集者可以获得的。定居群体将产品储存作为保证粮食安全的基础，而狩猎和采集者则积累关于环境的信息，因此在资源匮乏的时候，他们知道去哪里寻找替代品。

农业导致了的确需要四处移动的新行为主体的出现，这令人们介于定居和游牧的生活方式之间，从而产生了牧民。为了适当地照料畜群，他们不得不四处走动以寻找最佳放牧地。在整个历史上，种植作物的农民和养殖家畜的农民的共存一直是个问题，但是他们的活动是互补且必要的。

“我们首先定居生活，
然后成为种植作物的农民和养殖家畜的农民，
又在一段时间之后成为牧民。”

交通的起源

我们前面讨论的新石器时代货物交换的局限性和地方性是交通发展有限的结果。除了步行，几乎没有任何证据表明存在任何移动方式，尽管这种情况在新石器时代末期出现了非常缓慢的变化。

轮子和货车的发明似乎发生在约公元前3500年，当时处于新石器时代的最后阶段，即铜石并用时代。有三种类型的证据可以让我们了解它们的发明方式和时间：带有使用痕迹的车轮遗迹（这种情况非常罕见，并且只出现在由水保护的特殊环境），对车轮、火车和役畜的描绘以及车轮的印痕。

直觉上认为轮子和货车起源于新月沃土，但尚未找到证实该假说的证据。这些发明的最早证据出现在东欧。在新月沃土发现的遗迹来自稍晚的时代。研究人员仍在争论这个问题，而且他们在权衡以下论点：这些发明多多少少是同时且独立出现的，或者它们可能来自黑海地区并扩散到整个新月沃土和欧洲。

马的驯化出现较晚。它可能在旧石器时代晚期被驯服，但是所有迹象表明，它作为交通工具的使用也可以追溯到青铜时代，而且这并没有发生在新月沃土，而是发生在新月沃土北边的草原，与车轮和货车的起源地相同。这个过程一定很漫长，因为必须捕捉野马，而且从在野外栖息地驯服几头动物发展到驯化和繁育是很困难的，因为这个过程的技术含量和复杂程度都很高。

新月沃土的新石器时代早期贸易路线在当时是步行路线，因此它们由许多几千米长的路程构成。直到文明降临，贸易和路线才更加高效，而交通成为经济发展的关键要素。

令人惊讶的是，我们的确知道海上交通是可能的。几乎从该时期开始以来，水运船只被相当成功地大量使用。塞浦路斯岛在约公元前8500年进入新石器时代，而考古发现表明，新石器时代新鲜事物向欧洲其余地区的扩散可能使用了跨越整个地中海的相同路线。

作为交通手段出现的车轮、货车和马匹
是在新石器时代末期才出现的新鲜事物。

09

新石器时代：重大历史里程碑

建筑和艺术

最早的永久住所

定居生活在新月沃土开始的表现形式之一是永久住所的出现。最早的住所呈圆形布局，并通过部分埋在地下提高了房屋的稳固程度，同时还提升了内部温度，并将底土作为建筑的一部分。它们一开始是没有内部分区的、畅通无阻的空间。住所的风格在前陶新石器时代B期发生了变化——呈矩形且内部出现分区。

在新石器时代的欧洲，房屋按照类似的方向发展。例如在希腊，我们发现了一些实例，从拥有最简单的椭圆形布局的半埋式住所，到名为"迈加拉"（megara）的长方形结构，其中一些甚至有小门廊。和所有其他文化元素一样，房屋具有强烈的礼仪价值，我们意识到这一点是因为某些不同寻常的行为，例如房屋遭到废弃后就被故意烧毁，或者用它们来存放同样具有神圣价值的被丢弃的日常用品。

在新石器时代，这种家居构造的出现首次创造了专门用于烹饪的空间。新石器时代的厨房通常位于住所的中央空间，其特点是拥有炉灶或烤炉，以及专门为烹饪而设计的器皿。

例如，在全世界重要的新石器时代遗址之一土耳其加泰土丘（Çatal Hüyük）的房屋中发现的厨房非常有名。一个有趣的细节是这些建筑物的屋顶被用作该定居点居民的中转途径，而住所是通过天花板上的一个舱口进入的。这些舱口还用于排出正下方炉灶的烟雾。

不可避免地，伴随着新石器时代永久定居点的出现而发生的变化提出了各种问题：是否每座房屋都有厨房，或者是否居住者有时在室外烹饪？是否每个家庭准备自己的食物，或者食物通常是为更大的群体烹饪的？厨师是否始终是同一个人？食物在什么地方被食用？

土耳其加泰土丘一处人类居住场所的内部场景，复制品

村庄和城镇：城市化的开始

新石器时代的住所聚集成为村庄，即一些房屋的集合和众多公共区域，例如中转区、街道、动物围场，有时还有简单的防御墙。尽管早期新石器时代的农民也居住洞穴或者不超过三个或四个圆形住所的小村庄里，但村庄逐渐成为该时期最常见的定居点类型。

新石器时代村庄的典型特征是筒窖（silos）的存在。筒窖是在地上挖的大坑，有时用黏土衬垫使其不透水，用以储存收成。这些是当时最有特色的储存工具。

新月沃土的一些村庄变得如此庞大和复杂，以至于很快就可以称为城镇。快速城市化是该地区的特征，而欧洲的新石器时代村庄需要长得多的时间才能发展成城镇。首批城市中心的特点是复杂的基础设施、频繁的手工艺活动、市场、庙宇、公共空间等。城镇也是充斥着日常活动的会面场所。

我们简要描述两个典型的例子。第一个例子是耶利哥（Jericho），被称为全世界最古老的有人居住的城市，它的繁荣始于约公元前9000年的前陶新石器时代A期。它坐落在约旦河两岸，人口增长到了3000人，并被有史以来已知最早的防御性城墙环绕。

第二个例子是位于今土耳其境内的加泰土丘，在公元前7000年末至公元前6000年前陶新石器时代的鼎盛时期，它占地13公顷。它由一系列社区组成，但是没有街道；它的屋顶相连，居民在屋顶上四处走动。在那里发现了许多艺术表现形式：壁画、浮雕和小雕像。这座城镇是该地区的贸易中心，在这里交换手工艺和食物产品。庆典和仪式在这些早期城市中心举行，并以食物和饮品为重，这就是历史上最早的宴会。例如在非凡的加泰土丘遗址，有一幅装饰房屋的壁画证明了这一点。

城市化的快速发展源于新月沃土定居点人口的持续增长。大型群体的共存不仅导致了城镇的兴起，还导致了将在随后的时期出现的许多其他政治、经济、社会和文化上的新鲜事物，例如为大型定居点供应物资的系统（灌溉系统，山坡梯田等）、规则和法律的出现、以不同行业的形式进行的专门化分类，以及许多其他事物。当我们观察古代文明时期的时候，我们将有机会探索这些事物。

加泰土丘考古遗址，土耳其

新石器时代的艺术

正如我们在研究旧石器时代艺术时所解释的那样，艺术敏感性一直伴随着我们。新石器时代为它的绘画、结构和物品带来了特别的美学价值，尽管它们仍然继续仿效始于上个时期的技术。然而从这时开始，作为定居生活的结果，每个地区都将创造自己的风格和艺术媒介。下面是对艺术在新月沃土和欧洲发展的一般路线的概述。

坐着的女人，加泰土丘，土耳其

石灰泥小雕像，艾因-加扎尔，约旦

新月沃土的小雕像

以人或动物的形态塑造小雕像的习俗仍在继续。第一批小雕像出现在黎凡特地区，例如在耶利哥等地的考古遗址。它们是用石灰泥覆盖植物纤维结构制成的，而且似乎作为仪式的一部分被埋葬。后来出现了由陶器和石头制成的小雕像。新月沃土的每个区域都有自己的风格：有的强调眼睛和鼻子；有些则夸大生殖器；而雕像的姿态包括站立、坐下、双臂张开或交叉等。一些特别著名的雕像是在伊拉克南部发现的，被称为“蜥蜴”，它们是长度夸张的人形雕像，这让它们看起来像爬行动物。其他非常有趣的小雕像主要出现在叙利亚北部，是雕刻得像人形的小石板，但是有两只高度夸张的圆形眼睛，有时几乎占据了整座雕像。它们被解释为留在庙宇用于祈愿或表达感激的供奉雕像。

壁画，加泰土丘，土耳其

新月沃土的壁画

装饰住所和其他建筑物的墙壁和地板的习俗始于该地区，当时这些建筑覆盖着湿壁画，即使用涂料在墙壁上的潮湿石灰泥上作画。这种绘画装饰了土耳其的加泰土丘的许多房屋，它们非常有名。除了狩猎场景以及一些带有动物的仪式，该遗址还拥有描绘几何图形的绘画。在浅浮雕中有壁画装饰的案例，其中有对动物和女性形象的描绘，后者被解读为女神。考古学家认定，每当墙壁需要一层新的灰泥时，就会更新壁画。

新月沃土的装饰陶器

陶器的出现为使用这些新物品自由发挥艺术创造性铺平了道路。器皿开始使用涂料装饰，这是一种具有浓郁地方特色的习俗，并常常用来传承和强化每种文化的族群认同，例如，装饰着动物、人物或几何图形的萨马拉（Samarra）文化的大碗，以及装饰有公牛头等具象图案的哈拉夫文化陶器。

来自新石器时代晚期（铜石并用时代）的带装饰的瓮，伊朗

哈拉夫文化制造的带装饰陶器的碎片，叙利亚

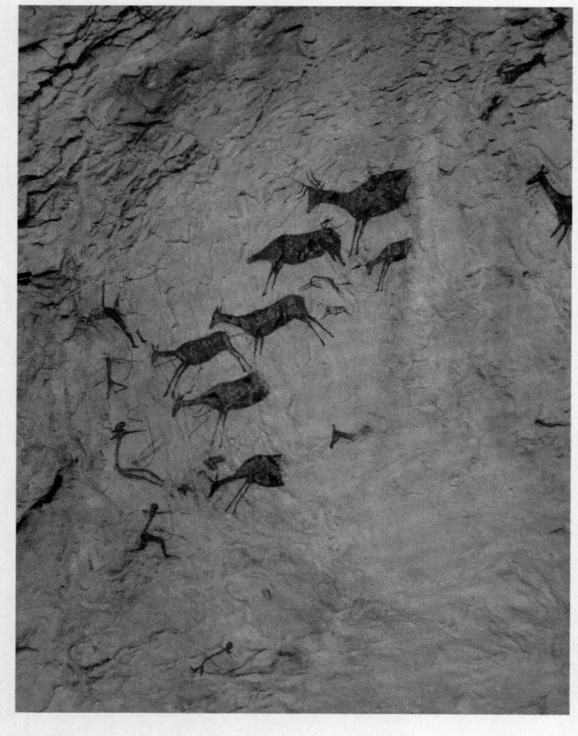

对狩猎场景的复制，马洞（Cova dels Cavalls），蒂里格（Tírig），卡斯特利翁省（Castellón），西班牙

欧洲的岩洞壁画

岩洞壁画在新石器时代仍然很普遍。例如，所谓的黎凡特岩洞壁画和地中海沿岸的后旧石器时代的岩洞壁画（两者都出现在伊比利亚半岛）。虽然不容易确定这些绘画的年代，或者确定哪些仍然属于狩猎和采集者，哪些是新石器时代的群体制造的，但是有些特征为我们提供了线索。例如，狩猎场景的描绘发生了变化：这些动物不再是有时令人类形象黯然失色的个体图形元素（此前一直是这样），而是在新石器时代变成了简单的“被捕猎”的物品。此外，抽象形式首次出现。专家能够根据主题和每种元素的呈现方式来区分不同的绘画风格。因此，抽象艺术包括博物学艺术、宏观示意图艺术和示意图艺术。

欧洲的巨石建筑

巨石建筑泛指使用大石头建造的欧洲史前纪念性建筑，并与不同的象征和宗教表现形式相关。这种现象起源于新石器时代，并一直持续到青铜时代早期阶段。它在欧洲的分布不均匀，在西班牙南部和大西洋沿岸更加集中。这些构造常常被称为那段时期艺术的一部分，但是它们起着不同的作用，而且似乎不是出于美学原因建造的。

最广为人知的巨石类型中包括竖石纪念碑（menhirs）——像雕塑一样放置在地上的高大竖立石头，它们独自出现或者数个一组。另一种类型是支石墓（dolmen），由大而平坦的石板构成的墓，有时带有入口走廊。这种建筑一旦建成，就被泥土和石头覆盖。

继设计和建造这些纪念性建筑的社会之后，人们经常利用它们并赋予其新的用途，这导致了一些错误的观念，其中流传最广的一个观念是，凯尔特人的德鲁伊祭司积极地推进了它们的建造。

福尔戈吉纳（Vallgorguina）支石墓，巴塞罗那省，西班牙

11

新石器时代：重大历史里程碑

社会和政治

社会和经济不平等现象的出现

定居生活和采用农业生活方式导致人类社会的社会和物质复杂程度大大增加。除了其他因素，土地和牲畜的所有权、盈余的积累、对道路和贸易的控制以及人口的大量增加共同引起了社会失衡。专家认为，社会不平等的种子播种于新石器时代。

据推测，这种不平等在旧石器时代并不存在。大多数已知的狩猎和采集者群体都拥有最大限度地减少支配行为的强大机制。合作、利他主义和平等是原始人类进化成功的基础，但新石器时代的方程式变得更加复杂。

人类学家、考古学家和历史学家仍在继续争论人们掌握权力并将意志强加于群体中的其他人的方式和策略。有人认为这是结构上的必需品。社群的增长幅度如此之大，以至于需要领导者重新分配资源、处理信息和保护集体财产。还有一些理论指向更抽象的概念，例如意识形态的垄断和群体的仪式生活。另一些人则认为，触发这一过程的是某些个体的野心和对声望的追求。沿着意识形态和仪式的思路，研究广泛的假说之一是它与烹饪的联系而值得一提，即“大人物”现象和宴会的举办。

根据这一理论，第一批成功积累权力的人这样做是为了通过向邻居提供保护和经济支持，以赢得他们的青睐，但并不向他们强加意志，也没有使用武力的能力。这些“大人物”并不拥有源自任何世袭权力或财产的正式权威，他们只是通过自己的说服能力赢得了追随者。他们是如何说服自己的邻居的？嗯，常常是通过举办盛大的公共宴会来实现的。他们的名声和等级在这样的盛宴中增长，邻居也对他们有了亏欠。结果，他们逐渐变成了拥有权威的个人。从新石器时代开始，提供宴会将成为历史上强大和有效的政治武器之一。

虽然这些以及其他权力动态模式在新石器时代发挥了作用，但是很难了解更多。其困难在于证据的难以捉摸。权力差异和社会分层发展得非常缓慢，只有在古代文明时期才能清晰地看到。此外，每个群体都有自己的节奏和特征，而且这绝不是一个线性过程。掌握权力的人也可以轻易地失去权力，几乎不留下任何存在的迹象。在新月沃土，如今已经在某些地方发现了黑曜石堆积、来自异域土地或者由专门人士制作的宝贵物品以及在某些墓穴中对尸体的特别处理，这些细节说明社会分层已经处于发展之中。

• 新石器时代是否出现了社会阶层？

不平等的开始意味着以获取更有价值的资源（例如商品、信息、权力或者为所属群体做出重要决定）的能力为特征的人群正在开始形成。在这场分化中，有些人获得这些资源的能力将受到限制，而另一些人将可以自由地享用这些资源。

地位是决定每个人在这种权力模型中所处位置的变量。在整个历史上，地位相同的人根据每种情况的特点（社会阶层、种姓、财产等）组成名称不一的团体。社会阶层的概念通常用于指所有这些（尽管从历史学的角度看，该概念的定义非常严格，只适用于最近的时期）。

这些团体在新石器时代是什么样的？正如我们已经提到的那样，我们可以假定它们存在，但是我们无法描绘它们的特征。我们认为这些团体仍然会非常不稳定，最有可能是基于亲属关系而不是世袭制，并且具有不同程度的权力：拥有商业权力的家庭或个人、开始积累土地或动物的其他人、为自己的利益控制劳动力的人、垄断宗教生活的人等。

极有可能的情况是，烹饪会受到初期社会阶层之间早期不平等的影响。在更高的阶层中，大众烹饪可能获得了稍微精致化的特征，为在以后的文明中见到的烹饪艺术奠定了基础。有权力的家庭或个人将享受当时最尊贵的物品，包括餐具。也许他们进食和饮用的是其所在地区最精选的产品，并通过这些产品的品尝方式和地点将自己与其他人区分开。

“自新石器时代以来，提供宴会已经成为历史上强大和有效的政治武器之一。”

第5章

新石器时代的烹饪、食物和饮品

现在，我们将根据智论方法学分析新石器时代的烹饪。

- 不使用陶器的新石器时代
- 使用陶器的新石器时代

新石器时代：烹饪几乎像我们如今所知的那样

虽然高档餐饮运营系统的根源可以追溯到旧石器时代，此时出现了第一批产品、工具和制成品，但是发生于新石器时代的巨大变化才导致了我们如今所理解的烹饪的诞生，或者至少这条发展路线是在新石器时代确定的。使用新石器时代，尤其是来自这段时期最后几千年的产品、技术和工具，就有可能烹饪我们现在能够制作的大部分东西。

在这里，我们将新月沃土作为地理参照，因为它是世界上最早的新石器时代形式并且向西传播，不过有时我们也会举出欧洲新石器时代的例子。我们应该记住，人群和地区之间文化差异的轮廓是在新石器时代绘制的。我们的意图是解释最普遍的事件，而不深入研究地方特殊性。根据我们将会在接下来的内容中使用的智论方法分析，该时期分为两个部分：不使用陶器的新石器时代，以及使用陶器的新石器时代。陶的发明以及用它制作的陶器工具是烹饪、食物和饮品历史上的一个转折点。

不使用陶器的新石器时代

新月沃土的这个时期从公元前10000年延续至前6800年，涵盖被考古学家称为前陶新石器时代A期和B期的两个时期（见第407页）。定居生活方式就是在这个略微超过3000年的时期里建立的，而这个过程的第一步是在农业和畜牧业迈出的（我们必须记住，欧洲不存在这个阶段，新石器时代抵达这座大陆时，陶器已经得到充分发展）。在这个时期，房屋作为第一批定居人群生活的基本单位出现。房屋——考古学家称之为“家庭单元”——产生了两种对我们的分析至关重要的空间：食品室和厨房。就烹饪制成品这一活动而言，该时期拥有四个非常重要的元素：

- 第一批人工的未经制作产品的出现，它们是驯化的结果。这是农业和畜牧业的开始。
- 与将会变得无处不在的两种工具相关的技术的巩固和发展：鞍形手推石磨，以及石杵和石臼。
- 保存制成品以填充最近发明的储藏室的需要。
- 品尝体验的前身出现了。与农业和畜牧业有关的新生活方式导致了更紧密的共存，更多群体不得不生活在自己建造的定居点中。保证最低限度的基本基础设施、对农田和牲畜的划分，以及防止冲突所需的规则，这些任务都非常重要。人们建立了许多社会机制以缓解紧张气氛和促进群体凝聚力，其中之一是举办宴会（见第482页），即包括分享食物和饮品的节庆活动。它们为烹饪开辟了一个新的维度。它们强调庆祝，在日常饮食之外，与最亲密的家人以外的人们共同进食和饮用。并且是在不同于日常餐食的空间进行。这是未来宴会的精髓，促进了充分的品尝体验的到来。

使用陶器的新石器时代

该时期从公元前6800年延续至前3500年，略微超过3000年，并被一种新颖的工具定义：陶器。坚硬、不透水且耐热的器皿为几乎所有与营养相关的过程打开了无限可能的世界。陶器彻底改变了技术、制成品和再生产过程的世界，并为服务、装盘等赋予了形式。此前以原始方式进行的所有操作都开始以更高的精度进行。在这里奠定了本节开头提到的重大变化的核心。陶器是一种刺激，它导致了新元素的出现，并将与烹饪制成品相关的所有事物都提升到新的复杂性水平：

- 经过制作的产品出现了。正如我们很快就将看到的那样，这些是某些人烹饪的制成品，被他人通过以物易物的方式获得，用于他们自己的烹饪过程。经过制作的产品包括烘烤谷物、面粉、面包、奶酪等。它们的出现将极大地改变旧石器时代烹饪过程的简单线性特征（见第556页）。
- 服务和装盘终于得到了清晰的体现。
- 储存效率提高，并以更大的规模进行。这是立即使用的烹饪和用于储存的烹饪之间的区别的真正开始。
- 社群的庆祝活动及其节庆性质得到了更大的体现。

和对待旧石器时代的烹饪一样，在接下来的内容中，我们将根据智论方法学为高档餐饮部门设定准则，讲述烹饪、食物和饮品领域的里程碑。通过将所有内容与上一章中描述的里程碑联系起来，我们将解释体现产品、技术、工具、过程和资源的历史特征的事件。

新石器时代村庄斯卡拉布雷（Skara Brae）一处住所的室内，奥克尼群岛（Orkney），苏格兰，公元前3180年至前2500年

不使用陶器的
新石器时代

来自不使用陶器的新石器时代的最典型的制成品

最早的定居社群继续制作继承自旧石器时代最后阶段的制成品，其中包括烧烤、煮熟、剁碎和碎裂的制成品。最终结果以及产品和技术序列的结合可能有所差异，但是既然我们无法接触这些制成品最终的形态，因此无法对这一点进行任何进一步的推测。

像动植物的驯化这样重要的事件似乎对制成品的世界没有多大影响，至少在农业和畜牧业的第一个阶段，使用野生小麦种子和在森林里采摘的果实，可以制作出和使用它们的栽培近亲相比同样类型的制成品。然而，我们可以断定，对于动物而言，驯化带来了一系列新的预加工产物，它们是屠宰和熟成等预加工技术的副产品。我们认为，承担烹饪任务的人将能够根据烹饪需要宰杀动物并为其放血。

制成品最重要的方面与新月沃土几乎每座被发现的房屋里的大量工具有关：鞍形石磨、石杵和石臼。对于研究该时期的考古学家而言显而易见的是，当时的人们花费了大量时间磨碎和砸碎制成品，似乎还有它们的所有衍生品（见第478页和第479页表格）。我们在这里指的是使用植物界产品制作的制成品，尤其是禾本科植物的种子（小麦、大麦）、果实和坚果（无花果、开心果）、叶片、茎秆、根茎等。使用动物性产品制作的制成品没有什么新奇的方面。

磨碎制成品

可以根据所得粉末的大小对磨碎制成品进行分类。如果它们被磨得很细，我们得到了面粉；如果它们被磨得没那么细，我们就得到了粗面粉（semolina）、破裂谷粒或者未筛面粉。大多数磨碎制成品是中间产物，即不直接用于品尝。它们必须经历其他技术，变得味道宜人且容易消化。磨碎制成品往往用于制作其他类型的中间制成品：需要液体存在的揉制、轧制或成型面团。通常，它们还必须经历其他技术——煮、烘烤、烧烤等，才能得到最终结果。磨碎制成品进一步延长了烹饪过程序列，令烹饪活动的复杂程度达到新的水平。

尽管几乎没有直接证据，但鉴于当时可用的工具、产品和技术，可以合理地假设，当时存在两种类型的最终制成品，它们是根据其质感定义的：

- “干”制成品，例如面包、糕饼和饼干，需要在干燥介质中进行化学诱导的烹饪（例如烧烤）。
- “湿”制成品，例如粥、奶油和汤羹，需要在液体介质中进行化学诱导的烹饪（例如煮）。

捣碎制成品

捣碎制成品往往是用石杵和石臼制作的。和使用形状相对扁平石头的鞍形石磨不同，石臼是一种类似于容器的工具，而石杵用于在其中执行动作。鞍形石磨和石杵及石臼可以执行非常相似的技术。然而，石杵和石臼更适用于湿加工或者必须有效地容纳结果的加工。我们发现新石器时代早期人类可以使用的技术是砸碎、砍剁和切碎。与磨碎制成品不同，许多捣碎制成品及其衍生品是可以直接品尝的。酱汁、调料、泡制饮品和果汁是人类可以用石杵和石臼制作的部分最终制成品，不过它们也可以用作中间制成品。

显然，除了这些制成品——我们认为它们是在历史上第一批定居点的房屋中制作的料理的基础，大量组合方式也是可行的。例如，一种理论上可以直接品尝的制成品，例如由煮熟破裂小麦制成的焦干碎麦（bulgur）可以进一步加工成沙拉。每种创新都可以累积并添加到与现有元素组合的元素列表中。

我们坚持这样一个事实，即所有这些制成品在旧石器时代都可能存在，并且正如我们在前几章解释的那样，它们以某种方式被记录在使用火的旧石器时代，但是我们在这里才强调它们，是因为自从新石器时代以来，考古学家更清晰地看到了它们，而且我们知道在当时已经可以按照定义它们所需的全部精确度来制作。

“鞍形石磨和石杵以及石臼是这个新石器时代早期阶段最有特色的制作过程和特征。”

面包的起源

面包是一种制成品，它的制作需要使用禾本科植物种子制造的面粉（即一种中间制成品）和水，并在其中添加补充成分，例如盐、牛奶、油、坚果碎片和香料。

就所需精力和时间而言，制作面包的过程可以是复杂的。很多文化都将面包当作主食，这是因为它的实用性：面包是消费谷物的较容易消化的方法之一，而且它可以保存很长时间。一旦干燥，面包可以储存。它很容易切分、撕碎或者再水化，以便再次食用。面包很容易携带（因此很可能成为贸易商品），而且在品尝时也可以作为实用的工具，因为它可以用作汤匙、餐盘、包裹材料等。

面包有两种主要类型：无酵面包（unleavened bread），它不包含酵母，因此不经历发酵；以及发酵面包（leavened bread），它需要稍微复杂一些的发酵过程以及包含谷蛋白（特别是小麦，而黑麦、燕麦和大麦的含量较低）的谷物品种。

所有迹象都表明，人类一开始制作的面包是无酵类型，又称薄饼（flatbread）。它不需要发酵，而且面团可以在烤炉中或者开放式火焰上烤到可以食用的程度。从古代文明时期传递至今的信息来看，发酵面包似乎是为特殊场合保留的，并供群体中的精英消费。

最早的已知无酵面包是在新石器时代的新月沃土制作的。直到最近之前，最古老的案例还是在土耳其著名的加泰土丘发现的。然而，最近在叙利亚发现的某种遗迹看起来似乎是比它还要古老5000年的面包，来自旧石器时代和新石器时代的过渡阶段。这块面包应该是该地区最后的狩猎和采集者（称为纳图夫文化）制作的，他们当时过着定居生活，但是仍然继续依赖非驯化资源。正如我们在第378页所见，他们使用野生禾本科植物制造面粉并熟悉火的使用，这意味着面包的制作并未超出他们的能力。尽管如此，如果他们真的做到了这一点，那将十分令人惊讶，因为用野草种子制作面包的过程比使用驯化谷物品种更费力。

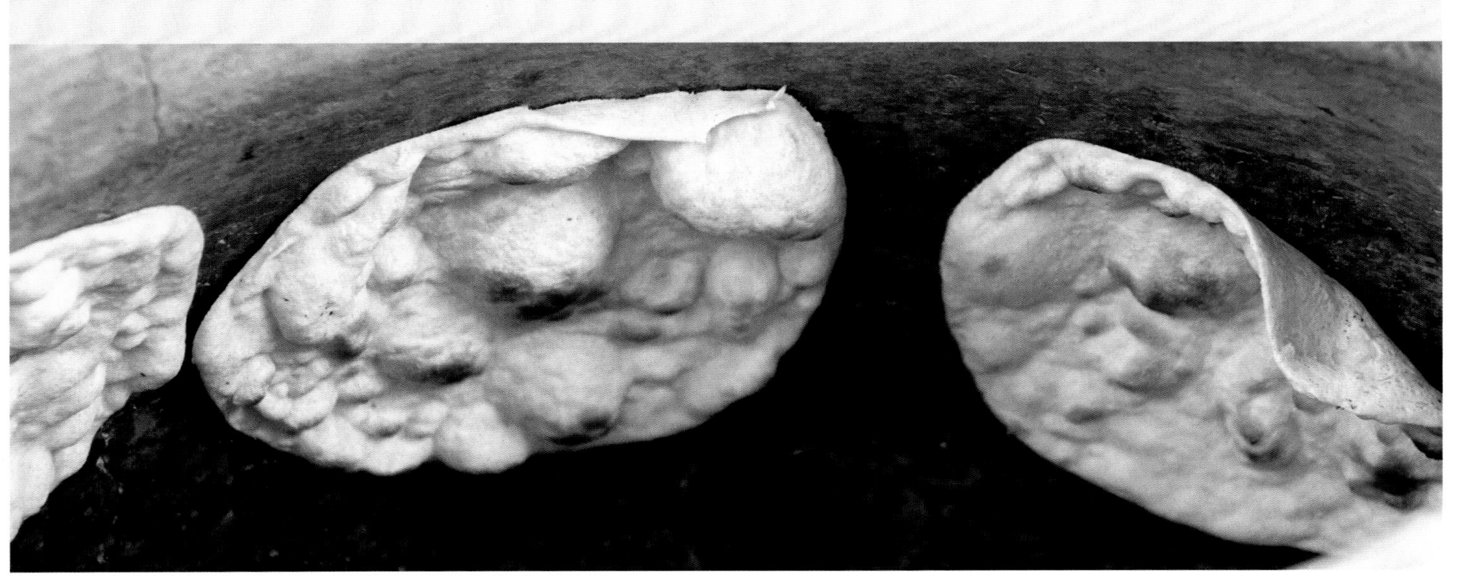

最常见的饮品

在新石器时代的前3000年，我们继续谈论三种非酒精饮品，它们是最有可能用来为定居社群消除口渴的饮品：

水

水仍然是必不可少的饮品，当时的人花了很大力气确保其供应。第一批新石器时代的定居点坐落在河流和湖泊的附近以及靠近水源的肥沃地区，这将促进农业和畜牧业的发展。在陶器出现之前，储存和运输水的能力继续受限。

果汁

果树的驯化比其他作物晚得多。新石器时代的人们继续使用野生果实准备果汁。也许石杵和石臼的广泛存在让这些饮品变得流行，而且由于储存困难，它们仍然是立即消费的。正是因为这个原因，考古记录中没有它们存在的痕迹。处理施加的转化技术（例如砸碎和挤压）被用于获取果汁。考虑到当时的果实，我们可以想象人们会利用下列野果制作果汁：

- 欧洲酸樱桃（*Prunus cerasus*）
- 欧洲野梨（*Pyrus pyraster*）
- 野葡萄（*Vitis* sp.）
- 野草莓（*Fragaria vesca*）
- 黑刺李（*Prunus spinosa*）

泡制饮品

香草和其他干制植物可能已经储存在了新出现的家庭食品室中，用于制作浸渍和泡制饮品。例如，在法国拉莫尔-皮埃尔（La Molle-Pierre）考古遗址的新石器时代洞穴中，就保存着可能用于此用途的植物：

- 茶（*Camellia sinensis*）
- 果香菊（*Chamaemelum nobile*）
- 野生烟米（*Papaver nudicaule*）
- 欧洲白蜡树（*Fraxinus excelsior*）

在加泰罗尼亚巴尼奥莱斯湖（Banyoles Lake）湖畔的拉德拉加新石器时代遗址，发现的植物包括：

- 烟米（*Papaver somniferum*）
- 叶椴（*Tilia platyphyllos*）
- 贯叶连翘（*Hypericum perforatum*）

酒精饮料的到来：受控发酵的开始

第一种啤酒

几十年前，许多考古学家提出了一个假设，驯化谷物的驱动力可能是人类以酒精饮料的形式消费谷物的欲望。也许当时的优先考虑事项不是只做面包或粥，而是酿造啤酒。对于这些早期农民群体，啤酒可能是和面包一样重要的主食，甚至可能更重要。它当然和面包一样有营养。

这种怀疑基于许多事实。一方面，野生种子的发酵可以在适宜的条件下自发进行。例如，完全可以想象的情况是，野生大麦的果实被雨水打湿后又被阳光晒干，最后被酵母菌定殖，从而产生发酵。也许由此产生的饮品因其宜人的滋味、饱腹感及其导致的意识状态改变而受到人们的喜爱。我们已经看到，鉴于野生种子在使用火的旧石器时代已经大量消费，制造啤酒应该并不是很复杂。无疑，在面包被某人制造出来很久之前，人们很可能已经熟悉了这些“天然啤酒”，因为制作面包的过程费力得多而且也不会自发进行（即便是碾磨谷物以制作面粉也是一个需要数小时重体力劳动的过程）。

另一方面，社区宴会对于新石器时代的早期社群变得非常重要，而酒精可能在其中发挥了主导作用。在我们已经讨论过的来自新石器时代早期的哥贝克力石阵遗址（见第435页），出土了6条总容量为160升的大槽，其底部附着有草酸盐的痕迹，这被解读为谷物发酵饮品的残留（所谓的谷物，只不过是我们为驯化程度最高的禾本科草本植物赋予的名称）。

关于由谷物制成的发酵饮品的重要性，另一条线索是在新月沃土之外，欧洲的新石器时代人群也在制作它们。在西班牙巴塞罗那附近的萨杜尔尼洞穴（Can Sadurní Cave），考古学家发现了最古老的大麦啤酒的残留，可追溯至公元前5000年。

蜂蜜酒的起源

蜂蜜酒被认为是人类制造的最古老的酒精饮料。在西班牙瓦伦西亚附近的比科尔普（Bicorp），拥有约8000年历史的蜘蛛洞（Araña Cave）内的壁画非常有名，它们展示了人类在新石器时代采集野蜂蜜的证据，不过这种实践很可能起源于更早的时候。很容易想象，当这些蜂蜜与少量水接触后会自然发酵。然而，这种饮料及其生产的考古证据非常少。最早的证据来自中国的考古发现，蜂蜜酒与其他产品混合在一起。在探索古代文明的时代时，我们将进一步讨论这种饮品，它在当时起了重要作用。

根据决定性技术得到的预加工产物
不使用陶器的新石器时代（公元前10000年至前6800年）

屠宰和熟成技术的结果

打昏的　宰杀的　放血的　陈放的

与清洗、切割成适当大小以及称重有关的技术的结果

筛过的　称重好的　测量好的　按配额划出的

去除不可食用部分的技术的结果

去壳

产品改进技术的结果

清洁的　焯水的　小火煮的　清洗的
脱盐的　去脂的

在史前时代，烹饪的发展逐渐将每种新的创造和发现添加到其资源中，特别是在制成品和技术方面。
在这些页，我们只强调了新石器时代最典型的预加工产物和制成品，并将之前章节提到的预加工产物和制成品加入其中。
当我们在后面描述烹饪技术时，也将会是同样的情况。

根据决定性技术得到的制成品
不使用陶器的新石器时代（公元前10000年至前6800年）

通过处理的方式应用转化技术的结果

改变和塑造

捣碎的 | 磨碎的 | 剁碎的 | 切碎的

揉捏的 | 滚成圆球的 | 塑形的

与味道和滋味有关

用盐腌过的 | 变甜的

通过混合产品和制成品

搅拌过的 | 混合过的

在加热诱导的烹饪中应用的

灌注液体的 | 烤时涂油脂的

通过不加热的理化方法应用转化技术以及化学诱导烹饪的结果

通过增加某种产品或制成品

发酵的 | 浸渍的 | 酸渍的

脱水

用盐腌的 | 用盐水腌的 | 腌制的

通过生物化学转化方法

凝结的

通过加热应用转化技术，无须化学诱导烹饪的结果

通过直接或间接加热

炼过油的

通过加热应用转化技术，伴随化学诱导烹饪的结果

通过干燥介质

烘焙的 | 烘烤的 | 糖渍的 | 蒸发浓缩过的

通过液体介质

煮过的

通过油脂介质

文火煎的 | 炸的 | 油封的

通过混合介质

慢炖的 | 煎炖的 | 慢烹的

进食和饮用：品尝技术和工具

进食和饮用是如何发生的，使用了什么？从新石器时代的这个早期阶段，发现了什么新鲜事物？

似乎没有太多与此有关的信息。在新石器时代的任何定居点的房屋中，目前尚未发现用石头或任何其他材料制成的个人使用的盘子或杯子。令人惊讶的是，考古学家发现了与再生产过程相关的大量物质，但是与消费相关的东西很少。一个可能的原因是，当时的人继续使用由木材或其他易朽材料制成的工具。有考古学家提到当时存在使用绳索和植物纤维制成的器皿和物品（例如篮子），有时覆盖着一层柏油防止透水，但是尚不清楚它们是否在制成品的消费中发挥任何作用。也许将制成品划分成若干份的做法并不普遍，而进食主要是用手完成的。

液体制成品呢？我们知道，新石器时代的欧洲就有木头汤匙和长柄勺，例如那些保存在拉德拉加等特殊遗址中的汤匙和长柄勺。那里还发现了许多骨头汤匙。也许使用易腐材料制成的汤匙曾用于将液体从某种常见容器（用于制作的相同容器）转移到口中。然而，它们的出现在新石器时代的考古中是偶然事件。和在旧石器时代一样，贝壳也有可能偶尔用作汤匙。

考古学家还发现了相对较小的石碗。然而，考古学家尚未思考过它们是否用作个人的消费容器。

“很长时间之后，我们才能看到个人使用的盘子和餐具的发展。”

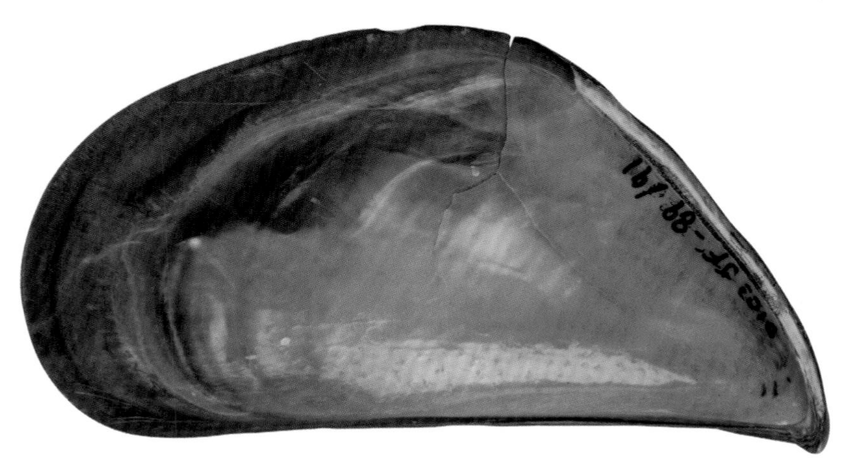

在拉德拉加遗址发现的贻贝贝壳（巴尼奥莱斯，公元前5350年至前4950年）。它曾用作汤匙吗？

在拉德拉加遗址发现的骨头汤匙的复制品（巴尼奥莱斯，公元前5350年至前4950年）

摄入和品尝之间：进食和饮用时的愉悦感和社交性的开始

最早的宴会

由于维持生计占据了这些人的大部分生活，所以不足为奇的是，社会和政治动态的很大一部分与食物和饮品有关。举办宴会的习俗开始于新石器时代，并表现为各种形式：宗教节日、纪念死者的葬礼活动，或者某位领导者发起的行为（见第483页）。在这些情况下，以群体进行的进食和饮用不仅涉及节日活动，而且还涉及在其中发展社会关系的空间。它们往往是加强群体凝聚力并称颂首批领导者的主要机制。与此同时，新石器时代的公共庆祝活动还成了提高生产力和积累盈余的刺激手段。在土耳其和中东，以及希腊和欧洲的其他地区，都发现了这个论点的证据。这些庆祝活动为人类学和考古学探索提供了有趣的资源。

在我们看来，首批宴会的出现是一场颠覆体验的重大事件。在它们之中，我们发现了一种事物的精髓，而这种事物后来将成为精英阶层举办的宴会，也就是餐厅美食供应的直接前身。新石器时代的宴会是品尝的享乐主义维度的开端。似乎有很大比例的可用肉类（以高昂的代价获得的产品）专门用于这种场合。酒精也备受尊崇，它为用餐者的体验增添了醉酒感。宴会很可能伴随着活跃气氛的舞蹈、音乐和诗歌。作为一种在庆祝活动中开展的进食和饮用行为，节日就餐始于新石器时代。

在家就餐

詹姆斯·G. 斯旺（James G. Swan）的水彩画，描绘了北美原住民卡拉兰人（Klallam）举办的一场公共宴会。酋长的妻子正在分配食物

与此同时，日常营养摄取体验也发生了一场革命。作为比狩猎和采集者的家庭更小的家庭单元共同生活的房屋出现了，房屋的出现带来了家庭餐食的习俗和一种大众传统。与小家庭的成员一起在家就餐，这是家庭餐食持续至今的舒适、安全、亲密和规律性特征的起源。

第一批主人

新石器时代是如此遥远，以至于我们无法知道它的那些伟大创新背后是否存在特定的个体。我们只能想象，大多数创造——农业、畜牧业、新的烹饪技术、新产品的使用等，一定是在相当长的时期内发展的，并且经过许多人的传承。然而，定居生活的特征、私有财产和贸易的逐渐兴起以及公共生活的组织带来了第一批拥有权威的个体的出现，这些人物早在旧石器时代就已初具雏形（见第325页）并因此而获益。酋长、萨满祭司和有威望的家庭将负责公共宴会以及其他事务。

除了身为首批领导者，他们大概还是历史上的第一批主人，他们采取行动创造特定制成品，以在节日期间取悦自己的社群。如果真是这样，那么有趣的一点是，政治权力的开端可能与某种美食思维的出现有关。虽然在宴会中发挥领导作用的这些人物的名字没有流传下来，但看上去很明显的是，这个过程的每个阶段都会有领导者：创造性领导者、再生产过程中的领导者、发挥自己的权威以灌输自身品位的体验领导者。所有这些角色可能由同一个人扮演。

谁在家烹饪：男人还是女人？

正如历史和民族志资料所表明的那样，世界上的大多数社会都将家庭烹饪的责任赋予女性。在家烹饪是典型的女性照顾家庭的任务的一部分。但这个习俗是从哪里开始的呢？在新石器时代已经是这种情况了吗？遗憾的是，由于我们能够见到的东西只有保存下来的残破餐具、住所的遗迹、食物残渣和一些坟墓，所以我们不可能知道答案。考虑到这些信息如此稀少，我们最好不要猜测，尽管很多研究人员断言烹饪自新石器时代以来一直是女性的专门领域，这种论断受到当今民族志对比研究的支持，即通过观察与当时的物质条件相似的某些当今文化中的情况。

通过这些对比研究，我们知道准备餐食实际上是传统农业社会分配给女性一项任务，而且除了这项任务，女性还要做琐碎的农活。有时，当社会结构围绕大家庭（配偶、丈夫或妻子的父母以及更多亲属生活在一起）安排时，田野劳动的艰苦会阻碍年轻女性在烹饪上花时间，于是烹饪的责任就落在了不再参与农作的年长女性。这种习俗出现在很多社会中，这可能是祖母在建立传统中所扮演的角色的本质。我们认为，在超过6000年的历程中（即150～200代人以上），这种从祖母到母亲又从母亲到女儿的传承极有可能是烹饪传统的起源。

此外，这些社会中的女性负责烹饪之前的工作：预加工、保存食物和制作冷盘肉、制作面粉和各种中间制成品，这些东西可以储存起来，以供全年用于烹饪。

不使用陶器的新石器时代的烹饪、食物和饮品领域的第一批创造

它们是如何达成的？

我们已经证明，我们目前所认识的烹饪的基础是在新石器时代奠定的。在那时创造出的工具、技术和制成品类型仍然是大众烹饪和部分烹饪艺术的精髓（当然，是以更进化的版本）。

烹饪、食物和饮品领域的新石器时代创造物清单分为两部分，这两部分与我们对该时期两个阶段的划分完全一致。在陶器出现之前的第一个千年出现了以下情况：

- 农业被创造。
- 畜牧业被创造。
- 作为前两种发明的结果，数十种新工具被创造。
- 大量新制成品被创造。
- 新的职业（种植作物的农民，养殖家畜的农民等）被创造。

这些是如何被创造的？

我们必须牢记，这些创造物在一段略超过3000年的时期中诞生于新月沃土，而且它们在世界上的其他地方被采用或创造也需要差不多长的时间。尽管我们如今将它看作一场伟大的革命，但是在新石器时代，没有任何一代人同时经历过其中的两种变化。换句话说，我们现在如此清晰地识别和界定的这些创新在当时是难以察觉的方式发生的。

在想象新石器时代的创造过程时，需要考虑的一个重要且矛盾的方面是，这些社会非常保守。他们通常不追求新鲜事物，而且变化在他们眼中似乎很危险。因此，创造过程往往旷日持久。例如，尽管牛被驯化了，但是人类花了许多个世纪才决定使用它们的乳汁而不只是肉。

在如此之多的创造背后，驱动力之一很可能是某种新的需求。向生产型经济的过渡带来了未知的危险：如果收成不佳，饥荒是板上钉钉的。这种情况会是许多保存技术背后的理由，人们还会为了最大限度地利用土地和他们饲养的动物而进行农业和畜牧业方面的技术改良。

尽管历史拒绝向我们提供关于个别创造过程的信息，但是我们还是提出了一种博弈，即一种假设。如果我们仔细研究第485页的创造过程图，我们可以看到，令创造成为可能的大部分元素在新石器时代已经存在。按照我们今天的方式进行创造的可能性在当时是存在的。

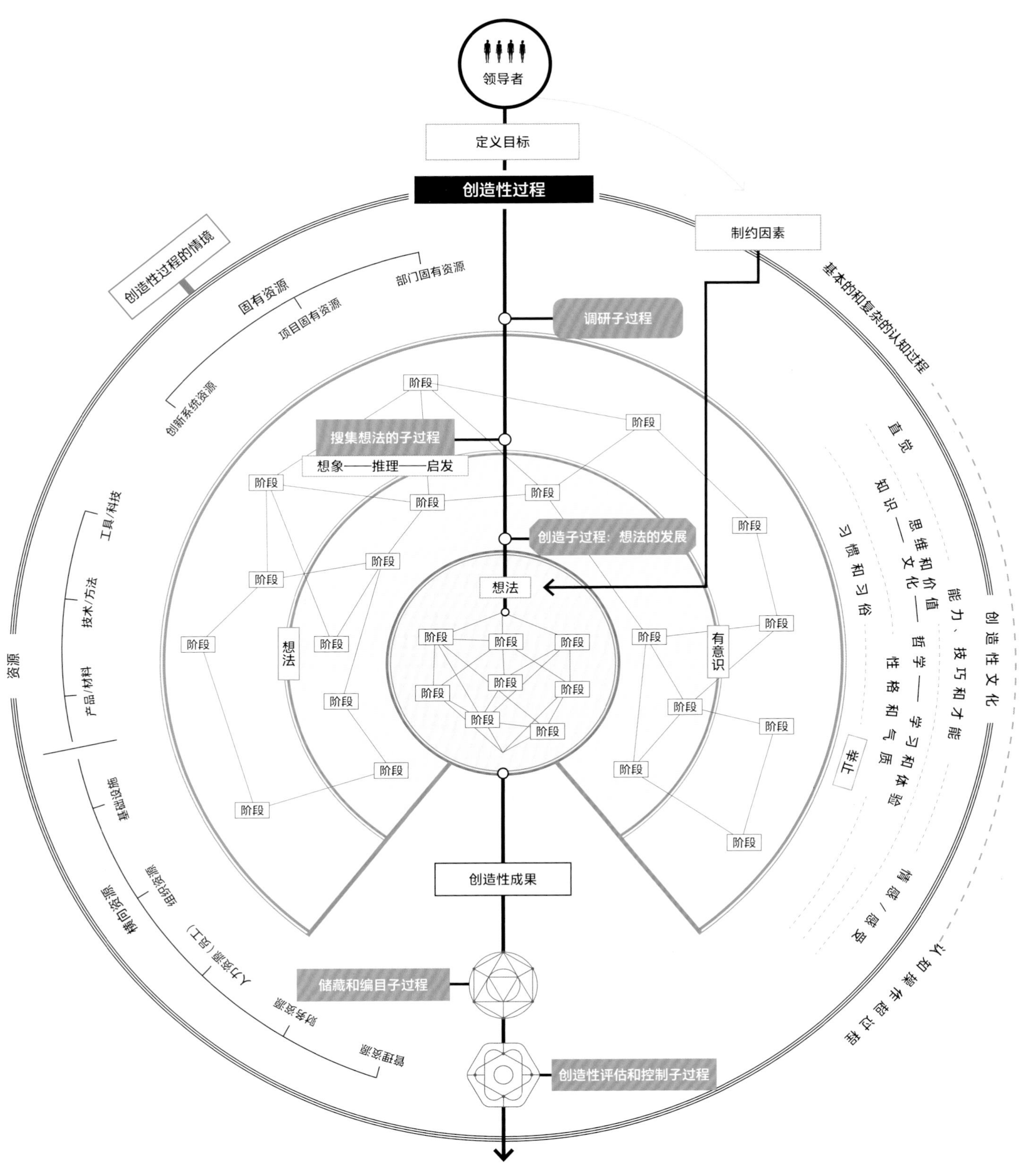
领导者
定义目标
创造性过程
创造性过程的情境
制约因素
固有资源
部门固有资源
项目固有资源
创新系统资源
调研子过程
搜集想法的子过程
想象——推理——启发
创造子过程：想法的发展
想法
有意识
阶段
基本的和复杂的认知过程
直觉
知识——思维和价值
文化——哲学——学习和体验
习惯和习俗
性格和气质
能力、技巧和才能
创造性文化
举止
情感/感受
认知操作过程
资源
工具/科技
技术/方法
产品/材料
基础设施
横向资源
组织资源
人力资源（员工）
财务资源
管理资源
创造性成果
储藏和编目子过程
创造性评估和控制子过程

何地，何时，和谁？非美食资源

交流的需求：传递传统

不同的人群与他们世世代代都不会放弃的特定土地之间紧密相连，这一事实对于每个定居点和地区特有传统烹饪的播种萌发至关重要。令其成为可能的，是与烹饪制成品和品尝以及它们的模式、时间、习惯、用途等相关的技术、制成品、习俗等的口头传播。

从新石器时代起，与烹饪有关的一切都会成为每个人群文化和社会遗产中不可分割的组成部分。这就需要成年人以口头形式将烹饪过程的全部规则和程序教给他们的孩子。

在当时，交流局限于家庭环境和公共庆祝活动。遗憾的是，我们没有在这些早期定居社群中如何传播的相关信息。有人受托宣布新宴会的消息吗？是否存在固定的庆祝活动日历或者固定的用餐时间？很难知道答案。

首先，组织空间

定居生活是人类对大地景观进行改造的开端。如果让我们瞥见新石器时代，我们会发现第一批耕地、关在围栏里的动物、石头或泥砖房屋、街道、墙壁、庭院……这些和旧石器时代狩猎和采集者居住的简单的临时性小屋或洞穴完全不同。

我们已经数次指出这些新房子的重要性，以及考古学家现在清楚地辨别出的与饮食相关的室内空间的重要性。首先，食品室。在来自前陶新石器时代A期的房屋中，考古学家观察到了这些小房间或者地板上用石头砌成的坑，它们是用来储存各种补给的，大概是以中间制成品的形式：面粉、粗面粉、烤熟谷物、干制植物、干肉等。在整个前陶新石器时代B期，这些食品室的大小和出现频率都在增加，而且用于储存的烹饪也变得越来越重要。

第二，厨房。在前陶新石器时代A期，厨房基本上配备一个炉灶、一个固定在地板上的鞍形石磨、一套石杵及石臼，以及若干石头器皿。这些厨房通常靠近住所入口，甚至位于室外的村庄的开放性的公共空间，而且私人空间和公共空间之间存在流动性。在随后的前陶新石器时代B期，这种布局发生了一点变化，制作中间制成品的空间与制作最终制成品的空间分开了。换句话说，存在一个配备鞍形石磨、石杵及石臼、器皿和炉灶的空间，以及另一个更靠近房屋中央、配备较小的炉灶（有时是烤炉）的空间，后者可能被长凳环绕，以便用餐者就座。

时间：宴会日历的最早迹象？

生产型经济带来的和自然的新关系改变了新石器时代人类的时间观念。由动植物生长（其过程因驯化而受到控制）设定的节奏是他们所处世界的标志。相反，他们的工作和生活直接依赖自然的仁慈和规律性。涉及土地和牲畜的生产活动的重复建立了周期性时间的概念，就像自然不断重复潮汐、日出、日落、季节等一样井然秩序。

这些周期开始创造出对未来的期望，即未来将会是现在的简单重复。在播种活动之后发生的是收获活动，一个季节过去是下一个季节。这些农业社会并不期望未来会带来任何新鲜食物。因此并不令人惊讶的是，理解时间和季节流逝的最早尝试发生在这个时期，某些巨石建筑表明了这一点。

在世界各地发现的一些巨石建筑具有天文学意义。它们的形状及其投射的阴影标志着太阳和月亮位置的关键时刻（某种原始的日历？）。专家认为，当时的人类对于冬至和夏至、春分和秋分、季节以及其他重复事件的时间已经开始有了越来越准确的认识。

- **农业日历如何影响烹饪、食物和饮品？**

  农业日历决定了烹饪的世界和可以制作的制成品，因为它们的制作依赖特定产品的可用性。自烹饪诞生以来，从逻辑上讲，制成品就只能在每种产品应季时制作。还应该指出的是，人类已经付出了很大的努力通过保存来延长产品的供应时间。

  我们认为，公共庆祝活动将农业日历和季节紧密相关，但我们无法把握的是日常活动的组织方式。一天的活动和餐食如何安排？做几餐饭？是否和家人一起用餐，是否在田间劳作时用餐，还是在村庄里和邻居一起用餐？

家庭：仍然无所不在的资源

在这段时期，活动的复杂化意味着需要执行更多任务。虽然之前可能由一个行为主体执行不同的任务，但是这些任务此时逐渐变得专门化，从而需要更多知识。这是迈向职业化的缓慢过程的开始。

和在旧石器时代一样，家庭群体构成了烹饪人力资源的基础，烹饪这项活动仍然主要是家庭和私人的。同一家庭的成员必须执行大量日常任务以保证烹饪过程的正常进行。我们可以说这是“全体烹饪”（total cooking），其参与者进行了营养过程中的所有行为。

首先，他们必须处理与获取食物相关的任务，例如耕作土壤或者照顾和喂养动物、储存产品和制成品、维护马厩和围栏，以及挖掘筒窖。正如我们看到的那样，他们还制作了篮子和陶器来存放产品，或者制作用作烹饪工具和上菜的餐盘；他们制作并修理各种农具；他们负责采办烹饪需要用的燃料和水。这些日常后勤工作有利于大家庭的形成，令人数众多的成员为烹饪过程的成功做出贡献。

在所有新石器时代的文化中，日常营养过程都是如此。但是，来自不同家庭的成员很有可能开展合作，为节日、仪式或宗教性质的群体庆祝活动实施了营养和烹饪过程。

烹饪在不使用陶器的新石器时代如何进行？

出现在新石器时代的两个阶段的新鲜事物塑造了我们所谓的手工再生产过程：某人烹饪一种或更多已知制成品，供应给个人或群体的过程。在高档餐厅，这个过程呈现出截然不同、富于创造性且职业化的创业维度，但是它与始于新石器时代的基本结构相吻合。它是历史为我们准备的惊喜之一。

新石器时代第一阶段的新颖性可总结如下：

- 农业和畜牧业的兴起为烹饪提供了新的产品：人工的未经制作的产品。这并没有改变再生产过程本身，但是确实改变了采办。厨师仍然不“购买”产品，他们必须生产产品。之前，他们必须狩猎和采集，而此时他们种植作物和饲养动物，并偶尔使用采集野生产品这种古老技术。生产者和厨师是同一人（或者同一家庭群体的成员）。直到后来的时期，他们才明确地分开。我们将在后面讨论一个重要的细节：新产品导致存在于旧石器时代的多样性降低。只关注少数几种作物并饲养若干动物，这让旧石器时代晚期狩猎和采集者使用的丰富的产品种类告一段落。

- 产品的加工程度比旧石器时代深得多，这大大增加了加工过程的阶段。制作行为比从前多得多，以确保在两次收获之间使用中间制成品填满食品室。此时的大部分制成品是复合型的，由多种中间制成品组成。

- 由于石头器皿如碗和托盘的出现，服务这个维度显然出现了。但这仅仅是开始，而且随着陶器的出现，服务、装盘和品尝都得到了肯定的体现。

- 组织资源（特别是空间）在厨房、餐室、公共庆祝活动空间等的出现中占据了非常清晰的地位。

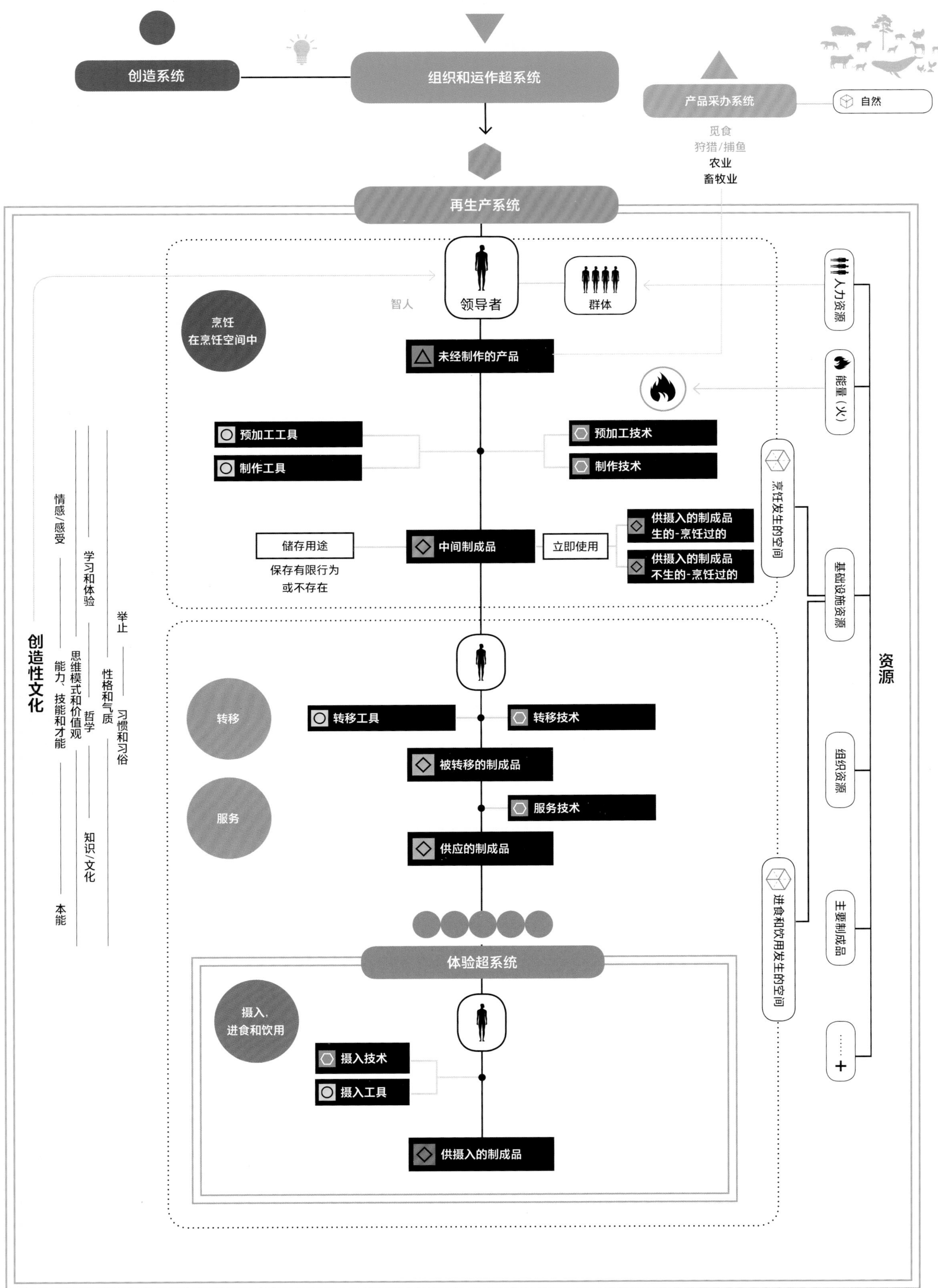

不使用陶器的新石器时代
公元前10000年至前6800年
创造系统
组织和运作超系统
产品采办系统
自然
觅食
狩猎/捕鱼
农业
畜牧业
再生产系统
智人
领导者
群体
烹饪
在烹饪空间中
未经制作的产品
预加工工具
制作工具
预加工技术
制作技术
储存用途
保存有限行为
或不存在
中间制成品
立即使用
供摄入的制成品
生的-烹饪过的
供摄入的制成品
不生的-烹饪过的
转移
转移工具
转移技术
被转移的制成品
服务
服务技术
供应的制成品
体验超系统
摄入，
进食和饮用
摄入技术
摄入工具
供摄入的制成品
人力资源
能量（火）
烹饪发生的空间
基础设施资源
组织资源
进食和饮用发生的空间
主要制成品
……+
资源
创造性文化
情感/感受
学习和体验
举止
思维模式和价值观
能力、技能和才能
哲学
性格和气质
习惯和习俗
知识/文化
本能

不使用陶器的新石器时代的美食资源

“我们需要什么才能烹饪（预加工和制作）？”

来自不使用陶器的新石器时代的最典型的预加工和制作技术

严格地说，在新石器时代的这个阶段，几乎没有产生任何全新的预加工或制作技术。农业和畜牧业的到来并没有产生新的烹饪形式，而是强化和改进了旧石器时代的狩猎和采集者已经使用的技术。

至于对动物性产品的处理，唯一的变化出现在预加工技术上：屠宰。正如我们在谈论制成品时解释的那样，磨碎和捣碎产品的技术得到了极大的增强。一种实际上将导致新技术出现的新工具出现了：烤箱。我们将在稍后提供更多的详细信息。

通过对动物性产品进行处理实施的预加工技术

在此之前，肉都是通过狩猎获得的。杀死一头野生动物涉及突然和瞬间的杀戮，这阻止了某些过程（例如放血）的实施。当动物开始被圈养时，宰杀增添了新的维度。屠宰和放血发生了实质性的变化（尽管我们在这方面没有掌握什么细节）。此时，屠宰可以在动物的最佳成熟阶段计划和实施。

用于制作植物性产品的技术

- **磨碎。**随着禾本科植物成为新的主要食物，至关重要的是转化它们的种子，尽可能地令其变得容易消化。全世界所有新石器时代的人群都通过磨碎或碾磨干燥种子的方式解决可消化性的问题。为此，他们使用了多少有些复杂的工具（鞍形石磨、石杵和石臼，以及储存面粉的器皿）和知识，例如如何以及何时磨碎。来自该早期阶段的鞍形石磨有不同的类型和大小，而且在一个家庭中可能有多个鞍形石磨，这些事实让我们可以推断出磨碎一定是非常普遍的日常技术。实际上，考古学家估计了磨碎谷物所需的时间，结果是惊人的：要想磨碎日常需要的分量，每天要花许多个小时专门做这件事。这让我们提出疑问，为什么人类会选择如此费工的磨碎——对时间和精力都有极高的要求，而不是其他技术，例如将种子煮熟。答案可能取决于几个因素。使用面粉制作的制成品可以更好地保存；若是以面包或糕饼的形式，它们可以运输；而且它们的味道更令其制造者感到愉悦。

碾磨面粉的习俗无疑是一项根深蒂固的传统，它起源于狩猎和采集者，他们使用野生种子制作面粉。生活在新月沃土的人们很可能自旧石器时代晚期以来就经常在篝火上或者使用泥土烤炉烹饪用面粉做成的糕饼。

我们不知道当时用石头手工碾磨的面粉有多细。不过，这项技术大概会逐渐得到改进，直到有可能为不同制成品制作各种质地的面粉。

- **捣碎。**我们使用捣碎这个词指代在石臼中砸碎产品的动作。将产品捣碎后，我们通常得到的是由叶片、茎秆、果实或根组成的浓稠程度不一的潮湿的糊状物。我们还发现，捣碎拥有很多衍生技术，例如剁碎、砸碎和切碎。像今天一样，用石臼可以实施这些技术。石杵和石臼在这段时期内使用的相关细节很少，除了在制作空间中靠近鞍形石磨的地方发现它们。

一种看不见的技术，但是肯定已经在当时开始：揉捏

考虑到种子被磨碎、面粉存在、有烤炉而且我们能够谈论面包，那么必然存在某种揉捏技术，即令禾本科种子制成的面粉得以被加工的操作。将面粉与液体（通常是水）混合，产生一种均匀的制成品：面团。为了对它进行直接或间接的烹饪，要令其接受不同的化学诱导加热技术。

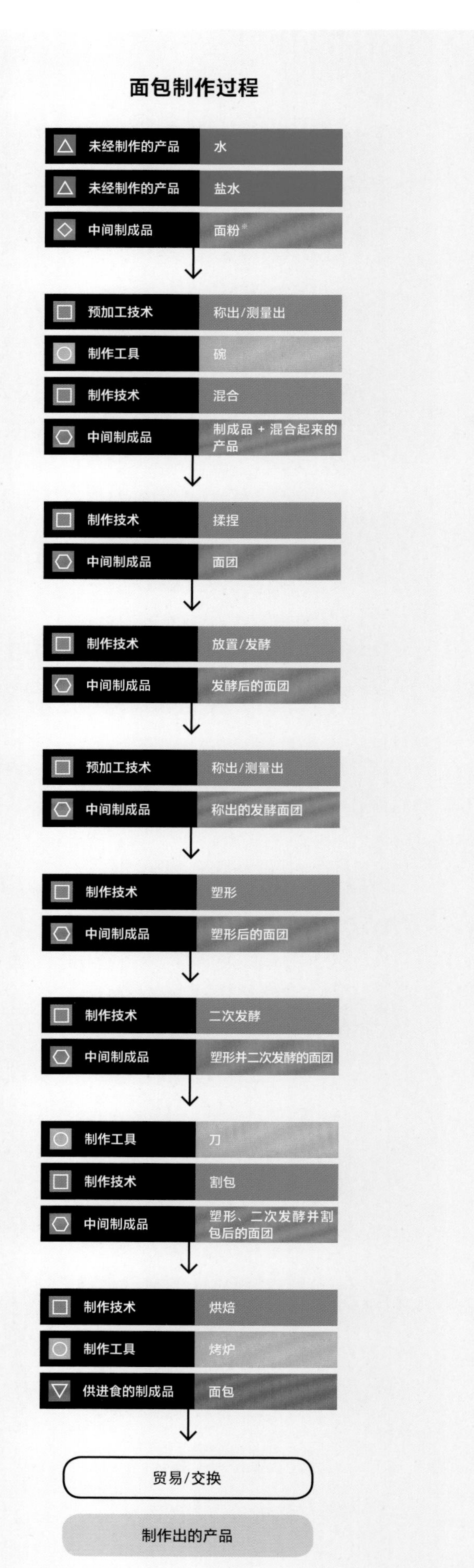

※可能是为了交换而制作的产品

连同其工具出现的技术：烘焙或烤炉烧烤

除了似乎在旧石器时代使用的原始土炉，首批高效的嵌入式烤炉出现在即将结束的不使用陶器（前陶新石器时代B期）的新月沃土时期。此时的房屋呈长方形并且更大，房屋里有更多内部分区，橱柜和食品室的数量更多，并配备布局良好的内部厨房。烤炉开始在这些新房屋中占据一席之地。

• 该工具带来了什么技术？

烘焙或烤炉烧烤是最显而易见的技术，但这需要更复杂的知识，例如达到适当的温度。面包大概是使用这些新工具制作的首批制成品之一。烘焙或烤炉烧烤还导致了“长柄铲取放”（peeling）的出现，即使用一把长柄铲（peel，一种木制工具，具有长柄，末端呈平面状）将制成品放入或取出烤炉的技术，这种技术已经被现代烤炉弃用。

我们还应该记住，旧石器时代的烧烤技术继续沿用，例如，在热石头上或余烬上烧烤的技术。差别在于，此时人们创造出了几乎平坦的容器——大浅盘，这让我们认为他们有可能用它来烹饪产品，就像我们如今在煎锅上烹饪一样。具体方式可能是将石头或该工具直接放在火上，再将产品放在其中烹饪，或者将其从火上取下，再用滚烫的工具烹饪产品。稍后，我们将发现更多关于大浅盘的信息。

使用原始技术和材料建造新石器时代的烤炉

制作面包是一个复杂的过程，但是除此之外还要制作面粉，更别提晒干谷物了。”

预加工技术
不使用陶器的新石器时代（公元前10000年至前6800年）

制作技术

不使用陶器的新石器时代（公元前10000年至前6800年）

通过处理的方式应用的转化技术

改变和塑造

捣碎 | 磨碎 | 剁碎 | 切碎

揉捏 | 滚成圆球 | 塑形

与味道和滋味有关

用盐腌 | 变甜

通过混合产品和制成品

搅拌 | 混合

在加热诱导的烹饪中应用的

灌注液体 | 烤时涂油脂

通过不加热的理化方法以及化学诱导烹饪的转化技术

通过增加某种产品或制成品

二次发酵 | 浸渍 | 酸渍

脱水

用盐腌 | 用盐水腌 | 腌制

通过生物化学转化方法

凝结

通过加热应用转化技术，无须化学诱导烹饪的结果

通过直接或间接加热

炼油

通过加热应用转化技术，伴随化学诱导烹饪的结果

通过干燥介质

烘焙 | 烘烤 | 糖渍 | 蒸发浓缩

通过液体介质

煮

通过油脂介质

文火煎 | 炸 | 油封

通过混合介质

慢炖 | 煎焖 | 慢烹

烹饪工具

• 一把好的刀子

在新石器时代出现了一种制作工具的新技术：打磨或抛光，这是在石器被剥落后进行的。使用某种表面锉去边缘不平整的地方，令器皿更加坚硬并得到锋利的边缘。这项技术被用来制作大量新石器时代的农耕和日常工具（锄头、斧头等）。但是，刀子仍然使用旧石器时代的剥落技术制作，并生产出石片或石刃。制作的结果会得到长而薄的细刀刃，直接用于切割（用作刀子），或者对其锋利的边缘进行修整以获得其他工具，例如锥子和刮刀。

• 鞍形石磨

如我们所见，面粉的制作一定是新石器时代定居点中颇费力和普遍的活动之一。人们为此设计了最早的鞍形石磨：放置在地板上的表面粗糙且略微凹陷的石块。种子被放置在它的表面，然后将碾子（通常用石头制成）放在石头上进行碾压。该时期存在大的和小的鞍形石磨。大的很重，并且是固定的。尚不存在由两个圆形石盘构成的旋转石磨：用把手或轴旋转顶端的圆盘，令两个圆盘之间产生摩擦。此时，这些早期石磨尚无法用于模压之类的技术。

在此时的新月沃土，有一种相当常见于新月沃土的有趣工具，它介乎鞍形石磨和石臼之间，用于研磨或捣碎极少量的产品。它是一块石板，上面有一个或更多手掌大小的小凹陷，据推测某些特殊产品会在这些凹陷中被磨碎或捣碎。研究人员认为，用它制造的产品是用来给制成品调味的。这些产品包括香草或坚果，为原本非常乏味的饮食增添各种滋味。

• 石臼

新石器时代的石臼与鞍形石磨相似，但是磨碎和捣碎技术不同。它们是拥有深凹陷的石头，待捣碎的产品放置在凹陷内，使用者用一根长方形的石头（石杵）以垂直动作（而不是像鞍形石磨那样以水平动作）施加压力。和鞍形石磨一样，石臼有不同的材料和形状。

• 最早的烤炉

如我们所见，烤炉以中央篝火或炉灶的进化形态出现，用于日常烹饪，并且令此前直接在火上进行的技术和制作过程得到完善。迄今为止发现的最古老的烤炉是圆形的。它们被发现于叙利亚境内泰尔萨比-阿比亚二期考古遗址中一个被房屋围绕的庭院中，可以追溯到约公元前7000年。这类早期烤炉在整个新月沃土都有分布，被称为“坦努尔”（tannur），是一种用泥砖建造并内里涂有黏土（会变成陶质材料）的圆形或圆锥形结构。将燃料放入烤炉内后，烤炉里会变得非常烫，而待烘焙的无酵饼被“贴”在上面。考古学家在新月沃土的其他地区也发现了使用相同材料建造的烤炉，但是它们紧贴房屋的墙壁，并且形状更像穹顶，就像如今世界各地的传统烤炉那样。

发现于拉德拉加遗址（巴尼奥莱斯，公元前5350年至前4950年）的鞍形石磨和碾子的复制品

发现于拉德拉加遗址（巴尼奥莱斯，公元前5350年至前4950年）的石杵和石臼的复制品

不使用陶器的新石器时代的预加工和制作工具

下面的内容展示了这些原始人类最具代表性的工具，以及应用它们的烹饪技术。

石器工具

01 碗

不加热的物理和化学转化技术：

发酵——导致产品或制成品进行发酵。如果是碳水化合物的话，则令其通过酶促作用降解，从而生成比较简单的产品，例如乙醇。

浸渍——将固体产品或制成品浸入室温下的液体产品或制成品中，令其软化或提取可溶性物质。

用盐腌——为产品或制成品加盐，以增加其滋味。

02 烤炉

通过加热应用的转化技术，伴随化学诱导烹饪：

烘烤/烘焙——将产品或制成品放入烤炉，对其进行烤制。

03 刀子

通过处理的方式应用的转化技术：

薄切——将产品或制成品切成很薄的片。

切片——从产品或制成品中切出扁平而薄的形状。

剁碎——通过反复切割和切小块将产品或制成品加工成非常细小的碎片，获得多少有些细腻甚至呈糊状的制成品。

04 石臼

通过处理的方式应用的转化技术：

捣碎——将产品或制成品加工成小碎片，令其变成糊状或酱汁状。

砍剁——将产品或制成品加工成粗磨后的状态（例如制作粗面粉）。

05 大浅盘

通过处理的方式应用的转化技术：

滚成圆球——将制成品（通常是面团）塑形成球状。

塑形——通过有意的拍打赋予面团一致性和形状。

揉捏——通过混合不同产品或制成品制作或塑形面团。

06 鞍形石磨

通过处理的方式应用的转化技术：

磨碎——将产品或制成品加工成粉末，令其变成面粉、粗面粉等。

⑧

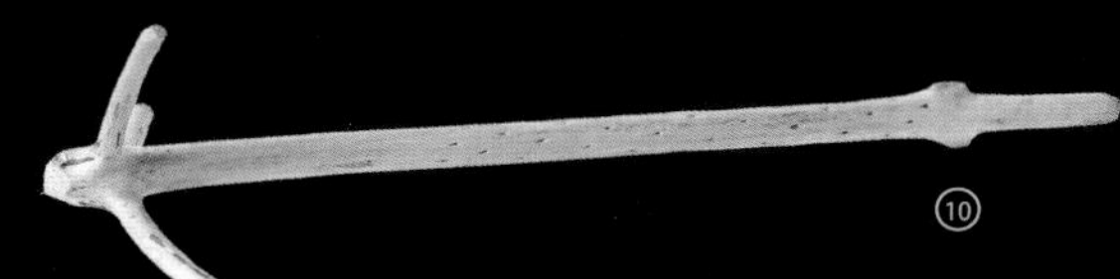

木制工具

⑦ 长柄勺
通过处理的方式应用的转化技术：

烤时涂油脂——当产品或制成品在烤炉或转架烤肉炉中烹饪时，用小长柄勺或汤匙将它释放的融化脂肪或汁液少量涂抹在它上面，防止表面干燥并保持内部柔嫩。

灌注液体——将液体、奶油状产品或制成品从其容器中转移到任何其他器皿中，以继续制作过程。

去脂——从产品或制成品中去除多余油脂，特别是在液体中煮过后（脂肪聚集在表明，令操作更容易）。

⑧ 搅棒
通过处理的方式应用的转化技术：

搅拌——通过摇晃或以圆周运动的方式令产品或制成品移动，通常是为了混合其中的不同成分。

取出/烘焙——烹饪后将制成品从烤炉中取出。

⑨ 碗
通过处理的方式应用的转化技术：

混合——将两种或更多制成品混合起来，获得某种均匀一致的制成品。

灌注——将大体呈液态的产品或制成品从某容器中转移到某种表面。

⑩ 打发器
通过处理的方式应用的转化技术：

打发——轻快有力地搅动液体。

混合——将两种或更多制成品混合起来，获得某种均匀一致的制成品。

骨制工具

⑪ 汤匙
通过处理的方式应用的转化技术：

搅拌——通过摇晃或以圆周运动的方式令产品或制成品移动，通常是为了混合其中的不同成分。

尝试/确认——尝试制成品以验证其味道，从而在制作过程中调整味道。

首批用于装盘和服务的工具

在陶器出现之前，新月沃土的新石器时代群体设计了两种用于盛放和呈上食物的容器：石碗和大浅盘，通常它们是用石灰岩或玄武岩制作的（还发现了用石灰泥制作的样品）。这两种工具都是很重、较浅且加工精美的物品，大多数都经过打磨，呈现出光滑的表面。它们都没有壶嘴、把手或盖子，也没有任何迹象表明它们曾被用来放在火上或烤炉里进行烹饪。它们本质上是容纳固体食物的工具。我们无法知道它们是如何使用的，以及在什么时候和背景下使用。

- **碗**

旧石器时代晚期的狩猎和采集者已经在使用石碗了。它们是圆形的，并且相当浅，拥有平坦的底部和一个略凸起的小圆环。它们比大浅盘稍小，直径最大可达50厘米。

- **大浅盘**

大浅盘宽阔平坦，呈椭圆形或长方形，而且常常相当薄。它们通常很大（直径30厘米～1米），对于个人使用而言太大了。看起来显而易见的是，放置在它们上面的制成品是为数名用餐者提供的。有些大浅盘可以携带，但另一些大浅盘非常重，似乎占据着固定位置。它们是来自这个时期较晚阶段（前陶新石器时代B期）的新鲜事物。

- **植物纤维篮子**

使用植物纤维（例如柳条或细茎针草）制成的工具，存在于不使用陶器的新石器时代。这些小篮子大概用于运输和储存，可能还用来盛放产品或制成品。它们的轻盈质地和石头制品形成了强烈的对比。遗憾的是，考虑到这些材料的易腐性，这些物品的相关信息非常少。

- **长柄勺和刀子**

使用木头制作的工具也是如此，有些木制工具是从保存条件极好的考古遗址出土的。看起来显而易见的是，它们曾被用作进行分配（也许还有装盘）的服务工具。在这种背景下，燧石刀也发挥类似的作用。

装盘和服务技术

我们认为当时存在将最终制成品从上述制作工具和集体工具中转移并呈给用餐者的基本技术。在品尝发生的空间中，放置、安排、灌注甚至将肉切成小块肯定都是最常见的行为。

不使用陶器的新石器时代的装盘和服务工具

下面的内容展示了这些原始人类最具代表性的工具，以及应用它们的烹饪技术。

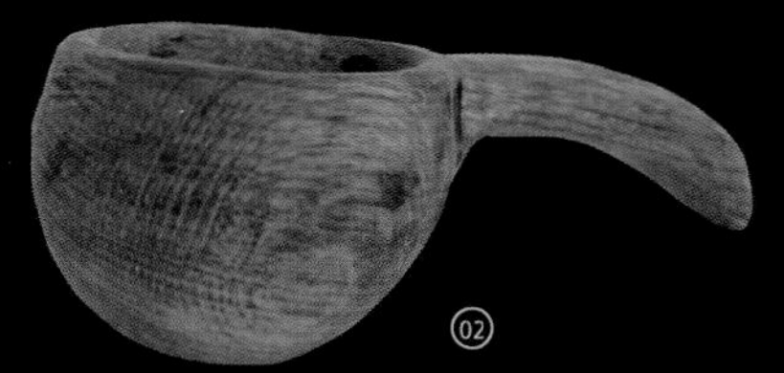

木制工具

⓪¹ 碗
装盘和服务技术：

个人装盘——为一位用餐者装盘最终制成品。

容纳液体制成品——容纳液体或半液体制成品。

⓪² 长柄勺
装盘和服务技术：

灌注——将液体或半液体制成品从制作工具或服务工具中转到品尝或服务工具中，例如杯子、碗或其他器皿。

骨制工具

⓪³ 骨制汤匙
装盘和服务技术：

容纳液体或半液体制成品——容纳液体或半液体制成品，以便通过进食或饮用品尝它。

植物纤维工具

⓪⁴ 篮子
装盘和服务技术：

集体装盘——为不止一位用餐者将最终制成品装盘。

容纳固体制成品——容纳固体制成品，以便呈给用餐者。

石器工具

⓪⁵ 碗
装盘和服务技术：

个人装盘——为一位用餐者将最终制成品装盘。

容纳液体制成品——容纳液体或半液体制成品，以便通过进食和饮用品尝它。

⓪⁶ 刀子
装盘和服务技术：

切割——用锋利的工具在产品或制成品上做出切口；用锋利的工具分割产品或制成品。

分成若干份——将产品或制成品分成小得多且相等的部分，分割方式通常取决于它们将如何在服务中分配。

⓪⁷ 大浅盘
装盘和服务技术：

集体装盘——为不止一位用餐者将最终制成品装盘。

容纳固体制成品——容纳固体制成品，以便呈给用餐者。

“人工的未经制作产品的出现……”

被驯化的自然：人工产品的出现

我们将人类通过驯化进行操纵从而控制其生产的生物物种称为人工产品。被驯化的产品已经丧失了其自然状态，也就是说，当它们变成栽培或饲养的人工产品时，它们就不再是野生的了。现在我们来看看农业和畜牧业发明的产品受到的影响。

未经制作产品的驯化：人工选择的开始

驯化是生物物种由于长期与人类互动而丧失、获得或发展出一系列形态、生理或行为特征的过程。这些特征在它们的生物学背景中得到巩固，并且变得可遗传。这些物种脱离了以野生状态居住的自然环境，并适应了人类创造的特殊环境，从那时起它们的生长和繁殖便被人类控制了。这样做的目标是通过这些改良获取营养益处，例如驯化出更大或更多产的品种。我们无法确定野生种类变成驯化种类需要多久，但我们知道这个过程是漫长而渐进的，因为最早的定居生活群体仍然没有家养动植物。

根据当代进化生物学，生物的进化会对多种现象做出反应，包括两种主要现象：自然选择和遗传漂变。驯化是人类对物种进化的一种干预，从而产生了人工选择这一新机制。驯化物种的过程涉及有意选择被认为合乎需求的性状。因此，驯化品种将会是比野生版本拥有更多种子或者更多肉质果实的植物，或是比野生版本拥有更多肌肉和脂肪、生产更多乳汁、体型更大的动物。这些变化最后被融入植物或动物的基因上，因此被其后代遗传。从严格的意义上讲，野绵羊和驯化绵羊在所有生物学水平上都是两种不同的动物。

作为人工选择的结果，我们已经能够获得和原来非常不一样的植物，例如种子更容易利用的玉米，果实更大、更好吃的香蕉以及油桃这样全新的物种。

进行人工选择的方法有很多，其中包括杂交育种、嫁接、杂交和受控授粉。其他方式（例如基因工程）需要科技的重大发展，因此直到很久之后才出现。

驯化后的植物很快成为新的定居人群的主食，因为它们的生产力比野生植物高，即每个单位可以收获更大比例的食物。这导致了几乎持续不断的人口增长。对于增长的人口，使用谷物种子喂养自己比宰杀动物轻松得多。因此，新石器时代的饮食仍然基本上是素食。

令人惊讶的是，在新石器时代早期，驯化物种的出现导致了人类饮食中生物多样性的降低。这种饮食基本上由少数几种禾本科和豆科植物以及象征性的动物组成，与旧石器时代晚期种类繁多的饮食形成了鲜明的对比。

驯化植物的世界

人类驯化的第一批植物属于禾本科——一个非常庞大的科，它是构成大部分陆地生境的主要植被。这些被驯化的禾本科植物统称为谷物。

野生禾本科植物和驯化谷物之间的最大区别在于，前者的种子通过自播过程自然分散，而后者的种子如果没有人有意播种，则不会生根。在禾本科植物的繁殖过程中，最与众不同的部分是穗的穗轴。当穗轴分开时，含有种子的小穗会落到地面上，从而令种子在地上萌发。驯化物种的穗轴更坚硬，而且不会自然分开。选择穗轴更坚硬的禾草品种会阻碍种子的自然传播和自播过程，但是作为回报，这防止了谷粒落到地面造成的损失。

最早栽培的谷物物种是小麦和大麦，黑麦在不久之后被驯化。大麦和各种小麦品种（一粒小麦和二粒小麦）的驯化证据已在叙利亚苏韦达省（Sweida）境内的泰尔喀拉萨北（Tell Qarassa North）考古遗址发现，该证据可追溯到10500年前，是迄今为止最古老的品种。专家认为植物的驯化开始于觅食野生禾草的狩猎和采集者社群开始播种然后用镰刀收获时。

这种人为操纵导致了对谷物谷粒的遗传选择，从而令驯养性状逐渐占据主导地位。考古学家在泰尔喀拉萨发现了来自这种驯化过程刚开始时的谷物样本：将近30%已经表现出了驯养性状，剩下的则继续表现出这种植物野生形态的固有性状。

在8000年前，驯化在黎凡特和新月沃土的其他地区达到顶峰。驯化小麦的首批种类是一粒小麦（*Triticum monococcum*）和二粒小麦（*Triticum dicoccum*）。它们分别是野生一粒小麦（*Triticum boeoticum*）和野生二粒小麦（*Triticum dicoccoides*）的后代，如今已经几乎灭绝。

驯化大麦被命名为“Hordeum vulgare”，其祖先是野生近缘物种钝稃野大麦（*Hordeum spontaneum*）。有趣的是，野生大麦和野生小麦拥有不同的自然生境，这让研究者认为它们是在新月沃土的不同地区被驯化的。

尽管在新石器时代就被驯化了，但是燕麦（一种更适合寒冷气候的谷物）并没有在新月沃土的生产型经济中占据重要分量，并很快就被弃用了。它的栽培要等到首批古代文明出现时才会恢复。

除了谷物，新月沃土的第一批农民还成功驯化了另一批对农业土壤非常有益的植物（见第508页）——豆科植物，而且它们的营养特性与谷物互补。豆科包括乔木、灌木、藤本和草本物种。在新月沃土驯化的首批豆科物种是豌豆（*Pisum sativum*）、兵豆（*Lens culinaris*）、鹰嘴豆（*Cicer arietinum*）、蚕豆（*Vicia faba*）、苦野豌豆（*Vicia ervilia*）和其他野豌豆属物种（*Vicia sp.*），它们都是自花授粉植物，所以本身就很适合驯化。豆科植物提供蛋白质、膳食纤维和碳水化合物，还可以用作动物饲料。

为什么谷物是最早的作物？

大多数植物物种都不适合栽培，这就是为什么它们没有被驯化的原因。实际上，在过去的2000年里，驯化的植物并不比农业革命开始时驯化的多多少。如果我们思考一下，在独立采用农业的所有地方（见第410页），最成功的作物都是禾草：小麦、水稻、玉米、谷子、大麦，所有这些产品通常被称为谷物。毫无疑问，它们比其他植物更容易驯化有关。但是，它们表现出的哪些特殊条件有利于它们的驯化？

植物的驯化是一整根链条的最后一个环节，该链条始于对野生植物的开发利用，继续于这些植物的栽培，结束于其中一些种类出现形态和遗传差异，正是这些种类最终被视为驯化植物。这就是我们所谓的人工选择过程。

在狩猎和采集者开发利用的植物中，某些野生谷物自发地采纳了许多对农业有用的遗传特性，即所谓的驯化综合征。这些特殊性是谷物在农业中与其他植物物种相比享有特权地位的原因：

- 种子传播机制的丢失。野生谷物的种子松散地连接在穗上以利于繁殖。由于某些开始自发栽培的野生谷物的谷粒更紧密地附着在穗上，它们降低了自身的繁殖能力。
- 更大的种子。
- 形态变异增加。不同谷物品种的可见或表型特征——大小、颜色和形状——更加突出，这让农民更容易区分它们。
- 更快的生长速度。与其野生近缘物种相比，人类选择的谷物生长更快。
- 种子休眠期缩短。种子萌发速度快得多。
- 化学或机械保护机制的丢失，这导致某些物种的苦味消失。
- 对不同空间的适应。

大部分这些遗传变化还发生在人类种植的其他早期作物中，例如南瓜、兵豆和甜椒。而其他植物尽管被开发利用了许多个世纪，但是没有被驯化，我们认为这是由于它们在适应农业需求方面存在遗传抗性。

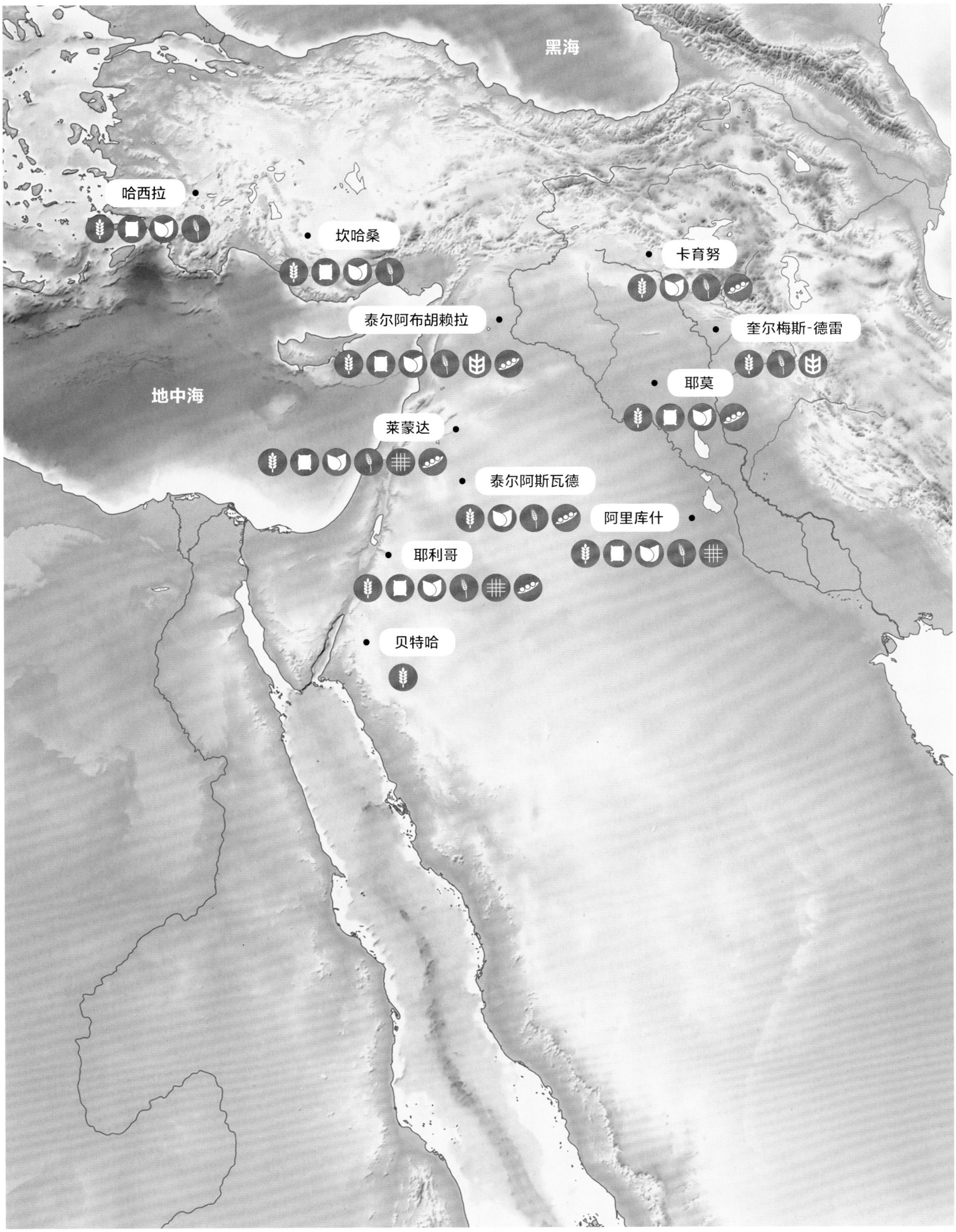

黑海

哈西拉

坎哈桑

卡育努

泰尔阿布胡赖拉

奎尔梅斯-德雷

地中海

耶莫

莱蒙达

泰尔阿斯瓦德

阿里库什

耶利哥

贝特哈

这张地图展示了新月沃土最重要的新石器时代定居点和在这些地方种植的作物。信息来自Zohary和Hopf, 2000: 2

二粒小麦　大麦　兵豆　一粒小麦　 豌豆　  亚麻　 燕麦

谷物/豆类配对：保证土壤肥力的新石器时代的诀窍

用于农作物的土壤无法保留其矿物质含量，营养物质往往在数次收获之后趋于枯竭，因此，土壤需要休养和恢复的时间。在很长一段时间里，这种必要的休养是通过休耕进行的，令特定地块休息一年，在此期间栽培其他地块。允许牲畜在休耕地上自由觅食，与此同时使用它们的粪便进行自然施肥。

休耕技术最明显的缺点是，在这段时间内无法利用特定的地块。豆类的栽培可以帮助这些新石器时代的社群，为土壤施肥，同时不必闲置土地，尽管这并不是系统性地或者有意识地进行的。因为豆类与菌根固氮真菌拥有特别的关系，所以它们有助于补充土壤中的氮，使营养持续更长时间。这种可能性确实存在，因为谷物和豆类都在这段时期被消费，但这种实践尚未完全得到证实。

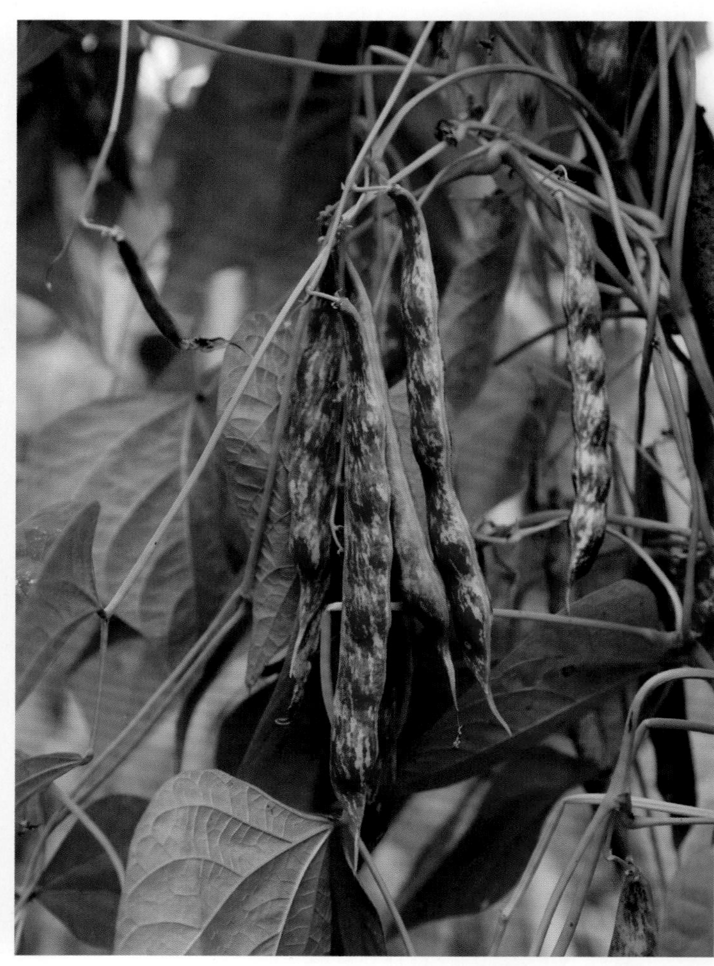

真菌的世界

这些产品的驯化直到后来才进行。对用于人类消费的真菌栽培的最早记录来自中国的宋朝（960年至1127年），有一个名叫吴三公的农民被认为发明了香菇栽培。野蘑菇和其他真菌很有可能继续被采集，但是关于这一点的考古证据很少。湖泊附近某些考古遗址（例如西班牙加泰罗尼亚省的拉德拉加）的环境湿度保存了真菌的痕迹。除了食用，这些真菌还有其他用途，例如当作引火物。

专家们认为，在特定情况下，真菌还可能用作致幻剂。在西班牙中部乌莫村（Villar del Humo）附近的塞尔瓦帕斯卡拉（Selva Pascuala）的岩厦中发现的壁画，其中一幅拥有4000年历史，它似乎描绘了“魔力蘑菇”西班牙裸盖菇（*Psilocybe hispanica*），一种作用于精神的蘑菇。

驯化动物的世界

和对植物一样，我们着迷于动物如何被驯化以及为什么某些特定物种而不是其他物种被选择的故事。专家认为，动物的驯化并不完全是人类行为的结果，某些动物物种天然地具有被驯化的倾向。

自然界有许多物种之间开展合作的例子，例如两种生物如何因为互惠互利而共存。驯化的起源一定与此有关。曾经有一些特定的动物常常潜伏在人类群体周围，最有可能是在寻找食物残渣，并且不会做出非常有侵略性的反应。这些动物是草食性和杂食性哺乳动物，但并不是任何哺乳动物都可以被驯化，必须满足以下六个条件：

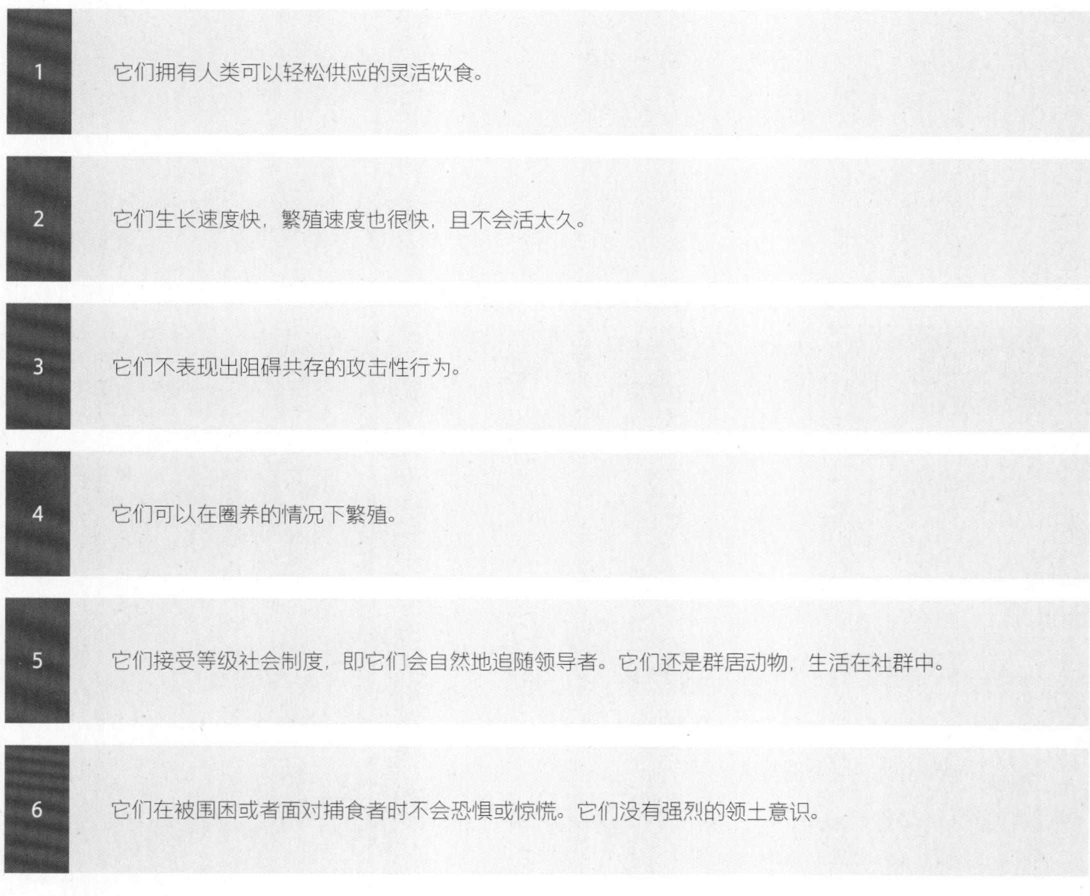

1 它们拥有人类可以轻松供应的灵活饮食。

2 它们生长速度快，繁殖速度也很快，且不会活太久。

3 它们不表现出阻碍共存的攻击性行为。

4 它们可以在圈养的情况下繁殖。

5 它们接受等级社会制度，即它们会自然地追随领导者。它们还是群居动物，生活在社群中。

6 它们在被围困或者面对捕食者时不会恐惧或惊慌。它们没有强烈的领土意识。

这些条件解释了为什么在世界上存在的148种草食性和杂食性哺乳动物中，被驯化的只有14种。在整个历史上，人们一直在努力驯化与这14种动物拥有相似特征的其他哺乳动物（斑马、大猩猩、熊猫、熊、犀牛、羚羊等），但是由于缺少这些条件中的某一条或者不止一条，所以驯化失败了。

为什么在这个时期没有驯化两栖动物、爬行动物、鸟类或昆虫？原因是一样的。它们没有潜伏在人类定居点附近的倾向，或者它们不满足这六个条件。驯化过程只在古代文明时期涉及鸟类（中国的鸭子，埃及的鹅），只有鸡是例外，它是公元前6000年左右在印度（当时处于新石器时代）被驯化的。

水生动物的驯化还要晚得多。尽管在文艺复兴时期获得了少数成功（例如鲤鱼），但我们还需要等到20世纪才将97%的淡水和咸水动物驯化，这要归功于科技和科学进步、需求以及自然资源的枯竭。令人惊讶的是，如今有430种驯化水生动物，比陆地动物多得多。

四种最重要的古老的陆地驯养物种——绵羊、山羊、牛和猪——完美地符合第510页描述的特征。另外一些动物从未被驯化，因为它们具有攻击性、有领地意识并在受到威胁时倾向于逃跑，例如在新石器时代被大量狩猎的瞪羚。对马的成功驯化始于普氏野马（*Equus ferus przewalskii*），一个敏感且相当有攻击性的物种。

绵羊、山羊、牛和猪还是其他新石器时代地区的主要物种：中国北方的绵羊和山羊；中国南方和撒哈拉以南非洲的牛和近缘牛科动物（例如去势公牛和爪哇牛）。在新石器时代的美洲，动物不发挥重要作用。那里很少有动物容易被驯化并且可以提供丰富的资源，只有狗、火鸡、美洲驼和豚鼠被驯化了。因此，狩猎、捕鱼和采集贝类仍然以非常重要的比重继续与农业共存。

必须特别提及狗（*Canis familiaris*），这是一个在驯化狼的过程中而产生的物种（译注：如今广泛认为狗是狼的一个亚种）。这发生在中石器时代，当时人类仍然是狩猎和采集者。专家断言，那些不那么惧怕人类的狼靠近营地以获取食物残渣，并随着时间的推移变成了有用的守卫者。这是在历史初期唯一不是作为食物来源的被驯化的动物。

动物驯化的一个有趣方面是物种经历的解剖结构变化：它们的体型变小，角的形状也改变了。生物学家仍然无法清晰地理解这些变化的发生方式和原因，以及实现它们所需的时间。该过程还涉及动物行为的变化，它们变得温顺得多，并且停留在永远年轻的状态。在这方面，我们不应该将驯化误认为对野生动物特定个体的驯服。驯化意味着物种的生存取决于掌控其繁殖、饲养、照料和营养的人类。

天然的未经制作产品没有消失

从新石器时代开始，天然的未经制作产品将在人类饮食中占据很小的比例。觅食以获取植物和野生蘑菇，狩猎和捕鱼以获取野生动物，这些活动的作用都将逐渐变得次要。我们可以说它们变成了补充资源。考虑到农作物种植和牲畜饲养涉及的劳动量和精力，人们忽略了寻觅特定野生植物物种的习俗，但这个过程将是渐进式的。

仍被采集的野生植物生长在村庄附近的田野和森林中：野蒜、野韭葱和野胡萝卜的根部、酸模、藜、野生芜菁、荨麻和甘蓝的叶片。觅食肉质果实（苹果）、浆果（黑莓和覆盆子）以及山核桃和橡子等坚果也是农业的一项重要补充活动。对于橡子，可以采取掩埋或烧烤的方式，去除其中含有的单宁的苦味。另一种有趣的野生产品是桦树糖浆，人类倾向于将其用作甜味剂。

狩猎仍然为新石器时代的社群提供了重要的食物来源。他们捕猎候鸟、鹿、野兔和野猪，狩猎与其他行为（例如采集蜗牛）一起补充了必要的动物蛋白质的摄入。对于沿海地区的社群，贝类的采集伴随着水生植物物种（例如紫菜）的采集。

法国的新石器时代未经制作产品

来自新石器时代的考古发现非常丰富，在某些特定情况下，这让我们很好地了解了人类饮食中最常见的产品。下表提供了新石器时代法国北部习惯性地食用的天然的和人工的未经制作产品。

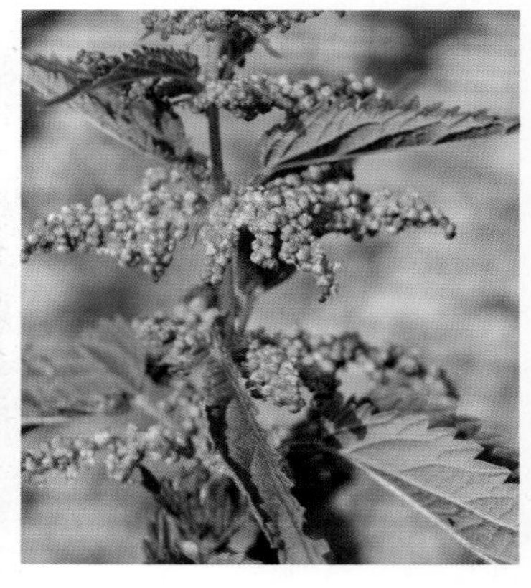

生物/植物界/野生/陆地生境

维管植物

•草本植物

野蒜（*Allium* sp.）
野韭葱（*Allium ampeloprasum*）
车前草（*Plantago* sp.）
酸模（*Rumex* sp.）
藜（*Chenopodium album*）
蒲公英（*Taraxacum* sp.）
拉拉藤（*Galium* sp.）
野生芜菁（*Brassica rapa*）
异株荨麻（*Urtica dioica*）
野胡萝卜（*Daucus* sp.）
野婆罗门参（*Tragopogon* sp.）
野百里香（*Thymus serpyllum*）
甘蓝（*Brassica oleracea*）

•灌木

狗蔷薇（*Rosa canina*）
覆盆子（*Rubus* sp.）
欧榛（*Corylus avellana*）
钝裂叶山楂（*Crataegus laevigata*）
黑莓（*Rubus fruticosus*）

•乔木

欧洲白蜡树（*Fraxinus excelsior*）
欧洲山毛榉（*Fagus sylvatica*）
桦树（*Betula* sp.）
野苹果（*Malus* sp.）
野樱桃（*Prunus* sp.）
夏栎（*Quercus* robur）

生物/植物界/野生/水生生境

非维管植物

•海藻

紫菜（*Porphyra* sp.）

生物/真菌界/野生/陆地生境

担子菌

•担子菌

多孔菌（*Polyporaceae* spp.）

生物/植物界/栽培植物/陆地生境

维管植物

•草本植物

小麦（不同物种）:
- 普通小麦（*Triticum aestivum*）
- 密穗小麦（*Triticum compactum*）
- 一粒小麦（*Triticum monococcum*）
- 二粒小麦（*Triticum dicoccum*）

青稞（*Hordeum vulgare* var. *nudum*）
大麦（*Hordeum vulgare*）
山黧豆（*Lathyrus sativus*）
扁荚山黧豆（*Lathyrus cicera*）
兵豆（*Lens culinaris*）
毛野豌豆（*Vicia villosa*）
苦野豌豆（*Vicia ervilia*）
烟米（*Papaver somniferum*）

•藤本植物

豌豆（*Pisum sativum*）

※表中列出的所有物种，尽管是野生的，但当它们出现在家养环境中时，则表明它们被人类选择和消费。以上列出俗名或类似物种列出以供参考。

这张表格说明尽管栽培谷物种类众多，但是人们仍然消费野生植物。有些植物仍然在如今的人类饮食中占据重要地位，例如普通小麦、大麦、兵豆和豌豆。其他植物通常用作动物饲料，例如苦野豌豆、扁荚山黧豆和山黧豆。烟米的种子也常用于装饰面包。

生物/动物界/野生/水生生境

鱼类

• 海洋鱼类（大西洋）

欧洲舌齿鲈（*Dicentrarchus labrax*）
鲻鱼（*Mugil cephalus*）
金头鲷（*Sparus aurata*）
欧洲康吉鳗（*Conger conger*）
鲽鱼（*Pleuronectes* sp.）
各种鳐鱼和鲨鱼（*Raja clavata; Chondrichthyes* sp.）
牙鳕（*Merlangius vulgaris*）
大西洋鲱（*Clupea harengus*）
欧洲鳎（*Solea solea*）
欧洲鲽（*Pleuronectes limanda*）
大菱鲆（*Psetta maxima*）
鮈杜父鱼（*Cottus gobio*）
欧川鲽（*Platichthys flesus*）

• 江海洄游鱼类

欧洲鳗鲡（*Anguilla anguilla*）
欧洲大西洋鲟（*Acipenser sturio*）
北极红点鲑（*Salvelinus alpinus*）
溪红点鲑（*Salvelinus fontinalis*）
褐鳟（*Salmo trutta*）
大西洋鲑（*Salmo salar*）
软体动物

• 淡水鱼

欧白鱼（*Alburnus alburnus*）
金吉鲈（*Zingel asper*）
西鲱（*Alosa alosa*）
瑞士雅罗鱼（*Leuciscus souffia*）
鲃鱼（*Barbus barbus*）
粗鳞鳊（*Blicca bjoerkna*）
白斑狗鱼（*Esox lucius*）
拟鲤（*Rutilus rutilus*）
鮈（*Gobio gobio*）
花鳅（*Cobitis taenia*）
江鳕（*Lota lota*）
河鲈（*Perca fluviatilis*）
红眼鱼（*Scardinius erythrophthalmus*）
欧鲶（*Silurus glanis*）
丁鲅（*Tinca tinca*）
真鲅（*Phoxinus phoxinus*）

软体动物

• 双壳类动物（咸水）

扇贝（*Pecten* sp.）
贻贝（*Mytilus* edulis）
蛤仔（*Venerupis decussata*）
帘蛤（*Venus* sp.）
牡蛎（*Ostrea* sp.）
刺鸟蛤（*Acanthocardia* sp.）
鸟蛤（*Cardium* sp.）
波罗的海樱蛤（*Tellina balthica*）

• 腹足类动物（咸水）

帽贝（*Patella* sp.）
欧洲鲍螺（*Haliotis tuberculata*）
欧洲玉黍螺（*Littorina littorea*）

• 头足动物（咸水）

乌贼（*Sepia* sp.）
章鱼（*Octopus* sp.）

生物/动物界/野生/陆地生境

哺乳动物

- **鹿科动物**

西方狍（*Capreolus capreolus*）
马鹿（*Cervus elaphus*）

- **猪科动物**

野猪（*Sus scrofa*）

- **牛科动物**

原牛（*Bos primigenius*）

- **兔科动物**

兔（*Lepus sp.*）

- **其他哺乳动物**

棕熊（*Ursus arctos*）
狼（*Canis lupus*）
狐狸（*Vulpes vulpes*）
狗獾（*Meles meles*）
野猫（*Felis sylvestris*）
河狸（*Castor fiber*）

软体动物

- **腹足类**

大蜗牛（*Helix*）

生物/动物界/野生/空中生境

鸟类

- **雁形目**

黑水鸡（*Gallinula sp.*）
鸭（*Anatidae*）
白雁（*Anserinae*）

- **鸡形目**

松鸡（*Tetrao urogallus*）

- **其他鸟类**

普通鸬鹚（*Phalacrocorax carbo*）

生物/动物界/野生/水生生境

甲壳类

- **游泳甲壳类动物**
真虾次目的虾（*Caridea*）
- **爬行甲壳类动物**
螃蟹（短尾下目）
- **蔓脚类动物**
鹅颈藤壶（*Pollicipes pollicipes*）

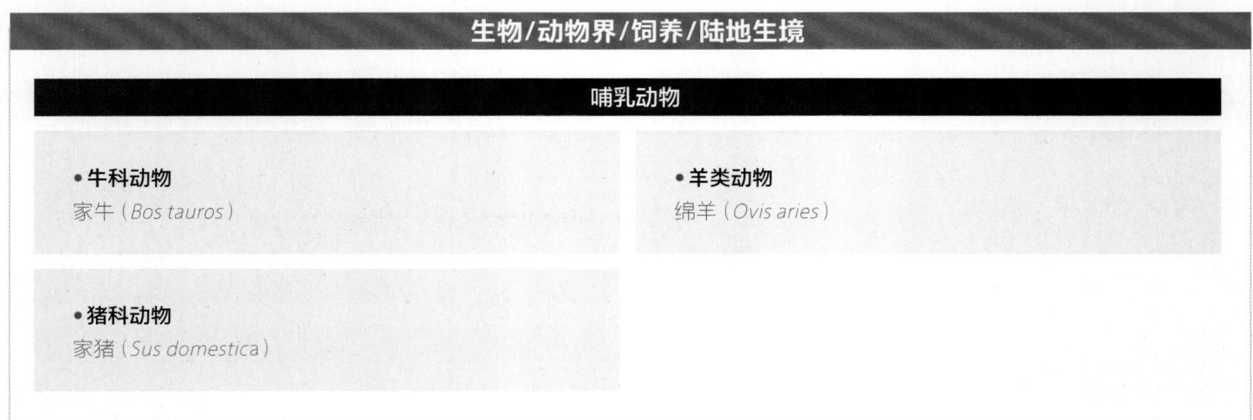

某些哺乳动物的乳汁作为经过制作的产品用于消费。

无机物/矿物界/野生

盐

盐

令人惊讶的是，考古学家在与日常营养有关的发现中遇到了种类繁多的野生动物物种，例如我们在这里展示的来自法国的物种。黑水鸡、白雁和鸭子因其肉和脂肪可以食用被捕猎，而鸭蛋也被食用。在新石器时代，对大中型草食动物的狩猎仍是食物资源的来源。来自海洋和淡水生境的水生动物也大量存在于饮食中，这表明食物的供应策略复杂而多样。

至于家养动物，值得一提的是牛（包括母牛和公牛）在年幼时就被吃掉了。除了肌肉，它们的皮、骨髓和脂肪都会被利用。脂肪还往往来自猪。

意大利的新石器时代未经制作产品

为了研究与此前表格的相似性和差异性，现在我们将提供在意大利的新石器时代遗址发现的未经制作的产品的例子。小麦、大麦、兵豆、豌豆和野豌豆是在这些遗址发现的最突出的栽培种子。牛、绵羊或山羊、猪的新石器时代三重奏将一直持续至今，成为开发利用牲畜的典型，养殖它们主要是为了获取肉类，但也是为了奶和脂肪。

生物/植物界/栽培/陆地生境

维管植物

• **草本植物**

各种小麦物种

二粒小麦（*Triticum dicoccum*）

一粒小麦（*Triticum monococcum*）

普通小麦（*Triticum aestivum*）

密穗小麦（*Triticum aestivum/compactum*）

斯佩耳特小麦（*Triticum spelta*）

大麦（*Hordeum* sp.）

兵豆（*Lens culinaris*）

野豌豆（*Vicia* sp.）

烟米（*Papaver somniferum*）

生物/动物界/野生/陆地生境

哺乳动物

• **鹿科动物** 马鹿（*Cervus elaphus*）

软体动物

• **腹足类** 大蜗牛（*Helix* sp.）

生物/动物界/野生/水陆生境

爬行动物

• **爬行动物** 龟（*Testudines*）

生物/动物界/饲养/陆地生境

哺乳动物

• **牛科动物** 家牛（*Bos tauros*）

• **山羊** 家山羊（*Capra hircus*）

• **绵羊** 家绵羊（*Ovis aries*）

• **猪科动物** 家猪（*Sus domestica*）

无机物/矿物界/野生

盐

盐

在不使用陶器的新石器时代出现了什么类型的烹饪？

在不使用陶器的新石器时代，用于展示当时烹饪类型的决定性特征的重要的标准如下：

①烹饪时的目的	进行创造的烹饪和进行再生产的烹饪共存。畜牧业和农业再加上定居生活令特定资源变得可用，从而增强了对烹饪和料理的组织。
②制成品用于进食还是饮用	除了食物，作为饮品的制成品数量增加了；还出现了最早的啤酒。
③用于营养还是享乐主义	随着最早的群体庆祝活动的出现，食物的享乐主义用途首次得到理解。此外，作为定居生活的结果，我们开始在群体举办的庆祝活动中感受到美食思维。
④制作某种料理的意图	尽管没有人意识到它的发生，但是当时存在对某种拥有特定特征的料理的再生产，这些特征包括定居生活、创造性、结合天然和人工产品、越来越多的制作等。
⑤烹饪是为了立即食用还是为了储存	产品的持续可用性导致了更大程度的计划和首批食品室的出现，随着保存技术的发现，这些食品室将越来越多地填满被保存的食物。立即食用的料理和用于储存的料理同时共存。
⑥厨师的人数	随着任务被划分，厨师的人数也变得更加组织化，就像在定居点中进行的其他任务一样。料理继续由数名厨师共同烹饪。
⑦厨师的年龄	烹饪是在群体中发生的，这意味着厨师没有具体的年龄，不同年龄的个体都会参与。
⑧厨师的职业化程度※	这并不意味着存在职业厨师，因为公共领域尚不存在。然而，在群体内部执行的任务开始变得专业化，与上一个时期相比，开始出现更显著的分工。
⑨公共领域还是私人领域※	领域是私人的，因为公共领域还不存在。
⑩进食发生的空间	进食发生在构成私人领域一部分的空间，既包括内部空间也包括外部空间。鉴于最初的住所是定居群体的家，因此在其中也出现了用于烹饪的特定场所。
⑪城市背景还是乡村背景※	所有史前烹饪都被视为乡村的，因为我们还不能按照我们今天的理解谈论城市或者城市空间。当时存在配备公共机构、公共空间等的人口密集中心，但是我们不能将这样的烹饪归类为城市的。
⑫气候区	向定居生活的过渡伴随着对气候的更好的认识，但依赖也增加了，例如出现干旱，或没有储存应对收成不佳的足够食物等。在面对气候变化或严重灾害时，狩猎和采集者拥有更大的操作空间，因为他们对食物的搜寻不局限于特定区域。
⑬大陆和地理区域	考虑到新石器时代的地理指涉区域对应今天的中东和欧洲，我们可以谈论人类在两座不同大陆上——亚洲和欧洲的存在，尽管当时没有人知道这些名称。

⑭生物群系	取决于地理位置和气候的组合，原始人类将处于某种特定的生物群系中，该生物群系有利于特定产品的消费并决定了它们的丰富或贫乏。
⑮地缘政治背景	地缘政治背景开始发展，我们可以开始追踪不同群体占据的区域之间的边界，但是在史前时代，我们还无法谈论地缘政治单位。
⑯再生产制成品所需的时间	由于制成品变得越来越复杂，而且它们的制作过程被拉长，所以再生产时间增加了。
⑰进食一种或一套制成品所需的时间	用于摄入制成品的时间增加了，这是因为围绕摄入行为（发生在家中的特定空间）形成了一套仪式。
⑱季节	同样作为定居生活和动植物物种驯化的结果，对季节变化的依赖可以得到更轻松的控制，这要归功于盈余的生产。
⑲节日或庆祝活动的集体日历	生活方式首次导致了这样一种社会结构，在这种结构中，为了促进凝聚力和防止因为责任或特权分配而引起冲突，会举办宴会和庆祝活动，为群体的进食和饮用体验增添了节庆的一面。
⑳自然或人工产品	第一批人造的未经制作产品出现，它们是驯化的结果，既包括动物的驯化（畜牧业），也包括植物的驯化（农业）。
㉑产品临近水平	因为存在驯化物种，所以产品被保存在附近。人们不再必须长途跋涉采集或捕猎它们，也不用跟踪动物的迁徙路线以靠近食物来源。
㉒产品供应者	产品供应者是群体，它被组织成若干任务系统，并且拥有自己的供应基础设施。人们继续从自然中获取产品，但这不再是唯一的来源，从而减少了对自然环境的依赖。
㉓主要决定性产品	尽管使用的产品（天然的和人工的）在品质和数量上不断提高，但我们无法确定制成品是否基于主要的决定性产品，或者是否以该准则为指导。很有可能的情况是，食物在很多情况下是一种主要产品，并可能伴随着较少的其他产品，此时可以将主要产品视为决定性产品。
㉔手工艺的还是工业化的※	所有史前料理都是手工的。
㉕供品尝制成品采用的技术的数量	随着化学诱导烹饪技术（加热的和不加热的）以及预加工技术的融入，烹饪变得越来越复杂。

㉖制作的难度水平	火的到来增加了加工过程的难度，这需要对使用火应用的技术拥有更具体和更复杂的了解。
㉗技术水平	随着群体任务的划分，我们认为承担烹饪任务的个体的技术水平提高了。烹饪者为自己执行的任务投入更多时间，并应用越来越多的具体知识。这是一种技术水平不断提高的烹饪。
㉘品质水平	由于拥有持续可用的产品，再加上掌握了越来越多的技术和工具，导致消费内容的品质提高。
㉙奢侈水平※	在史前背景下，人们对奢侈的概念还不了解，因为等级制和社会阶层才刚刚开始；我们无法谈论奢侈料理。
㉚复杂水平	随着烹饪过程的发展，制作的水平不断提高，但我们还不能谈论一种非常复杂的料理。
㉛中间制成品的数量	随着新的预加工和制作技术的加入，烹饪过程中的中间制成品增多了。
㉜结果是生的还是“不生的”	不再只有两种选择（生的，或者使用无须加热的化学诱导方法烹饪过的），而且以不同方式加热产品开辟了一个烹饪过的制成品的世界。
㉝创造性水平和创新性结果	尽管我们不能谈论创新，但是就结果而言，这是绝对的创造性的体现，因为将火作为工具引入产生了大量新技术、一种不同的产品使用方式，以及此前未知的制成品。与从前相比，这个时期产生了非常有创造性的料理。
㉞审美	不存在某种美学概念追求制成品的美。需要重申的是，尽管在此期间的营养摄入中出现了美食思维和享乐主义的最初迹象，但我们指的并不是在美学上令制成品赏心悦目的意图。
㉟制成品的颜色	和所用产品（天然产品和人造产品）以及使用这些产品制作并出现在最终制成品中的中间制成品的颜色一样多。没有特别考虑颜色的记录。
㊱供品尝制成品的温度	因为人们掌握了火和保存技术的使用，制成品在所有温度下被品尝，这让我们可以谈论冷、温和热的料理。
㊲质感	除了在旧石器时代获得的“柔软”质感，还出现了“干”和“湿”的质感。干的质感是干燥的化学诱导烹饪过程的结果，而湿的质感是在液体介质中进行的化学诱导烹饪过程的结果。

㊳供品尝制成品的气味或香味	随着制作过程与此前时期相比多得多的产品混合起来，食物和饮品呈现的气味和香味大大增加。
㊴基本味道或滋味	人们可能首次选择用盐为制成品调味，因为在烹饪中使用盐的习俗开始于新石器时代。尽管基本味道已在此前区分，但是为制成品加盐调味的能力却是新鲜事物。
㊵制成品的形状	形状和颜色一样。形状或许存在，但是并未被厨师作为审美的一部分加以考虑。
㊶品尝制成品需要几口	随着制成品数量的增加，它们的大小和品尝所需的口数也在增加。
㊷供品尝制成品的摆放/构图	虽然制成品被呈给用餐者，但人们不在意它们的摆放/构图。
㊸制成品的“名字”	鉴于语言传输已经开始，因此人们会为特定制成品使用特定的名称，但是由于没有书面记录，因此我们不知道这些名字。
㊹脆弱性	考虑到被摄入和品尝的制成品中的进步，脆弱性是一个需要考虑的问题；它不再只是温度因素，还是质感或物质状态因素。
㊺轻盈感	因为目标仍然以营养摄取为重中之重，所以我们不能假设轻食的存在。当时的目标是尽可能有效地满足营养需求。
㊻由于宗教信仰、健康理由或道德和伦理原则而产生的限制和义务	虽然我们不知道任何具体的限制和义务，但鉴于这些社会有深厚的宗教信仰，我们假设它们是存在的。健康和营养一定也非常紧密地联系在一起。
㊼性别	尽管妇女传统上被赋予在家庭私人空间烹饪的职责，而且这是家庭单位内工作的一部分，但是没有任何有记录的证据表明她们被委托了制作任务。
㊽用餐者的年龄	群体中的所有个人都摄入制成品以获取营养，但是我们不知道是否会根据用餐者的年龄制作不同的料理。不过，有些质感柔软的食物被提供给该群体最年轻的成员。
㊾社会阶层※	我们今天理解的社会阶层在史前时期不存在，尽管在新石器时代出现了社会等级制度的最初形式。尚不存在根据上层、中层或下层阶级区分的料理。

㊿机动性	因为人群是定居的，所以他们的料理也是如此。
⑤¹品尝工具	大量新工具出现在新石器时代，但是在这一时期，随着陶器的引入，工具的种类和用途呈指数级增长。它们被用于品尝，但是也用于制作、预加工、保存、转移和上菜。
⑤²进食的位置和姿势	考虑到定居和家庭生活环境，进食的位置和姿势此时将始终相同。取决于空间布局，这可能包括坐下进食，有或者没有背部支撑。
⑤³进行品尝的用餐者数量	一个家庭的所有成员。
⑤⁴礼仪要求	我们没有发现史前时代与品尝或服务相关的礼仪行为的存在。
⑤⁵人属物种	新石器时代料理是智人制作的料理。
⑤⁶按照世界历史时期的视角	它属于新石器时代，可以归类为新石器时代料理，不过本书区分了这段时间内的不同时期。

※星号表明该标准的主要元素在新石器时代还不存在。我们在这里提到它们，是因为将它们纳入考虑范围是很有用的，可以更好地理解当时的料理与现在的料理之间的区别。

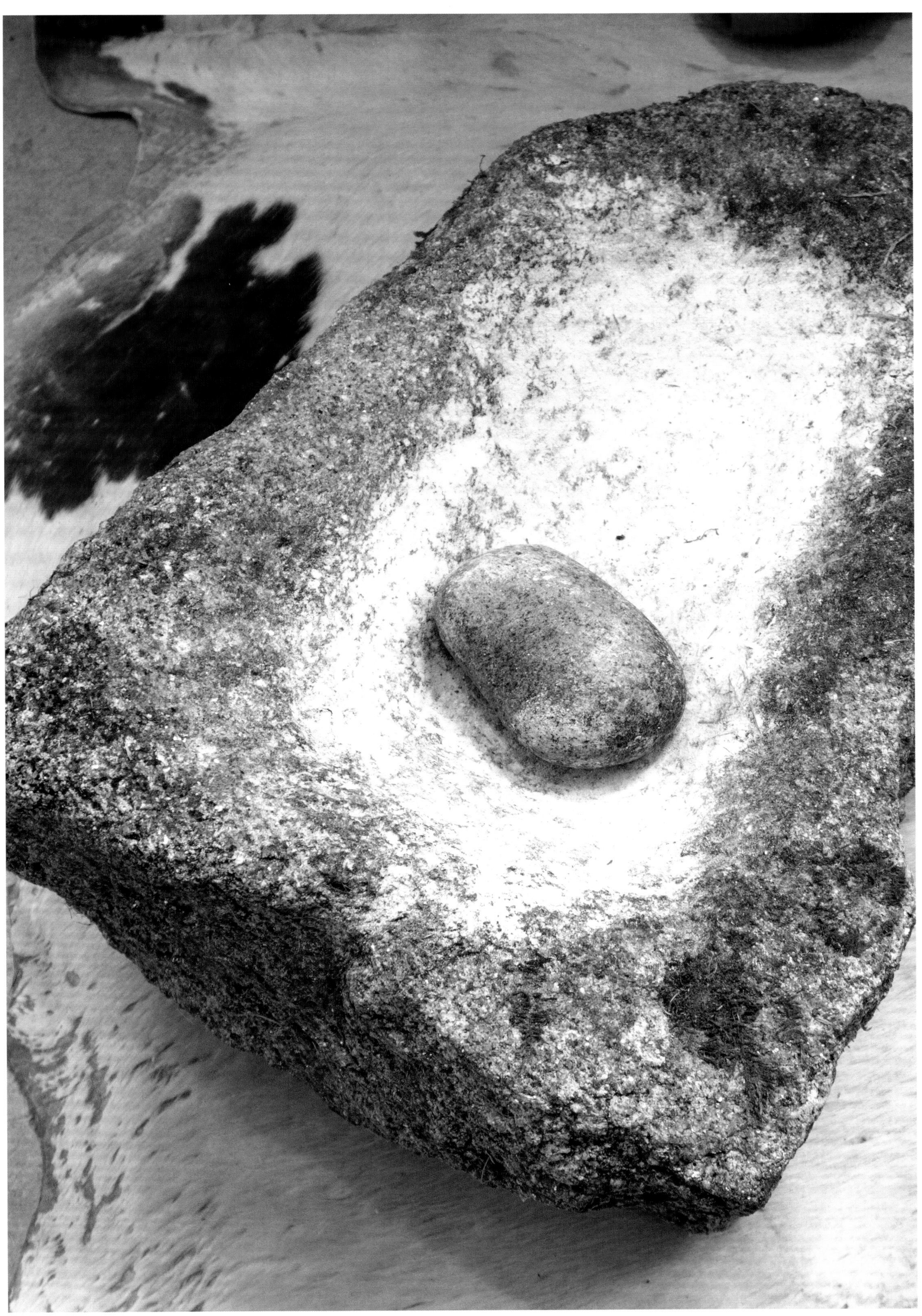

使用陶器的
新石器时代

在约公元前6800年的新月沃土，陶器开始被制作，并在烹饪中掀起了一场革命。多亏了它们，制作、储存、装盘和服务才呈现出我们如今熟悉的形式。通过火和陶器，人类完全踏上了我们如今所知的烹饪之路。

此外，陶器将对贸易、社会关系、邻居之间的接触以及公共宴会的庆祝产生重大影响。

陶器出现时的新石器时代吃什么？ 重大变化

陶器带来的最重要的新颖性与进行特定制作的可能性有关，这种制作需要以更方便和更有效的方式进行加热，并且需要容器的存在。首次出现了可以直接接触火的容器，从而克服了使用热石头的局限。伴随着陶器承受高温的能力，用火烹饪的可能性呈指数级增加。

陶器作为火和产品之间的中间工具的使用，也令需要加热但不需要容器的制成品的数量增加了。此前，只能将产品放置在靠近火焰的地方烧烤。从这时起，可以将它们放置在陶器底座上，以更多方式进行制作。

虽然考古学家对残留物进行的检测可以告诉我们在这些器皿中被烹饪的产品类型的相关信息（见第128页），但是我们仍然几乎无法知道被消耗制成品的细节。尽管如此，鉴于被使用的工具和产品，我们可以针对肯定产生了的制成品的类型提出有充分根据的假设。

烹饪锅具让人们可以制作煮过的制成品。肉汤、清炖肉汤和高汤可以比以前更简单、更大量且更精确地制作。另外，当容器拥有足够的耐热性，能够实现用脂肪烹饪时，显然可以相对简单地进行慢炖、煎炖和慢烹。这些制作技术已经令多种液体制成品可能实现。

陶器还让人们能够对容易释放液体的产品进行化学诱导的烹饪，这可能导致了第一批奶油质感的焦糖化制成品的出现。

较宽和较浅的器皿可用于需要油脂介质的制成品，例如文火煎的、炸的和油封制成品。使用它们还可以制作炼过油的和蒸发浓缩过的制成品。

锅具还可以用于进行某些预加工技术，准备产品有时需要用到这些技术，尽管我们不知道这是不是典型的行为过程。若是如此，那么陶器令人们可以通过消除不想要的部分和执行预加工技术（例如焯水和小火煮）来改进产品。

甜味和咸味制成品……自由决定

该时期的另一个巨大的新颖性在于使用了两种未经制作产品：盐和蜂蜜。除了拥有出色的营养特性，它们还可以大幅改变制成品的味道，并被明确地转化为甜味或咸味制成品，无论制作它们时使用了什么其他产品。

根据厨师或用餐者的意愿增加甜味和咸味是高档餐饮部门历史上的一座重大历史里程碑。在此之前，制成品的咸味或甜味取决于所用产品中糖或盐的浓度。吃牡蛎意味着体验明显的咸味，而饮用成熟梨子的汁液可以获得甜味。蜂蜜和盐令产品的天然滋味能够被人为改变。

遗憾的是，我们无法得知哪些新石器时代的制成品被加盐或变甜，但是根据“调味”这一常见习俗的迹象（见第496页），我们很可能能够在这里找到加盐和调味的制作传统的起源。

而且，和以前相比，在陶器中对含糖量高的产品进行化学诱导的烹饪能够让人得到非常甜的制成品。煮非常熟的水果会导致大量水分蒸发，留下其中的糖，产生我们今天所称的果泥、糖渍蜜饯、果酱和橘子酱。糖分含量高的果汁、泡制饮品和发酵饮品也是如此。陶器促进并强化了甜味食物和饮品。

虽然在这个时期谈论这一点仍然太早，但甜味和咸味已经成为品尝的两根基本支柱，最终将为菜单带来秩序。在某个特定的时刻，以咸味制成品开始一餐并以甜味制成品作为结束的习俗将被引入西方社会。

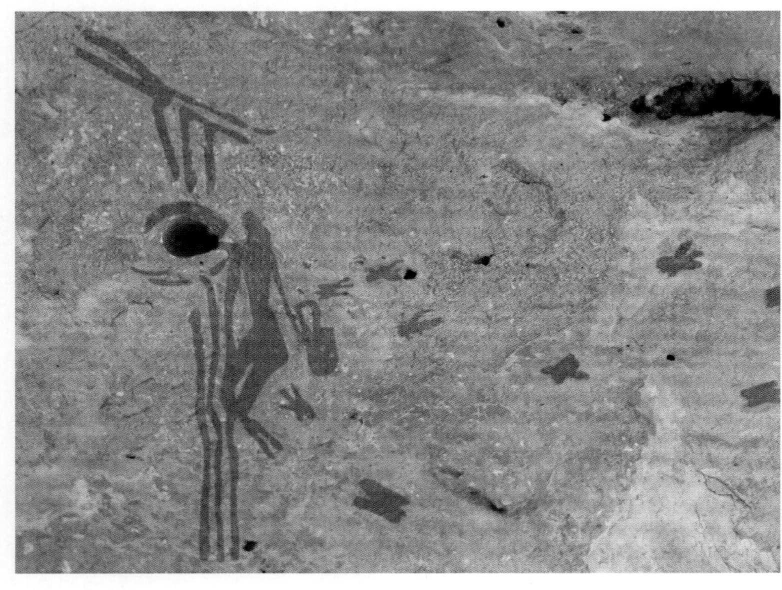

蜘蛛洞中的史前岩画（比科尔普，瓦伦西亚附近，西班牙）描绘了一个爬上藤蔓的女人，她正在试图从一个蜂巢里采集蜂蜜。这幅画被认为拥有约1万年的历史

供储存的制成品的兴起

我们已经解释过，与狩猎和采集者的祖先不同，新石器时代的农业社会在储存上花费更大的精力。田地里的作物一次给出自己的所有产出，因此有必要对这些产出进行管理，以免它们变质。由于陶器器皿的出现，很快就产生了第一批食品室，食品室让食物能够用于储存而不是立即被食用。

陶器导致了新的保存制作技术，从而产生了可以长期保存而不变质的特定制成品。大型陶罐和盐可以储存用盐水腌、用盐腌或腌制的制成品。供储存的最常见的一种制成品是烘烤谷物。烘烤谷粒（以及可烘烤的其他类型的种子和果实）是长期保存的极好方法。通过这种方式制作谷物，可以避免昆虫和啮齿类动物的侵扰并去除杂质。

可能供加泰土丘定居点中的家庭消费的一系列制成品

发掘这座土耳其境内著名新石器时代定居点的考古学家通过将他们得到的物质证据与来自该地区的民族学发现汇集在一起，提出了可能在不同季节消费的制成品类型。结果如下：

春季——新鲜块茎，配蛋和绿叶

夏季——各种植物配烤鸟

夏末——煮熟的肉配碎开心果和香草

秋季——坚果和烤肉搭配来自果实（例如朴树的浆果）的汁液

冬季——巴旦木粥，用盐肤木调味

信息来自Atalay和Hastorf，2006：313.14。

饮品界的重大里程碑：最早的葡萄酒

根据专家的说法，葡萄似乎是在这个时期被驯化的，考虑到葡萄的野生种类的特征，这一点着实令人惊讶。只有雌雄同株的个体才能被驯化，而它们在野生葡萄种群中的比例只有2%或3%。欧亚葡萄（*Vitis vinifera subsp. sativa*）是在使用陶器的新石器时代出现的，通向葡萄酒酿造的道路也始于此时。

舒拉维里戈拉（Shulaveris Gora）、加达科里戈拉（Gadachrili Gora）和赫拉米斯迪迪戈拉（Khramis Didi Gora）是位于格鲁吉亚首都第比利斯（Tbilisi）以南的考古遗址，靠近与亚美尼亚的边界。2016年至2017年，一直由帕特里克·麦戈文（Patrick McGovern）领导的跨学科团队发表了一系列研究成果（来自他们谨慎细致的研究），将葡萄栽培的起源确定在公元前6000年，这甚至比人们之前认为的还要早。

他们发现花粉的痕迹渗透了这些遗址的墙壁和地板，甚至是陶器器皿和用具的底部。这些花粉无疑是葡萄的，但是无法确定它们属于野生种类还是栽培种类。不过，它们大量出现在遗址中，并且与作为栽培物种的小麦和大麦的残留物混合在一起，这些事实说明葡萄很可能已经得到了人类的有意栽培。

然而，令这些考古遗址最具辨识性的是八个大陶罐的碎片，其中一个已经复原。这些碎片显示出酒石酸、苹果酸、柠檬酸和丁二酸的残留，这被视为葡萄用于酿酒的无可辩驳的证据。

这八个陶罐是最古老的葡萄酒容器的明显证据。此外，在该研究的共同作者斯蒂芬·巴蒂克（Stephen Batiuk）看来，“格鲁吉亚光是酿酒用的葡萄就有五百多个品种，这说明该地区的葡萄已经被驯化和杂交很长一段时间了”。

在这些发现之前，关于新石器时代酿造葡萄酒的最早的信息来源是今伊朗境内的哈吉菲鲁兹泰佩遗址（Hajji Firuz Tepe），可追溯至公元前5400年至前5000年。在那里，考古学家发现了六个9升的储存罐，由于内壁上残留的酒石酸和矿物盐，人们知道它们曾经装过葡萄酒。罐子的数量和它们能够容纳的葡萄酒的总体积（54升）说明这里更像是一个葡萄酒生产或者商业储存设施，而不像供家庭消费的简单食品室。

此外，在这些罐子里发现的东西引起了我们的思考。和古老得多的格鲁吉亚陶罐不同，在哈吉菲鲁兹泰佩遗址发现的这些陶罐包括树脂的痕迹，这种材料通常被用来防水。然而，这种特殊的树脂来自拥有抗菌功效的红脂乳香树（*Pistacia terebinthus*）。这可能会阻止葡萄酒长出醋酸杆菌（*Acetobacter aceti*）——一种产生乙酸的细菌（将葡萄酒转化成醋）。

这种树脂的使用是有意的吗？其目的是通过使用改善储存条件的成分来延长葡萄酒的储存寿命吗？无论如何，在后来出现的伟大古代文明的葡萄酒酿造中，普遍使用树脂作为防腐剂和芳香添加剂。

无法确定这些葡萄酒来自驯化葡萄还是野生葡萄，但是该地区已经存在的技术发展程度让我们可以推测它来自部分被驯化的植物。我们也无法确定它们是白葡萄酒还是红葡萄酒，但是鉴于直到最近之前，白葡萄和红葡萄都是共同用于酿酒的，而且葡萄汁会被浸渍很长时间，我们可以想象来自哈吉菲鲁兹泰佩遗址的葡萄酒至少会拥有很好的色泽。

来自格鲁吉亚赫拉米斯迪迪戈拉遗址的新石器时代陶罐。化学分析已经证实，在舒拉维里戈拉和加达科里戈拉考古遗址（也位于格鲁吉亚）发现的同样类型和年代的陶罐中存在葡萄酒

根据决定性技术得到的预加工产物
使用陶器的新石器时代（公元前6800年至前3500年）

屠宰和熟成技术的结果

打昏的 | 宰杀的 | 放血的 | 陈放的

与清洗、切割成适当大小以及称重有关的技术的结果

筛过的 | 称重好的 | 测量好的 | 按配额划出的

去除不可食用部分的技术的结果

去壳的

产品改进技术的结果

清洁的 | 焯水的 | 小火煮的 | 清洗的

脱盐的 | 去脂的

根据决定性技术得到的制成品
使用陶器的新石器时代（公元前6800年至前3500年）

通过处理的方式应用转化技术的结果

改变和塑造

捣碎的 | 磨碎的 | 剁碎的 | 切碎的

揉捏的 | 滚成圆球的 | 塑形的

与味道和滋味有关

用盐腌过的 | 变甜的

通过混合产品和制成品

搅拌过的 | 混合过的

在加热诱导的烹饪中应用的

灌注液体的 | 烤时涂油脂的

通过不加热的理化方法应用转化技术以及化学诱导烹饪的结果

通过增加某种产品或制成品

发酵的 | 浸渍的 | 腌渍的

脱水

用盐腌的 | 用盐水腌的 | 腌制的

通过生物化学转化方法

凝结的

通过加热应用转化技术，无须化学诱导烹饪的结果

通过直接或间接加热

炼过油的

通过加热应用转化技术，伴随化学诱导烹饪的结果

通过干燥介质

烘焙的 | 烘烤的 | 糖渍的 | 蒸发浓缩过的

通过液体介质

煮过的

通过油脂介质

文火煎的 | 炸的 | 油封的

通过混合介质

慢炖的 | 煎炖的 | 慢烹的

陶器工具如何用于进食和饮用？品尝技术和工具

尽管我们提到了可追溯至旧石器时代的服务和品尝工具的先例，但是随着陶器的存在，陶器工具才最终无可争议地存在，让我们可以对其进行分析。用于服务、装盘和品尝的工具的出现，与可利用的液体和半液体制成品以及举办宴会的习惯相重合。与在家庭情境下准备食物相比，公共庆祝活动需要将食物在更大的程度上分成若干份。在没有任何工具可用于服务和品尝的情况下，不可能在很多人之间分享一点汤或者作为一个群体饮用啤酒。陶器极大地减少了以前由天然材料制成的工具（包括石头）导致的所有限制。

我们可以谨慎地开始定义使用陶器的新石器时代的服务、装盘和品尝之间的差异。我们必须等到古代文明时期才能清楚地看到这些方面是清楚地分开的，而且只有在精英阶层举办的宴会的背景下才能谈论转移技术和工具。目前，我们将思考以品尝为目的的工具。

当考古学家研究陶器时，器皿扮演的角色往往是难以理解的方面之一。要想知道某件东西是否被一位用餐者用于进食或饮用，或者它是不是同时呈上数份食物的公用器皿，我们至少需要能够看到反映品尝场景的图像，好让我们得以观察这些工具发挥的作用。然而，考古记录中找不到这些方面的证据。我们假定大多数器皿是多用途的，任何碗都可以用来装液体、生的未经制作产品或食物残渣，甚至其他不可使用的物品。

话虽如此，出现的陶器形状仍然被研究新石器时代的专家大致分为三个功能类群：最适合储存的陶器、有迹象曾被用于烹饪的陶器，以及在消费中发挥作用（装盘、服务和品尝）的陶器。

考古学家将陶器按照“文化”分类，这个概念将在特定区域和特定时间使用相同技术（同样的装饰、造型、烧制等方法）制造的所有陶器联系起来。因此，在新石器时代的新月沃土中，出现了许多非常著名的陶器文化，其中包括哈苏纳文化、萨马拉文化、哈拉夫文化和欧贝德文化。不同类型的陶器按照它们的形状、湿黏土和装饰，以及它们在新月沃土中的地理分布进行区分。

什么类型的器皿可以用于品尝？下面是对当时存在的工具的类型进行的简要概述，其根据是新石器时代新月沃土专家进行的陶器研究提供的信息。

哈拉夫文化陶碗

烧杯和高脚杯，来自欧贝德新石器文化，位于今伊朗境内

- **碗，基本形状。**大多数用于饮用和进食的陶器工具都是从碗中衍生的。碗是拥有弯曲侧壁、平坦或圆形底部以及敞开的边缘的容器。在新月沃土的所有新石器文化中，都存在各种形状和容量的碗，以及对这种形状进行修改得到的其他物品。使用这些器具，小口喝、饮用或吮吸液体或半液体制成品的方式变得更简单。对于固体制成品，碗起着装盘工具的作用。

- **高脚杯、马克杯和烧杯：第一批饮用工具。**小碗变成了杯子，产生的形状让我们想起最常用于饮用的器皿。此时有高脚杯，我们可以将其定义为小而高的碗，基部有脚；马克杯，这种杯子配有把手而不是脚；以及烧杯，一种侧壁向外张开的杯子。这些样本更多地与公共庆祝活动相关，而不是与家庭用餐时出现的物品相关。在那些特殊场合，它们常常与酒精饮料的摄入有关。

陶器为进食和饮用体验带来了什么？

我们在不使用陶器的新石器时代的相关章节中讨论的关于饮食体验的内容都在这一后续时期得到巩固。公共庆祝活动增加了，房屋被确立为典型的家庭单位，两种情境下的制成品摄入都遵循与该时期开始时相同的模式。唯一的区别是数量上的。人数增加了（因为人口的增长），而这导致了更多宴会庆祝活动，出现了更多可以在其中品尝家庭料理的房屋。

陶器增加了体验的物质性。突然之间，出现了很多器皿可以和制成品产生联系。新工具极大地促进了装盘、服务和品尝这些任务，正如我们刚才所见，并在直至今日仍基本保持不变的习俗上留下了自己的印记：用杯子、玻璃杯或马克杯饮用，或者从盘子中拿取食物，或者从罐子里取水。陶器的存在和重要性如此重大，以至于所有陶器，无论其功能如何，都成为展示群体民族身份的媒介。与以往的任何时候相比，什么工具用于进食和饮用以及它是用什么材料制成的都更明显地构成了文化的一部分。

新石器时代陶器的一种独特形状，来自金洞遗址（Cova de l'Or，贝尼亚尔雷，阿里坎特附近，西班牙），带手柄兼杯嘴的烧杯

领导者、过程和非美食资源：沿着和不使用陶器的新石器时代同样的路线

至于举办家庭餐食或庆祝活动所需的其他元素，使用陶器的新石器时代没有带来重要的新颖性，这方面只是我们对上一时期所解释的内容的延续。我们特别强调的是领导者、创造过程、过程（如交流）以及非美食资源所涉及的空间、时间和人力资源。

同样，这些变化更多的是数量上的而非质量上的。例如，在使用陶器的新石器时代，住所更为复杂，厨房、食品室和消费空间也有所扩展。此外，在该时期末期，某些专门化的空间开始形成，例如酒窖。随着农业和畜牧业的巩固，田间工作的周期性性质日益确立，而这必定会影响每天的用餐时间和为公共庆祝活动预留的重要日期。家庭仍然是执行烹饪相关任务的人力资源的典型来源。

至于创造过程，没有进一步的线索可用。我们知道，和其他伟大的新鲜事物一样，陶器的发明也随着时间的推移而有了创造性的发展。它始于旧石器时代晚期首次在阳光下晒干了的黏土，继续于小雕像的制作，顶点是在新石器时代对在窑炉中高温烧结物体的过程的理解，最终达成将黏土转化为陶器的成就。一旦理解了新工艺的机制，每个陶器制作者都会将他们的创造能力付诸实践，尽管这总是发生在传统口语社会施加的限制之内。每个定居点都创造了自己的装饰和形状，并将它们一再重复。

至于构思新制成品的创造性，我们继续假定必要性是主要驱动力。将干燥种子储存的想法部分原因是为了避免谷物变质，以便令谷物可以在冬季使用。新的陶器烹饪锅导致了新的制成品，尽管我们无法知道它们的最终形态。

愉悦和享乐主义并不仅仅适用于美食

新石器时代的宴会是参与者享受特殊场合的庆祝性事件，考古发现似乎表明了这一点。我们认为在这些早期宴会上出现了愉悦和享乐主义，尽管制成品的执行质量、对细节的关注、空间的条件等很可能不是优先考虑的事项。

同样的事也发生在今天。我们可以在垃圾食品（例如批量生产的汉堡）中或者从舔掉罐子里最后的蜂蜜中得到享受。我们的日常营养可能充满享乐主义的时刻，但是要将它们变成美食，必须将最高的品质标准应用于体验的各种元素。

烹饪在使用陶器的新石器时代如何发生？再生产过程中的新颖性

至于准备已知制成品的过程，新石器时代的第二个时期带来了我们必须指出的新颖性。首先，第一个重大变化是不同过程之间的初始分离完成了。随着新石器时代的稳固，这些过程在许多情况下呈现为独立的世界——尽管它们彼此依赖——并在不同的空间涉及不同的行为主体。早期的旧石器时代体验，即同一个人在同一个地方采集、烹饪和进食，已经成了遥远的回忆。

第二个重大变化与陶器在烹饪中产生的结果有关，我们可以将这些结果总结如下：

- 新的工具。陶器产生了各种适合用于预加工、制作、装盘、服务和品尝的容器。除了其他器皿，各种样式的烹饪锅和盆出现在烹饪中。陶器提供了两大主要性质：不透水，令它可以容纳液体并保护食物不受外部影响；以及耐火性，即它可以反复放置在火上而不破裂。同时，还出现了碗、罐、杯子、马克杯、盘子以及其他无数种适用于装盘、服务和品尝的形式。这些容器令再生产过程可以采用全新的方式，而这些方式将在整个历史中重复。这是将锅放在热源上、用更小的容器将锅中的内容呈给用餐者然后品尝的开始。

- 新的技术和对已有技术的改进。陶器以一种非常简单和基本的方式极大地促进了自旧石器时代以来的制作技术。它们令煮、烫洗、慢炖/慢烹、文火煎、小火煮、油封、焯水、蒸发浓缩和液体腌制变得比以前更容易和高效。陶器还颠覆了装盘、服务和品尝技术，令用餐者的世界变得复杂得多。

- 此外，陶器还间接影响了另一种重要厨房工具的改进：烤炉。为了将黏土转变为陶瓷材料，必须在高于550℃的温度下进行煅烧。陶器一开始是在大型露天篝火上烧制的，但不久之后，人们又设计出第一批窑炉，以便更好地控制这个过程并提高温度。这个概念被转移到美食学上，窑炉变成了烤炉，而且熔化金属使用的熔炉也采用了同样的机制。

这段时期的第三个重大变化是经过制作的产品的出现。正如我们稍后将详细解释的那样，经过制作的产品是以商业交换为目的而制作的中间制成品。这意味着，有史以来第一次，生产者和厨师常常是不同的个人（或者家庭单位）。牧民可以将凝乳干酪卖给农业社群，而农民可以将面包卖给牧民。尽管很简单，但这正是生产者和厨师之间的关系的开始。

第四个重大变化是复杂性的增加。我们描述的变化被用于改进制作过程，这是储存的需要促成的。收获和动物屠宰涉及大量工作，以便将未经制作的产品转变成可储存并且供以后使用的中间制成品（或者用于交换，从而变成经过制作的产品）。再加上陶器带来的新的烹饪可能性，令再生产过程的复杂程度大大提升。

使用陶器的新石器时代

公元前6800年至前3500年

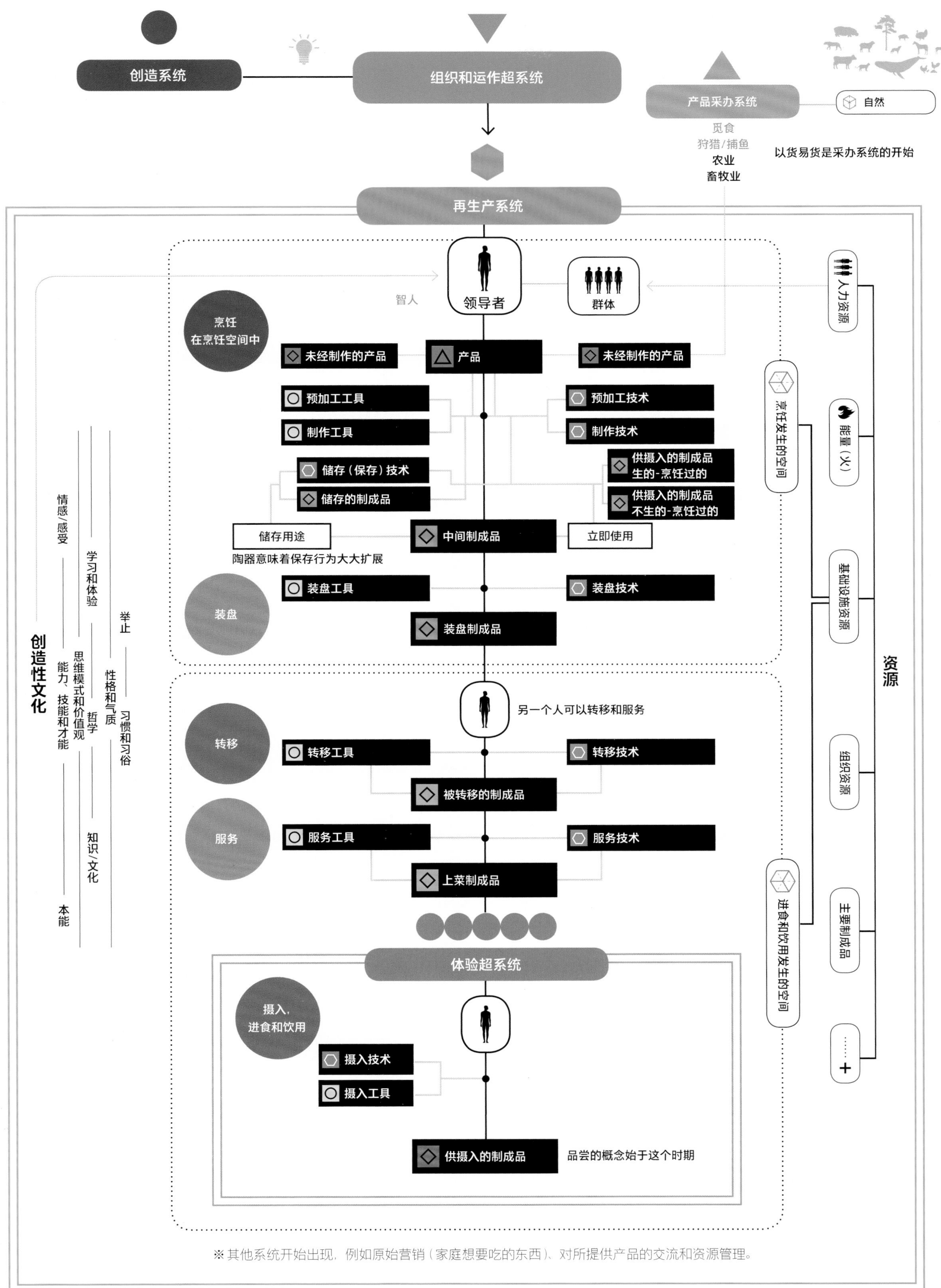

※其他系统开始出现，例如原始营销（家庭想要吃的东西）、对所提供产品的交流和资源管理。

使用陶器的新石器时代的美食资源

“我们需要什么才能烹饪（预加工和制作）？”

来自使用陶器的新石器时代的最典型的预加工和制作技术

陶器的出现以两种方式影响了烹饪技术。它令已有技术能够以与如今非常类似的方式进行，并且产生了新技术。

预加工中的新颖性？

陶器器皿让我们首次意识到，此时可以对产品使用一种非常方便的计量和配给方法。容量不同的器皿可以用于分享大量产品和制成品，将它们分成若干份。从前篮子和木头容器可能服务于这个目的，但是在考古遗址不可能清晰地看出这一点。使用容器（而不是秤）进行计量和配给，这种方法将被农业社群几乎使用至今。正如我们在讨论制作品时提到的那样，此时进行焯水和烫洗将非常容易，尽管我们不知道是否曾进行了这些操作（对于产品中的某些杂质，如果它们没有破坏味道，那么人们可能不会对消除它们产生任何兴趣）。

最后，可以肯定的是人们进行了盐腌。就像我们将会看到的那样，由于盐和陶器器皿的引入，通过盐水腌或盐腌的方式保存食物非常简单，然而，当需要将产品用于烹饪时，用盐腌过的制成品必须用水浸泡并换几次水，以去除多余的盐。

在液体中进行的化学诱导烹饪技术大大提升

正如我们已经见到的那样，煮的技术自从使用火的新石器时代以来就已存在。然而，这些技术呈现出我们今日熟悉的形式却是在本节讨论的时期。烹饪锅具令温度、时间、产品的组合可以得到更精确的控制。虽然陶器器皿与火直接接触，但是煮这一制作技术通过液体介质间接产生化学诱导的烹饪。这些器皿结束了使用热石头煮沸液体这一间接方法的局限性。但是，要想在黏土锅中有效地煮，必须拥有能够承受温度变化的容器并学习在火上使用它们。实际上，待利用的黏土锅的第一个特性是其水密性。一些专家指出，最早的陶器更多地用于储存产品和制成品，而不是烹饪。实现烹饪锅具所需的耐火性能（它应该能够承受温度的突然变化）是个非常渐进的过程，用石头煮沸的方法并没有在一夜之间消失。

专家告诉我们，这种煮的技术仍在加泰土丘等地用来提取动物或植物的脂肪，尽管那里的居民对陶器已经很熟悉。就像在遥远的过去发生的所有变化一样，它们的实施是个极为漫长的过程。农业社群从在火上的大烹饪锅中慢煮的炖菜和粥中获取营养，这种景象还需要很长的时间才会发生。

在脂肪中进行的第一批化学诱导烹饪过程

新石器时代的社群非常重视脂肪。我们知道在新石器时代，人们继续通过煮动物产品提取脂肪，并将其用于随后的制成品，而陶器器皿的出现让人们可以以许多不同的方式使用脂肪烹饪。取决于脂肪的量和施加的温度，出现了油封、炸和文火煎的可能性。然而，我们一定不能忘记，这三种技术涉及很宽的温度范围和很少的非脂类液体，这意味着必须有合适的锅，而可能并不是每个定居点都能够制作它们。这些技术是：

- **油封（Confiting）**——在油脂中缓慢地烹饪产品，这种油脂可能来自同一种动物（例如在烹饪鸭腿和鹅腿以及猪的特定部位时），也可能来自其他动物（例如烹饪鱼时）。必须使用70℃—90℃的温度。
- **文火煎（Sweating）**——一种使用热量的制作技术，切成小块的特定产品放在脂肪里中火慢烹，让它们释放出自己的自然汁液，然后令这些汁液蒸发，浓缩其中的脂肪。
- **炸（Deep-frying）**——将某种产品或制成品浸入温度很高的油脂中，将产品密封以保持其汁液，并将表面变成金黄色。在这三种方法中，炸是使用新石器时代的原始烹饪锅最难实施的。

在混合介质中进行的化学诱导烹饪

在混合介质中进行的化学诱导烹饪技术将脂肪介质中的化学诱导烹饪与非脂类液体介质中的化学诱导烹饪结合起来。随着陶器的引入，它首次成为可能。通常情况下需要先用文火煎，然后添加液体。此时可以使用三种非常相似的技术：

- **煎炖（Braising）**——用脂肪或油将某种产品或制成品煎至变色后，用中火缓慢地烹饪，从而在它自己的汁液中进行烹饪。
- **慢烹（Slow-cooking）**——这种技术涉及中火并且需要将锅盖盖上。产品或制成品在自己的脂肪和少许液体中被烹饪。
- **慢炖（Stewing）**——另一种使用中火的慢烹技术，但是使用更多比例的水（或者其他液体），而且通常增添调味品（香草、香料等）。

用于奶制品的第一种制作技术：凝结

从新石器时代的这个时期开始，我们发现了许多像滤锅一样完全穿透的陶器。大多数考古学家认为它们用于制作奶酪。乳汁不能以其自然状态被消费，它必须经过制作。与生产乳汁的动物接触的牧民和养殖牲畜的农民一定知道来自动物胃里的酶（凝乳酶）会对乳汁产生一种有趣的效果：凝结，即导致乳汁一大部分凝固。一旦凝结，就会使用这些早期陶器滤锅进行过滤，从而除去乳清，剩下的新鲜奶酪可以毫无问题地被消化。我们说这是第一种技术，因为，在考古遗址再一次发现的器皿证明了这种技术的存在。然而，我们不能确定人类此前知不知道如何在一定程度上控制发酵过程以制作第一批酸奶或诸如开菲尔之类的物质。

保存的兴起：放眼未来的制作技术

保存是新石器时代农业社群最重要的活动。我们已经看到，在历史的这个早期阶段，陶器很可能在促进未来补给的存在方面发挥了重要作用。因此，许多早期陶器储存罐都拥有适合其用途的特征：狭小的开口、用于埋在地里的圆形底座及大容量等。除了是高温烧制的物品，它们还不透气、不透水，甚至可以保护其内容物免受昆虫和其他害虫的侵扰。

毫无疑问，新石器时代的人们实践了干制和烟熏各种产品的古老技术。我们只能想象新石器时代房屋的食品室挂满了从天花板上悬挂的晒干的动植物产品，它们受到保护，免受光照和湿气的侵害。由于陶器和诸如盐之类的产品，人们可以通过应用如下技术进行有效的保存：

- **用盐水腌（Brining）**——将任何类型的产品长时间浸入浓盐水。可以在浓盐水中加入其他调味产品，例如香草、水果和干种子。
- **用盐腌（Salting）**——用盐覆盖产品，特别是肉类和鱼。这会导致产品部分脱水，增强其风味，进行保存并防止细菌的出现。
- **腌制（Curing）**——盐腌过的产品可以经历后续的干制，这会导致腌制过程，它通过除去未被盐吸收的水分来提升保存效果。
- **酸渍（Pickling）**——将易腐烂的产品放入富含乙酸的溶液（醋）中，醋起到防腐剂的作用。这个术语也可以指将产品放入浓盐溶液，令它在其中发生厌氧发酵，增加产品的pH值（增加其碱性）。

正如我们很快将看到的那样，盐是一种生产过程非常费时的产品，而且并不是到处都有，这意味着它的使用与贸易相关。人们认为，在加泰土丘等定居点使用的盐和他们进口的黑曜石来自相同地区。

最后，我们应该指出，用动物的皮制成的篮子和容器也适用于这些技术。许多其他技术可用于储存，但并不总是出于这个目的使用，例如浸渍、腌泡、发酵和油封，却也必须将它们加入上述提到的技术。

供立即使用的烹饪和供储存的烹饪

陶器令烹饪可以比以往任何时候延迟得更久。再生产过程的时间限制和连续性存在一个明显的断裂。从那时起，最终制成品可以包括在不同的日期甚至不同月份和年份制作的中间制成品。

预加工技术
使用陶器的新石器时代（公元前6800年至前3500年）

屠宰和熟成技术

打昏 | 宰杀 | 放血 | 陈放

与清洗、切割成适当大小以及称重有关的技术

筛 | 称重 | 测量 | 按配额划出

去除不可食用部分的技术

去壳

产品改进技术

清洁 | 焯水 | 小火煮 | 清洗

脱盐 | 去脂

制作技术
使用陶器的新石器时代（公元前6800年至前3500年）

通过处理的方式应用的转化技术

改变和塑造

- 捣碎
- 磨碎
- 剁碎
- 切碎
- 揉捏
- 滚成圆球
- 塑形

与味道和滋味有关

- 用盐腌
- 变甜

通过混合产品和制成品

- 搅拌
- 混合

在加热诱导的烹饪中应用的

- 灌注液体
- 烤时涂油脂

通过不加热的理化方法以及化学诱导烹饪的转化技术

通过增加某种产品或制成品

- 二次发酵
- 浸渍
- 酸渍

脱水

- 用盐腌
- 用盐水腌
- 腌制

通过生物化学转化方法

- 凝结

通过加热应用转化技术，无须化学诱导烹饪的结果

通过直接或间接加热

- 炼油

通过加热应用转化技术，伴随化学诱导烹饪的结果

通过干燥介质

- 烘焙
- 烘烤
- 糖渍
- 蒸发浓缩

通过液体介质

- 煮

通过油脂介质

- 文火煎
- 炸
- 油封

通过混合介质

- 慢炖
- 煎焖
- 慢烹

烹饪使用什么完成？预加工和制作工具

下列工具加入到在上一时期提到的所有工具中：

• 烹饪锅

新石器时代的人们很快发现了使用陶器作为制作容器的实用性优势。使用这些类型的工具在液体或脂肪介质中应用化学诱导烹饪方法比以前简单得多。除了其他显著优势，它们还保证了烹饪时更好的卫生状况，并实现了更多的烹饪技术，从而令大量食物的制作变得更容易。为了生产可以承受高温而不裂缝或开裂的容器，新石器时代的工匠设计了许多技术改进措施：

- 他们在烧制陶器使用的湿黏土中添加了硬质材料的小碎片（贝壳碎片、沙粒等），以减少烹饪锅上的热应力。通过增加锅壁的柔韧性，这些碎片可以让它们在受热时膨胀而不破裂。
- 他们确保锅的侧壁厚度均匀，从而令热量在整个表面循环，避免产生严重的温差。
- 他们避免使用复杂的形状。所有烹饪锅都有凸面轮廓，没有角。

这些创新是在数千年里实施的，当时陶器锅具垄断了每个厨房。取决于陶器文化，新石器时代的烹饪锅种类众多。从很早开始就存在不同高度的烹饪锅具，我们强调了这一点。根据我们的经验，这些锅具将有助于制作不同类型的制成品（见第546页表格）。

• 陶碗

碗的使用方式有无数种。在这里，我们强调了它们作为烹饪辅助容器的使用。尽管不能放置在炉灶的火上，但它们可以发挥许多功能：容纳和储存、混合和搅拌容器，甚至用于放血等预加工技术。

• 陶质奶酪滤锅

我们已经讨论了用乳汁制造的经过制作的产品，以及作为奶酪制作基础的凝结技术。新石器时代的奶酪滤锅似乎实现了将乳清与固体凝乳分离的目的。

储存工具、空间和家具

在新石器时代的这个高级阶段，人们设计了许多策略来将中间制成品储存在农民的家里和村庄里，以便全年消费它们。如今我们对定居点的食品室已经有了比较深入的了解，例如土耳其的加泰土丘，考古学家在那里发现了各种硬化黏土器皿，它们被用作永久性容器，储存各种给养（例如干兵豆）。

这些食品室肯定装满了篮子、动物皮和木头制作的容器，而且肯定有从天花板上悬挂下来的干制产品，就像任何传统农业社会的情况一样。然而，这个时期的特点是储存罐的出现。一般而言，这些容器除了具有各种形状，还趋于满足一个标准：它们的开口或颈部很窄，可以更好地抵御光照和外部水分，而且令它们更易于密封。装满脂肪、酸渍、用盐水腌和用盐腌的食物的罐子逐渐在新石器时代的食品室中占据了一席之地。

此时此刻，我们还必须回忆筒窖的存在，我们在描述新石器时代定居点的特征时讨论过它们（见第460页）：在地上挖出来的深坑，由硬化黏土衬垫，并用于储存大量谷物（常常是烘烤或干制后的）。筒窖常常出现在远离房屋靠近田野的地方。

一个球形烹饪锅，带有短而直的颈和两个垂直的管状把手（金洞遗址，贝尼亚尔雷，阿里坎特附近，西班牙）

在拉德拉加遗址发现的一只碗的复原品（巴尼奥莱斯，公元前5350年至前4950年）

使用陶器的新石器时代的预加工、制作和保存工具

陶瓷

⑪ 高烹饪锅
通过加热应用的转化技术，伴随化学诱导烹饪：

煮——在液体介质中进行的化学诱导烹饪。将液体产品或制成品煮沸并令其保持沸腾，从而烹饪浸入其中的产品。在标准大气压下，水在100℃的恒定温度下沸腾。

⑫ 短颈罐
通过无须加热的物理和化学烹饪应用的转化技术：

腌制——令产品或制成品经受另一种产品或制成品的物理或化学作用，后者的成分导致干燥（例如盐、低温或烟），起到保存前者的作用。

用盐腌——一种腌制形式，通过在产品或制成品上覆盖盐来完成。

用盐水腌——一种腌制形式，通过将产品或制成品放入盐水来完成。

⑬ 中号烹饪锅
通过加热应用的转化技术，伴随化学诱导烹饪：

煎炖——混合型化学诱导烹饪，需要先将产品或制成品在脂肪中稍微煎一下，然后倒入液体产品或制成品，再盖上盖子小火煮一段时间。

慢烹——混合型化学诱导烹饪，需要先将产品或制成品在脂肪中烹饪，然后添加液体产品或制成品，再用中火煮。

慢炖——和慢烹一样的技术，但是使用更大比例的水，通常还使用香草或其他调味品。

⑭ 奶酪滤锅
通过无须加热的物理和化学烹饪应用的转化技术：

凝结乳汁——将乳清（液体）从产品中分离，获得制成品。

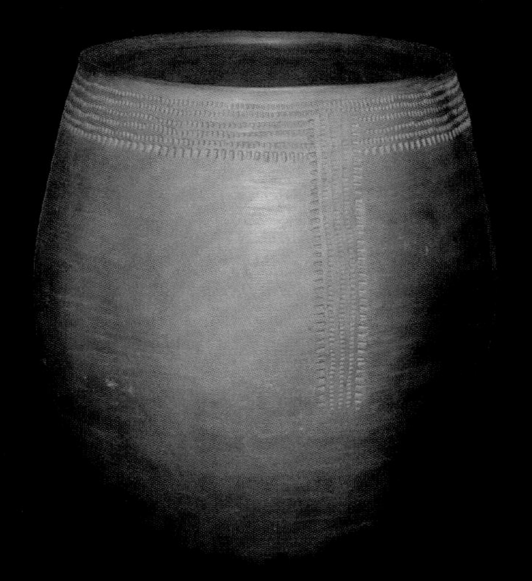
⑬

⑭

⑮ 宽/矮烹饪锅（盆锅）
通过加热应用的转化技术，伴随化学诱导烹饪：

文火煎——化学诱导烹饪，将产品或制成品以中火长时间放置在油脂介质中。

油封——化学诱导烹饪，令产品或制成品长时间完全浸入低温油脂介质中。

炸——在油脂介质中进行的化学诱导烹饪；用大量油脂覆盖或浸没产品或制成品，高温烹饪较短时间。

糖渍——对含糖（例如果糖）量高的产品或制成品实施的化学诱导烹饪，在干燥介质和中火下长时间进行，在此过程中，产品或制成品中的糖发生焦糖化。

⑯ 大浅盘
通过加热应用的转化技术，伴随化学诱导烹饪：

烘焙/烤炉烧烤——将制成品放入烤炉烘焙/烧烤。

⑰ 碗
预加工屠宰技术：

放血——打昏动物后进行的一项行为，目的是在屠宰过程中放出尽可能多的血。

通过加热应用的转化技术，伴随化学诱导烹饪：

炼油——将肥肉或富含脂肪的部位从固体变成液体的行为。

用于服务和装盘的工具

在探索工具和品尝技术时，我们意识到陶器还颠覆了服务和装盘的世界。从这时起，这些维度将在考古记录中更加明显。除了笨重的石器，从前我们只能想象在考古遗址中极少见的来自更早时期并使用易腐材料进行的服务和装盘。陶器令简单的服务和装盘技术变得更简单和高效，和我们如今的方式更相似。那么，用于服务和装盘的主要工具是什么？

- **陶壶，用于服务的最早工具。**陶壶是带壶嘴的器皿，通常带把手以协助灌注动作。显然，服务是这些器皿的主要目的，因为如果不是为了令倒出其内容物变得更容易的话，就不会添加壶嘴。和所有工具一样，在新月沃土和欧洲，都有本地模型，这些模型可能因地而异。

- **最早的盘子？**类似单体盘子的首批器物被考古学家称为浅碗。我们没有深入研究这些物品，因为它们似乎更多地出现在墓穴中而不是家庭情境，但是从它们的外观上看，毫无疑问，它们可以用作主要的个人品尝工具，或者是在特殊场合中使用的。

这些工具在当时是真正的新鲜事物，必须添加到所有先前描述的使用易腐材料制作的工具中，例如篮子、木头汤匙和容器，以及某些由骨头制成的器具。后者也可以非常方便地端上固体食物，包括坚果、烤熟的种子、面包和烤肉。最后，再次参考陶器的多功能性，可以将它们添加到其他主要以制作为目的的工具中，例如烹饪锅，后者在某些时候也可以作为以分享为目的的装盘工具共同使用。

装盘和服务技术

陶器带来了最早的个人品尝工具，这意味着它也导致了将制成品转移到杯子和第一批盘子的服务技术的开始。因此，我们也可以谈论装盘和“装杯”的前身。但这只是开始。在接下来的时期，我们将见到发生在服务、转移和装盘领域的巨大革命。

使用陶器的新石器时代的装盘和服务工具

⑬

陶器

⓪① 陶壶
服务技术：

容纳液体制成品——容纳液体制成品供后续服务。

灌注液体——将液体制成品放入品尝或服务工具（例如杯子、碗或其他容器中），以供品尝之用。

⓪② 杯子
装盘和服务技术：

个人装盘——为一名用餐者装盘最终制成品。

容纳供品尝制成品——容纳液体产品或制成品，令其能够被品尝。

⓪③ 碗
装盘和服务技术：

个人装盘——为一名用餐者装盘最终制成品。

容纳供品尝的液体制成品——容纳固体或液体制成品，令其能够通过进食或小口喝被品尝。

⓪④ 盘子
装盘和服务技术：

个人装盘——为一名用餐者装盘最终制成品。

容纳固体制成品——容纳某种固体制成品。

使用陶器的新石器时代的主要产品

对于未经制作的产品，除了我们已经讨论过的人工产品的巩固，这一时期没有带来任何重大的新颖性。随着农业和畜牧业的巩固，如今出现在西方人的购物篮里并用在西式料理中的基本产品此时都已经很容易获得了。

水、盐、乳汁、谷物和蛋已经成为不同时期和地点的烹饪基础，如果没有它们，将很难再生产许多基本的制成品。其中一些产品曾在旧石器时代被使用，但是直到新石器时代，它们才展示出自己的多功能性和烹饪潜力。如果我们将这些产品从任何厨艺书中删去，无论是涉及咸味世界的还是涉及甜味世界的，菜谱的数量都将大大减少。

得益于人类的创造性和不断增长的经验，我们从整个历史直至今日所见证的无数制成品都将衍生于这些基本的未经制作产品。它们的感官的功能特性以及它们在许多地区的可用性，还令它们成为特殊的产品，催生了制作和处理它们的特别工具和技术的创造。现在，我们将更详细地讨论其中的一些创造、它们在新石器时代的背景以及它们在美食中的多功能性。

“在使用陶器的新石器时代，我们发现了对于烹饪变得不可或缺的基本产品。”

美食中最重要的未经制作产品

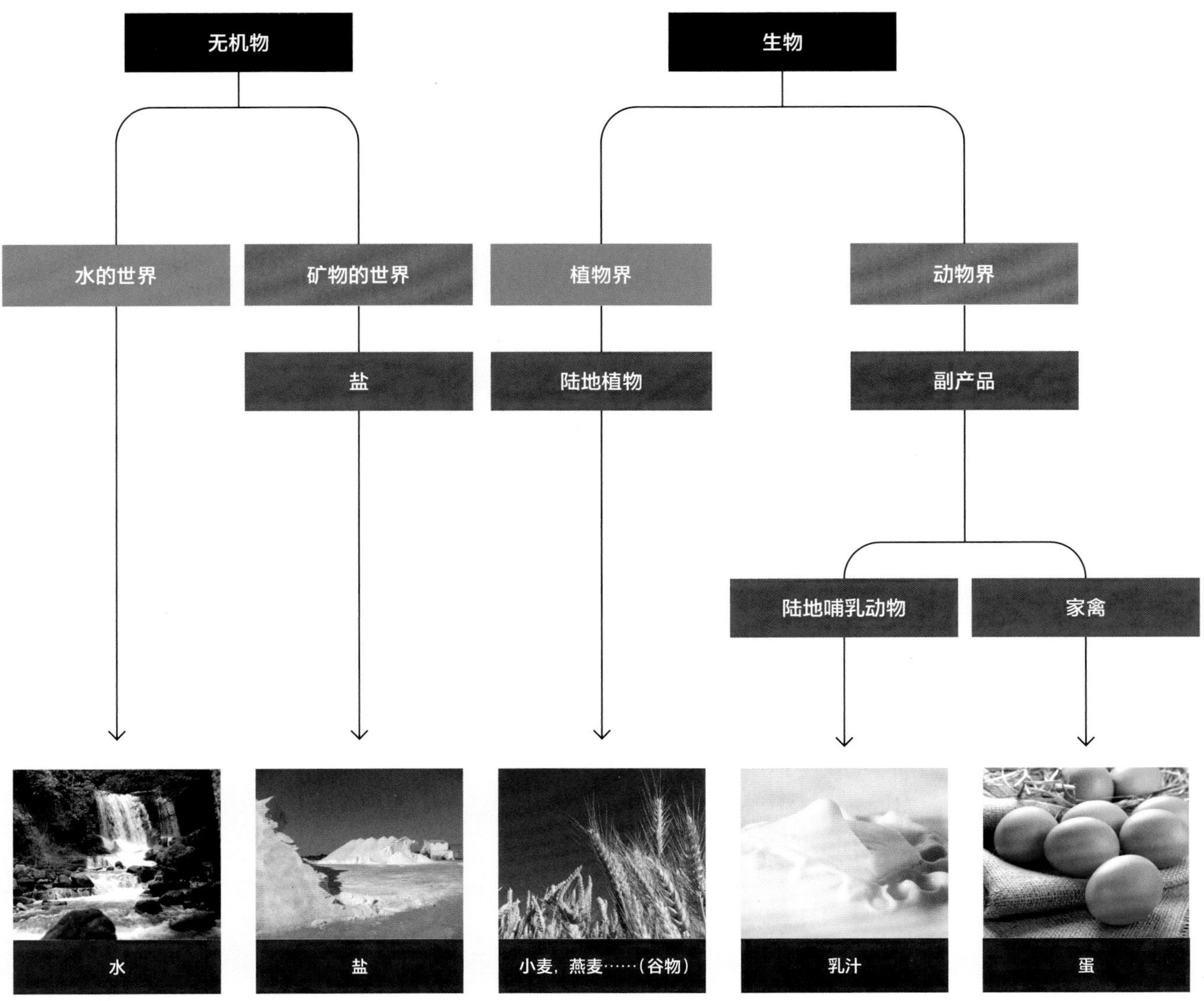

水，生命必不可少的东西

水是生物生存的基本要素之一。它在美食中也至关重要，因为除了作为饮品，它还存在于无数制成品中，例如在整个历史上，它一直是制作食物如面团、粥、炖菜和汤的基本。水——无论是以液体状态或者变为水蒸汽的形式——是执行很多预加工和制作技术的媒介（煮、隔水加热、慢烹等）。

陶器在新石器时代的发明令水的储存和运输比以前更加高效。即便如此，定居点也必须尽可能靠近天然水源，以确保为人类消费以及为作物和牲畜农业活动提供必要的补给。直到古代文明时期，饮用水的管理才令大规模分配成为现实。

盐，不可或缺的调味剂

在烹饪中使用盐的习俗始于新石器时代。为了获取这种以不同状态存在于自然界的矿物，需要应用特定技术。盐通常以岩盐的形式呈现为固态。它还出现在海洋和内陆水体的溶液中。岩盐的开采方法和采矿类似，而海盐是通过阳光的作用（太阳盐）或人工方法（蒸发盐）蒸发海水或咸水得到的。一旦获得盐结晶，就可以直接使用它们或者储存起来。

在新石器时代，盐是以重量和多少有些标准的小块形状储存的。我们不知道这些小块是否本身就是一种计量方式，抑或是用于交换和贸易的单位。

在史前时代，法国侏罗省的新石器时代定居点、西班牙卡尔多纳所谓的“盐山”（Muntanya de Sal）、奥地利哈尔施塔特附近的铁器时代定居点以及其他欧洲遗址都曾开采过岩盐。在地中海沿岸的海滩上形成的太阳盐可能经常被使用，这些盐在小型天然盆地或者人类为此而挖掘的坑里被蒸发和浓缩。

盐在新石器时代作为调味剂用于烹饪，但是它也用于制作其他供储存的产品。这导致盐获得了可观的商业价值，并成为远距离交易的基础。

自从盐开始被使用以来，我们从未停止在烹饪中使用它，而且它在营养和美食中的应用实现了各种功能。在低浓度下，它增强了其他食材的滋味，而在高浓度下，它增加了咸味。如我们所见，盐还有强大的保存能力。它令产品脱水并保护它们免受无法在含盐环境中生存的微生物（细菌、霉菌、酵母、病毒等）的侵害。

乳汁这一特殊情况

山羊、绵羊和牛是在约公元前8000年被驯化的。然而，新石器时代的人们似乎用了大概1000年才利用它们的乳汁。

考古学家追踪了乳汁在人类制作的第一批陶器上留下的脂肪酸痕迹，到目前为止，他们将乳汁的最早利用时间追溯到公元前7000年，使用者是安纳托利亚西北部的新石器时代人群。同样的发现表明，乳汁不是作为未经制作的产品被消费的，而是经过加工的，这产生了早期乳制品的制作，可能是最早的凝乳、奶酪、发酵乳等。

乳汁的首次使用是以经过制作的形式而不是直接消费，这一事实符合生物学现实。当时的成年人类没有吸收生乳所需的酶，乳汁中含有的乳糖水平会对他们有害。仅仅几千年后，成年人类发展出了可以让他们终生饮用乳汁的酶，令乳汁成为对于甜味和咸味世界都至关重要的美食资源，有大量制成品的制作都使用它。

蛋

蛋是从卵生动物获取的一种副产品，这些卵生动物包括鸟禽类、鱼和其他水生动物。然而，在这里，我们只谈论鸟类下的蛋，例如鸡、鹅、鸭和鸵鸟。

鸟蛋被认为是重要的产品之一，由于它们在咸味和甜味世界中都有强大的通用性，因此它们在美食中极为重要。对于甜味世界，你只需要从一本蛋糕和糕点厨艺书里删除任何用到蛋（全蛋、蛋清或蛋黄）的菜谱，就可以意识到它们的无处不在。

一切都似乎表明，在旧石器时代和在新石器时代的新月沃土，蛋取自野生物种，这意味着尽管使用了它们，但它们尚未在各种料理中充分展现其潜能和存在。最新的发现指出，鸡可能是公元前3000年在印度河谷首次被驯化的，它们直到公元前2000年中期才以家禽的形式抵达地中海地区。实际上，鸡作为食物资源（鸡肉及鸡蛋）的大规模扩张一直到古罗马时代才发生。

地区	日期（公元前）
印度	6000
叙利亚	2200
克里特岛	2000
埃及	1840
希腊	900
意大利	750
安达卢西亚	850
加泰罗尼亚	600

被驯化的鸡的抵达时间

为他人烹饪：经过制作的产品

首批经过制作的产品出现在使用陶器的新石器时代。经过制作的产品是某些人制作出来并由他人获取的制成品，后者在他们自己的再生产过程中将其用作中间制成品。当你买来果酱并用它制作蛋糕时，果酱就是一种经过制作的产品。如果你自己做果酱并将其储存在你的食品室，那么它就是一种中间制成品。区别在于其他行为主体的参与。经过制作的产品打破了在此之前的手工再生产过程的连续性。

这些产品是在新石器时代作为盈余结果产生的。所谓盈余，是指作物和牲畜农业产品中目前不需要，但可以用来交换的部分。随着农业和畜牧业此时已经完全确立，一些农业和放牧社群最终生产出了盈余。然而，经过制作的产品也是供储存的制作过程的结果。我们已经提到，储存是农业社会管理其食物资源的主要工具。面粉、干燥谷物和豆类、薄饼和其他类型的面包，以及其他使用寿命可大大延长的中间制成品变成了最适合商业交换的经过制作的产品。

虽然我们没有关于哪些特定制成品以经过制作的产品的形式流通的直接证据，但是我们可以提出一些假设。例如，我们知道在适合山羊和绵羊羊群放牧但附近没有农田的地区，存在生活在这里的小型牧民群体。如果没有最低限度的多样化饮食，是不可能发展出这种生活方式的，因此他们的存在说明他们必须相信自己与农民交换产品的能力。也许他们用奶酪交换面包？用酸奶交换面粉？

人们之所以知道新石器时代的贸易路线，是因为在远离采石场的地方发现了诸如黑曜石和燧石之类的原材料（见第453页）。至于经过制作的产品，我们必须假定它们走的是同样的路线，而且它们将会装在陶器、篮子或动物的皮中旅行。

“经过制作的产品，加上陶器实现的用于储存的烹饪，
打破了再生产过程的线性和连续性。
烹饪开始变成一种非常复杂的活动。”

可能的经过制作的产品

来自副产品	• 发酵乳 • 奶酪	
来自种子	• 干谷粒/干的开裂谷粒 • 面粉/粗面粉	薄饼/面包
发酵饮料	• 蜂蜜酒 • 啤酒	
其他产品（来源于动物）	• 干制产品 • 盐腌产品 • 烟熏产品	

经过制作的产品的交换

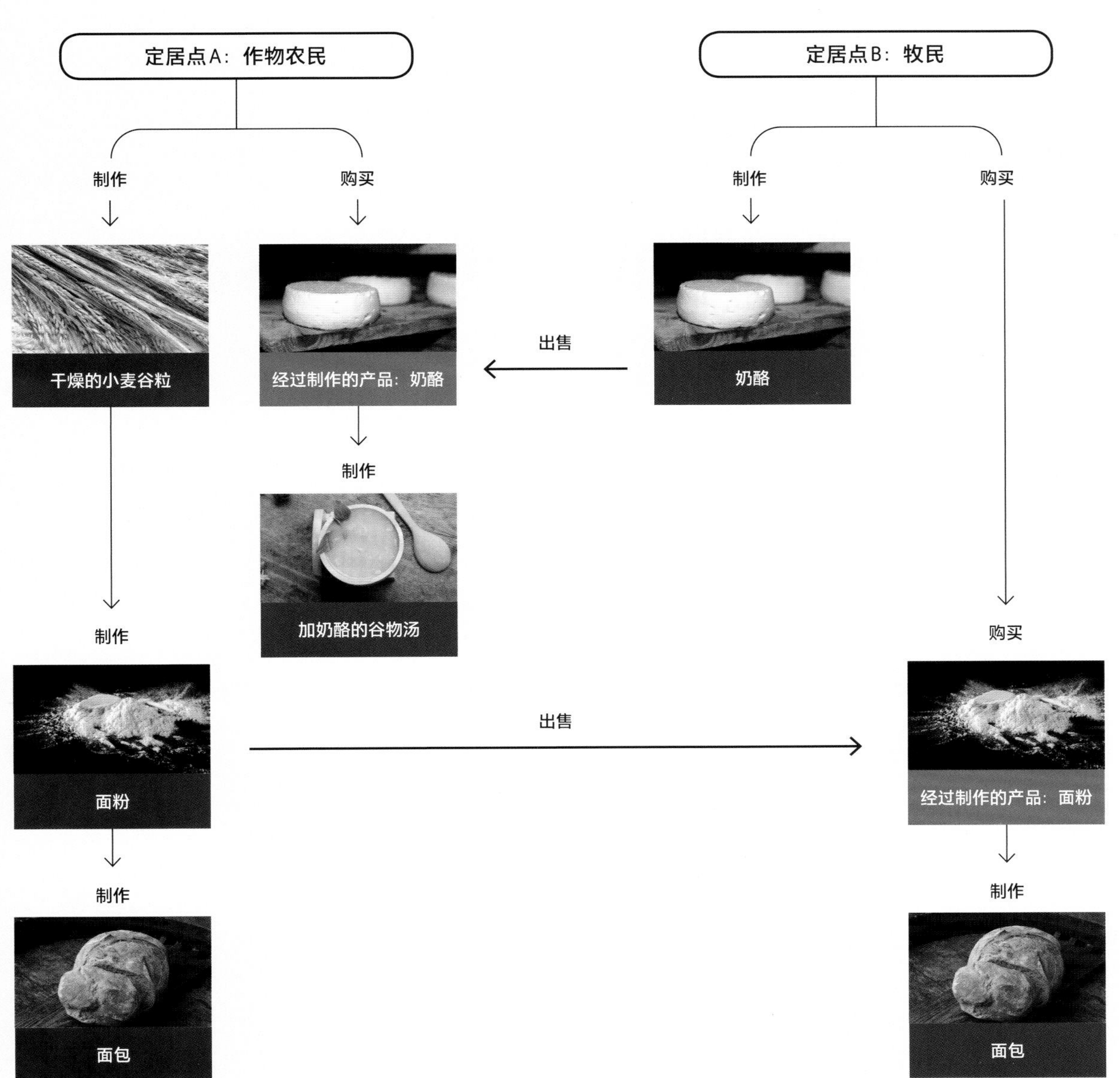

这张流程图展示了两种经过制作的产品：农民获得的奶酪和牧民获得的面粉。同一种经过制作的产品在其起源地是中间制成品

在使用陶器的新石器时代出现了什么类型的烹饪？

陶器在该时期作为工具出现，导致烹饪和进食方式指数级增长。可导致烹饪类型的特征的标准如下：

①烹饪时的目的	陶器作为工具的融入巩固了再生产制成品的目的，并且令制成品可以分成若干份供个人品尝。随着对这种新工具的可能性的探索，创造不断进行。
②制成品用于进食还是饮用	除了食物，作为饮品的制成品数量增加了。其中包括最早的葡萄酒，这是驯化葡萄的结果。陶器的出现令它得以被生产、储存和品尝。
③用于营养还是享乐主义	除了继续发生的日常营养，在宴会发生之前的第一次集体庆祝活动中，人们对食物和饮品的摄入也可以带来愉悦感的观念得到了巩固。
④制作某种料理的意图	再生产是在更有意识和更故意的情况下发生的，这让我们能够理解这里存在某种意图，例如在特定制成品的储存中。
⑤烹饪是为了立即食用还是为了储存	陶器导致了储存技术的膨胀，因为除了其他用途，它还实现了用盐水腌、用盐腌和腌制等保存技术的应用。
⑥厨师的人数	随着任务被划分，厨师的人数也变得更加组织化，就像在定居点中进行的其他任务一样。烹饪仍然是一种由数名厨师在家庭单元的层面上制作料理。
⑦厨师的年龄	群体中的烹饪行为意味着厨师没有特定的年龄，而且这种活动将不同年龄的个体聚集在一起。
⑧厨师的职业化程度※	首次存在这样的可能性：通过交换获得另一个人制作的经过制作的产品（例如一条面包），并使用该产品进食或烹饪。进行制作的个人逐渐变得擅长技术和工具的应用，还擅长应用经过制作的产品。
⑨公共领域还是私人领域※	领域是私人的，因为公共领域还不存在。
⑩进食发生的空间	进食发生在构成私人领域一部分的空间，既包括内部空间也包括外部空间。房屋的概念得到巩固，出现了更复杂的空间。
⑪城市背景还是乡村背景※	所有史前烹饪都被视为乡村的，因为我们还不能按照我们今天的理解谈论城市或者城市空间。当时存在配备公共机构、公共空间等的人口密集中心，但是我们不能将它们的烹饪归类为城市的。

⑫气候区	向定居生活的过渡伴随着对气候的更好的认识，但依赖也增加了，例如出现干旱，或没有储存应对收成不佳的足够食物等。在面对气候变化或严重灾害时，狩猎和采集者拥有更大的操作空间，因为他们对食物的搜寻不局限于特定区域。
⑬大陆和地理区域	考虑到新石器时代的地理指涉区域对应今天的中东和欧洲，我们可以谈论人类在两座不同大陆上——亚洲和欧洲的存在，尽管当时没有人知道这些名称。
⑭地缘政治背景	地缘政治背景开始发展，我们可以开始追踪不同群体占据的区域之间的边界，但是在史前时代，我们还无法谈论地缘政治单位。
⑮生物群系	取决于地理位置和气候的组合，原始人类将处于某种特定的生物群系中，该生物群系有利于特定产品的消费并决定了它们的丰富或贫乏。
⑯再生产制成品所需的时间	由于制成品变得越来越复杂，而且它们的制作过程被拉长，所以再生产时间增加了。
⑰进食一种或一套制成品所需的时间	用于摄入制成品的时间增加了，这是因为围绕摄入行为（发生在家中的特定空间）形成了一套仪式。
⑱时段	定居生活令工作和杂务得到周期性的组织，每天的生活按照这种组织进行安排。尽管不存在我们今天所知的时段，但首次出现了日常用餐时间。
⑲季节	同样作为定居生活和动植物物种驯化的结果，对季节变化的依赖可以得到更轻松的控制，这要归功于盈余的生产。
⑳节日或庆祝活动的集体日历	公共庆祝活动得到巩固，假日的概念在社会凝聚力方面发挥作用。
㉑自然或人工产品	人造的未经制作产品的种类继续增长，它们是驯化的结果，既包括动物的驯化（畜牧业），也包括植物的驯化（农业）。经过制作的产品首次出现。
㉒产品临近水平	因为存在驯化物种，所以产品被保存在附近。人们不再必须长途跋涉采集或捕猎它们，也不用跟踪动物的迁徙路线以靠近食物来源。

㉓产品供应者	产品供应者是群体，它被组织成若干任务系统，并且拥有自己的供应基础设施。人们继续从自然中获取产品，但这不再是唯一的来源，从而减少了对自然环境的依赖。此外，随着经过制作的产品的出现，经过制作的产品的生产者与使用它进行制作的厨师之间的差异开始形成。这是第一批专门化的供应者。
㉔主要决定性产品	尽管使用的产品（天然的和人工的）在品质和数量上不断提高，但我们无法确定制成品是否基于主要的决定性产品，或者是否以该准则为指导。很有可能的情况是，食物在很多情况下是一种主要产品，并可能伴随着较少的其他产品，此时可以将主要产品视为决定性产品。
㉕手工艺的还是工业化的※	所有史前料理都是手工的。
㉖供品尝制成品采用的技术的数量	由于陶器的出现及其在烹饪过程中的应用导致大量新型工具可以使用，可应用的技术变多了。随着更多化学诱导技术的出现（加热的和不加热的），烹饪变得越来越复杂，并且在其中加入了预加工产物。
㉗制作的难度水平	陶器令技术含量更高的制作技术得以执行。它有助于与火接触，因为制作可以在火焰上发生，而不是仅仅通过靠近火焰。
㉘技术水平	随着群体任务的划分，承担烹饪任务的个体的技术水平提高了。烹饪者为自己执行的任务投入更多时间，并应用越来越多的具体知识。这是一种技术水平不断提高的烹饪。
㉙所应用科技的水平※	鉴于新石器时代末期已经掌握的大量技术和工具，我们可以假定存在关于烹饪过程的知识，尤其是关于技术及其应用方式的知识。
㉚所应用科学的水平※	因为不存在这样的科学知识，所以我们不能谈论科学在史前烹饪中的应用。
㉛品质水平	由于拥有持续可用的产品，再加上掌握了越来越多的技术和工具，导致消费内容的品质提高。
㉜奢侈水平※	在史前背景下，人们对奢侈的概念还不了解，因为等级制和社会阶层才刚刚开始；我们无法谈论奢侈料理。
㉝复杂水平	除其他方面，陶器的出现导致复杂水平提高，这体现在工具以及可用于后续制作过程的中间制成品上。
㉞价格※	因为出现了经过制作的产品，鉴于发生了交换，我们可以谈论某种“价格”的早期概念。虽然不存在可以转换为特定金额的具体价格，但我们可以引入用某种物品的价值换取价值同等或近似的其他物品的概念。
㉟中间制成品的数量	其中包括磨碎和捣碎的中间制成品，它们随后被揉捏或塑形为球状，用于煮或烘焙。如我们所见，中间制成品的数量大大增加。

㊱结果是生的还是“不生的”	在新石器时代，结果的所有可能性都得到了考虑，因为掌握了如此之多的技术，可以产生所需要的任何状态。
㊲创造性水平和创新性结果	尽管我们不能谈论创新，但是就结果而言，我们面对的情况体现了创造性，特别是在因陶器的使用而导致的工具和新技术的发展方面。
㊳审美	不存在某种美学概念追求制成品的美。然而，出现了最早的陶器装饰，这显著地美化了工具。
㊴制成品的颜色	和所用产品（天然产品和人造产品）以及使用这些产品制作并出现在最终制成品中的中间制成品的颜色一样多。没有特别考虑颜色的记录。
㊵供品尝制成品的温度	因为人们掌握了火和保存技术的使用，制成品在所有温度下被品尝，这让我们可以谈论冷、温和热的料理。陶器令热的制成品得以静置，当温度下降到合适的程度时再品尝。
㊶质感	由于糖渍蜜饯等制成品的存在，奶油状质感可以增添到之前时期获得的质感中。
㊷供品尝制成品的气味或香味	随着制作过程与之前时期相比多得多的产品混合起来，食物和饮品呈现的气味和香味大大增加。
㊸基本味道或滋味	加上始于上个时期的盐的使用，蜂蜜在此时首次用作增加甜味的产品。厨师可以按照自己的意愿改变味道。
㊹制成品的形状	随着各种尺寸的容器的出现，液体制成品此时被容纳起来，并拥有与容器同样的形状。
㊺品尝制成品需要几口	随着制成品数量的膨胀，它们的大小和品尝所需的口数也在增加。
㊻供品尝制成品的摆放/构图	虽然制成品被端给用餐者，但人们不在意它们的摆放/构图。
㊼制成品的“名字”	鉴于语言传输已经开始，因此人们会为特定制成品使用特定的名称，但是由于没有书面记录，因此我们不知道这些名字。
㊽脆弱性	考虑到被摄入和品尝的制成品中的进步，脆弱性是一个需要考虑的问题：它不再只是温度因素，还是质感或物质状态因素。
㊾轻盈感	因为目标仍然以营养摄取为重中之重，所以我们不能假设轻食的存在。当时的目标是尽可能有效地满足营养需求。

⑩由于宗教信仰、健康理由或道德和伦理原则而产生的限制和义务	虽然我们不知道任何具体的限制和义务，但鉴于这些社会有深厚的宗教信仰，我们假设它们是存在的。健康和营养一定也非常紧密地联系在一起。
⑪性别	尽管妇女传统上被赋予在家庭私人空间烹饪的职责，而且这是家庭单位内工作的一部分，但是没有任何有记录的证据表明她们被委托了制作任务。
⑫用餐者的年龄	群体中的所有个人都摄入制成品以获取营养，但是我们不知道是否会根据用餐者的年龄制作不同的料理。不过，有些质感柔软的食物被提供给该群体最年轻的成员。
⑬社会阶层※	虽然不存在社会阶层，但我们可以断言首次出现了“人民”（people）的概念。因此，存在着名为“大众烹饪”的料理，它是被人民创造和再生产的所有制成品。
⑭机动性	因为人群是定居的，所以他们的料理也是如此。
⑮品尝工具	虽然陶器被用于预加工、制作、转移、服务、装盘等，但它在品尝方面的意义更大，因为个人装盘和“装杯”得到巩固，再也不必和其他人从同一份制成品中取食。这种巨大差异一直延续至今。
⑯进食的位置和姿势	考虑到定居和家庭生活环境，进食的位置和姿势此时将始终相同。取决于空间布局，这可能包括坐下进食，有或者没有背部支撑。
⑰进行品尝的用餐者数量	一个家庭的所有成员。
⑱礼仪要求	我们没有发现史前时代与品尝或服务相关的礼仪行为的存在。
⑲人属物种	新石器时代料理是智人制作的料理。
⑳按照世界历史时期的视角	它属于新石器时代，可以归类为新石器时代料理，不过本书区分了这段时间内的不同时期。

※星号表明该标准的主要元素在新石器时代还不存在。我们在这里提到它们，是因为将它们纳入考虑范围是很有用的，可以更好地理解当时的料理与现在的料理之间的区别。

最终思考：一切开始之时

从历史上看，史前烹饪和高档餐厅截然相反。然而，就像我们可以折叠一张纸，令其两端相遇一样，这种现实是相互联系的。过去和现在处于不断的对话中。在餐厅内部发生的许多事情之中，我们仍然可以发现人类刚刚诞生之时开发的技术、动作、行为和工具。切碎一块肉、在研钵里捣碎香草、将面团揉捏成一条面包以及用手挤柠檬（仅举几例）将我们与史前烹饪直接相连。

看上去有些矛盾的是，餐饮业的基础是在一个不存在场所的世界和没有美食的时代奠定的。在一家餐厅投入使用的大多数过程和资源都起源于旧石器时代和新石器时代，尽管是以非常凝练的形式，只保留了最基本的元素。整个结构要等到很久以后才形成，而缺少的元素会在随后的时期添加。

营养和烹饪的起源与人类物种的进化密切相关。正如我们所见，人类在认知、体格、技能、创造性以及对产品和材料的认知等领域所取得的连续成就体现在一系列逐步发展的过程中，这些过程逐渐形成了我们如今所认识的烹饪。

这是一个极为漫长的过程，其早期阶段的特点是在数十万年内几乎没有发生任何变化，这影响了营养和日常生活的许多其他方面。这些进步当中的每一个都可以代表某种真正的范式转换，并推动了人类的进化并导致这个过程加速，例如南方古猿的双足行走、能人制作的第一批工具、直立人的发现和控制用火，以及智人经历的认知革命。

伴随着解剖结构的变化，这种进化背后的引擎是大脑及其认知能力。在某个特定的时刻，从在大小和潜力上和其他高级灵长类动物几乎没有什么区别的大脑开始，大量肉类和其他产品的消费改变了人类的潜力。随着原始人类消费更多有营养的产品，他们的大脑开始增长，这为他们提供足够的智力来发展更好的技术，从而获取和处理产品。

从服务于高档餐饮部门的智论方法学的角度来看，就烹饪而言显而易见的是，我们不能只谈论旧石器时代和新石器时代，而是应该谈论四个时期。我们在每个时期都找到了出乎意料的事实和重大历史里程碑。

- **不使用火的旧石器时代（250万年前至40万年前）**

烹饪诞生于我们的进化祖先（能人，已知最早使用工具的物种），他们产生了一种伟大的想法：改变自己的饮食以摄入更多动物蛋白质和其他富含营养的产品。链条上的第二个环节是直立人，它推动了工具的创造，提高了获取资源的能力，并且似乎发现了火，尽管通过控制用火带给我们的所有新鲜事物要到以后才会出现。

烹饪史的前200万年构成了生食料理的历史，除了在某些情况下，原始人类可能会使用自然发酵或干燥后的制成品。当人们错误地将烹饪等同于使用热量时，生食料理往往会被忽视。在这200万年里，我们学会了预加工和混合，而且无论在任何时代和地方都是基本烹饪技术之一的技术出现了：切割。

一切都始于一种非常简单的过程：单一行为主体、单一产品、单一工具和单一技术。在这个总结中，我们已经看到了通过烹饪参与营养的系统是如何逐渐发展的。

令人惊讶的另一点是，烹饪在一个意想不到的空间中迈出了第一步：自然空间，即野外，人们在这里搜寻腐肉、捕鱼或觅食。也就是说，这里是获取一切产品的地方。随着狩猎的工具和后续原始人类物种的文化发展，烹饪转移到了稍微更具辨识性的空间——第一批狩猎和采集者的营地，这是厨房、餐室以及最终的餐厅空间的最遥远的前身。

有趣的是，即便是这样朴素的开端，烹饪也已经有了创造性，以至于我们观察到的创新超出了保证生存所需营养的限度。烹饪成为文化的一部分。这是在面对生存的普遍要求时典型的人类的解决方案。

• 使用火的旧石器时代（40万年前至12000年前）

随着尼安德特人及其最亲近的近缘物种的出现，人们了解到火作为化学诱导烹饪源头的很大一部分潜力。在这段时期，原始人类开始吸纳烧烤技术和煮的技术，后者也是该时期一大令人惊讶的技术。在开展研究之前，我们以为煮这种技术只有等到陶器器皿出现后才有可能。和我们的直觉相反，许多考古学证据表明，旧石器时代最先进的原始人类掌握了使用炽热的石头煮的技术。新石器时代的陶器将进一步辅助这项任务。无论如何，就煮及其衍生技术产生的制成品而言，新石器时代都处于舞台的中心，令炖菜、慢烹制成品、高汤、糖渍蜜饯等食物得到巩固。

火将为人类群体建立另一种普遍的习俗：在炉灶周围一起用餐。在这里，进食和饮用与谈话、关系、纽带、愉悦感、宁静、庆祝活动等交织在一起，简而言之，饮食参与了群体身份认同的构建。围绕炉灶进食是历史播下的第一粒种子，它将在现代以高档餐厅用餐室的形式开枝散叶。

由于智人的认知革命，人类智力在此时得到了充分的进化，而这在烹饪中得到了体现。我们惊奇地发现，使用野生禾草种子制作面粉的想法实际上始于旧石器时代末，这是我们认为专属于新石器时代农业社群独有的另一种新颖性的前奏。

由于一系列相互联系的现象，最后的狩猎和采集者过上了定居生活。随着时间的推移，他们将学会种植属于自己的植物和饲养动物，将自己置于一场导致农业生活方式的革命的中心。所有这些在人类历史上如此重要的新鲜事物都与烹饪密切相关。

- **不使用陶器的新石器时代（公元前10000年至前6800年）**

植物和动物的驯化意味着人类对自然的改造程度能够影响新的植物和动物物种的创造。作物和农场动物是人类的创造。这带来了直至那时还不曾存在的烹饪的一种主要元素：人工产品。尽管天然产品不会消失，但是它们在烹饪中的存在很快就只是象征性的了。

对游牧生活方式的放弃导致了房屋的建造，这些房屋又聚集成稳定的定居点。在史前时代末期，这些定居点形成了第一批城镇。房屋和定居点首次拥有我们如今可辨识为食品室、厨房以及制作和品尝区域的空间。这些专门用于营养的空间是在这个时期形成的。

早期定居社会为烹饪增添的另一个维度是节庆性的。群体成员聚集起来进食和饮用的大型公共宴会为烹饪体验增加了新的复杂性。愉悦感和食物过剩开始发挥作用，这带来了严格意义上的品尝的首批元素。新石器时代的宴会让我们瞥见了享乐主义的世界，它将与在古代文明时期产生美食体验的品质产生联系。

- **使用陶器的新石器时代（公元前6800年至前3500年）**

在史前时代末期，烹饪中出现了最后的重大新鲜事物：陶器和随之而来的各种工具。我们的研究工作带来的意外之一是，陶器的首次使用有助于提升储存技术，扩大储存的可能性。在使用中，锅的水密性先于它们的耐火性。供立即使用的烹饪和供储存的烹饪之间的区别正是在此时被清晰地确立的。农业社会典型的慢炖和慢烹料理出现得较晚，是在该时期将要结束时诞生的。

农业生活方式的发展增加了复杂性，并导致与工作相关的专门化表现出初级水平。例如，专门放牧的人们的出现，为了维持生存，他们需要用自己放牧的动物提供的食物盈余去交换农民提供的过剩产品。这是食物交换的开始，也是我们所谓的经过制作的产品的起源。由于烹饪此时可能涉及其他行为主体创造的制成品，于是制成品再生产过程的线性结构被打破了。

随着陶器器具的出现，服务明显地出现了，尽管它之前就很有可能以一定程度存在。在更早的时期，服务可能是由各种石器工具、篮子和其他使用有机材料制成的工具实现的，后者很难在考古遗址被发现。

简而言之，使用陶器的新石器时代是发生于史前时代的重大变化得到巩固并永久化的时期。这让我们可以认为，当时的烹饪在本质上就是我们今天所理解的方式，或者至少可能是。借助新石器时代末期可用的产品、技术和工具，有可能烹饪出我们如今能够制作的大部分制成品。

当烹饪过程在后来的青铜时代和古代文明时期变得更复杂时，新材料和社会复杂程度方面的进展以及新技术和新制成品的出现将导致一种新的烹饪形式：富裕阶层的烹饪艺术。

许多事物尚未到来，例如甜味和咸味世界之间的差别、定制化服务和餐厅。然而，总体看来，一场真正的范式转换已经在史前时代的末期发生。

旧石器时代：重大历史里程碑

介绍

旧石器时代：重大历史里程碑

自然

人体：我们的解剖学进化

人类心智的形成

精神

个性：区分行为的特征

旧石器时代的重大历史里程碑

创造性

技术、科技、工具

经济和交通

建筑、手工艺品和艺术

烹饪

旧石器时代的烹饪、食物和饮品

介绍

不使用火的旧石器时代

不使用火的旧石器时代的美食资源

使用火的旧石器时代

使用火的旧石器时代的美食资源

新石器时代：重大历史里程碑

介绍

新石器时代：重大历史里程碑

自然

人体：我们的解剖学进化

人类心智

精神

个性：区分行为的特征

新石器时代活动中的里程碑

新石器时代的烹饪、食物和饮品

介绍

不使用陶器的新石器时代

不使用陶器的新石器时代的美食资源

使用陶器的新石器时代

使用陶器的新石器时代的美食资源

参考文献

介绍

Aróstegui, J. (1995). *La investigación histórica teoría y método.* Barcelona: Crítica

Bottéro, J. (2005). *La cocina más antigua del mundo. La gastronomía en la Antigua Mesopotamia* (*The Oldest Cuisine in the World: Cooking in Mesopotamia*). Barcelona: Tusquets Editores

Farhud, D., and Zarif Yeganeh, M. (2013). 'A Brief History of Human Blood Groups'. *Iranian Journal of Public Health* XLII/1, 1–6

García, E. G. (2019). *Somos nuestra memoria: Recordar y olvidar.* Spain: EMSE EDAPP

Herculano-Houzel, S. (2016). *The Human Advantage: How our Brains Became Remarkable.* Cambridge (MA): MIT Press

Hobsbawm, E., and Ranger, T. (eds) (2002). *La invención de la tradición* (*The Invention of Tradition*). Barcelona: Crítica

Lalueza-Fox, C., *et al.* (2008). 'Genetic Characterization of the ABO Blood Group in Neandertals'. *BMC Evolutionary Biology* 8, 342

Moradiellos, E. (1994). *El oficio de historiador.* Madrid: Siglo XXI de España Editores

Parker, S., and Baker, A. (2017). *Cuerpo humano: Guía ilustrada de nuestra anatomía* (*Body: A Graphic Guide to Us*). Barcelona: Lunwerg

Pérez Samper, M. A. (2009). 'La historia de la historia de la alimentación'. *Chronica Nova. Revista de Historia Moderna de la Universidad de Granada* XXXV, 105–162

Renfrew, C., and Bahn, P. (2013). *Archaeology: The Key Concepts.* London: Routledge

Scotto, E. (2006). 'Análisis filogenético comparativo entre secuencias codificadoras (Cyt by ATPasa 8) y secuencias no codificadoras (D-Loop) del ADN mitocondrial de primates y sus implicancias evolutivas en los homínidos'. *Horizonte Médico* VI/2, 111–129

Smith, A. F. (2000). 'False Memories: The Invention of Culinary Fakelore and Food Fallacies'. In: Walker, H. (ed.). *Food and Memory: Proceedings of the Oxford Symposium on Food and Cookery 2000,* 254–260. Devon: Prospect Books

旧石器时代

Arsuaga, J. L. (2002). *Los aborígenes: La alimentación en la evolución humana.* Barcelona: RBA

—— and Martínez, I. (1997). *La especie elegida.* Madrid: Temas de Hoy

Attwell, L., Kovarovic, K., and Kendal, J. (2015). 'Fire in the Plio-Pleistocene: The Functions of Hominin Fire Use, and the Mechanistic, Developmental and Evolutionary Consequences'. *Journal of Anthropological Science* XCIII, 1–20

Backwell, L., and d'Errico, F. (2005). 'The Origin of Bone Tool Technology and the Identification of Early Hominid Cultural Traditions'. In: d'Errico, F., and Backwell, L. (eds). *Tools to Symbols: From Early Hominids to Modern Humans,* 238–275. Johannesburg: Witwatersrand University Press

Bar-Yosef, O. (2002). 'The Upper Paleolithic Revolution'. *Annual Review of Anthropology* XXXI/1, 363–393

Basco, R., and Fernández Peris, J. (2009). 'Middle Pleistocene Bird Consumption at Level XI of Bolomor Cave'. *Journal of Archaeological Science* XXXVI, 2213–2223

Bernard, A. (1998). *La cuisine préhistorique.* Périgueux: Fanlac

Bodu, P., Julien, M., Valentin, B., *et al.* (2006). 'Un dérnier hiver à Pincevent: Les magdaléniens du niveau IV0 (Pincevent, La Grande Paroisse, Seine-et-Marne)'. *Gallia Préhistorie* XLVIII, 1–180

Bolhuis, J. J., Tattersall, I., Chomsky, N., *et al.* (2014). 'How Could Language Have Evolved?' *PLOS Biology* XII/8, e1001934, 1–6

Braun, D. R., Harris, J. W. K., Levin, N. E., *et al.* (2010). 'Early Hominin Diet Included Diverse Terrestrial and Aquatic Animals 1.95Ma in East Turkana, Kenya'. *Proceedings of the National Academy of Science* CVII/22, 10,002–007

Bruner, E., Manzi, G., and Arsuaga, J. L. (2003). 'Encephalization and Allometric Trajectories in the Genus *Homo*: Evidence from the Neandertal and Modern Lineages'. *Proceedings of the National Academy of Sciences* C/26, 15,335–340

Bueno, D. (2019). *Neurociencia para educadores.* Barcelona: Ediciones Octaedro

Cann, R. L., Stoneking, M., and Wilson, A. C. (1987). 'Mitochondrial DNA and Human Evolution'. *Nature* CCCXXV/6099, 31

Carbonell, E., and Castro-Curel, Z. (1992). 'Palaeolithic Wooden Artefacts from the Abric Romani (Capellades, Barcelona, Spain)'. *Journal of Archaeological Science* XIX/6, 707–719

—— and Tristán, R. (2017). *Atapuerca, 40 años inmersos en el pasado.* Barcelona: RBA Libros

Choi, K., and Driwantoro, D. (2007). 'Shell Tool Use by Early Members of *Homo erectus* in Sangiran, Central Java, Indonesia: Cut Mark Evidence'. *Journal of Archaeological Science* XXXIV/1, 48–58

Chu, W. (2009). 'A Functional Approach to Paleolithic Open-air Habitation Structures'. *World Archaeology* XLI/3, 348–362

Church, R. R., and Lyman, R. L. (2003). 'Small Fragments Make Small Differences in Efficiency When Rendering Grease from Fractured Artiodactyl Bones by Boiling'. *Journal of Archaeological Science* XXX/8, 1077–1084

Coolidge, F. L., and Wynn, T. (2018). *The Rise of* Homo Sapiens*: The Evolution of Modern Thinking.* Oxford: Oxford University Press

Corchón Rodríguez, M. S. (1982). 'Estructuras de combustión en el Paleolítico: A propósito de un hogar de doble cubeta de la Cueva de Las Caldas (Oviedo)'. *Zephyrus* XXXIV–XXXV, 27–46

Cordón, F. (2009). *Cocinar hizo al hombre.* Barcelona: Tusquets editores

Cosmides, L., and Tooby, J. (2000). 'Evolutionary Psychology and the Emotions'. *Handbook of Emotions* II/2, 91–115

Darwin, C. [1872] (1984). *La expresión de las emociones en los animales y en el hombre* (*The Expression of the Emotions in Man and Animals*). Madrid: Alianza

d'Errico, F., Backwell, L. R., and Berger,

L. R. (2001). 'Bone Tool Use in Termite Foraging by Early Hominids and its Impact on our Understanding of Early Hominid Behaviour'. *South African Journal of Science* XCVII/3, 71–75

—, Julien, M., Liolios, D., and Vanhaeren, M. (2003). 'Many Awls in our Argument. Bone Tool Manufacture and Use in the Châtelperronian and Aurignacian Levels of the Grotte du Renne at Arcy-sur-Cure'. In: Zilhão, J., and d'Errico, F. (eds). 'The Chronology of the Aurignacian and of the Transitional Technocomplexes: Dating, Stratigraphies, Cultural Implications'. *Trabalhos de Arqueologia* XXXIII, 247–270

Diamond, J. (2002). 'Evolution, Consequences and Future of Plant and Animal Domestication'. *Nature* CDXVIII, 700–707

— (2011). *Armas, gérmenes y acero (Guns, Germs, and Steel: The Fates of Human Societies).* Barcelona: Random House

Domínguez-Rodrigo, M., Serrallonga, J., Juan-Tresserras, J., *et al.* (2001). 'Woodworking Activities by Early Humans: A Plant Residue Analysis on Acheulian Stone Tools from Peninj (Tanzania)'. *Journal of Human Evolution* XL/4, 289–299

Dudley, R. (2014). *The Drunken Monkey: Why We Drink and Abuse Alcohol.* Berkeley: University of California Press

Eiroa, J. J. (1994). *La Prehistoria: Paleolítico y Neolítico. Historia de la ciencia y de la técnica* (Vol. 1). Madrid: Akal

— (2011). *Ancestral Appetites: Food in Prehistory.* Cambridge: Cambridge University Press

Erlandson, J. (2001). 'The Archaeology of Aquatic Adaptations: Paradigms for a New Millennium'. *Journal of Archaeological Research* IX, 287–350

Erlandson, J. (2010). 'Food for Thought: The Role of Coastlines and Aquatic Resources in Human Evolution'. In: Cunnane, S., and Stewark, K. (eds). *Human Brain Evolution: The Influence of Freshwater and Marine Food Resources,* 125–136. Hoboken: Wiley-Blackwell

Estévez, J. (1980). 'El aprovechamiento de los restos faunísticos: Aproximación a la economía en el Paleolítico catalán'. *Cypsela* III, 9–31

Fernández Domínguez, E., Prats Miravitllas, E., Arroyo Pardo, E., *et al.* (2008). 'Análisis del ADN mitocondrial de dos muestras del yacimiento paleolítico de El Pirulejo'. *Antiquitas* XX, 193–198

Filoramo, G., Massenzio, M., Raveri, M., *et al.* (2000). *Historia de las religiones* (*Manuale di storia delle religioni*). Barcelona: Crítica

Flandrin, J. L., and Montanari, M. (2004). *Historia de la alimentación* (*Histoire de l'alimentation*). Gijón: Trea

Fullola, J. M., and Nadal, J. (2005). *Introducción a la prehistoria. La evolución de la cultura humana.* Barcelona: UOC

García, J. L. (2013). *Una historia comestible: Homínidos, cocina, cultura y ecología.* Gijón: Trea

Gardner, H. (1998). *Inteligencias múltiples* (*Multiple Intelligences: The Theory in Practice*). Barcelona: Paidós

Gaudzinski S. (2004). 'Subsistence Patterns of Early Pleistocene Hominids in the Levant: Taphonomic Evidence from the 'Ubeidiya Formation (Israel)'. *Journal of Archaeological Science* XXXI/1, 65–75

Guilera, L. (2011). *Anatomía de la creatividad.* Sabadell: FUNDIT

Guilford, J. P. (1967). *The Nature of Human Intelligence.* New York: McGraw-Hill

Gómez-Tabanera, J. M. (1985). '¿Cocinar hizo al hombre?'. *CuPAUAM* XI–XII, 69–85

Gordon, K. (1987). 'Evolutionary Perspectives on Human Diet'. In: Johnston, F. (ed.). *Nutritional Anthropology,* 2–39. New York: Liss

Gorostiza, A., and González-Martín, A. (2010). 'Historia Natural del ADN mitocondrial humano'. In: González-Martín, A. (ed.). *Fósiles y moléculas. Aproximaciones a la historia evolutiva de* Homo sapiens. *Memorias de la Real Sociedad española de Historia Natural,* segunda época, tomo VIII

Harari, Y. N. (2014). *Sàpiens. Una breu història de la humanitat* (*Sapiens: A Brief History of Humankind*). Barcelona: Edicions 62

Harmand, S., Lewis, J. E., Feibel, C. S., *et al.* (2015). '3.3-million-year-old Stone Tools from Lomekwi 3, West Turkana, Kenya'. *Nature* DXXI, 310–315

Hernando, A. (2002). *Arqueología de la Identidad* (Vol. 1). Madrid: Akal

Human Emotion 4.1: Evolution and Emotion I (Introduction). Video on Youtube and the YaleCourses channel. https:/youtu.be/fH-azxAhU-I

Joordens, J. C., Wesselingh, F. P., de Vos, J., *et al.* (2009). 'Relevance of Aquatic Environments for Hominins: A Case Study from Trinil (Java, Indonesia)'. *Journal of Human Evolution* LVII/6, 656–671

Kaniewski, D., Paulissen, E., Van Campo, E., *et al.* (2008). 'Middle East Coastal Ecosystem Response to Middle-to-late Holocene Abrupt Climate Changes'. *PNAS* CV/37, 13,941–946

Kelly, L. (2015). *Knowledge and Power in Prehistoric Societies: Orality, Memory and the Transmission of Culture.* Cambridge: Cambridge University Press

Lalueza-Fox, C., Sampietro, M. L., Bastir, M., *et al.* (2005). 'Neandertales, ADN antiguo y restos fósiles de la cueva de El Sidrón (Asturias)'. *Biojournal.net* II, 1–10

Leonard, W. (2006). 'Food for Thought'. In: *Evolution: A Scientific American Reader,* 310–321. Chicago: University of Chicago Press

Leroi-Gourhan, A. (1979). '"Introduction. – Structures de combustion et structures d'excavation. – Proposition pour un vocabulaire d'attente". Séminaire sur les structures d'habitat: témoins de combustion'. *Revista do Museu Paulista* XXVI, 9–11

Lev, E., Kislev, M., and Bar-Yosef, O. (2005). 'Mousterian Vegetal Food in Kebara Cave, Mt. Carmel'. *Journal of Archaeological Science* XXXII/3, 475–484

McGovern, P. E. (2013). *Ancient Wine: The Search for the Origins of Viniculture.* Princeton: Princeton University Press

Manne, T. (2012). '10,000 Years of Upper Paleolithic Bone-boiling'. In: Graff, S. R., and Rodríguez-Alegría, E. (eds). *The Menial Art of Cooking: Archaeological Studies of Cooking and Food Preparation,* 173–199. Boulder: University Press of Colorado

Martín-Loeches, M., Casado, P., and Sel, A. (2008). 'La evolución del cerebro en el género *Homo*: La neurobiología que nos hace diferentes'. *Revista de neurología* XLVI/12, 731–741

Mateos, A., and Rodríguez, J. (2010). *La dieta que nos hizo humanos*. Burgos: Temporary Exhibition Museo de la Evolución Humana. Junta de Castilla y León

Merino, J. A. (1994). 'Tipología lítica'. *Munibe (Antropologia-Arkeologia)*, Suplemento no. 9, 1–480

Milisauskas, S. (2012). *European Prehistory: A Survey*. New York: Springer Science and Business Media

Mithen, S. (1998). *Arqueología de la mente. Orígenes del arte, de la religión y de la ciencia* (*The Prehistory of the Mind: A Search for the Origins of Art, Religion and Science*). Barcelona: Crítica

Nadel, D., Weiss, E., and Tschauner, H. (2011). 'Gender-specific Division of Indoor Space During the Upper Palaeolithic? A Brush Hut Floor as a Case Study'. In: Gaudzinski-Windheuser, S., Jöris, O., Sensburg, M., *et al.* (eds). *Siter-Internal Spatial Organization of Hunter-Gatherer Societies from the European Palaeolithic and Mesolithic*, 263–273. Mainz: Verlag des Römisch-Germanischen Zentralmuseums

Nakazawa, Y., Straus, L. G., González-Morales, M. R., *et al.* (2009). 'On Stone-boiling Technology in the Upper Paleolithic: Behavioral Implications from an Early Magdalenian Hearth in El Mirón Cave, Cantabria, Spain. *Journal of Archaeological Science* XXXVI/3, 684–693

Oliva Virgili, R., and Vidal Taboada, J. M. (2006). *Genoma humano: Nuevos avances en investigación, diagnóstico y tratamiento*. Barcelona: Publicacions UB

Panter-Brick, C., Layton, R. H., and Rowley-Conwy, P. (eds) (2001). *Hunter-Gatherers: An Interdisciplinary Perspective*. Cambridge: Cambridge University Press

Parienté, H. (1994). *Histoire de la cuisine française*. Paris: Martinière

Pegler, D. N. (2003). *Useful fungi of the world: the Shii-take, Shimeji, Enoki-take, and Nameko mushrooms. Mycologist*, 17(1), 3–5

Peters, C. R., O'Brien, E. M., Boaz, N. T., *et al.* (1981). 'The Early Hominid Plant-food Niche: Insights from an Analysis of Plant Exploitation by Homo, Pan, and Papio in Eastern and Southern Africa [and Comments and Reply]'. *Current Anthropology* XXII/2, 127–140

Rabinovich, R., Gaudzinski-Windheuser, S., and Goren-Inbar, N. (2007). 'Systematic Butchering of Fallow Deer (Dama) at the Early Middle Pleistocene Acheulian Site of Gesher Benot Ya'aqov (Israel)'. *Journal of Human Evolution* LIV/1, 134–149

Ravedin, A., Aranguren, B., Becattini, R., *et al.* (2010). 'Thirty Thousand-year-old Evidence of Plant Food Processing'. *Proceedings of the National Academy of Science* CVII/44, 18,815–819

Renfrew, C. (1990). *Archaeology and Language: The Puzzle of Indo-European Origins*. Cambridge: Cambridge University Press

Richards, M., and Trinkaus, E. (2009). 'Isotopic Evidence for the Diets of European Neanderthals and Early Modern Humans'. *PNAS* CVI/38, 16,034–039

Rivera, Á. (2009). *Arqueología del Lenguaje*. Madrid: Akal

—— (2015). 'Arqueología de las emociones'. *Vínculos de Historia* IV/41, 41–61

Rosas, A. (2011). *Neandertales. Desde Iberia hasta Siberia*. Burgos: Temporary Exhibition Museo de la Evolución Humana. Junta de Castilla y León

Soffer, O. (1989). 'Storage, Sedentism and the Eurasian Palaeolithic Record'. *Antiquity* LXIII, 719–732

Soressi, M., McPherron, S. P., Lenoir, M., *et al.* (2013). 'Neandertals Made the First Specialized Bone Tools in Europe'. *Proceedings of the National Academy of Sciences* CX/35, 14,186–190

Speth, J. (2010). 'Boiling vs. Roasting in the Paleolithic: Broadening the "Broadening Food Spectrum"'. *Journal of the Israel Prehistoric Society* XL, 63–83

—— (2015). 'When Did Humans Learn to Boil?' *PaleoAnthropology*, 54–67

Spivak, P., and Nadel, D. (2016). 'The Use of Stone at Ohalo II, a 23,000-year-old Site in the Jordan Valley, Israel'. *Journal of Lithic Studies* III/3, 523–552

Stiner, M. C. (2001). 'Thirty Years on the "Broad Spectrum Revolution" and Paleolithic Demography'. *PNAS* XCVIII/13, 6993–6996

Taylor, C. W. (1988). 'Various Approaches to and Definitions of Creativity'. In: Sternberg, R. (ed.). *The Nature of Creativity*, 99–121. Cambridge: Cambridge University Press

Teaford, M. F., Ungar, P. S., and Grine, F. E. (2002). 'Paleontological Evidence for the Diets of African Plio-Pleistocene Hominins with Special Reference to Early *Homo*'. *Annual Review of Anthropology*, XXXV/1, 11–46

Ungar, P. S., Grine, F. E., and Teaford, M. F. (2006). 'Diet in Early *Homo*: A Review of the Evidence and a New Model of Adaptive Versatility'. *Annual Review of Anthropology* XXXV, 209–228

Van der Leeuw, S. E. (1990). 'Archaeology, Material Culture and Innovation', *SubStance* LXII–LXIII, 92–109

Vela Cossío, F. (1995). 'Para una prehistoria de la vivienda. Aproximación Historiográfica y metodológica al estudio del espacio doméstico prehistórico'. *Complutum* VI, 257–276

Vennemann, T. (1994). 'Linguistic Reconstruction in the Context of European Prehistory'. *Transactions of the Philological Society* XCII/2, 215–284

Vialou, D. (2009). 'L'image du sens, en Préhistoire'. *L'Anthropologie* CXIII/3–4, 464–477

AA. VV. (2015). *Història de la Humanitat i de la Llibertat (Vol. 1). Del descobriment del foc al naixement de l'agricultura*. Barcelona: Sàpiens Publicacions

Wallas, G. (1926). *The Art of Thought*. London: Jonathan Cape

Weaver, A. H. (2005). 'Reciprocal Evolution of the Cerebellum and Neocortex in Fossil Humans'. *Proceedings of the National Academy of Sciences of the United States of America* CII/10, 3576–3580

Wrangham, R. (2010). *Catching Fire: How Cooking Made Us Human*. New York: Basic Books

新石器时代

Arranz-Otaegui, A., González Carretero, L., *et al.* (2018). 'Archaeobotanical Evidence Reveals the Origins of Bread 14,400 Years Ago in Northeastern Jordan'. *Proceedings of the National Academy of Sciences*, July 2018

Asouti, E. (2006). 'Beyond the Pre-pottery Neolithic B Interaction Sphere'. *Journal of World Prehistory* XX/2–4, 87–126

—— and Fuller, D. Q. (2012). 'From Foraging to Farming in the Southern Levant: The Development of Epipalaeolithic and Pre-Pottery Neolithic Plant Management Strategies'. *Vegetation History and Archaeobotany* XXI/2, 149–162

Atalay, S., and Hastorf, C. A. (2006). 'Food, Meals, and Daily Activities: Food Habitus at Neolithic Çatalhöyük'. *American Antiquity* LXXI/2, 283–319

Bar-Yosef, O., Gopher, A., Tchernov, E., and Kislev, M. E. (1991). 'Netiv Hagdud: An Early Neolithic Village Site in the Jordan Valley'. *Journal of Field Archaeology* XVIII/4, 405–424

Benz, M., and Bauer, J. (2013). 'Symbols of Power – Symbols of Crisis? A Psycho-social Approach to Early Neolithic Symbol Systems'. *Neo-Lithics: The Newsletter of Southwest Asian Neolithic Research* II, 11–24

Bertoldi, F., and Milano, L. (2014). *Paleonutrition and Food Practices in the Ancient Near East: Towards a Multidisciplinary Approach.* Padua: Sargon

Blasco, A., Edo, M., and Villalba, M. J. (2008). 'Evidencias de procesado y consumo de cerveza en la cueva de Can Sadurní (Begues, Barcelona) durante la Prehistoria'. In: Hernández Pérez, M. S., Soler Díaz, J. A., and López Padilla, J. A. (eds). *IV Congreso del Neolítico Peninsular: Alicante, 27–30 November 2006*, 428–443. Alicante: Museo Arqueológico

Bocquet-Appel, J. P., and de Miguel Ibáñez, M. P. (2002). 'Demografía de la difusión neolítica en Europa y los datos paleoantropológicos'. *SAGVNTVM Extra* V, 23–44

Boyd, B. (2005). 'Transforming Food Practices in the Epipaleolithic and Pre-Pottery Neolithic Levant'. In: Clarke, J. (ed.). *Archaeological Perspectives on the Transmission and Transformation of Culture in the Eastern Mediterranean*, 106–112. Oxford: Oxbow Books and Council for British Research in the Levant

Budiansky, S. (1992). *The Covenant of the Wild: Why Animals Chose Domestication.* New Haven: Yale University Press

Carbonell, E. (coord.) (2005). *Homínidos: las primeras ocupaciones de los continentes.* Barcelona: Planeta

Cohen, M. N. (2009). 'Introduction: Rethinking the Origins of Agriculture'. *Current Anthropology* L/5, 591–595

Colledge, S., *et al.* (2004). 'Archaeobotanical Evidence for the Spread of Farming in the Eastern Mediterranean'. *Current Anthropology* XLV/S4, S35–S58

Collon, D. (1995). *Ancient Near Eastern Art.* Berkeley: University of California Press

Cowan, M. K. (2007). 'Some Ancient Water Systems: Lessons for Today'. *Journal of Soil and Water Conservation* LXII/6, 138A

Diamond, J. (2011). *Armas, gérmenes y acero* (*Guns, Germs and Steel: The Fates of Human Societies*). Barcelona: Random House

Díaz, F. (2010). 'El proceso de domesticación en las plantas'. *Revista casa del tiempo* III, 66–69

Dietrich, O., Heun, M., Notroff, J., *et al.* (2012). 'The Role of Cult and Feasting in the Emergence of Neolithic Communities: New Evidence from Gobëkli Tepe, South-eastern Turkey'. *Antiquity* LXXXVI, 674–695

Duarte, C., Marbá, N., and Holmer, M. (2008). 'Rapid Domestication of Marine Species'. *Science* CCCXVI, 382–383

Dubreuil, L. (2004). 'Long-term Trends in Natufian Subsistence: A Use-wear Analysis of Ground Stone Tools. *Journal of Archaeological Science* XXXI/11, 1613–1629

Eiroa, J. J. (1994). *La Prehistoria: Paleolítico y Neolítico. Historia de la ciencia y de la técnica* (Vol. 1). Madrid: Akal

Erdogu, B., Özbasaran, M., Erdogu, R., and Chapman, J. (2003). 'Prehistoric Salt Exploitation in Tuz Gölü, Central Anatolia: Preliminary Investigations'. *Anatolia antiqua. Eski Anadolu*, XI/11, 11–19

Evershed, R., Payne, S., Sherratt, A. G., *et al.* (2008). 'Earliest Date for Milk Use in the Near East and Southeastern Europe Linked to Cattle Herding'. *Nature* CDLV, 528–531

Filoramo, G., Massenzio, M., Raveri, M., *et al.* (2000). *Historia de las religiones* (*Manuale di storia delle religioni*). Barcelona: Crítica

Flandrin, J. L., and Montanari, M. (2004). *Historia de la alimentación* (*Histoire de l'alimentation*). Gijón: Trea

Flannery, K. V. (2007). 'Origins and Ecological Effects of Early Domestication in Iran and the Near East'. In: Ucko, P. J., and Dimbleby, G. W. (eds). *The Domestication and Exploitation of Plants and Animals*, 73–100. Chicago: Transaction Publishers

Flouest, A., and Romac, J. P. (2011). *La Cocina Neolítica y la Cueva de la Molle-Pierre* (*La cuisine néolithique et la grotte de La Molle-Pierre*). Gijón: Trea

Fowler, C., Harding, J., and Hofmann, D. (eds) (2015). *The Oxford Handbook of Neolithic Europe.* Oxford: Oxford University Press

Fullola, J. M., and Nadal, J. (2005). *Introducción a la prehistoria. La evolución de la cultura humana.* Barcelona: UOC

—— and Petit, M. A. (1998). *La puerta del pasado: La vida cotidiana del hombre prehistórico en la Península Ibérica.* Barcelona: Martínez Roca

Galor, O., and Moav, O. (2007). 'The Neolithic Revolution and Contemporary Variations in Life Expectancy'. *Brown University Department of Economics Working Paper*, 14

Gerbault, P., Roffet-Salque, M., Evershed, R. P., and Thomas, M. G. (2013). 'How Long Have Adult Humans Been Consuming Milk?' *IUBMB Life* LXV/12, 983–990

Haaland, R. (2007). 'Porridge and Pot, Bread and Oven: Food Ways and Symbolism in Africa and the Near East from the Neolithic to the Present'. *Cambridge Archaeological Journal* XVII/2, 165–182

Harari, Y. N. (2014). *Sàpiens. Una breu història de la humanitat* (*Sapiens: A Brief History of Humankind*). Barcelona: Edicions 62

Hayden, B., Canuel, N., and Shanse, J. (2013). 'What Was Brewing in the Natufian? An Archaeological Assessment of Brewing Technology in the Epipaleolithic'. *Journal of Archaeological Method and Theory* XX/1, 102–150

Hernando, A. (1994). 'El proceso de neolitización, perspectivas teóricas para el estudio del Neolítico'. *Zephyrus: Revista de prehistoria y arqueología* XLVI, 123–142

—— (2005). 'Agricultoras y campesinas en las primeras sociedades productoras'. In: Morant, I. (ed.). *Historia de las mujeres en España y América Latina* (Vol. 1), 79–115. Madrid: Cátedra

Hofmann, D., and Smyth, J. (eds) (2013). *Tracking the Neolithic House in Europe: Sedentism, Architecture and Practice.* New York: Springer

'Los hombres del Neolítico eran incapaces de digerir leche', agency report, *El País*, retrieved 5 April 2018. https:/elpais.com/sociedad/2007/02/27/actualidad/1172530802_850215.html

Katz, S. H., and Voigt, M. M. (1986). 'Bread and Beer: The Early Use of Cereals in Human Diet'. *Expedition* XXVIII/2, 23–34

Kelly, L. (2015). *Knowledge and Power in Prehistoric Societies: Orality, Memory and the Transmission of Culture.* Cambridge: Cambridge University Press

Kiple, K. F., and Ornelas, K. C. (eds) (2000). *The Cambridge World History of Food.* Cambridge: Cambridge University Press

Kortmann, B., and Van der Auwera, J. (eds) (2011). *The Languages and Linguistics of Europe: A Comprehensive Guide.* Berlin: De Gruyter

Kuijt, I. (2008). 'The Regeneration of Life: Neolithic Structures of Symbolic Remembering and Forgetting'. *Current Anthropology* XLIX/2, 171–197

—— and Goring-Morris, N. (2002). 'Foraging, Farming, and Social Complexity in the Pre-Pottery Neolithic of the Southern Levant: A Review and Synthesis'. *Journal of World Prehistory* CCCXVI/4, 361–440

Kuzmin, Y. (2006). 'Chronology of the Earliest Pottery in East Asia: Progress and Pitfalls'. *Antiquity* LXXX, 362–371

Le Mière, M., and Picon, M. (2003). 'Appearance and First Development of Cooking and "Non-cooking" Ware Concepts in the Near East'. *Ceramic in the Society: Proceedings of the 6th European Meeting on Ancient Ceramics*, 175–188

Levine, M. A. (2005). 'Domestication and Early History of the Horse'. In: Mills, D. S., and McDonell, S. M. (eds). *The Domestic Horse: The Origins, Development and Management of its Behaviour*, 5–22. Cambridge: Cambridge University Press

Lewis-Williams, D. (2010). *Dentro de la mente neolítica: Conciencia, cosmos y el mundo de los dioses* (*Inside the Neolithic Mind: Consciousness, Cosmos and the Realm of the Gods*). Madrid: Akal

McCarter, S. F. (2012). *Neolithic*. London: Routledge

McCorriston, J., and Hole, F. (1991). 'The Ecology of Seasonal Stress and the Origins of Agriculture in the Near East'. *American Anthropologist* XCIII, 46–49

McGovern, P., Jalabadze, M., *et al.* (2017). 'Early Neolithic Wine of Georgia in the South Caucasus'. *Proceedings of the National Academy of Sciences* CXIV/48, E10309–318

Maldonado Ramos, L., Vela Cossío, F., and Maldonado Ramos, J. (1998). *De arquitectura y arqueología*. Madrid: Munilla-Lería

Manen, C. (2017). 'Manufacturing and Use of the Stone Vessels from PPN Shillourokambos in the Context of Cypriot and Near Eastern PPN Stone Vessel Production'. Société préhistorique française, *Nouvelles données sur les débuts du Néolithique à Chypre* IX, 167–182

Martí, B., Capel, J., and Juan-Cabanilles, J. (2009). 'Una forma singular de las cerámicas neolíticas de la Cova de l'Or (Beniarrés, Alicante): Los vasos con asa-pitorro'. In: AA. VV. *De Méditerranée et d'ailleurs ...: Mélanges offerts à Jean Guilaine*, 463–482. Toulouse: Archives d'Écologie Préhistorique

Mazoyer, M., and Roudart, L. (2006). *A History of World Agriculture: From the Neolithic Age to the Current Crisis*. London: Earthscan

Miller, R. (2010). 'Water Use in Syria and Palestine from the Neolithic to the Bronze Age'. *World Archaeology* XI/3, 331–341

Nelson, M. (2005). *The Barbarian's Beverage: A History of Beer in Ancient Europe*. London: Routledge

Nieuwenhuyse, O. P., Akkermans, P. M., and Van der Plicht, J. (2010). 'Not So Coarse, Nor Always Plain: The Earliest Pottery of Syria'. *Antiquity* LXXXIV/323, 71–85

Notroff, J., Dietrich, O., and Schmidt, K. (2016). 'Gathering of the Dead? The Early Neolithic Sanctuaries of Göbekli Tepe, Southeastern Turkey'. In: Renfrew, C., Boyd, M., and Morley, I. (eds). *Death Shall Have No Dominion: The Archaeology of Mortality and Immortality – A Worldwide Perspective*, 65–81. Cambridge: Cambridge University Press

Oesterheld, M. (2008). 'Impacto de la agricultura sobre los ecosistemas. Fundamentos ecológicos y problemas más relevantes'. *Ecología austral* CCCXVIII/3

Olson, D. R. (1991). *Literacy as Metalinguistic Activity: Literacy and Orality*, 251–270. Cambridge: Cambridge University Press

Ong, W. J., and Hartley, J. (2016). *Oralidad y escritura: Tecnologías de la palabra*. Mexico City: Fondo de Cultura Económica

Palomo, A., Piqué, R., and Terradas, X. (eds) (2017). *La revolució neolítica. La Draga, el poblat dels prodigis*. Museu d'Arqueologia de Catalunya, Ajuntament de Banyoles

Potts, D. T. (ed.) (2012). *A Companion to the Archaeology of the Ancient Near East*. Hoboken: Wiley-Blackwell

Ratliff, E. (2011). 'Taming the Wild'. *National Geographic* CCXIX/3, 34–59

Robb, J. (2007). *The Early Mediterranean Village: Agency, Material Culture, and Social Change in Neolithic Italy*. Cambridge: Cambridge University Press

Rosenberg, D. (2004). 'The Pestle: Characteristics and Changes of Stone Pounding Implements in the Southern Levant from the Early Epipalaeolithic through the Pottery Neolithic Period'. Unpublished MA Thesis, Tel Aviv University

— (2008). 'Serving Meals Making a Home: The PPNA Limestone Vessel Industry of the Southern Levant and its Importance to the Neolithic Revolution'. *Paléorient*, 23–32

Schier, W. (2015). 'Central and Eastern Europe'. In: Fowler, C., Harding, J., and Hofmann, D. (eds). *The Oxford Handbook of Neolithic Europe*, 99–120. Oxford: Oxford University Press

Simmons, A. (2007). *The Neolithic Revolution in the Near East: Transforming the Human Landscape*. Tucson: University of Arizona Press

Simpson, J. (1997). 'Prehistoric Ceramics in Mesopotamia'. In: *Pottery in the Making: Ceramic Traditions*. London, British Museum

Szabó, J., Dávid, L., and Loczy, D. (eds) (2010). *Anthropogenic Geomorphology: A Guide to Man-made Landforms*. Berlin: Springer

Twiss, K. C. (2008). 'Transformations in an Early Agricultural Society: Feasting in the Southern Levantine Pre-Pottery Neolithic'. *Journal of Anthropological Archaeology* XXVII/4, 418–442

Urem-Kotsou, D., and Kotsakis, K. (2007). 'Pottery, Cuisine and Community in the Neolithic of North Greece'. In: Mee, C., and Renard, J. (eds). *Cooking Up the Past: Food and Culinary Practices in the Neolithic and Bronze Age Aegean*, 225–246. Oxford: Oxbow Books

Verhoeven, M. (2011). 'The Birth of a Concept and the Origins of the Neolithic: A History of Prehistoric Farmers in the Near East'. *Paléorient*, 75–87

VV.AA. (2015). *Història de la Humanitat i de la Llibertat (Vol. 1). Del descobriment del foc al naixement de l'agricultura*. Barcelona: Sàpiens Publicacions

Willcox, G. (1996). 'Evidence for Plant Exploitation and Vegetation History from Three Early Neolithic Pre-pottery Sites on the Euphrates (Syria)'. *Vegetation History and Archaeobotany* V/1–2, 143–152

Williams-Thorpe, O. (1995). 'Obsidian in the Mediterranean and the Near East: A Provenancing Success History'. *Archaeometry* XXXVII/2, 217–248

Wright, K. (2004). 'The Emergence of Cooking in Southwest Asia'. *Archaeology International* VIII, 33–37

Wright, K. I. (2000). 'The Social Origins of Cooking and Dining in Early Villages of Western Asia'. *Proceedings of the Prehistoric Society* LXVI/1, 89–121

Wu, X., Zhang, C., Goldberg, P., *et al.* (2012). 'Early Pottery at 20,000 Years Ago in Xianrendong Cave, China'. *Science* CCCVI/6089, 1696–1700

Yu, S., Zhu, C., Song, J., *et al.* (2000). 'Role of Climate in the Rise and Fall of Neolithic Cultures on the Yangtze Delta'. *Boreas* XXIX/2, 157–165

Zapata, L., Peña-Chocarro, L., Pérez-Jordá, G., *et al.* (2004). 'Early Neolithic Agriculture in the Iberian Peninsula'. *Journal of World Prehistory* XVIII/4, 283–325

Zeder, M. (2006). 'Central Questions in the Domestication of Plants and Animals'. *Evolutionary Anthropology* XV, 105–117

Zohary, D., and Hopf, M. (2000). *Domestication of Plants in the Old World: The Origin and Spread in West Asia, Europe and the Nile Valley*. Oxford: Oxford University Press

索引

Y

Z

图片版权

封面 © Shutterstock.com/Oleg Senkov

P. 4 (全页): Shutterstock.com/frantic00
P. 5 (第1张): elBullifoundation/摄影Carlos Glez Peña
P. 6 (第1张): Shutterstock.com/greenazya
P. 6 (第2张): Shutterstock.com/Openfinal
P. 6 (第3张): © Cinta Montserrat Gasparin
P. 6 (第4张): Shutterstock.com/Oleg Senkov
P. 6 (第5张): Shutterstock.com/thipjang
P. 6 (第6张): Shutterstock.com/wararara
P. 6 (第7张): Shutterstock.com/Adwo
P. 6 (第8张): Shutterstock.com/Fotokon
P. 6 (第9张): Shutterstock.com/Ermess
P. 8 (第1张): © elBullifoundation
P. 8 (第2张): elBullifoundation
P. 9 (第1张): elBullifoundation
P. 9 (第2张): Antoni Palomo/Montserrat Buch
P. 9 (第3张): elBullifoundation
P. 10 (第1张): Shutterstock.com/Nickolay Vinokurov
P. 10 (第2张): elBullifoundation
P. 10 (第3张): elBullifoundation
P. 11 (第1张): elBullifoundation
P. 11 (第2张): elBullifoundation
P. 11 (第3张): Shutterstock.com/stefbennett
P. 11 (第4张): Shutterstock.com/Ermess
P. 12 (双页): Shutterstock.com/greenazya
P. 14 (全页): © elBullifoundation
P. 18 (第1张): elBullifoundation/Placeit
P. 18 (第2张): elBullifoundation
P. 18 (第3张): © elBullifoundation/Shutterstock.com/Nikola Stanisic
P. 19 (第1张): © elBullifoundation/Placeit
P. 19 (第2张): elBullifoundation/Pepo Segura
P. 19 (第3张): elBullifoundation/elBullifoundation/Pongsakorn chaina
P. 20 (第1张): © elBullifoundation
P. 20 (第2张): © elBullifoundation/Pepo Segura
P. 20 (第3张): © elBullifoundation/Shutterstock.com/Ninell
P. 20 (第4张): © elBullifoundation
P. 20 (第5张): © elBullifoundation/Shutterstock.com/Krikkiat
P. 20 (第6张): © elBullifoundation/© Semillas Fitó/Laura Arias
P. 20 (第7张): © F. Guillamet
P. 20 (第8张): © elBullifoundation
P. 20 (第9张): © elBullifoundation
P. 20 (第10张): © elBullifoundation/Lavazza/摄影Annie Leibovitz
P. 20 (第11张): © elBullifoundation/123RF/摄影Kubais
P. 20 (第12张): © elBullifoundation/Süddeutsche Zeitung Archive/Scherl
P. 20 (第13张): © elBullifoundation/Shutterstock.com/rawf8, Mariyana M
P. 20 (第14张): © elBullifoundation/photo © F. Guillamet
P. 20 (第15张): © elBullifoundation
P. 20 (第16张): © elBullifoundation/By Mau47/Temo Sukhitashvili
P. 21 (第1张): © elBullifoundation/Flickr/Red Snapper
P. 21 (第2张): © elBullifoundation/Wikimedia Commons/Ernst Haeckel
P. 21 (第3张): © elBullifoundation/Shutterstock.com/ukmng
P. 21 (第4张): © elBullifoundation/Shutterstock.com/dotshock
P. 21 (第5张): © elBullifoundation/Shutterstock.com/Civil
P. 21 (第6张): © elBullifoundation/Shutterstock.com/I. R. Stone
P. 21 (第7张): © elBullifoundation/Shutterstock.com/Sigiuz
P. 21 (第8张): © elBullifoundation/wellcomecollection.org
P. 21 (第9张): © elBullifoundation/Dry Martini By Javier de las Muelas/Illustration: Eva Sophie Fernández, Cinta Montserrat
P. 21 (第10张): © elBullifoundation/Shutterstock.com/LiliGraphie
P. 21 (第11张): © elBullifoundation/Shutterstock.com/Photosiber
P. 21 (第12张): © elBullifoundation/Biblioteca Nacional de España (Vivanco)/未知
P. 21 (第13张): © elBullifoundation/Shutterstock.com/Vlad Sokolovsky
P. 21 (第14张): © elBullifoundation
P. 21 (第15张): © elBullifoundation/istockphoto.com/DigitumDei. Illustration taken from the cave painting *Buffalo Hunt* at Tassili n'Ajjer, Algeria.
P. 21 (第16张): © elBullifoundation/Shutterstock.com/Georgios Tsichlis
P. 26 (第1张): elBullifoundation
P. 32 (双页): Shutterstock.com/lacertian style
P. 36 (第1张): Shutterstock.com/stiebenator
P. 36 (第2张): Shutterstock.com/Nonzusmar
P. 37 (第1张): Shutterstock.com/Stasique
P. 39 (第1张): elBullifoundation
P. 41 (第1张): Pixabay/Piro4d
P. 41 (第2张): Pixabay/Free-Photos
P. 41 (第3张): Pixabay/szjeno09190
P. 41 (第4张): Pixabay/Gellinger
P. 41 (第5张): Shutterstock.com/Ratchanay Bua-Ngern
P. 41 (第6张): Pixabay/Devanath
P. 41 (第7张): Pixabay/Hans
P. 41 (第8张): Pixabay/stux
P. 41 (第9张): Pixabay/1195798
P. 41 (第10张): Pixabay/Alexas_Fotos
P. 41 (第11张): Pixabay/auntmasako
P. 41 (第12张): Pixabay/Kie-ker
P. 41 (第13张): Pixabay/1195798
P. 41 (第14张): Pixabay/Public Domain Pictures
P. 41 (第15张): Pixabay/StockSnap
P. 41 (第16张): Pixabay/skeeze
P. 49 (第1张): elBullifoundation
P. 49 (第2张): elBullifoundation
P. 49 (第3张): elBullifoundation
P. 49 (第4张): elBullifoundation
P. 51 (第1张): Shutterstock.com/Jesus de Fuensant
P. 53 (第1张): Shutterstock.com/Peter Lorimer
P. 55 (第1张): Shutterstock.com/Andrea Izzotti
P. 57 (第1张): Wikimedia Commons
P. 59 (第1张): Shutterstock.com/Everett – Art
P. 61 (第1张): Wikimedia Commons
P. 63 (第1张): Wikimedia Commons
P. 65 (第1张): Wikimedia Commons
P. 67 (第1张): elBulliFoundation
P. 69 (第1张): © F. Guillamet
P. 74 (全页): Shutterstock.com/Openfinal
P. 76 (第1张): Wikimedia Commons
P. 76 (第2张): Pixabay/cocoparisienne
P. 76 (第3张): Pixabay/luxstorm
P. 76 (背景): © elBullifoundation/Pixabay/WikiImages
P. 78 (第1张): Wikimedia Commons/Marsyas
P. 78 (第2张): Wikimedia Commons/Shakko
P. 79 (第1张): Wikimedia Commons/Adolf Jebens
P. 79 (第2张): Wikimedia Commons/John Jabez Edwin Mayal
P. 79 (第3张): Wikimedia Commons
P. 79 (第4张): flickr.com/Rosa Luxemburg-Stiftung, 2015
P. 79 (第5张): Wikimedia Commons/Czar
P. 84 (第1张): Shutterstock.com/Jesus de Fuensant
P. 85 (第1张): Shutterstock.com/Everett – Art
P. 85 (第2张): Shutterstock.com/Hein Nouwens
P. 89 (全页): Shutterstock.com/David Evison
P. 92 (第1张): Pixabay/waldomiguez
P. 93 (第1张): Pixabay/PublicDomainPictures
P. 94 (第1张): Pixabay/JamesDeMers
P. 94 (第2张): Pixabay/PublicDomainPictures
P. 95 (第1张): Pixabay/Connectingdots
P. 95 (第2张): Pixabay/mattiaverga
P. 96 (第1张): Shutterstock.com/Morphart Creation
P. 97 (第1张): Shutterstock.com/Everett Historical
P. 97 (第2张): Shutterstock.com/YanLev
P. 101 (第1张): Wikimedia Commons/MatthiasKabel
P. 101 (第2张): elBullifoundation
P. 101 (第3张): Wikimedia Commons
P. 101 (第4张): Shutterstock.com/Zsolt Horvath
P. 101 (第5张): Shutterstock.com/Umlaut1968
P. 107 (第1张): archive.org
P. 107 (第2张): archive.org
P. 107 (第3张): archive.org
P. 107 (第4张): archive.org
P. 110 (第1张): Rachel Laudan
P. 110 (第2张): Rachel Laudan
P. 114 (第1张): ABC-CLIO, LLC/Greenwood Publishing Group
P. 114 (第2张): ABC-CLIO, LLC/Greenwood Publishing Group
P. 117 (第1张): archive.org
P. 118 (第1张): archive.org
P. 118 (第2张): archive.org
P. 119 (第1张): archive.org
P. 119 (第2张): archive.org
P. 120 (第1张): archive.org
P. 120 (第2张): archive.org
P. 121 (第1张): archive.org
P. 121 (第2张): archive.org
P. 124 (第1张): Shutterstock.com/Will Rodrigues
P. 127 (第1张): Museu Arqueològic de Banyoles/Salvador Comalat

P. 127 (第2张): Museu Arqueològic de Banyoles/Salvador Comalat
P. 127 (第3张): Museu Arqueològic de Banyoles/Salvador Comalat
P. 127 (第4张): Museu Arqueològic de Banyoles/Salvador Comalat
P. 129 (第1张): Antoni Palomo/Montserrat Buch
P. 129 (第2张): Antoni Palomo/Montserrat Buch
P. 130 (第1张): elBullifoundation/Pepo Segura
P. 130 (第2张): elBullifoundation/Pepo Segura
P. 131 (第1张): elBullifoundation/Pepo Segura
P. 131 (第2张): elBullifoundation/Pepo Segura
P. 131 (第3张): elBullifoundation/Pepo Segura
P. 131 (第4张): elBullifoundation/Pepo Segura
P. 132 (全页): © Cinta Montserrat Gasparin
P. 134 (背景): © Cinta Montserrat Gasparin
P. 143 (全页): © Cinta Montserrat Gasparin
P. 145 (第1张): © elBullifoundation
P. 145 (第2张): © elBullifoundation
P. 145 (第3张): © elBullifoundation
P. 145 (第4张): © elBullifoundation
P. 147 (第1张): © elBullifoundation
P. 148 (第1张): Antoni Palomo/Montserrat Buch
P. 148 (第2张): Fundación Atapuerca/Susana Santamaría
P. 149 (第1张): Carme Cubero Copras/摄影Elisabetta Castiglioni
P. 149 (第2张): © Fundación Alicia
P. 150 (双页): Shutterstock.com/Oleg Senkov
P. 154 (第1张): Shutterstock.com/WeiserS
P. 156 (第1张): Shutterstock.com/Vladimir Wrangel
P. 156 (第2张): Shutterstock.com/Ondrej Prosicky
P. 156 (第3张): Shutterstock.com/Ubc Stock
P. 156 (第4张): Shutterstock.com/davemhuntphoto
P. 156 (第5张): Shutterstock.com/Kamphol Phorangabpai
P. 156 (第6张): Shutterstock.com/schankz
P. 156 (第7张): Shutterstock.com/photographer: Onyx9
P. 156 (第8张): Shutterstock.com/Aleksey Stemmer
P. 156 (第9张): Shutterstock.com/Artush
P. 158 (第1张): Wikimedia Commons/Ineuw
P. 158 (第2张): Shutterstock.com/WeiserS
P. 158 (第3张): Shutterstock.com/Jezper
P. 158 (第4张): Wikimedia Commons/Smokeybjb
P. 158 (双页): © elBullifoundation
P. 159 (第1张): Wikimedia Commons/Smokeybjb
P. 159 (第2张): Shutterstock.com/Daniel Eskridge
P. 159 (双页): © elBullifoundation
P. 160 (第1张): Shutterstock.com/bmphotographer
P. 161 (第1张): Shutterstock.com/Danaan
P. 162 (第1张): Pixabay/Shawshank61
P. 162 (第2张): Pixabay/Aiinikart
P. 162 (第3张): Pixabay/ICEERS
P. 162 (背景): elBullifoundation
P. 162 (背景): elBullifoundation
P. 162 (背景): elBullifoundation
P. 162 (背景): elBullifoundation
P. 163 (第1张): Pixabay/MrsBrown
P. 163 (第2张): Pixabay/Pixel-mixer
P. 163 (第3张): Pixabay/suju
P. 163 (背景): elBullifoundation
P. 163 (背景): elBullifoundation
P. 164 (双页): Shutterstock.com/thipjang
P. 168 (双页): elBullifoundation
P. 175 (第1张): Shutterstock.com/Aliaksei Putau
P. 176 (第1张): elBullifoundation
P. 179 (全页): Shutterstock.com/Hein Nouwens
P. 180 (第1张): Shutterstock.com/Roop_Dey
P. 180 (第2张): Shutterstock.com/Sergey Uryadnikov
P. 181 (第1张): Wikimedia Commons/Didier descouens
P. 181 (第2张): Wikimedia Commons/Rama
P. 181 (第3张): Wikimedia Commons/1997
P. 181 (第4张): Wikimedia Commons/Lillyundfreya, 复原W. Schnaubelt & N. Kieser (Atelier WILD LIFE ART)
P. 181 (第5张): Wikimedia Commons/Dbachmann, E. Daynes (雕塑)
P. 181 (第6张): Wikimedia Commons/Mahuli96
P. 181 (第7张): John Bavaro Fine Art /Science Photo Library
P. 185 (第1张): Wikimedia Commons/Mahuli96
P. 185 (第2张): Wikimedia Commons/Lillyundfreya, 复原W. Schnaubelt and N. Kieser (Atelier WILD LIFE ART)
P. 185 (第3张): John Bavaro Fine Art /Science Photo Library
P. 185 (第4张): Wikimedia Commons/Dbachmann, E. Daynes (雕塑)
P. 185 (背景): elBullifoundation
P. 187 (第1张): elBulliFoundation
P. 189 (第1张): Shutterstock.com/Paisarn Praha
P. 193 (第1张): Shutterstock.com/molekuul_be
P. 195 (双页): Shutterstock.com/3d_man
P. 202 (第1张): Shutterstock.com/Roop_Dey
P. 202 (第2张): Wikimedia Commons/1997
P. 202 (背景): © elBullifoundation
P. 203 (第1张): Wikimedia Commons/Dbachmann, E. Daynes (雕塑)
P. 203 (第2张): Wikimedia Commons/Mahuli96
P. 203 (第3张): John Bavaro Fine Art /Science Photo Library
P. 205 (背景): Shutterstock.com/Cimmerian
P. 209 (背景): Shutterstock.com/Cimmerian
P. 211 (第1张): elBullifoundation
P. 211 (第2张): Shutterstock.com/Abeselom Zerit
P. 211 (第3张): Wikimedia Commons/1997
P. 211 (第4张): Wikimedia Commons/Dbachmann, E. Daynes (雕塑)
P. 211 (第5张): Wikimedia Commons/Lillyundfreya, Reconstruction by W. Schnaubelt & N. Kieser (Atelier WILD LIFE ART)
P. 211 (第6张): Wikimedia Commons/Mahuli96
P. 211 (第7张): John Bavaro Fine Art /Science Photo Library
P. 212 (第1张): elBullifoundation
P. 212 (第2张): elBullifoundation
P. 212 (第3张): elBullifoundation
P. 225 (第1张): Wikimedia Commons/Richard001
P. 225 (第2张): Wikimedia Commons/Richard001
P. 230 (双页): Wikimedia Commons/Gabriela Ruellan
P. 232 (第1张): Shutterstock.com/Daumantas Liekis
P. 236 (第1张): Album/akg-images/Hessisches Landesmuseum
P. 236 (第2张): Album/akg-images/Hessisches Landesmuseum
P. 237 (第1张): Wikimedia Commons/Mahuli96
P. 237 (第2张): John Bavaro Fine Art /Science Photo Library
P. 246 (背景): Shutterstock.com/Yuri Smetanin
P. 248 (背景): Shutterstock.com/Yuri Smetanin
P. 250 (背景): Shutterstock.com/Yuri Smetanin
P. 254 (第1张): Wikimedia Commons/Cropbot
P. 254 (第2张): Wikimedia Commons/File Upload Bot
P. 254 (第3张): Wikimedia Commons/Jean-Pol Grandmont
P. 255 (第1张): Wikimedia Commons/Mabalu
P. 255 (第2张): Wikimedia Commons/Sandro Botticelli
P. 259 (全页): Antoni Palomo/Montserrat Buch
P. 266 (第1张): elBullifoundation
P. 266 (第2张): elBullifoundation
P. 266 (第3张): elBullifoundation
P. 266 (第4张): elBullifoundation
P. 266 (第5张): elBullifoundation
P. 266 (第6张): elBullifoundation
P. 267 (第1张): elBullifoundation
P. 267 (第2张): elBullifoundation
P. 267 (第3张): elBullifoundation
P. 267 (第4张): elBullifoundation
P. 267 (第5张): elBullifoundation
P. 267 (第6张): elBullifoundation
P. 267 (第7张): elBullifoundation
P. 267 (第8张): elBullifoundation
P. 267 (第9张): elBullifoundation
P. 268 (第1张): Shutterstock.com/Photographics
P. 268 (第2张): Museu d'Arqueologia de Catalunya
P. 268 (第3张): Wikimedia Commons/Rama
P. 268 (第4张): Wikimedia Commons/archaeodontosaurus
P. 269 (第1张): Shutterstock.com/Nik Merkulov
P. 273 (全页): Shutterstock.com/thipjang
P. 274 (双页): elBullifoundation
P. 279 (第1张): Museu d'Arqueologia de Catalunya
P. 279 (第2张): Wikimedia Commons/Archaeodontosaurus
P. 280 (第1张): Album/Fine Art Images
P. 281 (第1张): Pixabay/janeb13
P. 282 (第1张): Wikimedia Commons/Thilo Parg, Matthias Kabel
P. 285 (背景): elBullifoundation
P. 286 (背景): elBullifoundation
P. 288 (背景): elBullifoundation
P. 290 (背景): elBullifoundation
P. 294 (全页): shutterstock.com /Juan Aunion
P. 296 (第1张): Wikimedia Commons/Dbachmann, E. Daynes (雕塑)
P. 296 (第2张): Wikimedia Commons/Lillyundfreya, Reconstruction by W. Schnaubelt & N. Kieser (Atelier WILD LIFE ART)
P. 297 (第1张): Wikimedia Commons/Mahuli96
P. 298 (第1张): John Bavaro Fine Art /Science Photo Library
P. 299 (第1张): elBullifoundation
P. 299 (第2张): Wikimedia Commons/Dbachmann, E. Daynes (雕塑)
P. 299 (第3张): Pixabay/Monoart
P. 299 (第4张): Wikimedia Commons/Lillyundfreya, Reconstruction by W. Schnaubelt & N. Kieser (Atelier WILD LIFE ART)
P. 299 (第5张): Shutterstock.com/patrice6000
P. 299 (第6张): Wikimedia Commons/Mahuli96
P. 299 (第7张): Wikimedia Commons/MatthiasKabel
P. 299 (第8张): John Bavaro Fine Art /Science Photo Library
P. 300 (全页): elBullifoundation
P. 302 (双页): Shutterstock.com/wararara
P. 304 (第1张): shutterstock.com /Leeloona
P. 305 (第1张): shutterstock.com /Gorodenkoff
P. 306 (背景): Shutterstock.com/MarcelClemens
P. 312 (第1张): Shutterstock.com/Davydenko Yuliia
P. 316 (第1张): elBullifoundation/Teresa Such

P. 316 (第2张): elBullifoundation/Teresa Such
P. 316 (第3张): elBullifoundation/Teresa Such
P. 316 (背景): elBullifoundation
P. 317 (第1张): Shutterstock.com/Discha-AS
P. 318 (第1张): Shutterstock.com/FJAH
P. 323 (第1张): Pixabay/jrperes
P. 323 (第2张): Pixabay/maja7777
P. 323 (第3张): Shutterstock.com/Parmna
P. 323 (第4张): elBullifoundation/Carlos Glez Peña
P. 327 (第1张): shutterstock.com /Gorodenkoff
P. 333 (第1张): © elBullifoundation/Journal of Human Evolution
P. 335 (全页): elBullifoundation/Carlos Glez Peña
P. 339 (全页): Shutterstock.com/benedektibor
P. 340 (第1张): elBullifoundation/Carlos Glez Peña
P. 342 (第1张): Shutterstock.com/Bragin Alexey
P. 342 (第2张): Shutterstock.com/Nik Merkulov
P. 343 (第1张): Museu d'Arqueologia de Catalunya
P. 343 (第2张): Museu d'Arqueologia de Catalunya
P. 343 (第3张): Wikimedia Commons/Thilo Parg
P. 347 (第1张): Shutterstock.com/Vladimir Wrangel
P. 347 (第2张): Shutterstock.com/Andreas Rose
P. 347 (第3张): Shutterstock.com/davemhuntphoto
P. 347 (第4张): Shutterstock.com/Karel Bartik
P. 348 (第1张): Pixabay/Antranias
P. 348 (第2张): Pixabay/ashfaqahmad
P. 348 (第3张): Pixabay/WimdeGraaf
P. 348 (第4张): Pixabay/Free-Photos
P. 348 (第5张): Wikimedia Commons/MGA73bot2
P. 348 (第6张): Pixabay/skeeze
P. 348 (第7张): Shutterstock.com/Jaletan
P. 348 (第8张): Shutterstock.com/Denis Pogostin
P. 348 (第9张): Shutterstock.com/Leena Robinson
P. 348 (第10张): Shutterstock.com/QQ1212121
P. 348 (第11张): Shutterstock.com/Mykhaylo Sahan
P. 348 (第12张): Shutterstock.com/Garmasheva Natalia
P. 348 (双页): elBullifoundation
P. 349 (第1张): Pixabay/baluda
P. 349 (第2张): Pixabay/Achauhan
P. 349 (第3张): Pixabay/rstamdejonge0
P. 349 (第4张): Pixabay/maxidiaz
P. 349 (第5张): Pixabay/WimdeGraaf
P. 349 (第6张): Pixabay/ashfaqahmad
P. 349 (第7张): Shutterstock.com/Leena Robinson
P. 349 (第8张): Shutterstock.com/QQ1212121
P. 349 (第9张): Shutterstock.com/Jaletan
P. 349 (第10张): Shutterstock.com/Mykhaylo Sahan
P. 349 (第11张): Shutterstock.com/Denis Pogostin
P. 349 (第12张): Shutterstock.com/Garmasheva Natalia
P. 355 (第1张): Shutterstock.com/Discha-AS
P. 358 (双页): Shutterstock.com/Nickolay Vinokurov
P. 365 (第1张): Shutterstock.com/Temanu
P. 366 (第1张): Shutterstock.com/Erni
P. 366 (第2张): Shutterstock.com/Humannet
P. 366 (第3张): Shutterstock.com/Atiwan Janprom
P. 366 (第4张): Shutterstock.com/sergeyshibut
P. 366 (第5张): Shutterstock.com/Anne Greenwood
P. 366 (第6张): Shutterstock.com/Hare Krishna
P. 367 (第1张): Shutterstock.com/Vikojam
P. 368 (第1张): Shutterstock.com/Vikojam
P. 369 (第1张): Shutterstock.com/Szymon Mucha
P. 371 (第1张): elBullifoundation
P. 371 (第2张): elBullifoundation
P. 371 (第3张): elBullifoundation
P. 371 (第4张): elBullifoundation
P. 371 (第5张): elBullifoundation
P. 371 (第6张): elBullifoundation
P. 371 (第7张): elBullifoundation
P. 371 (第8张): elBullifoundation
P. 372 (第1张): Shutterstock.com/stockfour
P. 372 (第2张): Shutterstock.com/D_M
P. 372 (第3张): Shutterstock.com/Tomasz Jasiewicz
P. 372 (第4张): Shutterstock.com/Vladimir Melnik
P. 377 (第1张): Shutterstock.com/Galyna Andrushko
P. 377 (第2张): Shutterstock.com/Davor Ristic
P. 377 (第3张): Shutterstock.com/Olinda
P. 378 (第1张): Journal of Lithic Studies
P. 383 (第1张): elBullifoundation
P. 383 (第2张): The Metropolitan Museum of Art/Rogers Fund, 1962
P. 383 (第3张): elBullifoundation
P. 385 (第1张): elBullifoundation
P. 385 (第2张): Wikimedia Commons/Jaejay77
P. 386 (双页): Shutterstock.com/Bildagentur Zoonar GmbH
P. 389 (第1张): Shutterstock.com/Digoarpi
P. 389 (第2张): Shutterstock.com/buenaventura
P. 389 (第3张): Shutterstock.com/Yakov Oskanov
P. 391 (第1张): Shutterstock.com/blue caterpillar
P. 391 (第2张): Shutterstock.com/Kuttelvaserova Stuchelova
P. 391 (第3张): Shutterstock.com/Katrin_R
P. 391 (第4张): Shutterstock.com/Galyna Andrushko
P. 391 (第5张): Shutterstock.com/Anton Mizi
P. 391 (第6张): Shutterstock.com/Vlad Sokolovsky
P. 391 (第7张): Shutterstock.com/aaltair
P. 391 (第8张): Shutterstock.com/Ruslan Grumble
P. 391 (第9张): Shutterstock.com/Chris Moody
P. 391 (第10张): Shutterstock.com/Dr Ajay Kumar Singh
P. 391 (第11张): Shutterstock.com/pisitpong2017
P. 391 (第12张): Shutterstock.com/Lubov Vis
P. 391 (第13张): Shutterstock.com/Erhard Ernst
P. 391 (第14张): Shutterstock.com/Gallinago_media
P. 391 (第15张): Shutterstock.com/Vickey Chauhan
P. 392 (第1张): Pixabay/WimdeGraaf
P. 392 (第2张): Wikimedia Commons/MGA73bot2
P. 392 (第3张): Shutterstock.com/Vlad Sokolovsky
P. 394 (第1张): Shutterstock.com/Kimberly VanNostrand
P. 394 (第2张): Shutterstock.com/Samo Trebizan
P. 394 (第3张): Shutterstock.com/EQRoy
P. 394 (第4张): Shutterstock.com/Svetlana Kobotova
P. 394 (第5张): Shutterstock.com/A_Ple
P. 394 (第6张): Shutterstock.com/Daniel Eskridge
P. 394 (第7张): Pixabay/WikiImages
P. 394 (第8张): Pixabay/PublicDomainPictures
P. 394 (第9张): Pixabay/smarko
P. 394 (第10张): Pixabay/nuzree
P. 394 (第11张): Pixabay/Photoman
P. 394 (双页): elBullifoundation
P. 395 (第1张): Shutterstock.com/Leo Pakhomov
P. 395 (第2张): Wikimedia Commons/Kurt Stüber
P. 395 (第3张): Pixabay/SanduStefan
P. 395 (第4张): Shutterstock.com/photographer: Humannet
P. 395 (第5张): Shutterstock.com/Luis Molinero
P. 395 (第6张): Shutterstock.com/Heike Rau
P. 395 (第7张): Shutterstock.com/Erhard Ernst
P. 395 (第8张): Shutterstock.com/Julian Haag
P. 395 (第9张): Pixabay/WimdeGraaf
P. 395 (第10张): Pixabay/diapicard
P. 395 (第11张): Wikimedia Commons/MGA73bot2
P. 395 (第12张): Shutterstock.com/Bure_NS
P. 395 (第13张): Shutterstock.com/AuntSpray
P. 395 (第14张): Shutterstock.com/Sergej Kozacenko
P. 395 (第15张): Pixabay/PublicDomainPictures
P. 395 (第16张): Pixabay/Antranias
P. 399 (全页): Shutterstock.com/Reinhold Leitner
P. 400 (双页): Shutterstock.com/Adwo
P. 403 (全页): Wikimedia Commons/Joe Roe
P. 405 (第1张): Shutterstock.com/Troutnut
P. 405 (第2张): Shutterstock.com/Martin Prochazkacz
P. 405 (第3张): Shutterstock.com/Sergio Rojo
P. 406 (第1张): Shutterstock.com/Juan Aunio
P. 408 (第1张): Shutterstock.com/Trabantos
P. 408 (第2张): Flickr/Panegyrics of Granovetter
P. 408 (第3张): Shutterstock.com/Gestiafoto
P. 408 (第4张): Pixabay/ulleo
P. 408 (第5张): Shutterstock.com/Bjoern Wylezich
P. 408 (第6张): Pixabay/Pezibear
P. 408 (第7张): elBullifoundation
P. 408 (第8张): Flickr/Panegyrics of Granovetter
P. 408 (第9张): Pixabay/donbalon
P. 409 (第1张): Pixabay/Free-Photos
P. 409 (第2张): Shutterstock.com/Karel Gallas
P. 409 (第3张): Shutterstock.com/Andrii Yalanskyi
P. 409 (第4张): elBullifoundation
P. 409 (第5张): Shutterstock.com/Ioan Panaite
P. 409 (第6张): elBullifoundation
P. 412 (第1张): Pixabay/Hans
P. 412 (第2张): Pixabay/ulleo
P. 412 (第3张): Pixabay/sarangib
P. 412 (第4张): Shutterstock.com/Vietnam Stock Images
P. 412 (第5张): Pixabay/Hans
P. 412 (第6张): Pixabay/ulleo
P. 412 (第7张): Pixabay/1195798
P. 412 (第8张): Pixabay/macebo
P. 412 (第9张): Pixabay/1195798
P. 412 (第10张): Pixabay/macebo
P. 412 (第11张): Pixabay/matildanilsson
P. 412 (第12张): Pixabay/Alexas_Fotos
P. 412 (第13张): Pixabay/matildanilsson
P. 412 (第14张): Pixabay/Alexas_Fotos
P. 412 (双页): elBullifoundation
P. 413 (第1张): Pixabay/WikiImages
P. 413 (第2张): Pixabay/tookapic

P. 413 (第3张): Pixabay/WikiImages
P. 413 (第4张): PixabayPublicDomainPictures
P. 413 (第5张): Pixabay/sarangib
P. 413 (第6张): Pixabay/Vijayanarasimha
P. 413 (第7张): Pixabay/feraugustodesign
P. 413 (第8张): Pixabay/1195798
P. 413 (第9张): Pixabay/photosforyou
P. 413 (第10张): Pixabay/tookapic
P. 413 (第11张): Pixabay/1195798
P. 413 (第12张): Pixabay/macebo
P. 413 (第13张): Pixabay/Pixel-mixer
P. 413 (第14张): Pixabay/Alexas_Fotos
P. 413 (第15张): Pixabay/Free-Photos
P. 413 (第16张): Pixabay/taminwi
P. 413 (Seventeenth): Pixabay/vantagepointfl
P. 414 (第1张): Shutterstock.com/Brian C. Weed
P. 415 (第1张): Wikimedia Commons/Georges Jansoone
P. 415 (第2张): Arxiu fotogràfic d'Arqueologia de Catalunya (Arqueoxarxa)/J. Casanova
P. 415 (第3张): Wikimedia Commons/Yuntero
P. 417 (全页): Wikimedia Commons/Joe Roe
P. 431 (全页): Shutterstock.com/Piotr Krzeslak
P. 436 (第1张): Shutterstock.com/Acsen
P. 436 (第2张): Shutterstock.com/Acsen
P. 437 (全页): Shutterstock.com/Acsen
P. 444 (第1张): Shutterstock.com/Daumantas Liekis
P. 445 (全页): Antoni Palomo/Montserrat Buch
P. 452 (第1张): © elBullifoundation
P. 452 (第2张): Pixabay/webandi
P. 452 (第3张): Pixabay/JamesDeMers
P. 452 (第4张): Pixabay/Tbit
P. 452 (第5张): Shutterstock.com/arogant
P. 452 (第6张): Pixabay/GattolicLady
P. 452 (第7张): Pixabay/MabelAmber
P. 452 (第8张): Pixabay/artemtation
P. 454 (双页): Antoni Palomo/Montserrat Buch
P. 459 (第1张): Shutterstock.com/lauradibi
P. 460 (第1张): Shutterstock.com/Northern Imagery
P. 461 (第1张): Wikimedia Commons/Roweromaniak
P. 461 (第2张): Shutterstock.com/Dima Moroz
P. 461 (第3张): Wikimedia Commons/Omar Hoftun
P. 462 (第1张): The Metropolitan Museum of Art/Purchase, Joseph Pulitzer Bequest, 1959
P. 462 (第2张): The Metropolitan Museum of Art
P. 462 (第3张): Wikimedia Commons/Joanbanjo
P. 463 (第1张): Shutterstock.com/Iakov Filimonov
P. 466 (全页): Shutterstock.com/Claudio Divizia
P. 468 (双页): Shutterstock.com/Fotokon
P. 471 (第1张): Shutterstock.com/Lillian16
P. 474 (第1张): Shutterstock.com/Chestha Sokano
P. 475 (第1张): Shutterstock.com/PJjaruwan
P. 476 (第1张): Shutterstock.com/arcticphotoworks
P. 476 (第2张): Shutterstock.com/Wolfgang Simlinger
P. 476 (第3张): Shutterstock.com/Ivan Marjanovic
P. 481 (第1张): Museu Arqueològic de Banyoles/Salvador Comalat
P. 481 (第2张): elBullifoundation
P. 482 (第1张): Wikimedia Commons/James Gilchrist Swan (1818–1900)
P. 492 (第1张): Shutterstock.com/Imageman
P. 492 (第2张): Shutterstock.com/Natalya Danko
P. 492 (第3张): Shutterstock.com/Benejam
P. 493 (第1张): Lete Ortega
P. 493 (第2张): Lete Ortega
P. 493 (第3张): Lete Ortega
P. 497 (第1张): elBullifoundation
P. 497 (第2张): elBullifoundation
P. 498 (第1张): Museu Arqueològic de Banyoles/Salvador Comalat
P. 498 (第2张): Museu Arqueològic de Banyoles/Salvador Comalat
P. 498 (第3张): Museu Arqueològic de Banyoles/Salvador Comalat
P. 499 (第1张): © elBullifoundation
P. 499 (第2张): elBullifoundation/Carlos Glez de la Peña
P. 499 (第3张): Museu Arqueològic de Banyoles/Salvador Comalat
P. 501 (第1张): elBullifoundation
P. 501 (第2张): elBullifoundation
P. 501 (第3张): elBullifoundation
P. 502 (全页): Shutterstock.com/Dick Kenny
P. 505 (全页): Shutterstock.com/J. Lekavicius
P. 507 (全页): Wikimedia Commons/Joe Roe
P. 508 (第1张): Shutterstock.com/sheris9
P. 508 (第2张): Shutterstock.com/MuratGungut
P. 509 (第1张): Shutterstock.com/Alexandrova Elena
P. 509 (第2张): Shutterstock.com/NK-55
P. 512 (第1张): Shutterstock.com/photographer: Kletr
P. 512 (第2张): Shutterstock.com/Wuttichok Panichiwarapun
P. 512 (第3张): Shutterstock.com/Vita Serendipity
P. 515 (第1张): Shutterstock.com/Andrey Armyagov
P. 515 (第2张): Shutterstock.com/Pascal Halder
P. 515 (第3张): Shutterstock.com/Henner Damke
P. 515 (第4张): Shutterstock.com/Mark Caunt
P. 523 (全页): Shutterstock.com/Formatoriginal
P. 526 (第1张): elBullifoundation
P. 527 (第1张): Shutterstock.com/Denis Pogostin
P. 527 (第2张): Shutterstock.com/nejumi
P. 527 (第3张): Shutterstock.com/Ivan Marjanovic
P. 527 (第4张): Shutterstock.com/junrong
P. 527 (第5张): Shutterstock.com/sauletas
P. 527 (第6张): Shutterstock.com/Yadamons
P. 527 (第7张): Shutterstock.com/June Marie Sobrito
P. 527 (第8张): Shutterstock.com/dimitris_k
P. 527 (第9张): Shutterstock.com/Drazen Boskic Photo
P. 527 (第10张): Shutterstock.com/Zapylaiev Kostiantyn
P. 527 (第11张): Shutterstock.com/Albert Russ
P. 527 (第12张): Shutterstock.com/ifong
P. 527 (第13张): Shutterstock.com/Michael Tatman
P. 527 (第14张): Shutterstock.com/AG Photo Design
P. 529 (全页): National Museum of Georgia/Mindia Jalabadze
P. 533 (第1张): The Metropolitan Museum of Art/Colt Archaeological Institute Inc. Gift, 1983
P. 533 (第2张): The Metropolitan Museum of Art/Gift of Oxford University, by exchange, 1949
P. 533 (第3张): The Metropolitan Museum of Art/Rogers Fund, by exchange, 1949
P. 534 (第1张): elBullifoundation/Teresa Such
P. 545 (第1张): elBullifoundation
P. 545 (第2张): elBullifoundation
P. 546 (第1张): elBullifoundation/Carlos Glez de la Peña
P. 546 (第2张): elBullifoundation/Carlos Glez de la Peña
P. 547 (第1张): elBullifoundation/Carlos Glez de la Peña
P. 547 (第2张): elBullifoundation
P. 549 (第1张): elBullifoundation/Carlos Glez de la Peña
P. 549 (第2张): elBullifoundation/Carlos Glez de la Peña
P. 551 (第1张): Wikimedia Commons/Juan Carlo Castillo Ortega
P. 551 (第2张): Pixabay/Efraimstochter
P. 551 (第3张): Pixabay/Free-Photos
P. 551 (第4张): Pixabay/PublicDomainPictures
P. 551 (第5张): Shutterstock.com/Sea Wave
P. 552 (背景): Shutterstock.com/Andriy Solovyov
P. 553 (背景): Shutterstock.com/Vallefrias
P. 554 (背景): Shutterstock.com/Tcharts
P. 555 (背景): Shutterstock.com/Ratchanat Bua-Ngern
P. 557 (第1张): Shutterstock.com/ifong
P. 557 (第2张): Shutterstock.com/Christophe Baudot
P. 557 (第3张): Shutterstock.com/Christophe Baudot
P. 557 (第4张): Shutterstock.com/Thanthima Lim
P. 557 (第5张): Shutterstock.com/xpixel
P. 557 (第6张): Shutterstock.com/xpixel
P. 557 (第7张): Shutterstock.com/Benejam
P. 557 (第8张): Shutterstock.com/Benejam
P. 563 (全页): Shutterstock.com/Yupa Watchanakit
P. 564 (双页): Shutterstock.com/Ermess
P. 567 (全页): Shutterstock.com/Konstantin Aksenov
P. 568 (双页): Shutterstock.com/Stephen Barnes

图书在版编目（CIP）数据

烹饪的起源/西班牙斗牛犬基金会，西班牙普里瓦达基金会著；王晨译. —武汉：华中科技大学出版社，2021.10

ISBN 978-7-5680-7429-2

Ⅰ.①烹… Ⅱ.①西… ②西… ③王… Ⅲ.①烹饪－历史－世界 Ⅳ.①TS972.1-091

中国版本图书馆CIP数据核字（2021）第152969号

烹饪的起源

Pengren de Qiyuan

［西］斗牛犬基金会（elBullifoundation）著
［西］普里瓦达基金会（Fundació Privada）
王晨　译

出版发行：华中科技大学出版社（中国·武汉）　　电话：（027）81321913
　　　　　华中科技大学出版社有限责任公司艺术分公司　　（010）67326910-6023
出 版 人：阮海洪

责任编辑：莽　昱　谭晰月
责任监印：赵　月　郑红红　　封面设计：邱　宏

制　　作：北京博逸文化传播有限公司
印　　刷：广东省博罗县园洲勤达印务有限公司
开　　本：700mm × 1000mm　1/8
印　　张：74
字　　数：342千字
版　　次：2021年10月第1版第1次印刷
定　　价：498.00元

华中出版

本书若有印装质量问题，请向出版社营销中心调换
全国免费服务热线：400-6679-118　　竭诚为您服务